先进粉体技术

粉体工程概论

李宏林 赵娣芳 盖国胜 主编
丁志杰 高晓宝 黄俊俊 副主编

清华大学出版社
北 京

内容简介

本教材由10章组成，分别为粉体粒度及形状、粉体的基本性质、粉体流体力学、粉体制备、粉体颗粒间的团聚与分散、分级、分离、混合与造粒、粉体的储存与运输及粉体安全与防护。总体分为4个模块：第一模块是粉体的基本性质及其测量方法，包括粉体粒度、粒度分布、形状、颗粒表面性质、摩擦特性、堆积特性、压缩及成形性能等；第二模块为粉体制备，重点介绍粉体的制备方法，包括粉碎、雾化法、物理蒸发冷凝法、溶剂蒸发法、燃烧合成法、低温固相反应法、化学沉淀法、水热法、喷雾造粒法、微乳液法、溶胶-凝胶法、超声化学法、化学气相沉积法；第三模块为粉体加工处理技术，包括粉体颗粒的团聚与分散、分级、气固分离、固液分离、干燥、混合与造粒、储存和运输；第四模块是粉体安全，包括粉尘的危害及防护、粉尘爆炸及其预防与防护。

本教材系统全面地介绍了粉体工程的相关内容，既适合大专院校的师生、科研院所的科研人员学习，也适合行业管理部门有关领导、粉体加工与应用企业的技术人员以及对粉体工程学感兴趣的读者参考。

图书在版编目(CIP)数据

粉体工程概论/李宏林，赵娣芳，盖国胜主编．—北京：清华大学出版社，2021.8
(先进粉体技术)
ISBN 978-7-302-58866-5

Ⅰ.①粉… Ⅱ.①李… ②赵… ③盖… Ⅲ.①粉末法—教材 Ⅳ.①TB44

中国版本图书馆CIP数据核字(2021)第159603号

责任编辑：刘　杨　冯　昕
封面设计：常雪影
责任校对：欧　洋
责任印制：丛怀宇

出版发行：清华大学出版社
网　　址：http://www.tup.com.cn，http://www.wqbook.com
地　　址：北京清华大学学研大厦A座　　**邮　　编**：100084
社 总 机：010-62770175　　**邮　　购**：010-62786544
投稿与读者服务：010-62776969，c-service@tup.tsinghua.edu.cn
质量反馈：010-62772015，zhiliang@tup.tsinghua.edu.cn
印 装 者：北京嘉实印刷有限公司
经　　销：全国新华书店
开　　本：185mm×260mm　　**印　　张**：20.75　　**字　　数**：503千字
版　　次：2021年9月第1版　　**印　　次**：2021年9月第1次印刷
定　　价：75.00元

产品编号：089936-01

序

粉体是固体物质存在的一种普遍形式，是由一定尺寸颗粒组成的集合体。颗粒的大小、形貌结构与表面状态的量变可以导致粉体宏观特性的质变。粉体工程学科的发展与其他学科交融，形成了超细粉碎、精密分级、高度均化、分散、复合包覆、改性改质、干燥、烧结成型、储存、包装、输送、纳米粉体合成与应用、粉体性能检测等操作单元、合成工艺或集成技术。与这些单元、工艺或技术有关的粉体加工技术已广泛应用到电子信息、航空航天、新材料、新能源、生物工程、建材、机械、塑料、橡胶、矿山、冶金、医药、食品、饲料、农药、化肥、造纸、资源再生、环境保护、交通运输等国民经济的各个领域或行业，已成为人们公认的、与现代科学技术密切相关的、植根于传统产业的必不可少的基础性技术。

粉体加工技术既服务于传统产业，又开拓着战略性新兴产业，已经受到越来越多的研究者、技术人员和企业管理者的关注和重视。不同行业、领域或企业之间针对同样的加工过程都需要进行必要的学术或技术交流，从而提升从业人员的整体素质和管理水平，推动粉体技术进步。"先进粉体技术"丛书就是因应上述形势和需要而组织编写的。

由清华大学材料科学与工程系盖国胜教授等人组织和策划出版的"先进粉体技术"丛书不仅包括传统的粉碎、分级、混合等实际操作单元，还包括与粉体加工过程密切相关的辅助环节、加工助剂、生物材料、技术标准以及生产过程的故障处理等内容。本丛书包含的各个分册均以"粉体"为主线，分别介绍了粉体加工技术在某一"点"的研究现状与发展趋势，这种论述和内容安排不仅有助于读者将关注点集中在某个局部或某个技术问题，而且很容易将单一的应用技术与实际生产结合起来。我相信本丛书的出版不仅能满足高校和科研院所相关专业师生的教学需要，也能够满足这些机构的科研人员和生产企业的技术人员了解粉体加工技术的要求。为此，我谨向本教材的编写者和出版者表示由衷的感谢，衷心希望本丛书的编写和出版能够对推动相关行业或领域的学术交流和技术进步产生应有的作用。

中国工程院院士、西安建筑科技大学校长

徐德龙

2012年6月于西安

前　言

随着现代科学技术的发展，无机非金属材料工程领域所需人才由单一的专业性向全面、系统地掌握无机非金属材料科学与工程领域基本专业知识的综合性方向转变。新形势下的工程教育对相关院校，特别是地方应用型高校相关专业学生的基础理论、专业知识、工程实践等方面提出了更高的要求，为了适应这一变化，各有关院校进行了新一轮的人才培养模式、教学方法和教学内容改革，课程建设和教材建设越来越受重视。

粉体工程是无机非金属材料工程、粉体材料科学与工程等专业的一门重要技术基础课程，它涉及机械、化学化工、冶金、材料、环境等许多工程问题。因此，有必要编写一部适合地方应用型高校相关专业特点的教材，使学生对粉体工程基本原理、工艺及工程设备等有较深入和全面的了解，并为后续课程的学习及工作奠定良好的基础。

《粉体工程概论》结合编者在粉体工程教学与科研方面积累的丰富经验以及国内外粉体工程及其理论的发展现状，以粉体加工为主线，从粉体的基本概念、特性入手，系统介绍了典型粉体单元操作的原理、理论基础、应用工艺与设备；内容上强化了粉体制备与加工基本理论。本教材既适合大专院校的师生、科研院所的科研人员学习，也适合行业管理部门的领导、粉体加工与应用企业的技术人员以及对粉体工程学感兴趣的读者参考。

本教材是由清华大学盖国胜任主编的“先进粉体技术”丛书之一，由巢湖学院李宏林教授、合肥学院赵娣芳教授和清华大学盖国胜教授任主编，最后由盖国胜统稿，其中李宏林编写了第 6 章，与济南大学李金凯博士合编了第 4 章，与赵娣芳及合肥学院谢劲松博士合编了第 7 章；安徽科技学院丁志杰、巢湖学院高晓宝和合肥学院黄俊俊博士任副主编，其中丁志杰和安徽科技学院的郭腾博士合编了第 1 章和第 2 章；高晓宝编写了第 8 章，黄俊俊和巢湖学院桂成梅博士合编了第 10 章；巢湖学院方海燕副教授编写了第 3 章；山东理工大学何静博士编写了第 5 章；西南科技大学林龙沅博士编写了第 9 章；巢湖学院李明玲教授和万新军教授对本教材编写提纲和内容进行了审阅。

本教材编写过程中综合了目前粉体工程领域的最新科技进展，参阅了国内外粉体工程领域的相关教材、专著、标准和论文，在此对上述编者深表感谢。本教材动画插图由采薇、天真、小草、欢谊、莞淇和鸣禽等同学完成，在此一并表示感谢。

由于编者水平有限，教材中必有许多缺点和错误，敬请各位读者及高校师生在阅读和使用本教材时及时批评指正，以便再版时修改。

编　者

2021 年 2 月 19 日

目　　录

第1章　粉体粒度及形状

本章提要：本章主要介绍粉体最基本的物理性质，即粉体的粒度及形状，其中粉体的粒度主要介绍单颗粒粒径、颗粒群平均粒径以及粉体的粒度分布，并简单介绍筛析法、沉降法、光学法、显微镜分析法、气体吸附法和电阻法等常见的粒度测量方法；颗粒的形状主要介绍颗粒的形状术语以及形状系数和形状指数。

1.1　粉体粒度及测量

粉体(powder)的粒度对后续加工过程中的反应速度、生物利用度、材料微观结构、固相反应均匀性有重要的影响，也是影响粉体处理过程中的可压缩性、堆积状态、流动性、飞扬性、混合均匀度的决定性因素，从而影响粉体的加工工艺以及末端产品的物理化学性能和质量，故粉体粒度的表征及其测量在实际应用中非常重要。

1.1.1　颗粒大小

1.1.1.1　单颗粒粒径

粉体粒度(particle size)及其分布是粉体最重要的几何特征参数。通常用“粒度”或“粒径”来表征粉体颗粒的大小，其中粒度是表征颗粒大小或粗细程度的概念统称，粒径是颗粒的直径或等效直径，有明确的物理概念。

光滑球形颗粒的大小用直径表示，立方体颗粒可用边长来表示，其他具有规则形状的颗粒如长方体、圆锥体、圆柱体等可用相应的几个特征线性尺寸来表示。而实际上真正由规则颗粒构成的粉体很少，绝大多数颗粒的形状是不规则的。对于不规则的颗粒，可通过测定某种几何意义的当量球或当量圆的直径，或者与测定方法原理相当的球的直径来表示。

1. 轴径

通常用颗粒处于最稳定状态下外接长方体的长 l、宽 b、高 h 作为特征尺寸(图1-1)来定义不规则颗粒的大小，根据需要的不同，选取两轴或三轴的平均值。轴径(axial diameter)的表达式列于表1-1。

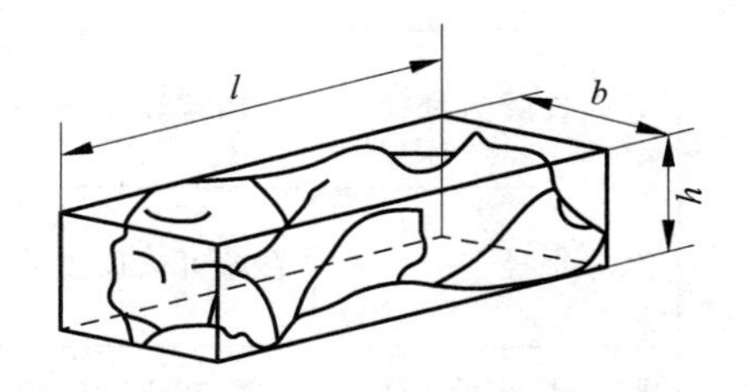

图1-1　颗粒的外接长方体

表1-1　轴径的平均值计算公式

序号	计算式	名称	物理意义
1	$\frac{l+b}{2}$	二轴算术平均径	平面图形的算术平均

续表

序号	计算式	名称	物理意义
2	$\frac{l+b+h}{3}$	三轴算术平均径	算术平均
3	$\frac{3}{\frac{1}{l}+\frac{1}{b}+\frac{1}{h}}$	三轴调和平均径	同外接长方体有相同比表面积的颗粒的粒径
4	$\sqrt{lb}$	二轴几何平均径	接近于颗粒投影面积的度量
5	$\sqrt[3]{lbh}$	三轴几何平均径	同外接长方体有相同体积的立方体的棱长
6	$\sqrt{\frac{lb+lh+bh}{3}}$	三轴等表面积平均径	同外接长方体有相同表面积的立方体的棱长

2. 当量径

当量径(equivalent diameter)是指用与颗粒具有相同特征参量的球体直径来表示颗粒大小。当量径包括球当量径、圆当量径、筛分直径、运动阻力相当的阻力径、沉降速度相当的斯托克斯当量径等。几种当量径的定义见表 1-2。

表 1-2 颗粒粒径的定义

符号	名称	定义	公式
d_v	体积球当量径	与颗粒具有相同体积的圆球直径	$d_v=\left(\frac{6V}{\pi}\right)^{1/3}$
d_s	等表面积球当量径	与颗粒具有相同表面积的圆球直径	$d_s=\left(\frac{S}{\pi}\right)^{1/2}$
d_w	等比表面积球当量径	与颗粒具有相同的表面积和体积比的球直径	$d_w=\frac{d_v}{d_{sa}}$
d_a	等面积圆当量径(Heywood 径)	与颗粒投影图形面积相等的圆的直径	$d_a=\frac{4A}{\pi}$
d_L	等周长圆当量径	与颗粒投影图形周长相等的圆的直径	$d_L=\frac{L}{\pi}$
d_A	筛分直径	颗粒可以通过的最小方筛孔的宽度	
d_d	阻力当量径(阻力直径)($R_e<0.5$)	与黏度相同的流体中,与颗粒速度相同且具有相同运动阻力的球体直径	$F_R=C\rho v^2 d_d^2$
d_{st}	斯托克斯当量径(Stokes 直径)	在同一流体中的层流区内($R_e<0.5$),与颗粒具有相同沉降速度的球体直径	$d_{st}=\sqrt{\frac{18\eta v}{g(\rho_p-\rho)}}$

注: V 为颗粒体积; S 为颗粒表面积; F_R 为颗粒在流体中的沉降阻力; C 为颗粒运动阻力系数; ρ 为流体密度; v 为颗粒运动速度; ρ_p 为颗粒密度。

3. 定向径

定向径(orientated diameter)是指利用光学显微镜(或电镜)测量颗粒形貌图像,统计沿一定方向测得的线度长度的平均值。几种主要的单颗粒定向径测量方法见图 1-2,其定义见表 1-3。

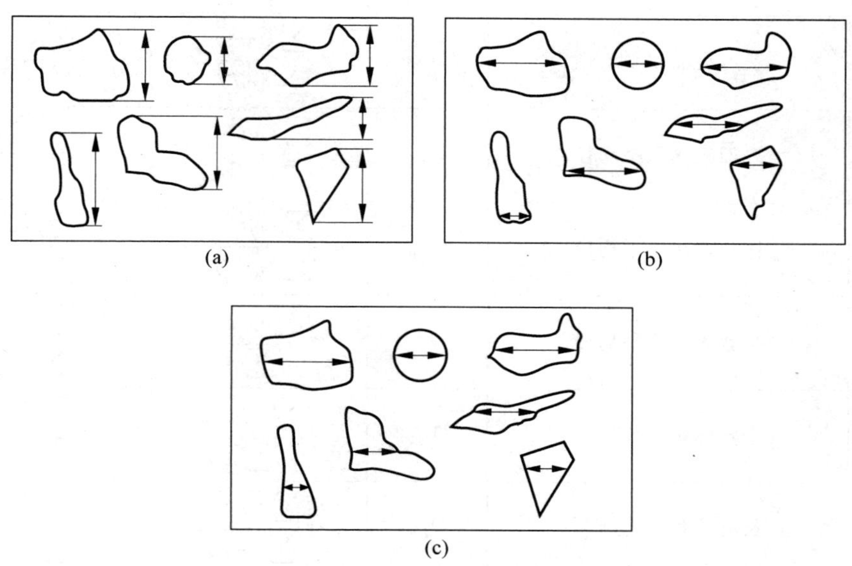

图 1-2 投影径的种类

(a) 福瑞特;(b) 定向最大径;(c) 马丁径

几种投影径的一般关系:福瑞特径>投影圆当量径>马丁径,若长短径比小,用马丁径代替投影圆当量径偏差不会太大,但细长颗粒的偏差则较大。

表 1-3 投影径一览表

d_F	福瑞特径	沿一定方向测颗粒投影像的两平行线间的距离
d_M	马丁径	沿一定方向将颗粒投影面积二等分的线段长度
d_K	定向最大径(克若滨径)	沿一定方向测量颗粒投影像,测得的最大宽度的线段长度

1.1.1.2 颗粒群平均粒径

在生产实践中,实际粉体通常不是均一粒径,而是包含不同粒径的若干颗粒的集合体,即颗粒群。颗粒群中所有颗粒粒径大小的总体平均值,即为颗粒群平均粒径(average size)。它是根据数理统计的原理,对颗粒群中所有颗粒的粒径及其相对数量的加权平均。平均粒径分为个数基准和质量基准两种。

把颗粒分成若干窄小的粒级,其中 d 为任意粒级的粒径,n 为该粒级的颗粒数量,w 为该粒级的颗粒质量。

设颗粒群各粒级的粒径分别为 $d_1, d_2, d_3, \cdots, d_i, \cdots, d_n$;

相对应的各粒级颗粒个数为 $n_1, n_2, n_3, \cdots, n_i, \cdots, n_n$,总个数 $N=\sum n_i$;

相对应的各粒级颗粒质量为 $w_1, w_2, w_3, \cdots, w_i, \cdots, w_n$,总质量 $W=\sum w_i$。

以上两种基准的平均粒径计算公式可归纳于表 1-4。

表 1-4　平均粒径计算公式

序号	平均粒径名称	符号	个数基准	质量基准
1	个数长度平均径	D_{nL}	$\dfrac{\sum(nd)}{\sum n}$	$\dfrac{\sum(w/d^2)}{\sum(w/d^3)}$
2	长度表面积平均径	D_{LS}	$\dfrac{\sum(nd^2)}{\sum(nd)}$	$\dfrac{\sum(w/d)}{\sum(w/d^2)}$
3	表面积体积平均径	D_{SV}	$\dfrac{\sum(nd^3)}{\sum(nd^2)}$	$\dfrac{\sum w}{\sum(w/d)}$
4	体积四次矩平均径	D_{Vm}	$\dfrac{\sum(nd^4)}{\sum(nd^3)}$	$\dfrac{\sum(wd)}{\sum w}$
5	个数表面积平均径	D_{nS}	$\sqrt{\dfrac{\sum(nd^2)}{\sum n}}$	$\sqrt{\dfrac{\sum(w/d)}{\sum(w/d^3)}}$
6	个数体积平均径	D_{NV}	$\sqrt[3]{\dfrac{\sum(nd^2)}{\sum n}}$	$\sqrt[3]{\dfrac{\sum w}{\sum(w/d^3)}}$
7	长度体积平均径	D_{LV}	$\sqrt{\dfrac{\sum(nd^3)}{\sum(nd)}}$	$\sqrt{\dfrac{\sum w}{\sum(w/d^2)}}$
8	质量矩平均径	D_W	$\sqrt[4]{\dfrac{\sum(nd^4)}{\sum n}}$	$\sqrt[4]{\dfrac{\sum wd}{\sum(w/d^3)}}$
9	调和平均径	D_h	$\dfrac{\sum n}{\sum(n/d)}$	$\dfrac{\sum(w/d^3)}{\sum(w/d^4)}$
10	几何平均径	D_k	$\left(\prod_{i=1}^{n} d_i^{n_i}\right)^{1/N} = \prod_{i=1}^{n} d_i^{f_i}$	

最常用的平均粒径是个数长度平均径 D_{nL} 和表面积体积平均径 D_{SV}，分别用光学显微镜(或电子显微镜)和比表面积测定仪测得。

1.1.2　粒度分布

粒度分布(particle size distribution)表征粉体中不同粒级区间的颗粒量占粉体总量的百分数，有频度(或频率)分布与累积分布两种表述方式。

1.1.2.1　频率分布和累积分布

把粉体样品细分为若干个粒级区间，通常取各粒级的 ΔD_p 相等，每个粒级的含量占粉体总量的百分数，即为频率，频率与粒径的关系称为频率分布。常见的有个数分布百分数和质量分布百分数。若改变 ΔD_p，则会得到不同的频率分布。

累积分布可分为筛下累积和筛上累积两种，其中大于某一粒径的颗粒量的百分数，称为筛上累积，用符号“＋”表示；小于某一粒径的颗粒量的百分数，称为筛下累积，用符号“－”

表示。

1.1.2.2 粒度分布的表示方法

1. 列表法

把各粒级的个数(或者质量)、频率、筛上累积、筛下累积等粉体粒度分析数据做成表格的方法称为列表法,见表1-5。这种方法简洁,但不能直观的表示变化趋势。

表1-5 某粉体颗粒的分布数据(粒度间隔 $\Delta D_p = 1.0\mu m$)

粒径范围 $D_i \sim D_{i+1}$/μm	平均粒径 D/μm	颗粒数 n/个	相对频率 $\Delta\Phi$/%	累积分布/%	
				筛下累积 $U(D_p)$	筛上累积 $R(D_p)$
1.0~2.0	1.5	4	0.67	0.67	100.00
2.0~3.0	2.5	9	1.50	2.17	99.33
3.0~4.0	3.5	18	3.00	5.17	97.83
4.0~5.0	4.5	53	8.17	13.33	94.83
5.0~6.0	5.5	88	16.00	29.33	86.67
6.0~7.0	6.5	112	19.33	48.67	70.67
7.0~8.0	7.5	120	20.00	68.67	51.33
8.0~9.0	8.5	92	17.33	86.00	31.33
9.0~10.0	9.5	70	8.33	94.33	14.00
10.0~11.0	10.5	20	3.33	97.67	5.67
11.0~12.0	11.5	8	1.33	99.00	2.33
12.0~13.0	12.5	6	1.00	100.00	1.00
总计		600	100		

2. 作图法

作图法可以直观地表示粉体粒度分布,在生产和科研中应用十分广泛。常用的粒度分布图示法有频率矩形分布图、频率分布曲线和累积分布曲线等。

在直角坐标系中,横坐标为粒径,通常情况下等分粒度间隔得到各粒级,即图中的组距(ΔD_p);纵坐标为各粒级的频率,作图得频率矩形分布图,如图1-3(a)所示。若把粒度间隔划分得足够小,连接每个矩形顶边的中间点,将各直方图回归得到一条光滑的曲线,即为频率分布曲线,如图1-3(b)所示。

如果粒度间隔$[D_{p(i+1)} - D_{pi} = \Delta D_p]$小到一定程度,则对应的纵坐标差值($\Phi_{i+1} - \Phi_i$)也足够小,那么可引入粒度分布函数 $f(D)$的概念:

$$f(D) = \frac{\Phi_{i+1} - \Phi_i}{D_{p(i+1)} - D_{pi}} = \frac{\Delta\Phi}{\Delta D} \approx \frac{d\Phi}{dD} \tag{1-1}$$

式中 $f(D)$——粒度分布函数中的频率分布函数。

从最小粒径 D_{min} 到某一粒径 D,对 $f(D)$积分,则得到筛下累积分布函数$U(D)$:

$$U(D) = \int_{D_{min}}^{D} f(D)dD \tag{1-2}$$

以 D_i 值为横坐标,U_i 值为纵坐标,得到的各点(D_i,U_i)所构成的曲线称为累积筛下分布曲线。从某一粒径 D 到最大粒径 D_{max} 对 $f(D)$积分,则得到筛上累积分布函数 $R(D)$:

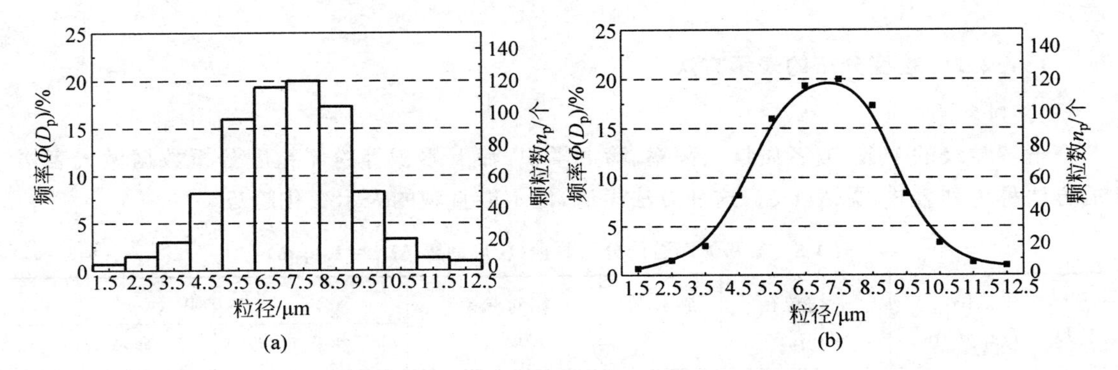

图 1-3 颗粒频率分布直方图和分布曲线

$$R(D)=\int_{D}^{D_{\max}} f(D)\mathrm{d}D \tag{1-3}$$

同样，以 D_i 值为横坐标，R_i 值为纵坐标，得到的各点(D_i，R_i)所构成的曲线称为累积筛上分布曲线，见图 1-4。两曲线交点对应的粒级即为中位径(median size，D_{med} 或 D_{50})。另外，从曲线中还可获得其他特征粒径(size of specificity，D_x)，比如 D_{75}，即指粉体中有 75％的颗粒粒度小于或等于该粒径。在实际生产或实验操作中，以各粒径范围中的上限粒径(见表 1-5)为横坐标，筛下累积数据为纵坐标，作图可得筛下累积分布曲线，以各粒径范围中的下限粒径为横坐标，筛上累积数据为纵坐标作图可得筛上累积分布曲线。

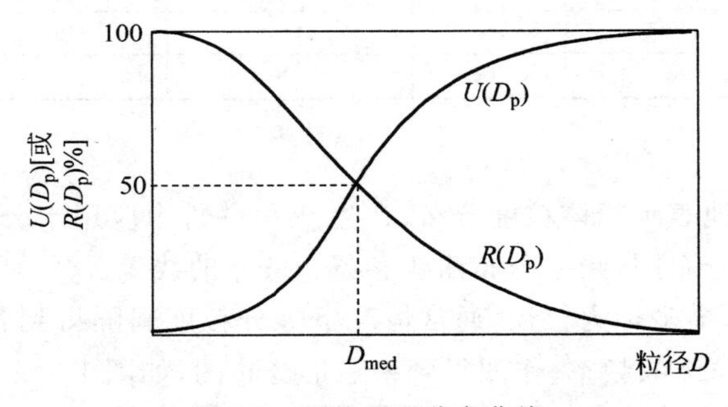

图 1-4 颗粒累积分布曲线

3. 函数法

函数法可精确描述粉体的粒度分布规律，便于进行数学运算及应用计算机进行数据处理，还可用于计算粉体的比表面积、平均粒径等参数。常用的粒度分布函数有正态分布、对数正态分布、Rosin-Rammler-Bennet 分布函数等。

1) 正态分布

正态分布曲线呈钟形对称，又称高斯曲线。某些气溶胶和由沉淀法制备的粉体的个数分布近似符合这种分布，即

$$f(D)=\frac{\mathrm{d}\Phi}{\mathrm{d}D}=\frac{1}{\sqrt{2\pi}\sigma}\exp\left[-\frac{(D-\overline{D})^2}{2\sigma^2}\right] \tag{1-4}$$

式中 $\overline{D}$——平均径，μm；

σ——分布的标准偏差，即粒径 D_i 对于平均径 $\overline{D}$ 的二次矩的二次方根：

$$\sigma = \sqrt{\sum_{i=1}^{n} f_l (D_i - \overline{D})^2} \tag{1-5}$$

分布的标准偏差反映了分布对于 $\overline{D}$ 的分散程度。

$\alpha \equiv \sigma/\overline{D}$ 为相对标准偏差(也称变异系数),为无量纲量。

分布函数中的两个参数 $\overline{D}$ 和 σ 完全决定了粒度分布。对于相同 $\overline{D}$ 的若干个颗粒群而言,标准偏差 σ 的大小表征着粒度分布的宽窄程度。但对不同 $\overline{D}$ 的颗粒群,则应以相对标准偏差 α 表征之。α 越小,频率分布曲线越"瘦",分布越窄。对于服从正态分布的颗粒群,当 $\alpha=0.2$ 时,有 68.3%颗粒的粒度集中在 $\overline{D}\pm0.2\overline{D}$ 这一狭小范围内。人们常把 $\alpha\leqslant0.2$ 的颗粒群近似称为单分散体系。

利用正态概率纸可判断数据是否属于正态分布。表 1-6 为某沉淀法所得粉体颗粒的分布数据,在正态概率纸上作图基本呈一直线,如图 1-5 所示。正态概率纸上累积百分数坐标的刻度方法是:先按与粒度 D 成正比的值对横坐标均匀刻度,纵坐标为累积分布百分数。

表 1-6 某沉淀法所得粉体颗粒分布数据

$D/\mu m$	频率分布/%	累积分布/%
15.25~20.25	2	2
20.25~25.25	2	4
25.25~30.25	16	20
30.25~35.25	24	44
35.25~40.25	22	66
40.25~45.25	14	80
45.25~50.25	10	90
50.25~55.25	6	96
55.25~60.25	4	100

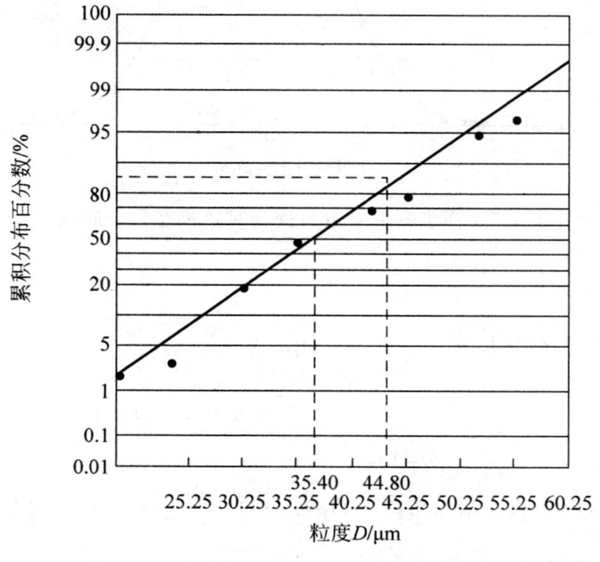

图 1-5 正态概率纸上的累积分布曲线

由图 1-6 可得

$$\sigma = D_{84.13} - D_{50} = D_{50} - D_{15.87}$$

2）对数正态分布

许多粉体物料如结晶产品、沉淀物料和微粉碎或超微粉碎产品，粒度频率分布曲线都具有图 1-6 所示的右歪斜形状。如果在横坐标轴上不是采用粒径 D_p，而是采用粒径 D_p 的对数，这时分布曲线 $f(\lg D_p)$ 便具有对称性，这种分布称为对数正态分布，如图 1-7 所示。

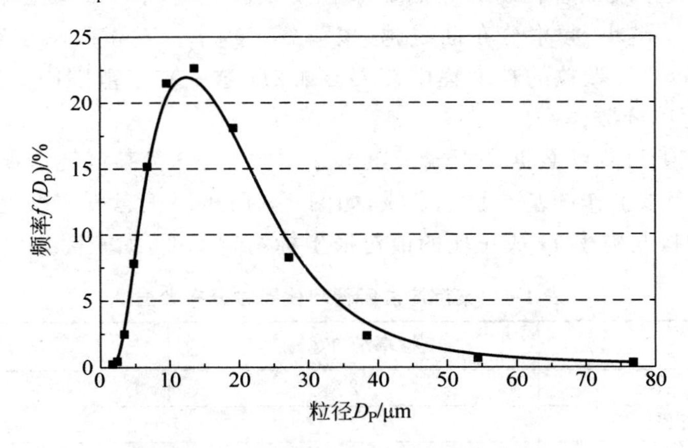

图 1-6　粉体的右歪斜频率分布曲线

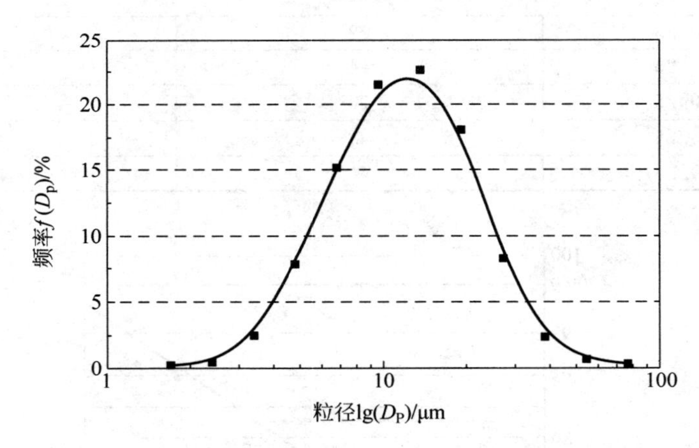

图 1-7　横坐标取对数后变为对数正态分布曲线

它的数学形式为

$$f(\lg D) = \frac{1}{\sqrt{2\pi}\sigma_{\lg D}} \exp\left[-\frac{(\lg D - \lg \overline{D})^2}{2\sigma_{\lg D}^2}\right] \tag{1-6}$$

$$f(D) = \frac{1}{\sqrt{2\pi}\lg\sigma_g} \exp\left[-\frac{(\lg D - \lg D_g)^2}{2\lg^2\sigma_g}\right] \tag{1-7}$$

式中　D_g——几何平均粒径，μm，$\lg D_g = \lg D = \sum f_i \lg D_i$，$D_g = \prod D_i$

σ_g——几何标准偏差，$\lg\sigma_g = \sigma_{\lg D} = \sqrt{\sum f_i (\lg D_i - \lg D_g)^2}$

根据对数正态分布的性质可得

$$\lg\sigma_g = \lg D_{84.13} - \lg D_{50} = \lg D_{50} - \lg D_{15.87}$$

即

$$\sigma_g = \frac{D_{84.13}}{D_{50}} = \frac{D_{50}}{D_{15.87}} \tag{1-8}$$

式中 $D_{84.13}$——累积筛余 84.13%的粒径，μm；

$D_{15.87}$——累积筛余 15.87%的粒径，μm。

累积分布符合对数正态分布的粉体，在对数正态概率纸上为一直线。

3）Rosin-Rammler-Bennet 分布函数（RRB 分布函数）

Rosin 和 Rammler 等通过对煤粉、水泥等物料粉碎试验的概率和统计理论的研究，归纳出用指数函数表示粒度分布的关系为

$$R(D_p) = 100\exp\left[-\left(\frac{D_p}{D_e}\right)^n\right] \tag{1-9}$$

式中 $R(D_p)$——粉体中某一粒径 D_p 的累积筛余，%；

D_e——特征粒径，μm，即筛余为 36.8%时的粒径，表示粉体的粗细程度；

n——均匀性系数，表示该粉体粒度分布范围的宽窄程度（n 值越小，粒度分布范围越宽；反之越窄）。

当 $n=1, D=D_e$ 时，则

$$R(D=D_e) = 100e^{-1} = 100/2.718 = 36.8 \tag{1-10}$$

即 D_e 为 $R(D_p)=36.8\%$时的粒径。

将式(1-9)的倒数取二次对数，可得

$$\lg\left\{\lg\left[\frac{100}{R(D_p)}\right]\right\} = n\lg\left(\frac{D_p}{D_e}\right) + \lg\lg e = n\lg D_p + C \tag{1-11}$$

其中 $C = \lg\lg e - n\lg D_e$。

在 $\lg D_p$ 与 $\lg\{\lg[100/R(D_p)]\}$坐标系中，式(1-11)呈线性关系。根据测试数据，分别以 $\lg D_p$ 和 $\lg\{\lg[100/R(D_p)]\}$作为横、纵坐标作图可得一直线，该直线的斜率即为 n 值。由 $R(D_p)=36.8\%$可求得 D_e。

1.1.3 粉体粒度的测量

粉体粒度及其分布对产品的性质与用途影响很大，尺寸和尺寸分布直接影响产品的性能。例如，墨粉应有 75%以上的粒度为 6～20μm；水泥的强度与其细度有关，磨料的粒度和粒度分布决定了其质量等级，粉碎和分级也需要对其粒度进行测量。在纳米技术日新月异的今天，人们发展了新型电子显微镜等仪器来满足纳米粉体的测试。

因此，粒度及其分布的正确表征对粉体的合理应用以及根据粉体的使用要求选择合理的粉体制备工艺和加工设备是非常重要的。这里介绍几种常用的粉体粒度测试方法。

1.1.3.1 筛析法

筛析法操作简单，应用历史悠久，是一种传统粒度测试方法，适用 100mm～20μm 的粒度分布测量。随着筛网制造技术的不断提高，目前通过激光打孔法可以制造筛孔尺寸为 1μm 的筛网。筛孔的大小可用筛孔尺寸直接表示，习惯上用“目”表示，其含义是每英寸(25.4mm)长度上筛孔的数目。目数就是孔数，目数越大，孔径越小。通常可用相邻两个筛

子相应筛孔尺寸的算术平均或几何平均表示各粒级的物料粒径。

筛分法常使用标准套筛,粉体通过不同尺寸的筛孔可将颗粒分成不同的粒级,计算出各粒级物料质量占原始粉体质量的百分数,求得粉体的粒级及粒度分布。

筛析法分为干筛法与湿筛法两种。干筛法是将一定质量的粉体试样置于筛中,借助机械振动或手工拍打使细粉通过筛网,直至筛分完全,根据筛余物质量和试样质量求出试样的筛余量。湿筛法是将一定质量的粉料试样置于筛中,经适宜的分散水流冲洗,待筛分完全后根据筛余物质量和试样质量求出粉料试样的筛余量。

测定粒度分布时,一般用干筛法筛分,若试样水含量较多,颗粒凝聚性较强时则应当用精度较高的湿筛法筛分,特别是颗粒较细的物料,若允许与水混合时,最好使用湿筛法。因为湿筛法可避免很细的颗粒附着在筛孔上而堵塞筛孔。另外,湿筛法不受物料温度和大气湿度的影响,还可以改善操作条件。目前,在测定水泥及生料的细度中,湿筛法与干筛法均被列为国家标准方法并列使用。

1.1.3.2 沉降法

沉降法是通过颗粒在液体中的沉降速度来测量粒度分布的方法,根据沉降力场的不同可分为重力沉降式和离心沉降式两种沉降粒度分析方式,测量范围一般在 44μm 以上。由于实际颗粒的形状绝大多数都是非球形的,不可能用一个数值来表示它的大小,因此和其他类型的粒度仪器一样,沉降式粒度仪所测的粒径也是一种等效粒径。用于沉降法的仪器造价虽然较低,但与激光粒度仪相比,其测量时间长、速度慢,不利于重复分析,测量结果往往受操作手法及环境温度影响,对于 2μm 以下的颗粒会因布朗运动而导致测量结果偏小。

重力沉降测定依据斯托克斯(Stokes)定理。颗粒从静止状态沉降,在加速度作用下沉降速度越来越大,随之而来的反方向阻力也在增加。但是颗粒的有效重力是一定的,于是随着阻力的增加沉降的加速度减小,最后阻力达到与有效重力相等时,颗粒运动趋于平衡,沉降速度达到最大值,这时的速度称作自由沉降末速。自由沉降过程可以由斯托克斯公式进行描述,即

$$u=\frac{1}{18}\cdot\frac{\rho_{\mathrm{l}}-\rho_{\mathrm{p}}}{\mu}\cdot gD^{2} \tag{1-12}$$

式中 u——颗粒的沉降速度,m/s;

ρ_{p}——颗粒的密度,kg/m^3;

ρ_{l}——液体的密度,kg/L;

μ——液体的黏滞系数,Pa;

g——重力加速度,9.8×10^3 N/kg;

D——颗粒的直径,m。

在同一力场中,颗粒粒径不同时,其沉降速度也不同。颗粒粒径越大,沉降速度越快。如果大小不同的颗粒从同一高度同时沉降,经过一定的距离(时间)后,就能将粉末按粒度差别分开,然后通过数学处理即可得到颗粒的粒度分布。

光透过沉降粒度仪是把光透过原理与沉降法相结合的一类粒度仪。根据光源不同,可将其细分为可见光、激光和X射线几种类型;根据力场不同又可细分为重力场和离心力场两类。

当光束通过装有悬浮液的测量容器时,一部分光被反射或吸收,另一部分光到达光电传

感器，将光强度转变成电信号。透过光强度与悬浮液的浓度或颗粒的投影面积有关。重力场光透过沉降法测量粒径为 0.1～1 000μm。颗粒的沉降速度与颗粒及悬浮液的密度有关，当密度差大时沉降速度快，反之沉降速度慢。

离心力场光透过沉降法示意图如图 1-8 所示，在离心力场中，随着离心加速度的增大，颗粒的沉降速度也提高，该方法适合测量粒径为 0.007～30μm 的颗粒。应该指出的是，沉降法一般是先将待测试样制成悬浊液。颗粒在液体介质中的分散程度对测定结果具有非常重要的影响。为了提高颗粒的分散程度，一般要加入适当的分散剂，并配合搅拌分散。另外，所选择的液体介质不能与待测粉体颗粒发生化学反应；否则，将会使颗粒的粒度分布发生改变，甚至严重影响测定结果。

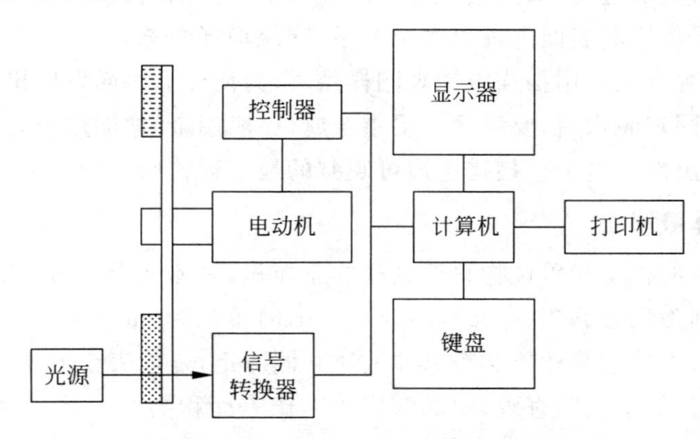

图 1-8　离心力场光透过沉降法示意图

1.1.3.3　光学法

常用的光学法是光散射法，它是通过测量颗粒的散射光强度或偏振情况、散射光通量或透过光强度来确定粒度的。光散射法中具有代表性的是近 20 年发展起来的激光颗粒测量方法，常见的有激光衍射法和光子相干法。

激光粒度仪是根据颗粒能使激光产生散射这一物理现象测试粒度分布的。由于激光具有很好的单色性和极强的方向性，所以在没有阻碍的无限空间中激光将会照射到无穷远的地方，并且在传播过程中很少有发散的现象。

20 世纪 80 年代中期，王乃宁等提出了综合应用米氏散射以及夫朗和费衍射的理论模型，即在小粒径范围内采用米氏理论，在大粒径范围内仍采用夫朗和费衍射理论，从而改善小粒径范围内的测量精度。

激光粒度仪的优点是重复性好、测量速度快。其缺点是对几微米的试样，该仪器的误差较大。激光粒度仪的测量一般为 0.5～1 000μm。一般而言，激光法的分辨率不如沉降法。

1.1.3.4　显微镜分析法

显微镜分析法采用定向径方法测量，用可见光作光源，虽然计量颗粒数目有限，粒度数据往往缺乏代表性，但是可以直接观察和测定单个颗粒，此方法还具有直观性，可以研究颗粒的外表形态，是测定粒度的最基本方法。光学显微镜的放大倍数可达 1 000～1 500 倍，测定为 0.2～200μm。不仅可以测定颗粒的粒径，而且可以测定颗粒的形状。生物显微镜是透光式光学显微镜的一种，用生物显微镜法检测粉末是一般材料实验室中通用的方法。

测试时首先将待测粉末样品分散到载玻片上，并将载玻片置于显微镜载物台上，选择适当的物镜、目镜放大倍数，调节焦距至粒子的轮廓清晰。粒径的大小用标定过的目镜测微尺度量，样品粒度的范围过宽时，可通过变换镜头放大倍数或配合筛分法进行。观测若干区域，当计数粒子足够多时，测量结果可反映粉末的粒度组成，进而还可以计算显微镜平均粒度。

在光学显微镜下无法看清小于 0.2μm 的细微结构，要看清这些结构，电子显微镜应使用波长更短的电磁波代替可见光作为光源，因为电磁波可以提高显微镜的分辨率。

透射电子显微镜的成像原理与光学显微镜基本相同，所不同的是它用电子束代替可见光，用电磁透镜代替玻璃透镜，从而实现更高的分辨率。扫描电镜的工作原理是用一束极细的电子束扫描样品，在样品表面激发出次级电子，次级电子的多少与电子束的入射角有关，即与样品的表面形貌有关。用扫描电镜观测样品时，为使样品表面发射出次级电子，不导电的样品在载样片上固定脱水后，要喷涂一层重金属（一般用金）才能用于观测，重金属在电子束的轰击下可发射出次级电子。扫描电镜可观测的最小颗粒约为 10nm。

1.1.3.5 气体吸附法

一般来说，比表面积是指单位物料所具有的总面积，具体地说，就是 1g 质量的粉体所具有的表面积总和，称为比表面积（specific surface area）单位为（$m^2 \cdot g^{-1}$）。比表面积是粉末体的一种综合性质，由单颗粒性质和粉末体性质共同决定，是代表粉末体粒度的一个单值参数，同平均粒度一样，能给人以直观、明确的概念。比表面积与粉末的许多物理、化学性质，如吸附、溶解速度、烧结活性等直接相关。粉体比表面积的测定方法有勃氏透气法、低压透气法、吸附法三种。理想的非孔性结构的物料只有外表面积，一般用透气法测定。对于多孔性结构的粉料，除有外表面积外还有内表面积，一般多用气体吸附法测定。

朗缪尔（Langmuir）于 1916 年提出了单分子层吸附理论，即气体吸附在物质的内、外表面，形成完整的单分子吸附层，将达饱和的气体吸附量乘以每个吸附质分子截面积，便可求得测量物质的比表面积。1938 年，Langmuir 吸附理论被 Brunauer、Emmett 和 Teller 三位科学家进一步发展，提出了多分子层吸附模型，即 BET 理论，即以氮气为吸附质，以氦气或氢气为载气，按一定的比例混合，在达到指定的相对压力后均匀通过被测物质。

将样品管放入液氮氛围中，待测样品即对氮气自发地产生物理吸附，而载气不被吸附，数据出现明显的吸附峰，取出样品管，温度升至室温环境，吸附的氮气即脱附出来，数据出现脱附峰。注入已知体积的纯氮气，得到校正峰。根据校正峰和脱附峰的峰面积，即可计算出在该相对压力下样品的吸附量。改变氮气和载气的混合比，可以测出几个氮气相对压力下的吸附量，从而可根据 BET 公式计算比表面积。BET 公式：

$$\frac{p}{V(p_0-p)}=\frac{1}{V_s C}+\frac{(C-1)}{V_s C}\frac{p}{p_0} \tag{1-13}$$

式中 p——平衡压力，Pa；

p_0——吸附平衡温度下吸附质的饱和蒸气压，Pa；

V_s——饱和吸附量，mL；

V——平衡时的吸附量，mL；

C——与吸附有关的常数，与温度、吸附热和气体液化热相关。

根据公式(1-13)，以$\frac{p}{V(p_0-p)}$对$\frac{p}{p_0}$作图可得一直线，其斜率$m=\frac{(C-1)}{V_s C}$，截距$l=\frac{1}{V_s C}$得

$$V_s = 1/(m+l) \tag{1-14}$$

进一步可得粉末的比表面积：

$$S = V_s N_A A \tag{1-15}$$

式中 S——被测样品的比表面积，m^2/g；

N_A——阿伏伽德罗常量；

A——每个吸附质分子的截面积，nm^2。

BET公式的适用范围为：$p/p_0=0.05\sim0.35$。其原因是：$p/p_0<0.05$时，很难构建多分子层吸附平衡；$p/p_0>0.35$时，吸附平衡将因显著的毛细管凝聚而被破坏。

1.1.3.6 电阻法

电阻法又叫库尔特法，是由美国库尔特发明的一种粒度测试方法。这种方法是根据颗粒在通过一个小微孔的瞬间，因占据了小微孔中的部分空间而排开其中的导电液体，使小微孔两端的电阻发生变化的原理测试粒度分布的。小微孔两端电阻的大小与颗粒的体积成正比，即$\Delta R \propto d^3$。当不同粒径的颗粒连续通过小微孔时，小微孔的两端将连续产生不同的电阻信号，通过计算机对这些电阻信号进行处理就可以得到粒度分布了。

用库尔特法进行粒度测试所用的介质通常是导电性能较好的生理盐水。如图1-9所示，小孔管浸泡在电解液中，其内外各有一个电极，电流可以通过孔管壁上的小圆孔从阳极流到阴极。小孔管内部处于负压状态，因此管外的液体将流动到管内。测量时将颗粒分散到液体中，颗粒就跟随液体一起流动。当其经过小孔时，使小孔的横截面积变小，两电极之间的电阻增大，电压升高，产生一个电压脉冲。当电源是恒流源时，可以证明在一定的范围内脉冲的峰值正比于颗粒体积。仪器只要准确测出每一个脉冲的峰值，便可得出各颗粒的大小，统计出粒度分布。

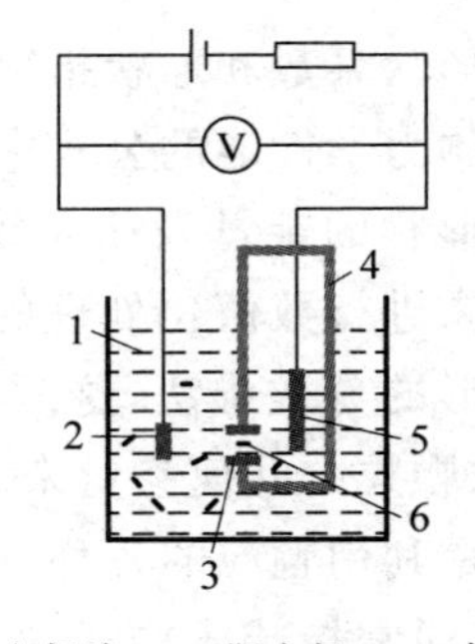

1—电解液；2—阳电极；3—小孔；4—小孔管；5—阴电极；6—颗粒

图1-9 库尔特仪示意图

仪器测试方法属于对颗粒个数和粒径的测量，不但能准确测量物料的粒径分布，更能作为粒子绝对数目和浓度的测量。其所测粒径更接近真实值，而且不像激光衍射散射原理那样受物料颜色和浓度的影响。

1.2 颗粒形状

除颗粒的粒度及其分布以外，颗粒形状(particle shape)是颗粒另一个重要的几何特征。它不仅影响粉体原材料的颗粒接触状态、参与反应过程的比表面积、烧结过程中的收缩、材料的内部孔隙与微结构、材料的电热传导性、抛光研磨的质量和磨具寿命等重要性能，还关系到粉体处理与使用过程中对容器和设备的摩擦、输送装置中的流动性、包装填充过程中的精度等，是粉体工程应用和研究中必须考虑的重要因素之一。

1.2.1 颗粒形状术语

对于颗粒形状的描述,人们常使用一些特定的术语形象地表达颗粒的形状,比如球状、尖角状、针状、片状、叶片状、鳞片状、纤维状等,表1-7中的术语定性地描述了颗粒的形状。

表1-7 颗粒形状的术语和定义

名 称	定 义	名 称	定 义
球体	颗粒为规则球形	立方体	颗粒由6个正方形面组成
粒状	单体在三维空间发育程度基本相等时的形状	棱柱状	颗粒沿垂直轴发育,表面平滑,棱角尖锐
板状	单体沿两向伸展,第三向不很发育,当单体较厚时的形状	片状	单体沿两向伸展,第三向不很发育,当单体较薄时的形状
叶片状	大面略作波状弯曲	鳞片状	小鳞片闪闪发亮
尖角状	颗粒具有清晰边缘的多边形或尖角	圆角状	颗粒具有清晰的平滑边缘或圆角
树枝状	颗粒具有典型树枝状结构	纤维状	颗粒具有规则的或不规则的线状结构
棒状	颗粒具有较大的长径比结构	针状	颗粒似针状
多孔	颗粒具有相互贯通或封闭的孔洞构成的网络结构	海绵状	颗粒为海绵般松软的多孔质

1.2.2 形状系数和形状指数

形状系数和形状指数可以对颗粒形状进行定量描述,可以代入表示颗粒的几何特征或者粉体力学性能的公式中进行计算,从而解决那些与颗粒形状密切相关的研究和应用问题。颗粒形状的定量表征大致分为两类:一类称为形状的数学分析法,较为实用的有对颗粒投影图像进行数值化处理的傅里叶(Fourier)级数分析法,以及处理不能用欧氏几何描述的复杂图形的分数维法,这两种方和均须利用计算机技术处理大量的数据;另一类称为形状因子,以颗粒的几何参量来表示颗粒的形状特征,又分为形状系数和形状指数两种形式。形状系数是利用颗粒的各种特征粒径等几何参量与其表面积、体积之间的关系,来表示颗粒与规则体(通常指球体)之间的偏离程度。形状指数是利用颗粒特征几何参量的无因次数组来表示颗粒的形状特点。常用的几种形状指数和形状系数介绍如下。

1.2.2.1 形状系数

无内部孔隙颗粒的表面积与其特征尺寸的二次方成正比,而颗粒的体积与其特征尺寸的三次方成正比。如果用 D 代表这一特征尺寸,则有

$$\varphi_S = \frac{S}{D^2} = \frac{\pi D_S^2}{D^2} \tag{1-16}$$

$$\varphi_V = \frac{V}{D^3} = \frac{\pi D_V^3}{D^3} \tag{1-17}$$

式中 φ_S,φ_V——颗粒的表面积形状系数和体积形状系数。

显然,对于球形对称颗粒 $\varphi_S = \pi$、$\varphi_V = \pi/6$。各种则形状颗粒的 φ_S 和 φ_V 值见表1-8。

表 1-8 各种形状颗粒的 φ_S 和 φ_V 值

各种形状的颗粒	φ_S	φ_V
球形颗粒	π	π/6
圆形颗粒(水冲砂子、溶凝的烟道灰和雾化的金属粉末颗粒)	2.7～3.4	0.32～0.41
带棱的颗粒(粉碎的石灰石、煤粉等粉体物料)	2.5～3.2	0.20～0.28
薄片颗粒(滑石和石膏等)	2.0～2.8	0.12～0.10
极薄的片状颗粒(云母、石墨等)	1.6～1.7	0.01～0.03

设 S_V 为单位体积颗粒的比表面积,则

$$\varphi_{S_V}=\frac{\varphi_S}{\varphi_V}=S_VD \tag{1-18}$$

式中 φ_{S_V}——比表面积形状系数。

1.2.2.2 形状指数

(1) 均齐度是以长方体为基准形状,颗粒外形两个尺寸的比值。

$$m=b/h \tag{1-19}$$

$$n=l/b \tag{1-20}$$

式中 m——扁平度;

b——短径;

h——厚度;

n——伸长度;

l——长径。

(2) 圆形度是以圆为基准形状,表示颗粒的投影与圆的接近程度。

$$圆形度\ \psi_c=\frac{与颗粒面积相等的圆的周长}{颗粒投影轮廓的长度} \tag{1-21}$$

(3) 球形度是以球体为基准形状,表示颗粒与球体的接近程度。

$$球形度\ \psi=\frac{与实际颗粒体积相等的球的表面积}{实际颗粒的表面积} \tag{1-22}$$

由于不规则颗粒的表面积和体积不易测得,故常以 Wadell 球形度来代替,也称为实用球形度 ψ_w。

$$实用球形度\ \psi_w=\frac{与颗粒投影面积相等的圆的直径}{颗粒投影的最小外接圆的直径} \tag{1-23}$$

由于等体积的物体中球体的表面积最小,故有 $\psi\leqslant1$,显然 $\psi_w\leqslant1$,而且 ψ_c、ψ_w 越接近于1,说明颗粒形状越接近于球体。

参考文献

[1] 韩跃新.粉体工程[M].长沙:中南大学出版社,2011.

[2] 陶珍东,郑少华.粉体工程与设备[M].3版.北京:化学工业出版社,2015.

[3] 李玉平,高朋召.无机非金属材料工学[M].北京:化学工业出版社,2011.

[4] 周张健,赵海雷,连芳.无机非金属材料工艺学[M].北京:中国轻工业出版社,2010.

[5] 张长森.粉体技术及设备[M].2版.上海:华东理工大学出版社,2020.

[6] 叶菁.粉体科学与工程基础[M].北京:科学出版社,2009.

[7] 陆厚根.粉体技术导论[M].2版.上海:同济大学出版社,1998.

第 2 章　粉体的基本性质

本章提要：本章主要介绍粉体的基本物理性质，包括粉体的表面性质、堆积特性、摩擦性质、压缩与成形性质等。表面性质主要介绍粉体表面的润湿性和液桥作用力。粉体的堆积性质介绍粉体堆积的基本参数，规则堆积、密实堆积和实际堆积等堆积结构。粉体的摩擦性质主要介绍粉体的内摩擦角、休止角、壁面摩擦角、滑动摩擦角和运动摩擦角等。粉体的压缩与成形性质包括粉体压缩的形式、压力分布、压缩率和成形特性等。

2.1　粉体表面润湿性

粉体的表面润湿性对颗粒之间的液桥作用力、内摩擦系数、液-固混合速度、干燥过程中的水分蒸发速度、表面改性后树脂与填料的界面相容性、固体制剂的崩解性、可溶性固体的溶解速率、肥料的植物利用率等具有重要意义。

2.1.1　粉体表面的润湿性

大家熟悉这样的自然现象：将水滴在玻璃板上，水就会在玻璃板上迅速铺开，而把水银滴在玻璃板上，水银液滴则在玻璃板上呈现球滴形状，这是由润湿作用的不同造成的。润湿性(wettability)大小通常用接触角来衡量。在气、液、固的三相交界点同时有三个表面张力的作用，这三个表面张力都趋于缩小各自的表面积，其作用方向如图 2-1 所示。

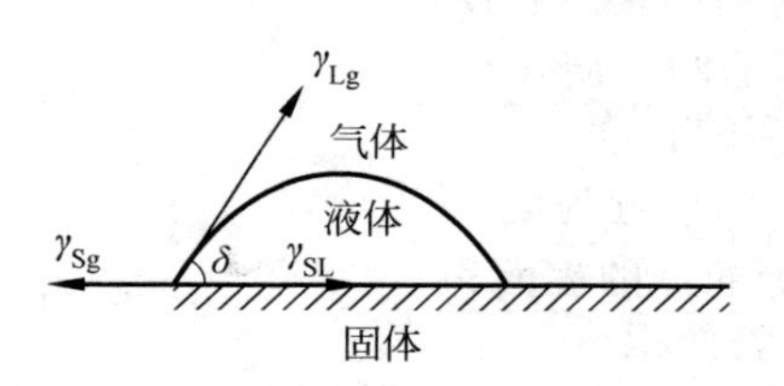

图 2-1　固体表面的润湿接触角

当三相界面张力达到平衡时，气-液与液-固界面张力之间的夹角称为接触角，用符号 δ 来表示，它来以衡量液体对固体表面润湿的程度。杨氏方程(Young equation)描述了界面张力与平衡润湿接触角之间的关系：

$$\gamma_{Sg}=\gamma_{SL}+\gamma_{Lg}\cos\theta \tag{2-1}$$

式中　γ_{Sg}——固体、气体之间的表面张力，N；

γ_{SL}——固体、液体之间的表面张力，N；

γ_{Lg}——液体、气体之间的表面张力，N；

δ——液体、固体之间的湿润接触角，(°)。

接触角 δ 越小，表明液体的润湿性越好。其中，$\delta=0°$为扩展润湿；$\delta\leqslant 90°$为浸渍润湿；$\delta\leqslant 180°$为黏附润湿。

粉体分散在液体中的现象相当于浸渍润湿，颗粒之间形成的微小空隙如同毛细管结构广泛分布在粉体层中，因此我们把液体在粉体层中的浸透作为在毛细管中的浸渍润湿情况处理。

2.1.2 液桥作用力

如果粉体颗粒能够被液体所润湿，那么粉体颗粒之间的间隙部分会因存在液体形成液体桥，从而产生附加作用力，这一作用力称为液桥作用力(liquid bridge force)。

在过滤、离心分离、造粒等单元操作过程中，由于液相量大，颗粒间很容易形成液桥。在空气中存放的粉体，当空气的相对湿度超过65%时，由于水蒸气的毛细管凝缩，颗粒间也可形成液桥，从而大大增强了黏结力，所以不能忽视大气压下附着水的存在。

下面我们以大小相同的两个球形颗粒间的液桥模型进行液桥作用力的计算。根据颗粒接触的差别，可分为3种情形。

2.1.2.1 触角 $\delta=0$，颗粒间间距 $a=0$

如图2-2所示，假设半径为 r 的两个颗粒的液体钳角为 α。

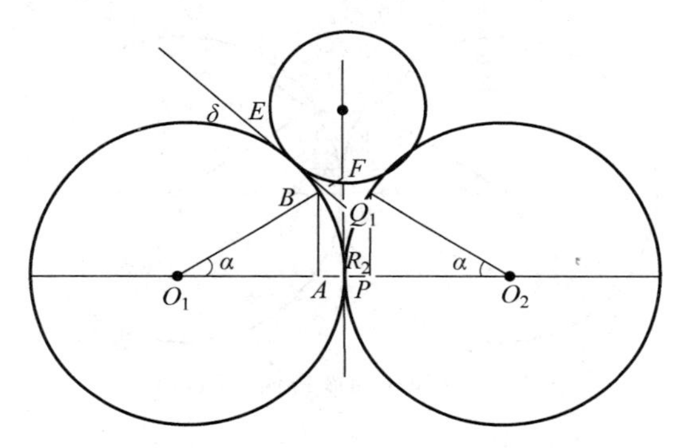

图 2-2　颗粒间液桥模型图(一)

我们把液体桥液面按照不规则曲面来处理，存在两个特征曲面，半径为 R_1 的凹液面和半径为 R_2 的凸液面，根据拉普拉斯(Laplace)公式，可得液体内外的压力差，即附加压力(ΔP)为

$$\Delta P=\sigma\left(\frac{1}{R_1}+\frac{1}{R_2}\right) \tag{2-2}$$

当 $R_1<R_2$ 时，$\Delta P<0$，两个颗粒相互吸引，则该负压称为毛细管压力。

Fisher 认为：毛细管压力作用于液膜最窄部分的圆形断面(πR_2^2)上，而表面张力 F_S 产生的拉力作用在它的圆周($2\pi R_2$)上，两种力共同作用决定了颗粒间附着力 H 的大小。

$$\begin{aligned}H&=\pi R_2^2\sigma\left(-\frac{1}{R_1}+\frac{1}{R_2}\right)-2\pi R_2\sigma=-\pi\sigma R_2\left[R_2\left(\frac{1}{R_1}-\frac{1}{R_2}\right)+2\right]\\&=-\pi\sigma R_2\left(\frac{R_2+R_1}{R_1}\right)\end{aligned} \tag{2-3}$$

例如，现有直径 R 分别为1μm，10μm，100μm，1 000μm 的四种玻璃球($\rho_p=2\ 500\text{kg/m}^3$)，计算并比较各粒径玻璃球的重力与玻璃球的附着力大小(相对湿度 RH=83%，25℃)。

计算结果见表2-1。当颗粒小至100μm时，液体架桥所引起的颗粒间附着力已达自重的618倍，颗粒越小，附着力就会远大于颗粒所受的重力。

表 2-1　不同粒径玻璃球的重力与玻璃球附着力一览表

不同玻璃球(ρ_p=2 500kg/m^3)的附着力(RH=83%,25℃)						
R/μm	钳角 α/(°)	P/N	F_S/N	H/N	G/N	H/G
1 000	0.162	6.37×10^{-4}	1.27×10^{-1}	6.38×10^{-4}	1.025×10^{-4}	6.22
100	0.511	6.33×10^{-5}	4.02×10^{-7}	6.37×10^{-5}	1.025×10^{-7}	6.21×10^{2}
10	1.62	6.20×10^{-6}	1.26×10^{-7}	6.33×10^{-6}	1.025×10^{-10}	6.18×10^{4}
1	5.10	5.81×10^{-7}	3.91×10^{-8}	6.20×10^{-7}	1.025×10^{-13}	6.05×10^{6}

2.1.2.2　接触角 $\delta\neq0$,颗粒间间距 $a=0$

当液面和颗粒的接触角为 δ 时,如图 2-3 所示。

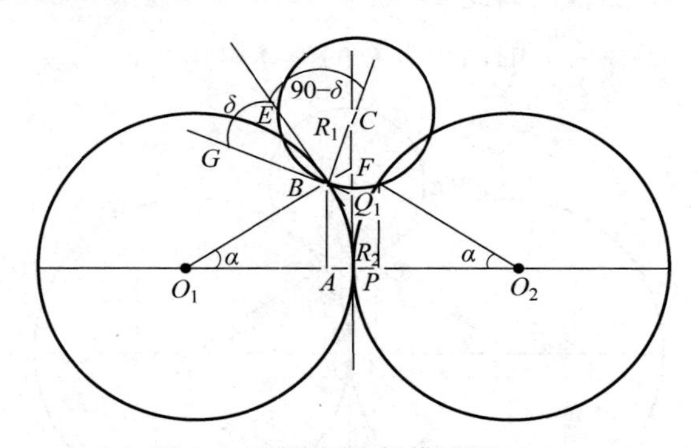

图 2-3　颗粒间液桥模型图(二)

Batel 认为:设毛细管压力作用在液面和球接触部分(AB)的断面 $\pi(r\sin\alpha)^2$ 上,而表面张力平行于两球中心连线的分量,即圆 C 切线 BG 沿水平线的分量作用在圆周 $2\pi(r\sin\alpha)$ 上,毛细管负压力为

$$H_P=\pi(r\sin\alpha)^2\cdot\sigma\left(\frac{1}{R_1}-\frac{1}{R_2}\right) \tag{2-4}$$

表面张力为

$$H_S=(2\pi r\sin\alpha)\cdot\sigma\sin(\alpha+\delta)^2 \tag{2-5}$$

附着力为两者之和,即

$$H=H_P+H_S=\pi(r\sin\alpha)^2\cdot\sigma\left(\frac{1}{R_1}-\frac{1}{R_2}\right)+2(\pi r\sin\alpha)\cdot\sigma\sin(\alpha+\delta) \tag{2-6}$$

2.1.2.3　接触角 $\delta\neq0$,颗粒间间距 $a\neq0$

毛细管负压产生的附着力为

$$H_P=\sigma\left(\frac{1}{R_1}-\frac{1}{R_2}\right)\cdot\pi(r\sin\alpha)^2 \tag{2-7}$$

表面张力产生的附着力为

$$H_S=\sigma\sin(\alpha+\delta)\cdot2\pi(r\sin\alpha) \tag{2-8}$$

全附着力为

$$H=\sigma\left(\frac{1}{R_1}-\frac{1}{R_2}\right)\cdot\pi(r\sin\alpha)^2+\sigma\sin(\alpha+\delta)\cdot2\pi(r\sin\alpha) \tag{2-9}$$

由图 2-4 中的几何关系可知，当 $a\neq0,\theta\neq0,\alpha\neq0$ 时

$$\begin{cases}R_1=\dfrac{r(1-\cos\alpha)+(a/2)}{\cos(\alpha+\theta)}\\R_2=r\sin\alpha+[\sin(\alpha+\theta)-1]\end{cases}\tag{2-10}$$

式中　a——两颗粒间距，mm；

θ——接触角，(°)。

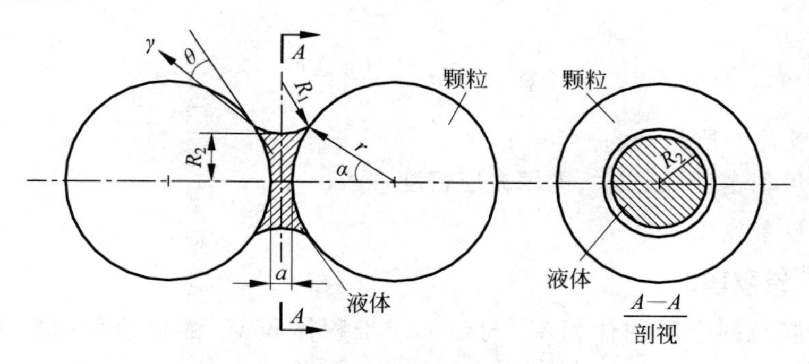

图 2-4　颗粒间液桥模型图(三)

根据 Laplace 推导出的基本等式，把界面的毛细管压力 P 与液体的表面张力 γ、界面的主要曲率半径 R_1 及 R_2 联系起来，则液体的压力为

$$P=\gamma\left(\frac{1}{R_1}+\frac{1}{R_2}\right)\tag{2-11}$$

式中，液体表面呈凹面时 R 取正值，呈凸面时 R 取负值。

设毛细管压力作用在液面和球接触部分的断面 $\pi(r\sin\alpha)^2$ 上，而表面张力平行于两颗粒连线的分量 $\gamma\sin(\alpha+\theta)$ 作用在圆周 $2\pi(r\sin\alpha)$ 上，则液桥附着力可表示为

$$F_{\mathrm{k}}=2\pi r\cdot\gamma\sin\alpha\left\{\sin(\alpha+\theta)+\frac{r}{2}\sin\alpha\left(\frac{1}{R_1}-\frac{1}{R_2}\right)\right\}\tag{2-12}$$

如颗粒表面亲水，则 $\theta\Rightarrow0$；当颗粒与颗粒相接触($a=0$)，且 $\alpha=10°\sim40°$时，则

$$F_{\mathrm{k}}=(1.4\sim1.8)\pi\gamma r\quad(\text{颗粒-颗粒})\tag{2-13}$$

$$F_{\mathrm{k}}=4\pi\gamma r\quad(\text{颗粒-平板})\tag{2-14}$$

液桥的黏结力比分子作用力大 1～2 个数量级。因此，在湿空气中颗粒的黏结力主要源于液桥力。

2.2　粉体的堆积性质

粉体的堆积是粉体储存与造粒等单元操作的基础。粉体堆积结构影响着粉体的流动与压缩，如料仓中粉体的流出、颗粒固定床的透过流动、粉体的输送及混合、粉体层的结拱与防拱、锂电池电极材料的容量、导热导电材料的传导性能、耐火材料耐钢水的冲刷性、炸药类火工材料的燃爆速率、混凝土孔隙率、3D 打印过程的铺粉均匀性、粉末冶金制品的收缩率等。

2.2.1　粉体堆积的基本参数

粉体颗粒的大小、粒度分布、颗粒形状、颗粒间作用力以及堆积条件是影响粉体堆积状

态的主要因素。

成形坯体、粉尘层、料仓粉料、流化床料层等粉体层在空间的排列状态称为粉体堆积状态。粉体的堆积状态常用以下堆积参数表示。

2.2.1.1 填充率

粉体颗粒体积 V_p 与粉体层堆积体积 V_a 的比值称为填充率(filling fraction),其表达式为

$$\psi=\frac{V_p}{V_a}=\frac{m/\rho_p}{m/\rho_a}=\frac{\rho_a}{\rho_p} \tag{2-15}$$

式中 m——粉体的质量,kg;

ρ_a——堆积密度,kg/m^3,即填充层密度,kg/m^3;

ρ_p——颗粒密度,kg/m^3。

2.2.1.2 空隙率

粉体层中颗粒间空隙的体积 V_ε 与粉体层堆积体积 V_a 的比值称为空隙率(voidage/void fraction)。其表达式为

$$\varepsilon=\frac{V_\varepsilon}{V_a}=\frac{V_a-V_p}{V_a}=1-\frac{V_p}{V_a}=1-\psi=1-\frac{\rho_a}{\rho_p} \tag{2-16}$$

空隙率不是常数,它与颗粒的堆积条件有关。

2.2.1.3 堆积密度

单位填充体积 V_a 的粉体层质量称为堆积密度(stacking density),常以 kg/m^3 表示。其表达式为

$$\rho_a=\frac{m}{V_a}=\frac{V_p\cdot\rho_p}{V_a}=\frac{V_a(1-\varepsilon)\rho_p}{V_a}=(1-\varepsilon)\rho_p \tag{2-17}$$

2.2.1.4 配位数

与观察颗粒接触的接触点数目称为配位数(coordination number)。实际粉体层中各个颗粒的配位数不同,还可用配位数分布即表示具有某一配位数的颗粒比率,来表征粉体的堆积状态。

2.2.2 粉体的堆积结构

粉体堆积结构与粉体层的压缩性、粉体的流动性等特性密切相关,并直接影响单元操作过程参数和成品及半成品的质量。

等径颗粒也称均一颗粒,其颗粒粒度相等或近似相等,实际粉体大多由参差不齐的各种不同大小与形状的颗粒组成,且堆积结构十分复杂,但对其分析可从简单的等径球形颗粒的规则堆积入手。

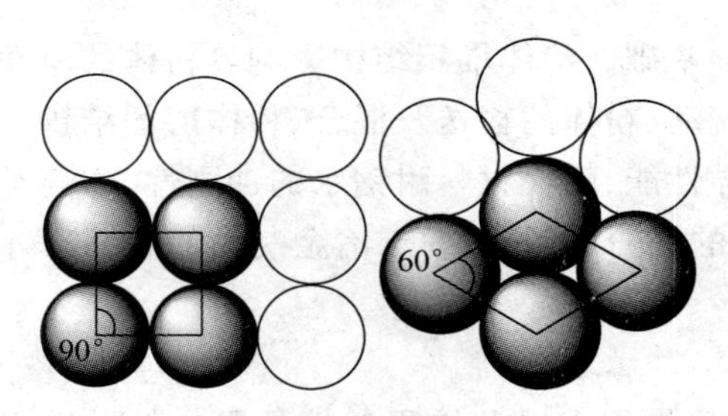

图 2-5 等径球形颗粒的基本排列层

2.2.2.1 等径颗粒粉体的规则堆积

若以等径球形颗粒在平面上的排列作为

基本层，则如图 2-5 所示的 4 个球作为基本层的最小组成单位，有正方形和单斜方形（也称六方形）两种规则的平面排列形式。以此基本层为底层，第二层如图 2-6 所示，若排列第三层，则以第二层为底层，这样可组成 6 种空间堆积形式。

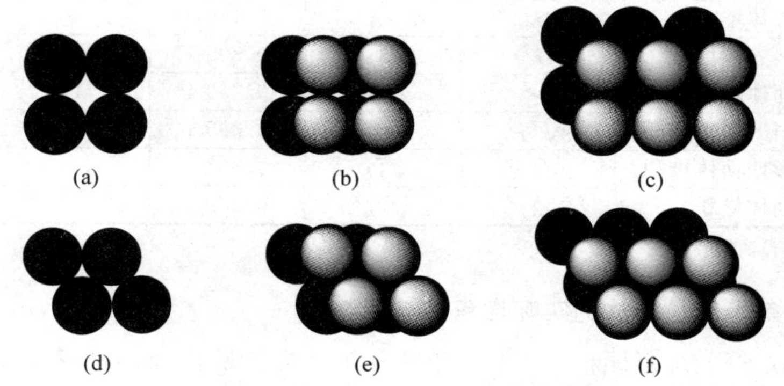

图 2-6　6 种空间堆积形式俯视图

(a)和(d)是在下层球的正上方排列上层球；(b)和(e)是在下层两球的切点上排列上层球；(c)和(f)是在下层 3 个球间隙的中心上排列上层球

将排列(b)向上逆时针旋转 90°即为排列(d)，将排列(c)向上逆时针旋转 125°16′则为排列(f)，其堆积性质相同，因此，6 种排列实际上只有 4 种。其中排列(1)称为立方体堆积，为最疏堆积方式；排列(b)和排列(d)称为正斜方体堆积；排列(e)称为楔形四面体堆积；排列(c)和排列(f)称为菱面体堆积，为最密堆积方式。取相邻的 8 个球，连接球心得到一个平行六面体，作为等径球形颗粒规则堆积的最小组成单位，称为单元体，见表 2-2。表 2-3 列出了单元体的空间排列特性参数。

表 2-2　等径球形颗粒规则堆积单元体

	排列 1	排列 2	排列 3
正方系	$\alpha=90°,\gamma=90°,$ $\beta=90°,\theta=90°$	$\alpha=60°,\gamma=90°,$ $\beta=90°,\theta=60°$	$\alpha=60°,\gamma=90°,$ $\beta=60°,\theta=54°44'$
	排列 4	排列 5	排列 6
六方系	$\alpha=90°,\gamma=60°,$ $\beta=90°,\theta=90°$	$\alpha=60°,\gamma=60°,$ $\beta=104°29',\theta=63°26'$	$\alpha=60°,\gamma=60°,$ $\beta=90°,\theta=50°44'$

表 2-3　单元体的空间排列特性参数

排列	名称	单元体		空隙率	配位数	填充组
		底面积	高			
a	立方体堆积	$4r^2$	$2r$	0.476 4	6	正方系
b	正斜方体堆积	$4r^2$	$\sqrt{3}r$	0.395 4	8	
c	菱面体堆积	$4r^2$	$\sqrt{2}r$	0.259 4	12	
d	正斜方体堆积	$2\sqrt{3}r^2$	$2r$	0.395 4	8	六方系
e	楔形四面体堆积	$2\sqrt{3}r^2$	$\sqrt{3}r$	0.301 9	10	
f	菱面体堆积	$2\sqrt{3}r^2$	$2\sqrt{2/3}r$	0.259 5	12	

注：r 为球形颗粒的半径。

2.2.2.2　等径颗粒粉体的实际堆积

实际堆积时，等径球形颗粒的堆积状态更接近立方体堆积，而不是菱面体堆积。W. O. Smith 等人向圆筒容器中堆积铅弹子，测得的空隙率通常在 0.40 左右，即使是十分小心，空隙率也在 0.35～0.45 变化。由堆积实验数据统计可得到配位数分布。实验中，将 1 200～2 400 个直径为 3.78mm 的铅弹子倾入直径为 80～130mm 的烧杯中，慢慢注入质量分数为 20%的醋酸溶液，直到烧杯被充满。之后小心地倒掉溶液，使原堆积状态得以保持，由于毛细管作用使接触点处残留少量环形液体。几小时后，接触点处出现白色的醋酸铅环形斑块。为了减小壁效应，取不与容器壁接触的铅弹子 900～1 600 个计数，依据接触点处的白色斑块统计配位数分布，得到平均空隙率为 0.359，0.372，0.426，0.440 和 0.447 五种堆积状态下的配位数分布曲线，见图 2-7。图中曲线的趋势表明，空隙率越大，曲线越接近高斯分布；空隙率越小，配位数越大。

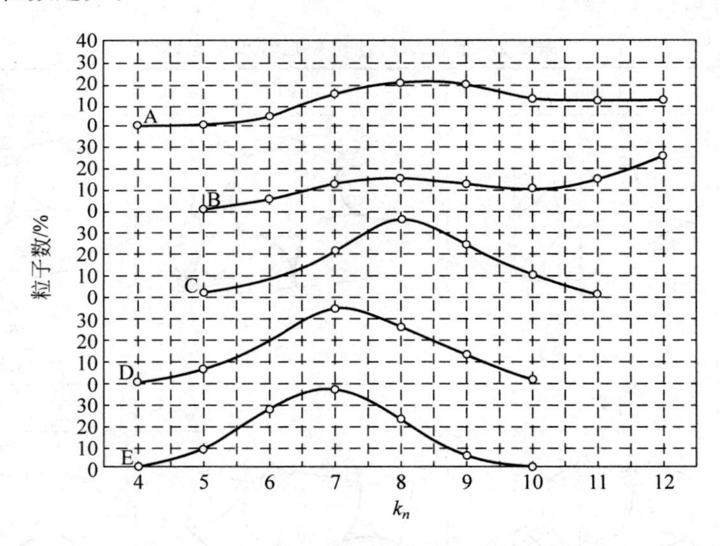

图 2-7　平均空隙不同的五种堆积的配位数分布

图 2-8 是平均空隙率与平均配位数的关系曲线，起止点分别对应菱面体堆积和立方体堆积状态，这条光滑的曲线表明可以通过理论计算来预测实际堆积状态。

理论计算时假设堆积体中，菱面体堆积比例为 x，立方体堆积比例为 $1-x$，则平均空隙

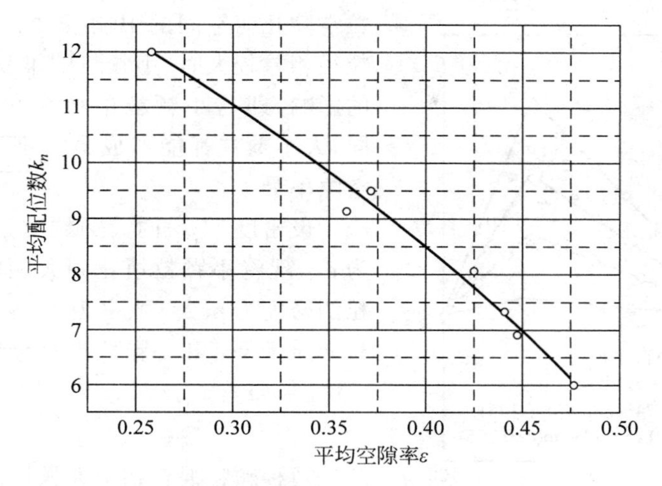

图 2-8　平均空隙率与平均配位数的关系

率(亦称总空隙率)为

$$\varepsilon = 0.2595x + 0.4764(1-x) \tag{2-18}$$

每单位体积中,菱面体堆积的粒子数与立方体堆积的粒子数比例为$\sqrt{2}$ ∶1,两种堆积的配位数分别为 12 和 6,因此,平均配位数 k_n 为

$$k_n = \frac{12\sqrt{2}x + 6(1-x)}{\sqrt{2}x + (1-x)} = \frac{60(1+1.828x)}{1+0.414x} \tag{2-19}$$

把实测堆积体的空隙率 ε 代入式(2-18)可求得 x,之后再利用式(2-19)求得 k_n。

实验结果与理论计算结果基本吻合,实验数据见表 2-4。

表 2-4　空隙率和平均配位数

空隙率 ε	平均配位数 k_n	
	测定值	计算值
0.359	9.05	9.75
0.372	9.57	9.41
0.426	8.05	7.80
0.440	7.25	7.33
0.447	6.87	7.09

Rumpf 提出了配位数 k_n 为 6～12 时,配位数与空隙率的近似关系式为

$$k_n \cdot \varepsilon = 3.1 \approx \pi \tag{2-20}$$

2.2.2.3　不连续粒度体系粉体的密实堆积

由不同粒级的颗粒组合形成的粉体称为不连续粒度体系。在某一分布范围内颗粒尺寸有限连续,则称为连续粒度体系。

1. 两组分颗粒体系的堆积

图 2-9 为两种球形玻璃珠堆积时的填充率。数据表明两组分颗粒堆积时,堆积体的填充率取决于两组分颗粒的混合比及其粒径相对大小。当粒径相差较小时,小颗粒受到大颗

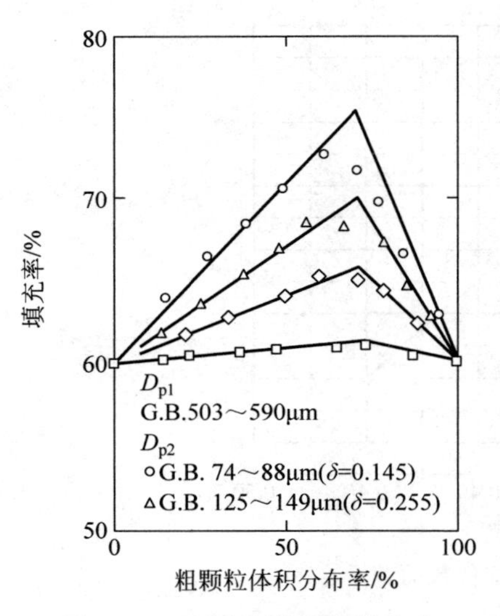

图 2-9　两组分颗粒群的填充率

粒空隙几何空间的限制，不能形成最密堆积；当粒径相差较大时，小颗粒的堆积结构不受大颗粒的影响，即与小颗粒单独存在时的堆积结构相同，大小颗粒都能形成最密堆积，此时堆积体的空隙率最小。

设密度为 ρ_1 的大颗粒单独填充时的空隙率为 ε_1，现将小颗粒填充到大颗粒的空隙中，小颗粒的密度为 ρ_2、空隙率为 ε_2，则单位体积中大颗粒的质量 W_1 和小颗粒质量为 W_2 分别为

$$W_1=(1-\varepsilon_1)\rho_1,\quad W_2=(1-\varepsilon_2)\rho_2 \tag{2-21}$$

两种颗粒混合物中大颗粒的质量分数 f_1 为

$$f_1=\frac{W_1}{W_1+W_2}=\frac{(1-\varepsilon_1)\rho_1}{(1-\varepsilon_1)\rho_1+\varepsilon_1(1-\varepsilon_2)\rho_2} \tag{2-22}$$

对于相同材质的颗粒，$\rho_1=\rho_2$，则有

$$f_1=\frac{1-\varepsilon_1}{1-\varepsilon_1\varepsilon_2} \tag{2-23}$$

如果大颗粒与小颗粒的填充结构相同，则二者具有相等的空隙率，即 $\varepsilon_1=\varepsilon_2=\varepsilon$，则式(2-23)可表示为

$$f_1=\frac{1}{1+\varepsilon} \tag{2-24}$$

2. 多组分颗粒体系的堆积

粒径由大到小为 $D_1,D_2,\cdots,D_n$ 的各级颗粒密实堆积，其密度分别为 $\rho_1,\rho_2,\cdots,\rho_n$，各级颗粒单独填充时的空隙率分别为 $\varepsilon_1,\varepsilon_2,\cdots,\varepsilon_n$。依次将较小颗粒填充到较大颗粒的空隙中，则有堆积密度(ρ_a)为

$$\rho_a=(1-\varepsilon_1)\rho_1+\varepsilon_1(1-\varepsilon_2)\rho_2+\varepsilon_1\varepsilon_2(1-\varepsilon_3)\rho_3+\cdots+\varepsilon_1\varepsilon_2\cdots\varepsilon_{n-1}(1-\varepsilon_n)\rho_n$$

单位体积中各级颗粒的质量分数为

$$W_1=(1-\varepsilon_1)\rho_1/\rho_a$$
$$W_2=\varepsilon_1(1-\varepsilon_2)\rho_2/\rho_a$$
$$W_3=\varepsilon_1\varepsilon_2(1-\varepsilon_3)\rho_3/\rho_a$$
$$\vdots$$
$$W_n=\varepsilon_1\varepsilon_2\cdots\varepsilon_{n-1}(1-\varepsilon_n)\rho_n/\rho_a$$

填充体的最小空隙率 $\varepsilon_{\min}$ 为 $\varepsilon_1\varepsilon_2\cdots\varepsilon_{n-1}\varepsilon_n$。

3. 颗粒致密堆积理论

(1) Horsfield 规则堆积

Horsfield 堆积是一种不连续尺寸分布的紧密堆积模型，它以等径球形颗粒规则堆积中的最密堆积——菱面体堆积为基础，在等径球形颗粒产生的空隙中，连续填充适当比例和尺

寸的小球形颗粒，以获得最密实的堆积。在菱面体堆积排列中，空隙大小和形状有两种，分别是 6 个等径球围成的四角孔和 4 个等径球围成的三角孔，如图 2-10 所示。设最初的等径球体为 1 次球体（半径 r_1），填入四角孔的最大球体为 2 次球体（半径 r_2），填入三角孔的最大球体为 3 次球体（半径 r_3）；其后在 2 次球体的周围填入 4 次球体（半径 r_4），在 3 次球体的周围填入 5 次球体（半径 r_5）；最后以极微细的球形颗粒填入剩余的堆积空隙中。其堆积性质见表 2-5。

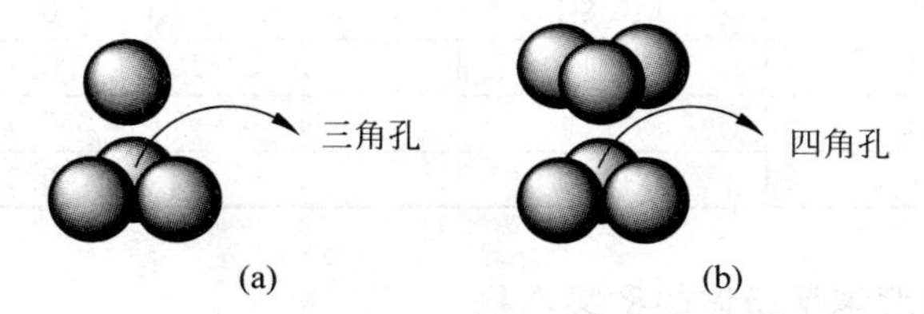

图 2-10　菱面体堆积中的三角孔和四角孔

表 2-5　Horsfield 规则堆积理论结果

堆积状态	球体半径	球体相对个数	空隙率/%	堆积率/%
1 次球体	r_1	1	25.94	74.06
2 次球体	$0.414r_1$	1	20.70	79.30
3 次球体	$0.225r_1$	2	19.00	81.00
4 次球体	$0.177r_1$	8	15.80	84.20
5 次球体	$0.116r_1$	8	14.90	85.10
⋮	极小	极多	3.90	96.10

表中所列前 5 种球体在粒度和级配上满足形成最密堆积的条件，实际上这种理想堆积状态是不可能的。但有一点是肯定的，即当粗颗粒填料粒径确定时，为了得到较高的填充率，细粒直径应小于粗粒直径的 0.414 倍。

（2）Hudson 规则堆积

Hudson 仔细研究了两种刚性球体的紧密堆积状态，将半径为 r_2 的球体填充到半径为 r_1 的球体堆积时所形成的三角孔和四角孔中，半径比和空隙率的关系如表 2-6 所示。当小球直径为大球的 0.171 6 倍且按三角孔基准填充时，得到最高的填充率和最大的密度增量。

表 2-6　Hudson 堆积性质

填充状态	装入四角孔的球数/个	r_2/r_1	装入三角孔的球数/个	空隙率/%	总密度增量/($kg \cdot m^{-3}$)
四角孔基准	1	0.414 2	0	0.188 5	0.071 06
	2	0.275 3	0	0.217 7	0.041 70
	4	0.258 3	0	0.190 5	0.068 96
	6	0.171 6	4	0.188 8	0.070 66
	8	0.228 8	0	0.163 6	0.095 90
	9	0.216 6	1	0.147 7	0.111 84
	14	0.171 6	4	0.148 3	0.111 16
	16	0.169 3	4	0.143 0	0.116 47

续表

填充状态	装入四角孔的球数/个	r_2/r_1	装入三角孔的球数/个	空隙率/%	总密度增量/($kg\cdot m^{-3}$)
四角孔基准	17	0.165 2	4	0.146 9	0.112 65
	21	0.178 2	1	0.129 3	0.130 25
	26	0.154 7	4	0.133 6	0.125 88
	27	0.138 1	5	0.162 1	0.097 40
三角孔基准	8	0.224 8	1	0.146 0	0.113 54
	21	0.171 6	4	0.113 0	0.146 53
	26	0.142 1	5	0.156 3	0.103 25

2.2.2.4 连续粒度体系粉体的密实堆积

1. Fuller 堆积

Fuller 根据实验提出了一种颗粒理想级配曲线，称为富勒级配曲线(Fuller's grading curve)(图 2-11)。固体颗粒按照级配有规则地组合排列，可以得到密度最大、空隙最小的致密堆积。Fuller 曲线的特点为：细颗粒部分筛下累积分布为曲线，粗颗粒部分为直线，在最大粒径的 1/10 处，即筛下累积为 37.3%处，直线与曲线相切。曲线在筛下累积为 17%处与纵坐标轴相切。

2. Andreasen 堆积

Andreasen 提出的连续堆积粒度分布公式为

$$U(D_p)=100\left(\frac{D_p}{D_{pmax}}\right)^q \tag{2-25}$$

式中 $U(D_p)$——累积筛下百分数，%；

D_{pmax}——最大粒径，μm；

q——Fuller 指数。

图 2-12 为 Andreasen 粒度分布曲线。Gaudin-Schuhmann 的试验结果证明，q 在 0.33～0.50 内，其粒度和级配上可满足形成致密堆积的条件。

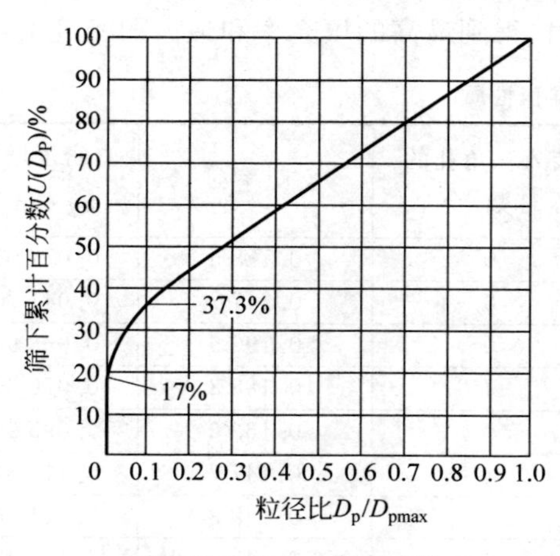

图 2-11 Fuller 曲线示例

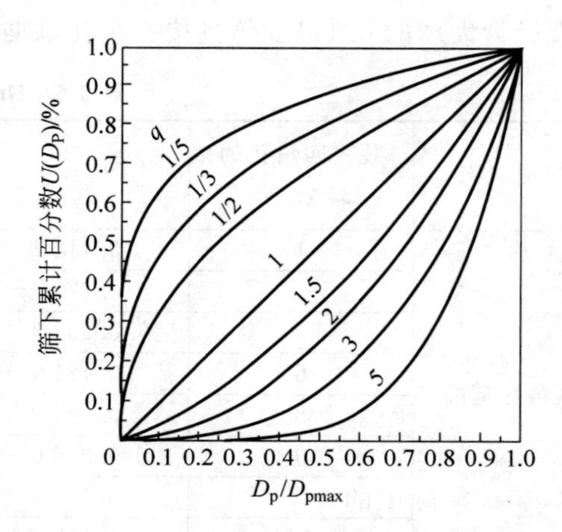

图 2-12 Andreasen 粒度分布曲线

2.3 粉体的摩擦性质(流变性质)

粉体力学是粉体储存、输送、给料、混合、造粒等单元作业及其装置设计的基础。粉体的摩擦性质、内聚性质及粉体层应力状态决定了粉体的力学行为。粉体的摩擦特性是指粉体中固体粒子之间以及粒子与固体边界表面因摩擦而产生的一些特殊物理现象,以及由此表现出来的一些特殊的力学性质,是粉体力学的基础。

粉体的摩擦特性用粉体的摩擦角表征,是表征粉体力学行为和流动状况的重要参数。由于颗粒间存在摩擦力和内聚力,粉体状态会发生改变,这时形成的角统称摩擦角。根据颗粒体运动状态的不同,摩擦角主要包括内摩擦角、休止角(安息角)、壁面摩擦角、滑动摩擦角和运动摩擦角等。

粉体的这种性质直接关系到牙膏和填充改性塑料的挤出性能、混凝土输送泵的扬程、料仓使用过程中是否容易结拱、陶瓷毛坯在压力成形过程中内部微裂隙的多少、料堆边坡的稳定性等生产应用中的实际问题。

2.3.1 粉体层应力和极限应力状态

在所考察的粉体层截面某一单位面积上的内力称为应力。同截面垂直的称为正应力或法向应力,同截面相切的称为剪应力或切应力。只有垂直正应力,且切应力为零的平面称为主(应力)平面,通过粉体层内一点可以作出无数个不同取向的截面,其中一定可以选出 3 个互相垂直的截面,在它上面只有正应力作用,剪应力等于零,用这样的 3 个主平面表达的某点上的应力即称为此点的应力状态。

为方便起见,常将“点”视为边长无穷小的正六面体,即所谓单元体,并且认为其各面上的应力均匀分布,平行面上的应力相等。由主平面构成的单元体称为主单元体,主平面上的正应力称为主应力。根据主单元体中几个主应力不为零的数目,可以将某一点的应力状态分为 3 类,如图 2-13 所示。

(1) 单向应力状态,即 3 个主应力中只有一个不为零;

(2) 二向应力状态,即 3 个主应力中有两个不为零;

(3) 三向应力状态,即 3 个主应力都不为零。

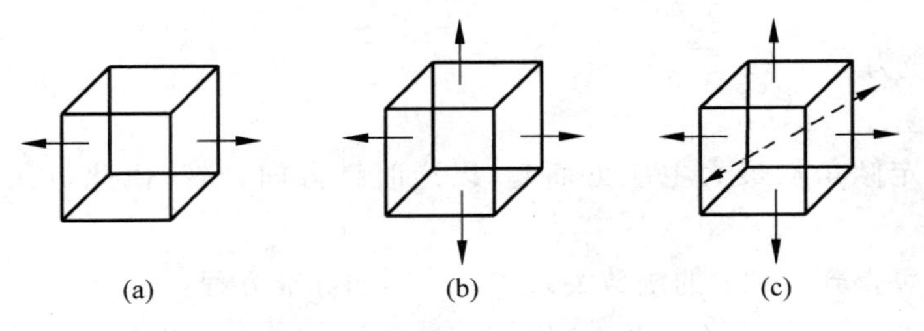

图 2-13 粉体层的应力状态

(a) 单向应力状态;(b) 二向应力状态;(c) 三向应力状态

工程实际中的许多问题属于二向应力状态,为简化起见,把粉体内部的二向应力状态作为重点讨论对象。并且不讨论单个颗粒,把粉体层整体看作连续体,假定粉体层完全均质,堆积状态和力学性质均一。

粉体层受力小时，由于摩擦力具有相对性，相对于作用力的大小产生了克服它的应力，这两种力是保持平衡的，故粉体层外观上不发生变化。可是，当作用力的大小达到某极限值时，粉体层会突然崩坏，该崩坏前后的状态称为极限应力状态。若在粉体层任意面上加一垂直应力，并逐渐增加该层面的剪应力，则当剪应力达到某一值时，粉体层将沿此面滑移，如图 2-14 所示。换言之，在粉体层中，压应力和剪应力之间有一个引起破坏的极限。

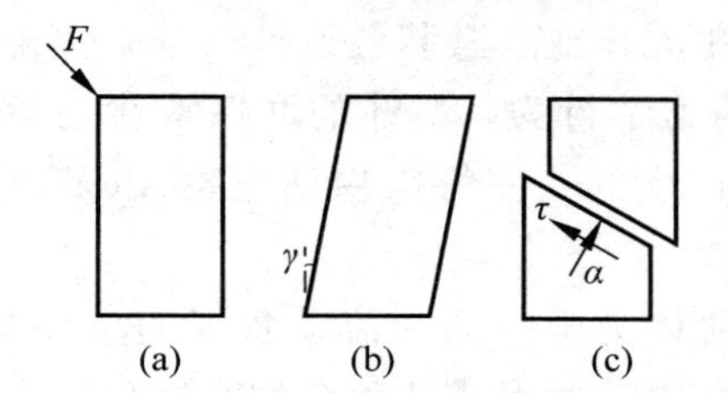

图 2-14　微元体在力作用下的变形与运动

2.3.2　内摩擦角

内摩擦角(internal friction angle)反映了粉体在密集堆积状态下形成的角，表示极限应力状态下剪应力与垂直应力的关系，可用莫尔圆和破坏包络线来描述。

2.3.2.1　粉体层应力的莫尔圆分析法

应力圆由德国工程师 Karl Culmann 于 1866 年首次提出，1882 年土木工程师 Chrisitan Otto Mohr 对应力圆做了进一步的研究，提出借助应力圆确定一点的应力状态的几何方法，后人就称应力圆为莫尔应力圆心，简称莫尔圆(Mohr circle)。莫尔圆是在以正应力和剪应力为坐标轴的平面上，用来表示物体中某一点各不同方位截面上应力分量之间关系的图线。

1. 由莫尔圆得到单元体斜截面应力

图 2-15(a)表示处于 x，y 坐标中的粉体层微单元体，在二向应力状态下，相互垂直的 ab 面和 bc 面上分别作用着最大主应力 σ_1 和最小主应力 σ_3 $(\sigma_1>\sigma_3)$，ac 是倾角为 θ 的任意斜截面，该斜截面上任意一点 $P(\sigma,\tau)$ 的应力可由图 2-15(b)所示的莫尔圆得到，圆心与坐标原点的距离为 $(\sigma_1+\sigma_3)/2$，半径为 $(\sigma_1-\sigma_3)/2$。则微单元体任意斜截面 ac 上 P 点的应力状态为

$$\begin{cases}\sigma=\dfrac{\sigma_1+\sigma_3}{2}+\dfrac{\sigma_1-\sigma_3}{2}\sin 2\theta \\ \tau=\dfrac{\sigma_1-\sigma_3}{2}\cos 2\theta\end{cases}\tag{2-26}$$

式中　σ——正应力；

　　τ——剪应力。

式(2-26)规定倾角从最大主应力面起，以逆时针方向旋转，由此可认为 ab 面的倾角为零。

由式(2-26)可得到 σ 和 τ 的函数关系式——圆的标准方程：

$$[\sigma-(\sigma_1+\sigma_3)/2]^2+\tau^2=[(\sigma_1-\sigma_3)/2]^2\tag{2-27}$$

当 α 角为最大时发生粉体层的破坏。粉体内摩擦角即为粉体内部由静止开始滑动时所形成的摩擦角，此时，$\tan\alpha=\tau/\sigma$ 达到最大值，$O'P$ 变为莫尔圆的切线。

2. 莫尔圆上的点与单元体内各截面的对应关系

莫尔圆上的点与单元体内各截面的关系是一一对应的。如图 2-15 所示，在粉体层微单

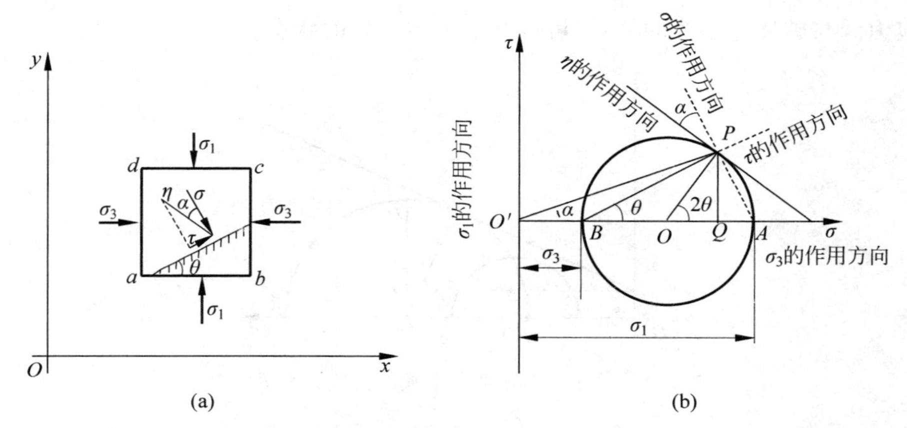

图 2-15　莫尔圆表示微单元体斜截面的应力状态

(a) 粉体层微单元体；(b) 相对应的莫尔圆

元体中，最大主应力 σ_1 作用在 $\theta=0$ 的 ab 面上，最小主应力 σ_3 作用在 $\theta=\pi/2$ 的 bc 面上，而在相应的莫尔圆中，A 点对应单元体的 ab 面，B 点对应单元体的 bc 面，这两点是处在圆心的对称位置上，即相差 π，所以单元体中的夹角 θ 相当于莫尔圆中的 2θ。单元体上的任意斜截面 ac 对应莫尔圆上的 $P(\sigma,\tau)$ 点，粉体层截面由 ab 面逆时针旋转至 ac 面，旋转倾角为 θ，对应的莫尔圆由 A 点沿逆时针滑动到 P 点，圆心角 $\angle AOP=2\theta$。莫尔圆中标识的各应力作用方向与粉体层中的实际应力方向一致。

2.3.2.2　抗剪强度规律

粉体内部的滑动可沿任何一个面发生，只要该面上的剪应力达到其抗剪强度，且这个剪应力与粉体材料本身性质和正应力在破坏面上所造成的摩擦阻力有关即可。也就是说，粉体层发生破坏除了取决于该点的剪应力，还与该点的正应力相关。

当库仑粉体沿某截面产生滑动或者崩坏时，滑移面上的切应力 τ 与正应力 σ 成正比，即满足破坏包络线方程，亦称库仑公式(Coulomb formula)：

$$\tau=\sigma\tan\varphi_i+c=\mu_i\sigma+c \tag{2-28}$$

式中　μ_i——内摩擦系数($\mu_i=\tan\varphi_i$)，静止粉体层即将发生滑动破坏时，作用于滑动面上的剪切应力与垂直应力之比；

φ_i——内摩擦角，(°)，其正切值等于内摩擦系数；

c——附着力，N，内聚力的作用，若 $c=0$，则为无附着性粉体，如干砂。

此时，粉体达到极限应力状态，故粉体开始流动。破坏包络线方程是粉体流动和临界流动的充要条件。当粉体内任一平面上的应力 $\tau<\mu_i\sigma+C$ 时，粉体处于静止状态，如图 2-16 的圆Ⅰ中各点所代表的截面。当粉体内某一平面上的应力满足 $\tau=\mu_i\sigma+C$ 时，粉体将沿该平面滑移。而粉体内任一平面上的应力 $\tau>\mu_i\sigma+C$ 则不会发生。这即为粉体的抗剪强度规律——莫尔-库仑定律。

图 2-16 中切点 A 所代表的截面上的剪应力等于极限剪应力，该截面上的剪应力与正应力之比达到最大值，此值为内摩擦角的正切值，即 $\tan\varphi_i=\tau_A/\sigma_A$，此时该平面处于极限平

衡状态。虽然圆Ⅱ中，45°截面上的剪应力值 OD 最大，但是未达到该截面上所具有的抗剪切强度值 OE（为内聚力 c 与内摩擦力 $\sigma\tan\varphi_i$ 之和，即 $OF+FE$），故此截面未发生破坏。根据莫尔应力圆与破坏包络线的关系，可以判断粉体所处的状态。

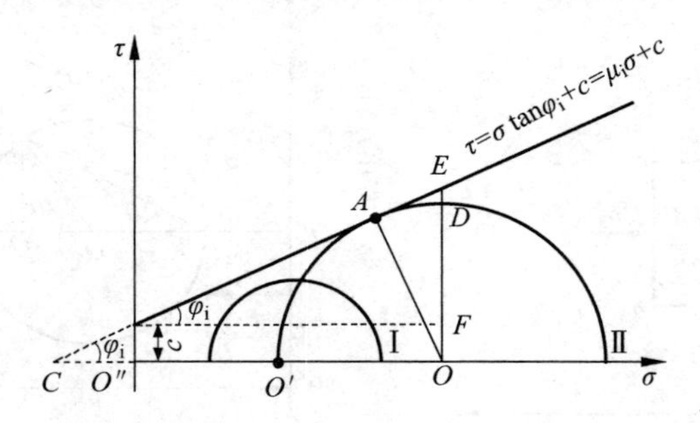

图 2-16　莫尔圆与破坏包络线的位置关系示意图

2.3.2.3　内摩擦角的测定

1. 三轴压缩试验

三轴压缩试验（triaxial compression test）是一种测定粉体抗剪强度的较为完善的方法。如图 2-17 所示，把粉体试样放入圆筒状透明橡胶膜内，在试件（必须自立）周围施加一定的流体压力 σ_3，再由上方施加压力 σ_1 直到试件破坏。崩坏（或滑移）面与最大主应力 σ_1 的作用面夹角为 $\pi/4-\varphi_i/2$。由几对应力对（σ_1,σ_3）可画出几个莫尔圆，莫尔圆的公共外切线即为破坏包络线，图 2-18 为测定的例子，数据见表 2-7，图解可得粉体的内聚力和内摩擦角数据。

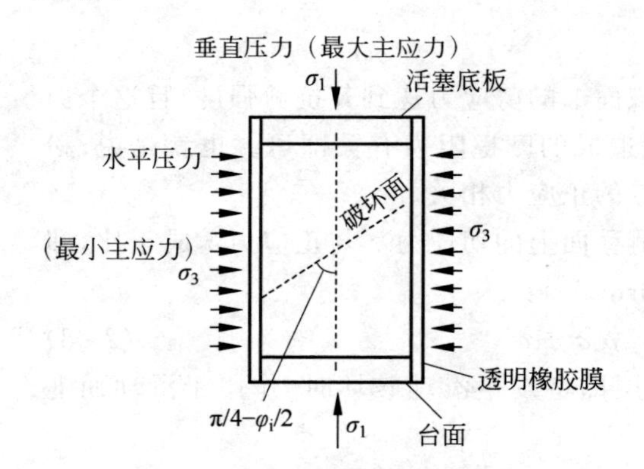

图 2-17　三轴压缩试验原理示意图

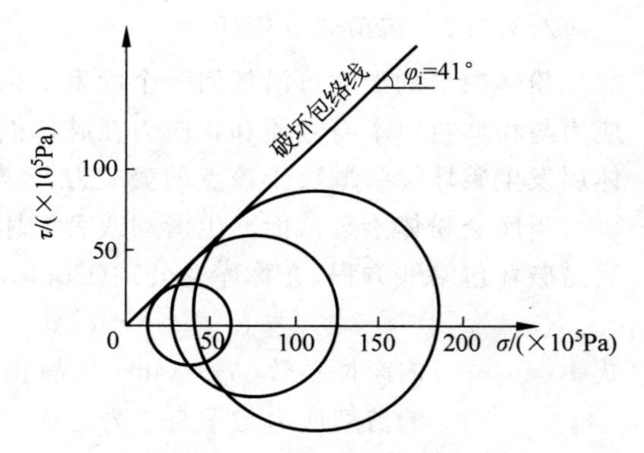

图 2-18　三轴压缩试验结果示例

表 2-7　三轴压缩试验测定结果一览表

水平压力 $\sigma_3/(\times10^5\ \text{Pa})$	13.7	27.5	41.2
垂直压力 $\sigma_1/(\times10^5\ \text{Pa})$	63.7	129	192

2. 直剪试验

通过直剪试验（direct shear test）可绘制破坏包络线，得到破坏包络线方程，同时也可测得粉体的内聚力和内摩擦角数据。如图 2-19 所示，在圆形或方形剪切盒上方施加正应力，在水平方向对上盒或中盒施加剪切力，当τ达到极限时，盒子错动，测量此时的瞬间剪切力τ。可以测得几组垂直应力σ和剪切应力τ的数对，在σ-τ坐标系中，把各数对代表的点连成线即可得到该库仑粉体的破坏包络线。破坏包络线与σ轴的夹角即为内摩擦角。图 2-20 为测定的结果，数据见表 2-8。

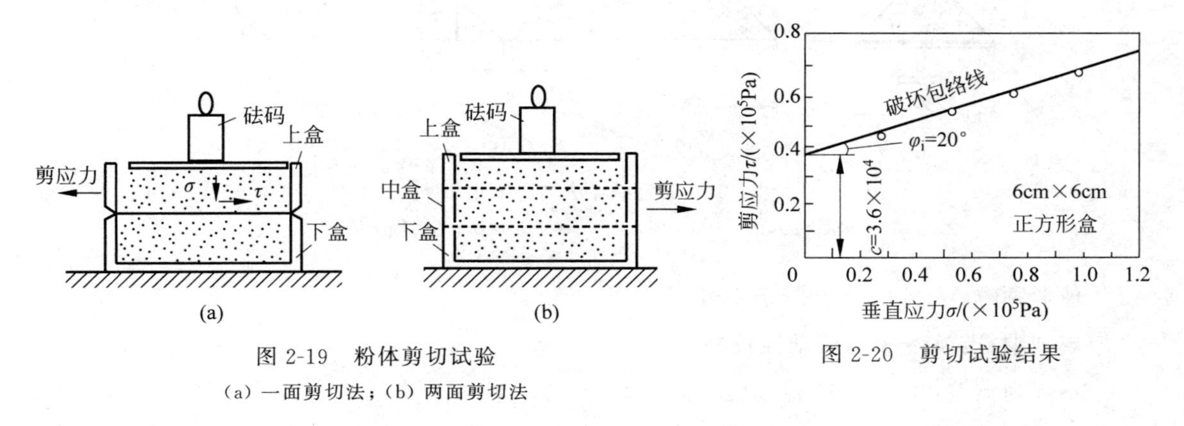

图 2-19　粉体剪切试验

(a) 一面剪切法；(b) 两面剪切法

图 2-20　剪切试验结果

表 2-8　剪切试验测定结果一览表

垂直应力 $\sigma/(\times10^5\,\mathrm{Pa})$	0.253	0.505	0.755	1.01
剪应力 $\tau/(\times10^5\,\mathrm{Pa})$	0.450	0.537	0.629	0.718

3. 休止角

休止角(angle of repose)也称为安息角，是指粉体堆积层的自由表面在静止平衡状态下与水平面形成的角度。它是粉体在自身重力下运动所形成的摩擦角，可视为粉体的“黏度”，常用来衡量和评价粉体的流动性。粉体的流动性越好，休止角越小；若粉体粒子表面粗糙，其黏着性越大，休止角也越大。休止角是自然坡度角，由物料间的相互摩擦系数决定，它影响料堆的形状，适于表征内聚力较小或粒度较粗颗粒的摩擦特性。微细颗粒粉体由于内聚力接近或大于重力，试验测试值不稳定，则不宜用休止角表征粉体的流动性。

常见的休止角测试方法有注入法、排出法和倾斜法。

注入法是通过漏斗将粉体注入某一有限直径(D)的圆板上，当粉体堆积到圆板边缘时，如再注入粉体，则多余的粉体将由圆板边缘排出而在圆板上形成圆锥状料堆，测试料锥的高度H可得休止角，如图 2-21(a)所示。为使测定结果重现性好，应注意测定条件、加料速度等的一致性。可将 2～3 个漏斗串联起来，并注意勿使上一个漏斗的出口对准下一个漏斗的出口。另外，还应规定漏斗的口径、管径和管长。或者将粉体堆至一定高度H达漏斗底部为止，再通过测定料锥底圆直径D获得休止角，如图 2-21(b)所示。

排出法是将粉体从容器底部的排豁口排出，待物料停止流动后物料倾斜面与底平面的夹角即为休止角，如图 2-21(c)所示。倾斜法是将装有 1/2～1/3 散粒物料的长方形容器倾斜或使圆筒形容器转动，其静止后物料表面所形成的角度即为休止角，方法如图 2-21(d)所示。

不同方法测得的安息角数值有明显的差异，即使同一方法也可能得到不同值，这是由粉体颗粒的不均匀性以及实验条件限制导致的。一般情况下：

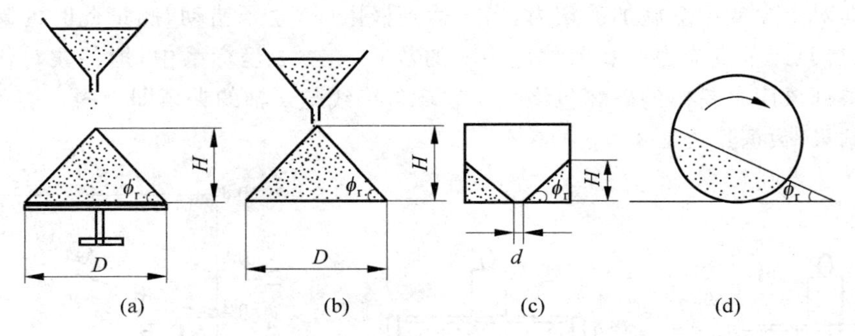

图 2-21 固定漏斗法测定休止角 ϕ_r

(a) 注入法一；(b) 注入法二；(c) 排出法；(d) 倾斜法

球形颗粒：$\phi_r = 23° \sim 28°$，流动性好。

规则颗粒：$\phi_r \approx 30°$，流动性较好。

不规则颗粒：$\phi_r \approx 35°$，流动性一般。

极不规则颗粒：$\phi_r > 40°$，流动性差。

注：对于细颗粒，安息角与粉体从容器流出的速度、容器的提升速度、转筒的旋转速度有关。所以，安息角不是细颗粒的基本物性。

4. 壁面摩擦角与滑动摩擦角

壁面摩擦角是粉体与壁面之间的摩擦角，具有重要的实用特性。它的测量方法和内摩擦角测试的剪切实验方法一样。在上剪切盒中装入被测粉体，下剪切盒以被测壁面材料代替。对装满粉体的上剪切盒施加大小不同的垂直压应力，以相应的剪应力使粉体沿壁面产生滑移，由此获得一组应力值，从而可得破坏包络线，测得壁面摩擦角。

滑动摩擦角是在某材料的板面上放上粉体，慢慢使其倾斜，当粉体滑动时，板面和水平面所形成的夹角。

5. 运动摩擦角

运动摩擦角是指当粉体层达到极限应力状态后，粉体沿滑移面产生相对运动时的摩擦角。它反映了粉体在运动中的压应力 σ 与剪应力 τ 之间的相对变化关系。通常粉体在运动时的空隙率会增大，其运动摩擦角也小于即将发生运动时的内摩擦角，如同块体材料的动摩擦系数小于静摩擦系数一样。

2.4 粉体的压缩与成形性质

粉体压缩是把粉体容积减小，使颗粒填充状态变密的过程。粉体压缩工艺已经在医药制剂、燃料与能源、炸药、催化剂、食品、粉末冶金、陶瓷、塑料、电子元器件等现代工业的众多分支中得以广泛应用。在很多人认为的粉体压缩过程中，外力是不破坏粉体颗粒结构的，但是如果从广义的粉体压缩概念上说，只要符合总容积减小且填充密实度提高的过程都可以称为压缩，而且在很多工程应用实例中，粉末的压缩和成形往往是一体的，因此成形也可以说是一种广泛体现在工程实际中的压缩形式。

2.4.1 压缩的形式

从加压方式上分，压缩可以分为冲击压缩和静压缩，其区别可以认为是外力施加的速度不同。在实际应用中静压缩更为多见，而用冲头和冲模进行静压缩时，根据加压时施力方向的不同还可以分为单向加压的单面静压缩和上下方向都加压的双面静压缩，如图 2-22 所示。

另外，在实际的工程应用中，也能够见到其他压缩形式，例如对辊挤压、静压等形式。

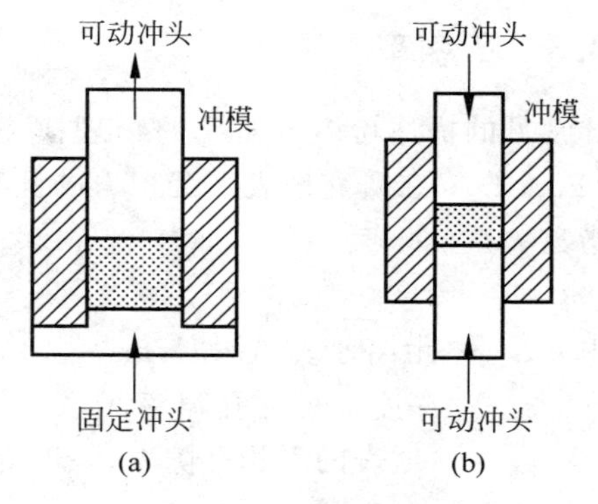

图 2-22 不同的静压缩形式图解
(a) 单面静压缩；(b) 双面静压缩

2.4.2 压力的分布

粉体压缩中的压力分布比较复杂，而且其与施压方法密切相关。其中最简单的一种模型称为 Boussinesq 球头形分布，其描述的情形是在数量很大的粉体层上置一圆柱体，讨论该圆柱体对粉体所产生的压力分布，该理论所导出的压力空间分布情况如图 2-23 所示。而具体到实际的应用中时，例如采用冲头和冲模加压，那么还需要考虑模具内壁面的影响，如果是用直径为 D 的冲头压缩厚度为 L 的粉体层时，当上冲头压力和下冲头的压力分别为 p_a 和 p_b 时，则有

$$\ln\left(\frac{p_a}{p_b}\right)=\frac{4\mu_i K_a L}{D} \tag{2-29}$$

式中 K_a——粉体侧压力系数；

μ_i——粉体内摩擦系数。

当采用圆柱形内腔模具进行上述加压操作时，为了测得粉末坯体各处的压力值，可以将多个电阻应变片元件在加压之前埋入粉末对应的位置，加压后通过配套读数装置即可读出对应位置的压力值。图 2-24 所示为把 150g 碳酸镁粉料填充到直径为 5.3cm 的模具中，用 50t 水压机加压至约 200MPa 后测量粉末各处的压力后所绘制的等压力曲线和等填充率曲线，在测试之前，为了减少模具内壁面剪力造成的压缩不均匀，可以在模具内壁涂石墨或石蜡等作为润滑剂。由测试结果可知粉体层的中部和下部压力最大，因此也可以确定最密填充所形成的部位。

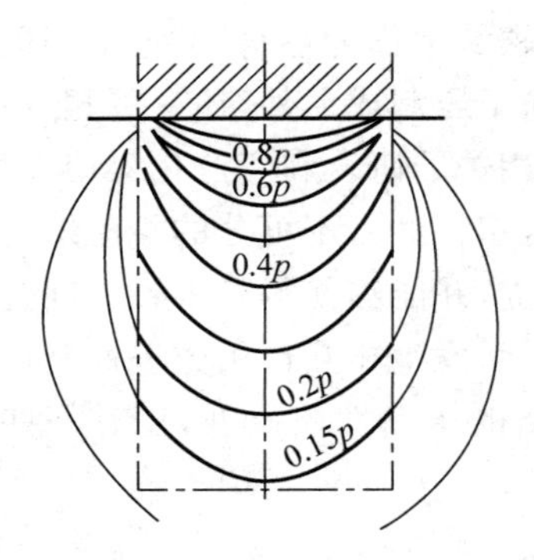

图 2-23 Boussinesq 球头形压力分布

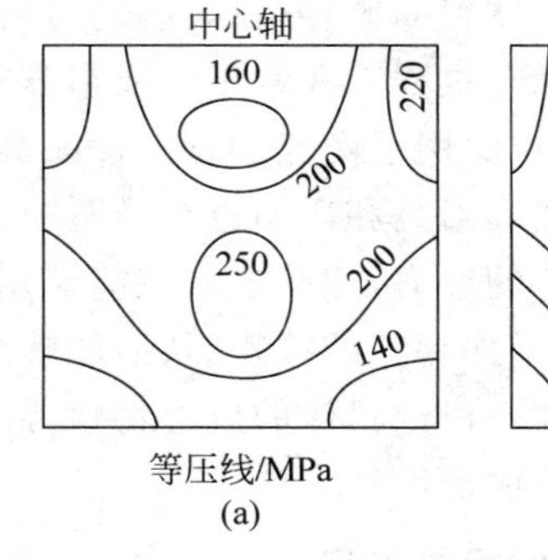

图 2-24 圆柱形碳酸镁材料压缩试验的压力分布

2.4.3 压缩率

常见的描述粉体压缩率的物理模型往往是借用地质学中描述土层沉积的模型，阿吉(L. F. Athy)在研究地表下沉积岩的孔隙率随深度的变化关系时指出，孔隙率与深度成负的指数关系，即

$$\varepsilon=\varepsilon_0\exp(-bz) \tag{2-30}$$

式中 z——距离地表的深度，m；

ε——深度 z 处的孔隙率，小数；

ε_0——地表的平均孔隙率，一般为 0.45～0.50；

b——压缩常数，一般取值为 $3\times10^{-4}\sim3.5\times10^{-4}$。

例如，通过公式(2-30)可得，在地表下 1 800m 处，孔隙率 $\varepsilon=0.05$。

当用式(2-30)量度粉末体积与压力的关系时，可以用其变形形式。设 V_0 为具备一定质量的粉体在压力为零时的容积，V_∞ 为将这些粉体压缩至空隙率 $\varepsilon=0$ 时的粉体体积(真体积)，设该粉体集合在压力 p 下的容积为 V，那么此时空隙率即为 $\varepsilon=(V-V_\infty)/V$，此时阿吉公式即可变形为

$$\frac{V-V_\infty}{V}=\frac{V_0-V_\infty}{V_0}\exp(-b'p) \tag{2-31}$$

式中 b'——将深度值换算到压力值时需要的常数。

在工程上，一般将压缩至空隙率为零时的体积变化 V_0-V_∞ 与压力达到 p 时的体积变化 V_0-V 之比称为体积压缩率。式(2-31)不能直接用于描述体积压缩率(compressibility)的函数关系，因此，库珀(D. L. Cooper)提出了体积压缩率与压力之间的关系式为

$$\frac{V_0-V}{V_0-V_\infty}=\alpha_1\exp\left(-\frac{k_1}{p}\right)+a_2\exp\left(-\frac{k_2}{p}\right) \tag{2-32}$$

式中 a_1,a_2,k_1,k_2——常数。

式(2-32)的右边为两个指数项之和，按照库珀理论，解释为压缩过程包括粉体粒子重排过程和粒子破碎并塑性流动的过程，即分别对应式(2-32)中的两个指数项，而该理论已经用涉及某些化合物(如氧化铝、氧化硅等)的粉体实验所证实。

2.4.4 粉体的成形特性

成形是将可用于成形材料的原料(在典型的材料工程领域常称为坯料)经过适当的途径和设备赋予某种形状的工艺过程。在常见的成形方式中除了压制成形外，还有可塑成形、注浆成形等，其中压制成形广泛用于陶瓷、制药、食品等行业相关的研发和产业化等诸多场合，并且所用的粉体的压制法成形是和压缩过程乃至粉体的压缩特性密不可分的。压缩过程主要是给予粉末集合体足够的应力，使粉末颗粒能够相互靠拢，并能够使得粉末颗粒间达到一定程度的重排，以尽可能增加相互的接触，从而能够为颗粒间发生相互作用力进而利用相应的机制定形创造前提条件。讨论粉体的成形特性除了前面的压缩性质以外，还有一些比较重要的特性能够显著影响成形性能。

2.4.4.1 粉料成形的相关工艺性质

压制法成形涉及干压法、半干压法、等静压法等，它们都是利用各种形式的压力将粉料

压制成一定形状的坯体。用于压制的粉料属于粗分散物理体系，其某些特殊的物理性能对于压制成形很重要。

1. 粒度分布与堆积特性的影响

科研和生产实践都已经说明，具备不同粒度的粉体在压缩时对应的压力-密度曲线是不同的，如图 2-25 所示。如果粉料太粗，那么空隙的比例太大，相对较少的触点数量和面积不能保证总体结构致密；如果粉料很细，尽管颗粒间相互接触的面积和触点能够保证将它们压成密实的整体，但是其中分布的大量空气在沿着与加压方向垂直的平面排出时会破坏坯体的结构使坯体产生层裂，因而只有粗、细颗粒搭配合理的粉料在成形后才能同时得到比较高的密度和强度，而这种搭配也能够用描述粉料颗粒堆积的理论说明，即如果用不等径球堆积的话，小球体能够填充到大球体的空隙中，提高整体的堆积密度，为得到更加密实的堆积体创造前提条件。

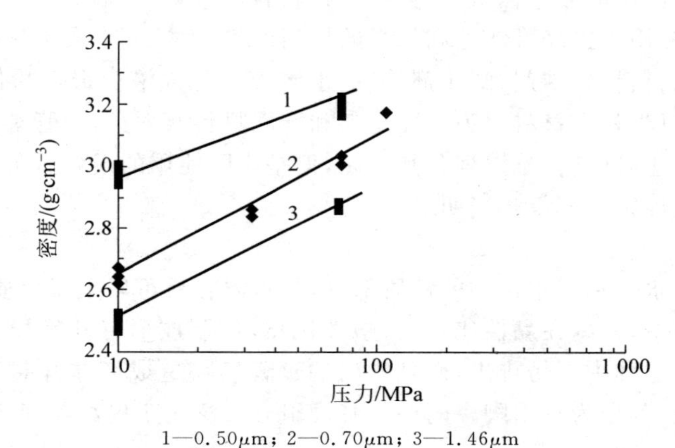

1—0.50μm；2—0.70μm；3—1.46μm

图 2-25　ZrO_2 粉体平均颗粒尺寸对压力-密度关系的影响

2. 粉料的拱桥效应

实际的粉料颗粒形状比较复杂并且表面粗糙，这就导致颗粒之间互相交错咬合而形成粉料颗粒的拱形排列，增大了粉料自由堆积的空隙率，该效应即为拱桥效应。拱桥效应的成因可以用粉末颗粒堆积结构(图 2-26)加以说明。当颗粒 B 落在颗粒 A 上时，设颗粒 B 的自重为 G，则在每个触点处都产生反作用力，其合力为 F，大小与 G 相等，方向与之相反。若颗粒间附着力较小，则 F 不足以维持重力，使得颗粒 B 落入空隙中，便不会形成拱桥。

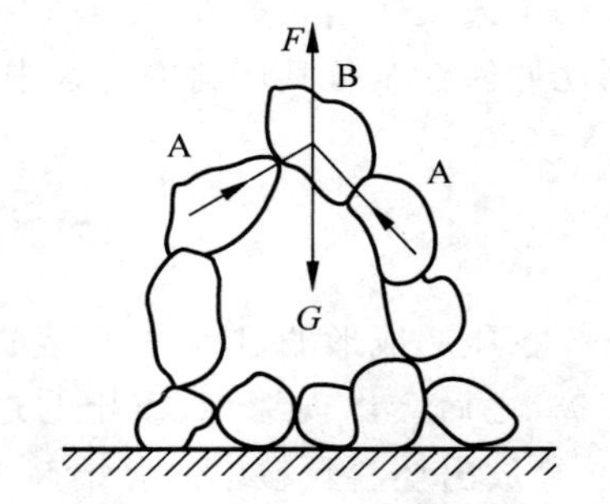

图 2-26　颗粒堆积的拱桥效应

因此，拱桥效应是否明显与颗粒形貌、大小及密度等因素都有关系。粗大而光滑的颗粒堆积在一起时，空隙率一般都不会很大，而当颗粒质量越小，或者密度越小，或者比表面积增大时，颗粒间的附着力便增大，就容易形成拱桥。

3. 粉料的流动性

粉料的流动性可以用其自然休止角等参数来衡量和测定，并且该特性取决于其内部颗粒的内摩擦力，而影响内摩擦力的因素还与粉料的粒度分布，颗粒的形状、大小、表面状态等因素有关，并且，经过不同前处理方式的粉料的流动性可以有很大的不同。

在生产中，粉料的流动性决定着它在模型中的充填速度和充填程度。流动性差的粉料难以在短时间内均匀地填满模具，影响产品的产量和品质，因此如何改善流动性也是压制坯料制备的关键点之一。

4. 粉料的团聚特性

团聚是粉末的一个普遍现象，它对于粉末的成形，乃至后期产品的微结构都有显著的影响。一般说来，粉末颗粒越细时，其表面能越高，团聚现象越显著。粒度的改变也会在很大程度上改变粉末成形过程中的许多性质，例如与模具的黏连特性、吸水特性等，因此针对细颗粒粉末的成形需要具体问题具体分析。

2.4.4.2 常见工程应用粉末材料的成形特性分类

在绝大多数的压制成形过程中，除了粉体材料自身外，为了提高成形的效果，往往还有一定量的液体参与，用于提高可塑性和材料的均匀性等，而这其中最常见的就是水以及溶解或混合了成形辅助材料（黏结剂、塑化剂等）的水溶液和悬浊液。根据粉体材料与水相互作用性质的不同，可以将粉末材料分为塑性材料和瘠性材料两大类，尽管某些材料在实际应用中表现出来的性质比较中庸，难以划分其归属，但是实际使用的很多具备重要应用价值的材料的塑性或瘠性特性则表现得相当明显。

1. 塑性材料

这类材料的吸水性和与水亲和的性质都好，与水混合后可以呈现出质软的泥料形态，其颗粒粒度以偏细为主，其内在黏性比较高，塑性优良，压制成形特性优异。但是这类材料的结合水在后期干燥过程中不易排出，而且排出的过程容易造成坯体开裂。这类材料的一个典型代表就是黏土，其作为日用陶瓷的一个基础组分广泛用于提高陶瓷坯料的塑性。

2. 瘠性材料

这类材料与水混合后基本没有类似塑性料那样的黏性和亲和保水性，因此其塑性不佳，流动性差，导致其压制成形特性较差，往往表现为撤去压力坯体脱模时会破碎。典型的代表就是日用陶瓷中的石英材料，尽管其存在不能提高坯体的塑性，但是其充当了坯体的骨架，存在可调节坯体总体的可塑性和吸水特性，限制坯体在干燥和烧成时收缩，因此在陶瓷中也起到了关键作用。另外，很多应用于精细结构陶瓷、电子工业陶瓷的原料都属于这类材料，因此如何在制备其坯料的过程中改善其流动性和成形特性是一个很重要的课题。

2.5 改善成形特性的措施

在压制成形的过程中，随着施加压力的增加，具备一定黏性的粉末颗粒在模具内会渐渐靠拢，之后会出现滑移、重排的过程，将空气排出，之后颗粒的接触点将发生局部变形和断裂，释放出坯料颗粒中的黏结剂水分，相应的范德华力和氢键等作用力开始逐渐增大，从而使坯料结合成牢固的整体。通过考察上述成形过程可知，要想改善成形效果，往往需要对以下几个方面进行改进。

2.5.1 选择合适的黏结剂种类和比例

这种情况多见于功能陶瓷，因为应用的场合千差万别，其组分多变，为了获得最佳的成形性能，其使用的黏结剂以及其他添加剂的配方、比例等往往需要调整，例如常见的黏结剂有糊精、丙烯酸盐、石蜡、聚乙烯醇、聚乙烯醇缩丁醛等，而且这些配方的选用和调整绝大多数情况下只能依靠试错法。

2.5.2 压制坯料制备方式的改进

对于实验室小批量试验而言，出于操作上的简便可以手工研磨制备坯料，如果是中试实验的话，则可以采用诸如喷雾干燥等较新式的制备手段，而且喷雾干燥工艺制备的样品具有流动性好、坯料颗粒尺寸均匀、含水率可控等优点。

2.5.3 压制方式的改进

延长加压时间或者压力值对于改善生产率或者坯体品质的意义并不大，因此对于压制成形而言主要的改善方式还是着眼于压制的方式与程序，模具的材料、结构以及合适的脱模剂的选用等方面。例如，在坯体长径比不是太大的情况下，单向加压难以避免坯体上下表面部分密度不均匀的问题，可以通过双面异步加压的方式得到改善，即两面先后加压，两次加压时间有间隔，有利于成形时空气的排出。上述压制方式的实现还需要模具组件设计的配合，例如实验室制备圆柱形陶瓷试样所用的模具要想在普通单向压机上实现上述压制程序，则需要在传统的“上模、下模、模框”三件套模具的基础上添加模砧。对于不同类型的样品而言，其压制程序(加压速度、多次加压的次数、卸压速度等)也需要根据样品进行优化；而对于大多数瘠性材料而言，为了防止脱模时比较大的摩擦力对于坯体结构的影响，通常脱模剂的是必需的，常见的实验室用脱模剂有油酸、甘油等，而工业用脱模剂则可以使用系列化定制产品。

参考文献

[1] 周仕学，张鸣林．粉体工程导论[M]．北京：科学出版社，2010.

[2] 韩跃新．粉体工程[M]．长沙：中南大学出版社，2011.

[3] 陶珍东，郑少华．粉体工程与设备[M]．3 版．北京：化学工业出版社，2015.

[4] 李玉平，高朋召．无机非金属材料工学[M]．北京：化学工业出版社，2011.

[5] 周张健，赵海雷，连芳．无机非金属材料工艺学[M]．北京：中国轻工业出版社，2010.

[6] 张长森．粉体技术及设备[M]．2 版．上海：华东理工大学出版社，2020.

[7] 叶菁．粉体科学与工程基础[M]．北京：科学出版社，2009.

[8] 陆厚根．粉体技术导论[M]．2 版．上海：同济大学出版社，1998.

第3章 粉体流体力学

本章提要：粉体颗粒与气体或液体混合形成气-固、液-固两相流。粉体流体力学主要研究颗粒在流体中的运动特点及流体的特性。本章主要介绍气-固、液-固两相流的基本性质、特点及特征参数，论述粉体颗粒在流体中的受力、速度及沉降现象，并讨论颗粒沉降速度的计算及其修正。

在自然界以及生活或工业中，常涉及粉体的流体力学(particle hydrodynamics)，如泥石流、矿物分离、粉体物料的气力或液力输送、离心分离、污水处理及排放、火箭喷嘴内固体燃料喷雾流、大气尘埃流等。在一般的流体力学中，通常只研究单一相均质流体的流动问题，而粉体流体力学通常是处理许多不同形态物质混合物的流动问题。

通常把状态不同的多相物质共存于同一流动体系中的流动称为多相流动，简称多相流(multiphase flow，MF)。最普通的一种多相流动为两相流动(two-phase flow)，它是由4种形态物质(即固态、液体、气体和等离子体)中的任意两种结合组成的。这些两相流动问题的结论和分析，亦可推广应用到多相流动中。

3.1 两 相 流

常见的粉体颗粒物质存在的两相流主要有气-固两相流、液-固两相流。粉体颗粒均匀或不均匀地分布在流体中可形成两相流动体系。

3.1.1 两相流的基本性质

3.1.1.1 两相流的浓度

设在流动体系中，颗粒的体积、质量和密度分别为 V_p，M_p 和 ρ_p，流体的体积、质量和密度分别为 V_f，M_f 和 ρ_f，两相流的总体积、总质量和密度分别为 V_m，M_m 和 ρ_m，则有 $M_m = M_p + M_f$；$V_m = V_p + V_f$。

那么，固相粉体颗粒的浓度可作以下定义：

(1) 体积浓度(volume density)，即粉体颗粒的体积占两相流总体积的分数，以 C_v 表示，其表达式为

$$C_v = \frac{v_p}{v_p + v_f} \tag{3-1}$$

若以单位体积流体所拥有的粉体颗粒体积表示，则有

$$C'_v = \frac{v_p}{v_f} \tag{3-2}$$

(2) 质量浓度(mass density)，即单位质量的两相流中所含粉体颗粒的质量分数，以 C_w

表示，其表达式为

$$C_w=\frac{M_p}{M_p+M_f} \tag{3-3}$$

若以单位质量流体所拥有的粉体颗粒质量表示，则有

$$C'_w=\frac{M_p}{M_f} \tag{3-4}$$

若已知两相流密度 ρ_m，则式(3-1)～式(3-4)可直接用密度表示为

$$C_v=\frac{\rho_m-\rho_f}{\rho_p-\rho_f} \tag{3-5}$$

$$C'_v=\frac{\rho_m-\rho_f}{\rho_p-\rho_m} \tag{3-6}$$

$$C_w=\frac{\rho_m-\rho_f}{\rho_p-\rho_f}g\ \frac{\rho_p}{\rho_m}=C_v g\ \frac{\rho_p}{\rho_m} \tag{3-7}$$

$$C'_w=\frac{\rho_m-\rho_f}{\rho_p-\rho_m}g\ \frac{\rho_p}{\rho_m}=C'_v g\ \frac{\rho_p}{\rho_m} \tag{3-8}$$

一般来说，$\rho_m \ll \rho_p$，故 $C_v \ll C_w$；对于气-固两相流，因为气、固相密度比大致为 10^{-3} 数量级，其体积浓度远小于质量浓度。因此，在某些场合，为了简化颗粒与气体流体的运动方程，可以忽略颗粒所占的体积而不会引起太大误差。

但须注意，当质量浓度很大(如浓相气力输送)或质量浓度虽不大但气、固相密度比较大时，则不可忽略颗粒体积，否则会导致较大误差。

在颗粒浓度很高的两相流中，常用到空隙率(voidage)ε 的概念，其定义为流体体积与两相流总体积之比，数学表达式为

$$\varepsilon=\frac{V_f}{V_m}=\frac{V_m-V_p}{V_m}=1-C_v \tag{3-9}$$

空隙率也可用颗粒的质量浓度表示，即

$$\varepsilon=\frac{\dfrac{1-C_w}{\rho_f}}{\dfrac{1-C_w}{\rho_f}+\dfrac{C_w}{\rho_p}}=\frac{1-C_w}{1-C_w\left(1-\dfrac{\rho_f}{\rho_p}\right)} \tag{3-10}$$

3.1.1.2 两相流的密度

在两相流中，既有固体颗粒，又有流体介质。单位体积的两相流中所含固体颗粒和流体介质的质量分别称为颗粒相和介质相的密度(density)，分别以 ρ_{pj}(kg/m^3)和 ρ_{fj}(kg/m^3)表示，其表达式为

$$\rho_{pj}=\frac{M_p}{V_m} \tag{3-11}$$

$$\rho_{fj}=\frac{M_f}{V_m} \tag{3-12}$$

两相流的密度可定义为

$$\rho_m = \frac{M_m}{V_m} = \frac{M_p + M_f}{V_m} = \rho_{pj} + \rho_{fj} \tag{3-13}$$

3.1.2 颗粒与流体的相对运动

流体与固体颗粒之间有相对运动时，同时存在动量传递。颗粒表面对流体有阻力(resistance，F_R)，流体则对颗粒表面有曳力(drag force，F_D)。阻力与曳力是一对作用力与反作用力。曳力是流体对其中有相对速度的固体施加的力，这个力与相对速度的方向相反，相当于相对运动的阻力。流体作用于颗粒上的曳力 F_D 对颗粒在其运动方向上的投影面积与流体动压力乘积的比值，称为曳力系数(drag coefficient，C_D)。

由于颗粒表面几何形状和流体绕颗粒流动的流场这两个方面的复杂性，流体与颗粒表面之间的动量传递规律远比在固体壁面上要复杂得多。

在两相流中，颗粒的雷诺数(Reynolds numder，Re_p)可表示为

$$Re_p = \frac{D_p u \rho_f}{\mu} \tag{3-14}$$

式中 D_p——颗粒粒径，m；

u——颗粒沉降速度，m/s；

ρ_f——流体密度，kg/m^3；

μ——流体黏度，Pa·s。

(1) 在 $Re_p<0.1$ 的爬流条件下，流体流动对颗粒表面的总曳力为摩擦曳力与形体曳力之和，即

$$F_D = F_t + F_p = 4\pi\mu Ru + 2\pi\mu Ru = 6\pi\mu Ru \tag{3-15}$$

式中 F_t——摩擦曳力，N；

F_p——形体曳力，N。

(2) $Re_p>0.1$ 时，颗粒表面的总曳力为

$$F_D = C_D A_p \frac{\rho u^2}{2} \tag{3-16}$$

式中 A_p——颗粒表面积，m^2；

C_D——曳力系数，是颗粒雷诺数 Re_p 的函数，二者的关系如下：

$Re_p<2$ 时为层流区（斯托克斯定律区），$C_D=\dfrac{24}{Re_p}$；

$2\leqslant Re_p<500$ 时为过渡区（阿仑定律区），$C_D=\dfrac{18.5}{Re_p^{0.6}}$；

$500\leqslant Re_p<2\times10^5$ 时为湍流区（牛顿定律区），$C_D\approx0.44$；

$Re_p\geqslant2\times10^5$ 时为湍流边界层区，边界层内的流动也转变为湍流，流体动能增大使边界层分离点向后移动，尾流收缩、形体曳力骤然下降，实验结果显示，此时曳力系数下降，且呈现不规则的现象，$C_D\approx0.1$。

曳力系数 C_D 与颗粒雷诺数 Re_p 的关系如图 3-1 所示。

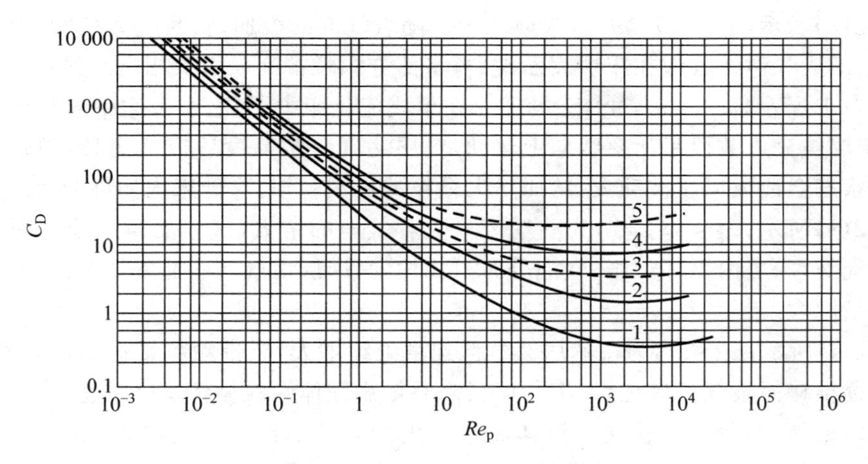

图 3-1　曳力系数 C_D 与颗粒雷诺数 Re_p 的关系

图中 1～5 表示颗粒表面粗糙度

3.1.3　颗粒流态化

3.1.3.1　流态化技术基本原理

流态化描述固体颗粒与流体接触的某种运动形式，与高黏度液体的性质类似。当流体通过颗粒料或粉料层（称为床层）向上流动时，颗粒流体力学状态与流体速度、颗粒性质及状态、料层高度和空隙率等因素有关，常表现出的固定床状态、流（态）化状态、缺陷力输送状态等。

颗粒流体的两相流动通常呈现以下 3 种典型情况：

(1) 固定床（stationary bed），即流体穿过固定的颗粒层流动，例如立窑中粒料的煅烧，移动式炉篦上熟料的冷却、料浆的过滤脱水以及过滤层收尘等过程。

(2) 流化床（fluidized bed），即当流体速度增加到一定程度，固定颗粒层呈现较疏松的活动（假液化）状态（即流化床）的流动，例如流态化烘干预热、粉状物料的空气搅拌以及空气输送斜槽的气力输送等过程。

(3) 连续流态化（continuous fluidization），即流体与固体颗粒的相对运动速度更高，颗粒在流体中呈更稀的悬浮态运动（即连续流态化）的流动，例如悬浮预热分解、沉降、收尘、分级分选、气力输送等过程。

从狭义的角度讲，物料达到临界流化点后主要有 5 种流化形式，即散式流态化、鼓泡流态化、节涌、湍流流态化和快速流态化，其中鼓泡流态化、节涌、湍流流态化和快速流态化 4 种方式又统称为聚式流态化（aggregative fluidization）。

从广义的角度讲，固定床和气力输送也属于流化状态的特殊种类，具体如图 3-2 所示。下面对图中的各个状态分别加以介绍：

如图 3-2(a)所示，$0<u<u_{mf}$，为固定床。固体颗粒堆积，静止不动，床层的压降随流体流动速度的增加而增大。

如图 3-2(b)所示，$u_{mf}<u<u_{mb}$，为散式流态化。颗粒脱离接触，但分布均匀，颗粒在流体中充分分散，无颗粒与流体的聚集。

图 3-2(c)所示，$u_{mb}<u<u_{ms}$，为鼓泡床。随着气流的增加，颗粒脱离接触，但流化介质出现聚集，形成气泡。气泡在床层表面破裂，将部分颗粒带到表面稀相空间的稀相区。

图 3-2(d)所示，$u_{ms}<u<u_c$，为腾涌。在聚式流化床中，气泡上升途中异常增大至接近床径，使床层被分成数段呈活塞状向上运动，料层达到一定高度后突然崩裂，颗粒如雨淋般落下。此状态会造成风压波动大，从而增大颗粒的机械磨损，降低床内构件的使用寿命。

图 3-2(e)所示，$u_c<u<u_{tr}$，为湍动床。随着气速的增大，气泡变得不稳定而分裂产生更多的小气泡，床层内循环加剧，气泡分布更加均匀，床层由气泡引起的压力波动减小，表面夹带颗粒量增大。

图 3-2(f)所示，$u_{tr}<u$，为快速床。气流速度继续增大，夹带颗粒量达到饱和时，密相床层难以继续维持而被气流带走，使密相床层需要依靠固体颗粒循环量来维持。

图 3-2(g)所示，为气力输送。流体流速增大到颗粒的沉降速度时，将有固体颗粒随流体夹带流出，因此可在密闭的管道中借用气体(最常用的是空气)动力使固体颗粒悬浮并进行输送。输送的对象可以是从微米量级的粉体到数毫米大的颗粒。

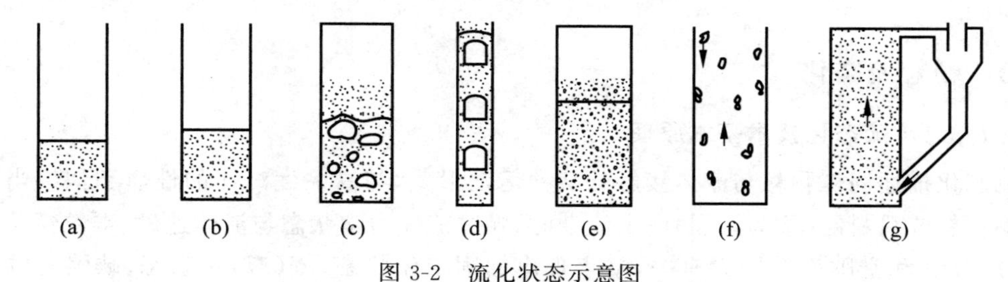

图 3-2　流化状态示意图

3.1.3.2　固定床

图 3-3 呈现了流化床的状态变化情况。图 3-3(a)所示为流体通过床层的压降 Δp 与以容器截面积计算的空塔流速 u 的对数坐标图。当 u 逐渐增大时，系统的流速压降线变化沿着图中实线变化；当 u 逐渐减小时，系统的流速压降线变化沿着图中虚线变化。

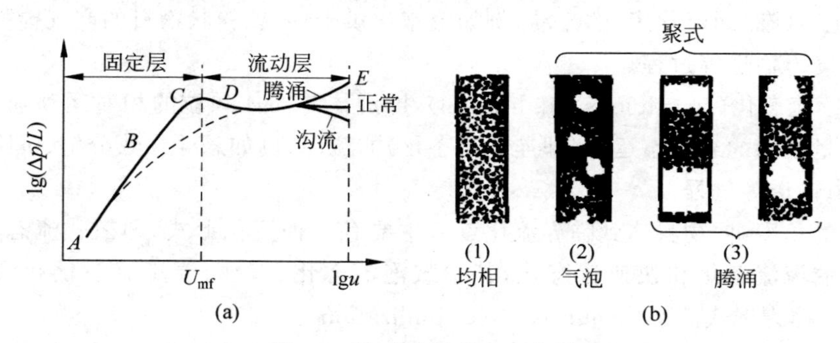

图 3-3　流化床的状态变化图

其中在 C 点之前的 AB 段曲线，近似于直线，此时的床层基本不发生变化，称为固定床。流体速度较小，粉体层静止不动，流体由颗粒的间隙通过。Δp 随 u 的增大而增大，当 Δp 随 u 增大至足以支承粉体层的全部重量(如图中的 C 点)时，粉体层的填充状态部分随之发生改变，部分颗粒开始运动而重新排列。

3.1.3.3 流化床

如图 3-3(a)所示，在 C 点时，颗粒之间处于相互接触且最疏的排列状态，是固定床和流化床的临界点。当流速继续增大，超过 C 点的流速时，两相流体中的粉体层颗粒由静止状态转为运动状态，此时的床层开始膨胀和变松，呈现流化床状态。流体向上所产生的曳力与颗粒床层的重量相等，流体通过床层时的压力降 Δp 刚好等于单位床截面上的颗粒重量。流体进入流态化后，粉体层中的颗粒空隙率增大，Δp 逐渐减小，沿 CD 变化。之后的区间内，u 不断增大，但 Δp 变化不大。

在一定流速下，流化床具有确定的容积密度、导热性、黏度等性质。由于流化床内颗粒运动比较激烈，流体与粉体颗粒之间的传热、传质性质比固定床大得多。在工业生产中，流化床广泛应用于物料干燥、水泥熟料煅烧等。

3.1.3.4 流体输送(气力输送)

当流速继续增大，达到图 3-3(a)中的 D 点时，流体的空塔速度增大到颗粒的自由沉降速度，固体颗粒开始被流体带出容器，进入连续流态化状态，这时的流体速度称为最高流化速度。流速越大，带出的颗粒也越多，系统空隙率越大，床层压力显著下降。从 D 点开始，颗粒在流体中形成稀相悬浮态，并与流体一起从床层中向上吹出。工业中利用流体的这一性质，用管道输送粉体颗粒，该状态称为气力输送(pneumatic transport)状态。

这一阶段床层高度趋于无穷大，空隙率近 100%，流化床中的气体与颗粒间的摩擦损失大大减少，使总压降显著减小。当流速超过流态化的极限速度时，固体颗粒被流体带走，上界面消失，这种情况称为呈现气力输送现象的分散相或稀相流态化。稀相流态化系统具有类似于气体的性质。但由于粉体颗粒粒径小时，聚结性和流体速度产生波动性，很难形成图 3-3(b)中(1)所示的均匀两相流，而多为(2)(3)所示的情形。为区别气-固系统和固-液系统的流态化，将前者称为聚式流态化，后者称为散式流态化。

3.1.3.5 临界流化速度

颗粒开始流态化的流体表观线速度称为临界流化速度(critical fluidization velocity)或最小流化速度，即图 3-3(a)中 C 点的流体速度，用 u_{mf}(m/s)表示。u_{mf} 由颗粒和流体的物性决定，与设备尺寸无关。根据力的平衡关系，临界流化态的条件为：流体通过床层时的压力降 Δp 刚好与单位床截面上颗粒的重量平衡。

由此可得该状态时的 Δp 为

$$\Delta p = L(1-\varepsilon_{mf})(\rho_p-\rho_f)g \tag{3-17}$$

式中 L——床层高度，m；

ε_{mf}——临界流化态时的空隙率。

最小流化速度 u_{mf} 可表示为

$$u_{mf} = \frac{D_{pV}^2(\rho_p-\rho_f)g\varphi_c^2}{200\mu}\cdot\frac{\varepsilon_{mf}^2}{1-\varepsilon_{mf}} \tag{3-18}$$

实际应用中，因 φ_c 和 ε_{mf} 值难以确定，采用式(3-18)计算时往往偏差较大，所以在实用计算时常采用以下方法计算。

先确定最小流化系数 C_{mf}，然后计算 u_{mf}：

$$u_{mf} = C_{mf}D_p^2(\rho_p-\rho_f)g/\mu \tag{3-19}$$

其中，C_{mf} 与 Re_p 的关系为

$Re_p<10$ 时，

$$C_{mf}=6.05\times 10^{-4}Re_p^{-0.0625} \tag{3-20}$$

$20<Re_p<6\,000$ 时，

$$C_{mf}=2.20\times 10^{-3}Re_p^{-0.555} \tag{3-21}$$

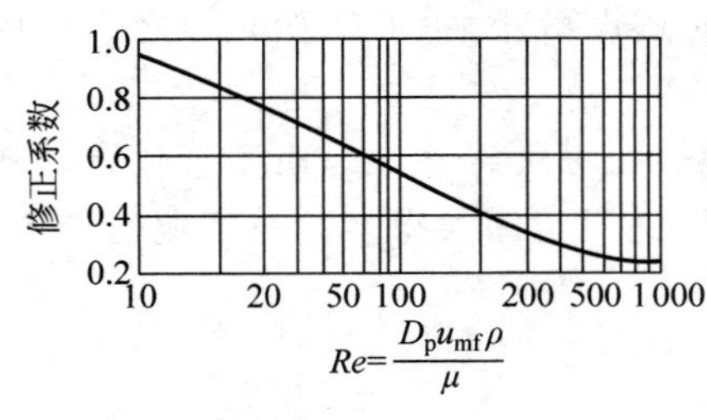

图 3-4　修正系数

由此可得，当 $Re_p<10$ 时，

$$u_{mf}=8.022\times 10^{-3}\times\frac{[\rho_f(\rho_p-\rho_f)]^{0.94}D_p^{1.82}}{\rho_f\mu^{0.88}} \tag{3-22}$$

计算时，根据 u_{mf} 计算 Re_p。若 $Re_p>10$，则求 u_{mf} 时需乘以修正系数(图 3-4)进行修正。

【例题 1】　在内径为 102mm 的圆筒内填充 0.11mm 的球形颗粒，填充层高度为 610mm，颗粒密度为 4.810×10^3 kg/m^3，试求颗粒被 40℃、1 标准大气压(0.1MPa)的空气流态化时的最小流化速度。

解：40℃时，空气的黏度系数 $\mu=1.95\times10^{-5}$ Pa·s，密度 $\rho_f=1.13$kg/m^3。颗粒粒径较小，假设 $Re_p<10$，由式(3-22)得

$$\begin{aligned}u_{mf}&=8.022\times 10^{-3}\times\frac{[\rho_f(\rho_p-\rho_f)]^{0.94}D_p^{1.82}}{\rho_f\mu^{0.88}}\\&=8.022\times 10^{-3}\times\frac{[1.13\times(4.810\times10^3-1.13)]^{0.94}\times(1.1\times10^{-4})^{1.82}}{1.13\times(1.95\times10^{-5})^{0.88}}\text{m/s}\\&=2.20\times10^{-2}\text{m/s}\end{aligned}$$

由式(3-14)得

$$Re_p=\frac{d_p u\rho_f}{\mu}=\frac{0.11\times10^{-3}\times2.20\times10^{-2}\times1.13}{1.95\times10^{-5}}=0.14<10$$

所以 Re_p 值与原假设相符，u_{mf} 无须修正。

3.2　气-固颗粒两相流

颗粒物质分散在速度较高的气流场中时，其流动特性类似于流体，因此被称为伪流体。在许多工业领域，如冶金、化工、矿山、能源等，均涉及气-固两相流(gas-solid two-phase flow)的操作及应用。特别是随着科学技术的发展，两相流所涉及的流态化技术得到更广泛的应用，如城市垃圾处理技术、超细颗粒新材料制备技术、高效燃煤发电技术等。

3.2.1　气-固颗粒两相流的特征参数

3.2.1.1　介质含量

1. 质量含气率

质量含气率(mass gas content，ξ)表示气相占气-固混合物质量的份额。其表达式为

$$\xi = \frac{M_g}{M} = \frac{M_g}{M_g + M_p} \tag{3-23}$$

式中 M_g——气相质量，kg；

M——气固混合物质量，kg；

M_p——颗粒质量，kg。

由此，质量含固率(mass solid content)可表示为

$$1 - \xi = \frac{M_p}{M} = \frac{M_p}{M_g + M_p} \tag{3-24}$$

它们取值均为 0～1。

2. 容积含气率

容积含气率(volume gas content，η)表示气相体积占两相混合物体积的份额。其表达式为

$$\eta = \frac{V_g}{V} = \frac{V_g}{V_g + V_p} \tag{3-25}$$

同理，容积含固率(volume solid content)可表示为

$$1 - \eta = \frac{V_p}{V} = \frac{V_p}{V_g + V_p} \tag{3-26}$$

式中 V_g——气相体积，m^3；

V——气固混合物体积，m^3；

V_p——颗粒体积，m^3。

3.2.1.2 浓度、密度、混合比

1. 浓度

单位体积混合物所含气相的质量称为气相浓度(gas phase concentration)。其表达式为

$$\rho'_g = \frac{M_g}{V} = \eta \rho_g \tag{3-27}$$

式中 ρ'_g——气相浓度，kg/m^3；

M_g——气相质量，kg；

ρ_g——气相真浓度，kg/m^3。

单位体积混合物所含固相的质量称为固相浓度(solid phase concentration)。其表达式为

$$\rho'_p = \frac{M_p}{V} = (1 - \eta)\rho_p \tag{3-28}$$

式中 ρ'_p——固相浓度，kg/m^3；

M_p——颗粒质量，kg；

ρ_p——固相真浓度，kg/m^3。

2. 密度

颗粒流体中设计的密度通常有数密度、混合物密度。

单位体积混合物所含固体颗粒的数目称为固相数密度(solid phase number density)。其表达式为

$$n = N/V \tag{3-29}$$

式中　n——固相数密度，kg/m^3；

N——固体颗粒数，一个；

V——混合物体积，m^3。

连续混合物的密度可表示为

$$\rho = M/V = \rho'_g + \rho'_p = \eta\rho_g + (1-\eta)\rho_p \tag{3-30}$$

3. 混合比

通过管道的颗粒质量流量与输送气体的质量流量之比称为混合比（mix proportion）。其表达式为

$$\xi = \frac{q_{mp}}{q_{mg}} = \frac{\rho'_p u_p A}{\rho_g u_g A} = \frac{1-\eta}{\eta}\frac{\rho_p}{\rho_g}\frac{u_p}{u_g} = \frac{1-\xi}{\xi}\frac{u_p}{u_g} \tag{3-31}$$

式中　ξ——混合比；

q_{mp}——颗粒质量流量，m^3/h；

q_{mg}——输送气体质量流量，m^3/h。

单位管长中颗粒质量与输送气体的质量之比称为真实混合比（true mix proportion）。其表达式为

$$\xi' = \frac{q_{mp}/u_p}{q_{mg}/u_g} = \frac{\rho'_p}{\rho_g} = \frac{1-\eta}{\eta}\frac{\rho_p}{\rho_g} = \frac{1-\xi}{\xi} = \frac{u_g}{u_p}\xi \tag{3-32}$$

式中　ξ'——真实混合比，%。

3.2.2　作用在固体颗粒上的力

气-固两相流问题的解决依赖于颗粒相与气相之间的动量交换。为了很好地计算动量交换，必须对它们之间的相互作用力进行分析。

3.2.2.1　重力

颗粒始终受到重力（gravity）作用，即

$$G = m_p g = \rho_p V_p g \tag{3-33}$$

3.2.2.2　浮力

由于固体颗粒处在气体中，受到浮力（buoyancy）的作用，则根据阿基米德定理，颗粒所受的浮力为

$$F_B = \rho_g V_p g \tag{3-34}$$

由于浮力与气相密度成正比，而重力与固相密度成正比，因此在研究气-固两相流时通常可以忽略浮力的作用。但在研究液-固两相流时，浮力通常不能忽略。

3.2.2.3　水平气气动力

当固体颗粒与气体发生相对运动时，便受到气动力（aerodynamic force），其方向与气相与固相相对运动速度的方向相反。所以，气动力可为推力，也可为阻力。

$$F_A = C_D \frac{\rho_g (V_g - V_p)^2}{2}\frac{\pi d_p^2}{4} \tag{3-35}$$

式中　F_A——水平气气动力，N；

D——常数。

3.2.2.4　压力梯度力

在压力梯度两相流中，作用于颗粒上的压力沿其封闭表面的积分，称为压力梯度力

(pressure gradient force)。

(1) 对于球形颗粒,沿流动方向的压力梯度用$\partial p/\partial l$ 表示,其压力梯度力大小可以表示为

$$F_p = -\frac{\pi d_p^2}{6}\frac{\partial p}{\partial l} \tag{3-36}$$

式中 F_p——压力梯度力,N。

可见,颗粒压力梯度力的大小等于颗粒的体积与压力梯度的乘积,方向与压力梯度相反。应注意,浮力也是压力梯度力的一种。

(2) 对于任意形状的颗粒,其压力梯度力为

$$F_p = -V_p\frac{\partial p}{\partial l} \tag{3-37}$$

式中 V_p——颗粒体积,m^3。

3.2.2.5 附加质量力

当固体颗粒在气相中作加速运动时,必然带动周围的气体也作加速运动,这相当于固体颗粒为气相加速所施加的力,于是颗粒也受到来自气相的作用力。周围的流体按加速度 a_p 折算的流体质量称为附加质量,推动周围流体加速运动的力称为附加质量力(additional mass force)。

(1) 对于球形颗粒,在理想不可压缩的无界静止流体中运动时,该力的大小为

$$F_m = \frac{0.5\pi d_p^3}{6}\rho a_p \tag{3-38}$$

可见,附加质量等于与颗粒同体积的流体质量的一半,而附加质量力的大小等于与颗粒同体积流体以加速度 a_p 加速运动时的惯性力的一半。

当颗粒在黏性流体中运动时,其附加质量力为

$$F_m = \frac{\pi d_p^2}{6}\rho_p\left(1+\frac{\rho}{2\rho_p}\right)a_p \tag{3-39}$$

(2) 对于任意形状的颗粒,其附加质量力为

$$F_m = m_p(1 + C\rho_g/\rho_p)a_p \tag{3-40}$$

式中 C——质量因子,不同形状颗粒的取值见表 3-1。

表 3-1 不同形状颗粒的 C 值

颗粒形状		C 值
球形颗粒		0.500
椭圆形颗粒	长短轴比为 2∶1	0.200
	长短轴比为 6∶1	0.045

3.2.2.6 巴塞特力

若流体是黏性的,那么颗粒在流体内作任意变速直线运动时,作用在该颗粒上的力除了附加质量力以外,必定存在因颗粒在黏性流体中作变速运动而增加的阻力,即巴塞特(Basset)力。其表达式为

$$F_{Ba} = \frac{3}{2}d_p^2(\pi\rho_g\mu_g)^{\frac{1}{2}}\int_{t_0}^{t}(t-t')^{-\frac{1}{2}}\frac{d}{dt}(V_g - V_p)dt' \tag{3-41}$$

式中 F_{Ba}——巴塞特力,N;

d_p——颗粒粒径,m;

ρ_g——流体密度,kg/m^3;

μ_g——流体黏度,Pa·s;

V_g——流体体积,m^3;

V_p——颗粒体积,m^3。

对气-固两相流,巴塞特力为颗粒沉降阻力(斯托克斯阻力)的1/10,通常忽略不计,但对于液-固两相流,该力必须考虑。

3.2.2.7 萨夫曼升力

固体颗粒在有速度梯度的流场中运动时,因为颗粒两侧流速不同,从而形成一个由低速区指向高速区方向的升力。对于气-固两相流低雷诺数流动区域($Re<1$),萨夫曼(Saffman)升力(单位:N)为

$$F_S = 1.61 d_p^2 (\rho_g \mu_g)^{\frac{1}{2}} (V_g - V_p)(\mathrm{d}V_g/\mathrm{d}y)^{\frac{1}{2}} \tag{3-42}$$

3.2.2.8 马格努斯效应

固体颗粒在气相中发生自身旋转时,会产生一个与流动方向相垂直且由逆流侧指向顺流侧方向的力,该力被称为马格努斯(Magnus)力。其表达式为

$$F_M = \pi \rho_g d_p^3 (V_g - V_p)\omega/8 \tag{3-43}$$

式中 ω——颗粒旋转的角速度,r/min。

马格努斯力的一般表达式为

$$F_M = \rho(u - u_p)\Gamma \tag{3-44}$$

式中 Γ——沿颗粒表面的速度环量。

在流场中任意取一封闭曲线 l,则速度沿该封闭曲线的积分称为速度环量。

3.2.3 气-固颗粒两相流在管道内的流型

通过研究流型辨识方法,可对两相流的流型进行有效预测和判别,对气力输送系统进行实时控制,有效防止"栓塞"现象。两相流的流型最有效的判断方法是利用仪表直接测量,其检测方法可分为直接法和间接法。

直接法是根据两相流的流动形式直接确定流型的方法。常用的有目测法、高速摄影法、射线衰减法和接触探头法。

间接法是通过采用适当的信号处理方法对反映两相流流动状态的信号(如压力、空隙率、密度、温度等)进行处理,提取其中反映的两相流流型特征从而判定流型的一种方法。因近年来传感技术、计算机技术等信号处理理论及技术有了极大的进步,此方法在在线检测、不透明管道中流型检测、非侵入型的流型检测等方面显示出极大的优越性。

1. 竖直管道内的流型

随着从管道底部进入的气相速度由高向低的变化,流型的变化规律如下:

(1) 均匀流。当管道中的空管速度不仅高于流态化的极限速度,而且高于经济气流速度时,固相颗粒在管道内悬浮输送,且均匀分布在管道内。

(2) 疏密流。当管道中的空管速度高于流态化的极限速度,但低于于经济气流速度时,颗粒仍悬浮向上运动,但分布不再均匀,而是出现疏密不一的排列。

(3) 栓状流。当管道中的空管速度低于流态化的极限速度时,颗粒开始出现运动噎塞,形成料栓,运动变为不稳定状态。

(4) 柱状流。随着管道中空管速度的进一步降低，栓状的固相颗粒聚集形成料柱，气体则像通过多孔介质那样通过料柱，同时在其压力的推动作用下使料柱向上输送。

2. 水平管道内的流型

水平管道中的气-固两相流一般为气力输送工况，固体颗粒本身的重力作用方向与气体流动方向垂直，因此其流型较垂直管复杂。

(1) 均匀流。固相颗粒在管道内悬浮输送，在横截面内均匀分布，流动通畅。

(2) 疏密流。重力作用显现，颗粒分布呈疏密不一的非均匀分布，底部颗粒呈滚动跳跃式前进。

(3) 沙丘流。颗粒在重力作用下开始沉降，在管道下部形成波纹状沙丘。沙丘占据部分管道截面，未沉降的颗粒可继续被悬浮输送。越过沙丘后，管道剩余截面扩大，气流速度降低，颗粒继续沉降。

(4) 栓状流。当管道内颗粒继续沉降，沙丘越积越高时，颗粒开始出现运动噎塞，形成料栓，运动变为不稳定状态。

3.3 液-固颗粒两相流

作为两相流体中的一种类型，液-固两相混合物广泛存在于自然界及能源、化工、石油、矿业、建筑、水利、轻工、冶金、环保等领域。尤其近年来，随着科学技术的迅猛发展，新材料、新技术、新工艺的出现使液-固两相流(liquid-solid two-phase flow)理论的应用范围不断扩大，其在现代工业和科学技术各个领域中的重要性也越来越明显。

3.3.1 液-固两相流模型

液-固两相流与气-固两相流在微观结构、相间作用及颗粒相运动机理等方面有许多共同之处。

两相流理论模型研究的早期尝试性工作大致是从20世纪40年代末开始的。几十年来，人们根据不同的观点及假设建立了不同的两相流模型。主要的两相流模型如表3-2所示。

表3-2 两相流基本模型

类别	颗粒相模型	特　点
离散模型	单颗粒动力学模型	不考虑颗粒对流体流动的影响
	颗粒轨迹模型	考虑颗粒对流体流动的影响，考虑相间耦合，粗略考虑了紊流扩散
连续介质模型	扩散模型	不考虑颗粒对流体流动的影响，相间相对运动等价于流体的扩散漂移
	单流体模型	部分考虑颗粒对流体流动的影响，不考虑相间相对运动
	双(多)流体模型	全面考虑颗粒对流体流动的影响、相间相对运动及相间作用

3.3.2 液-固两相流的粒子速度分析

3.3.2.1 传统两相流理论颗粒相质量守恒分析

一般地，颗粒相的局部浓度 ρ_p、局部速度 u_p 及其质量流率 G_s 是3个最重要的参数，按照两相流理论，三者的关系可用质量守恒方程来表示。

以气/液-固两相提升管为例，沿着流动方向，流动颗粒相的局部质量守恒方程为

$$G_s = \rho_p \varepsilon_p V_p \tag{3-45}$$

式中 G_s——局部颗粒质量流率，$kg/(m^2 \cdot s)$。其物理意义为单位流通面积、单位时间内通过的颗粒质量。

因此，若提升管截面面积 A 已知，则颗粒相的截面平均质量流率$[G_s]$可通过测量一段时间 t 内所流过的颗粒质量 M_p 获得：

$$[G_s] = \frac{M_p}{At} \tag{3-46}$$

但研究人员的大量实践证实，在实际两相流中，对$\frac{\int_A \rho_p \varepsilon_p V_p dA}{A}$与$[G_s]$进行比较发现，无论在气-固系统还是液-固系统中，$\frac{\int_A \rho_p \varepsilon_p V_p dA}{A}$均明显高于$[G_s]$，最大误差可达400%以上，最小误差也达到70%，而且该类误差均为"正偏差"。该偏差不能简单地归因于测量误差或者颗粒在提升管边壁区域的"颗粒返混"原因。

3.3.2.2 液-固两相流中的颗粒时均速度

颗粒质量流率 G_s 是一个典型的时间平均参数，其考察时间域为 T，而并非那些被颗粒占据的"净时间"$\sum dt_p$。根据数学基本原理，该参数应由其他某些时间平均参数通过代数运算获得。

采用微元体分析的方法在微观尺度上考察、量化液-固两相流中的颗粒时均（算术平均和时间平均简称"时均"）速度。整个流场可以看作是由无数个"包裹着"一个颗粒的微元体构成，微元体的大小应随其所处的流场位置不同而不同，即在提升管的底部和边壁区域，颗粒体积分率较高，则微元体体积较大，而在流场顶部和管中心区域，微元体较小。

在微观尺度上分析颗粒及其微元体的流动过程，可得此过程中单颗粒的时均速度为

$$\bar{V}_p = \ddot{V}_p \Gamma = \ddot{V}_p (\varepsilon_b \varepsilon_p)^{\frac{1}{3}} \tag{3-47}$$

式中 $\bar{V}_p$——颗粒时间平均速度，m/s；

$\ddot{V}_p$——颗粒算术平均速度，m/s；

Γ——颗粒速度的时间分数；

ε_b——颗粒堆积状况下的体积分率；

ε_p——颗粒相局部提交分率。

颗粒质量流率为

$$G_s = \rho_p \varepsilon_p \bar{V}_p = \rho_p \varepsilon_p \ddot{V} (\varepsilon_b \varepsilon_p)^{\frac{1}{3}} \tag{3-48}$$

以上时均速度及颗粒质量流率的计算公式同样适用于气-固两相流。

3.4 沉降现象

3.4.1 自由沉降

单颗粒（或充分分散、互不干扰的颗粒群）在流体中自由沉降（free settling）时，在其所

受合力方向上产生加速度。颗粒在流体中沉降时，主要受到颗粒自身重力、气体浮力，以及两相流介质的黏性力作用。当向上的气体浮力、两相流黏滞力不能克服向下的重力影响时，颗粒就会发生沉降。

颗粒所受的合力可表示为

$$\sum F = m\,\frac{\mathrm{d}u}{\mathrm{d}t} \tag{3-49}$$

当所受合力为零时，颗粒与流体之间的相对速度稳定。

颗粒在重力沉降过程中只受到自身重力、介质浮力和阻力(曳力)的作用，不受其他因素影响，亦称为自由沉降。当颗粒之间距离较大，也就是体积分数很小时(一般小于3%)，颗粒之间的干涉作用变得很弱，此时亦可视为自由沉降。

3.4.2 重力沉降

重力沉降(gravity settling)是一种使悬浮在流体中的固体颗粒下沉而与流体分离的过程。它依靠地球引力场的作用，利用颗粒与流体的密度差异使之发生相对运动而沉降。

重力沉降是从气流中分离出尘粒的最简单方法，可应用于气体除尘、悬浮液增稠、固体物料的分级及分类等。当颗粒较大、气速较小时，重力沉降作用较明显。

3.4.2.1 颗粒在重力场中的受力

粉体颗粒在重力沉降过程中的受力情况如图3-5所示。

1. 重力和浮力

设颗粒在流体中自由下落，其受到重力(gravity)与浮力(flotage)的作用，由式(3-33)和式(3-34)可得颗粒所受的重力 G 和浮力 F_B 为

$$G = \frac{\pi}{6} D_p^3 \rho_p g \tag{3-50}$$

$$F_B = \frac{\pi}{6} D_p^3 \rho_f g \tag{3-51}$$

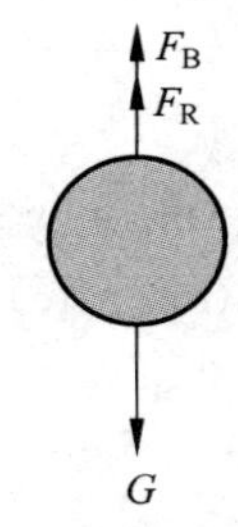

图3-5 颗粒在重力沉降时的受力情况

G—重力；F_B—浮力；F_R—阻力

当颗粒达到自由沉降时，颗粒的重力与流体对颗粒的浮力之差就是流体对颗粒的曳力，即

$$F_D = \frac{\pi}{6}(\rho_p - \rho_f) g D_p^3 \tag{3-52}$$

2. 阻力

颗粒在流体中沉降时重力 G、浮力 F_B 和流体阻力(resistance) F_R 三者作用，决定了颗粒运动产生的加速度。一定尺寸的粉体颗粒在一定的流体中沉降时，F_R 会随着颗粒运动速度的增大而增大。当 $G>F_B$ 时，颗粒开始沉降的瞬间，会在其本身重力作用下加速降落。而沉降过程中，由于流体与颗粒表面会产生与运动方向相反的阻力 F_R，并且 F_R 随着降落速度的增大而增大。当 F_R 增大到等于颗粒的剩余重力(重力与浮力之差)时，颗粒所受合力 $\sum F=0$，处于平衡状态，加速度为零，然后匀速下降。

由此可见，颗粒的沉降过程一般分为两个阶段：起初的加速阶段、后期的等速阶段。对于细小颗粒，通常起始沉降速度非常接近于后期的沉降速度，所以整个降落过程可视为等速

沉降。

设颗粒与流体的相对速度为 u,颗粒的迎流面积(即颗粒在与流动方向垂直的平面上的投影面积)为 $A(m^3)$,流体的密度为 $\rho_f(kg/m^3)$,则颗粒所受阻力符合牛顿(Newton)阻力定律:

$$F_R = C_X A \rho_f \frac{u^2}{2} \tag{3-53}$$

式中 C_X——阻力系数(resistance coefficient)。

若颗粒是粒径为 D_p 的球形颗粒,则式(3-53)可写成:

$$F_R = C_X \frac{\pi D_p^2}{4} \rho_f \frac{u^2}{2} \tag{3-54}$$

3.4.2.2 沉降速度

设颗粒质量为 $m(kg)$,颗粒的迎流面积为 $A(m^3)$,则重力沉降的运动方程式一般表示为

$$m \frac{du}{dt} = mg \frac{\rho_p - \rho_f}{\rho_p} - C_X A \rho_f \frac{u_2}{2} \tag{3-55}$$

若颗粒为球形颗粒,则有

$$\frac{du}{dt} = g \frac{\rho_p - \rho_f}{\rho_p} - C \frac{3\rho_f u^2}{4\rho_p D_p} \tag{3-56}$$

当 $du/dt = 0$ 时,可得最大沉降速度——沉降末速度,即重力场中沉降速度(sedimentation rate)u_m 的一般式为

$$u_m = \sqrt{\frac{4gD_p(\rho_p - \rho_f)}{3C_X \rho_f}} \tag{3-57}$$

其中,u_m 由颗粒与流体的综合特性决定。

若颗粒-流体体系一定,则 u_m 一定,与之对应的 Re_p 也一定。根据其对应的 Re_p 可得到不同 Re_p 范围内 u_m 的计算式。

(1) 层流区,$Re_p<2$。流体一层层地平缓绕过颗粒,在后面合拢,流线不被破坏,层次分明,呈层流状态,如图 3-6(a)所示。这时颗粒在流体中的运动阻力主要是各层流体以及流体与颗粒之间相互滑动时的黏性阻力,阻力大小与雷诺数 Re_p 有关。有关球形颗粒的阻力系数与雷诺数 Re_p 的关系见表 3-3。

表 3-3 球形颗粒时的阻力系数 C_X 与雷诺数 Re_p 的关系

Re_p	C_X	Re_p	C_X	Re_p	C_X	Re_p	C_X
0.01	2 400	10	4.1	1×10^3	0.460	1×10^5	0.480
0.1	240	20	2.55	2×10^3	0.420	2×10^5	0.420
0.2	120	30	2.00	3×10^3	0.400	3×10^5	0.200
0.3	80	50	1.50	5×10^3	0.385	4×10^5	0.048
0.5	49.5	70	1.27	7×10^3	0.390	6×10^5	0.100
0.7	36.5						
1	26.5	1×10^2	1.07	1×10^4	0.405	1×10^6	0.13

续表

Re_p	C_X	Re_p	C_X	Re_p	C_X	Re_p	C_X
2	14.5	2×10^2	0.77	2×10^4	0.45	3×10^6	0.20
3	10.4	3×10^2	0.65	3×10^4	0.47		
5	6.9	5×10^2	0.55	4×10^4	0.49		
7	5.4	7×10^2	0.50	6×10^4	0.50		

由阻力系数 $C_X=\frac{24}{Re_p}=\frac{24\mu}{D_p\rho_f u_m}$，可得斯托克斯(Stokes)公式：

$$u_{ms}=\frac{(\rho_p-\rho_f)g}{18\mu}D_p^2 \tag{3-58}$$

颗粒所受的阻力为

$$F_R=3\pi\mu d_p u \tag{3-59}$$

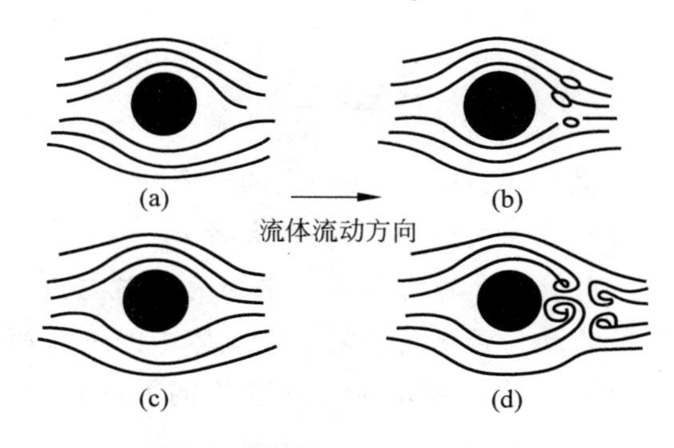

图 3-6 颗粒在流体中产生相对流动时的流动状态

(2) 过渡流区，$1<Re_p<1\,000$。当 Re_p 值较大时，由于惯性关系，紧靠颗粒尾部边界发生分离，流体脱离了颗粒尾部，在后面造成负压区，吸入流体而产生漩涡，造成动能损失，呈过渡流状态，如图 3-6(b)所示。这时，颗粒在流体中运动的阻力就包括颗粒侧边各层流体相互滑动时的黏性摩擦力和颗粒尾部动能损失所引起的惯性阻力，它们的大小按不同的规律变化着。这一区域推荐的 C_X-Re_p 公式比较多，适用范围也不一致，计算误差也比较大，有的可达 10%～25%。其中较准确的公式为

$$C_X=\frac{10}{\sqrt{Re_p}}=\frac{10\sqrt{\mu}}{\sqrt{D_p\rho_f u}}=\frac{30}{Re_p^{0.625}} \tag{3-60}$$

可得阿仑(Allen)公式：

$$u_{mA}=\left[\frac{4}{225}\cdot\frac{(\rho_p-\rho_f)g^2}{\rho_f\mu}\right]^{\frac{1}{3}}D_p \tag{3-61}$$

(3) 湍流区，$1\,000<Re_p<2\times10^5$。此时颗粒尾部产生的涡流迅速破裂，并形成新的涡流，以致达到完全湍动，处于湍流状态，如图 3-6(c)所示，此时黏性阻力已变得不重要，阻力大小主要取决于惯性阻力，因而阻力系数与雷诺数 Re_p 的变化无关，而是趋于一固定值。这时边界层本身也变为湍流。

阻力系数为一常数即 $C_X=0.44$ 时，此关系式又称为牛顿定律，得牛顿公式：

$$u_{mN}=\sqrt{\frac{3gD_p(\rho_p-\rho_f)}{\rho_f}} \tag{3-62}$$

(4) 高度湍流区，$Re_p>2\times10^5$。流速很大，颗粒尾部产生的涡流迅速被卷走，在紧靠颗粒尾部的表面残留一层微小的湍流，总阻力随之减小，阻力系数 $C_X=0.1$，如图 3-6(d)所示。这一状态在工业中一般很少遇到。

颗粒自由沉降的雷诺数 Re_p 为

$$Re_p=\frac{\rho_f D_p u_m}{u} \tag{3-63}$$

颗粒的阿基米德数为

$$A_r=\frac{(\rho_p-\rho_f)\rho_f g D_p^3}{\mu^2} \tag{3-64}$$

阻力系数为

$$C_X=\frac{3A_r}{4Re_p^2} \tag{3-65}$$

由式(3-58)、式(3-61)和式(3-62)可知，在一定的介质和一定的温度条件下，一定密度的固体颗粒的终端沉降速度仅与粒径大小有关，颗粒大者 u_m 也大。

u_m 是颗粒在流体中受到的阻力、浮力与重力平衡时颗粒与流体间的相对速度，取决于流、固二相的性质，与流体的流动与否无关。颗粒在流体中的绝对速度 u_p 则与流体的流动状态直接相关。当流体以流速 u 向上流动时，3 个速度的关系为

$$u_p=u-u_m \tag{3-66}$$

由式(3-66)可得：$u=0$ 时，$u_p=u_m$，此时流体静止，颗粒向下运动；$u_p=0$ 时，$u=u_m$，颗粒静止地悬浮在流体中；$u>u_m$ 时，$u_p>0$，颗粒向上运动；$u<u_m$ 时，$u_p<0$，颗粒向下运动。

3.4.2.3 终端沉降速度的修正

用 3.4.2.2 中的各式计算颗粒在液体介质中的沉降速度时应具备以下条件：①颗粒为球形；②在运动过程中，颗粒相互之间无任何干扰和影响，即属于自由沉降。

实际上，固体材料的结构和解理性质决定了大多数颗粒的形状是不规则的，并且在沉降过程中有时浓度较大，颗粒之间存在相互干扰和影响，因而由球形颗粒自由沉降推导出的沉降末速度应加以修正。

1. 颗粒形状的修正

Wadell 对有关形状问题所做的许多研究进行了详细分析与总结，用球形度 ψ 作参数，整理得出 Re_p 与 C_X 的关系，如图 3-7 所示。在计算时，用等体积球当量径 D_{pv} 进行计算。

Pettyjohn 对 Wadell 之后所做的研究进行了归纳并进行了补充实验。以 ψ 为参数，提出了适用于正方体、长方体、正八面体等均整颗粒的沉降速度计算公式。若以 u_{ms}(m/s)表示沉降速度，u_{mc} 为修正后的沉降速度，令 $K=u_{ms}/u_{mc}$ 为修正系数，则有

$$u_{mc}=Ku_{ms} \tag{3-67}$$

其中，在层流区形状系数为

$$K_{V}=\frac{18\mu u_{ms}}{(\rho_{p}-\rho_{f})gD_{pV}^{2}}=\psi^{0.83} \tag{3-68}$$

在湍流区形状系数为

$$K_{tu}=\frac{u_{ms}}{\sqrt{\frac{3(\rho_{p}-\rho_{f})gD_{pV}}{\rho}}}=\psi^{0.65} \tag{3-69}$$

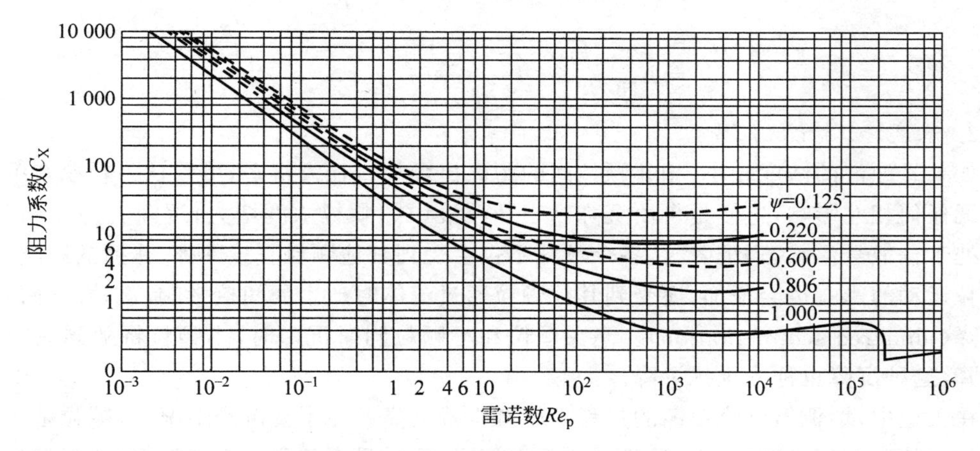

图 3-7　以 ψ 为参数的 Re_p-C_X 关系

图 3-8 是不同形状的颗粒在不同区域自由沉降速度的实验值与理论值的比较，两值的误差在±30％以内。

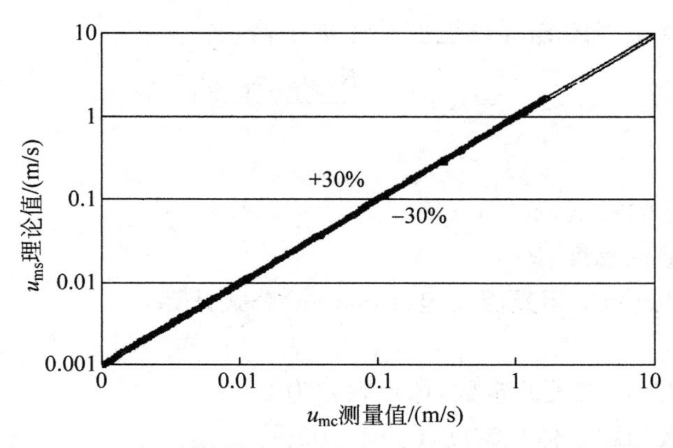

图 3-8　球形和非球形颗粒在层流区、过渡区和湍流区的自由沉降速度实验与理论结果比较

由上可得非球形颗粒的沉降速度为

$$u_{mc}=27.3\frac{\mu}{\rho_{f}D_{pV}}\frac{K_{tu}^{2}}{K_{V}}\left(\sqrt{1+0.004\frac{K_{V}^{2}}{K_{tu}^{2}}A_{r}}-1\right) \tag{3-70}$$

在层流区，小颗粒的 $A_r \ll 1$，则式(3-70)可近似为

$$u_{mc}=27.3\frac{\mu}{\rho_f D_{pV}}\frac{K_{tu}^2}{K_V}\times\frac{1}{2}\times 0.004\frac{K_V^2}{K_{tu}^2}A_r$$

$$=K_V\frac{(\rho_p-\rho_f)gD_{pV}^2}{18\mu} \tag{3-71}$$

在湍流区，大颗粒的 $A_r\gg 1$，则式(3-70)可近似为

$$u_{mc}=27.3\frac{\mu}{\rho_f D_{pV}}\frac{K_{tu}^2}{K_V}\left(\sqrt{0.004\frac{K_V^2}{K_{tu}^2}A_r}\right)$$

$$=K_{tu}\sqrt{\frac{3(\rho_p-\rho_f)gD_{pV}}{\rho_f}} \tag{3-72}$$

2. 浓度修正(干扰沉降)

如果悬浊液的浓度较小，相邻颗粒间的距离比颗粒直径大得多，可以认为颗粒在沉降过程中无任何相互影响，这便是自由沉降。当悬浮液中的颗粒浓度增大，逐渐转为浓相时，即使仍处于分散悬浮状态，沉降时，各个颗粒不仅会受到其他颗粒直接摩擦、碰撞的影响，器壁对颗粒运动的影响也会增加，还受到其他颗粒通过流体时产生的间接影响，这种沉降称为干扰沉降(hindered sedimentation)。当大颗粒和小颗粒同时沉降时，小颗粒将随同大颗粒一起沉降，这种沉降也称为干扰沉降。

在工业中，增稠器沉降浓缩的过程中就有干扰沉降。在干扰沉降情况下，颗粒是在有效密度与有效黏度都比纯流体大的悬浮体系中沉降，所受浮力与阻力都比较大，此外颗粒群向下沉降时，流体被置换向上，产生垂直向上的涡流，使得颗粒不是在真正静止的流体中沉降，因而干扰沉降增加了颗粒的沉降阻力，使沉降末速降低。显然，这种影响随着系统中颗粒浓度的增大而增大。

Robinson 对干扰沉降的 Stokes 公式作了如下修正：

$$u_{mc}=Ku_{ms}=\frac{K(\rho_p-\rho_m)g}{18\mu_m}D_p^2 \tag{3-73}$$

式中 K——常数；

ρ_m——悬浊液的密度，kg/m^3；

μ_m——悬浊液的黏度，Pa·s。

μ_m 可实测，也可近似地用爱因斯坦(Einstein)公式计算：

$$\mu_m=\mu(1+k'C_v) \tag{3-74}$$

式中 k'——与颗粒形状相关的常数，球形颗粒为 2/5；

C_v——悬浊液的颗粒体积浓度，$C_v<0.02$。

当 $C_v>0.02$ 时，μ_m 可用 Vand 式求得

$$\mu_m=\mu\exp\left(\frac{k'C_v}{1-qC_v}\right) \tag{3-75}$$

式中 k',q——常数，颗粒为球形时，$k'=39/64$。

设悬浊液的空隙率(液体与悬浊液的体积比)为 ε，则有理查德森 (Richardson)公式：

$$\rho_m=\rho_p(1-\varepsilon)+\rho_f\varepsilon=\rho_p-(\rho_p-\rho_f)\varepsilon\Rightarrow\varepsilon=\frac{\rho_p-\rho_m}{\rho_p-\rho_f} \tag{3-76}$$

对于球形颗粒，当 $Re_p<0.2$ 时，有

$$u_{mc}/u_{ms}=\varepsilon^{4.65} \tag{3-77}$$

斯滕诺(Steinour)式：颗粒浓度较高时，以悬浊液的表观密度 ρ_m 代替斯托克斯沉降速度公式中的流体密度 ρ。颗粒沉降时，被颗粒置换出的液体体积由下往上升。设颗粒对流体的相对沉降速度为 u'_m，颗粒对容器的绝对沉降速度为 u_{mc}，则单位面积上单位时间内沉降的颗粒总体积 $(1-\varepsilon)u_{mc}$ 等于被颗粒置换出的液体体积 $\varepsilon(u'_m-u_{mc})$，即

$$(1-\varepsilon)u_{mc}=\varepsilon(u'_m-u_{mc})$$

因此，

$$u_{mc}=\varepsilon u'_m$$

其中，u'_m 为 ε 的函数 $f(\varepsilon)$，可表示为

$$\begin{aligned}u'_m&=\frac{(\rho_p-\rho_f)gD_p^2}{18\mu}\cdot f(\varepsilon)\\&=\frac{(\rho_p-\rho_f)gD_p^2}{18\mu}\varepsilon f(\varepsilon)\\&=u_{ms}\varepsilon f(\varepsilon)\end{aligned}$$

由此可得

$$u_{mc}/u_{ms}=\varepsilon^2 f(\varepsilon) \tag{3-78}$$

其中

$$f(\varepsilon)=\frac{(1-\varepsilon)10^{-1.82(1-\varepsilon)}}{\varepsilon}\cdot\frac{\varepsilon}{1-\varepsilon}$$

当 $\varepsilon=0.3\sim0.7$ 时，$\dfrac{(1-\varepsilon)10^{-1.82(1-\varepsilon)}}{\varepsilon}\approx0.123$，则式(3-78)可化简为

$$u_{mc}/u_{ms}=0.123\times\frac{\varepsilon^3}{1-\varepsilon} \tag{3-79}$$

【例题 2】 计算体积尺寸 $100\mu m^3$ 的水泥颗粒在室温下空气和水中的自由沉降速度。已知空气和水的密度与黏性系数分别为 $\rho_{air}=1.2kg/m^3$，$\rho_{H_2O}=1.0\times10^3kg/m^3$，$\mu_{air}=2.0\times10^{-5}Pa\cdot s$，$\mu_{H_2O}=1.0\times10^{-3}Pa\cdot s$，水泥的密度 $\rho_p=2.7\times10^3kg/m^3$。

解：因水泥为柱状颗粒，故水泥颗粒在层流区和湍流区非球形颗粒的斯托克斯形状系数分别为

$$K_V=\psi^{0.83}=0.627,\quad K_{tu}=\psi^{0.65}=0.694$$

① 空气中颗粒的阿基米德数 A_r 为

$$A_r=\frac{(\rho_p-\rho_{air})\rho_{air}gD_{pV}^3}{\mu_{air}^2}=\frac{(2.7\times10^3-1.2)\times1.2\times9.81\times(10^{-4})^3}{(2.0\times10^{-5})^2}=79.4$$

由式(3-70)得尺寸为 $100\mu m$ 的水泥颗粒在室温空气中的沉降速度为

$$\begin{aligned}u_{mc}&=27.3\frac{\mu_{air}}{\rho_{air}D_{pV}}\frac{K_{tu}^2}{K_V}\left(\sqrt{1+0.004\frac{K_V^2}{K_{tu}^2}A_r}-1\right)\\&=27.3\times\frac{2.0\times10^{-5}}{1.2\times10^{-4}}\times\frac{0.694^2}{0.627}\times\left(\sqrt{1+0.004\times\frac{0.627^2}{0.694^2}\times79.4}-1\right)m/s\\&=0.426m/s\end{aligned}$$

颗粒的雷诺数为

$$Re_{\mathrm{p}}=\frac{u_{\mathrm{mc}}\rho_{\mathrm{air}}D_{\mathrm{pV}}}{\mu_{\mathrm{air}}}=\frac{0.426\times1.2\times10^{-4}}{2.0\times10^{-5}}=2.556$$

由计算可以得出：尺寸为 100μm 的水泥颗粒在室温下空气中的自由沉降在过渡区。

② 水中颗粒的阿基米德数 A_{r} 为

$$\begin{aligned}A_{\mathrm{r}}&=\frac{(\rho_{\mathrm{p}}-\rho_{\mathrm{H_2O}})\rho_{\mathrm{H_2O}}gD_{\mathrm{pV}}^3}{\mu_{\mathrm{H_2O}}^2}\\&=\frac{(2.7\times10^3-1.0\times10^3)\times1.0\times10^3\times9.81\times(10^{-4})^3}{(1.0\times10^{-3})^2}\\&=16.7\end{aligned}$$

由式(3-70)得尺寸为 100μm 的水泥颗粒在室温水中的沉降速度为

$$\begin{aligned}u_{\mathrm{mc}}&=27.3\frac{\mu_{\mathrm{H_2O}}}{\rho_{\mathrm{H_2O}}D_{\mathrm{pV}}}\frac{K_{\mathrm{tu}}^2}{K_{\mathrm{V}}}\left(\sqrt{1+0.004\frac{K_{\mathrm{V}}^2}{K_{\mathrm{tu}}^2}A_{\mathrm{r}}}-1\right)\\&=27.3\times\frac{1.0\times10^{-3}}{1.0\times10^3\times10^{-4}}\times\frac{0.694^2}{0.627}\times\left(\sqrt{1+0.004\times\frac{0.627^2}{0.694^2}\times16.7}-1\right)\mathrm{m/s}\\&=0.00564\mathrm{m/s}\end{aligned}$$

颗粒的雷诺数为

$$Re_{\mathrm{p}}=\frac{u_{\mathrm{mc}}\rho_{\mathrm{H_2O}}D_{\mathrm{pV}}}{\mu_{\mathrm{H_2O}}}=\frac{0.00564\times1.0\times10^3\times10^{-4}}{1.0\times10^{-3}}=0.564$$

由计算可以得出：尺寸为 100μm 的水泥颗粒在室温下水中的自由沉降在层流区。

由层流区的沉降速度式(3-71)得尺寸为 100μm 的水泥颗粒在室温下水中的自由沉降速度为

$$\begin{aligned}u_{\mathrm{mc}}&=K_{\mathrm{V}}\frac{(\rho_{\mathrm{p}}-\rho_{\mathrm{H_2O}})gD_{\mathrm{pV}}^2}{18\mu_{\mathrm{H_2O}}}\\&=0.627\times\frac{(2.7\times10^3-1.0\times10^3)\times9.81\times(10^{-4})^2}{18\times1.0\times10^{-3}}\mathrm{m/s}\\&=0.00581\mathrm{m/s}\end{aligned}$$

与式(3-70)计算所得的自由沉降速度吻合。

3.4.3 离心沉降

离心沉降(cetrifugal sedimentation)是通过沉降设备利用离心力使流体和颗粒一起旋转，由于颗粒密度大于流体密度，颗粒沿径向与流体产生相对运动，从而实现混合物分离的方法。常用的离心沉降设备有旋风分离器、旋液分离器、螺旋卸料离心机、蝶式分离机、管式高速离心机等。

颗粒在高速旋转的流体中运动时，受到离心力场和重力场的共同作用，其受力如图 3-9(a)所示。在重力 G 的作用下，颗粒沿垂直方向降落，在平面上与旋转流体一起作圆周运动，因

而产生惯性离心力 $F_{离}$，使颗粒沿径向向外甩出，颗粒与流体之间有相对运动，就产生了反向流体阻力 $F_{阻}$。颗粒就是在这些力的共同作用下运动的。在高速旋转的过程中，颗粒受到的离心力比重力大得多，因而其分离效果好于重力沉降。旋风分离器就是利用的这一原理工作的。

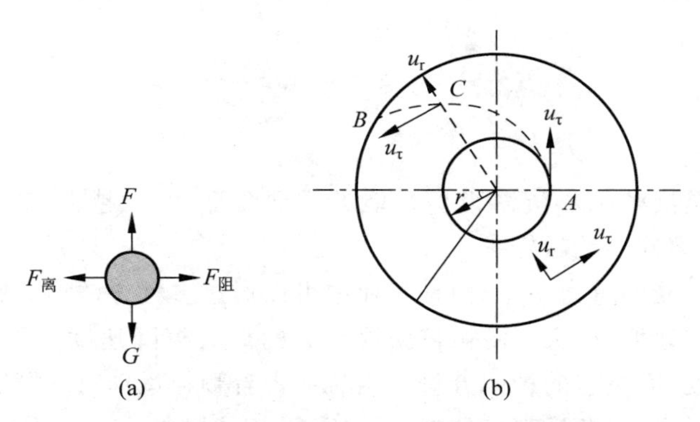

图 3-9　平面旋转流场中的颗粒受力及运动

设在半径 r 处流体沿圆周方向的切向速度为 u_τ，则处在该半径位置上的球形颗粒所受到的剩余惯性离心力为

$$F'_{离}=\frac{G_0}{g}\frac{u_\tau^2}{r} \tag{3-80}$$

式中　G_0——颗粒的剩余重力，N。

$$G_0=\frac{\pi}{6}D_p^3(\rho_p-\rho_f)g$$

则颗粒的运动方程为

$$m\frac{\mathrm{d}u_r}{\mathrm{d}t}=F'_{离}-F_{阻} \tag{3-81}$$

式中　m——颗粒的质量，kg；

$\frac{\mathrm{d}u_r}{\mathrm{d}t}$——颗粒在半径方向上的加速度，$\mathrm{m/s^2}$。

在离心力场的作用下，颗粒运动的加速度随着颗粒所在位置的半径 r 而不同。而在工业中，式(3-81)的 $\frac{\mathrm{d}u_r}{\mathrm{d}t}$ 项比起其余两项要小得多，故可认为 $\frac{\mathrm{d}u_r}{\mathrm{d}t}\approx 0$。

球形颗粒在流体中作旋转运动时，由于惯性力的作用，其运动轨迹是一条曲线，如图 3-9(b)所示。在符合斯托克斯定律的范围内，颗粒在半径 r 的圆周径向上的沉降速度为

$$u_r=\sqrt{\frac{4D_p(\rho_p-\rho_f)}{3C_f\rho_f}\cdot\frac{u_\tau^2}{r}} \tag{3-82}$$

将式(3-57)的斯托克斯公式与式(3-82)比较可见，式(3-82)中离心加速度 $\frac{u_\tau^2}{r}$ 取代了斯托克斯公式中的重力加速度 g。离心沉降速度 u_r 与重力沉降速度 u_m 存在以下关系：

$$K=\frac{u_r}{u_m}=\sqrt{\frac{u_\tau^2}{r_g}} \tag{3-83}$$

其中，K 称为离析因素。在粉体颗粒离心沉降中，可通过减小旋转半径 r 或增大切线方向速度 u_τ 的方法增大 K 值，以提高离心沉降的效果。

同一粉体颗粒在相同的流体介质中分别作离心沉降和重力沉降，推动粉体颗粒运动的惯性离心力 $F_{离}$ 与重力 G 的比值，即离心加速度与重力加速度之比，称为离心分离因数 F_r。其表达式为

$$F_r = \frac{F_{离}}{G} = \frac{\frac{u_\tau^2}{r}}{g} \tag{3-84}$$

离心分离因数是反映离心沉降设备性能的重要参数。F_r 越大，离心分离的推动力越大，离心分离机的分离性能就越好。

虽然粉体颗粒所受的重力一定，但是工业中可以通过多种方法增大颗粒的离心加速度，使之大大超过重力加速度 g，从而使颗粒获得更大的离心沉降速度。不过这个速度并不是颗粒运动的绝对速度，而是它的径向分量。当流体带着颗粒运动时，颗粒在惯性离心力作用下沿着切线方向被甩出，逐渐远离旋转中心。所以，粉体颗粒在离心沉降中，是沿着半径逐渐增大的螺旋形轨道运动的。

粉体颗粒的离心沉降速度远大于其重力沉降速度，而且还可以实现在重力条件下几乎不可能实现的分离过程，使细小颗粒甚至胶体从流体中分离出来，同时还可以大大减小了设备的体积。不同的颗粒因重力不同产生的离心力也不同，所以通过离心沉降还可以实现不同粉体颗粒的分离。

参考文献

[1] 杨守志，孙德堃，何方箴. 固液分离[M]. 北京：冶金工业出版社，2003.

[2] L. 斯瓦罗夫斯基. 固液分离[M]. 2 版. 北京：化学工业出版社，1990.

[3] 《选矿设计手册》编委会. 选矿设计手册[M]. 北京：冶金工业出版社，1988.

[4] 袁国才. 水力旋流器分级工艺参数的确定及计算[J]. 有色冶金设计与研究，1995，16 (3)：3-9，13.

[5] 卢寿慈. 粉体技术手册[M]. 北京：化学工业出版社，2004.

[6] 曲景奎，隋智慧，周桂英，等. 固-液分离技术的新进展及发展动向[J]. 国外金属矿选矿，2001，(7)：12-17.

[7] 罗茜. 固液分离[M]. 北京：冶金工业出版社，1996.

[8] A. Rushton，A. S. Ward，R. G. Holdich. 固液两相过滤及分离技术[M]. 2 版. 朱企新，许莉，谭蔚，等译. 北京：化学工业出版社，2005.

[9] 孙贻公. 带式真空吸滤机在转炉除尘污水固液分离工艺中的应用[J]. 给水排水，2000，26(11)：82-84.

[10] 孙启才. 分离机械[M]. 北京：化学工业出版社，1993.

[11] 刘凡清，范德顺，黄钟. 固液分离与工业水处理[M]. 北京：中国石化出版社，2000.

[12] 侯晓东. 高效浓密机的选型设计[J]. 有色矿山，2002，31(3)：35-36.

[13] 潘永康，王喜忠，等. 现代干燥技术[M]. 北京：化学工业出版社，1998.

[14] 曹恒武，田振山. 干燥技术及其工业应用[M]. 北京：中国石化出版社，2003.

[15] 刘文广. 干燥设备选型及采购指南[M]. 北京：中国石化出版社，2004.

[16] 金国森. 干燥设备设计[M]. 上海：上海科学技术出版社，1986.

[17] 金国淼.干燥设备[M].北京：化学工业出版社，2002.
[18] 吴新杰.气固两相流参数(流型、速度及其分布)测量方法研究[D].沈阳：东北大学，2000.
[19] [日]井上雅文，山本泰司. 高频、微波干燥在木材工业中的应用[J]. 电子情报通信学会技术研究报告，2003，(16)：352-401.

第4章　粉体制备

本章提要：粉体的制备方法有多种，通常将粉体的制备方法分为三大类：机械制粉（粉碎）、物理制粉和化学制粉。不同的书上对粉体制备方法的分类方法不尽相同。本章主要介绍粉碎、物理方法制备粉体和化学方法制备粉体的技术。需要注意的是，一般只在少数制粉方法中才表现出单纯的物理或化学作用，在大部分制粉方法中，物理和化学作用是交叉起作用的。

4.1　粉　　碎

粉碎（grinding）是固体物料在外力作用下，克服内聚力，使固体物料粒度变小或比表面积变大的过程。因粉碎的目的不同，其工艺过程是有差异的，如粉碎产品便于加工、便于使用、便于输送、便于储存；粉碎产品可以改善反应速度、改善溶解速度、改善催化剂活性等。图4-1展示了核桃粉的制作过程。不同的工艺过程可以得到具有不同粒度分布的细粉体或超细粉体，从而根据粉碎产品的粒度大小将粉碎过程分为粉碎与超细粉碎。目前，对粉碎粒径界限并未形成统一的认识，比较一致认同和较为合理的划分为：①细粉体，即粒径为10～45μm；②微米粉体，即粒径为1～10μm；③亚微米粉体，即粒径为0.1～1μm；④纳米粉体，即粒径为0.001～0.1μm（1～100nm）。超细粉体几乎应用于国民经济的所有行业。它是改造和促进油漆涂料、信息记录介质、精细陶瓷、电子技术、新材料和生物技术等新兴产业发展的基础，是现代高新技术的起点。

众所周知，粉碎技术历史悠久，但是超细粉碎技术是伴随现代高新技术和新材料产业迅速发展起来的一门全新的粉碎技术。超细粉碎技术的手段和方法很多，由于机械超细粉碎技术是比较容易工业化的实用技术，所以本章所论述的超细粉碎技术主要是机械超细粉碎技术。

4.1.1　粉碎的基本理论

4.1.1.1　物料的基本特性

1. 强度

强度（strength）是指材料承受外力而不被破坏的能力，通常以材料破坏时单位面积上所受的力表示。根据受力种类的不同，强度可分为：抗压强度，即材料承受压力的能力，也称压缩强度；抗拉强度，即材料承受拉力的能力，也称拉伸强度；抗弯强度，即材料对致弯外力的承受能力，也称弯曲强度；抗剪强度，即材料承受剪切力的能力，也称剪切强度。强度的单位是N/m^2或Pa。

通常，如果不特别指明，材料的强度用其抗压强度表示。材料受外力作用达到破坏时的应力称为破坏应力，所以材料的强度就是指材料破坏前能够承受的最大应力。不同的受力

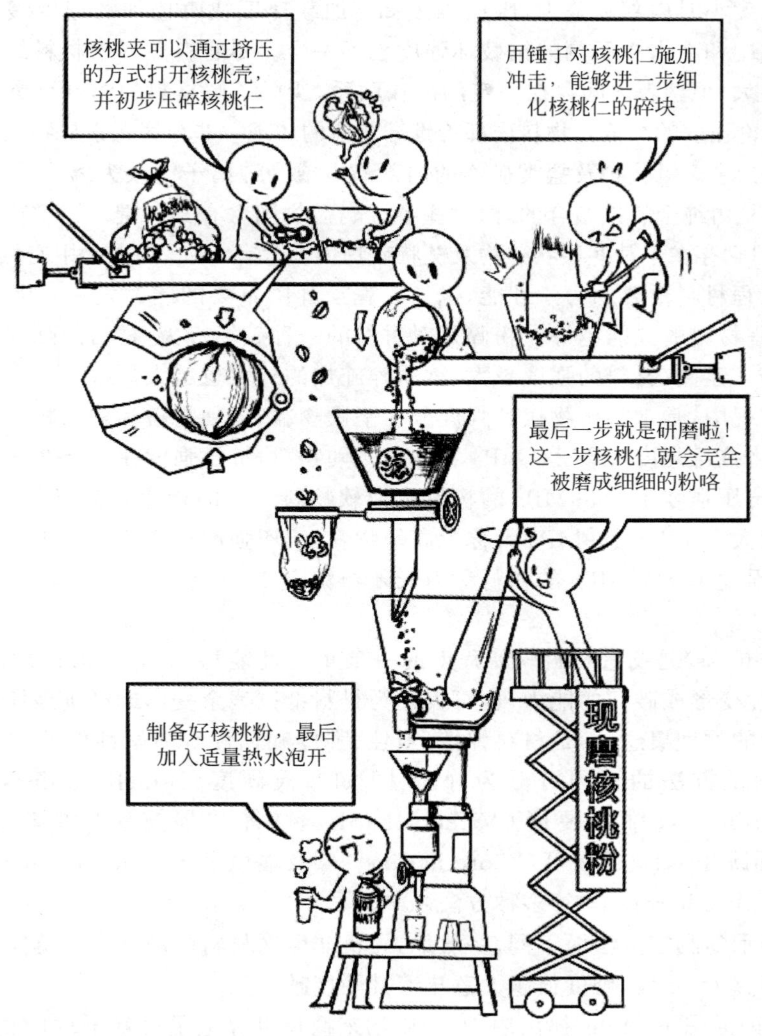

图 4-1　核桃粉的制备

种类对应其同名应力。材料的破坏应力以抗拉应力为最小，它只有抗压应力的 1/20～1/30，为抗剪应力的 1/15～1/20，为抗弯应力的 1/6～1/10。

从理论上讲，材料的强度取决于其分子结合键的类型。因为不同结合键的结合强度不同。离子键和共价键结合能最大。一般为 1 000～3 000kJ/mol，故离子键和共价键为最强的键。金属键的结合能仅次于离子键和共价键，为 100～800kJ/mol，故其强度略低于离子键和共价键。氢键的结合能为 20～30kJ/mol，其强度比金属键还低。范德华键的结合能仅为 0.3～3.2kJ/mol，故其强度最小。

根据结合键的类型确定的材料强度称为理论强度(theoretical strength)。换句话说，就是不含任何缺陷的完全均质材料的强度为理论强度。事实上，自然界中不含任何缺陷的、完全均质的材料是不存在的。所以，材料的实际强度(actual strength)或称实测强度远低于其理论强度，一般实测强度为理论强度的 1/100～1/1 000。

同一种材料，在不同的受载环境下，其实测强度不同，例如与粒度、加载速度和所处介质环境有关。粒度小时内部缺陷少,因而强度高;加载速度快时比加载速度慢时强度高;同一材料在空气中和在水中所测的抗破坏强度也不一样。尽管自然界中材料的实际强度与理论强度相差甚大,但两者之间存在一定的内在联系,所以了解材料的结合键类型还是非常必要的。毕竟理论强度的高低是物料内部价键结合能的体现。非金属元素矿物及硫化物矿物中通常以共价键为主。氧化物及盐类矿物的内部质点或为纯离子键或为离子-共价键结合。自然金属矿物都是由纯金属键结合的,而一些半金属矿物则含有其他键。在矿物中没有纯范德华键结合的,但它存在于某些层状矿物及链状矿物内。含有 OH^- 的矿物中有氢键的作用。

强度是工程材料重要的力学性能,也是工程设计中重要的问题之一。因此材料的强度越高,说明工程材料的性能越好。粉碎是对材料的一种破坏行为,材料的强度是反映材料性能的指标之一。显然,材料的强度越大,欲粉碎施加的外力也越大。

在粉碎工程中,常常将矿物按其强度分为坚硬物料、中硬物料和软物料。根据测定的矿物抗压强度,将抗压强度大于 235MPa 者称为坚硬物料,抗压强度在 39~235MPa 范围的称为中硬物料,抗压强度小于 39MPa 的物料称为软物料。有的行业划分略有不同,如水泥行业将抗压强度大于 157~196MPa 者称为高硬物料,抗压强度在 79~157MPa 范围的称为中硬物料,抗压强度小于 79MPa 的物料称为低硬物料。

2. *硬度*

硬度(hardness)是衡量材料软硬程度的一项重要性能指标,它既可以理解为材料抵抗弹性变形、塑性变形或破坏的能力,也可表述为材料抵抗残余变形或抵抗破坏的能力。硬度不是一个简单的物理概念,而是材料弹性、塑性、强度和韧性等力学性能的综合指标。硬度试验根据其测试方法的不同可分为静压法[如布氏硬度(Brinell hardness)、洛氏硬度(Rockwell hardness)、维氏硬度(Vickers hardness)等]、划痕法[如莫氏硬度(Mohs hardness)]、回跳法[如肖氏硬度(Shore hardness)]及显微硬度(microhardness)、高温硬度(high temperature hardness)等多种方法。

硬度的表示随测定方法而不同,一般地,无机非金属材料的硬度常用莫氏硬度表示。材料的莫氏硬度分为 10 级,硬度值越大意味着其硬度越高。

1822 年,Friedrich Mohs 提出用 10 种矿物来衡量世界上最硬和最软的物体,这就是所谓的莫氏硬度计。按照它们的软硬程度分为 10 级,见表 4-1。各级之间硬度的差异不是均等的,等级之间只表示硬度的相对大小。

表 4-1 典型矿物的莫氏硬度

莫氏硬度	典型矿物	晶格能/(kJ/mol)	表面能/(J/m^2)
1	滑石	—	1.00×10^{-3}
2	石膏	2 595	3.00×10^{-2}
3	方解石	2 713	8.00×10^{-2}
4	萤石	2 671	1.50×10^{-1}
5	磷灰石	3 396	1.90×10^{-1}
6	正长石	11 303	3.60×10^{-1}
7	石英	12 519	7.80×10^{-1}
8	黄晶	13 377	1.080
9	刚玉	15 659	1.550
10	金刚石	16 737	11.300

3. 脆性

材料在外力作用下被破坏时，无显著的塑性变形或仅产生很小的塑性变形就断裂破坏，其断裂处的断面收缩率和延伸率都很小，断裂面较粗糙，这种性质称为脆性（brittleness）。在常温、静载荷下具有脆性的材料，如铸铁、砖石、玻璃等，其抗拉能力远低于抗压能力，一般不能进行模锻、冲压等加工。

脆性是与塑性相反的一种性质。从微观上看，塑性固体受力发生塑性变形是由于晶格内出现了滑移和双晶。如果永久变形仅由双晶造成，则变形量不大，仅有原长的百分之几，而滑移则可产生大得多的永久变形。无论滑移或双晶，都只有在作用于滑动面上的切应力超过临界值时才会发生。临界切应力受许多因素影响，塑性变形的许多现象皆可由此获得解释。

提高温度将增加固体中质点的动能，能够引起滑移的临界切应力相应地减少，至熔点时突然降为零。塑性变形发生时，阻碍滑移的位错增多，滑移将在不均匀界面上受到拦截，于是表现出抗拉强度低和屈服极限上升，使晶体硬化，提高了进一步滑移所需要的临界切应力。这就是预变形会使塑性减弱的原因。已经硬化了的材料可加热至一定温度并维持足够长的时间，使它“恢复”原性，这是由于重结晶可使位错恢复到原来状态。塑性行为的特征是变形不能恢复和变形与时间有关。后一种特征效应有蠕变、松弛和弹性后效等。不变的载荷长时间作用于固体而使之变形，应变又随时间增加而增加的现象叫作蠕变。蠕变的速率与温度有关。松弛现象是由物质内部的质点作热运动引起的。一切物质的内部质点都有热运动，故一切物质都具有松弛现象，只不过它们的松弛期有长短之别。在弹性体范围内，对于完全弹性体，除去应力，变形立即完全消失。但实际物体皆非完全弹性体，除去应力后，变形并不会立即恢复到最初状态，多少会留下残余应变，且此部分随着时间的增长有减少的倾向。故弹性后效是在完全除去应力后，应变有缓慢进行弹性恢复的部分的现象。弹性之所以会延迟，是由于物体受力后应力将在其颗粒间重新分布，这就需要一定的时间。塑性行为的时间效应说明，可以将塑性滑移看成与液体流动类似的流动形式，只是其流动的原子是结晶地组织着的。

脆性和韧性的区别，从宏观上看，是有无塑性变形，而微观上则是看其是否存在晶格面滑移。因此，它们并不是物质的不可改变的固有属性，而是随所处环境相互转化的。若在足够高的温度和足够慢的速度下变形，任何物料皆有塑性行为。一般情况下为塑性的物料，在低温承受应力或在常温迅速加载，皆表现出脆性破坏。就温度的影响来说，高于临界温度，位错易于移动，有利于物质发生塑性变形。此临界温度与物质结构、应力状况和应力作用的速度等有关。高速加载的影响与降低温度相似，因为缩短了位错移动可利用的时间，不利于发挥塑性。冲击加冷却比单纯施加压力可以更有效地粉碎物料，因为在此种情况下更易发生脆性破坏。

4. 韧性

材料的韧性（toughness）是指在外力的作用下，发生断裂前吸收能量和进行塑性变形的能力。吸收的能量越大，韧性越好；反之韧性越差。与脆性材料相反，材料在断裂前有较大形变、断裂时，断面常呈现外延形变，此形变不能立即恢复，其应力-应变关系成非线性，消耗的断裂能很大，通常以冲击强度的大小来衡量。韧性越好，则发生脆性断裂的可能性越小。

物料的脆性和韧性无确切的数量概念。粉碎作业的物料多呈脆性，韧性物料须用特殊的方法处理,如高速冲击剪切或超低温粉碎可以使物料进入脆性区。

5. 易磨性

易磨性(grindability)根据不同的工艺过程又称可碎性或可磨性,它反映的是矿石被破碎和磨碎的难易程度,这取决于矿石的机械强度、形成条件、化学组成与物质结构。同一破碎机械在同一条件下,处理坚硬矿石比处理软矿石的生产率要低些,功率消耗要大些。为此,工程上结合碎矿磨矿工艺提出了矿石的可碎性系数和可磨性系数(或易磨性系数、可磨度),以反映矿石的坚固程度,同时用来定量地衡量破碎和磨碎机械的工艺指标。

可碎性系数和可磨性系数的表示方法很多,不同的行业有不同的实验方法,如用邦德功指数表示物料的易磨性为许多行业所采用。具体实验方法请参考相关手册。

6. 磨蚀性

物料的磨蚀性(abrasiveness)是物料对粉碎工件(包括齿板、板锤、钢球、衬板、棒和叶片等)产生磨损的一种性质。工件被磨损的程度称为钢耗,通常以粉碎 1t 物料时工件的金属消耗量表示钢耗(g/t)。物料的磨蚀性与材料的强度、硬度有关,但并不存在必然的比例关系,同时还受其他因素的影响。例如对硬质物料而言,表面形状及颗粒大小是影响磨蚀性的重要因素,所以磨蚀性是材料本身固有的属性。

矿石中石英的含量与其磨蚀性密切相关,石英含量越高,物料的磨蚀性越强。因此,矿石中的二氧化硅或二氧化硅等效含量是判别物料磨蚀性大小的主要依据。

4.1.1.2 粉碎方式

粉碎过程是固体物料在外力作用下,克服内聚力使颗粒变小的过程。这个外力有很多种,如电力、机械力、爆破力等。就机械力而言,基本的粉碎方式主要有如图 4-2 所示的挤压粉碎、冲击粉碎、剪切摩擦粉碎和劈裂粉碎。

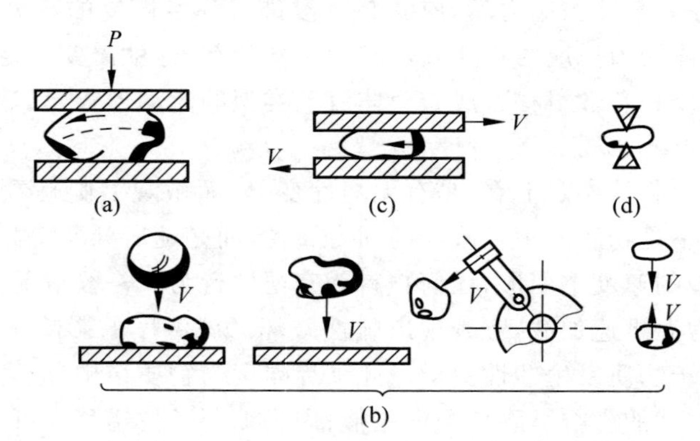

图 4-2 常用的几种粉碎方式

(a) 挤压粉碎;(b) 冲击粉碎;(c) 剪切摩擦粉碎;(d) 劈裂粉碎

1. 挤压粉碎

挤压粉碎(extrusion grinding)是粉碎设备的工作部件对物料施加挤压作用,物料在压力作用下发生粉碎。挤压磨、颚式破碎机等均属此类粉碎设备。

因为物料在两个工作面之间受到相对缓慢的压力而被破碎,其压力作用较缓慢和均匀,故物料粉碎过程较均匀。这种方法通常用于物料的粗碎,当然,近年来发展的细颚式破碎机也可将物料破碎至几毫米以下。另外，挤压磨磨出的物料是由大量粉料压成的料饼，故常作为细粉磨前的预粉碎设备。

2. 冲击粉碎

冲击粉碎(impact grinding)包括高速运动的粉碎体对被粉碎物料的冲击和高速运动的物料向固定壁或靶的冲击。这种粉碎过程可在较短时间内发生多次冲击碰撞，每次冲击碰撞的粉碎时间是在瞬间完成的，所以粉碎体与被粉碎物料的动量交换非常迅速。

3. 剪切摩擦粉碎

研磨和磨削本质上均属剪切摩擦粉碎(shear friction grinding)，包括研磨介质对物料的粉碎和物料相互之间的摩擦作用。振动磨、搅拌磨以及球磨机的细磨仓等都以此为主要原理。与施加强大粉碎力的挤压和冲击粉碎不同，研磨和磨削是靠研磨介质对物料颗粒表面的不断磨蚀实现粉碎的。

4. 劈裂粉碎

物料因楔形工作体的作用而被粉碎称为劈裂粉碎(broom grinding)。

4.1.1.3 粉碎过程机理

1. 格里菲斯(Griffith)强度理论

颗粒断裂力学是材料科学的一个分支。断裂力学是近年来迅速发展起来的一门新兴学科，它主要研究带裂缝固体的强度和裂缝传播的规律。断裂力学扬弃了传统强度理论关于材料不存在缺陷的假设，认为裂缝的存在是不可避免的。金属材料在生产过程中和使用过程中都会产生裂缝，而岩石颗粒的内部也存在裂纹。早在 1920 年，格里菲斯(A. A. Griffith)为了解释玻璃、陶瓷等脆性材料的实际强度与理论强度的重大差异，就建立了裂缝扩展的能量平衡判据，即在经典能量平衡方程中加入一项表面能。格里菲斯强度理论(strength theory)成功地说明了实际强度与最大裂缝尺寸间的关系。

格里菲斯认为玻璃中存在微小裂纹，随着系统总能量的减少，裂纹将扩展，因而降低了玻璃的强度。他假设厚度为 1mm 的平板由于施加外力使板内产生均匀的拉力 σ 后，将其两端固定以隔绝外部能源，设想在板上切开一个垂直于拉应力 σ 方向并且穿透板厚的长度为 $2a$ 的裂纹(图 4-3)，它远小于板的长度和宽度，这在力学上可视为一块“无限大平板”，裂纹可视为长轴远大于短轴的椭圆孔。

图 4-4 为该平板的载荷-伸长曲线，图中 OA 线是裂纹长度为 a 的伸长曲线，显然载荷 $P\sigma$(其中 σ 为应力)时的弹性能可用$\triangle OBC$ 的面积来表示；如果裂纹长度增加了 $\mathrm{d}a$，则因平板的刚度下降，载荷伸长曲线就为 OA' 线。由于平板两端固定，裂纹从 a 增长为 $a+\mathrm{d}a$，所以发生了应力松弛现象，载荷相应地从 $P\sigma$ 下降为 $P\sigma'$ (其中 σ'为应力)，其相应的弹性能是$\triangle OB'C$ 的面积。可见弹性体因裂纹伸长 $\mathrm{d}a$ 所释放出来的能量为$\triangle OBB'$的面积，它等于$\triangle OBC$ 与$\triangle OB'C$ 的面积之差。因此，$\triangle OBB'$的面积就是由于裂纹增长所释放出来的弹性应变能或裂纹应变能。

格里菲斯认为，一旦裂纹出现，就会产生一个新的自由表面，这需要一定的表面能，它由材料释放的弹性应变能提供。当板内释放出来的应变能 w 等于或大于使裂纹扩展所需要的能量(表面能)u 时，则无须另加载荷，裂纹就会发生扩展。

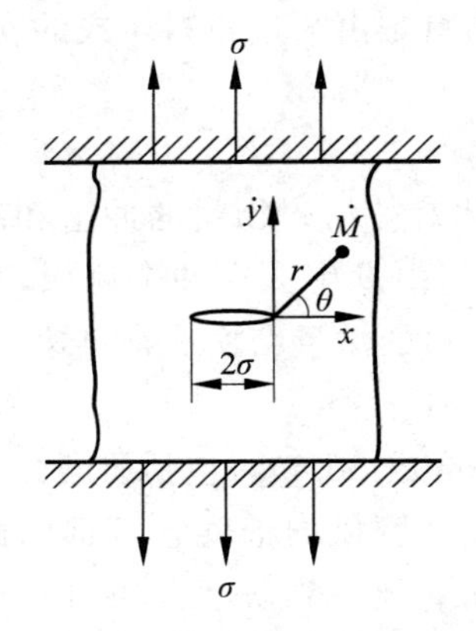

图 4-3　无限大平板中的穿透裂纹

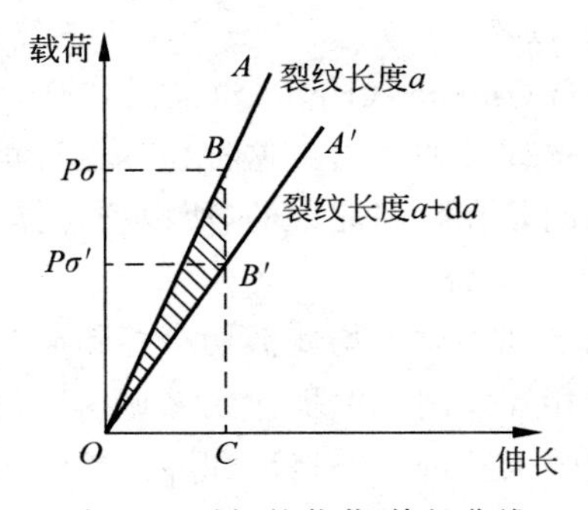

图 4-4　平板的载荷-伸长曲线

假设由于裂纹的存在，应变能 w 有一部分转变为表面能 u，则系统的总能量为$(W-u)$。系统处于临界状态(能量平衡状态)的条件为

$$\frac{\partial}{\partial a}(W-u)=0 \tag{4-1}$$

格里菲斯应用椭圆半轴趋于零时，椭圆便退化为一条直线的特解来代表裂纹的情况，再利用应力和位移公式计算出由于裂纹的存在，应变能的改变如下：

平面应变时，

$$W=\frac{1-\nu^{2}}{E}\pi a^{2}\sigma^{2} \tag{4-2}$$

平面应力时，

$$W=\frac{\pi a^{2}\sigma^{2}}{E} \tag{4-3}$$

式中　a——裂纹长度之半，m；

σ——垂直于裂纹方向的拉应力，Pa；

E——材料的弹性模量，Pa；

ν——材料的泊松比；

W——单位体积应变能的改变值[因为板厚为 1mm，故也可以理解为单位面积的应变能改变值；若板厚为 t，则式(4-2)与式(4-3)右端各乘以 t 才能计算出应变能的改变值]。

假设材料单位面积的表面能为 γJ，因为裂纹有上、下两个表面，故长度 $2a$、板厚为 1mm 的裂纹面积为 $2\times 2a\times 1$，故表面能改变值为：$u=3a\gamma$，则临界状态的应力应变计算公式为

平面应变时，

$$\sigma_{c}=\sqrt{\frac{2E\gamma}{(1-\nu^{2})\pi\alpha}} \tag{4-4}$$

平面应力时，

$$\sigma_{c}=\sqrt{\frac{2E\gamma}{\pi\alpha}} \tag{4-5}$$

式(4-4)和式(4-5)就是格里菲斯公式,也叫格里菲斯脆性断裂表面能判据。它的物理意义是:当应力达到上述临界值时,裂纹系统就处于不稳定状态;此时只要 σ 稍有增大(甚至不增大),裂纹就会扩展并将导致脆性断裂。格里菲斯用式(4-4)和式(4-5)成功地解释了玻璃、陶瓷等脆性材料的实际强度比理论强度低的原因。

尽管格里菲斯强度理论不是以研究材料的粉碎为背景的,但是格里菲斯理论完全可应用于材料的粉碎研究之中。

2. 粉碎过程能耗理论

(1) 粉碎过程热力学分析

热力学是研究宏观体系能量转换的科学,因此,研究粉碎过程的效率即有效能量转换的程度,诸如粉碎功耗、吸附降低硬度及粉碎过程中的机械化学作用等问题,皆可通过热力学原理来解释。实际过程的热力学分析的目的在于从能量利用的角度来确定过程的效率,并找出各种不可逆性对过程总效率的影响。

设有一稳定过程,根据热力学第一定律,其能量平衡关系为

$$\Delta U = Q + W \tag{4-6}$$

式中 Q——环境对系统输入的热能,J;

W——环境对系统所做的功,J;

ΔU——系统内能的增量,J。

实际过程绝大多数是不可逆的,热力学第二定律指出其系统的熵值会增大,即 $\Delta S>0$,这就意味着在此过程中存在无功能量 $E_{无}$。无功能量的增量与熵的增量存在如下关系:

$$\Delta E_{无} = T\Delta S \tag{4-7}$$

式中 T——环境温度。

根据热力学分析,过程中的无用功(即损失功)W_L 为

$$W_L = T\Delta S = T(\Delta S_{物} + \Delta S_{环}) \tag{4-8}$$

式中 $\Delta S_{物}$,$\Delta S_{环}$——体系的熵增量和环境的熵增量,二者之和为过程总的熵增量,J/(mol·K)。

由此可知,熵变为过程可逆与否的判据,若过程不可逆,则 $\Delta S>0$,且无用功与其成正比。

对于热机设备,若从损失功的角度讨论其效率,因 $W_T=W_E+W_L$,则其效率为

$$\eta = \frac{W_E}{W_L} = 1 - \frac{W_L}{W_T} \tag{4-9}$$

式中 W_T——设备接收的总能量,J;

W_E——设备所做的有效功,J。

显然,能量利用率降低的直接原因是无用功的增加。当然,导致无用功产生的因素很多,粉碎过程也是诸多因素共同作用的复杂过程,这就需要结合粉碎系统的具体工艺情况分析研究这些因素并努力寻求使之降低无用功的最佳参数。这是减小能量消耗,提高系统效率的有效途径,也是热力学分析的目的之一。

(2) 粉碎功耗理论

粉碎过程所需的能量问题是一个极其复杂的问题。因为粉碎过程能量的消耗(grinding power consumption)与诸多因素有关,例如所采用的粉碎方法、粉碎设备、物料的

性质等。要用一个完整的数学公式来描述粉碎过程的能耗几乎是不可能的，但人们还是根据实践经验提出了一些有指导意义的学说。

① 经典理论。

粉碎过程中粒径减小所消耗的能量与粒径的 n 次方成反比，即

$$\mathrm{d}E=-C_{\mathrm{L}}\frac{\mathrm{d}x}{x^{n}}\quad \text{或} \quad \frac{\mathrm{d}E}{\mathrm{d}x}=-C_{\mathrm{L}}\frac{1}{x^{n}} \tag{4-10}$$

式中 E——粉碎功耗，kW·h；

x——粒径，m；

C_{L}, n——常数。

式(4-10)是粉碎过程中粒径与功耗关系的通式，称为 Lewis 公式。

若对式(4-10)取 $n=2$ 再积分，便得到表面积学说，这是雷廷格尔(Rittinger)于 1876 年提出来的，其内容是粉碎过程所需的功与材料新生表面积成正比：

$$E=C_{\mathrm{R}}\left(\frac{1}{x_{2}}-\frac{1}{x_{1}}\right)=C_{\mathrm{R}}(S_{2}-S_{1})=C_{\mathrm{R}}\Delta S \tag{4-11}$$

式中 x_1, x_2——粉碎前后的粒径，mm，可用平均粒径或特征性粒径表示；

S_1, S_2——粉碎前后的比表面积，m^2/kg。

C_{R}——雷廷格尔常数。

若对式(4-10)取 $n=1$ 再积分，便得到体积学说，这是基克(Kick)于 1885 年提出的，其内容是在相同的技术条件下，使几何相似的同类物体的形状发生同一变化所需的功与物料的体积或质量成正比，或者说同一重量的相似物体发生同一变化时所需的功只与粉碎比有关，即

$$E=C'_{\mathrm{K}}\lg\frac{x_{1}}{x_{2}} \tag{4-12}$$

式中 C_{K}——基克常数。

若对式(4-10)取 $n=1.5$ 再积分，便得到裂纹学说，这是邦德(Bond)于 1952 年提出的，其内容是粉碎功耗与颗粒粒径的二次方根成正比，即

$$E=C'_{\mathrm{B}}\left(\frac{1}{\sqrt{x_{2}}}-\frac{1}{\sqrt{x_{1}}}\right)=C_{\mathrm{B}}(\sqrt{S_{2}}-\sqrt{S_{1}}) \tag{4-13}$$

式中 C_{B}——邦德常数。

式(4-11)～式(4-13)就是传统的粉碎功耗三定律。其中基克学说适用于破碎过程，雷廷格尔学说适用于粉磨过程，邦德学说的适用范围则介于二者之间。

② 粉碎功耗的新观点。

a) 田中达夫粉碎定律。

由于颗粒形状、表面粗糙度等因素的影响，式(4-10)～式(4-13)中的平均粒径或代表性粒径很难精确测定。比表面积测定技术的进展比用平均粒度表示来得更精确些，因此，用比表面积来表示粉碎过程已得到广泛应用。田中达夫提出了带有结论性的用比表面积表示粉碎功的定律，比表面积增量对功耗增量的比与极限比表面积和瞬时比表面积的差成正比，即

$$\frac{\mathrm{d}S}{\mathrm{d}E}=K(S_{\infty}-S) \tag{4-14}$$

式中　S_{∞}——极限比表面积，与粉碎设备、工艺及被粉碎物料的性质有关，m^2；

S——瞬时比表面积，m^2；

K——常数，水泥熟料、玻璃、硅砂和硅灰的 K 值分别为 0.70，1.0，1.35，3.2。

式(4-14)意味着物料越细，单位能量所产生的新比表面积越小，即越难粉碎。

当 $S \ll S_{\infty}$ 时，将式(4-14)积分可得

$$S = S_{\infty}(1 - e^{-KE}) \tag{4-15}$$

式(4-15)相当于式(4-10)中 $n > 2$ 的情形，适用于微细粉碎。

b) Hiorns 公式。

英国学者 Hiorns 在假定粉碎过程符合雷廷格尔定律及粉碎产品粒度符合 Rosin-Rammler 分布的基础上，设固体颗粒间的摩擦力为 k_r，导出了功耗公式：

$$E = \frac{C_R}{1 - k_r}\left(\frac{1}{x_2} - \frac{1}{x_1}\right) \tag{4-16}$$

式中　C_R——雷廷格尔常数。

可见，k_r 值越大，粉碎能耗越大。

由于粉碎的结果是增加固体的比表面积，则将固体比表面能 γ 与新生比表面积相乘可得粉碎功耗的计算式：

$$E = \frac{\gamma}{1 - k_r}(S_2 - S_1) \tag{4-17}$$

c) Rebinder 公式。

苏联学者 Rebinder 和 Chodakow 提出，在粉碎过程中，固体粒度变化的同时还伴随着其晶体结构及表面物理化学性质等的变化。他们在将基克定律和田中定律结合的基础上考虑增加表面能 σ、转化为热能的弹性能的储存及固体表面某些机械化学性质的变化，提出了功耗公式：

$$\eta_m E = \alpha \ln \frac{S}{S_0} + [\alpha + (\beta + \sigma) S_{\infty}] \ln \frac{S_{\infty} - S_0}{S_{\infty} - S} \tag{4-18}$$

式中　η_m——粉碎机械效率，%；

α——与弹性有关的系数；

β——与固体表面物理化学性质有关的常数；

S_0——粉碎前的初始比表面积，m^2。

其他参数说明同上。

上述新的观点或从极限比表面积的角度或从能量平衡的角度反映了粉碎过程中能量消耗与粉碎细度的关系，而这在几个经典理论中是未涉及的，从这个意义上讲，这些新观点弥补了经典粉碎功耗定律的不足，是对它们的修正。

3. 粉碎过程模型

(1) 粉碎过程物理模型

粉碎过程就是大块物料变成小颗粒的过程，这一变化过程可能有很多种方式。Hüting 等提出了以下三种粉碎模型(见图 4-5)。

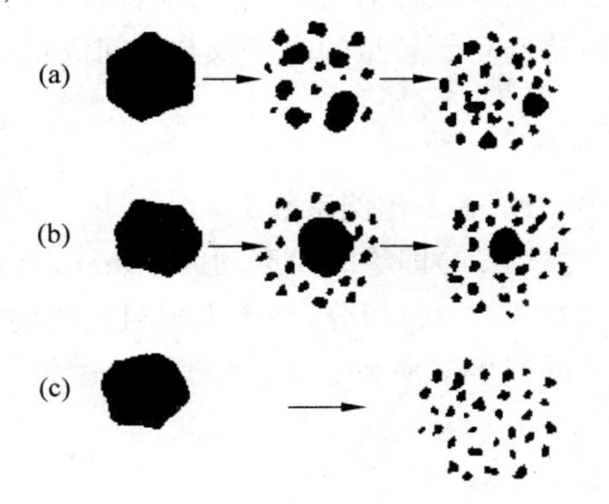

图 4-5　粉碎模型

(a) 体积粉碎模型；(b) 表面粉碎模型；(c) 均一粉碎模型

① 体积粉碎(volume grinding)模型。该模型是整个颗粒均受到破坏,粉碎后生成物多为粒度大的中间颗粒,随着粉碎过程的进行,这些中间颗粒逐渐被粉碎成细粉。冲击粉碎和挤压粉碎与此模型较为接近。

② 表面粉碎(surface grinding)模型。该模型是在粉碎的某一时刻,仅是颗粒的表面产生破坏,被磨削成微粉,这一破坏作用基本不涉及颗粒内部。这种情形是典型的研磨和磨削粉碎方式。

③ 均一粉碎(uniform grinding)模型。该模型是施加于颗粒的作用力使颗粒产生均匀的分散性破坏,直接将其粉碎成微粉。

在上述三种模型中,均一粉碎模型仅符合结合极其不紧密的颗粒集合体(如药片等)的特殊粉碎情形,一般情况下可不考虑这一模型。实际粉碎过程往往是前两种粉碎模型的综合,前者构成过渡成分,后者形成稳定成分。体积粉碎与表面粉碎所得粉碎产物的粒度分布有所不同,体积粉碎后的粒度较窄、较集中,但细颗粒比例较小;表面粉碎后细粉较多,但粒度分布范围较宽,即粗颗粒也较多。

应该说明的是,冲击粉碎未必能造成体积粉碎,因为当冲击力较小时,仅能导致颗粒表面的局部粉碎,而表面粉碎伴随的压缩作用力如果足够大时也可以产生体积粉碎。

(2) 粉碎过程动力学模型

粉碎过程动力学模型描述的是粉碎过程中物料不同粒度级的质量随时间变化的规律。

设粗粒级物料随时间的变化率为$-\frac{\mathrm{d}R}{\mathrm{d}t}$,影响过程进行速度的因素及其影响程度分别为$A,B,C,\cdots$和$\alpha,\beta,\gamma,\cdots$,则粉碎速度可表示为

$$-\frac{\mathrm{d}R}{\mathrm{d}t}=KA^{\alpha}B^{\beta}C^{\gamma}\cdots \tag{4-19}$$

式中 K——比例系数。

$\alpha+\beta+\gamma+\cdots$为动力学级数,若其值为0,1,2,则分别称为零级、一级、二级粉碎动力学,其中应用最广泛的是一级动力学。负号"−"说明随着粉碎时间的延长,粗粒级的物料逐渐减少,细粒级的物料逐渐增多。

① 零级粉碎动力学。

设粉碎(磨)前粉碎(磨)设备内的物料无合格细颗粒,则粗粒的浓度为1,在粉碎条件不变时待磨粗颗粒量的减少仅与时间成正比,即

$$-\frac{\mathrm{d}R}{\mathrm{d}t}=K_0 \tag{4-20}$$

式中 K_0——比例系数。

式(4-20)即零级粉磨动力学(zero stage grinding kinetics)的基本公式。

对式(4-20)积分,并考虑到粗粒级物料减少的量,也即细粒级物料增多的量,则预期细颗粒的产生速率为

$$m_x=k_xt=k_0t\left(\frac{x}{x_0}\right) \tag{4-21}$$

② 一级粉碎动力学。

一级粉碎动力学认为,粉磨速率与物料中不合格粗颗粒的含量(R)成正比。E. W. 戴维斯(Davis)等提出的动力学方程为

$$-\frac{dR}{dt}=K_1R \tag{4-22}$$

对式(4-22)积分可得

$$\ln R=-K_1t+C \tag{4-23}$$

若 $t=0$ 时,$R=R_0$,则 $C=\ln R_0$,将其代入式(4-23)得

$$\ln R=-K_1t+\ln R_0 \tag{4-24}$$

或

$$\frac{R}{R_0}=e^{-K_1t} \tag{4-25}$$

若以 t 和 $\ln\frac{R}{R_0}$ 为横、纵坐标作图,则所得粉磨曲线应为一条直线。

在实际应用中,由于影响粉碎速度的因素很复杂,所以,V. V. 阿利亚夫登(Aliavden)对粉碎时间做了修正,增加了时间指数:

$$R=R_0\exp(-Kt^m) \tag{4-26}$$

其中的参数 m 值随物料的均匀性、强度及粉磨条件有所变化。一方面,随着粉磨时间的延长,后段时间的物料平均粒度总比前段小,细粒产率应较高,相应地,m 值会增大;另一方面,一般固体都是不均匀的,具有若干薄弱的局部,随着粉磨过程的进行,总体物料不断变细,这些薄弱局部也逐渐减少,物料趋于均匀而较难粉磨,致使粉磨速度降低。因此,m 值与物料的易磨性变化有关,可根据其值的变化程度来判断物料的均匀性。一般情况下,m 值约为 1。

③ 二级粉碎动力学。

鲍迪什(F. W. Bowdish)提出,在粉碎过程中,应将研磨介质的尺寸分布特性作为粉碎速度的影响因素。在一级粉碎动力学基础上,加上研磨介质表面积 A 的影响得到二级粉磨动力学基本公式:

$$-\frac{dR}{dt}=K_2AR \tag{4-27}$$

介质表面积在一定时间内可认为是常数,所以对式(4-27)积分得

$$\ln\frac{R_1}{R_2}=K_2A(t_2-t_1) \tag{4-28}$$

显然,研磨介质的表面积是不可忽视的因素,而表面积 A 又是不同尺寸介质级配的表现,因此,对于不同性质、不同大小的物料,研磨介质的级配选择应得到足够重视。

4.1.2 传统粉碎粉磨设备

4.1.2.1 破碎设备

1. 颚式破碎机

(1) 工作原理及类型

颚式破碎机(jaw crusher)是应用比较广泛的粗、中碎破碎机械。根据其动颚的运动特征,颚式破碎机可分为简单摆动型、复杂摆动型和综合摆动型三种形式。图 4-6 为颚式破碎机的主要类型及其工作示意图。动颚 2 悬挂在悬挂轴 6 或偏心轴 5 上,工作时由传动机构

带动偏心轴转动，使之相对于定颚1往复运动。当动颚靠向定颚时，落在颚腔中的物料因受到颚板的挤压作用而粉碎。当动颚离开定颚时，已破碎的物料在重力作用下经出料口卸出。同时喂入的物料随之进入破碎腔，如此周而复始地对物料进行破碎。颚式破碎机的规格用进料口的宽度(mm)和长度(mm)来表示。

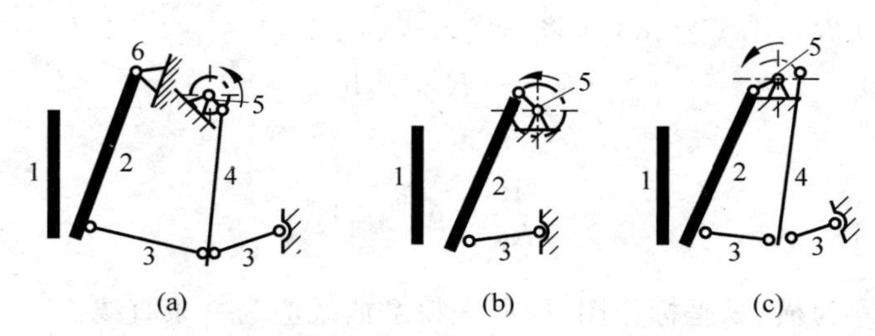

1—定颚；2—动颚；3—推力板；4—连杆；5—偏心轴；6—悬挂轴

图4-6　颚式破碎机的主要类型及其工作原理示意图

(a) 简单摆动型；(b) 复杂摆动型；(c) 综合摆动型

① 简单摆动型颚式破碎机，如图4-6(a)所示，动颚上各点均以悬挂轴6为中心，作单纯圆弧摆动。由于运动轨迹比较简单，故称为简单摆动型颚式破碎机，简称简摆颚式破碎机。由于简摆颚式破碎机动颚上各点作弧线摆动，其摆动的距离上面小、下面大，以动颚底部(即出料口处)为最大。进料口处动颚的摆动距离小不利于夹持和破碎喂入颚腔的大块物料，因而不能向摆幅较大、破碎作用较强的颚腔底部供应充分的物料，这就限制了破碎机的生产能力。另外，颚板的最大行程在下部，而且卸料口宽度在破碎机运转过程中是随时变动的，因此卸出的物料粒度不均匀。但简摆颚式破碎机的偏心轴承受的作用力较小，且由于动颚垂直位移小，物料对颚板的磨损小，故简摆颚式破碎机可做成大、中型，主要用于坚硬物料的粗、中碎。

② 复杂摆动型颚式破碎机如图4-6(b)所示，当偏心轴5转动时，动颚一方面对定颚作往复摆动，同时还顺着定颚有很大程度的上下运动。动颚上各点的运动轨迹并不一样，顶部的运动受到偏心轴的约束，运动轨迹接近于圆形；底部的运动轨迹受到推力板的约束，运动轨迹接近于圆弧；在动颚的中间部分，运动轨迹为介于上述二者之间的椭圆曲线，且越靠近下部椭圆越扁长。由于这类破碎机工作时动颚上各点的运动轨迹较复杂，故称为复杂摆动型颚式破碎机，简称复摆颚式破碎机。

与简摆型颚式破碎机相反，复摆型颚式破碎机在整个行程中，垂直摆幅为水平摆幅的2～3倍。由于动颚上部的水平摆幅大于下部，保证了颚腔上部的强烈粉碎作用，大块物料在上部容易被粉碎，整个颚板破碎作用均匀，有利于生产能力的提高。同时，动颚在向定颚靠拢挤压物料的过程中，顶部各点还顺着定颚向下运动，又使物料能更好地夹持在颚腔内，并促使破碎的物料尽快卸出。因此，在相同进料口尺寸的情况下，这类破碎机的生产能力比简摆型高20%～30%。

由于复摆型颚式破碎机的动颚垂直行程大，物料不仅受到挤压作用，还受到部分剥磨作用，产生的粉尘较大，动颚较易磨损。另外，破碎物料时，动颚受到巨大的挤压力，直接作用于偏心轴上，所以这类破碎机一般都制成中、小型的。但与简摆颚式破碎机相比，复摆型颚式破碎机结构较简单，轻便紧凑。

③ 综合型颚式破碎机，如图 4-6(c)所示，动颚和连杆同时挂在偏心轴上，其各点的运动特征介于上述两种类型破碎机之间。但由于结构复杂，且没有特殊的优点，所以应用较少。

此外，若在简摆颚式破碎机的连杆上装设一个液压油缸和活塞构成液压连杆，可实现分段启动，既降低了功率，又可起到保险装置的作用，这便是液压颚式破碎机的构造。由于液压颚式破碎机具有启动、调整容易和保护机器部件不受损坏等优点，已逐渐受到人们的青睐。

(2) 性能及应用

颚式破碎机的优点是：构造简单，管理和维修方便，工作安全可靠，适用范围广。其缺点是：由于工作是间歇的，所以存在空行程，因而增加了非生产性功率消耗。由于动颚和连杆作往复运动，工作时会产生很大的惯性力，使零件承受很大的载荷，因而对基础的质量要求也很高。在破碎黏湿物料时会使颚式破碎机的生产能力下降，甚至发生堵塞现象，造成破碎比较小。

2. 圆锥破碎机(cone crusher)

(1) 工作原理及类型

圆锥破碎机分为两大类，即粗碎圆锥破碎机和中细碎圆锥破碎机。图 4-7 是粗碎圆锥破碎机的工作原理图。

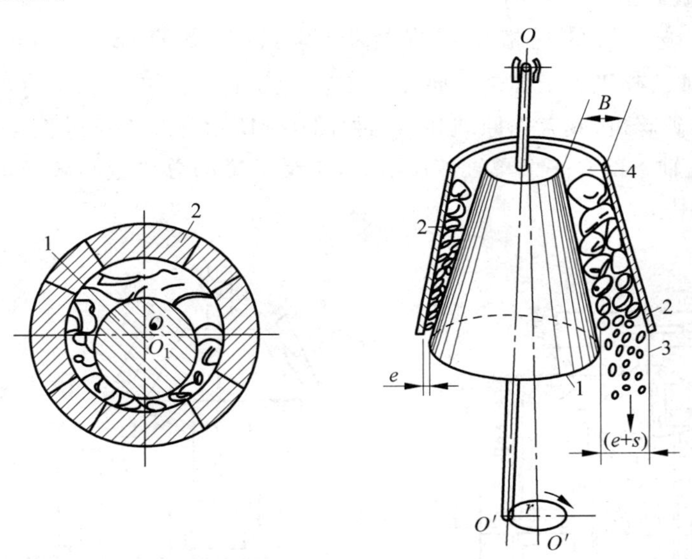

1—动锥；2—定锥；3—出料口；4—进料口

图 4-7 粗碎圆锥破碎机工作原理图

① 粗碎圆锥破碎机又称旋回破碎机。破碎物料的部件是两个截锥体，动锥(又称内锥)1 固定在主轴上，定锥(又称外锥)2 是机架的一部分，是静止的。主轴的中心线 O_1O 与定锥的中心线 $O'O$ 于点 O 相交成 β 角。主轴悬挂在交点 O 上，轴的下方活动地插在偏心衬套中。衬套以偏心距 r 绕 $O'O$ 旋转，使动锥沿定锥的内表面作偏旋运动。在靠近定锥处，物料受到动锥的挤压和弯曲作用而被破碎；在偏离定锥处，已破碎的物料由于重力作用自锥底落下。因为偏心衬套连续转动，动锥也就连续旋转，故破碎过程和卸料过程沿着定锥的内

表面连续依次进行。破碎物料时，由于破碎力的作用，在动锥表面产生了摩擦力，其方向与动锥的运动方向相反。因为主轴上下方均为活动连接，这一摩擦力对于 O_1O 所形成的力矩使动锥在绕 O_1O 作偏旋运动的同时还作方向相反的自转运动，此自转运动可使产品粒度更均匀，并使动锥表面的磨损也较均匀。

粗碎圆锥破碎机的工作原理与颚式破碎机有相似之处，即对物料施以挤压力，破碎后自由卸出。不同之处在于圆锥破碎机的工作过程是连续进行的，物料夹在两个锥面之间同时受到弯曲力和剪切力的作用而破碎，故破碎较易进行。因此，其生产能力较颚式破碎机大，动力消耗低。

粗碎圆锥破碎机的规格用进料口的最大宽度 B（mm）和卸料口的最大宽度（$e+s$）（mm）来表示。

② 中细碎圆锥破碎机又称菌形破碎机，如图 4-8 所示。它所处理的一般是经初次破碎的物料，故进料口不必太大，但要求卸料范围宽，以提高生产能力，并要求破碎产品的粒度较均匀。所以动锥 1 和定锥 2 都是正置的。动锥制成菌形，在卸料口附近，动、定锥之间有一段距离相等的平行带，以保证卸出物料的粒度均匀。因为这类破碎机动锥体表面斜度较小，卸料时物料是沿着动锥斜面滚下的。因此，卸料时会受到斜面的摩擦阻力作用，同时也会受到锥体偏转、自转时的离心惯性力作用。故这类破碎机并非自由卸料，因而工作原理及有关计算与粗碎圆锥破碎机有所不同。

中细碎圆锥破碎机的规格用镶嵌衬板的动锥底部直径 D（mm）来表示。例如 ϕ2 200mm 的圆锥破碎机表示其动锥底部直径为 2 200mm。

③ 液压圆锥破碎机，其工作原理和结构如图 4-9 所示。其工作过程与弹簧圆锥破碎机相同，但动锥的立轴下部有一个单缸液压活塞，承受动锥的总质量和破碎负荷，并兼有调节和保险装置的作用。

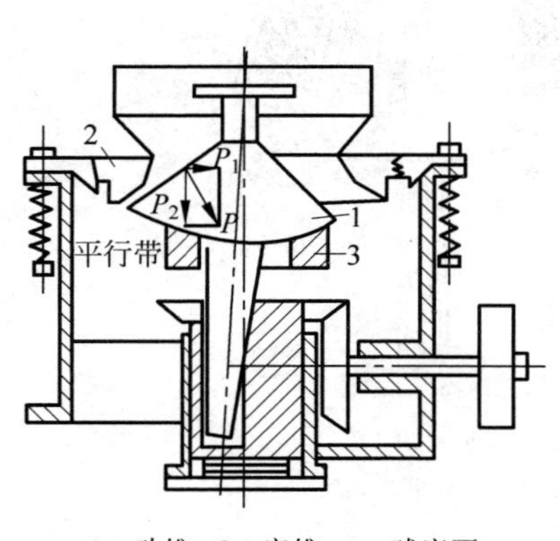

1—动锥；2—定锥；3—球座面

图 4-8　中细碎圆锥破碎机示意图

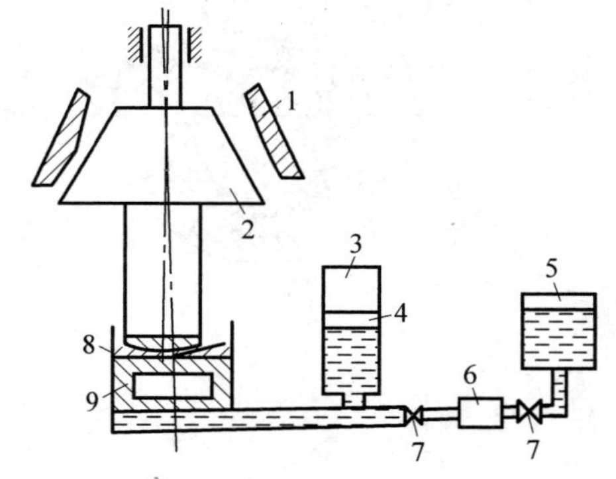

1—定锥；2—动锥；3—蓄能器；4—活塞；5—油箱；6—泵；7—阀；8—液压缸；9—液压缸活塞

图 4-9　液压圆锥破碎机工作原理和结构示意图

出料口的大小用液压装置调节。当油从油箱压入油缸下方时，促使动锥上升，出料口缩小；若将油缸活塞下方的油放回油箱，则动锥下降，出料口增大。

在正常情况下，蓄能器活塞上方氮气的压力应等于破碎所需的压力。当喂料过多或遇有难碎物落入破碎腔时，高压油路中的油压大于蓄能器中氮气的压力，蓄能器的活塞将压缩氮气而上升，液压油进入蓄能器，则液压缸内的活塞下降，动锥随之下降，出料口增大，可让难碎物卸出，以起到保险作用。难碎物料卸出后，氮气压力高于油压，进入蓄能器的油被压回油路，促使油缸活塞上升，动锥恢复至正常工作位置。

(2) 性能和应用

圆锥破碎机和颚式破碎机都可用作粗碎机械，二者相比较，粗碎圆锥破碎机的优点是：破碎过程是沿着圆环形破碎腔连续进行的，因此生产能力较大，单位电耗较低，工作较平稳，适于破碎片状物料，破碎产品的粒度也较均匀。同时，料块可直接从运输工具倒入进料口，无须设置喂料机。中细碎圆锥破碎机的优点是：生产能力大，破碎比大，单位电耗低。

圆锥破碎机的缺点是：结构复杂，造价较高，检修较困难，机身较高因而使厂房及基础构筑物的建筑费用增加。

因此，圆锥破碎机适合在生产能力较大的工厂中使用。

3. 辊式破碎机

(1) 双辊破碎机的工作原理、结构、性能及应用

常用的辊式破碎机(roller crusher)是双辊破碎机，其破碎机构是一对圆柱形辊子(图 4-10)，它们相互平行地水平安装在机架上，前辊 1 和后辊 2 作相向旋转。物料 3 加入到喂料箱 7 内，落在转辊的上面，在辊子表面的摩擦力作用下被拉进两辊之间，受到辊子的挤压而粉碎。粉碎后的物料被转辊推出向下卸落。因此，辊式破碎机是连续工作的，且有强制卸料的作用，即使粉碎黏湿的物料也不致堵塞。

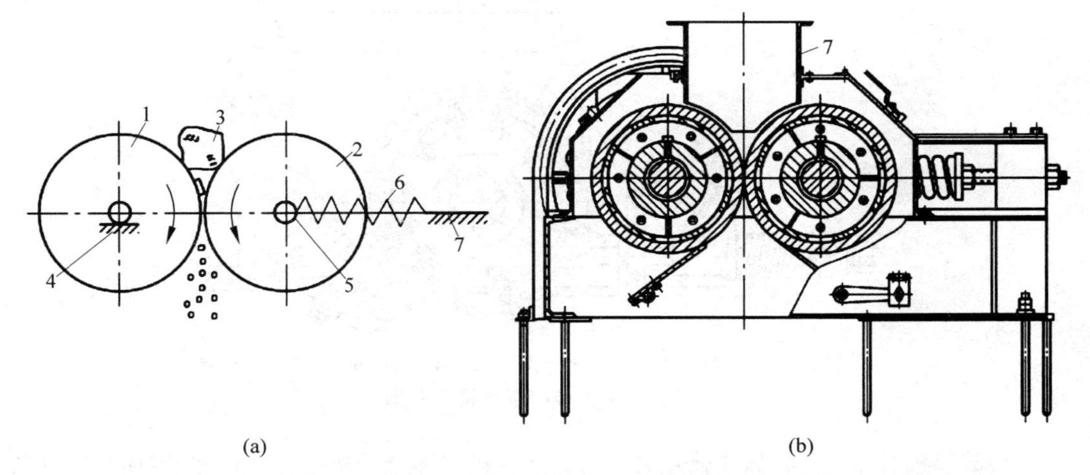

1—前辊；2—后辊；3—物料；4—前辊轴承；5—后辊轴承；6—弹簧；7—喂料箱

图 4-10　双辊破碎机工作原理及结构示意图

后辊轴承 5 安装在机架的导轨中，可在导轨上前后移动。当两辊间落入难碎物时，弹簧 6 被压缩，后辊后移一定距离使难碎物落下，然后在弹簧张力的作用下又恢复至原位。

根据使用要求，辊子的工作表面可选用光面、槽面和齿面的。光面辊子主要以挤压方式粉碎物料，它适合破碎中硬或坚硬的物料。带有沟纹的槽形辊子破碎物料时除施加挤压作用外，还兼施剪切作用，适用于强度不大的脆性或黏性物料的破碎，产品粒度也较均匀。槽面辊子有助于物料的拉入，当需要较大的破碎比时，宜采用槽面辊子。齿面辊子破碎物料时，除

施加挤压作用外，还兼施劈裂作用。故适用于破碎具有片状解理的软质和低硬度的脆性物料，如煤、干黏土、页岩等，产品粒度也较均匀。齿面辊子和槽面辊子都不适合破碎坚硬的物料。

辊式破碎机的规格用辊子的直径和长度 DL（mm）来表示，一般取 $L=(0.3\sim0.7)D$。

辊式破碎机的主要优点是：结构简单，机体不高，紧凑轻便，造价低廉，工作可靠，调整破碎比方便，能粉碎黏湿物料。

其主要缺点是：生产能力低，要求将物料均匀连续地喂到辊子全长上，否则辊子磨损不均，且所得产品粒度也不均匀，需经常修理。对于光面辊式破碎机，喂入物料的尺寸要比辊子直径小得多，故不能破碎大块物料，也不宜破碎坚硬的物料，通常用于中硬或松软物料的中、细碎。齿面辊式破碎机虽可钳进较大的物料，但也限于在中碎时使用，且物料的强度不能过大（一般不超过 60MPa），否则齿棱易折断。

(2) 单辊破碎机

单辊破碎机又称颚辊破碎机，其结构如图 4-11 所示。破碎机构由一个转动辊子 1 和一块颚板 4 组成。带齿的衬板 2 用螺栓安装在辊芯上，齿尖向前伸出如鹰嘴状。衬套磨损后可拆换，辊子面对衬板。颚板悬挂在芯轴 3 上，其上面装有耐磨衬板 5。颚板通过两根拉杆 6 借助于顶在机架上的弹簧 7 的压力拉向辊子，使颚板与辊子保持一定距离。辊子轴支承在装于机架两侧壁的轴承上。工作时只有辊子旋转，物料从加料斗喂入，在颚板与辊子之间受到挤压作用并受到齿尖的冲击和劈裂作用而粉碎。如遇有难碎物落入其中，所产生的作用力可使弹簧压缩，颚板离开辊子，出料口增大，将难碎物排出从而避免了机件的损坏。辊子轴上装有沉重的飞轮以平衡破碎机的动载荷。

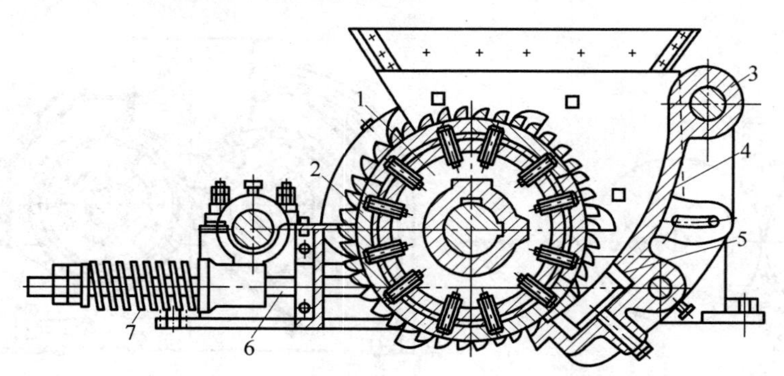

1—转动辊子；2—衬板；3—芯轴；4—颚板；5—耐磨衬板；6—拉杆；7—弹簧

图 4-11 单辊破碎机结构示意图

单辊破碎机实际上是将颚式破碎机与辊式破碎机的部分结构组合在一起，因而具有这两种破碎机的特点。单辊破碎机进料口较大，另外辊子表面装有不同的破碎齿条，当大块物料落入时，较高的齿条将其钳住并以劈裂和冲击的方式将其破碎，然后落到下方。较小的齿将其进一步破碎到要求的尺寸。破碎腔中分为预破碎区和二次破碎区，所以可用于粗碎物料，破碎比可达 15 左右。破碎时料块因受到辊子上的齿棱拨动而卸出机外，因而具有强制卸料的作用。

单辊破碎机的优点是：用较小直径的辊子即可处理较大的物料，且破碎比大，产品粒度也较均匀。这是一般大型双辊破碎机所不具备的。当物料较黏湿（如含土石灰石）时，其粉碎效果比颚式破碎机和圆锥破碎机都好。与颚式破碎机和圆锥破碎机相比，其机体也较紧凑。

单辊破碎机的规格用辊子直径（mm）×长度（mm）来表示。

4. 锤式破碎机

(1) 工作原理及类型

锤式破碎机(hammer crusher)的主要工作部件为带有锤子的转子,通过高速转动的锤子对物料的冲击作用进行粉碎。锤式破碎机的种类很多,按其不同结构特征分类如下:

① 按转子的数目可分为单转子和双转子两类。

② 按转子的回转方向可分为不可逆式和可逆式两类。

③ 按转子上锤子的排列方式可分为单排式和多排式两类。前者锤子安装在同一回转平面上,后者锤子分布在几个平面上。

④ 按锤子在转子上的连接方式可分为固定锤式和活动锤式两类。

锤式破碎机的规格用转子的直径(mm)×长度(mm)来表示。

(2) 结构、性能及应用

图 4-12 为单转子多排不可逆锤式破碎机结构示意图。顶部设有喂料口,机壳内部镶有高锰钢衬板,衬板磨损后可更换。

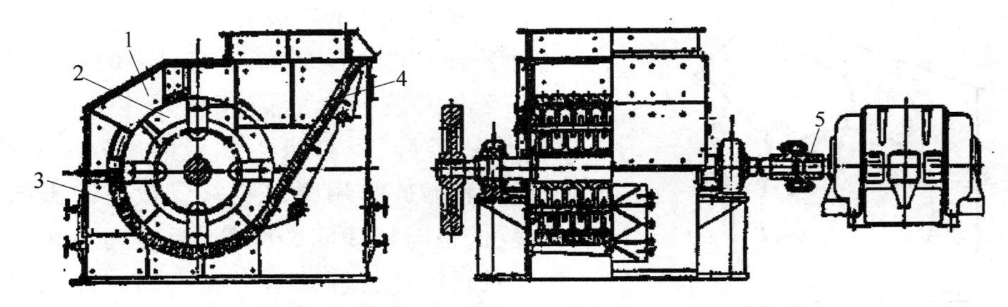

1—机壳;2—转子;3—篦条;4—打击板;5—弹性联轴器

图 4-12 单转子锤式破碎机结构示意图

破碎机的主轴上安装数排挂锤体,在其圆周的销孔上贯穿着销轴,用销轴将锤子铰接在各排挂锤体之间。锤子磨损后可调换工作面。转子两端支承在滚动轴承上,轴承用螺栓固定在机壳上。主轴与电动机用弹性联轴器 5 直接连接,在主轴的一端装有一个大飞轮。

圆弧状卸料篦条筛安装在转子下方,篦条排列方向与转子转动方向垂直。在首先承受物料冲击和磨损的进料口下方装有打击板,它由托板和衬板等部件组成。转子静止时,由于重力作用,锤子下垂。当转子转动时,锤子在离心力作用下向四周辐射伸开,进入机内的物料受到锤子打击而破碎。小于篦缝的物料通过篦缝向下卸出,未达到粒度要求的物料仍留在筛面上继续受到锤子的冲击和剥磨作用,直至达到要求尺寸后卸出。由于锤子是自由悬挂的,当遇有难碎物时,能沿销轴回转,起到保护作用,因而避免了机械损坏。另外,在传动装置上还装有专门的保险装置,过载时保险销钉可被剪断,使电动机与破碎机转子脱开从而起到保护作用。

此破碎机主要以冲击兼剥磨作用粉碎物料,由于设有篦条筛,故不能破碎黏湿物料,若物料水分过大,就会发生堵塞现象。

有两个转子的锤式破碎机称为双转子锤式破碎机。双转子锤式破碎机由于分成几个破碎区,同时具有两个带有多排锤子的转子,故破碎比大,可达 30 左右,其生产能力相当于两台同规格的单转子锤式破碎机。

锤式破碎机的优点是:生产能力高,破碎比大,电耗低,机械结构简单,紧凑轻便,投资费用少，管理方便。其缺点是：粉碎坚硬物料时锤子和篦条磨损较大，金属消耗较大，检修时间较长，须均匀喂料，粉碎黏湿物料时生产能力降低明显，甚至会因堵塞而停机。为避免堵塞，被粉碎物料的含水量不应超过10%～15%。

锤式破碎机的产品粒度组成与转子圆周速度及篦缝宽度等有关。转子转速较高时，产品中细粒较多。减小卸料篦缝宽度可使产品粒度变细，但生产能力也随之降低。

5. 反击式破碎机

(1) 工作原理及类型

反击式破碎机(counterattack crusher)是在锤式破碎机的基础上发展起来的。如图4-13所示，反击式破碎机的主要工作部件为带有板锤的高速转子。喂入机内的物料在转子回转范围内受到板锤冲击，并被高速抛向反击板再次受到冲击，然后又从反击板弹回板锤，在此往返过程中，物料之间还有相互撞击作用。由于物料受到板锤的打击、反击板的冲击及物料相互之间的碰撞，物料内的裂纹不断扩大并产生新的裂缝，直至粉碎。当物料粒度小于反击板与板锤之间的缝隙时即被卸出。

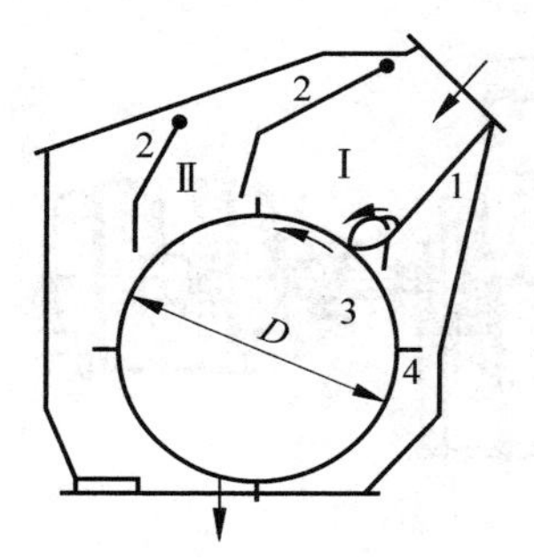

1—导板；2—反击板；3—转子；4—板锤

图4-13 反击式破碎机的结构原理示意图

通常粗碎反击式破碎机具有1～2个破碎腔，而用于细碎的则有2～3个或更多的破碎腔。

反击式破碎机的破碎作用主要分为三个方面：自由破碎、反弹破碎和铣削破碎。实践证明，上述三种破碎作用中以物料受板锤冲击的作用最大，反击板与板锤间的缝隙、板锤露出转子体的高度以及板锤数目等因素对物料的破碎比也有一定的影响。由于锤式破碎机和反击式破碎机主要是利用高速冲击能量的作用使物料在自由状态下沿其脆弱面破坏，因而粉碎效率高，产品粒度多呈立方块状，尤其适合于粉碎石灰石等脆性物料。

反击式破碎机与锤式破碎机的工作原理相似，均以冲击方式粉碎物料，但结构和工作过程有所差异，其主要区别在于：前者的板锤是自下而上迎击喂入的物料，并将其抛掷到上方的反击板上；后者的锤头则是顺着物料下落方向打击物料。由于反击式破碎机的板锤固定安装在转子上，并有反击装置和较大的破碎空间，可更有效地利用冲击作用，充分利用转子能量，因而其单位产量的动力和金属消耗均比锤式及其他破碎机少。另外，由于此破碎机主要是利用物料所获得的动能进行撞击粉碎，因而工作适应性强，大块物料受到较大程度的粉碎，而小块物料则不致被粉碎得过小，因而产品粒度均匀，破碎比较大，可作为物料的粗、中和细碎机械。反击式破碎机一般没有篦条筛，产品粒度一般均为5～10mm及以上，而锤式破碎机大都有底部篦条，因而产品粒度较小，较均匀。

反击式破碎机按其结构特征可分为单转子和双转子两大类。

单转子反击式破碎机见表4-2中的A～E。这些破碎机结构简单，适合于中、小型工厂使用。在转子下方设置有均整篦板的反击式破碎机可控制粒度，因而其产出的过大颗粒少，产品粒度分布范围较窄，即产品粒度较均匀。均整篦板起着分级和破碎过大物料的作用，其悬挂点可水平移动以适应各种破碎情况，下端可调整均整篦板与转子间的夹角，从而补偿因篦板和板锤磨损引起的卸料间隙变化。

双转子反击式破碎机按转子回转方向可分为三类：

① 两转子同向旋转的反击式破碎机，见表4-2中的F和H。它相当于两个单转子破碎机串联使用，这类破碎机破碎比大，粒度均匀，生产能力大，但电耗较高，可同时作为粗、中和细碎机械使用。

② 两转子反向旋转的反击式破碎机见表4-2中的G。它相当于两个单转子破碎机并联使用，这类破碎机生产能力大，可破碎较大块的物料，可作为粗、中碎破碎机使用。

③ 两转子相向旋转的反击式破碎机见表4-2中的I。它主要利用两转子相对抛出物料时的自相撞击进行粉碎，故破碎比大，金属磨损较少。

表4-2　反击式破碎机分类图例

		不可逆		可逆
单转子反击式破碎机	不带均整篦板	A 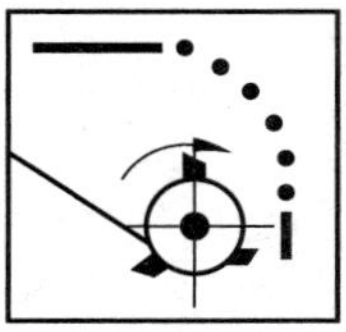	B 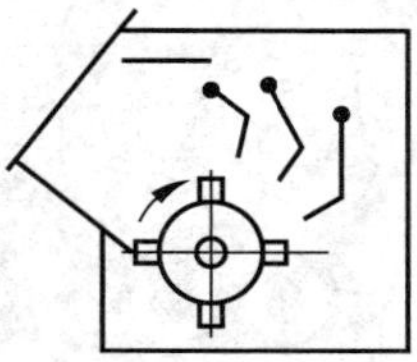	C 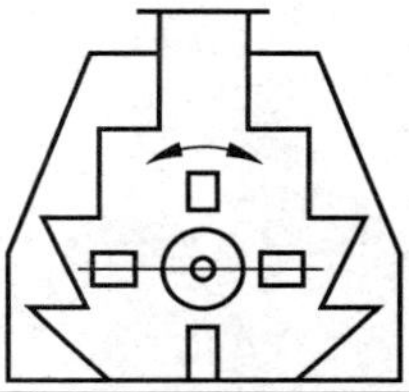
	带均整篦板	D 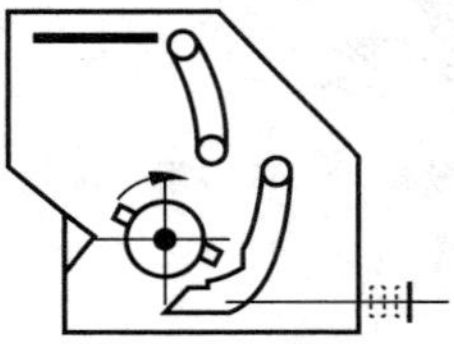	E 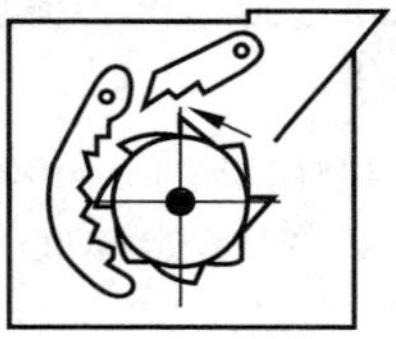	
		同向旋转	反向旋转	相向旋转
双转子反击式破碎机	转子位于同一水平	F 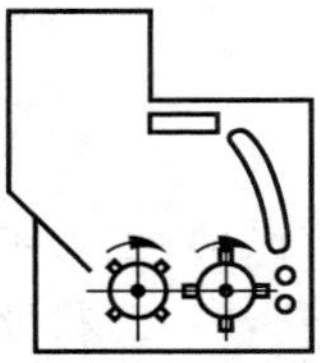	G 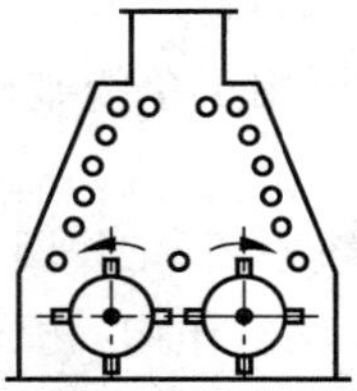	
	转子不在同一水平	H 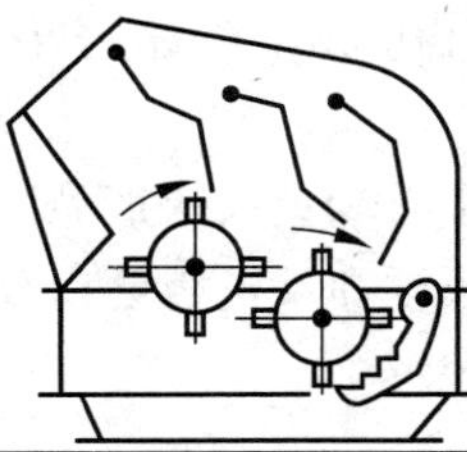		I 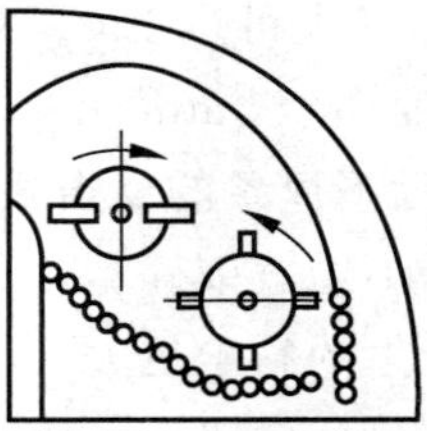

反击式破碎机的规格用转子直径(mm)×长度(mm)来表示。

(2) 反击-锤式破碎机

反击-锤式破碎机是一种反击式和锤式相结合的破碎机，按其结构特征也可分为单转子和双转子两种。

单转子反击-锤式破碎机又称EV型破碎机，如图4-14所示。其结构特点是机内装设有喂料滚筒3、一块可调节的颚板5和一个可调节的卸料篦条筛6。反击腔较大，仅使用一个中速锤式转子4即可进行连续破碎。物料经一次破碎即可得到95%粒径小于25mm的产品。为了破碎大块物料，在锤式转子前装设两个慢速回转的喂料滚筒以缓冲喂入的大块物料的冲击，减轻对锤式转子的冲击，并实现由滚筒向锤式转子的均匀喂料。两滚筒不但保护了锤式转子，由于喂入机内的细小物料可从其间隙直接漏下，因而它们可还起到了预筛分的作用。锤子是活动悬挂的，圆周速度为38～30m/s，质量为90～230kg。

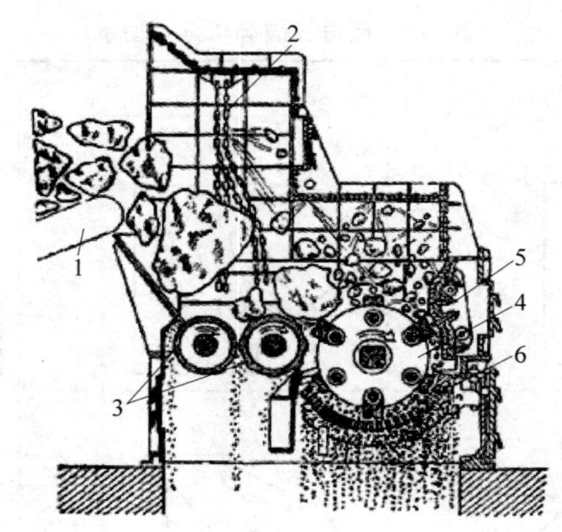

1—喂料机；2—链幕；3—喂料滚筒；4—锤式转子；5—颚板；6—卸料篦条筛

图4-14　EV型破碎机结构示意图

通过调节颚板、卸料篦条与转子的距离及篦条之间的缝隙，可以调整粉碎产品的粒度。当然，这将引起生产能力的变化。适当调整卸料篦缝，从EV型破碎机出来的粉碎产品可直接喂入磨机。有资料显示，当粉碎到95%的物料粒径小于25mm时，其电耗为0.3～0.3kW·h/t。EV型破碎机的破碎比可达50左右，可用于单级破碎。

(3) 性能及应用

反击式破碎机结构简单，制造维修方便，工作时无显著不平衡振动，也无须笨重的基础。它比锤式破碎机更多地利用了冲击和反击作用，物料自击粉碎强烈，因此，粉碎效率高，生产能力大，电耗低，磨损少，产品粒度均匀且多呈立方块状。反击式破碎机的破碎比大，一般为30左右，最大可达150。粗碎用反击式破碎机的喂料尺寸可达2m；细碎用反击式破碎机的产品粒度小于3mm。

不设下篦条的反击式破碎机难以控制产品粒度，产品中有少量大块产品。另外，其防堵性能差，不适宜破碎塑性和黏性物料，在破碎硬质物料时，板锤和反击板磨损较大，运转时噪音大，产生的粉尘也大。

4.1.2.2　粉磨设备

1. 球磨机

(1) 工作原理及特点

球磨机(ball mill)的主要工作部件是回转圆筒，在筒内钢球、钢段或瓷球、刚玉球等研磨介质(或称研磨体)的冲击和研磨作用下将物料粉碎与磨细。球磨机的规格用筒体的 $D\times L$(mm)来表示。球磨机在工业中应用极为广泛,其特点如下:

① 对物料的适应性强,能连续生产,且生产能力大,可满足现代大规模工业生产的需要。

② 粉碎比大,可达 300 以上,并易于调整产品的细度。

③ 结构简单、坚固,操作可靠,维护管理简单,能长期连续运转。

④ 密封性好,可负压操作,防止粉尘飞扬。

⑤ 工作效率低,其有效电利用率为 2%左右,其余大部分电能都转变为热量而损失。

⑥ 机体笨重,大型球磨机重达几百吨,投资大。

⑦ 由于筒体转速较低,一般为 15～20r/min,若用普通电动机驱动,则须配置昂贵的减速装置。

⑧ 研磨体和衬板的消耗量大,操作时噪声大。

(2) 研磨体粉碎物料的基本作用

球磨机筒体以不同的转速回转时,球磨机内研磨体可能出现三种基本运动状态,如图 4-15 所示。图 4-15(a)所示为转速太快的情形,此时研磨体与物料贴附筒体与之一起转动,称为"周转状态",此情形时研磨体对物料无任何冲击和研磨作用。图 4-15(b)所示为转速太慢的情形,研磨体和物料因摩擦力被筒体带至等于动摩擦角的高度,然后在重力作用下下滑,称为"泻落状态"。此情形时对物料有研磨作用,但无冲击作用,对大块物料的粉碎效果不好。图 4-15(c)所示为转速适中的情形,研磨体被提升至一定高度后以近抛物线的轨迹抛落下来,称为"抛落状态"。此情形研磨体对物料有较大的冲击和研磨作用,粉碎效果较好。

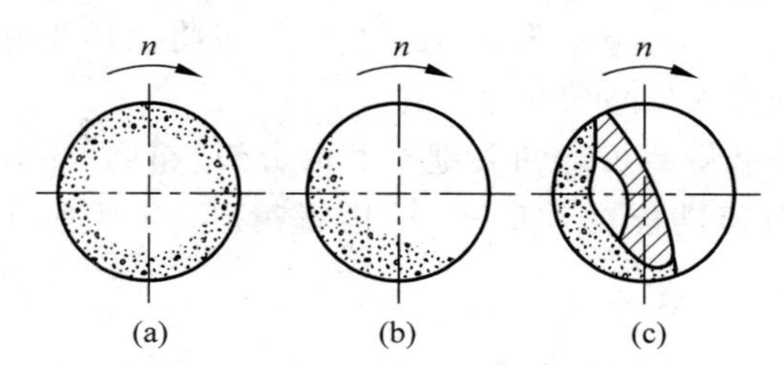

图 4-15　研磨体的运动状态

(a) 周转状态;(b) 泻落状态;(c) 抛落状态

实际上,磨内研磨体的运动状态并非如此简单,既有贴附在磨机筒壁向上的运动,也有沿筒壁和研磨体层的向下滑动、类似抛射体的抛落运动以及绕自身轴线的自转运动和滚动等。研磨体对物料的基本作用是上述各种运动对物料综合作用的结果,其中以冲击和研磨作用为主。

分析研磨体粉碎物料的基本作用的目的就是根据磨内物料的粒度大小和装填情况确定合理的研磨体运动状态。这是正确选择和计算球磨机工作转速、需用功率、生产能力以及球磨机机械设计计算的依据。

(3) 影响球磨机产量的主要因素

① 粉磨物料的种类、物理性质、入磨物料粒度及要求的产品细度。

② 球磨机的规格和型式、仓的数量及各仓的长度比例、隔仓板的形状及其有效面积、衬板形状、筒体转速。

③ 研磨体的种类、装载量及其级配。

④ 加料的均匀程度及在磨内的球料比。

⑤ 球磨机的操作方法，如湿法或干法、开路或闭路；湿法磨中水的加入量、流速；干法磨中的通风情况；闭路磨中选粉机的选粉效率和循环负荷率等。

⑥ 是否加助磨剂等。

上述因素对球磨机产量的影响以及彼此的关系目前尚难以从理论上进行精确、系统地定量描述。

(4) 高细磨

高细磨也是球磨机的一种，只是与普通球磨机相比，它设置了一个特殊的隔仓板和卸料篦板，同时采用直径很小的研磨体，由于小直径的研磨体具有比一般研磨体更大的比表面积，与物料接触的机会大大增加，因而研磨作用更强。比较典型的高细磨是由丹麦史密斯公司开发的康必丹磨(Comlidan mill)，该磨可以将物料粉磨至比表面积为 300～600m^2/kg，其中隔仓板的通风面积比普通球磨机大 1 倍以上，篦缝虽小，但不影响物料的流速。

图 4-16 是我国开发的新型高细磨，该磨是在康必丹磨的基础上发展起来的。它与普通管磨机的工作原理基本相同，结构上的不同之处在于该磨采用小篦缝、大通风面积的隔仓板，设置若干个挡料圈。另一个突出特点是均以小直径研磨体(钢球或钢段)取代大直径钢球。在上述结构基础上还在粗磨仓与细磨仓之间增设了带有 8 块扬料分级筛板的间隔仓，这是新型高细磨的核心部分，也是区别于康必丹磨的主要特征之一。物料通过扬料分级筛板筛分后成为半成品进入过渡仓，未通过筛孔的物料再返回粗磨仓内继续粉磨。经双层隔仓板进行粗、细物料分离之后，细磨仓内的物料粒度小，更有利于小尺寸研磨体发挥其细磨作用。该设备的出料口设有 16 块特殊的小篦缝篦板，可将出料及由于磨蚀而混入成品的个别研磨体进行分离，分别送入成品仓和返入磨内。

综上所述，新型高细磨粉磨机理的关键是磨内分级，粗磨、筛分、细磨过程都在磨内完成，实际上是具有选粉分级功能的球磨机，结构新颖，适用性强，其优越性已为人们日益重视。

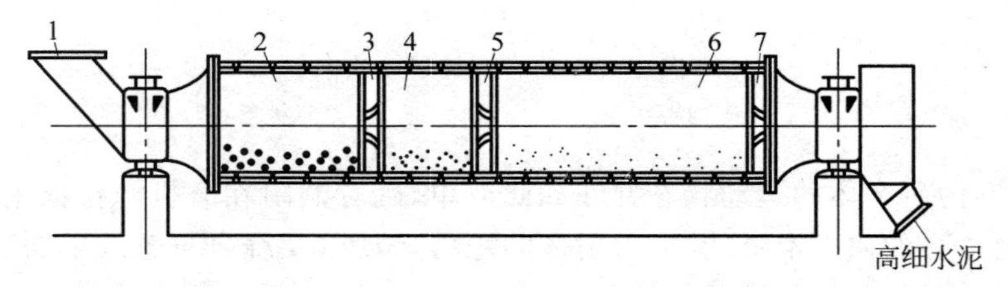

1—入磨物料；2—粗磨仓；3—小仓分级仓；4—过渡仓；5—双层隔仓板；6—细磨仓；7—出料篦板

图 4-16　一级开路三仓高细磨结构示意图

2. 立式磨

立式磨(vertical mill)又称辊式磨，图 4-17 为德国莱歇磨的工作结构图。喂入磨辊与磨盘之间粉碎区的物料受到辊压而粉碎，并在离心力作用下从盘缘溢出，又被磨盘周边环形进风口通入的热气吹起，经上部分级器分级，粗颗粒返回磨内继续粉碎。

目前世界上著名的立式磨主要有德国的莱歇磨、MPS 磨、伯力鸠斯磨，丹麦的 ATOX 磨，美国的雷蒙磨等。这些立式磨的工作原理是类似的，其不同点就是磨辊的形式、个数和磨盘的形状各不相同。

立式磨与球磨机相比，其优点有：

① 入磨物料粒度大，大型立式磨的入磨物料粒度可达 50～80mm，因而可省去二级粉碎系统，简化粉磨流程。

② 带烘干装置的立式磨可利用各种余热处理水分达 6%～8%的物料，加辅助热源则可处理水分高达 18%的物料，因而可省去物料烘干系统。

③ 由于磨机本身带有选粉装置，物料在磨内停留的时间短(一般为 3min)，能及时排出细粉，减少过粉磨现象。因而粉磨效率高，电耗低，产品粒度较均匀。另外，粉磨产品的细度调整较灵活，便于自动控制。

④ 结构紧凑，体积小，占地面积小，约为球磨机的 1/2，因而基建投资省，约为球磨机的 70%。

⑤ 噪声小，扬尘少，操作环境清洁。

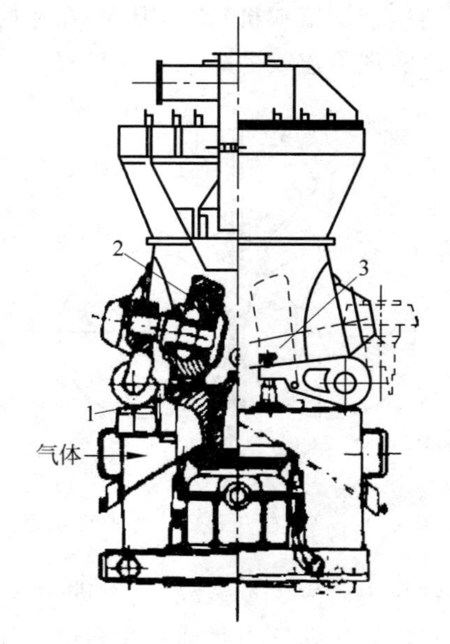

1—磨盘；2—磨辊；3—气皿

图 4-17　莱歇磨的结构示意图

其缺点是：

① 一般只适合粉磨中等硬度的物料，粉磨硬度较大的物料时，磨损大。如在水泥厂，多用于粉磨水泥生料。但近来，随着磨辊材料质量的不断提高和耐磨性能的改善，也有用于粉磨像水泥熟料这样较硬的物料的。

② 制造技术要求较高，辊套一旦损坏一般不能自给，须由制造厂提供，且更换较费时，要求高，影响运转效率。

③ 操作管理要求较高，不允许空磨启动和停车，物料太干时还需喷水润湿物料；否则物料太松散而不能被“咬”进辊子与磨盘之间进行粉碎。

3. 高压辊压机

高压辊压机又称挤压磨，是 20 世纪 80 年代中期开发的一种新型节能粉碎设备，具有效率高、能耗低、磨损轻、噪声小、操作方便等优点。

高压辊压机主要由给料装置、料位控制装置、一对辊子、传动装置(电动机、皮带轮、齿轮轴)、液压系统、横向防漏装置等组成。两个辊子中，一个是支承轴承上的固定辊，另一个是活动辊子，可在机架的内腔中沿水平方向移动。两个辊子以同速相向转动，辊子两端的密封装置可防止物料在高压作用下从辊子的横向间隙中排出。因此，从工作原理图上看与双辊破碎机类似，但两者之间有着非常大的区别，见表 4-3。

表 4-3　双辊破碎机与高压辊压机的区别

项　　目	双辊破碎机	高压辊压机
粉碎力	低	高
喂料方式	自由	连续
粉碎比	小(3)	大(60)
加压方式	弹簧	液压
辊轴转速	快	慢

高压辊压机的工作原理示意图如图 4-18 所示。物料由辊压机上部通过给料装置(重力或预压螺旋给料机)均匀喂入,在相向转动的两个辊子作用下,物料被拉入高压区进行粉碎,从而实现了连续的高压料层粉碎。

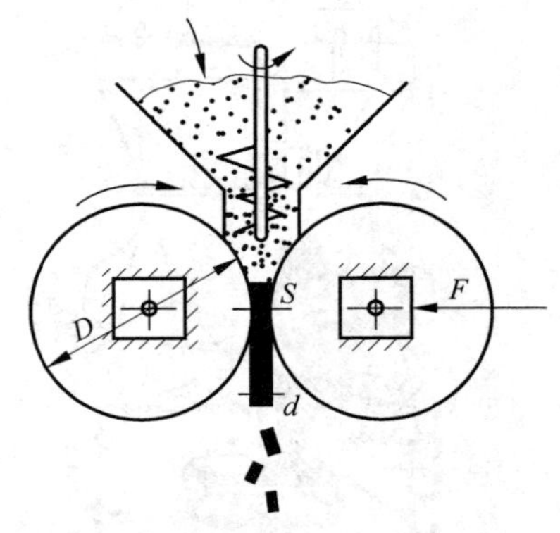

图 4-18 高压辊压机的工作原理示意图

在高压区上部,所有物料首先进行类似于辊式破碎机的单颗粒粉碎。随着两个辊子的转动,物料向下运动,颗粒间的空隙率减小,这种单颗粒的破碎逐渐变为对物料层的挤压粉碎。物料层在高压下形成,压力迫使物料之间相互挤压,因而即使是很小的颗粒也要经过这一挤压过程,这是其粉碎比较大的主要原因。料层粉碎的前提是两个辊子间必须存在一层物料,而粉碎作用的强弱主要取决于颗粒间的压力。由于两辊间隙的压应力高达 50～300MPa(通常为 150MPa),故大多数被粉碎的物料通过辊隙时被压成了料饼,其中含有大量细粉,并且颗粒中产生大量裂纹,这对进一步粉磨非常有利。在辊压机正常工作的过程中,施加于活动辊的挤压粉碎力是通过物料层传递给固定辊的,不存在球磨机中的无效撞击和摩擦。试验表明,在料层粉碎条件下,利用纯压力粉碎比剪切和冲击粉碎能耗小得多,大部分能量用于粉碎,因而能量利用率高,这是辊压机节能的主要原因。

4.1.3 超细粉磨设备

4.1.3.1 喷射粉磨机

图 4-19 所示为喷射粉磨机(jet mill)的结构和工作原理示意图。这种粉磨机主要由重锤式冲击部件、分级轮、风扇轮、环形空气入口管、产品出口管、螺旋给料机和转子轴等组成。两边带有通风机,空气按箭头所指方向流动。在转子轴的附近装有分级叶片,靠叶片的旋转,粗颗粒返回粉碎室,已被粉碎的细颗粒则借气流输送通过分级叶片,再经风扇室送至机外被收集。产品细度可通过改变转子的转速和分级叶片的长度来调节,也可以用风量进行调节。因此,备有三种分级叶片和风扇轮作为配件。

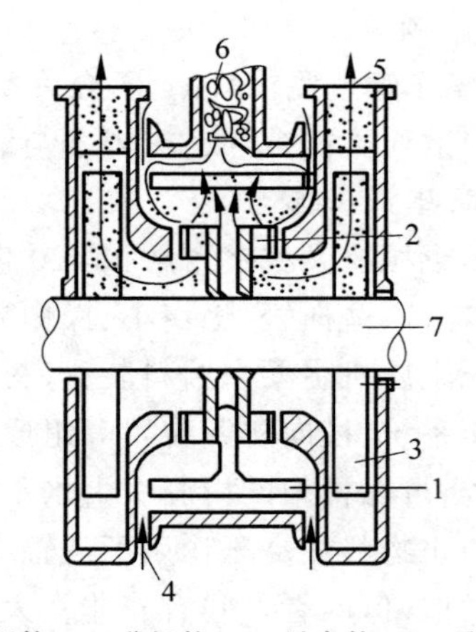

1—冲击部件; 2—分级轮; 3—风扇轮; 4—环形空气入口管; 5—产品出口管; 6—螺旋给料机; 7—转子轴

图 4-19 喷射粉磨机的结构和工作原理示意图

该粉磨机可用于非金属及化工原料等的细磨或超细磨。由于具有内分级功能,因而产品粒度分布均匀。

4.1.3.2 高压气流磨

气流粉碎机也称高压气流磨(airflow mill)或流能磨,是最常用的超细粉碎设备之一。它是利用高速气流(300～500m/s)或过热蒸汽(100～300℃)的能量使颗粒产生相互冲击、碰撞、摩擦剪切而实现超细粉碎的设备，广泛应用于化工、非金属矿物的超细粉碎。其产品粒度上限取决于混合气流中的固体含量，与单位能耗成反比。固体含量较低时，产品的 D_{95} 可达 5～10μm，而经预先粉碎降低入料粒度后，可获得平均粒度为 1μm 的产品。高压气流磨产品除粒度细外，还具有粒度较集中、颗粒表面光滑、形状规整、纯度高、活性高、分散性好等特点。由于粉碎过程中压缩气体绝热膨胀产生焦耳-汤姆逊降温效应，因而还适用于低熔点热敏性物料的超细粉碎。

自 1882 年戈麦斯申请第一个利用气流动能进行粉碎的专利并给出其机型迄今，高压气流磨已有多种型式。归纳起来，目前工业上应用的气流磨主要类型有：扁平式气流磨、循环式气流磨、对喷式气流磨、靶式气流磨和流态化对喷式气流磨。

高压气流磨的工作原理：将无油的压缩空气通过拉瓦尔喷管加速成亚音速或超音速气流，喷出的气流带动物料作高速运动，使物料碰撞、摩擦剪切而粉碎。被粉碎的物料随气流至分级区进行分级，达到粒度要求的物料由收集器收集起来，未达到粒度要求的物料再返回粉碎室继续粉碎，直至达到要求的粒度并被捕集。

1. *扁平式气流磨*

图 4-20 为扁平式气流磨的工作原理示意图，图 4-21 为其结构示意图。待粉碎物料由文丘里喷嘴 1 加速至超音速导入粉碎室 3 内。高压气流经入口进入气流分配室，分配室与粉碎室相通，气流在自身压力下通过喷嘴 2 时产生超音速甚至每秒上千米的气流速度。由于喷嘴与粉碎室成一锐角，故气体以喷射旋流进入粉碎室并带动物料作循环运动，颗粒与机体及颗粒之间产生相互冲击、碰撞、摩擦而被粉碎。粗粉在离心力作用下被甩向粉碎室周壁做循环粉碎，微细颗粒在向心气流带动下被导入粉碎机中心出口管进入旋风分离器进行捕集。

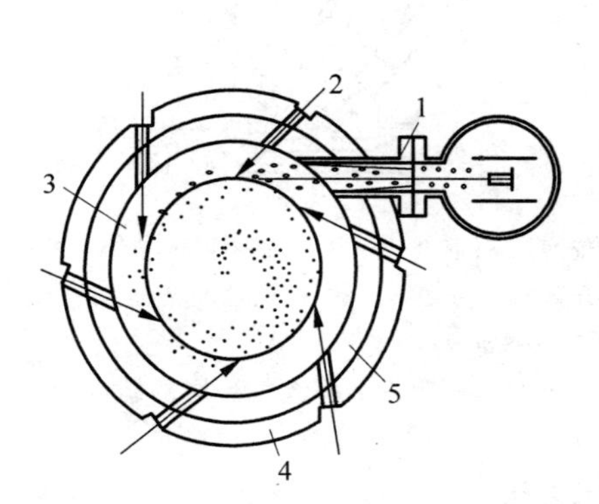

1—文丘里喷嘴；2—喷嘴；3—粉碎室；4—外壳；5—内衬

图 4-20　扁平式气流磨的工作原理示意图

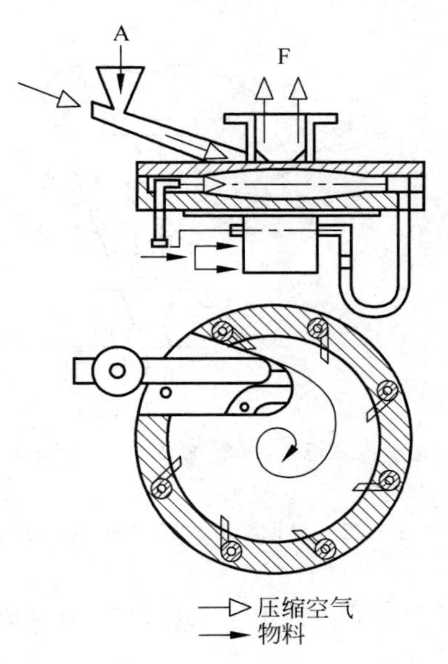

图 4-21　扁平式气流磨的结构示意图

扁平式气流磨的规格以粉碎室内径尺寸(mm)来表示。

2. *靶式气流磨*

靶式气流磨(target type fluid energy mill)是利用高速气流夹带物料冲击在各种形状的

靶板上而进行粉碎的设备。除物料与靶板发生强烈的冲击碰撞外，还发生物料与粉碎室壁多次的反弹粉碎，因此，粉碎力特别大，尤其适合于粉碎高分子聚合物、低熔点热敏性物料以及纤维状物料。使用时可根据原料性质和产品粒度要求选择不同形状的靶板。靶板作为易损件，必须采用耐磨材料制作，如碳化物、刚玉等。

早期靶式气流磨的结构示意图见图 4-22，物料由加料管进入粉碎室，经喷嘴喷出的气流吸入并加速，再经混合管 2 进一步均化和加速后，直接与冲击板（靶板）4 发生强烈碰撞。为了更好地均化和加速，混合管大多做成超音速缩扩型喷管状。粉碎后的细颗粒被气流带出粉碎区，进入位于冲击板 4 上方的分级区进行分级，经分级的颗粒被气流带出机外捕集为成品，粗颗粒返回粉碎区继续粉碎。该气流磨粉碎的产品较粗，动力消耗也较大，因而其应用受到限制。

图 4-23 为改进型靶式气流磨的结构示意图。此机型多采用气流分级器取代转子型离心通风式风力分级器，这种气流磨进料一般很细，其中可能含有相当部分合格的粒级，故物料在粉碎前于上升管 6 中经气流带入分级器进行预分级，只有粗颗粒才进入粉碎室粉碎，这样可降低气流磨的负荷，节约能量。这种气流磨特别适合于粉碎高分子聚合物、低熔点热敏性物料、纤维状物料及其他聚合物，可将许多高分子聚合物粉碎至微米级，以满足注塑加工、粉末涂料、纤维和造纸等工业的需要。

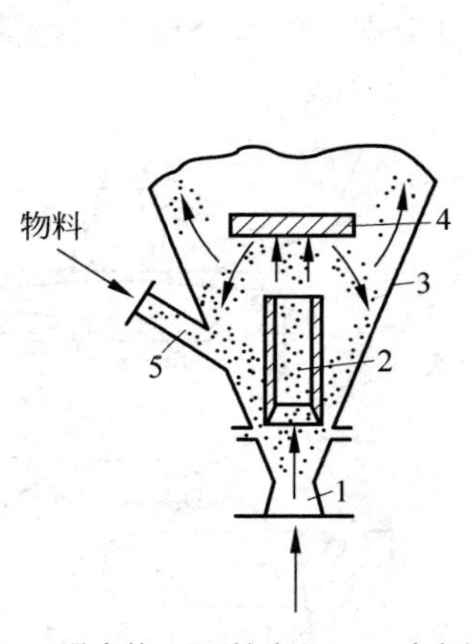

1—喷嘴；2—混合管；3—粉碎室；4—冲击板；5—加料管

图 4-22　早期靶式气流磨的结构示意图

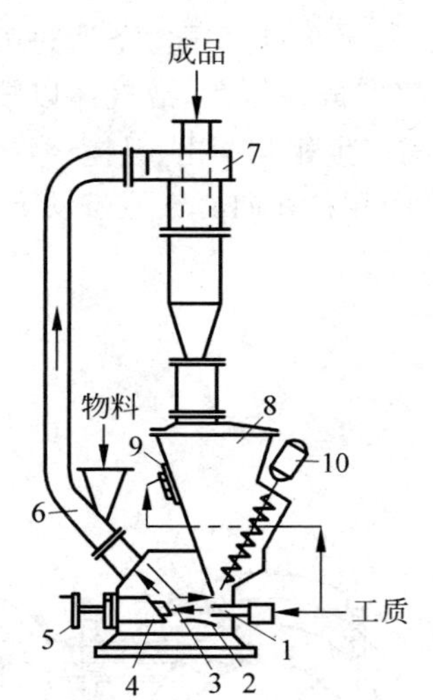

1—气流磨；2—混合管；3—粉碎室；4—靶板；5—调节装置；6—上升管；7—分级器；8—粗颗粒收集器；9—风动振动器；10—螺旋加料机

图 4-23　改进型靶式气流磨的结构示意图

表 4-4 列出了 QBN350 型气流磨的主要技术参数。

表 4-4　QBN350 型气流磨的主要技术参数

项　目	数　值	项　目	数　值
粉碎压力/MPa	0.65～0.75	处理量/(kg/h)	10～100
耗气量/(m^3/min)	9～10	空压机功率/kW	65～75

3. 对喷式气流磨

对喷式气流磨是利用一对或若干对喷嘴相对喷射时产生的超音速气流使物料彼此从两个或多个方向相互冲击和碰撞而粉碎的设备。由于物料高速直接对撞，冲击强度大，能量利用率高，可用于粉碎莫氏硬度 9.5 级以下的各种脆性和韧性物料，产品粒度可达亚微米级。同时对喷式气流磨还克服了靶式靶板和循环式磨体易损坏的缺点，减少了对产品的污染，延长了使用寿命，是一种较理想和先进的气流磨。

(1) 布劳-诺克斯型气流磨

图 4-24 为布劳-诺克斯型气流磨(Blaw-Knox mill)的结构示意图。它设有 4 个相对的喷嘴，物料经螺旋加料器 3 进入喷射式加料器 9 中，随气流吹入粉碎室 6，在此受到来自四个喷嘴的气流加速并相互冲击碰撞而粉碎。被粉碎的物料经一次分级室 4 惯性分级后，较粗的颗粒返回粉碎室进一步粉碎；较细的颗粒进入风力分级机 1 进行分级，细粉排出机外被捕集。为更完全地分离细颗粒，经二次风入口 2 向风力分级器通入二次风，使分级后的粗粉与新加入的物料混合后重新进入粉碎室。产品细度可通过调节喷射器的混合管尺寸、气流压力、二次风量及分级器转速等参数来调节。

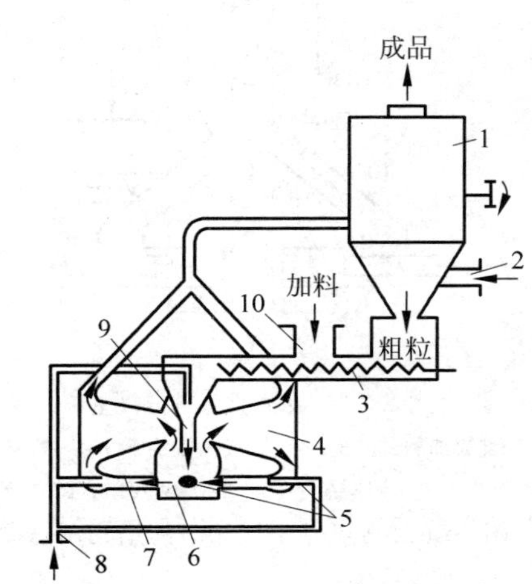

1—风力分级机；2—二次风入口；3—螺旋加料器；
4——次分级室；5—喷嘴；6—粉碎室；
7—喷射器混合管；8—气流入口；
9—喷射式加料器；10—物料入口

图 4-24 布劳-诺克斯型气流磨的结构示意图

(2) 特劳斯特型气流磨

图 4-25 为特劳斯特型气流磨(Trost jet mill)的结构示意图。它的粉碎部分采用逆向气流磨结构，分级部分则采用扁平式气流磨结构，因此它兼有二者的特点。内衬和喷嘴的更换方便，与物料和气流相接触的零部件可用聚氨酯、碳化钨、陶瓷、各种不锈钢等耐磨材料制造。

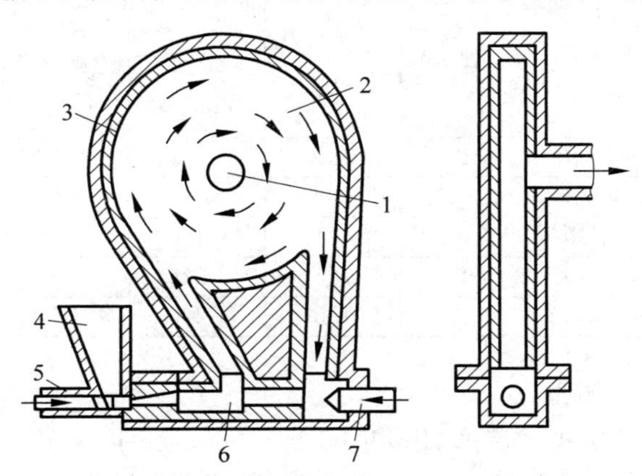

1—产品出口；2—分级室；3—内衬；4—料斗；5—加料喷嘴；6—粉碎室；7—粉碎喷嘴

图 4-25 特劳斯特型气流磨的结构示意图

该气流磨的工作过程是：由料斗 4 喂入的物料被喷嘴喷出的高速气流送入粉碎室 6，随气流上升至分级室 2，在此处，气流形成主旋流使颗粒分级。粗颗粒位于分级室外围，在气流的带动下返回粉碎室再进行粉碎，细颗粒经产品出口 1 排出机外捕集为成品。

(3) 马亚克型气流磨

图 4-26 为马亚克型气流磨(Majac jet mill)的结构示意图。其工作过程是：物料经螺旋加料器 5 进入上升管 9 中，被上升气流带入分级室后，粗颗粒沿回料管 10 返回粉碎室 8，在来自喷嘴 6 的两股高速喷射气流作用下冲击碰撞而被粉碎。粉碎后的物料被气流带入分级室进行分级。细颗粒通过分级转子后成为成品。在粉碎室中，已粉碎的物料从粉碎室底部的出口管进入上升管 9 中。出口管设在粉碎室底部，以防止物料沉积后堵塞粉碎室。为更好地分级，在分级器下部经二次风入口 11 通入二次空气。

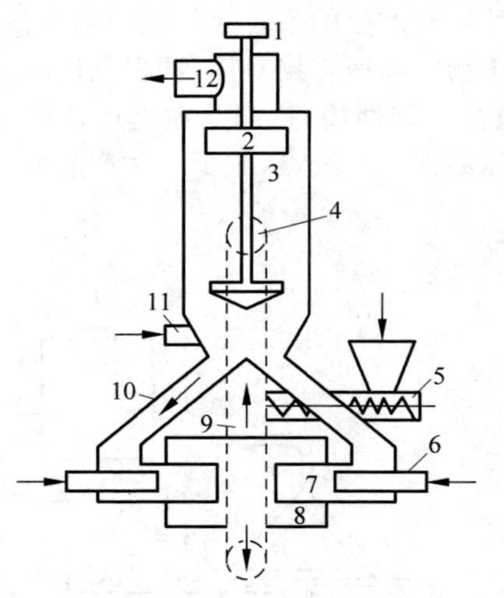

1—传动装置；2—分级转子；3—分级室；4—入口；
5—螺旋加料器；6—喷嘴；7—混合管；8—粉碎室；
9—上升管；10—回料管；11—二次风入口；12—产品出口

图 4-26 马亚克型气流磨的结构示意图

马亚克型气流磨产品粒度的控制方法：一是控制分级器内的上升气流速度，以确保只有较细的颗粒才能被上升气流带至分级器转子处；二是调节分级转子的转速。

该气流磨的特点是：颗粒以极高的速度直线迎面冲击，冲击强度大，能量利用率高；粉碎室容积小，内衬材料易解决，故产品污染程度轻；粉碎产品的粒度小，一般从小于 200 目到亚微米级；气流可以用压缩空气也可用过热蒸汽，粉碎热敏性物料时还可以用惰性气体。因此，它是同类设备中较先进的。其应用实例见表 4-5。

表 4-5 马亚克型气流磨的应用实例

物料名称	产品细度	规格/mm	处理能力/(kg/h)	耗气量		气流压力/MPa	气流温度/℃
				空气/(m^3/h)	过热蒸汽/(kg/h)		
氧化铝	$D_{50}=3.0\mu m$	380	5 350	—	2 860	0.7	300
邻苯二甲酸二甲酯	$D_{50}=3.2\mu m$	50～150	200	510	—	0.7	20
烟煤	−325 目 90%	510	3 630	5 100	—	0.7	20
云母	−325 目 90%	205	725	1 225	—	0.7	325
稀土矿	−1μm 60%	189	180	1 225	—	0.7	325

(4) 流化床对喷式气流磨

图 4-27 为流化床对喷式气流磨(fluidised bed opposed jet mill)的结构示意图。其中(a)为 AFG 型，其喷嘴为三维设置，(b)为 CGS 型，其喷嘴为二维设置。

喂入磨内的物料利用二维或三维设置的 3～7 个喷嘴喷汇的气流冲击能及气流膨胀呈流态化床悬浮翻腾而产生的碰撞、摩擦进行粉碎，并在负压气流带动下通过顶部设置的涡轮式分级装置，细粉排出机外由旋风分离器及袋式收尘器捕集，粗粉受重力沉降返回粉碎区继续粉碎。这种流化床对喷式气流磨是在对喷式气流磨的基础上开发的，属 20 世纪 90 年代

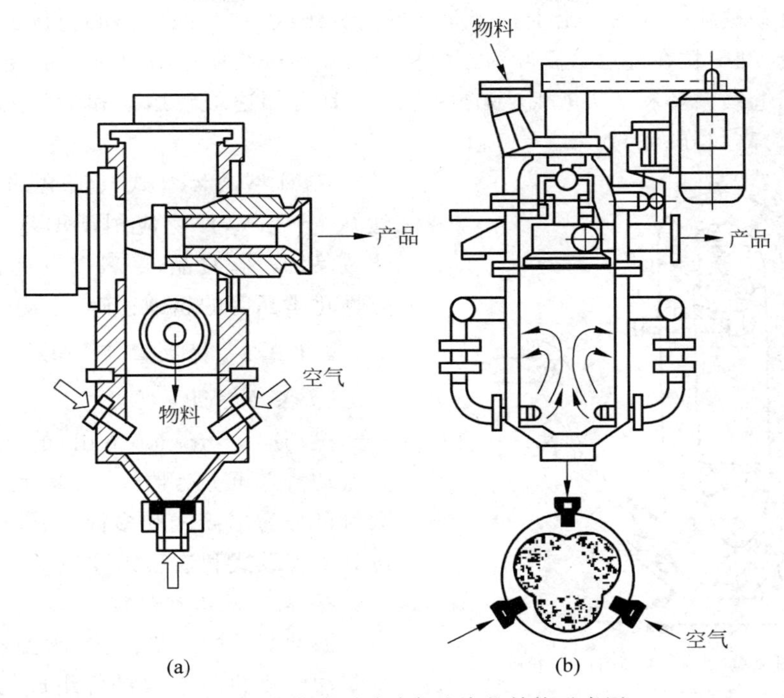

图 4-27 流化床对喷式气流磨的结构示意图

(a) AFG 型(喷嘴三维设置);(b) CGS 型(喷嘴二维设置)

最新型的超细粉碎设备。

流化床对喷式气流磨的特点是:产品细度高($D_{50}=3\sim10\mu m$),粒度分布窄且无过大颗粒;粉磨效率高,能耗低,比其他类型的气流磨节能 50%;采用刚玉、碳化硅或 PU(环)等做易磨件,因而磨耗低,产品受污染少,可加工无铁质污染的粉体,也可粉碎硬度高的物料;结构紧凑;噪声小;可实现自动化操作。但该机造价较高。

CGS 型流化床对喷式气流磨的主要技术参数见表 4-6。

表 4-6 CGS 型流化床对喷式气流磨的主要技术参数

规格	细度/μm	耗气量/(m^3/h)	喷嘴个数×直径/(个·mm)	分级装置		
				CFS 型	n_{max}/(r/min)	功率/kW
16	2~70	50	2×3.2	8	15 000	2.2
32	3~70	300	2×6.0	30	8 000	3.0
50	3~80	850	3×8.5	85	5 000	5.7
71	5~85	1 700	3×12	170	3 600	11
100	6~90	3 300	3×17	330	2 500	15
120	6~90	5 100	3×21	510	2 000	22

4. 循环管式气流磨

图 4-28 所示为循环管式气流磨(JOM 型循环管式气流磨)的工作原理图,它是最常见的一种循环管式气流磨。原料由文丘里喷嘴 1 加入粉碎室 3,气流经一组气流喷嘴 2 喷入不等径变曲率的跑道形循环管式粉碎室,并加速颗粒使之相互冲击、碰撞、摩擦而被粉碎。

同时旋流还带动被粉碎的颗粒沿上行管向上进入分级区，在分级区离心力场的作用下使密集的料流分流，细颗粒在内层经百叶窗式惯性分级器4分级后排出即为产品，粗颗粒在外层沿下行管返回继续循环粉碎。循环管的特殊形状具有加速颗粒运动和加大离心力场的功能，可以提高粉碎和分级的效果。

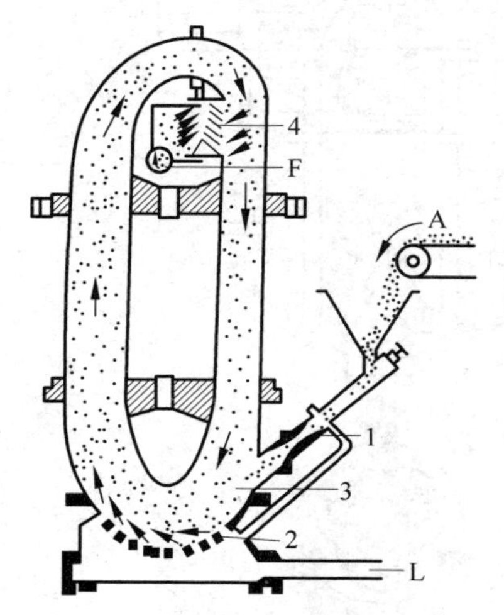

1—文丘里喷嘴；2—气流喷嘴；3—粉碎室；
4—分级器；L—压缩空气；F—细粉；A—粗粉

图4-28　JOM型循环管式气流磨的工作原理图

JOM型循环管式气流磨的粉碎粒度可达0.2～3μm，广泛应用于填料、颜料、金属、化妆品、医药、食品、磨料以及具有热敏性、爆炸性化学品等的超细粉碎。

4.1.3.3　振动磨

1. 振动磨的类型

振动磨(vibration mill)的类型很多：按其振动特点可分为惯性式、偏旋式；按其筒体数目可分为单筒式和多筒式；按其操作方法可分为间歇式和连续式等。

2. 构造及工作原理

振动磨是由磨机筒体、激振器、支承弹簧及驱动电动机等主要部件组成的，图4-29为M200-1.5惯性式振动磨的示意图。磨机主要由筒体2、偏心轴激振器8、支架12、弹性联轴器6和电动机5组成。筒体内表面和激振器的外管包有耐磨橡胶衬3。筒体用角钢支承在弹簧11上。激振器有内管9和外管10，管子之间有缝隙以便冷却水通过，可以降低磨机工作时振动器的温度。偏重做成偏心轴状，轴由两个滚动轴承支承。激振器用两个对开的锥形环4固装在磨机筒体上，筒体内装有研磨介质。其工作原理是：物料和研磨介质装入弹簧支承的磨筒内，磨机主轴旋转时，由偏心块激振装置驱动磨体作圆周运动，通过研磨介质的高频振动对物料产生冲击、摩擦、剪切等作用而将其粉碎。

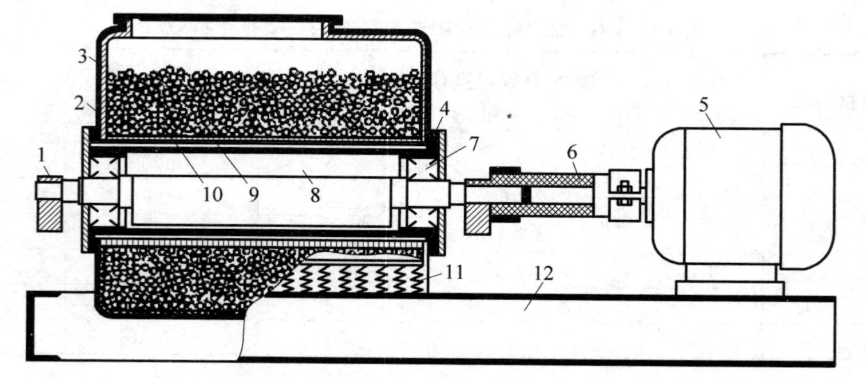

1—附加偏重；2—筒体；3—耐磨橡胶衬；4—锥形环；5—电动机；6—弹性联轴器；7—滚动轴承；
8—偏心轴激振器；9—激振器内管；10—激振器外管；11—弹簧；12—支架

图4-29　M200-1.5惯性式振动磨的示意图

通过试验观察发现，振动磨工作时筒体内研磨介质的运动有以下几种情况(图4-30)：

①研磨介质的运动方向与主轴的旋转方向相反；②研磨介质除公转运动外还有自转运动。当振动频率很高时，它们的排列很整齐。在振动频率较低的情况下，研磨介质之间紧密接触，一层一层地按一个方向移动，彼此之间无相对位移。但当振动频率高时，加速度增大，研磨介质运动较快，各层介质在径向上的运动速度依次减慢，形成速度差，介质之间便产生剪切和摩擦。

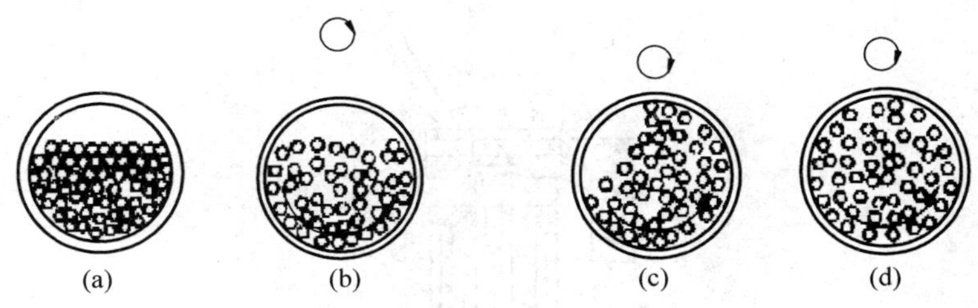

图 4-30 研磨介质运动路径

(a) 静止时；(b) 介质运动时；(c) 物料投入时；(d) 连续运转时

综上所述，振动磨内研磨介质的研磨作用有：①研磨介质受高频振动；②研磨介质循环运动；③研磨介质自转运动等。这些作用使研磨介质之间以及研磨介质与筒体内壁之间产生强烈的冲击、摩擦和剪切作用，使其在短时间内将物料研磨成细小粒子。

3. 工作特点

与球磨机相比，振动磨机有如下特点：入磨物料的粒度不宜过大，一般在 2mm 以下；由于高速工作，可直接与电动机连接，省去了减速设备，故机器质量小，占地面积小；筒内研磨介质不是呈抛落或泻落状态运动，而是通过振动、旋转与物料发生冲击、摩擦及剪切而将其粉碎及磨细；由于介质填充率高，振动频率高，所以单位筒体体积的生产能力大，其处理量较同体积的球磨机大 10 倍以上；单位能耗低；通过调节振幅、频率、研磨介质配比等可进行微细或超细粉磨，所得粉磨产品的粒度均匀；结构简单，制造成本较低。但大规格振动磨对机械零部件（弹簧、轴承等）的力学强度要求较高。

4.1.3.4 胶体磨

胶体磨（colloid mill）又称分散磨（dispersion mill），是利用固定磨子（定子）和高速旋转磨体（转子）的相对运动产生强烈的剪切力、摩擦力和冲击力等，被处理的料浆通过两磨体之间的微小间隙，在上述各力及高频振动的作用下被有效粉碎、混合、乳化及微粒化。

胶体磨的主要特点有：可在较短的时间内对颗粒、聚合体或悬浊液等进行粉碎、分散、均匀混合、乳化处理；处理后的产品粒度可达几微米甚至亚微米。因此，广泛用于化工、涂料、颜料、染料、化妆品、医药、食品和农药等行业；由于两磨体间隙可调（最小可达 1μm），因此易于控制产品粒度；结构简单，操作维护方便；占地面积小；由于固定磨体和旋转磨体的间隙较小，因此加工精度高。

胶体磨按其结构可分为盘式、锤式、透平式和孔口式等类型。盘式胶体磨由一个快速旋转盘和一个固定盘组成，两盘之间有 0.02～1mm 的间隙。盘的形状可以是平的、带槽的和锥形的，旋转盘的转速为 3 000～15 000r/min，其由钢、氧化铝、石料等制成，圆周速度可达 30m/s，粒度小于 0.2mm 物料以浆料形式给入圆盘之间。盘的圆周速度越高，产品粒度越小，可达到 1μm 以下。

图 4-31 所示为 M 型胶体磨的结构示意图。待分散的物料自上部给入机内，在高速旋转盘与固定盘的楔形空间被磨碎和分散后自圆周排出。

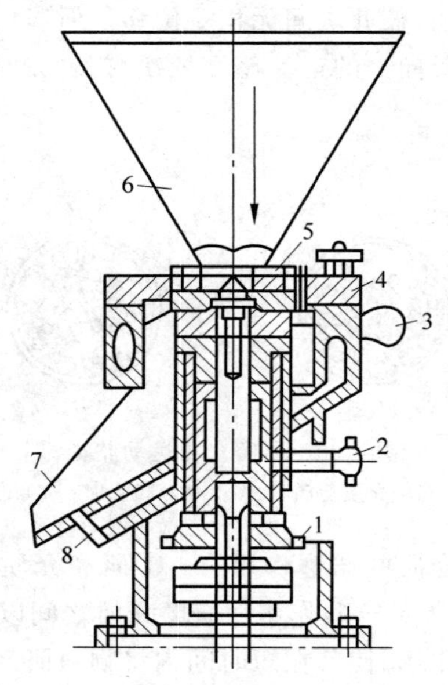

1—调节手轮；2—锁紧螺钉；3—水出口；4—旋转盘和固定盘；5—混合器；6—给料；7—产品溜槽；8—水入口

图 4-31 M 型胶体磨的结构示意图

4.1.3.5 搅拌磨

搅拌磨(stirring mill)是超细粉碎机中最有发展前途而且是能量利用率最高的一种超细粉磨设备，它与普通球磨机在粉磨机理上的不同点是：搅拌磨的输入功率直接高速推动研磨介质来达到磨细物料的目的。搅拌磨内置搅拌器，搅拌器的高速回转使研磨介质和物料在整个筒体内不规则地翻滚，产生不规则运动，使研磨介质和物料之间产生相互撞击和摩擦的双重作用，致使物料被磨得很细并得到均匀分散的良好效果。

搅拌磨的种类很多：按照其结构形式可分为盘式、棒式、环式和螺旋式；按其工作方式可分为间歇式和连续式，按其工作环境可分为干式和湿式；按其安放形式可分为立式和卧式；按其密闭形式又可分为敞开式和密闭式等。

图 4-32 为间歇式和连续式搅拌磨的结构示意图。它主要由带冷却套的研磨筒、搅拌装置和循环卸料装置等组成。冷却套内可通入不同温度的冷却介质以控制研磨时的温度。研磨筒内壁及搅拌装置的外壁可根据不同用途镶嵌不同的材料。循环卸料装置既可保证在研磨过程中物料的循环，又可保证最终产品及时卸出。连续式搅拌磨的研磨筒孔径较大，其形状如一倒立的塔体，筒体上下装有隔栅，产品的最终细度是通过调节进料流量以及时控制物料在研磨筒内的滞留时间来保证的。循环式搅拌磨是由一台搅拌磨和一个大容积循环罐组成的，循环罐的容积是磨机容积的 10 倍左右，其特点是产量大、产品质量均匀及粒度分布较集中。

搅拌磨由电动机通过变速装置带动磨筒内的搅拌器回转，搅拌器回转时其叶片端部的线速度为 3～5m/s，高速搅拌时还要大 3～5 倍。在搅拌器的搅动下，研磨介质与物料做多维循环运动和自转运动，从而在磨筒内不断地上下、左右相互置换位置并产生激烈的运动，由研磨介质重力及螺旋回转产生的挤压力对物料进行摩擦、冲击、剪切作用而将其粉碎。由

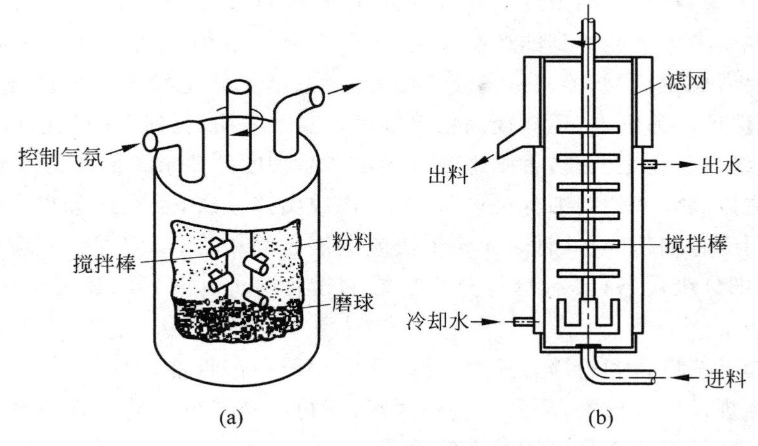

图 4-32　搅拌磨的结构示意图

(a) 间歇式；(b) 连续式

于它综合了动量和冲量的作用，因而能有效地进行超细粉磨，使产品细度达到亚微米级。此外，搅拌磨的能耗绝大部分直接用于搅动研磨介质，而非虚耗于转动或振动笨重的筒体，因此其能耗比球磨机和振动磨都低。由此可以看出，搅拌磨不仅具有研磨作用，还具有搅拌和分散作用，所以它是一种兼具多功能的粉碎设备。

4.1.3.6　超细粉磨设备的选型原则

要选择合适的工艺设备，首先必须了解超细粉碎工艺设备的性能，包括它的给料粒度、产品细度、处理能力、配套性能、粉碎方式（干法或湿法）等。表 4-7 列出了各类细磨与超细磨设备的粉碎原理、给料粒度、产品粒度、适用范围和粉碎方式等，选择时可供参考。

表 4-7　各类粉磨设备的一般工作范围

设备类型	工作原理	入料粒度/mm	产品粒度/μm	适应物料	操作工艺
高速机械冲击式磨	冲击、摩擦、剪切	＜8	3～73	中硬、软	干法
气流磨	冲击、碰撞	＜2	1～30	中硬、软	干法
振动磨	冲击、摩擦、剪切	＜6	1～73	硬、中硬、软	干法、湿法
搅拌磨	冲击、摩擦、剪切	＜1	1～73	硬、中硬、软	干法、湿法
胶体磨	摩擦、剪切、分散	＜0.2	1～20	中硬、软	湿法
球磨	冲击、剪切、摩擦	＜10	1～100	硬、中硬、软	干法、湿法
立式磨	研磨、冲击、挤压	＜80 与磨辊直径有关	10～125	中硬、软	干法
高压辊压机	挤压	与辊径有关	5～125	硬、中硬	干法

一般干法粉碎工艺，如高速机械冲击式粉碎机、雷蒙磨等，工艺较简单，投资相对较少，但产品细度不如湿法粉碎。湿法粉碎，如搅拌磨、振动磨等，产品粒度细，工艺相对较复杂，投资较高。具体选用时要依据物料性质、产品用途、质量要求和生产规模等确定。

由于许多设备的处理量随物料性质、给料粒度、要求的产品细度等的不同而变化，因此，在选用设备用于某种物料的超细粉碎时，最好在相同规格的试验设备或样机上进行试验，以确定其在一定给料粒度和产品细度条件下的处理量，或在一定处理量前提下所能达到的产品细度。一般来说，在相同的条件下，要求的产品粒度越细，处理量越小，反之亦然。在选择工艺设备时，既要考虑所能达到的产品细度，也要有一定规模的处理量。另外，在选用工艺设备时，不仅要考虑主机（粉碎机），还应考虑配套设备，尤其是精细分级设备。好的精细分级设备不仅能保证产品细度，还能提高粉碎效率。实践表明，任何好的超细粉碎设备都应有高效的精细分级设备与之配套，否则也难以满足产品细度的要求。传统的细磨设备，如球磨机等，如果配之以高效率的精细分级设备，与其构成闭路系统，及时地分出合格的微细粒级物料，也可以用于超细粉碎。因此，无论干法或湿法超细粉碎，都应配置相应的能及时分出合格粒级的精细分级设备（具有自行分级功能的设备除外）。另外，还要考虑投资、环保等因素。

总之，选择工艺设备和粉碎方式时，要综合考虑设备的性能、原料的性质、产品的用途、质量标准、生产规模以及投资、环保等多种因素，使得所选择的工艺与设备即能满足市场对产品质量的要求，又能获得最大的经济效益。

粉体工业是一个重要的基础原料工业，粉体制备技术在化学工业及材料工业中都占有重要的位置。粉体技术从古代陶瓷制备技术逐渐发展起来，并刺激了工业革命和化学工业的产生。据报道，1943 年美国人 J. M. Dallavalle 在其出版的《粉体学——微粒子技术》一书中，首次把粉体制备和应用等归纳在一起。随后德国人 Hans Rumpf 等对粉体制备进行了分类，并将物理化学和化学热力学引入粉体制备过程，奠定了粉体技术发展的基础。

粉体材料包括陶瓷工业的待烧结粉料、化学工业的催化剂、电子工业的磁记录材料、电子陶瓷粉料、冶金粉末、染料颜料粉体、各种填料粉体等，尤其在化工与新材料领域中，以粉体为原料的产品占一半以上。随着粉体制备技术的改进，各种高纯、超细、具有特殊性能的超细粉体已在电子、核技术、航空航天、冶金、机械、化工、医药和生物工程等领域得到了越来越广泛的应用。研究粉体制备、性能和应用的超细粉体技术已成为一门跨学科、跨行业的新兴技术。

4.2 物理制粉技术

物理方法制备粉体技术就是在只改变材料物理性质的前提下制备粉体的技术，除了粉碎外，主要包括雾化法、物理蒸发冷凝法和溶剂蒸发法。物理法制备纳米粉体有许多先天的优势和技术开发潜力，一直以来吸引着许多企业和研究机构的注意力。

4.2.1 雾化法

如图 4-33 所示，雾化法（atomization method）制备粉体的原理一般是借助于空气、惰性气体、蒸汽、水等的冲击作用使金属（合金）液体直接破碎成为细小的液滴，经冷却凝固后成为固态颗粒（颗粒大小一般小于 150μm）。自第二次世界大战期间开始生产雾化铁粉以来，雾化工艺不断发展，日臻完善。

雾化法广泛地用于金属粉体的制取，也可以制取合金粉体，任何能形成液体的材料都可以进行雾化。制取金属（合金）粉体生产效率最高的方法之一是液态金属（合金）的雾化法或喷雾法。例如，雾化法已用于制取多种金属或合金粉体，如铝粉、锌粉、青铜粉、黄铜粉、铜粉、银粉、铅粉、锡粉等。在特种粉体生产中，雾化法是最常用的初级粉体生产方法，它适用

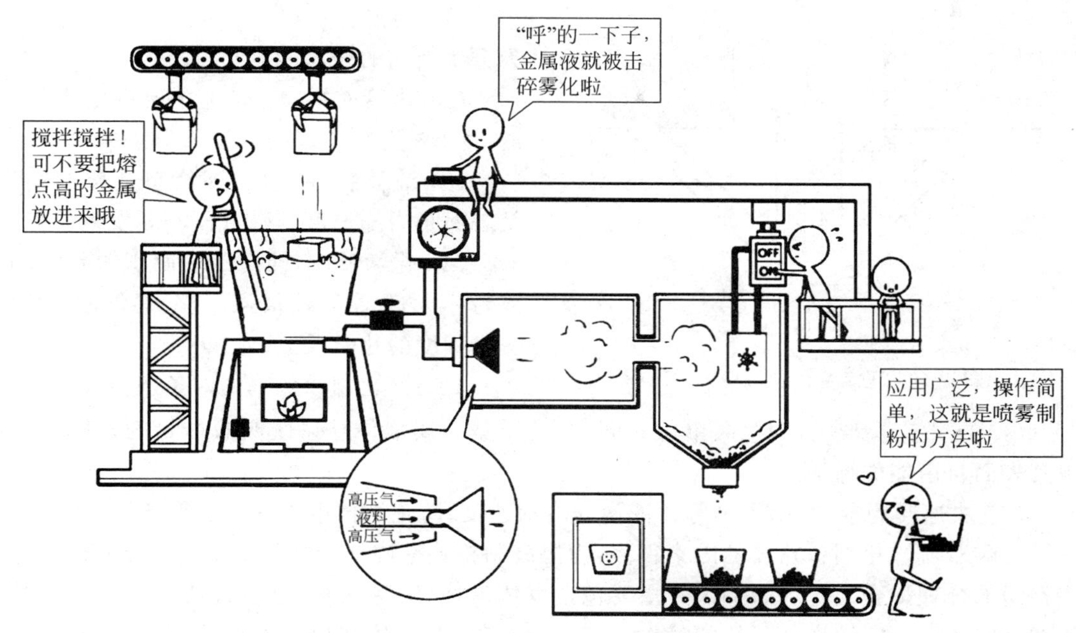

图 4-33　雾化法制备粉体示意图

于制取低熔点的金属粉体，其雾化的目的是制取粒度分布均匀的微细粉体。在工业上，雾化法可根据冷却介质的种类进行分类，也可以根据雾化装置的结构进行分类。借助高压水流或气流的冲击来破碎液流的方法，称为水雾化或气雾化；用离心力破碎液流的方法称为离心雾化；在真空中雾化的方法叫作真空雾化；利用超声波能量来实现液流破碎的方法称作超声波雾化。

此外，雾化法还可分为双流雾化和单流雾化两种方法。双流雾化中的"双流"是指被雾化的液体流和喷射的介质流；单流雾化则没有喷射介质流，而是直接通过离心力、压力差或机械冲击力的作用实现雾化的。

雾化法制备粉体生产效率高，容易制取合金粉体。通过改变喷射条件可以调控粉体的粒度和形状，虽然影响产品粒度的因素很多，但是增加喷雾介质压力是最有效的方法。其缺点是对金属有一定的限制，由于受耐火材料稳定性和液态金属过热度的限制，金属或合金的最高熔点不能超过 1 500～1 600℃（常用的温度是 1 400℃），有时所得粉体纯度不是很高，以及需要熔化设备等。

4.2.1.1　双流雾化

根据喷射的介质流，双流雾化法（double flow atomization）分为气雾化和水雾化两种方式，适合于金属粉体的制备。雾化法制备粉体时，先由加热设备（如电阻炉或感应电炉）将金属或合金熔化，再注入盛液室内，这时金属液由盛液室底部的小孔流出，与沿一定角度高速喷射的气流或水流相遇，被击碎成小液滴，如图 4-34 所示。

随着液滴与气体或水流的混合流动，液滴的热量被雾化介质迅速带走，使液滴在很短的时间内凝固成为粉体颗粒。虽然整个雾化过程是瞬时完成的，但过程发生机理却十分复杂，有四种情况同时发生：

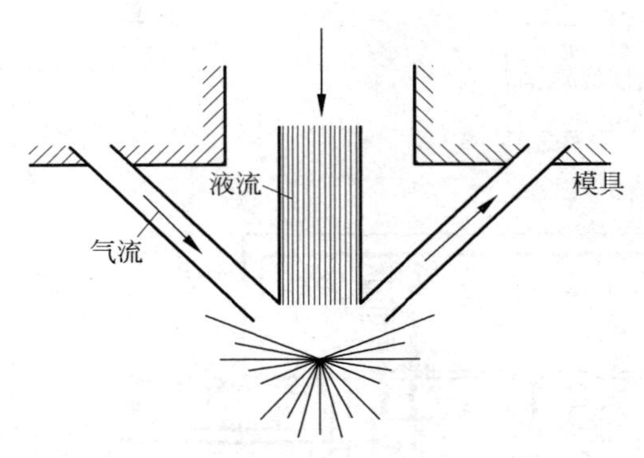

图 4-34　双流雾化制备粉体示意图

(1) 动能交换，即雾化介质的动能转变为金属液滴的表面能。

(2) 热量交换，即雾化介质带走大量的液-固相变潜热。

(3) 流体特性变化，即液态金属的黏度及表面张力随温度的降低而不断发生变化。

(4) 化学反应，即高比表面积颗粒(液滴或粉体)的化学活性很强，与雾化介质会发生一定程度的化学反应。

提高雾化制粉效率的两条基本准则是：

(1) 能量交换准则，即提高单位时间、单位质量金属液体从系统吸收能量的效率，以克服其表面自由能的增加。

(2) 决速凝固准则，即提高雾化液滴的冷却速度，防止液体微粒的再次聚集。

影响双流雾化制备粉体的因素很多，为提高制粉效率或细粉的收集率，需要综合考虑各因素间的合理配合。这些影响因素主要包括气体流速、喷嘴结构、液流性质和喷射方式等。如增大气体压力能够增加气体的喷射速度，有利于金属液体雾化率的提高。但对于一个实际的气雾化系统，其情况较复杂，因为在提高雾化压力的同时，射流气体会产生很强的抽吸力，导致金属液流量加大。因此，实际工作中通过提高单位时间内喷嘴处的气体体积流量与金属液滴滴落口质量流量的比值，能保持较好的气雾化效果。

4.2.1.2　离心雾化

离心雾化(centrifugal atomization)是一种单流雾化。离心雾化制备粉体是借助离心力的作用，将液态金属破碎为小液滴，然后凝固为固态粉体颗粒，主要有旋转电极、旋转锭模、旋转盘等离心雾化方法。

1. *旋转电极法*

旋转电极法制备粉体的原理示意图如图 4-35(a)所示，将雾化金属制成自耗阳极，阴极则采用钨电极。制备粉体时，两极之间产生电弧，阳极高速转动产生了很强的离心力，被电

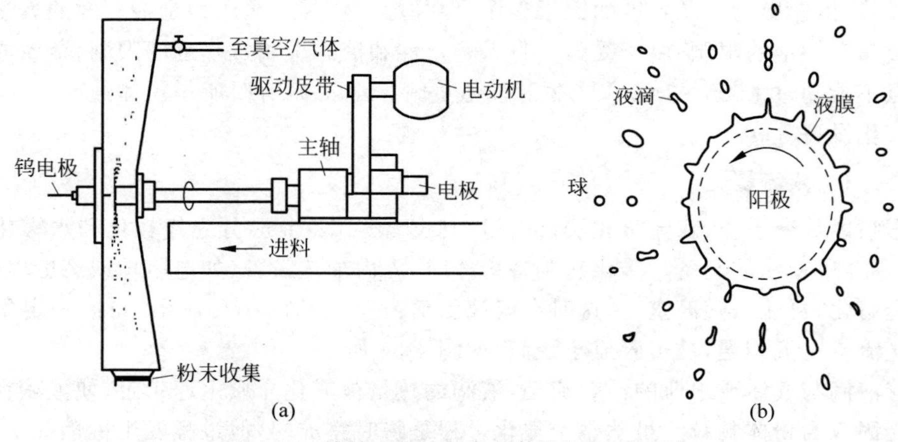

图 4-35　旋转电极法制备粉体的原理示意图

弧熔化的阳极金属就被甩出形成小液滴，然后凝固成粉体[图 4-35(b)]。这种方法不仅可以制备低熔点的金属粉体，也适于高熔点的金属。

2. 旋转锭模法

旋转锭模法又称旋转坩埚法，其原理示意图如图 4-36 所示，一根竖立的电极和下端坩埚中的金属锭间产生电弧，坩埚高速旋转，金属熔体在坩埚出口或锭模边口处靠离心力破碎排出。

3. 旋转盘法

1976 年，美国普拉特-惠特尼(Pratt & Whitney)飞机制造公司研制出旋转盘法用以制备超合金粉体，而后这种离心雾化装置相继在日本、苏联等问世，其工作原理示意图如图 4-37 所示。这种方法获得的粉体平均粒度与圆盘转速有关，圆盘转速越高，其平均粒度越小，细粉收得率越高。

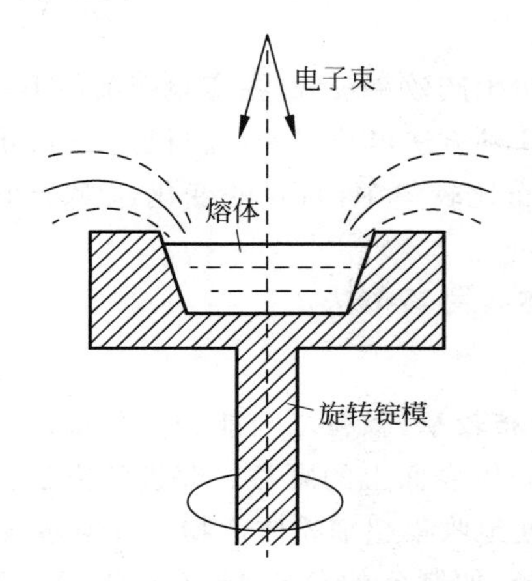

图 4-36　旋转锭模法制备粉体原理示意图

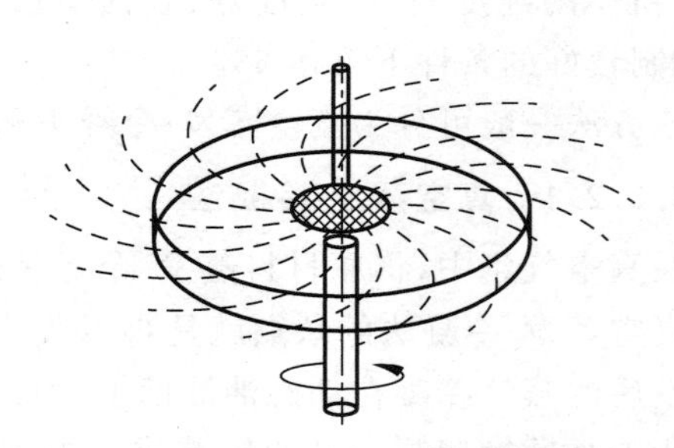

图 4-37　旋转盘法制备粉体原理示意图

4. 其他方法

旋转轮法、旋转杯法与旋转网法分别如图 4-38(a)～(c)所示。

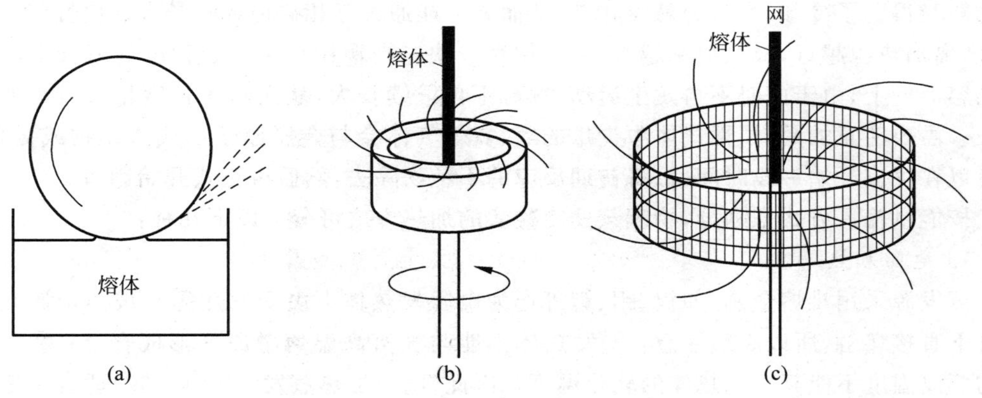

图 4-38　其他雾化制备粉体方法

(a) 旋转轮法；(b) 旋转杯法；(c) 旋转网法

4.2.2 物理蒸发冷凝法

物理蒸发冷凝(evaporation-condensation)制备粉体方法也称物理气相合成法、物理气相沉积法,是一种制备超细金属粉体的重要方法,其采用不同的能量输入方式使金属汽化,再在冷凝壁上沉积,从而获得金属粉体。由于所得金属粉体的粒度小、比表面积大,因而化学活性强。为防止金属粉体氧化,在冷凝室内一般要通入惰性气体(如 Ar、He 等)。此外,在蒸发的过程中,这些惰性气体不断地与蒸气中原材料的原子相碰撞,使得原子的能量损失而迅速冷却,这将在蒸气中造成很高的局部过饱和,促使蒸气中原材料的原子均匀成核,形成原子团,原子团进一步长大便聚集成超细颗粒。据报道,德国科学家 H. Gleiter 等首先采用蒸气冷却法制备出具有清洁表面的 Pd、Fe 等纳米粉体,并在高真空中将这些粉体压制成块体纳米材料。尽管后来气相法制备纳米粉体的方法、技术及设备均有较大改进,但基本原理是相同的。

同其他金属粉体制备方法相比,物理蒸发冷凝法生产效率较低,在实验室条件下一般产出率为 100mg/h,工业粉的产出率可达 1kg/h。但这种方法可获得最小粒径达 2nm 的纳米颗粒,粉体的纯度高、圆整度好、表面清洁,粒度分布比较集中,粒径的变化通常于小 20%(在控制较好的条件下可达 5%)。

该方法一般可分为真空蒸发-冷凝法和惰性气体蒸发-冷凝法。

4.2.2.1 真空蒸发-冷凝法

在真空气氛中,将原材料蒸发-冷凝获得尺寸分布较窄,颗粒之间能相互分离的粉体颗粒。真空蒸发-冷凝法的缺点就是难以收集凝聚在固体表面上的颗粒。改进的方法是让真空蒸发后的蒸气冷凝在动态油液面上,由此可以方便地收集超细粉体产物。真空蒸发-冷凝法的优点是通过调节圆盘的转速来控制产物的粒径,如制备的 Ag、Au、Cu、Pd、Fe、Ni、Co 纳米粉体的粒径可以控制为 3~8nm,Ag 的最小粒径可达到 2nm。

4.2.2.2 惰性气体蒸发-冷凝法

在惰性气体气氛中,被蒸发的金属颗粒不断与环境中的惰性气体原子发生碰撞,既降低了动能又得到了冷却,本身为悬浮状态,从而有可能通过互相碰撞成核长大。惰性气体压力越大,离加热源越近,成核概率越大,生长相对较快。当颗粒长到一定程度后就会沉积到特定的容器壁上,由于此时不再发生运动,颗粒不再继续长大,从而制得粒度相对较小的超细颗粒。需要注意的是,惰性气体中少量的氧、氮等气体会与金属原子形成氧化物或氮化物,但可以在反应开始一段时间后,将初期反应的不纯物除去,然后再正式开始制备。

按能量输入方式来划分,物理蒸发冷凝法的加热方式可分为以下几种:

1. 电阻加热

蒸发源采用难熔金属,如钨、钼、钽等作为电阻发热体。由于发热源与被蒸金属在高温状态下直接接触,所以必须注意:①发热体不能与被蒸高温熔融原料形成合金;②被蒸原料的蒸发温度不能高于发热体的软化温度。因此,电阻加热蒸发法(图 4-39)适合于低熔点金属超细粉的制备。

2. 等离子体加热

将蒸发金属放在水冷铜坩埚上,其斜上方有一等离子体枪。施加高频直流电压后,等离子枪内的惰性气体被电离，形成了等离子体，被蒸金属作为阳极接收电子流，因此成为主要的受热部位，使金属局部迅速融化并过热蒸发。这时，在蒸发室中就能观察到有烟雾生成，此即金属超细颗粒。

3. 电弧放电

电弧放电在蒸发-冷凝法中十分普遍，可在惰性气体中制备多种超细金属粉体，这时电弧电极对采用所要制备的金属-金属(或钨)对。电弧放电室放电产生的烟雾引入加热室，通过加热以后，再进入冷却室，可制得相应的粉体。

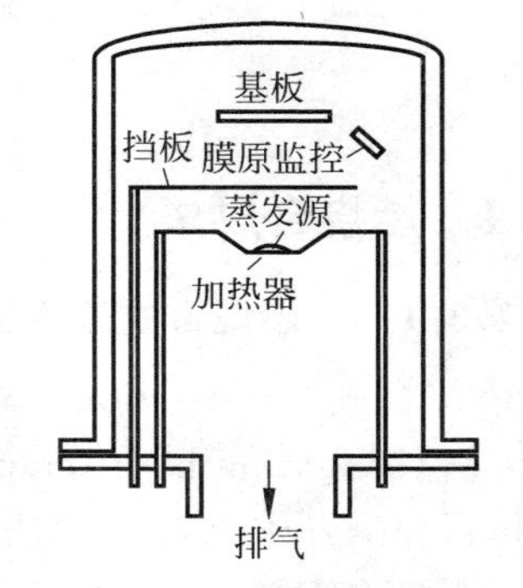

图 4-39 电阻加热蒸发法制备粉体

其他加热方式还有激光加热、电子束加热、高频感应加热等。

4.2.3 溶剂蒸发法

溶剂蒸发法(solvent evaporation method)制备粉体是以可溶性盐或在特定条件下完全溶解的化合物为原料来制备粉体的方法。即先将原料在水中混合为均匀溶液，通过热蒸发、喷雾干燥、火焰干燥及冷冻干燥等方法蒸发溶剂，然后通过热分解反应制得。溶剂蒸发法制备粉体的示意图如图 4-40 所示。

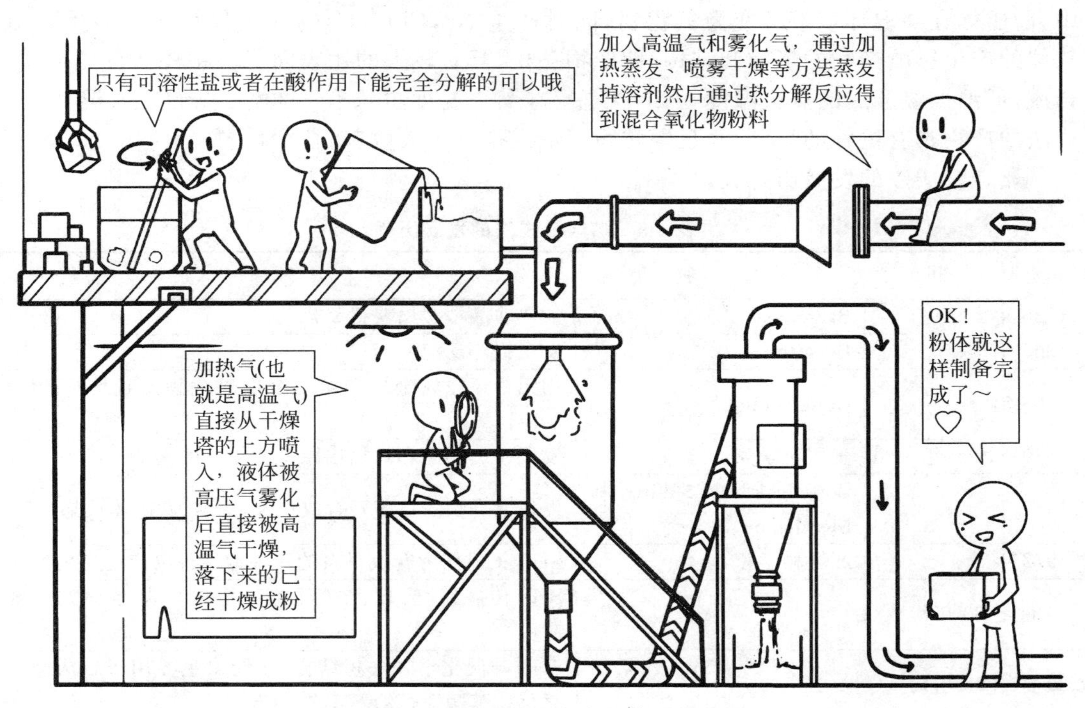

图 4-40 溶剂蒸发法制备粉体的示意图

4.3 化学法制备粉体

4.3.1 燃烧合成法

4.3.1.1 燃烧合成法概述

燃烧合成(combustion synthesis,CS)法,也称为自蔓延燃烧合成法,包括自蔓延高温合成(self-propagating high-temperature synthesis,SHS)法和低温燃烧合成(low-temperature combustion synthesis,LCS)法。燃烧反应自发放热,在短时的高温环境中,反应物发生结构变化形成新物质。

自蔓延高温合成(SHS)是指利用外部提供的必要的能量诱发高放热化学反应体系局部发生化学反应(点燃),反应本身放出大量的热量,从而可以使反应自发地维持下去。SHS的点燃需要外部能源提供热量,通常有两种方式提供热量:一种是对反应物整体加热;另一种是对反应物局部加热。前者可以使反应物整体升温,同时反应,称为热爆反应(heat explosion reaction);后者通过加热局部,使局部温度达到燃点,局部燃烧进而蔓延到整体,称为点火。点火是现今自蔓延高温合成中应用较为广泛的方法。

低温燃烧合成(LCS)是以有机物为反应物的燃烧合成。低温燃烧合成的原料通常由氧化剂和燃料组成,反应中发生剧烈的氧化还原反应并伴随着大量热量的释放。在反应过程中,前驱体在高温环境下转变为氧化物,同时产生 N_2,CO_2,H_2O 等气体。在剧烈反应中,气体的产生影响产物的形貌和结构,使产物蓬松,具有较大的比表面积。相较于自蔓延高温合成,低温燃烧合成的点火温度在200℃左右,燃烧温度也只有1 300℃左右。低温燃烧合成法的产物具有更细的粒度,并且颗粒团聚情况得到大大改善,粒度均匀。

燃烧合成法的发展历程见表4-8。

表 4-8 燃烧合成法的发展历程

时　　间	人　　物	成　　就
1825年	Berzelius	加热非晶锆金属获得氧化锆
1865年	Bekettov	发现铝热反应
1895年	Goldechmidt	用铝粉还原碱金属和碱土金属氧化物发现固-固燃烧反应
1940—1950年	美国科学家	发展镁热还原和铝热还原
1967年	Borovinskaya, Skhiro 和 Merzhanov 等	发现混合物的自蔓延合成现象,命名为“固体火焰”
1972年	苏联科学家	SHS正式作为合成材料的一种方法得以广泛应用
20世纪80年代		SHS传播到美、日、中等国家,并在全世界得到广泛应用
20世纪90年代		SHS与湿化学方法相结合,发展出主要用于合成金属氧化物基陶瓷粉的新工艺LCS

4.3.1.2 自蔓延高温合成法制备粉体材料

1. 自蔓延高温合成法制备粉体材料的工艺流程

图4-41是自蔓延高温合成法制备粉体材料的工艺流程图,将原料制成干燥、颗粒均匀

的粉体，按照化学计量比配料；在一定的成型工艺下制成块体，然后通过加热或者点燃的方式引燃反应物；反应结束后经冷却、粉碎、球磨、化学处理(去除杂质等)、干燥得到产物，再经分级等物理方法得到要求粒度的粉体材料。

图 4-41　自蔓延高温合成法制备粉体材料的工艺流程图

2. 自蔓延高温合成法制备粉体材料的机理以及影响因素

形成自蔓延高温合成的先决条件是反应是放热过程且可以自我维系的反应。自蔓延高温合成法的机理如图 4-42 所示，已成型的原料在点火电极的作用下点燃，引发燃烧波并沿着燃烧方向自发进行，直至整个反应块体反应结束，得到目标产物。

该方法合成的粉体多作为中间材料制备功能材料，因而粉体的粒度是需要着重考虑的方面。控制产品形貌的因素主要包括原料成型时的压力、原料颗粒的粒度和形貌以及添加剂。

(1) 成型压力。原料的成型压力对产物的形貌影响显著，在压力较小时，产物呈现球状；压力较大时，产物在相邻晶粒的挤压下变形，呈现不规则的形状；随着这一压力的增大，产物晶体不断长大。不过压力的大小对反应的完成程度影响不大。

(2) 原料粒度。原料的粒度对产物形貌影响十分显著，经过研磨后的原料对反应的完成程度以及颗粒粒度有较大的改善作用。

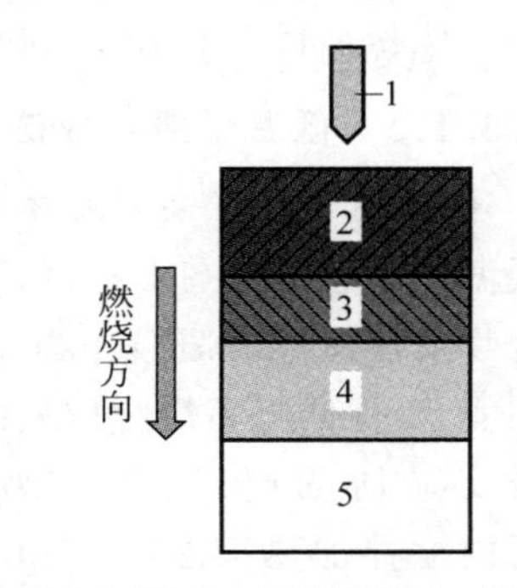

1—点火电极；2—已反应区；3—燃烧区；4—预热区；5—未反应区

图 4-42　自蔓延高温合成反应过程

(3) 催化剂。催化剂的加入可以明显降低自蔓延高温燃烧合成晶粒的尺寸，催化剂与原料共磨后使燃烧产物中的杂质相和残留反应物消失，产物的纯度更高。

3. 自蔓延高温合成法制备粉体材料的应用

自蔓延高温合成法进行粉体制备的应用非常广泛，制备粉体所需的反应物在条件所需的气氛下燃烧，燃烧产物再经过研磨即得到所需粒度的粉体材料。下面介绍几种自蔓延高温合成法制备粉体材料的应用：

(1) 制备氮化物粉体。氮化硅瓷粉体的制备可以用自蔓延高温合成法进行，碳化硅粉体是制备性能优异的碳化硅陶瓷的原料，彭桂花等人批量合成了含氧量低至 0.377%的高纯度 $MgSiN_2$。

（2）制备碳化物粉体。碳化物粉体用以制备高熔点、高硬度的碳化硅陶瓷，常见的碳化物有 ZrC，SiC，TiC 等，李静等人研究显示自蔓延高温合成法制得的 ZrC 颗粒有更多的缺陷结构，比碳还原法和取代反应法制得的 ZrC 颗粒有着更好的烧结性能。

（3）制备硼化物粉体。硼化物具有高熔点、高强度和高化学稳定性等特性，这些优异的性能决定了其在冶金工业、半导体材料和耐火材料生产中的广泛应用。自蔓延高温合成法可以合成单相 MgB_2，并且没有 MgB_4 等杂质相产生。

（4）制备复合粉体。Wu 等人合成了 ZrB_2-SiC 复合粉体，粉体粒度小于 1μm，氧含量仅有 0.4%（质量浓度）。

（5）制备铁氧体粉体。Nikkhah 等人通过热引燃铁粉、氧化铁粉、硝酸钡粉的混合压块，自蔓延高温合成制得六角钡铁氧体磁性颗粒。

4. 自蔓延高温合成法制备粉体材料的特点

（1）燃烧过程产生极高的温度，能够使原料中的杂质物质充分挥发，从而提高了产物的纯度。

（2）反应中燃烧的过程是自发放热的过程，反应所需热量大部分由自身的反应放热提供，大幅减少了热量供应，同时反应不需要高温炉，节省了设备的投资。

（3）生产工艺简单，反应迅速，生产效率高，易转化为工业生产。

（4）与陶瓷制备和冶金相结合，可以制备高性能材料和形状复杂、成型困难的零部件。

但是自蔓延高温合成的缺点也比较明显，由于反应迅速剧烈，该合成方法的工艺可控性比较差。燃烧温度一旦在 2 000～4 000℃内，合成的粉体粒径普遍较大。

4.3.1.3 低温燃烧合成法

1. 低温燃烧合成法制备粉体的工艺流程

低温燃烧合成法（LCS）可以分为两类：一类是以氧化还原混合物为反应物；另一类是以络合物形成的溶胶凝胶作为反应物。

图 4-43 是低温燃烧合成法制备粉体的工艺流程。在以氧化还原混合物为反应物的燃烧合成反应中，金属硝酸盐作为氧化剂，有机物作为还原剂和燃料，制成饱和盐溶液；在玻璃容器内搅拌加热至 200～300℃，溶液开始沸腾、浓缩、冒烟和起火，燃烧过程剧烈，持续 1～3min 得到泡沫状粉体。用于低温燃烧合成法制备粉体的燃料有尿素、羧酸等，其中尿素的应用最为广泛。

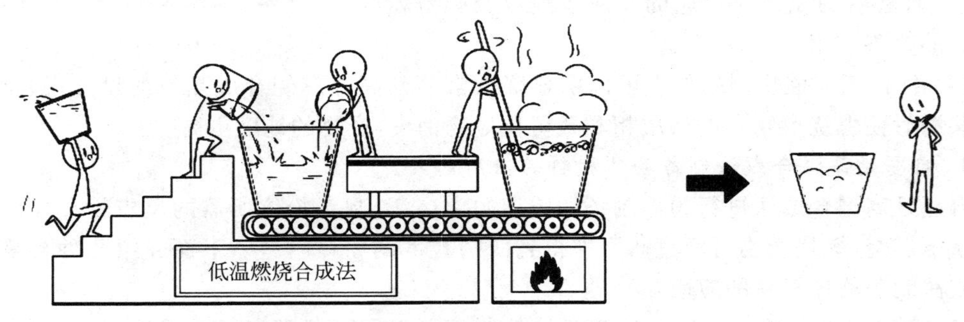

图 4-43　低温燃烧合成法制备粉体的工艺流程

在以金属硝酸盐和络合剂混合形成溶胶-凝胶进行燃烧合成的反应中，金属硝酸盐作为氧化剂,络合剂作为燃料,混合成水溶液,将水溶液加热至 50~80℃,溶液蒸发制成溶胶,继续加热至 100~120℃制得固态凝胶,再继续加热至 200~300℃,发生自发燃烧,制得超细粉末。现今常用的络合物有柠檬酸、甘氨酸等。

2. 低温燃烧合成法制备粉体的机理及其影响因素

燃烧是一个复杂的过程,对于低温燃烧合成法的机理研究尚缺乏系统研究。氧化剂和燃料在点燃后自发燃烧并放出热量和气体的过程是一个剧烈的氧化还原反应过程。现今多数研究者根据推进剂化学中的热化学理论来指导燃烧合成工艺中原料的选择和配比。

低温燃烧合成法制备粉体的影响因素包括燃烧温度、燃料类型、点火温度、反应物产生的气体量、氧化剂与燃料的配比等。燃烧温度直接影响合成粉体的粒度,反应温度越高,合成的粉体粒径越小,因而控制燃烧温度是控制粒径的关键。不同燃料的充分燃烧温度是不同的,比如硝酸盐与尿素的火焰温度约为 1 600℃,硝酸盐与卡巴肼的火焰温度为 1 000℃。点火温度或者加热温度不同,也会导致燃烧温度不同。反应中产生的气体量增加,更易于获得蓬松的、高比表面积的粉体。另外,氧化剂与燃料的配比也会影响反应温度,进而影响产物的粒度。

3. 低温燃烧合成法制备粉体的特点

低温燃烧合成法作为燃烧合成法的改进方法,除了具有工艺简单、产品纯度高、成本低、效率高等自蔓延高温合成法的特征外,还具有一些自身的优势:

(1) 低温燃烧法具有较低的点火温度,混合反应物在 200℃便可以被点燃,并且进行自蔓延燃烧。

(2) 反应过程中生成大量的气体,使产物呈蓬松状态,易于粉碎,可制成比表面积高的超细粉体。

(3) 该反应在溶液中混合、搅拌、加热,各组分原料的混合均匀度高、化学计量比准确。

(4) 合成的超细粉体活性高,可以降低制备功能材料以及零部件的反应温度,并且提高产品的性能。

4.3.2 低温固相法

4.3.2.1 低温固相法概述

低温固相法(low temperature solid phase method)是指在室温或者近室温的条件下,通过混合、研磨和超声洗涤、离心分离等几个简单的步骤,利用低热固相反应制备纳米材料(nano materials)的一种固相合成方法。相比于气相法和液相法,固相法具有其独特的优势,比如成本低、污染小、易操作、适合工业生产等。

低温固相法是 20 世纪 80 年代末根据制备纳米材料的需求逐渐发展起来的制备方法。相比于发展成熟的高温固相法,低温固相法最大的特点是反应温度低,其反应温度可低至 600℃以下甚至是室温。Hao Guo 等人将低温固相反应与常规的固相反应进行对比,结果表明,低温固相反应制备的粉末粒径为 19.6nm,而通过常规的固相反应获得的粒径为 146.6nm,并且表现出较少的团聚和较高的烧结性。

1988 年,忻新泉做了众多固态配位化学反应研究方向的研究并探讨了在接近室温的条件下固相反应的可行性;1994 年,忻新泉等人使用低温固相法率先制备出 Mo(W)-S 簇化物,并在之后合成了数百种簇化物、新配合物以及固配化合物。1995 年,李丹等人同样用低温固相法合成了纳米氧化铁和铁氧体。1998年,贾殿赠等人利用$CuCl_2 \cdot 2H_2O$与NaOH的室温固相反应直接合成了CuO纳米粉体,产物CuO颗粒大小均匀,粒径为20nm左右,同年,与忻新泉合作申请"室温固态反应合成纳米材料"的专利。此后,低温固相法在纳米材料合成领域发展迅速并拓展出多种适合制备多样纳米材料(零维纳米粒子、一维纳米管和纳米棒等)的低温固相反应工艺。

4.3.2.2 低温固相反应制备粉体的工艺

利用低温固相反应,可以制备出优异的无机纳米粉体材料,制备过程通常需要搅拌、研磨、洗涤以及必要情况下的加热等步骤,如图4-44所示。通过增减催化剂以及其他反应条件可以轻易制得不同形貌和尺寸的纳米粉体,因而该技术在粉体制备领域具有广泛的应用前景。低温固相反应制备粉体材料的工艺可以分为三类:直接反应法、氧化法和前驱体法。

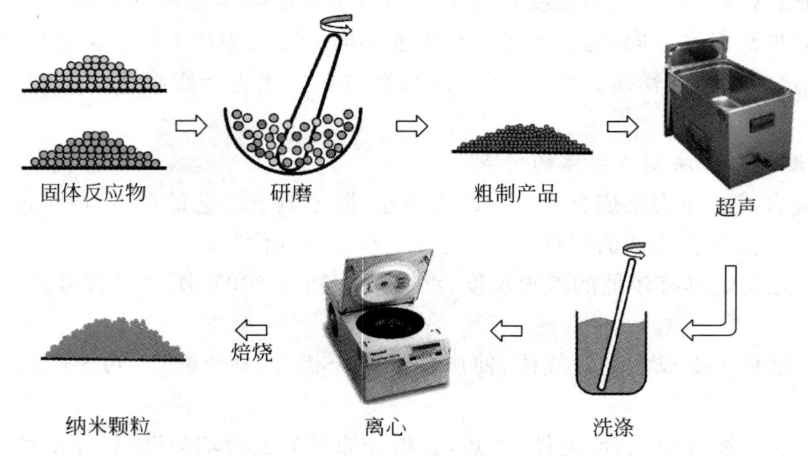

图4-44 低温固相法制备粉体

(1) 直接反应法(direct reaction method)是低温固相反应中最常见的一种。通过两种及以上的反应物混合、研磨,实验中的研磨过程一般在玛瑙研钵中进行,研磨过程是各颗粒组分之间相互接触并发生固相反应的过程。对于含有结晶水的原料,在强碱性环境下研磨时,会析出结晶水,继续研磨,物料依次变成稀泥状→黏块状→粉末状,从而得到粉末状产物。产物中含有过量的反应物和副产物,需要进行超声、洗涤、离心以及干燥处理,方可得到纯净的产物。为了得到粒度均匀的纳米晶体,有一些产物需要在一定的温度下煅烧,使产物转化成零维的纳米晶颗粒。有研究者以$Zn(Ac)_2$和$Na_2C_2O_4$为原料,通过研磨等手段制得ZnC_2O_4,在通过洗涤、离心、干燥处理后得到纳米粒子。赵福城利用直接反应法在较低的温度下制备了单一尖晶石结构$Ni_xZn_{1-x}Fe_2O_4$铁氧体纳米颗粒。在700℃下热处理后,晶粒尺寸达到了33nm。

(2) 氧化法(oxidation)是通过低热的固相反应合成还原性产物,制备过程同样需要借助研磨改善固-固接触(solid-solid contact),加速反应的进行,然后通过煅烧还原性产物,因为煅烧起到了氧化的目的,进而得到热力学稳定的产物。Li等人在低温固相反应的实验中运用了氧化法进行氧化物的合成,将$SnCl_2 \cdot 2H_2O$与适量的NaOH混合研磨,反应得到SnO,然后,在400℃下煅烧,制备目标产物SnO_2。Hao Guo等人研究了通过低温固态反应合成Li_2TiO_3细粉,他们通过行星式球磨机以去离子水为介质将固体Li_2CO_3和H_2TiO_3

混合,在500℃的低温下对研磨的粉末进行煅烧形成纯的 Li_2TiO_3 纳米颗粒。

(3) 前驱体法(precursor method)是先通过低热固相反应制得目标产物的前驱体,前驱体的类型大致可以分为两类:一类是有机酸盐;另一类是碱式氧化物。前驱体需经过洗涤、干燥以及煅烧过程制备目标产物,在煅烧的过程中,有机酸盐受热分解,碱式氧化物受热脱水,皆可以制备出无机纳米材料。

4.3.2.3 低温固相反应的作用机理及其影响因素

参与低温固相反应的原料需要进行机械研磨(mechanical grinding),原料的粒径达到微米级,并且各组分在这一过程中混合均匀。在形成细微粒的过程中比表面积大大增加,同时各组分之间的接触面积也大大增加。接触位置的各组分相互接触并发生反应,反应产物发生团聚,在颗粒表层形成产物壳层,由于产物的晶体结构不同于原料颗粒,反应过程中伴随着研磨,因而产物在颗粒运动碰撞时发生脱落,这样会使原料颗粒新的表面裸露出来,进而继续与其他原料组分相互反应。周而复始,直至反应达到平衡状态。这样的反应一般可以形成纳米粉体。另外,有一些反应物中含有结晶水或者反应中会生成水,那么就会在反应颗粒的接触面形成微米级的液浴(有报道称为冷熔层),犹如反应在液相中反应,加速了不同反应组分中分子之间的相互扩散,进而加快了反应速度。

反应产物形成的过程就是产物形核长大的过程,最终形成相应的物相。因而,低温固相反应的基本原理是:微米级颗粒接触→形成液浴(冷熔层)→各组分充分接触→反应→形核→长大。在反应开始时,粒子在固体颗粒之间的扩散非常缓慢。当外部条件(如机械磨削和提高反应温度)发生变化时,固相接触面形成冷熔层。在冷熔层中,粒子的扩散速度增加,反应加快。对于含有结晶水的原料,在研磨过程中,结晶水释放出来,从而产生新的冷熔层(cold melt layer)。因此,当这两个过程相互作用时,原子或粒子将继续在固相晶格中扩散,最终,产物经过成核和生长形成所需的产物。

与高温固相法相比,低温固相法的扩散和成核过程基本是缓慢的。只有当反应物达到或超过临界温度(critical temperature,TC),并且晶坯达到临界尺寸时,才能成核。低温固相法使物质在低温甚至室温下的低临界温度体系中发生化学反应,其影响因素有:

(1) 对产物的要求。低温固相反应主要用于制备在高温下不能稳定存在的化合物。

(2) 结晶水的影响。如果反应物中有结晶水,那么加入 NaOH 等强碱性物质研磨,可以促进结晶水的释放,使反应环境变成稀泥状,而加快了反应速率。结晶水在研磨中不参与反应,主要起到加快原子或者分子移动的目的。

(3) 研磨的影响。研磨是一个机械过程,可以加快反应物各组分的充分混合和接触,进而促进固相反应过程,并且研磨可以促进反应物颗粒表面的生成物剥离,使反应物颗粒露出新表面,有助于充分反应。

(4) 温度的影响。温度的影响主要表现在研磨和煅烧阶段。在研磨阶段,温度一般为室温或者近室温,主要影响分子或者原子的扩散以及产物的形核长大过程,通常而言随着反应温度的提高,扩散系数也会相应增大,进而促进反应速率的提高;在煅烧阶段,温度影响晶粒的大小,煅烧温度越高,纳米颗粒越大。

4.3.2.4 低温固相反应的特点

(1) 反应温度低。低温固相反应所需的温度比较低,通常在室温以及近室温的温度下进行。在较低的反应温度下，反应过程比较容易观察和控制。另外，省去了高温炉的煅烧，大幅节约了能源。

（2）不添加溶剂。低温固相反应的原料以固体形态进行低温反应，并且不需要添加溶剂。在研磨的过程中，或有结晶水脱出形成冷熔层，原料粒子相互扩散、反应。没有溶剂的加入，省去了排除杂质的工序，也能使产物纯度更高。

（3）污染小。反应物和目标产物都是固态物质，并且反应过程中没有有害气体产生，仅仅有结晶水的脱出和蒸发。

（4）产物控制。得到的粉体可以通过不同制度的热处理过程获得形貌、粒度以及结构不同的粉体材料。

4.3.3 化学沉淀法

4.3.3.1 化学沉淀法的历史

化学沉淀法（chemical precipitation method）的最初研究来自于20世纪60年代加拿大的矿业与技术调查部。1976年，M. Mnrata等人利用共沉淀法制备了压电陶瓷（piezoelectric ceramics）微粉体。1989年，Sosslna M. Ha等人采用沉淀法制备了压敏陶瓷（varistor ceramics）粉体。从20世纪80年代初期起，化学沉淀法得到飞速发展并开始被广泛应用于发光材料、合金材料、功能陶瓷、颜料以及其他材料的制备等。

4.3.3.2 化学沉淀法的原理

化学方法的定义是在加工过程中发生某种形式的化学反应。通过化学方法可以生产出各种各样的粉末，本质上是制备前驱体以制造粉末的过程。化学粉末生产方法可以用于生产荧光粉末、合金粉末或陶瓷粉末等，粉末的尺寸通常是朝更细的方向生产，这种工艺特别适合于生产亚微米级的细粉末。该工艺还可以生产结晶和非晶材料的粉末，化学和化学反应在这种生产粉体的方法中起主导作用。化学沉淀法是通过沉淀剂使含有阳离子的溶液中形成沉淀物后，对沉淀物再处理而得到粉体的一种方法。大量的化学反应可以生产出具有不同特性的粉末，如粉末的粒度、形状、流动性、压缩性等。

化学沉淀法生产的粉体纯度可以非常高，因为它通常取决于初始化学物质的纯度，而初始化学物质可以以非常纯净的形式获得。化学沉淀法在粉体规模化生产中广泛应用，该方法具有低成本、适用性广、设备操作方便、易扩大生产规模等优点，而且沉淀反应的副产物是无害的，产物纯度高。该方法主要包括共沉淀法、均相沉淀法、胶体化学法、水解沉淀法等。

4.3.3.3 化学沉淀法中粉体颗粒的核化生长过程

纳米粉体的形成分为两个过程：一是核化（nuclearization），即在饱和的液相中形成均匀的晶粒。由Klevin公式及过饱和度条件可知，当式（4-29）成立时，晶粒可以出现：

$$E=\frac{16\pi\delta^3 M^2}{3RT\rho(\ln S)^2} \tag{4-29}$$

或

$$r=\frac{2\delta M}{\rho PT\ln S} \tag{4-30}$$

式中 E——晶粒生长时供给扩大固体表面的能量，J/m^2；

δ——表面张力，N/m；

M——溶质的相对分子质量；

R——气体常数，J/mol；

T——热力学温度，K；

ρ——溶质颗粒的密度，kg/m^3；

S——溶液的过饱和度；

r——晶粒半径。

由化学反应动力学理论可知晶粒的生成速率公式为

$$N = K\exp\left[-\frac{16\pi\delta^3 M^2}{3R^3T^3\rho(\ln S)^2}\right] \tag{4-31}$$

式中 K——反应速率常数。

由式(4-31)可知，S 越大，界面张力 e 越小，从而需要的活化能越少，增大了晶粒的生成速率。

另一个过程是晶粒的生长过程，即在过饱和溶液中形成晶粒以后，溶质在晶粒上不断沉积，使晶粒不断长大。晶粒线性生长速率的通式为

$$R = A\Delta G\exp\left(-\frac{B}{T}\right) \tag{4-32}$$

式中 A,B——与系统有关的常数；

ΔG——固态分子的自由能变化，即

$$\Delta G = gRT\ln S \tag{4-33}$$

由式(4-33)可知，若想得到粒径大的颗粒就要使晶粒的生成速率小于生长速率。相反，若要获得纳米颗粒则需要晶粒的生成速率大于生长速率。晶体成核生长过程如图 4-45 所示。

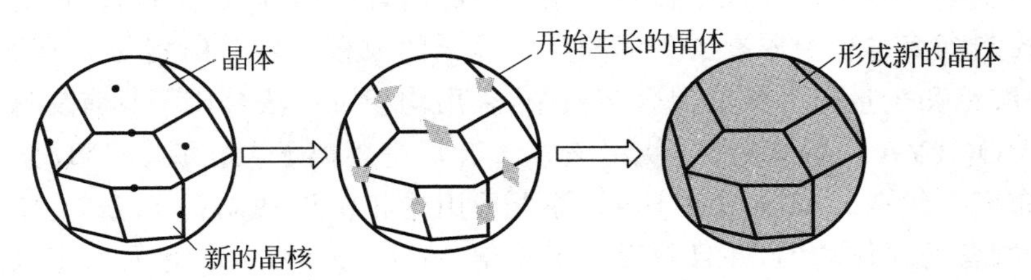

图 4-45 晶体成核生长过程

4.3.3.4 化学沉淀法研究现状

1. 共沉淀法的原理及应用

共沉淀法(co-precipitation method)指将无机物溶解并形成含有多种阳离子的溶液，向待沉淀溶液中加入沉淀剂，通过调节温度等方法使其反应完全后，得到稳定的沉淀，再通过一系列如煅烧或者还原的方法对沉淀处理之后，得到纯度高、细度高的粉体材料。例如图 4-46 所示的荧光粉制备工艺流程。

Zhum 等通过化学共沉淀法制备 $Gd(P_xV_{1-x})O_4:y\ Eu^{3+}$ 荧光粉，该方法制备的荧光粉颗粒平均尺寸小，提高了荧光的发射强度和结晶性能。K. S. Park 等人采用共沉淀法成

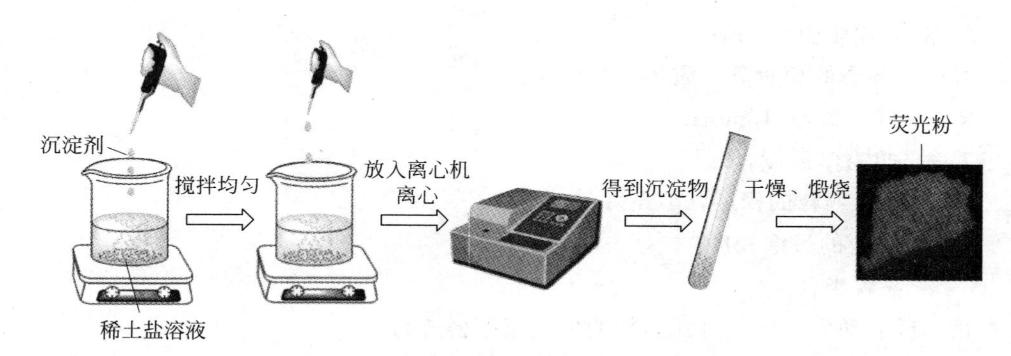

图 4-46　共沉淀法制备荧光粉的工艺流程

功地制备了 $LiFePO_4$ 细颗粒。他们采用氮气来防止 Fe^{2+} 在水溶液中的氧化，共沉淀前驱体与还原性气体反应活性高，通过改变加热温度和加热时间可以控制颗粒大小、分布和结晶度。Tim P. Comy 等人以 $Bi(NO_3)_3 \cdot (H_2O)_5$，$Fe(NO_3)_3 \cdot (H_2O)_9$，$Pb(NO_3)_2$，$TiI_4$ 为前驱体，采用化学共沉淀法制备了高温铁电材料 $BiFeO_3$-$PbTiO_3$，粉末粒度处于 20～75nm 内，使用共沉淀法降低了煅烧温度，比传统合成温度低 125℃，处理温度的降低会减少 PbO 和 Bi_2O_3 的挥发，从而减少烧结剂的使用。

2. *均相沉淀法的原理及应用*

均相沉淀法(homogeneous precipitation method)顾名思义是指利用化学反应使沉淀更为均匀地出现。均相沉淀法中通常加入的沉淀剂会通过化学反应在溶液中缓慢地生成，避免因外加的沉淀剂使溶液中出现离子浓度不均的问题，而且只要控制好沉淀剂的生成速度就可以控制饱和度，从而控制颗粒的粒度、生长速度。均相沉淀法具有操作简单、成本低、反应易于控制、粒子粒度分布均匀、避免杂质共沉淀等优点，具有良好的工业化生产前景。

Y. Y. Zhao 等人采用一种改进的均相尿素沉淀法，以聚乙烯吡咯烷酮(PVP-K30)为表面活性剂制备了单分散球形 Y_2O_3 粉体。使用该法制备出单分散、窄粒径、产量高的纳米球 Y_2O_3，可以控制沉淀过程中尿素的分解和金属离子的成核。J. S. Li 等人以尿素为沉淀剂，在硝酸钇、硝酸铝和少量硫酸铵的混合溶液中，采用均相沉淀法合成了具有良好分散性和均匀性的 $Y_3Al_5O_{12}$(YAG)纳米粉体，使用该方法有促进阳离子共沉淀、使阳离子混合均匀、粉体粒径分布窄等优点。Albert O. Juma 等人采用均相沉淀法制备了 ZnO-NiO 纳米复合材料，该方法制备的粉体均匀，并且粒径易于控制。Hyang Ho Son 等人采用以尿素为沉淀剂的均相沉淀法制备氧化锡粉体，该方法制备的粉体比直接沉淀法制备的氧化锡粉末具有更高的表面积，而且有利于氧化锡前体颗粒的成核和生长，有利于氧化锡粉末在传感器中的应用。王海明等人采用二甲胺硼烷(DMAB)作沉淀剂，用廉价的 $Al_2(SO_4)_3 \cdot 18H_2O$ 为原材料、聚乙二醇(PEG)为表面活性剂，以均相沉淀法制备出粒径分布窄、平均粒径小、形貌规则、单分散的 $Al(SO_4)_x(OH)_y$ 纳米颗粒前驱体，将其煅烧处理后得到高质量、易于生产的 γ-Al_2O_3 纳米颗粒。

3. *胶体化学法的原理及应用*

胶体化学法(colloidal chemical method)制备粉体是将原料溶解形成含有金属阳离子的溶液，在一定的温度下，用低于理论量的碱与之反应制备出粒子表面带正电的金属氢氧化物溶胶，再引入带有阴离子的表面活性剂(surfactant)，与溶胶中带正电的粒子发生电中和，之后对其进行加热、干燥等一系列处理即得纳米粉体。使用胶体化学法能够制备出细度高、分散的粉体。但该方法因涉及大量有机物，分离和纯化困难，且成本较高，因而操作环境要求严格。

杨隽等人以 $FeCl_3$ 为原料，使用胶体化学法制备了氧化铁超微粉末，该方法所制备的胶体稳定并且纯度高，得到的粉末微观呈球形，粒径在 4～6nm。S. K. Yao 等人采用胶体沉淀法制备了均匀的 Pt/C 催化剂（负载碳的铂纳米粒子），制备的 Pt/C 催化剂平均粒径小，粒径分布窄，对甲醇氧化的催化性能也明显优于工业用的 Pt/C 催化剂和浸渍法制备的 Pt/C 催化剂。S. E. Kichanov 等人以掺 Ce 的 $YAl_3(BO_3)_4$ 为原料，采用胶体化学法，从相应盐的水溶液中共沉淀前驱体，然后进行热处理，合成出晶体荧光粉。结果表明，该方法具有合成条件、组成、结构或颗粒形态可控性等多方面的优点，通过形成具有高缺陷的亚稳相，可以合成具有良好光学性能的光学荧光粉。张阳等人采用溶胶化学法制备新型硅酸锆包裹硫硒化镉颜料，该方法使用的反应物都是纳米级，从而降低了硅酸锆的生成温度，能够在较低的温度下制备染料，提高了染料的稳定性及抗氧化性。

4. 水解沉淀法的原理及应用

水解沉淀法（hydrolyzation-precipitation method）主要是利用了一些金属盐溶液在较高温度下可以发生水解反应的特性，使金属盐溶液生成氢氧化物或水合氧化物沉淀，对其加热、分解、干燥后即可得到粉末。水解沉淀法具有成本低、设备简单、工艺流程易控制和易扩大生产规模等优点。

李威等人以 $TiCl_4$ 为原料，利用水解沉淀法制备纳米二氧化钛粉体，通过提高温度和降低 $TiCl_4$ 的浓度来促进水解，解决了液相法制备纳米二氧化钛过程中易团聚的问题，制备出的粉体可以用作钛酸锂电池负极材料的原料。李云峰等人使用水解沉淀法成功制备了核壳结构的 Ni@$BaTiO_3$ 纳米胶囊，该方法制备出的 Ni@$BaTiO_3$ 纳米复合材料相比于 Ni 纳米颗粒显著提高了微波的吸收能力，可以用作增强磁/介电损耗型微波的吸收剂。王萌萌等人以重晶石矿物颗粒为原料，采用硫酸氧钛水解沉淀法成功制备出重晶石表面包覆的 TiO_2 复合颗粒。实验结果表明，该方法生产出一种抗紫外线较强、耐老化性能较好的复合钛白粉，可以降低颜料二氧化钛的实际用量以缓解其生产和应用中存在的资源、环境、成本和需求等制约问题，同时也可以提高重晶石资源的利用价值。

4.3.4 水热法

4.3.4.1 水热法发展的历史

“水热（hydrothermal）”一词最初的定义是：在大自然环境中，超过 100℃和 100kPa 的水介质，并且许多矿物就是在这种环境下形成的。水热法最早用于 19 世纪地质学家模拟研究矿物的形成，有助于了解地质形成的过程。即使在今天，水热法对于地质科学领域来说仍然很重要。水热法用于制备粉体是从 20 世纪 70 年代兴起的，之后逐渐被各国所重视，成为一种研究十分迅速的方法。从 1982 年开始，各国就会每隔三年召开一次“水热反应”的国际会议，我国也将水热技术列为“863”项目、“973”项目等的研究技术。水热法发展至今可以合成石榴石、硅酸盐、方解石等上百种晶体，广泛应用于化工、电子、航天、冶金、生物工程等各个领域。

4.3.4.2 水热法原理

水热法结晶主要是利用溶解-再结晶机理。水热法制备纳米粉体离不开高压容器，常用的高压容器一般是反应釜，反应釜的类型和结构示意图分别如图 4-47 和图 4-48 所示。在反应釜内形成一个高压高温的环境，同时用溶媒(solvent)充满整个容器，利用反应釜内上下的温度差形成的强烈对流可以让难溶、不溶的物质溶解形成饱和溶液以后再结晶。水热法的特点在于反应发生在高温、高压的流体中，因此反应釜就十分重要，水热法借助反应釜可以制备出其他方法难以制备的几纳米到几十纳米的粉末。水热法制备的粉体具有以下特点：粉末的纯度高、易分散、可控制形貌、粒径范围窄，并且制备过程具有污染少、成本低、过程简单、反应温度低、易制备纯相等优点。水热法制备出的粉体一般不需要烧结，由此可以避免在烧结过程中引入杂质，从而获得纯度高的粉末。影响水热合成的因素主要有反应温度、升温速度、搅拌速度以及反应时间等。水热过程制备粉体有许多不同的方法，这些方法主要有水热沉淀、水热晶化、水热合成、水热分解等。

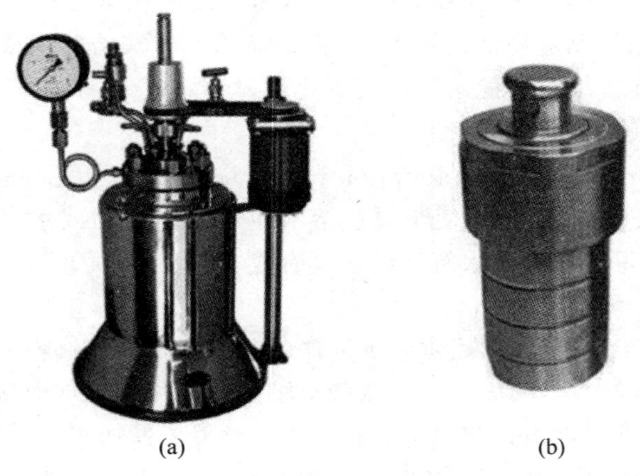

图 4-47 水热反应釜的类型

(a) 工业用反应釜；(b) 实验室小型反应釜

4.3.4.3 水热合成动力学以及晶体生长机理

在反应釜中的水热反应属于非均相反应，要控制粉体的性质就要通过控制各种反应条件(如反应温度、升温速率、pH、浓度、压力)来实现，并且水热反应发生在密封的反应釜里，因此需要通过热力学计算对水热反应体系进行反应条件的预估以控制反应条件。

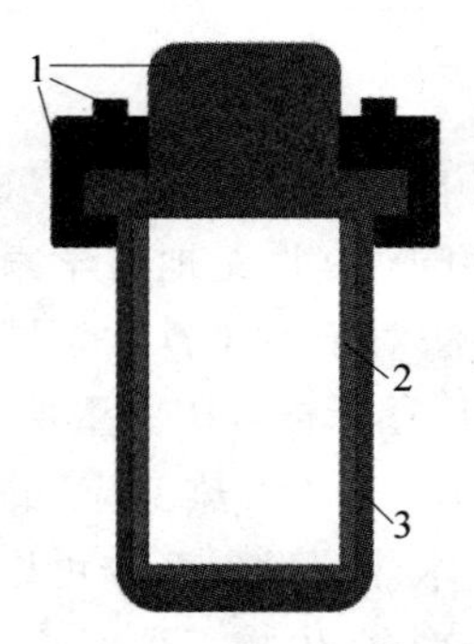

1—密封结构；2—衬套；3—釜体

图 4-48 水热反应釜的结构示意图

水热体系中的一系列反应可以表述为

$$\sum_{i=1}^{n_j} \nu^i A_i^j = 0, \quad j = 1, \cdots, k \tag{4-34}$$

式中 k——独立反应的个数；

j——该独立反应；

A_i^j——不同的化学组分；

ν^i——A_i^j 的化学计量系数。

平衡时：

$$\Delta G_{n_j}^0 = \sum_{i=1}^{n_j} \nu^i G_f^0(A_i^j)$$

$$=RT\ln K_j(T,p) \quad j=1,\cdots,k \tag{4-35}$$

式中 $G_f^0(A_i^j)$——组分 A_i^j 的标准生成吉布斯自由能；

$K_j(T,p)$——反应 j 的平衡常数，即

$$K_j(T,p)=\prod_{i=1}^{n_j}[mA_i^j\gamma A_i^j]^{\nu^i} \quad j=1,\cdots,k \tag{4-36}$$

式中 γA_i^j——组分 A_i^j 的活度系数。

水热反应中晶体的生成主要是溶解-再结晶的过程，反应物在高温高压的条件下溶解到溶液当中，在反应釜中强烈对流的作用下溶解形成的离子或者分子被运输到有籽晶（seed crystal）的低温区形成了过饱和溶液，之后分子或离子在生长界面上吸附、分解、脱附形成结晶。由于不同的水热条件生成不同形貌的结晶，水热法的实验现象难以用经典的晶体生长理论解释，因此，“生长基元（growth units）”理论模型就应运而生，通过该理论可以较好地解释晶体生长过程。该理论认为，在被密闭空间的强烈对流运输阶段中，离子或者分子团之间发生反应，形成了具有几何结构的生长基元。在水热反应体系中，有多种不同结构的生长基元同时存在，而且这些基元间存在动态平衡，直到当一种基元稳定生长，那么这种基元出现的概率很大。当生长基元的正离子与满足符合配位要求的负离子联结时，就会出现结晶的生长。

4.3.4.4 水热法的研究现状

1. 水热沉淀法研究进展

水热沉淀法（hydrothermal precipitation method）是指在密封的高温高压环境中，以水或者其他溶剂兼高压媒介，加入沉淀剂，通过化学反应生成沉淀，再经过一系列如洗涤、干燥、焙烧等方法获取纳米粉体，其工艺流程如图 4-49 所示。水热沉淀法是水热法中较为常见的一种方法，其广泛应用于制备 TiO_2、ZrO_2、Al_2O_3、ZnO、SnO_2 以及各种催化剂等纳米粉体。

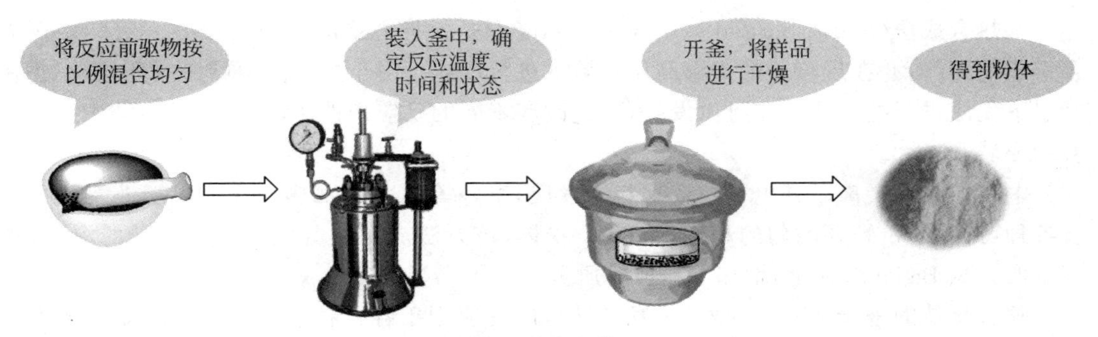

图 4-49　水热法制备粉体的工艺流程

张帆等人通过水热沉淀法制备了复合催化剂 hd-cat，通过表征并与浸渍法制备的复合催化剂进行比较，结果表明，水热沉淀法制备的复合催化剂具有更多的介孔结构和更大的比表面积，可以有效地提高催化剂的性能。

黄晖等人通过水热沉淀法制备出粒径为十几纳米的锐钛矿型 TiO_2 纳米粉体，该方法以 $Ti(SO_4)_2$ 水溶液为前驱体、尿素为沉淀剂。研究发现，可以通过控制前驱体的摩尔质量

比、反应温度、保温时间来控制粒径的大小。

纳米 ZnO 是一种在催化、半导体及新材料等方面有广阔应用前景的新型材料，制备纳米 ZnO 的方法很多，常规方法容易引入杂质，何顺爱等人通过控制氨水与 $ZnSO_4$ 的络合比使用水热沉淀法制备出了高纯度的纳米 ZnO。实验表明，影响纳米 ZnO 粒径的主要因素是锌盐的初始浓度、前驱体的煅烧温度、氨水的浓度，而煅烧时的保温时间对其基本无影响。

SnO_2 是第一种广泛应用于商业光电领域的半导体材料，董相廷等人采用水热沉淀法成功制备出一种球形、纯度高 SnO_2 纳米粉末，可以通过焙烧温度来控制粒径的大小。

2. 水热晶化法研究进展

水热晶化法(hydrothermal crystallization method)是将原料制备出的非晶态氢氧化物、溶胶作为前驱体，在水热条件下结晶成新物相晶粒，再通过后续的方法制备粉体。通过这种方法，可以避免无定形纳米粉体发生的团聚现象。水热晶化法可以通过控制反应时间、反应温度、搅拌速率等来控制晶型。

TiO_2 纳米粉体广泛应用于材料科学、化学、物理等诸多领域，一直被广泛关注。王晖等人通过水热晶化法低温制备了 TiO_2 纳米粉体，通过与常压晶化法相比较，虽然晶粒度稍高于常压晶化法，但是粉体的晶形完整度和分散性高于常压晶化法制备的粉体，且纯度更高，是一种可控晶型的 TiO_2 纳米粉体。

稀土纳米材料的研究也是当下的热门之一，CeO_2 广泛应用于稀土发光材料。董相廷等人采用水热晶化法低温制备了 CeO_2 纳米粉体。研究表明，制备的粉体形貌为球形，平均粒径小于 100nm，并且晶形完整。

钨粉广泛用于制备 X 光管、催化剂、航天材料等，随着科技的进步，对钨粉的细度有了更高的要求。韩煜娴等人通过水热晶化法制备钨粉，以工业级钨粉为原料，通过水热晶化法制备出纳米级三氧化钨粉体，而后将其还原制备出纳米钨粉。该方法相比较其他方法简化了工艺，降低了生产成本。

3. 水热合成法研究进展

水热合成法(hydrothermal synthesis method)是指将需要的反应物按照一定的比例混合形成前驱体，并在反应釜的高温高压环境下进行反应。由于处于高温高压的环境，一些在常温下无法进行的合成反应可以发生，通过改变不同的反应条件，可以控制晶体结构以及颗粒的形貌及尺寸。

电容器的发展离不开电子陶瓷材料的发展，李婷等人通过水热合成法成功地实现了制备各种可控形貌、粒径均匀的超细 $BaTiO_3$ 粉体，该方法成功地避免了杂质离子的混入，提高了四方相 $BaTiO_3$ 含量，增加了粉体的质量。

随着科技的进步和社会的发展，发光材料广泛应用于各行各业。稀土磷酸盐纳米发光材料是一种具有高稳定性的稀土发光材料，聂金林等人通过水热合成法对制备 $LaPO_4:Dy^{3+}$ 粉体的影响因素进行了探究，研究结果表明：水热温度和时间只对粉体结晶度和形貌有影响，可以通过调控反应环境的 pH 来控制粉体颗粒的形状。

4. 微波水热法研究进展

微波水热法(microwave hydrothermal method)是一种近年来逐渐兴起的以传统水热法为基础的新型水热法，其通过微波辅助加热使得反应物快速升温。该方法具有传统水热法所不具备的优点，如节约能源、降低反应温度、缩短反应时间、提高产品纯度等。微波水热法近年来逐步成为水热法制备纳米粉体的主流方法之一。

Sridhar Komarneni 等人利用微波水热法处理并合成几种金属粉末，如铜、镍、钴和银，通过乙二醇还原它们相应的金属盐或氢氧化物，在微波水热的作用下，金属粉末可以在几分钟内迅速被制备出来。与传统的回流法相比，微波水热法合成金属粉末的效率大幅提高。

M. L. Dos Santos 等人利用水热微波技术在 130℃下 20min 快速合成出纯 CeO_2 纳米球。该方法不仅简单且具有处理时间短、温度低等优点，而且可以控制其形貌和结构特性，大大提高了 CeO_2 在催化剂、储氢装置、光学或电子材料等多个领域的应用前景。

纳米 ZnO 粉体是一种重要的光催化剂，李丹等人通过微波水热法制备出 $Zn_{1-x}Cr_xO$ 纳米粉体，该纳米粉体的微观结构呈片状，厚度为 50～100nm，通过掺入 Cr^{3+} 增强了其光催化性能。

高跃等人以传统胶溶法为基础，通过微波水热法处理并制备出纳米级 TiO_2 催化剂，并且研究了微波水热处理条件对晶体结构的影响。研究结果表明：相比于使用传统水热法，微波水热法更高效、省时、节能；水热处理提高了 TiO_2 的晶化度、减小了粒径、提高了分散性。

4.3.5 微乳液法

4.3.5.1 微乳液法概述

微乳液法(microemulsion method)是指在表面活性剂的作用下两种互不相溶的溶剂在一个微小的球形液滴内形成均匀的乳液，在这个“微反应器”中经过成核、聚结、团聚等过程析出沉淀，分离沉淀后再经洗涤、干燥、煅烧后便获得所需的纳米粒子(如图 4-50)。由于微乳液法较传统粉体制备工艺具有明显的优势和先进性，已发展成为制备粉体材料的一种重要工艺，近年来受到广泛的关注和长足的进步与发展。

4.3.5.2 微乳液法的发展历程

在 20 世纪前，学界认为油和水可以形成不透明的乳状液体分散体系但不能完全混溶，直到 1943 年霍尔等人发现了一种热力学稳定，由水、油和表面活性剂等自发形成的澄清透明体系，在 1959 年舒尔曼等人证明了这是一种由粒径介于 10～100nm 的球形或圆柱形颗粒构成的分散体系，并将这种分散体系正式命名为微乳液。在 20 世纪 90 年代，W/O 型微乳液首次被应用于制备铂、钯、铑等金属团簇微粒，这是微乳液法首次应用于纳米材料的制备，开拓了一种全新的材料制备工艺。由于微乳液法与传统制备纳米粒子的方法相比，具有明显的优势及先进性，因此微乳液法在面世后得到了快速的完善与发展。

4.3.5.3 微乳液法的反应原理

若要介绍微乳液法的反应机理，首先需要了解微乳液。微乳液指的是两种互不相溶的液体在表面活性剂的作用下，形成粒径为 1～100nm 的、各向同性、外观透明或半透明的热力学稳定分散体系。习惯上，我们将不溶于水的有机物称为油，将不连续存在的液相称为内相，将连续存在的液相称为外相。一般来说，微乳液的组成包括表面活性剂、助表面活性剂(通常为醇类)、油和水(或水溶液)，表面活性剂的亲水基团与水结合，亲油基团插入有机相中起到链接两种液体的作用。

图 4-50　微乳液法制备粉体材料的工艺流程

表面活性剂包括阴离子(AOT)、阳离子(CTAB,十六烷基三甲基溴化铵)和极性非离子(Triton X,聚氧乙烯醚类)。表面活性剂的结构如图 4-51 所示,它可以增加微乳液的表面活性,降低油-水界面张力,阻止液滴聚集,提高溶液的稳定性。

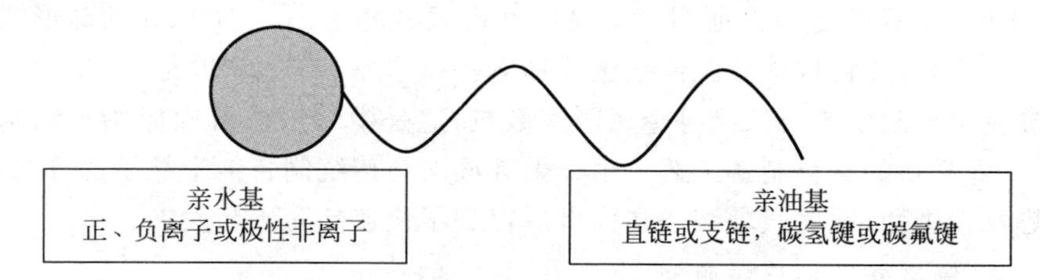

图 4-51　表面活性剂的结构示意图

助表面活性剂一般为醇类,可以起到降低微乳液界面张力,增加界面膜的流动性和柔性,调整表面活性剂的亲水性的作用。在制备过程中,除了使用具有双链结构的表面活性剂(如 AOT)、双十二烷基二甲基溴化铵(DDAB)和非离子表面活性剂外,使用其他表面活性剂形成稳定的微乳液时,必须向体系中加入助表面活性剂。

根据微乳液中水和油的比例以及其形成的微观结构来看,微乳液可以分为以下三种基本结构:

(1) 正相微乳液(O/W)。通俗而言就是水相包围油相,被表面活性剂和助表面活性剂包覆的微小油相颗粒分散在连续的水相中,表面活性剂的非极性端朝向油相,极性端朝向水相。

(2) 反相微乳液(W/O)。通俗而言就是油相包围水相,其结构与正相微乳液相反。

(3) 双连续相微乳液。这类微乳液的油相和水相相互包围,油相和水相的界面不断变动,使得这类微乳液也具有各向同性。

微乳液的形成是由于油-水界面的张力在表面活性剂的作用下降至 1～10mN/m,水相、油相和表面活性剂便形成了乳状液。在乳状液中再加入助表面活性剂,表面活性剂和助表面活性剂吸附在油、水两相的界面上,产生混合吸附,使得界面张力(interfacial tension)迅速降低至 10^{-3}～10^{-5}N/m,有时甚至会发生瞬时界面张力为负的情况。为了将界面张力恢复为 0 或微小的正值,该体系的界面将自发扩张,形成微乳液液滴。这种微小液滴的大小可以控制在 1～100nm,可以将其看作是一种“微反应器”,通过增溶不同的反应物使得反应在液滴内部进行,当“微反应器”内的粒子生长到大小接近液滴的大小时,表面活性剂形成的膜包覆于粒子表面,若液滴发生聚结,微乳液的总界面面积将会缩小,又会产生瞬时界面张力,液滴会重复恢复张力的过程以此来对聚结,因此提高了粒子的稳定性,并阻止其进一步长大,使粒径和形状都可以进行调控。

4.3.5.4 粉体材料的形成机理

用微乳液法制备纳米材料一般分为以下三种情况:

(1) 将两个分别增溶有不同反应物的微乳液混合,由于液滴的碰撞,液滴内的物质相互交换或进行物质传递,在液滴内发生反应,其示意图如图 4-52 所示。

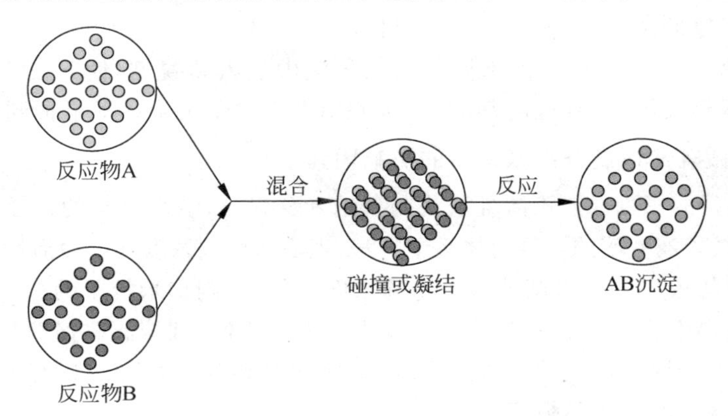

图 4-52　液滴内增溶物之间的反应

(2) 一种反应物溶解于液滴之中;另一种反应物以水溶液的形式与前者混合,水溶液内的反应物穿过表面活性剂形成的微乳液界面进入液滴内与另一反应物发生反应,进行成核、生长等过程,其示意图如图 4-53 所示。该方法可用于制备铁、镍、锌等金属的纳米粒子。

(3) 一种反应物溶解于液滴中;另一种反应物是气体,通过把气体鼓入微乳液中,充分混合后使两者反应,成核生长以制备纳米粒子,其示意图如图 4-54 所示。

纳米粒子的收集方法:

(1) 沉淀灼烧法。使用离心沉淀法收集微粒,收集后的微粒表面包覆着大量的表面活性剂和有机溶剂,经过灼烧后去除表面的有机溶剂和表面活性剂便获得成品。这种方法操作简单,但是微粒经过灼烧后会发生聚集,分散性受到影响,使粒径尺寸分布不均,且表面活

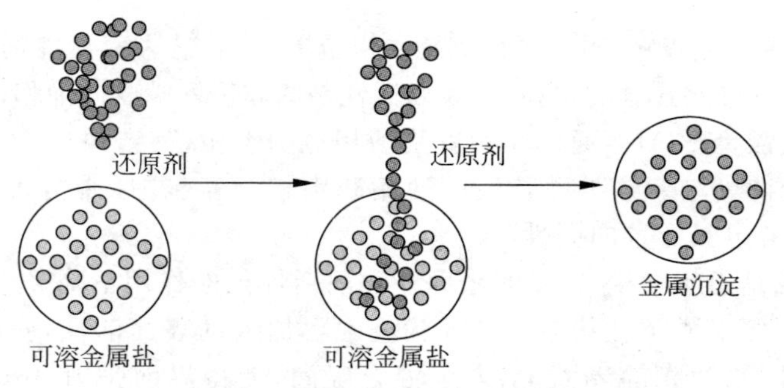

图 4-53　液滴内增溶物与还原剂的反应

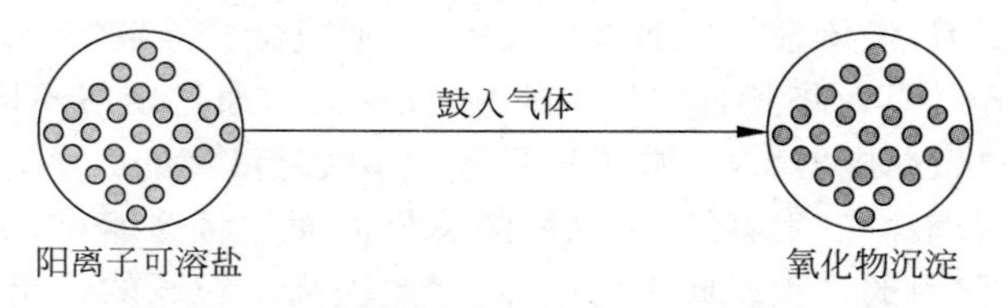

图 4-54　液滴内增溶物与气体的反应

性剂被烧掉，无法回收再利用，浪费很大。

(2) 烘干洗涤法。将含有纳米微粒的微乳液放置于真空烘箱中烘干，以去除其中的水分和有机溶剂，残余物再加以同样的有机物溶剂搅拌，离心沉降后再分别用水和有机溶剂洗涤以去除表面活性剂。这种方法不经过高温处理，粒子不会发生团聚，分散性较好，但是需要大量的溶剂反复冲洗，且表面活性剂不易回收，浪费较大。

(3) 絮凝、洗涤法。在生成纳米微粒的微乳液中加入絮凝剂，使其发生絮凝，形成絮凝胶体。分离出絮凝胶体，用有机溶剂清洗，再使用真空烘干机干燥即可得到成品。

4.3.5.5　微乳液法制备纳米材料的影响因素

(1) 液滴半径的影响。使用微乳液法制备纳米材料时，纳米材料的粒径受到微乳液液滴半径的制约，而微乳液液滴的半径与体系中的水、表面活性剂浓度和表面活性剂的种类有关。

(2) 反应物的浓度。通过调节反应物的浓度，可以控制纳米粒子的大小和生长速率。

(3) 微乳液界面膜强度。若微乳液界面膜的强度较低，则液滴碰撞时界面膜易被打开，反应容易进行，但会导致不同的液滴发生凝结，使纳米颗粒的粒径难以控制，从而降低稳定度，因此要选择合适的界面膜强度。

除上述因素外，其他的因素如反应物的种类、表面活性剂的种类、助表面活性剂的种类、反应时间、环境温度、pH 值等也会对纳米粒子的制备产生影响。

4.3.5.6　微乳液法制备纳米材料的特点

与其他制备纳米材料的方法相比，微乳液法制备纳米材料的工艺具有以下优势：

(1) 由于微粒的成核、聚结、团聚等过程都是在微小的球形液滴中进行的，因此，液滴的大小就决定了微粒的粒径尺寸。通过调控溶液浓度，表面活性剂及助表面活性剂的组成、用量和反应条件便可以控制液滴的尺寸，从而获得符合预期要求、粒径均匀的纳米微粒。

(2) 由于纳米微粒表面包覆有一层或多层表面活性剂，微粒间不易发生聚结，微乳液的稳定性及分散性好，可长时间放置。

(3) 通过控制表面活性剂和助表面活性剂的组分，可以对微粒表面进行修饰，从而使获得的纳米材料具有特殊的物理、化学性能。

(4) 微粒周围包覆的表面活性剂层类似于一个"活性膜",使用相应的有机基团取代这层膜可以获得特定属性的纳米功能材料。

(5) 微乳液法制备纳米材料的工艺可在常压下进行,热处理所需的温度较为温和,实验装置简单,易于实现。

4.3.6 溶胶-凝胶法

4.3.6.1 溶胶-凝胶法的基本概念

溶胶-凝胶法(sol-gel method)是以含有高化学活性组分的化合物作为前驱体,与溶剂混合制成溶液,并发生水解、缩聚反应得到透明溶胶,溶胶再经过凝胶化过程便形成三维网络结构的凝胶。凝胶通过不同的工艺可以制备不同的纳米材料。在粉体制备领域,凝胶材料一般通过洗涤、干燥以及烧结等操作制备微纳粉体。

溶胶(sol)通常包括水溶胶和醇溶胶,分散在溶胶体系中的粒子主要以大分子为主。凝胶(gel)包括气凝胶、醇凝胶以及水凝胶,是具有三维网络结构的胶体材料,在网络结构的空间之间,可以填充气体或者液体。

4.3.6.2 溶胶-凝胶法的发展历程

在 20 世纪 60 年代之前,Kistler 于 1931 年和 1932 年报道了气凝胶的制备。这些气凝胶可能被认为是第一个重要的溶胶-凝胶产品,尽管没有使用溶胶-凝胶这个词。Kistler 以水玻璃(硅酸钠的水溶液)为硅源,在甲醇超临界条件下,将水转化为甲醇,干燥后得到硅胶。超临界干燥(supercritical fluid dry,SCFD)抑制了其他可能的大收缩。Roy 于 1956 年用金属醇氧混合物来构建相平衡图并研究了醇氧盐凝胶的组成均匀性。

在 1969 年前后,研究人员开发了活性更高的溶胶-凝胶体系。Schroder 于 1969 年用金属有机溶液在玻璃基板上沉积薄膜,Mazdiyasni 等于 1969 年用钡和钛醇氧化合物制备高纯度钛酸钡粉体。Dislich 在 1971 年发表的《关于多组分氧化玻璃新路线的研究》吸引了玻璃研究者的注意。他的实验结果表明,由钠、硼、铝和硅的醇盐组成的均质溶胶陈化的凝胶粉末可以在低至 630℃下通过热压产生透明的 Pyrex 型玻璃镜片。在此基础上,溶胶-凝胶的研究方向转向了大块氧化物材料的制备。

自 20 世纪 80 年代以来,研究人员意识到溶胶-凝胶法的通用性、灵活性和可行性,将溶胶-凝胶法逐渐扩展到了玻璃和陶瓷以外的其他领域,如化学、电子、建筑、机械、药学和医学等。

4.3.6.3 溶胶-凝胶法的工艺过程以及作用机理

溶胶-凝胶法在材料制备中的应用十分广泛,其基本工艺过程如图 4-55 所示。

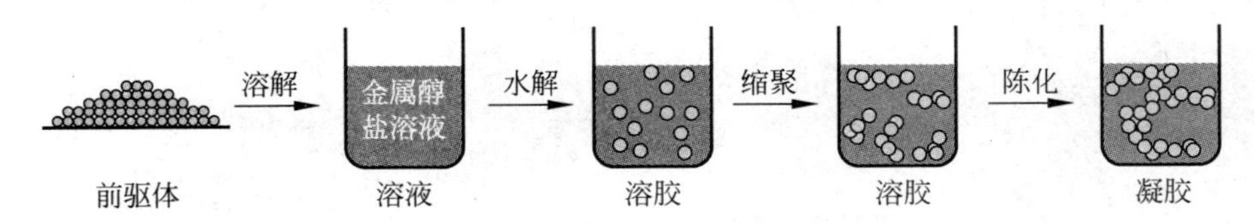

图 4-55 溶胶-凝胶法的制备工艺过程

首先,金属盐溶液常作为前驱体,前驱体需要具备良好的分解能力,并且前驱体再分解时不能产生过多的杂质。根据这几项要求,现今实验中常用醇盐 [$M(OR)_n$]作为前驱体,醇盐具有良好的水解能力并且分解产物没有过多的残余物。但是,有些金属元素很难形成金属醇盐(metal alkoxide),而无机金属盐(M^{n+})这类前驱体恰好弥补了醇盐的局限性。

溶剂通常分为两种:一种是无机盐类,比如硝酸盐;另一种是有机酸盐,比如乙酸。前驱体只有溶解在合适的溶剂里才能形成较为理想的混合溶液,进而影响溶胶、凝胶过程。

溶胶的形成机理可归纳为三类:①胶体法。该方法的原料是超细粉末,将其配制成悬浊液,通过调节 pH 或者添加电解质合成溶胶,然后加热并搅拌使之发生凝胶化过程制得凝胶。②配合物法。顾名思义,配合物法是溶液发生配合物反应形成溶胶的工艺。③水解-聚合反应(hydrolyzation-polymerization)法。按照所使用的原料不同,该方法又可分为醇盐溶胶-凝胶法(聚合工艺)和无机溶胶-凝胶法(胶体工艺),前者以金属醇盐或金属的有机化合物为原料。后者以无机盐或无机化合物为原料。其中水解-聚合反应法是现今使用最广泛的溶胶制备方法。

对于醇盐的水解缩聚过程,水解反应可表示为

$$M(OR)_n + xH_2O \longrightarrow M(OH)_x(OR)_{n-x} + xROH\text{(部分水解)} \tag{4-37}$$

$$M(OR)_n + nH_2O \longrightarrow M(OH)_n + nROH\text{(完全水解)} \tag{4-38}$$

然后去溶剂,发生缩聚反应,可表示为

$$2\text{—M—OH} \longrightarrow \text{—M—O—M—} + H_2O\text{(失水缩聚)} \tag{4-39}$$

$$\text{—M—OR} + \text{—M—OH} \longrightarrow (\text{—M—O—M—}) + ROH\text{(失醇缩聚)} \tag{4-40}$$

上述醇盐溶胶-凝胶法的水解、缩聚过程可用图 4-56、图 4-57 形象地表达。

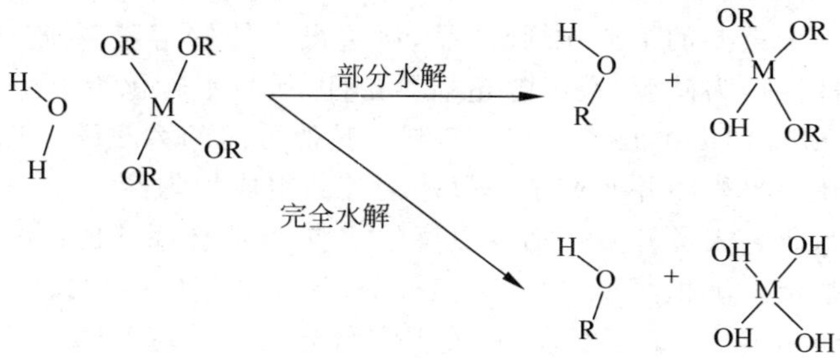

图 4-56 金属醇盐的水解反应示意图

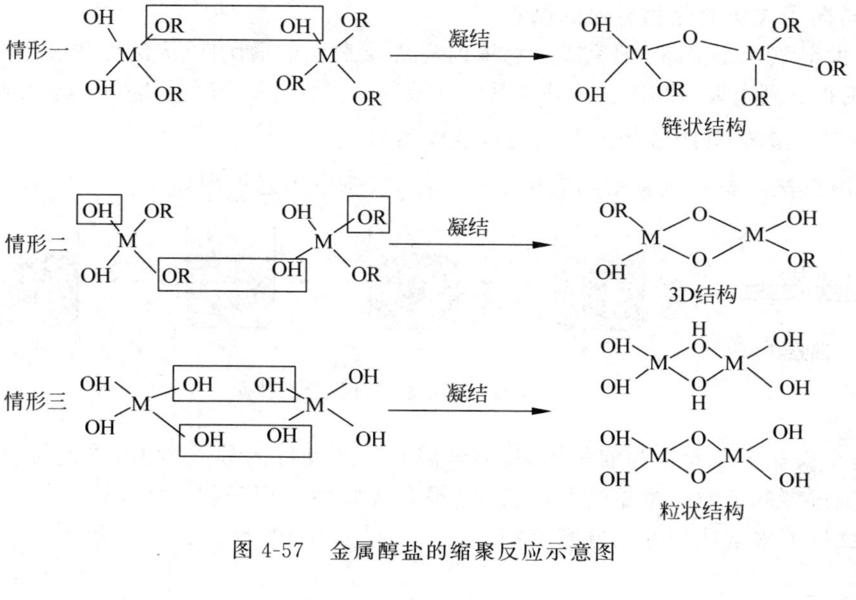

图 4-57 金属醇盐的缩聚反应示意图

醇盐体系在经过水解、缩聚反应之后，形成稳定的溶胶。然后，溶胶需要进行陈化(凝胶化)处理，在陈化过程中，由聚合反应得到的各种聚合物相互作用形成三维网络结构。

在无机盐的水解-缩聚反应中，其水解反应可表示为

$$M^{n+}+nH_2O \rightarrow M(OH)_n+nH^+ \tag{4-41}$$

在无机盐体系中，缩聚和陈化过程没有明显的界线，因而水解反应得到的溶胶发生凝胶化转变形成凝胶。上述陈化过程是一个沉淀物的老化过程，即水解-缩聚反应结束后，加入中性电解质，在这一过程中，微小晶体溶解，粗大晶体长大，结晶更加完善。凝胶陈化后的沉淀物还需要经过洗涤过滤处理，以除去沉淀物上吸附的离子。洗涤后的沉淀物须经过干燥处理，干燥处理是一个固体物料的脱水过程，干燥温度通常在60～200℃。在干燥过程中沉淀物依次脱去润湿水分、毛细管水分以及一部分化学结合水。

干凝胶通常需要进行热处理，热处理可以有效地改善干凝胶的微观结构，从而达到目标产物的性能要求。溶胶-凝胶法的热处理温度相较于其他方法的煅烧温度要低得多，这是因为干凝胶较为蓬松，比表面积较大。加热的过程可以分为三个阶段，分别是吸附水的脱出、烷氧基的氧化以及羟基的脱出。制备粉体材料时，要尽可能控制热处理的温度，在保证杂质充分脱出的前提下，降低热处理温度。

4.3.6.4 溶胶-凝胶法的影响因素

(1) 反应温度。在水解、缩聚过程中，随着温度的升高，制备得到的粒子粒径逐渐减小。反应环境温度较高时，水解和缩聚速度会加快，进而使得溶胶体系中的形核速率加快，所以晶体粒子的粒径变小。

(2) pH。溶液的pH对粒子的粒径影响不大，对粒子的形态、分散性以及粒径会产生影响。

(3) 催化剂。催化剂的引入可以改变水解-缩合反应的速度，进而可以控制产物粒子的粒径，反应体系中引入不同的酸作为催化剂，可以控制水解缩合反应的速率。制备 TiO_2 薄膜的实验表明，当以 HCl 作为催化剂时，得到的 TiO_2 粒子分散良好，平均粒径约为30nm；当催化剂换成 HNO_3 时，TiO_2 粒子的粒径明显增加。

(4) 陈化时间。陈化过程的时间可以直接影响沉淀粒子的大小，陈化时间长，则粒子大。

4.3.6.5 溶胶-凝胶法在粉体制备中的应用

如图4-58所示，溶胶-凝胶法可以制备多种材料，包括致密薄膜、致密陶瓷、多孔材料、纳米颗粒、纤维材料等。溶胶-凝胶合成法在制备粉体材料时有着得天独厚的优势，因为干凝胶具有大量的孔隙，比表面积大。Chen Zeng 等人将溶胶-凝胶技术与碳热还原技术相结合，成功地合成了 ZrC-SiC 复合粉体，生产出平均粒径为0.174μm的超细复合粉末。

4.3.6.6 溶胶-凝胶法制备粉体材料的特点

溶胶-凝胶法制备粉体材料的优点：

(1) 工艺简单，反应设备造价低廉，制备反应条件温和。

(2) 产物纯度高，化学组成与相组成均匀，尤其是对多组分体系。

(3) 制得的颗粒较细、分散性好，并且溶胶-凝胶法的热处理温度比高温固相反应温度低得多。

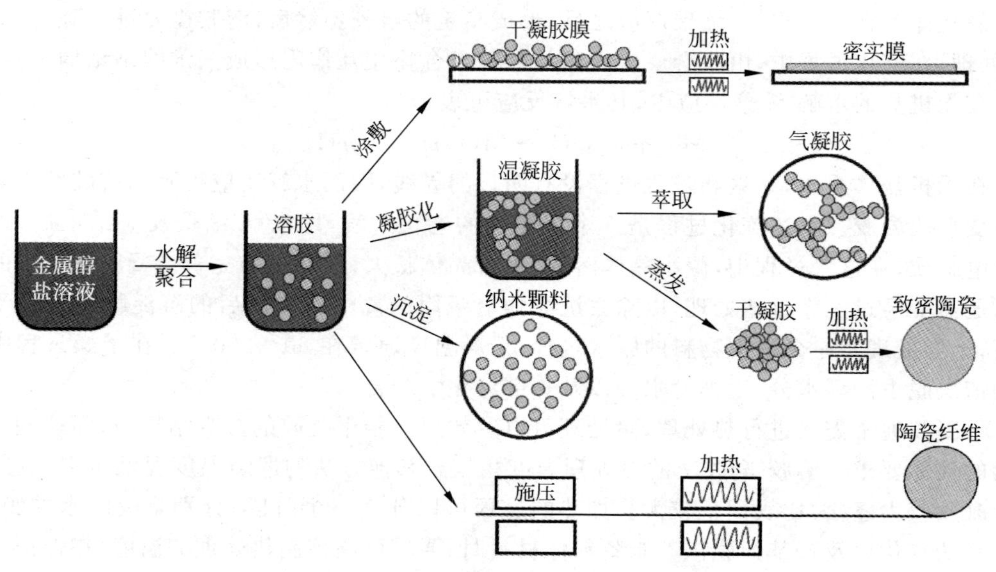

图 4-58 溶胶-凝胶法的制备流程

(4) 反应过程易于控制,化学计量准确且易于改性。

(5) 制备得到的粉体材料可以作为原料,用以制备性能优异的功能材料。

溶胶-凝胶法制备粉体材料的缺点:

(1) 所用原料多为有机化合物,成本较高,而且有些对人体健康有害。

(2) 溶胶-凝胶法在制备粉体的过程中受到众多因素的影响,进而影响目标产物的质量。

(3) 工艺过程时间较长,有的处理过程时间长达 1～2 个月。

4.3.7 超声化学法

4.3.7.1 超声化学法概述

超声波指的是频率范围在 $10\sim10^6$kHz 的机械波,波速约为 1 500m/s,波长为 10～0.01cm,超过了人类的听觉上限。有关超声技术的研究是一门新兴的边缘学科,随着科学技术的发展,各种领域的交叉渗透使得超声波技术广泛应用于医学、化工等领域,其在材料合成方面也有着巨大的潜力。通过超声波法制备纳米材料的方法称为超声化学法(sonochemistry),又称为声化学,指的是利用超声波来加速反应物之间的化学反应,或者产生新的反应途径来改善反应物的溶解、结晶等过程,以提高化学反应产率,获得新的产物或提高生产效率,该方法发展为一种材料合成、处理的重要方法。通过超声化学法制备纳米材料这一新技术,可以达到一些当前普遍采用的工艺无法实现的目标,拥有广阔的应用前景和巨大的使用价值。

4.3.7.2 超声化学法的发展历程

超声波化学作为新兴的边缘学科,自 20 世纪 80 年代兴起,并迅速发展。其快速发展的原因主要是因为材料科学的快速发展,为生产高效耐用的大功率超声源提供了优良的声学材料和电子元器件;同时,发展超声波化学也是为了满足新材料的制备和工艺的需求。超声波化学一经面世，就因其无可比拟的优点受到了各界的广泛关注和高度重视，欧美科学界几乎每年都会召开关于超声波化学方面的学术研讨会，并早在1994年就创办了国际杂志《超声化学》。

4.3.7.3 超声化学法制备粉体材料的原理

1. 声空化理论

超声化学法制备纳米材料依靠的是声空化（cavitation）原理，通过声空化提高反应产率，引发新的反应。声空化是指液体中的微泡的生成、生长至崩塌引起的一系列物理化学变化。附着于固体杂质、容器表面或细缝中的微气泡由于结构不均或液体内析出气体等因素，都可能构成微小的泡核。当超声波作用于液体介质时，会使液体介质断裂，形成空化泡（cavitation bubble）。当空化泡生长、崩溃时，会在极短的时间内在空化泡周围的极小空间中产生瞬时的高温（约5 000K）和高压（约1 800atm）以及超过10^{10}K/s的冷却速度，并且伴随着强烈的冲击波和时速400km/h的射流及发光放电作用。

2. 自由基氧化理论

空化泡在崩溃时产生的高温高压足以使H_2O分子中的O—H键断裂，分解为·H和·OH自由基：

$$H_2O \longrightarrow \cdot H + \cdot OH$$

因为上述效应的存在，产生了一种非常特殊的反应环境，由于这种环境会使反应物在空化泡内发生化学键的断裂、热分解，促进非均相界面之间搅动和相界面的更新，加速了传质传热过程，一般条件下难以进行的反应或不可能发生的反应都有可能发生，为材料的制备提供了新的工艺方法。超声空化作用产生的高压高温使固体颗粒表面产生大量的微小气泡，这些微小的气泡会大大降低晶体微粒的比表面自由能，起到了抑制晶核的聚集和长大的作用。此外，由于超声空化作用产生的冲击波和微射流也会对晶体微粒产生剪切与破坏作用，可以有效避免微粒之间的团聚，起到控制颗粒尺寸的作用。因此，超声化学法在粉体制备中得到了广泛的应用。

4.3.7.4 超声化学法的工艺流程及应用

1. 超声-共沉淀法制备纳米粉体

共沉淀法制备纳米粉体是一种典型的液相化学法，前面已有详细介绍，这里不再赘述。而通过超声化学法与共沉淀法相结合的超声-共沉淀（ultrasonic-coprecipitation）法是一种优异的制备纳米粉体的工艺。这种方法的主要过程是利用金属盐溶液与沉淀剂发生反应，制取相应的凝胶沉淀，之后在共沉淀的过程中使用超声波干预，辅助实验进行，最后将制备的沉淀洗净，进行热处理，获得所需的纳米粉体颗粒。在此工艺中，超声波可以有效防止与控制沉淀反应中形成的微小颗粒的长大和团聚，促进反应进行，从而获得符合预期要求的沉淀颗粒。

以制备纳米氧化铁红粒子为例，在超声波的作用下，采用硫酸亚铁和工业级碳酸氢铵为原料，在搅拌作用下采用滴加的方式得到沉淀中间体，之后添加适量的表面活性剂和分散剂，在超声波的作用下，通入一定量空气，沉淀物在完全氧化后得到胶体，将此产物反复过滤洗涤后经过热处理即可得到纳米氧化铁红粒子。其工艺流程如图4-59所示。

2. 超声溶胶-凝胶法制备纳米粉体

溶胶-凝胶法是20世纪60年代发展起来的一种新兴的材料制备工艺，其具体机理前已

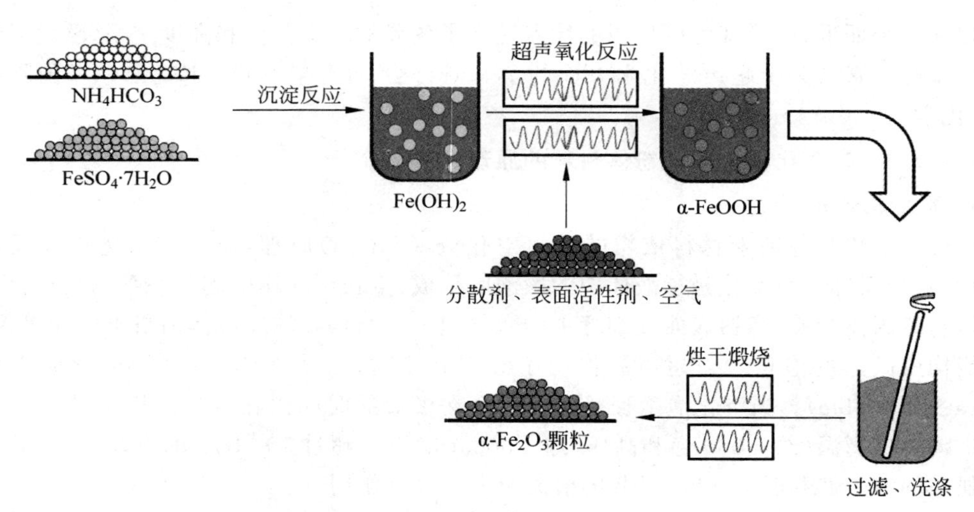

图 4-59 超声-共沉淀法合成纳米氧化铁红粒子的工艺流程

叙及，这里不再赘述。在溶胶-凝胶的过程中进行一定强度和时间的超声波振荡，可以促进水解反应、改变和促进晶体的成核、生长过程。

以超声溶胶-凝胶(ultrasonic sol-gel)法制备 ZnO 微粒为例，使用 $Zn(Ac)_2$ 水溶液和草酸无水乙醇溶液为原料，在频率为 50Hz 的超声振荡下进行充分反应直到出现白色溶胶，之后通过热处理获得干凝胶，再将干凝胶研磨成白色粉末煅烧后即得粉体颗粒。用 $Zn(Ac)_2$ 水溶液和柠檬酸无水乙醇溶液为原料，重复上述方法制得 ZnO 粉体。通过测试和表征，发现以超声溶胶-凝胶法制备的 ZnO 超细粉比表面积大，粉末的细微化较普通溶胶-凝胶法优异；电化学性质的测定结果表明超声溶胶-凝胶法制得的粉体具备纳米粒子的特性。其工艺流程如图 4-60 所示。

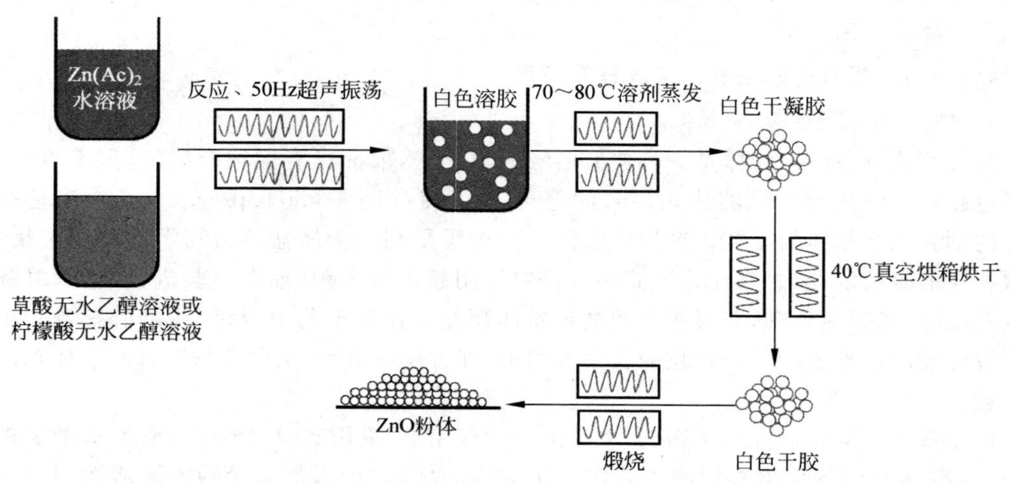

图 4-60 超声溶胶-凝胶法制备超细 ZnO 粉体的工艺流程

3. 超声悬浮液法制备粉体

多相悬浮分散(multiphase suspension dispersion)法可以有效降低粉体团聚分散，对于某些需要组分均匀化分散的粉体材料，如 Al_2O_3 和 SiC，可以降低其团聚，使各组分充分混合。但是研究表明，料浆颗粒之间若会产生硬团聚，采用传统的机械搅拌或高能球磨的方法无法有效去除这种硬团聚，但是超声振荡就能够达到很好的分散效果，可以有效消除硬团聚。使用超声波来分散悬浮液时，随着超声波分散时间的延长，颗粒的分散度得到提高，黏度显著下降，但是过度使用超声波振荡，也可能会引起团聚。因此，使用超声处理的功率、强度、时间等条件需要精确地控制。

4.3.7.5 超声化学法的特点

（1）由于超声波在反应体系中可以产生局部的极端条件，其他方法难以达到同类效果，因此可以用于制备常规方法难以制备得材料。

（2）对于某些采用常规方法时需要的反应条件苛刻的反应，如高温高压，在用超声波化学法时，可以降低制备过程对反应的条件要求，使反应可以在室温或低温下进行反应，使反应过程易于控制。

（3）在制备纳米材料时，若采用常规的液相方法，为了防止晶粒团聚，需要采用其他方法（如加入稀释剂等）来抑制晶粒团聚，但是加入其他试剂可能引入其他杂质。当采用超声化学法时，由于超声波具有强烈的分散作用，对反应速度控制方面的要求降低，无须再加入其他试剂，便可提高产品的纯度，降低生产成本，同时简化实验方法。

（4）超声波化学法的反应速率快、产品产率高。

（5）超声化学法的制备所需仪器简单，制备过程安全可靠，设备操作方便，工艺流程经济高效。

由于上述优点，超声波化学法被广泛应用于高分子聚合物生产、无机纳米粉体的合成等领域，并因其独特的优越性受到了极大的重视，是一种拥有巨大潜力的材料制备方法。但与此同时，超声化学法也有一定的缺点，比如难以保证超声波器件的安全性，也无法实现在线不停机维修；微波反应器价格高昂，只能限制在实验室小规模合成，无法在工业生产中大规模应用。

4.3.8 化学气相沉积法

4.3.8.1 化学气相沉积法的发展历史

化学气相沉积（chemical vapor deposition，CVD）涉及气态化学物质的解离或气态反应物在加热、光子辐射（photon radiation）或等离子体（plasma）作用下的化学反应，这种技术用于生产非常纯的高性能纳米材料。1894 年，德国海德堡大学的 Max Bodenstein 发表了具有里程碑意义的论文，该论文对气相化学动力学的发展起到了重要作用，被视为化学气相沉积法的起源。在论文中，他报道了氢-碘反应速率测量以及氢-碘反向分解反应。Bodenstein 的工作在解释基本反应机制方面作出了重大贡献并为后来的发展指引了方向。化学气相沉积技术真正应用于生产起源于 20 世纪 60 年代，最初化学气相沉积技术用于制备金属粉末，随着人们的广泛关注，该技术逐渐成为一种粉体主流制备技术，广泛应用于制备各种金属氧化物、碳化物、氮化物等超微粉体材料。

4.3.8.2 化学气相沉积法的原理

化学气相沉积技术的原理是以具有挥发性的物质（如金属卤化物、有机金属化合物等）

作为原料，将原料转化成具有挥发性的气体，以化学气相反应合成产物气，再以惰性气体骤冷得到超细粉体。其示意图如图 4-61 所示。该方法具有操作简单、工艺环境要求低、制备粉体成分可控、粒径窄且分散性优良、纯度高等优点。化学气相沉积法包括等离子化学气相沉积法、激光化学气相沉积法、电阻化学气相沉积法、火焰化学气相沉积法等。

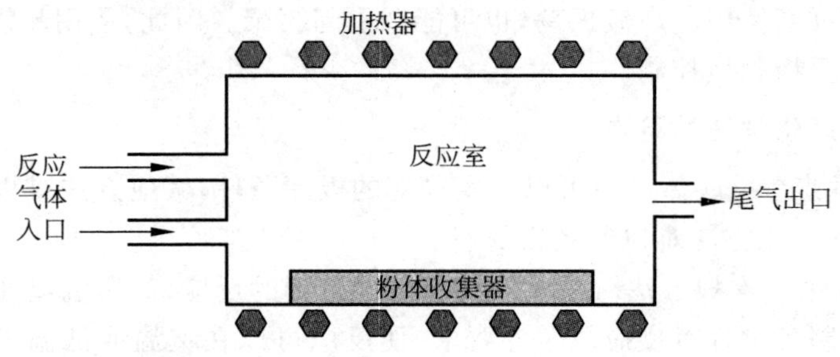

图 4-61　化学气相沉积法示意图

4.3.8.3　化学气相沉积法粉体颗粒的形成机理

1. 气体中的化学反应

在成核之前，需要通过化学气相反应形成产物气，再通过化学气相反应使产物气达到满足后续成核所需的过饱和度，该化学反应多为瞬间反应，可通过控制温度和反应浓度来控制反应发生的过程。化学气相反应法具有广泛使用化学试剂的灵活性，如卤化物、氢化物和有机金属化合物。

2. 粉体颗粒的形核过程

粉体颗粒形成的第一个过程就是形核，通过均匀成核来制备出单分散的纳米粉体材料。根据晶体形核(crystal nucleation)理论，在化学气相沉积法制备粉体的过程中，单位时间、体积内的成核率(I)可以由式(4-42)进行计算：

$$I = N_e \frac{kT}{h} \exp\left[\frac{(\Delta G + \Delta g)}{kT}\right] \tag{4-42}$$

$$N_e = N c_0 \tag{4-43}$$

式中　N_e——单位体积中的原子数，个；

ΔG——形成新相核心的自由能变化，kJ/mol；

Δg——原子所需的激活能，kJ/mol；

N——单位体积内反应气体生产的粒子个数，个；

c_0——气相金属源的浓度，kg/m^3；

T——热力学温度，K；

k——波耳兹曼常数；

h——普朗克常量。

从式(4-42)中可以看出，影响成核率最关键的因素就是 ΔG，在气-固转变的过程中，ΔG 主要被化学气相反应形成的过饱和度影响，而增加饱和度需要通过高温蒸发、低温冷凝形成的高温度梯度来完成。

需要注意的是，在设计实验时，必须考虑：①反应体系能否发生气相成核，通过提高反应体系的过饱和度来使气相均匀成核。②临界晶核尺寸，根据式(4-44)可得需要成核的临界半径(r_0)：

$$r_0 = 2\sigma/(\Delta g_e) \tag{4-44}$$

式中　σ——表面自由能，kJ；

Δg_e——气-固两相自由能之差，kJ/mol。

由式(4-44)可得临界半径(r_0)主要由 Δg_e 决定，Δg_e 与过饱和度有关，通过提高过饱和度可以增大 Δg_e，从而降低临界半径，而临界半径能改变稳定颗粒的最小尺寸，因此，只要颗粒尺寸大于临界半径就会继续长大。

3. 晶核的生长过程

在颗粒形成晶核后，通过吸附反应物中的离子或者原子不断发生化学反应，通过外延生长扩展表面，晶核由此长大，由式(4-45)可计算颗粒的直径(D)：

$$D = \left(\frac{6}{\pi} \times \frac{\bar{c}_0 M}{N_\rho}\right)^{\frac{1}{3}} \tag{4-45}$$

式中　$\bar{c}_0$——气相中反应物的浓度，kg/m^3；

M——生成物的相对分子质量；

ρ——生成物的密度，kg/m^3。

通过式(4-45)，我们可以知道，颗粒的直径 D 取决于反应物的浓度与成核数目之比，而当气相中物质的量不变时，晶核生长速度加快，会引起反应物浓度骤降，从而造成成核速度下降。由式(4-42)和式(4-43)可知，浓度对成核速率的影响更大。

4. 颗粒的凝并聚集

在布朗运动作用下，气相中的晶核、分子簇和其他粒子相互碰撞凝聚成最终颗粒，这种现象被称为颗粒的凝并生长机制，颗粒的生长主要依靠这种机制，通过该机制，可以控制颗粒的形貌、大小。

若两个颗粒通过碰撞可以产生两种情况：①完全融合在一起形成一个较大的致密颗粒；②未完全融合，在颗粒之间留下空隙形成团聚结构。在颗粒融合的过程中，可以提高合成温度来加快进程，在高温下，表面扩散系数增大，以表面扩散为主的颗粒加快合并，可以形成大量紧密细微的颗粒；温度降低反而不利于颗粒的合并，易形成树枝状凝聚体。颗粒的形成过程如图 4-62 所示。

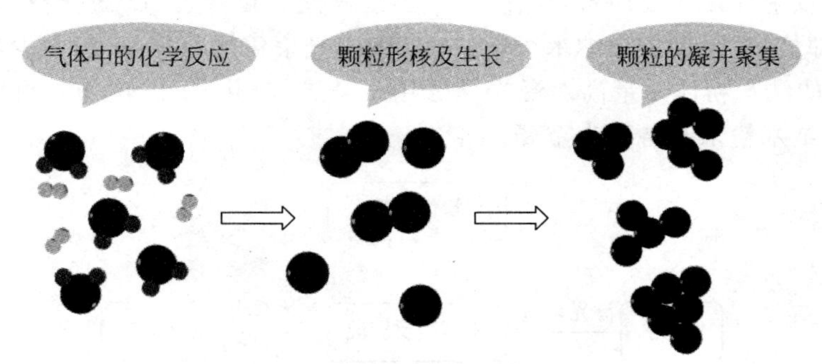

图 4-62　化学气相沉积法的颗粒形成过程

4.3.8.4　化学气相沉积法的研究现状

1. 等离子化学气相沉积法

等离子化学气相沉积法是用气体辉光放电产生低温等离子体的物理反应辅助增强化学气相沉积反应。根据等离子的能量源不同又可划分为高频等离子放电(RF-PCVD)、感应涡合等离子体放电(ICP-ECVD)、微波等离子体放电(MW-PCVD)和直流电弧等离子体放电(DC-PCVD)等。通过等离子体裂解反应前驱物,可以有效降低化学反应的温度。

等离子体放电可以提供一个有利于晶粒细化、污染少的能量集中的环境,闫波等人以高频等离子化学气相沉积法(RF-PCVD)制备了纳米级碳化钨粉体,制备过程速度快,可以实现连续化生产,由于该方法满足同时具有高温和骤冷的条件,可以瞬间产生大量晶核并快速扩散,得到的粉体呈球形且平均粒径为70nm。

由于直流电弧等离子体放电(DC-PCVD)法的电极熔化易污染产物,高频等离子化学气相沉积法(RF-PCVD)能耗高且不稳定,Lee等人采用复合等离子体法制备获得颗粒尺寸都在30nm以下的Si_3N_4、SiC复合粉体。复合等离子法将二者结合起来,不需要电极,避免了污染,并且直流等离子电弧束可以提高稳定性,防止高频等离子焰被原料搅乱。

二氧化钛纳米粉体在颜料、催化剂载体等领域具有广泛的工业应用。它在半导体敏化的有机化合物被氧矿化中的应用是一个常见的研究课题。许多研究致力于制备具有改善光活性的二氧化钛粉体。J. A. Ayllon等人采用等离子体增强化学气相沉积(PECVD)法制备了二氧化钛粉体。研究表明,该方法制备的TiO_2颗粒结晶良好,经高温处理后表面积相对较大,这些性质有利于它们作为催化剂载体的应用。钼及钼基材料具有强度高、硬度高、导热性好、导电性好、抗腐蚀性好等特点,已广泛应用于化工、冶金、航空航天等行业。与其他纳米粉体一样,纳米钼粉被认为具有比常规钼粉更优异的性能,因此其合成近年来受到广泛关注。Liu等人采用微波等离子体化学气相沉积法(MW-PCVD)合成了纳米钼粉。研究结果表明,微波输出功率、等离子体成形气流量、载气流量和原料进料速度是影响平均粒径的主要因素。

2. *激光化学气相沉积法*

激光化学气相沉积法(LCVD)又称为激光诱导化学气相沉积法(LICVD),其原理是利用激光束对反应分子的高能激发来促进化学气相反应的沉积过程。LICVD技术的系统配置见图4-63。激光作为一种特殊光源具有高稳定性、高聚焦度的特性,可以受激辐射产生高能量密度的激光光束。将激光作为加热源有如下优点:①激光光源可置于反应容器外,激光可以通过反射作用于反应室,操作方便、容易操控实验参数;②激光作用于反应物时间短,升温和冷却快,容易制备出纳米级颗粒;③激光光束作用面积小,污染少,制备的粉体纯度高;④制备的纳米粉体质量高。激光广泛用于金属、氮化物、碳化物等材料的制备,并且对难熔材料的纳米粉末制备更为重要。

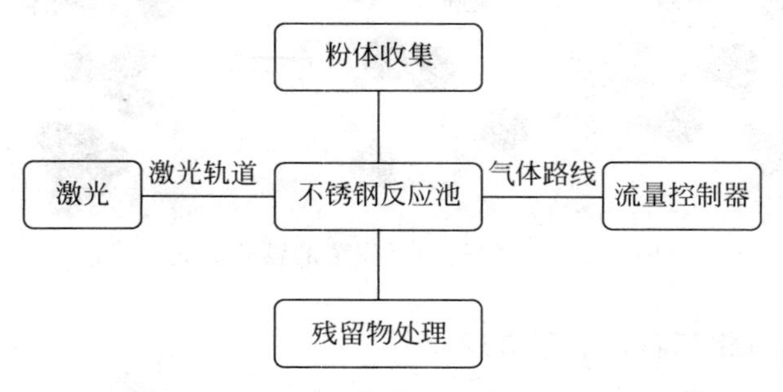

图4-63 LICVD技术的系统配置示意图

氮化硅(Si_3N_4)既是优良的高温结构材料,又是新型的功能材料,在航天、核工程等领域具有广阔的应用前景。硅粉氮化一般会在氮化硅颗粒中留下硅芯,而且该过程是在固态下进行的,难以产生纯相、单分散、窄粒径的粉体。王锐研究了使用激光诱导化学气相沉积法制备出超微纳米氮化硅粉体,并减少了粉体中的游离硅,提高了材料纯度。

纳米碳化硅粉(SiC)以其优异的化学和力学性能及其在结构材料和功能材料领域的广泛应用在近年来受到人们的广泛关注。线全刚等采用激光诱导化学气相沉积法制备出理想的纳米 SiC 粉体。结果表明,制备的纳米 SiC 粉体纯度高于 98%,并且粒径窄、易分散、产量高。

SiO_2 纳米材料是半导体和微电子领域最重要的功能材料之一,它也是 SiO_2 基光纤的主要成分。因此,超纯硅微粉的制备技术影响着半导体和微电子的发展,决定着光纤行业的竞争。激光诱导化学气相沉积法(LICVD)自 20 世纪 70 年代开始使用,是一种清洁方法,具有不粘壁、不粘接、颗粒分布均匀、产品质量高等优点。W. Zhi 等人研究了激光诱导化学气相沉积法制备 SiO_2 粉体的机理。研究了激光功率密度、反应物的质量流动、各反应物的配比、焊枪尺寸等参数的影响,成功地获得了直径在 100nm 左右的 SiO_2 纳米颗粒。

3. 火焰化学气相沉积法

火焰化学气相沉积(flame chemical vapor deposition)法的原理是利用气体燃烧产生的火焰所得到的温度和气流来制备超微粉末,通过控制火焰的温度及大小来决定颗粒的形貌。该方法具有反应速度快、成本低、易于扩大生产规模等优点。根据混合燃烧的气体不同可将其分为丙烷-空气火焰化学气相沉积法、甲烷-空气火焰化学气相沉积法、CO-空气火焰化学气相沉积法等。

火焰化学气相沉积法作为制备纳米 TiO_2 和 SiO_2 粉末的方法之一被广泛使用。吴金玲等人用火焰化学气相沉积法制备出氮掺杂纳米 TiO_2 颗粒。结果表明:火焰化学气相沉积法制备的氮掺杂纳米 TiO_2 颗粒相比其他方法对可见光的吸收强度更大。M. Oliaca 等人采用火焰化学气相沉积法制备金属及氧化物纳米粉体,实验成功地制备了 Al_2O_3、SiO_2、YSZ 和 Pt 纳米粒子,其粒径最小为 2nm。初步研究表明,可以通过调节前驱体的浓度和雾化设置来控制纳米颗粒的大小。谢洪勇等人使用火焰化学气相沉积法制备纳米 TiO_2,通过对反应过程中颗粒的扩散生长过程进行计算,为火焰 CVD 法制备粉体材料的理论研究作出了贡献。

参考文献

[1] 盖国胜. 超细粉碎分级技术[M]. 北京:中国轻工业出版社,2000.
[2] 卢寿慈. 粉体加工技术[M]. 北京:中国轻工业出版社,1999.
[3] 郑水林. 超细粉碎原理、工艺设备及应用[M]. 北京:中国建材工业出版社,1993.
[4] 戴少生. 粉碎工程及设备[M]. 北京:中国建材工业出版社,1994.
[5] 张国旺. 超细粉碎设备及其应用[M]. 北京:冶金工业出版社,2005.
[6] 张峻,齐崴,韩志惠. 食品微胶囊、超微粉加工技术[M]. 北京:化学工业出版社,2005.
[7] 李启衡. 粉碎理论概要[M]. 北京:冶金工业出版社,1993.
[8] 杨卫. 宏微观断裂力学[M]. 北京:国防工业出版社,1995.
[9] 郑水林. 超微粉加工技术与应用[M]. 北京:化学工业出版社,2005.

[10] 陶珍东,郑少华.粉体工程与设备[M].北京：化学工业出版社,2003.
[11] 陈炳辰.磨矿原理[M].北京：冶金工业出版社,1989.
[12] 李凤生,等.超细粉体技术[M].北京：国防工业出版社,2000.
[13] 言仿雷.超微气流粉碎技术[J].材料科学与工程,2000,18(4)：145-149.
[14] 盖国胜,马正先,胡小芳.超细粉碎与分级设备进展[J].金属矿山,2000,287(5)：30-35,41.
[15] J.帕里,等.超细磨技术的比较[J].国外金属矿山,2007,3：19-23,31.
[16] 蔡艳华,马冬梅,彭汝芳,等.超音速气流粉碎技术应用研究新进展[J].化工进展,2008,27(5)：671-674,714.
[17] 赵敏,卢亚平,潘英民,等.粉碎理论与粉碎设备发展评述[J].矿冶,2001,10(2)：36-41,30.
[18] 吴建明.国际粉碎工程领域新进展[J].有色设备,2007,1：4-7,2007,2：1-3,2007,3：1-3,2007,4：14-17,2007,5：1-4,2007,6：1-4,2008,1：1-6,2008,2：1-4,2008,3：1-4.
[19] 侯运丰,刘雨.气流粉碎设备的发展[J].中国非金属矿工业导刊,2007,63(5)：39-42.
[20] 孙成林,连钦明,王清发.我国超细粉碎机械现状及发展[J].硫磷设计与粉体工程,2007,5：14-19
[21] 彭桂花,冯玉芝,梁振华,等.自蔓延高温合成法制 $MgSiN_2$ 粉体[J].桂林工学院学报,2009,29(4)：497-501.
[22] 李静,傅正义,王为明,等.自蔓延高温技术制备 ZrC 粉体[J].硅酸盐学报,2010 ,38(5)：979-985.
[23] 韩欢庆,卢惠民,邱定蕃,等.自蔓延高温合成 MgB_2 粉末[J].北京科技大学学报,2006,28(2)：144-147.
[24] Wu W W,Zhang G J,Kan Y M,et al. Combustion synthesis of ZrB_2-SiC composite powders ignited in air [J]. Materials Letters,2009,63：1422-1424.
[25] Nikkhah M R, Seyyed S A, Ataie A. Influence of stoichiometry on phase constitution thermal behavior and magnetic properties of Ba-hexaferrite particles prepared via SHS route[J]. Materials Science and En gineering,2008,A473：244-248.
[26] Jain S R,Adiga K C,Vemeker V R P. A new approach to thermal chemical calculation of condensed fuel-oxidizer mixtures[J]. Combustion and Flame,1981,40(1)：71-76.
[27] Fumo D A,Jurado J R,Segades A M. Combustion synthesis of iron substituted strontium titanate perovskites[J]. Mater. Res. Bull,1997,32(10)：1459-1470.
[28] Fumo D A,Rorelli M R,Segades A M. combustion synthesis of calcium aluminates[J]. Mater. Res. Bull,1996,31(10)：1243-1255.
[29] Guo H,Wang H L,Chen R C,et al. Synthesis,characterization and sintering of Li_2TiO_3 nanoparticles via low temperature solid-state reaction[J]. Ceramics International,2020,46(2)：1816-1823.
[30] Lang J P,Xin X Q. Solid state synthesis of Mo(W)-S cluster compounds at low heating temperature [J]. Joumal of Solid State Chemistry,1994,108(1)：118-127.
[31] 李丹.TiO_2 粒径对层状 $Na_2Ti_3O_7$ 的形貌及性能影响[D].南京：南京理工大学,1995.
[32] 贾殿赠,俞建群,夏熙.一步室温固相反应法合成 CuO 纳米粉体[J].科学通报,1998,43(2)：172-174.
[33] 杨彧,贾殿赠,葛炜炜,等.低热固相反应制备无机纳米材料的方法[J].无机化学学报,2004,20(8)：881-888.
[34] 赵福城.低温固相反应法制备 $Ni_xZn_{1-x}Fe_2O_4$ 铁氧体粉体及烧结研究[D].长春：吉林大学,2012.
[35] 田玉明,黄平,冷叔炎,等.沉淀法的研究及其应用现状[J].材料导报,2000(2)：47-48.
[36] 段波,赵兴中,李星国,等.超微粉制备技术的现状与展望[J].材料导报,1995(3)：31-34.
[37] 张明月,廖列文.均匀沉淀法制备纳米氧化物研究进展[J].化工装备技术,2002(4)：18-20.
[38] 徐华蕊,李凤生,陈舒林,等.沉淀法制备纳米级粒子的研究——化学原理及影响因素[J].化工进展,1996(5)：29-31,57.
[39] Zhu M,Hu C,Li J,et al. Synthesis and annealing effects on the optical spectroscopy properties of red-

emitting $Gd(P_{0.5}V_{0.5})O_4$：x at. % Eu^{3+}[J] Journal of Materials Science：Materials in Electronics，2018，29：20607-20614.

[40] K S，Kang K T，Lee S B，et al. Synthesis of $LiFePO_4$ with fine particle by co-precipitation method [J]. Materials Research Bulletin，2004，39(12)：1803-1810.

[41] Comyn T P，Mcbride S P，Bell A J. Processing and electrical properties of $BiFeO_3$-$PbTiO_3$ ceramics [J]. Materials Letters，2004，58(30)：0-3846.

[42] Zhao Y Y，Xian X Z，Yuan L Z. Monodispersed spherical Y_2O_3 and Y_2O_3：Eu^{3+} particles synthesized from modified homogeneous urea precipitation process[J]. Journal of Alloys and Compounds，2020，829(15)：154562.

[43] Li J S，Liu Z F，Wu Lei，et al. Influence of ammonium sulfate on YAG nanopowders and Yb：YAG ceramics synthesized by a novel homogeneous co-precipitation method[J]. 中国稀土学报：英文版，2018(9)：981-985.

[44] Juma A O，Matibini A. Synthesis and structural analysis of ZnO-NiO mixed oxide nanocomposite prepared by homogeneous precipitation[J]. Ceramics International，2017，43(17)：15424-15430.

[45] Son H H，Lee W G. Annealing effects for calcination of tin oxide powder prepared via homogeneous precipitation[J]. Journal of Industrial and Engineering Chemistry，2012，18(1)：317-320.

[46] 王海明. 均相沉淀法制备 γ-Al_2O_3 纳米颗粒及其表征[D]. 兰州：兰州大学，2014.

[47] 杨隽，张启超. 胶体化学法制备氧化铁超微粉体[J]. 无机盐工业，2000(1)：1617，1.

[48] Yao S，Feng L，Zhao X，et al. Pt/C catalysts with narrow size distribution prepared by colloidal-precipitation method for methanol electrooxidation[J]. Journal of Power Sources，2012，217，280-286.

[49] Kichanov S E，Shevchenko G P，Malashkevich G E，et al. Colloidal chemical synthesis，structural and luminescent properties of $YAl_3(BO_3)_4$：Ce^{3+} phosphors[J]. Journal of Alloys and Compounds，2018：749，511-516.

[50] 张阳. 溶胶沉淀法合成硅酸锆包裹硫硒化镉颜料的研究[D]. 湘潭：湘潭大学，2006.

[51] 李威. 水解法制备纳米 TiO_2 的研究[D]. 昆明：昆明理工大学，2018.

[52] 李云峰. 水解沉淀法 $BaTiO_3$ 包覆磁性过渡金属纳米胶囊的制备及吸波性能[D]. 沈阳：沈阳工业大学，2017.

[53] 王萌萌. 水解沉淀法制备重晶石表面包覆 TiO_2 复合颗粒及其表征[D]. 北京：中国地质大学(北京)，2013.

[54] Zubieta J. Comprehensive Coordination Chemistry II—Solid State Methods[J]. Hydrothermal，2003：697-709.

[55] 吴健松，李海民. 水热法制备无机粉体材料进展[J]. 海湖盐与化工，2004(4)：22-25.

[56] 施尔畏，夏长泰，王步国，等. 水热法的应用与发展[J]. 无机材料学报，1996(2)：193-206.

[57] 王秀峰，王永兰，金志浩. 水热法制备纳米陶瓷粉体[J]. 稀有金属材料与工程，1995(4)：1-6.

[58] 张帆. 水热沉淀法制备 Ni-CaO/Al_2O_3 复合催化剂及其在 ReSER 制氢上的应用[D]. 杭州：浙江大学，2013.

[59] 黄晖，罗宏杰，杨明，等. 水热沉淀法制备 TiO_2 纳米粉体的研究[J]. 硅酸盐通报，2000(4)：8-12.

[60] 何顺爱，周双喜，张兰，等. 水热沉淀法制备 ZnO 纳米粉体[J]. 桂林工学院学报，2004(1)：80-83.

[61] 董相廷，刘桂霞，张伟，等. 水热沉淀法合成 SnO_2 纳米晶[J]. 稀有金属材料与工程，2000(3)：197-199.

[62] 王海增，庞文琴. 水热晶化法在材料制备中的应用[J]. 功能材料，1993(4)：289-296.

[63] 王晖. 纳米 TiO_2 的制备(水热晶化法、常压晶化法)的研究和表征[D]. 杭州：浙江工业大学，2003.

[64] 董相廷，闫景辉，于薇. 水热晶化法制备 CeO_2 纳米晶[J]. 稀有金属材料与工程，2002(4)：312-314.

[65] 韩煜娴，丘泰，宋涛. H_2O_2 氧化水热晶化法制备超细钨粉[J]. 有色金属(冶炼部分)，2008(4)：37-40.

[66] 李婷. 水热法合成钛酸钡粉体的研究[D]. 上海：华东理工大学，2016.
[67] 聂金林. $LaPO_4$ 及 $LaPO_4$：Dy^{3+} 粉体的水热合成及其振动光谱研究[D]. 青岛：中国海洋大学，2013.
[68] 徐兰. 微波水热法制备钛酸钡纳米粉体及其性能研究[D]. 南京：南京航空航天大学，2015.
[69] Komarneni S, Pidugu R, Li Q H, et al. Microwave-hydrothermal processing of metal powders[J]. Journal of Materials Research, 1995, 10(7): 1687-1692.
[70] Santos M L D, Lima R C, Riccardi C S, et al. Preparation and characterization of ceria nanospheres by microwave-hydrothermal method[J]. Materials Letters, 2008, 62(30): 4509-4511.
[71] 李丹. 微波水热掺杂氧化锌微晶的制备与性能研究[D]. 西安：陕西科技大学，2014.
[72] 高跃. 水热及微波水热法合成超细纳米 TiO_2 的研究[D]. 哈尔滨：黑龙江大学，2011.
[73] 黄立新，王宗濂，唐金鑫. 我国喷雾干燥技术研究及进展[J]. 化学工程，2001，29(2)：51-55.
[74] 王宝和，王喜忠. 喷雾干燥技术的历史回顾[J]. 干燥技术与装备，1994 (5)：20：46-49.
[75] 赵改青，王晓波，刘维民. 喷雾干燥技术在制备超微及纳米粉体中的应用及展望[J]. 材料导报，2006，20(6)：56-59.
[76] 阎红，梁允成，王喜忠. 气流式喷嘴雾化性能的研究[J]. 化学工程，1991(3)：73-77，6.
[77] K Master's. 喷雾干燥手册[M]. 北京：中国建筑工业出版社，1983：171.
[78] 孙卫东，高炎武. 染料压力式喷雾干燥器的实用设计[J]. 第三届全国干燥技术交流会干燥佳话论文集，1981，41.
[79] Reverchon E, Porta G Della, FalivenceM G. Process parameters and morphology in amoxicillin micro and submicroparticles generation by supercritical ant isolvent precipitation[J]. Supercritical Fluids, 2000, 17: 239.
[80] Duffee J A, Marshall W R. Factors influencing the properties of spray-dryed[J]. Material Chemical Ergineering Progress, 1953, 49(9): 480.
[81] Boutonnet M, Kizling J, Stenius P, et al. The preparation of monodisperse colloidal metal particles from microemulsions[J]. Colloids & Surfaces, 1982, 5(3): 209-225.
[82] 张万忠，乔学亮，陈建国. 微乳液法合成纳米材料的进展[J]. 石油化工，2005(1)：84-88.
[83] 李干佐，郭荣. 微乳液理论及其应用[M]. 北京：石油工业出版社，1993.
[84] 王笃金，吴瑾光，徐光宪. 反胶团或微乳液法制备超细颗粒的研究进展[J]. 化学通报，1995，9：1-5.
[85] 崔正刚，殷福珊. 微乳化技术及应用[M]. 北京：中国轻工业出版社，1999：73-74.
[86] 梁依经，黄伟九，田中青. 微乳液法制备纳米材料研究进展[J]. 重庆工学院学报，2007，021(17)：87-91.
[87] Sumio Sakka. History of the sol-gel chemistry and technology[M]. Springer, 2016.
[88] 卢帆. 溶胶-凝胶法制备纳米二氧化钛及其光催化性能研究[D]. 上海：复旦大学，2010.
[89] Zeng C, Tong K, Zhang M r, et al. The effect of sol-gel process on the microstructure and particle size of ZrC-SiC composite powders[J]. Ceramics International, 2020, 46(4): 5244-5251.
[90] 陈喜蓉，郑典模. 超声波法制备纳米粉体工艺[J]. 江西化工，2003(4)：13-16.
[91] 王俊中，胡源，陈祖耀. 超声化学制备纳米材料的研究进展[J]. 稀有金属材料与工程，2003，8：585-590.
[92] 李金换，王国文. 超声波化学法制备无机粉体的研究进展[J]. 江苏陶瓷，2007，40(2)：8-10，15.
[93] 龚晓钟，汤皎宁. 超声辐射溶胶-凝胶法制备活性 ZnO 及其表征[J]. 热加工工艺，2004(2)：1-3，6.
[94] Qiu X F, Zhu J J, Pu L. Size-controllable sonochemical synthesis of thermoelectricmaterial of Bi_2Se_3 Nanocrystals[J]. Inorganic Chemistry Communication, 2004, 7: 319-321.
[95] Srivastava D N, Pol V G, Palchik O. Preparation of stable porous nickel and cobalt oxides using simple inorganic precursor, instead of alkalizes by a sonochemical technique [J]. Ultrasonic Sonochemistry, 2005, 12: 205-212.

[96] 肖锋，叶建东，王迎军. 超声技术在无机材料合成与制备中的应用[J]. 硅酸盐学报，2002，5：615-619.

[97] Wolfrum J，Volpp H-R，Rannacher R，et al. Gas phase chemical reaction systems[M]. Springer Series in Chemical Physics，1996.

[98] Yu C H，Oduro W，Tam K，et al. Chapter 10 some applications of nanoparticles[J]. Handbook of Metal Physics，2008，5：365-380.

[99] 杜仕国. 超微粉制备技术及其进展[J]. 功能材料，1997(3)：17-21.

[100] 杨西，杨玉华. 化学气相沉积技术的研究与应用进展[J]. 甘肃水利水电技术，2008(3)：211-213.

[101] 徐祖耀，李振兴. 材料科学导论[M]. 上海：上海科学技术出版社，1986：322-375.

[102] 戴遐明，李庆丰. 粉体的气、固相合成[J]. 中国粉体技术，2000(6)：15-20.

[103] 李懋强. 超细粉体的化学合成[J]. 中国粉体技术，2000(6)：21-31.

[104] 赵文锋. ICP 等离子体增强化学气相沉积制备纳米粉体氮化硅特性研究[D]. 广州：华南师范大学，2004.

[105] 闫波，孙彦平，王俊文，等. RF-PCVD 法碳化钨纳米粉的制备[J]. 中国钨业，2006(4)：38-40.

[106] Lee H J，Eguchi K，Yoshida T. Preparation of ultrafine silicon nitride，and silicon nitride and silicon carbide mixed powders in a hybrid plasma[J]. Journal of the American Ceramic Society，1990，73(11)：3356-3362.

[107] Ayllón J，Figueras A，Garelik S，et al. Preparation of TiO_2 powder using titanium tetraisopropoxide decomposition in a plasma enhanced chemical vapor deposition (PECVD) reactor[J]. Journal of Materials Science Letters，1999，18(16)：1319-1321.

[108] Liu B，Gu H，Chen Q. Preparation of nanosized Mo powder by microwave plasma chemical vapor deposition method[J]. Materials Chemistry and Physics，1999，59(3)：204-209.

[109] 王佃刚，陈传忠，边洁. 激光在纳米粉体制备中的应用[J]. 激光技术，2002(6)：403-406.

[110] 王锐，李道火，黄永攀，等. 激光诱导化学气相沉积法制备纳米氮化硅及粉体光谱特性研究[J]. 硅酸盐通报，2004(3)：6-9.

[111] 线全刚，梁勇，杨柯，等. 激光诱导制备纳米 SiC 粉体[J]. 沈阳工业大学学报，2003(2)：170-172.

[112] Jian S. Preparation of nanosized SiO_2 powder through laser-induced chemical vapor deposition technology[C]. Photonics China. International Society for Optics and Photonics，1998.

[113] 吴金玲. 火焰 CVD 法制备氮掺杂纳米二氧化钛及其光催化和电化学性能研究[D]. 上海：上海师范大学，2011.

[114] Oljaca M，Xing Y，Lovelace C，et al. Flame synthesis of nanopowders via combustion chemical vapor deposition[J]. Journal of Materials Science Letters，2002，21(8)：621-626.

[115] 谢洪勇，陈石. 火焰 CVD 法合成纳米 TiO_2 颗粒尺寸分布模拟计算[J]. 上海第二工业大学学报，2008，25(1)：3-8.

第5章 粉体颗粒间的团聚与分散

本章提要：粉体的团聚是由于粉体间的相互作用力而聚集在一起的颗粒。这一问题一直困扰粉体的应用，特别是超细粉体的应用。粉体的分散处理就是使粉体在一定环境下分离散开的过程，是为解决粉体团聚的问题发展起来的新兴边缘科学。粉体的团聚与分散问题是粉体工业急需解决的关键问题。本章主要介绍粉体的团聚和分散机理及解决方法。

5.1 概 述

微颗粒之间的团聚与分散问题，是粉体工业急需解决的关键问题。粉体的团聚是由于粉体间的相互作用力而聚集在一起的颗粒，这一问题一直困扰粉体的应用，特别是超细粉体的应用。粉体的团聚机理有很多种，只有了解粉体的团聚机理，才能有针对性地制备出分散性良好的粉体。粉体的分散处理就是使粉体在一定环境下分离散开的过程，是一门近年来发展起来的新兴边缘科学。

在工业加工过程中，许多过程的成败甚至完全取决于粉体颗粒能否良好分散，如纳米粉体的纳米效应能否有效发挥、粉体的分级处理精度、粉体粉碎处理的过粉碎问题、气流输送效果、粒度测量的准确性和重复性、固相反应的均匀性、婴儿配方奶粉和制剂等有微量添加剂产品的质量一致性、粉剂农药喷洒的均匀性、烟雾剂投放的有效性等。本章内容主要介绍粉体的团聚和分散机理及解决方法。

5.2 粉体颗粒的聚集形态

为了更好地了解粉体的团聚和分散机理，我们首先来看看粉体的常见形态。粉体的聚集形态(aggregation morphology)有很多种，从颗粒的构成上分类，主要分为四大类：原级颗粒、聚集体颗粒、凝聚体颗粒和絮凝体颗粒，其中最重要的是前三种。

5.2.1 原级颗粒

最先形成粉体物料的颗粒称为原级颗粒(primary particles)。因为它是第一次以固态存在的颗粒，故又称一次颗粒或基本颗粒。从宏观角度看，它是构成粉体的最小单元。根据粉体材料种类的不同，这些原级颗粒的形状有立方体状的、针状的、球状的，还有不规则晶体状的，其示意图见图5-1。

粉体物料的许多性能与它的分散状态，即它单独存在时的颗粒大小和形状有关。因此，真正能反映出粉体物料的固有性能的，就是它的原级颗粒。

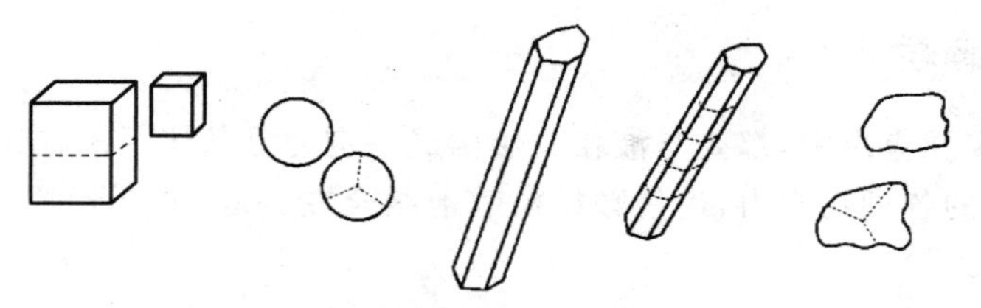

图 5-1　原级颗粒示意图

5.2.2　聚集体颗粒

聚集体颗粒(aggregate particles)是由许多原级颗粒靠着某种化学力与其表面相连而堆积起来的。因为它相对于原级颗粒来说,是第二次形成的颗粒,所以又称为二次颗粒。由于构成聚集体颗粒的各原级颗粒之间均以表面相互重叠,因此聚集体颗粒的表面积比构成它的各原级颗粒的总和小,其示意图见图 5-2。

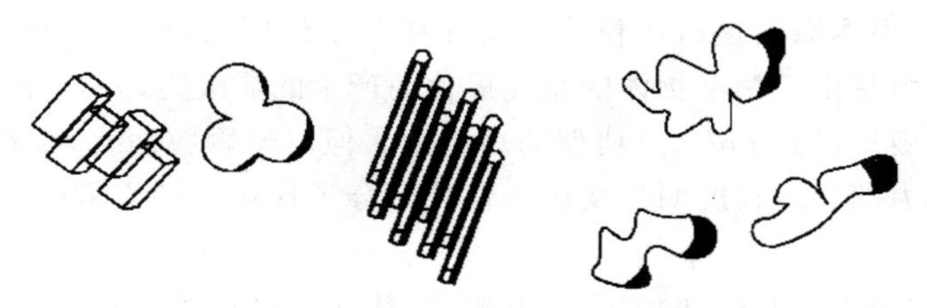

图 5-2　聚集体颗粒示意图

聚集体颗粒中的各原级颗粒之间有强烈的结合力,彼此结合得十分牢固,并且聚集体颗粒本身就很小,很难将它们分散成原级颗粒,必须再用粉碎的方法才能使其解体。

5.2.3　凝聚体颗粒

凝聚体颗粒(agglomerate particles)是在聚集体颗粒之后形成的,故又称三次颗粒。它是由原级颗粒或聚集体颗粒或两者的混合物通过比较弱的附着力结合在一起的疏松的颗粒群,其中各组成颗粒之间是以棱或角结合的,如图 5-3 所示。

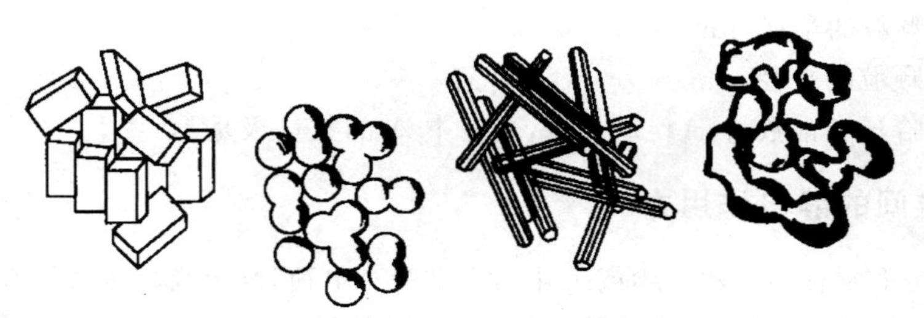

图 5-3　凝聚体颗粒示意图

凝聚体颗粒也是在物料的制造与加工处理过程中产生的。例如,湿法沉淀的粉体在干燥过程中便形成大量的凝聚体颗粒。

5.2.4 絮凝体颗粒

粉体在许多实际应用中，都要与液相介质构成一定的分散体系。在这种液-固分散体系中，由于颗粒之间的各种物理力，迫使颗粒松散地结合在一起，其所形成的粒子群称为絮凝体颗粒(floc particles)。

5.3 颗粒间的作用力

随着粉体颗粒的细化，粉体的比表面积增大，表面能也增大，因而颗粒间很容易团聚，这说明颗粒间存在着作用力。颗粒的聚集性能对粉体的摩擦特性、流动性、分散性和压缩性起着重要作用。粉体中颗粒间的作用力有多种类型，下面分别讲述。

5.3.1 分子间引力——范德华引力

粉体间附着的根本原因是粉体粒子之间存在分子作用力，即范德华力(Van der Waals gravity)。范德华力是由于两个物体的相互极化而产生的弱吸力，并与分子间距离的7次方成反比，作用距离极短(约1nm)，是典型的短程力。但对于颗粒而言，存在多个分子的综合作用，分子间作用力的衰减程度明显变缓。颗粒间分子作用力的有效距离可达50nm，因此是长程力。

对于半径分别为 R_1 和 R_2 的两个球形颗粒，其分子间作用力为

$$F_M=\frac{A}{6h^2}\cdot\frac{R_1R_2}{R_1+R_2} \tag{5-1}$$

对于半径为 R 的球与平板，其分子间作用力为

$$F_M=\frac{AD}{24h^2} \tag{5-2}$$

$$F_M=\frac{AR}{12h^2} \tag{5-3}$$

式中 h——颗粒间距，μm；

R——颗粒的半径，μm；

D——颗粒的直径，μm；

A——哈马克常数，J，$A=\pi^2N^2\lambda$，真空中 A 的数量级是 10^{-20}J。

5.3.2 颗粒间的静电作用力

实际上，几乎所有的天然粉尘或工业粉尘都带有电荷，静电荷代表微颗粒所带电子过多(－)或不足(＋)。颗粒间带电的原因有很多种，如摩擦、接触荷电、气态离子扩散等均可使颗粒带电。

Rumpf对两球形颗粒之间的静电引力提出了表达式：

$$F=\frac{Q_1Q_2}{D_p^2}\left(1-\frac{2a}{D_p}\right) \tag{5-4}$$

式中 Q_1,Q_2——两颗粒表面所带电量，C；

a——两颗粒的表面间距，μm；

D_p——颗粒直径，μm。

颗粒间由于静电作用力(electrostatic interactions)团聚和吸附在生活中很常见，并且会带来许多影响和危害，例如在纺织、印染、粉末加工等行业会产生大量静电，使颗粒团聚或者极易吸附在其他物质表面。

5.3.3 附着水分的毛细管力

粉末中往往含有各种水分，如化合物水分(如结晶水)、表面吸附水分和附着水分。附着水分是指两个颗粒接触点附近的毛细管水分。水的表面张力的收缩作用将引起对两个颗粒之间的牵引力，称为毛细管力(capillary force)。由于颗粒表面形貌的不规则性，微颗粒间存在大量微空间或微裂隙，在液体作用下就会产生毛细管力。毛细管力产生的条件不是很苛刻，只要在潮湿的环境或者有水的条件下就容易发生，而且力还比较大。

5.3.4 液体桥

粉体与固体或粉体颗粒的接触部分或间隙部分存在较多液体时，称为液体桥(liquid bridge)。粉体处理中的液体大多是水。液体桥除了可在过滤、离心分离、造粒以及其他单元的操作过程中形成外，在大气压下存放粉体时，由于水蒸气的毛细管凝缩也可以形成。前者的液桥量虽然比后者大得多，但其附着力产生的原理还是毛细管凝缩。显然，液桥力的大小同湿度，亦即同水蒸气的吸附量有关。而吸附量和液体桥的形式则取决于粉体表面对水蒸气亲和性的大小、颗粒形状以及接触状况等。因此，不能忽视在大气压下处理粉体时附着水的存在。

有关液体桥附着力的理论阐释有很多种。图 5-4 为两个大小相同的球形颗粒间的液体桥的模型。假设液面由半径为 R_1 的凹面和半径为 R_2 的凸面所构成，当颗粒表面亲水时，则接触角 $\theta=0$，颗粒与颗粒相接触，则 $\alpha=10°\sim40°$。

液体桥的破坏出现在最窄的断面部分，但有时也可假想出现在液体桥与粉体颗粒接触的部分。一般地，比较小的液体桥的黏接力还要比分子作用力大 1～2 个数量级，所以湿颗粒间的黏接力主要源于液桥力。

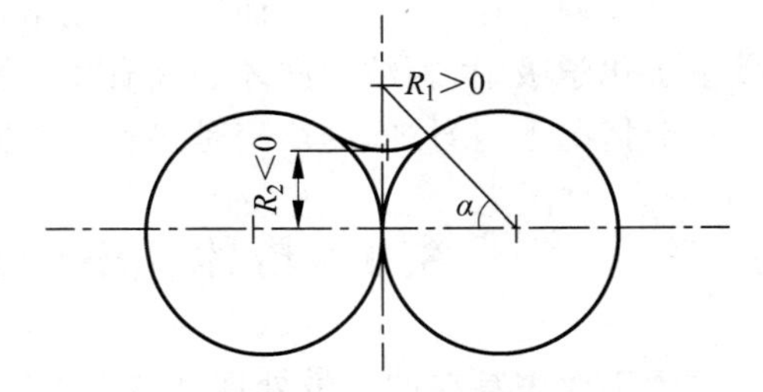

图 5-4　液体桥模型示意图

实践证明，在相同的条件下，范德华力、静电力和毛细管力的比较如下：当颗粒间距 $a<1\mu m$ 时，以范德华力作用为主；当颗粒间距 $2\mu m\leqslant a<3\mu m$ 时，以液桥力作用为主；当颗粒间距 $a\geqslant3\mu m$ 时，以静电力为主；当含水量较多时，液桥力>范德华力>静电力。因此，在气体气氛中，粒子的凝聚主要是液桥力起作用而在干燥的条件下，范德华力的作用显著。在空气状态下，保持物料干燥，可防止其结团。

5.3.5 磁性力

铁磁性物质(例如铁以及亚铁磁性物质)的颗粒小到单磁畴临界尺寸以下时是自发磁化的粒子，也就是单磁畴粒子，其内部所有原子的自旋方向都已平行，无须外加磁场来磁化就具有磁性，很难分散。此时在液体介质中的分散常需结合使用高频磁场，例如对磁性矿浆，可使用场强为 800A/m、频率为 200kHz 的磁场来分散矿浆。

5.3.6 颗粒表面不平滑引起的机械咬合力

两个颗粒间的引力或颗粒与固体平面的引力可以用高灵敏度的弹簧秤或天平测量。测量颗粒与平面向的引力还可以用离心法。颗粒间的引力还可以借测量粉末层的破断力，根据其所含接触点的数目进行估算，比如球形颗粒和不规则颗粒具有不同的机械咬合力(mechanical interaction)。

5.3.7 颗粒间的氢键力

物质的氢键是一种特殊类型的分子作用力，当氢原子与电负性大的原子 X 形成共价键 X—H 时，H 原子存在的额外吸引力吸引另一共价键 Y—R 中电负性大的原子 Y 生成氢键如图 5-5 所示：

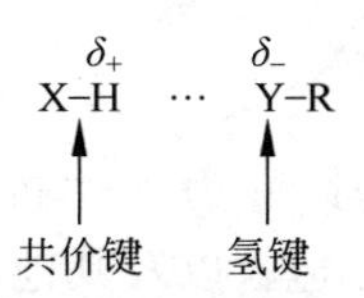

图 5-5 氢键的形成示意图

氢键也可以看作是一种静电力的作用，X—H 键中电负性大的 X 原子强烈吸引 H 原子的电子云，使其成为近似裸露状态的质子并带有额外的正电性。由于 H 原子体积很小(半径约为 0.03nm)，又无内层电子，允许有多余负电荷的 Y 原子充分接近它并产生静电引力，即氢键力(hydrogen bonding force)。

5.3.8 颗粒间的化学键力

化学键是相邻的原子之间强烈的相互作用。化学键力是指不同的原子之间形成化学键后的结合力。化学键包括三种类型：共价键、离子键和金属键。与范德华力不同，产生化学键的原因是有的价电子不再为原来的原子所独有或者所具有，而是发生了转移。由于这种原因，化学键力是短程力，其值通常远大于范德华力和氢键力，其键能为 0.4～10eV。化学键力不是普遍存在的，只有界面产生了化学键并形成了化合物，才有这种力，即只有固体表面发生了化学吸附，颗粒之间才会具有化学键力(chemical bond force)。

一般情况下，粉体间的团聚是多种力共同作用的结果，某种作用力起主要作用。

5.4 粉体在不同介质中的团聚和分散

对于工业中颗粒的分散处理基本上可以分为两种形态，即固态和液态对颗粒进行分散处理。

5.4.1 在固态下分散

在固态下对颗粒团聚体进行分散处理就是通过机械作用、静电作用等方法对干态的颗粒进行分散处理，主要包括机械分散、干燥和静电分散等处理方法。

5.4.1.1 粉体在空气中的分散

干粉颗粒的存在形式有三种：一是原始颗粒；二是颗粒间的硬团聚，是由颗粒间的范德华力和库仑力及化学键合的作用力等多种作用力引起的；三是颗粒间的软团聚，是由颗粒间的范德华力和库仑力导致的。硬团聚和软团聚在粉体颗粒间普遍存在，其中软团聚可通过一般的化学作用或机械作用来消除。而硬团聚由于颗粒间结合紧密，只通过一般的化学作用是不够的，必须采用大功率的超声波或球磨法等机械方式来解聚。

除了颗粒本身的原因外，引起颗粒团聚的原因还有颗粒间的静电作用力，在干空气中大多数颗粒是自然荷电的：接触电位差引起的静电引力和由镜像力产生的静电引力。当空气的相对湿度超过65%时，水蒸气开始在颗粒表面及颗粒间凝聚，颗粒间因形成液桥而大大增强了黏结力。

颗粒在空气中常见的分散方式有：机械分散（搅拌、高速叶轮圆盘及气流喷射），这就需要粉碎设备产生的机械力大于颗粒间的黏着力，但是也会带来如粉体的重新黏结、脆性物料易被过粉碎、设备磨损严重等问题。通过干燥处理可以降低粉体间的液桥力，也可通过颗粒表面处理的方式来降低润湿性以抑制液桥和降低分子作用力。静电分散可以使颗粒荷电（接触带电、感应带电、电晕带电等），也可以提高粉体的分散性。

5.4.1.2 颗粒的流体悬浮

从理论上讲，只要创造一定速率的流体上升运动，即可使具有相应沉降速度的颗粒悬浮。在实际生产中，气流粉碎和分散同时进行，比如各种气流磨机。工业上也可用搅拌槽（选矿上升流）来提高颗粒的悬浮性：低功率（$0.2kW/m^3$）用于轻质固体悬浮，低黏度液体混合；中等功率（$0.6kW/m^3$）用于中等密度的固体悬浮，液-液相接触；高功率（$2kW/m^3$）用于重质固体悬浮，乳化；极高功率（$4kW/m^3$）用于捏塑体、糊状物等的混合。颗粒体系完全悬浮是所有颗粒均处于运动状态，且没有任何颗粒在槽底的停留时间超过1～2s，这就更有利于粉体的分散。

5.4.1.3 在固相中分散

在固相中对颗粒进行分散处理，就是通过加入各种分散性材料（一般是无机材料），以改变颗粒之间的接触性质，达到防止颗粒团聚的目的。在粉碎过程中加入粉碎助剂就能达到这种有效的分散、解聚作用。简单的方式即粉料粉碎制备过程中的分散，如干法球磨、干燥造粒、干法造粒等（玉米粉中加入SiO_2，面粉中加入滑石粉）。复杂的方式如化学合成时的各种固相分散等（煅烧钨酸铵合成WO_3时加入导向剂）。

5.4.2 在液态下分散

为了更好解决粉体下液相中的分散问题，我们需要先分析一下粉体在液相中的分布情况。在液相介质中对颗粒进行分散处理时，由于液体介质对颗粒团聚体具有一定的浸润作用，在液相中对颗粒进行分散处理比在气相和固相中进行分散处理的效果要好。

5.4.2.1 湿颗粒群(particle group)的特性

1. 填充层内的静态液相

根据颗粒间液体量的多少可以将静态液相分为四种类型，如图5-6所示。

（1）摆动状态(pendular state)。颗粒接触点上存在透镜状或环状的液相，液相互不连接。

（2）链索状态(funicular state)。随着液体量的增多，颗粒接触点上的液相环长大，颗粒空隙中的液相相互连接而成网状组织，空气则分布其间。

（3）毛细状态(capillary state)。颗粒间的所有空隙全被液体充满，仅在粉体层的表面存在气-液界面。

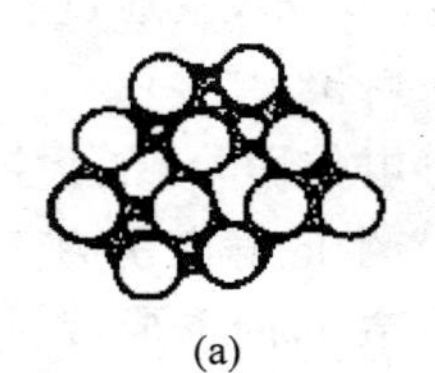
(a)

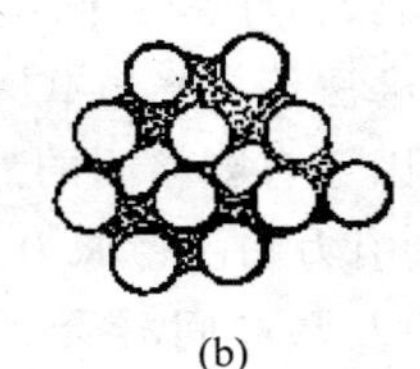
(b)

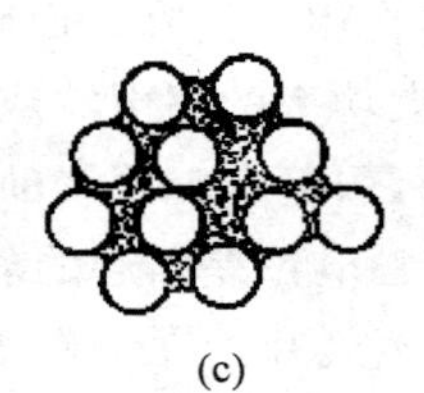
(c)

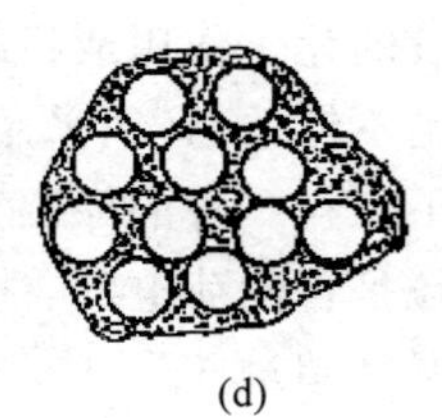
(d)

图 5-6 颗粒间液相的存在状态

(a) 摆动状态；(b) 链索状态；(c) 毛细状态；(d) 浸渍状态

(4) 浸渍状态(immersed state)。颗粒群浸在液体中，存在自由液面。

2. *粉体表面的润湿性*(wettability)

粉体表面的润湿状态如图 5-7 所示，其润湿特性可以用杨氏方程来表示：

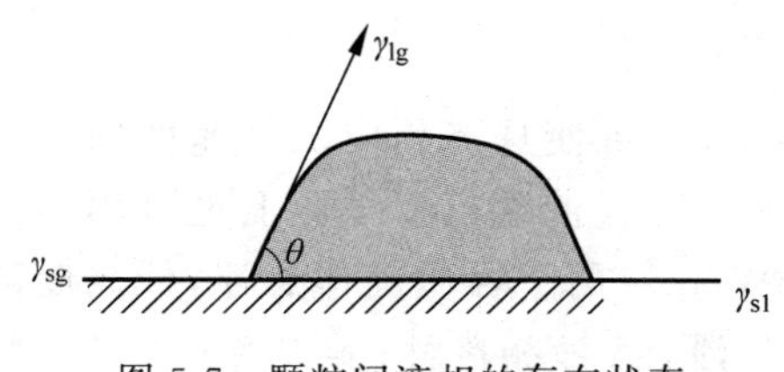

图 5-7 颗粒间液相的存在状态

$$\gamma_{sg} = \gamma_{sl} + \gamma_{lg}\cos\theta \tag{5-5}$$

式中 γ_{sg}——固-气间的表面张力，N/m；

γ_{sl}——固-液间的表面张力，N/m；

γ_{lg}——液-气间的表面张力，N/m；

θ——液体与气体之间的接触角，(°)。

根据杨氏方程可知：$\theta=0°$时为完全润湿；$0°<\theta<90°$时为不完全润湿；$\theta>90°$时为完全不润湿。可通过添加润湿剂或表面活性剂来降低 θ，使为 $\theta=0$。

5.4.2.2 颗粒悬浮液(particles-water suspension)的分散原则和团聚状态

颗粒若要在液相中具有良好的分散性，需要遵循两个原则，即润湿原则和表面力原则。润湿原则要求颗粒必须被介质或基料润湿或浸润，从而能很好地分散在介质或基料中。表面力原则要求颗粒间的总表面力必须是一个较大的正值，使颗粒间有足够的相互排斥力以阻止其黏结或团聚。

颗粒悬浮液有两种不同的分散状态：一种是形成团聚体，即单一颗粒由于互相吸引形成较大的二次颗粒；另一种是颗粒之间互相排斥，形成稳定的分散体系。这两种状态可共存，也可相互转化，如果分散作用占主导，则显示明显的分散体系；反之，则相反。

5.4.2.3 悬浮体系中固体颗粒分散的判据

在颗粒悬浮体系中，颗粒分散的稳定性取决于颗粒间相互作用的总作用能，即取决于颗粒间的范德华作用能(U_A)、静电排斥作用能(U_{el})、吸附层的空间位阻作用能(U_{st})、疏水作用能(U_H)及溶剂化作用能(U_s)的相对关系。

颗粒间分散与聚团的理论判据是颗粒间的总作用能 U_r，可表示为

$$U_r = U_A + U_{el} + U_{st} + U_H + U_s \tag{5-6}$$

当颗粒间的排斥作用能大于其相互吸引作用能时，颗粒间处于稳定的分散状态，颗粒在液体中的聚集状态取决于颗粒间的相互作用；反之，颗粒间处于稳定的团聚状态。添加分散剂或表面活性剂对粉体的分散或团聚性能至关重要。

5.4.2.4 固体颗粒在液体中的作用力

固体颗粒被浸湿后，颗粒在液体中的聚集状态取决于颗粒间的相互作用。分子间的作

用力主要有：分子间作用力(范德华力)、双电层静电作用力、溶剂化膜作用力和高分子聚合物吸附层的空间效应。

1. 分子间作用力(范德华力)

分子间作用力是同质颗粒聚团的主要原因，其计算公式同式(5-1)。

2. 双电层(electric double layer)静电作用力

双电层静电作用力是同质颗粒排斥的主要原因，矿物表面之所以带有电荷是由于矿物在水溶液中受水偶极子分子的作用，表面会带一种电荷，其原因如下：

(1) 优先解离(preferential dissociation)。即固体微粒在水中时，其表面受到水偶极的作用，由于正、负离子受水偶极的吸引力不同，会产生非等量的转移，所以有的离子会优先解离(或溶解)转入溶液。例如，萤石(CaF_2)在水中时，F^- 比 Ca^{2+} 易溶于水，于是萤石表面就有过剩的 Ca^{2+}，而荷正电；溶于水中的 F^- 受到矿物表面正电荷的吸引，在矿物表面形成配衡离子层，如图 5-8 所示。

(2) 优先吸附(preferential adsorption)。即矿物表面对电解质阴、阳离子不等当量吸附而获得电荷的情况。水溶液中的离子达到一定程度时便向矿粒表面吸附，在矿粒表面荷电。如白钨矿在其饱和溶液中时，因表面钨酸根离子较多而带负电。若向溶液中添加钙离子，又因表面优先吸附钙离子而带正电。

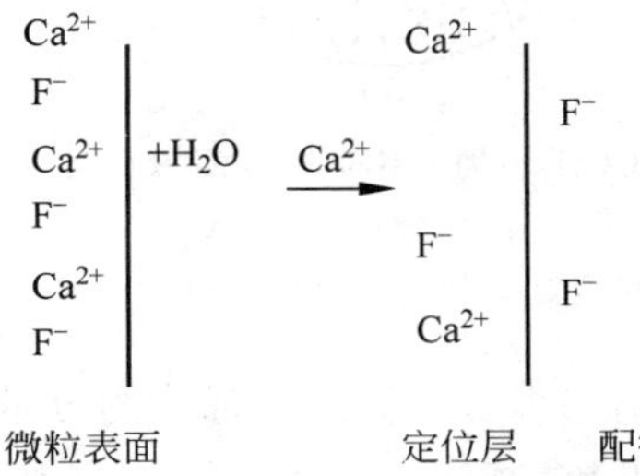

图 5-8 CaF_2 优先解离(溶解)形成的双电层图

(3) 晶格取代(lattice substitution)。即黏土、云母等硅酸盐矿物是由铝氧八面体和硅氧四面体的层状晶格构成的。在铝氧八面体层中，晶格若当被低价元素(如 Mg)取代，结果会使晶格荷负电。

(4) 双电层(electric double layer)理论。即在液体中颗粒表面因离子的选择性溶解或选择性吸附而荷电，相反电荷离子由于静电吸引而在颗粒周围的液体中扩散分布形成双电层。以 AgI 水溶胶为例：固体 AgI 粒子为胶核，如果 KI 过量，则胶核优先吸附 I^- 离子而带负电，而溶液中必有相反电荷离子(K^+)即平衡离子，使胶团呈电中性。

(5) 热力学电势(thermodynamic potential)。即由固体表面至液体间的电势差 φ_e，其决定着胶体粒子的运动速度及双电层的厚度。当颗粒的 ξ 电位最大时，颗粒的双电层表现为最大斥力，使颗粒分散；当颗粒的 ξ 电位等于零时(即等电点)，颗粒间的吸引力大于双电层之间的排斥力，颗粒便团聚沉降。

3. 溶剂化膜(solvated membrane)作用力

溶剂化膜作用力是指在悬浮液中的固体表面有一层具有一定排列结构的溶剂隔膜而产生的作用力，其结构图如图 5-9 所示。微粒凝聚时，必须使这种排列变形，这样溶剂化层就构成了对微粒絮凝的阻力(位阻效应)，因为这些微粒有极大的比表面，故凝聚的阻力也很大。溶剂化膜作用力从数量上看比分子作用力及双电层静电力大 1～2 个数量级，但它们的作用距离远比二者小，一般近距离作用成为决定因素(10～20nm)。

4. 高分子聚合物吸附层的空间效应(spatial effect)

当颗粒表面吸附有无机或有机聚合物时，聚合物吸附层将在颗粒接近时产生一种附加

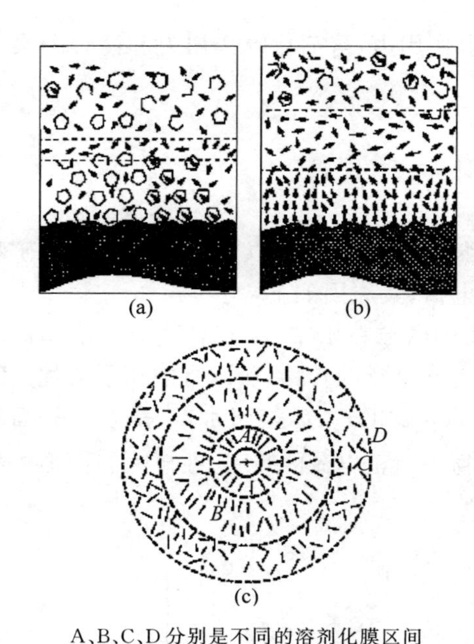

A、B、C、D 分别是不同的溶剂化膜区间

图 5-9 溶剂化膜结构图

(a) 非极性颗粒；(b) 极性颗粒；(c) 阳离子

的作用，称为空间效应。当吸附层牢固且致密，有良好的溶剂化性质时，起对抗颗粒接近的作用。此时高聚物吸附层表现出很强的排斥力，称为空间排斥力。但此种力只是在颗粒间距达到双方吸附层接触时才出现。

总之，固体颗粒在液体中的分散（稳定）与凝聚（不稳定）是对立的。电的排斥、分散剂、溶剂化层的影响促进了体系分散稳定，分子的吸引力和各种运动碰撞又促进了絮凝。

5.4.2.5 分散介质

在固-液悬浮体系中，水、有机极性介质和有机非极性介质是自然界中存在的三大类型液体介质的典型代表，典型的分散介质（dispersion medium）是水、乙醇和煤油。例如：建筑陶瓷生产中的球磨料浆环节，分散介质为水；SiALON（赛龙）陶瓷改性是原料 Si 粉、Al 粉、Al_2O_3 和 SiO_2 混合时以乙醇为分散介质；真空蒸发沉积法制备金属纳米粒子时采用油作为分散和收集介质。

宏观颗粒（密度大于 $1kg/m^3$）在水中因受重力而沉降，在斯托克斯阻力范围内，满足自由沉降末速公式：

$$F_K = 6\pi\eta r v_t \tag{5-7}$$

$$d_{st} = \left[\frac{18\eta v_t}{(\rho-\rho_0)g}\right]^{\frac{1}{2}} = \left[\frac{18\eta h}{(\rho-\rho_0)gt}\right]^{\frac{1}{2}} \tag{5-8}$$

式中 r——球体半径，m；

η——溶液黏度，Pa·s；

v_t——沉降速度，m/s；

ρ——溶液的密度，kg/m^3；

ρ_0——颗粒的密度，kg/m^3；

g——重力加速度，$9.8\times10^3 kg/m^3$；

h——沉降高度，m；

t——沉降时间，s。

对于微米级颗粒，介质分子热运动对它的作用逐渐显著，引起了它们在介质中的无序扩散运动——布朗运动。

通过研究重力作用与布朗运动单位时间位移的对比图（图 5-10）表明：$d>1\mu m$，表现出明显的重力沉降作用；$d<1\mu m$，主要受介质分子热运动作用，即布朗运动。这说明条件适当时，超微粉体可以稳定地分散悬浮在水介质中（事实上往往受分子作用力等吸引力的影响而团聚沉降）。

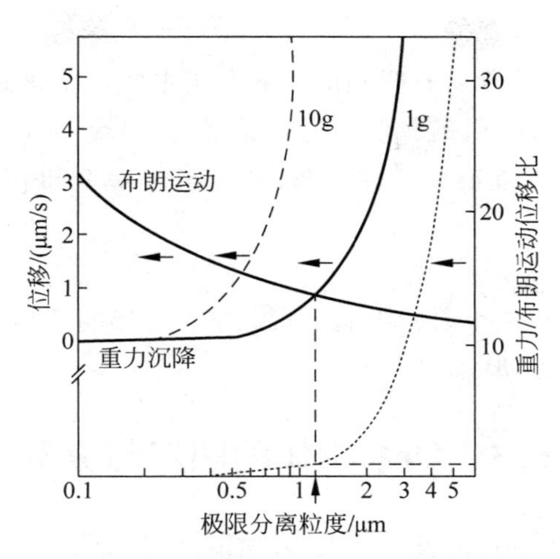

图 5-10　重力作用与布朗运动单位时间位移的对比图

5.4.2.6　影响颗粒在液体中的分散因素

影响颗粒在液体中的分散因素主要有：分散介质调控、分散剂调控、机械调控（超声分散调控和静电分散调控）、pH 分散调控和温度调控。

1. 分散介质调控（dispersion medium regulation）

根据颗粒的表面性质选择适当的介质可获得充分分散的悬浮。其选择的基本原则是：非极性颗粒易于在非极性液体中分散，极性颗粒易于在极性液体中分散，即所谓的极性相似原则。此外，颗粒在介质中的分散行为还要受到颗粒表面作用力以及溶液中其他物理化学因素的影响。例如，天然亲水的二氧化硅和碳酸钙颗粒在水、乙醇和煤油中的分散特性截然不同，它们在极性溶剂和乙醇中有较好的分散性，但在煤油中几乎不能分散，呈现强烈的团聚现象。

2. 分散剂（dispersant）调控

分散剂是一类能够促进颗粒分散稳定性，特别是在悬浮液中分散稳定性的化学物质（无机电解质、有机高聚物、表面活性剂）。分散剂主要吸附在颗粒表面或固-液界面，通过以下三种作用增强颗粒间的排斥作用，从而达到稳定分散的目的：

（1）增大颗粒表面电位的绝对值，提高颗粒间的静电排斥力。

（2）增强颗粒间的位阻效应（高分子分散剂），使颗粒间产生较强的位阻排斥力。

（3）调控颗粒表面的极性，增强分散介质对粉体的湿润性，在满足湿润原则的同时，提高颗粒周围的溶剂结构化程度，增加表面溶剂化膜厚度，提高表面溶剂膜的排斥力。

3. 机械（mechanics）调控

通过强烈的机械搅拌引起液体强湍流运动而造成颗粒聚团碎解。机械分散的必要条件是机械对液流的剪切力或压力大于颗粒间的黏着力。干粉状态下聚团的强度较高，因此主要采用以冲击和剪切为主的分散机或粉碎机，如气流粉碎机等。利用水或其他液体介质的分散作用，能够加快机械分散过程。工业上浆料的湿法机械分散主要采用各类搅拌机、沙磨机、胶体磨等。

机械分散的时效性差，一段时间后会发生重新团聚。为了防止团聚，在机械粉碎的同时，往往辅之以化学分散剂或其他表面处理剂。

4. pH 分散调控

pH 对悬浮液的分散稳定性具有强烈的影响。亲水的二氧化硅和碳酸钙的分散受体系 pH 的支配和控制。不同 pH 下,其分散行为有显著的差异。有研究表明,二氧化硅和碳酸钙分别在 pH=10 和 pH=5 左右分散性最好,而在 pH=2.9 和 pH=11 时,分散性最差,团聚行为加强。

5. 温度调控

温度是体系热力学过程中重要的影响因素。它直接影响着超细粉体在液体介质中的布朗运动及过程自发发生的趋向。

5.5 纳米粉体的团聚与分散

纳米材料由于具有尺寸小、比表面积大、表面能高、表面原子比例大等特点,使纳米粒子在化学和物理性质上表现出不同于常规粉体的奇异特性,其团聚现象尤为严重。纳米粉体的自发团聚将大大影响其性能的发挥,一般情况下均需要改善其分散性。因此研究纳米颗粒的团聚和分散问题,在超细微粒的制备中显得尤为重要,本部分内容主要讲述纳米粉体相关的物理和化学现象。

5.5.1 纳米粉体化学概述

5.5.1.1 丁铎尔现象(Tyndall phenomeno)

1861 年,T. Graham 对扩散速度较慢的一系列物质给予了胶体的名称。胶体(colloid)又称胶状分散体(colloidal dispersion),是一种均匀混合物,在胶体中含有两种不同相态的物质,一种分散,另一种连续。分散相是由微小的粒子或液滴组成的,大小介于 1~100nm,且几乎遍布整个连续相态。

T. Graham 发现的胶体是高分子,超微颗粒在液体中稳定地分散时也呈现与高分子溶液相同的行为。纳米颗粒在液体中稳定分散的体系就叫作胶体分散系。将这种胶体分散系和高分子溶液等黏性液体总括起来叫作溶胶。另外,与溶胶相似的有凝胶。凝胶是将溶胶的黏度提高之后的状态。一般将有流动性的叫作溶胶,而将没有流动性的叫作凝胶。如果通俗地表达,我们可以认为,溶胶是有流动性的固体,而凝胶是没有流动性的液体。

1869 年,Tyndall 进行了胶体光散射实验,如图 5-11 所示,光入射到胶体溶液中时,由于光路上的颗粒或分子(高分子)引起光的散射而使该光路看起来好像在闪闪发光,这一现象便是丁铎尔效应(Tyndall effect)。

图 5-11 丁铎尔效应图

用丁铎尔效应可鉴别小分子溶液、大分子溶液和溶胶：小分子溶液无丁铎尔效应；大分子溶液的丁铎尔效应微弱；溶胶的丁铎尔效应显著。纳米微粒在溶液中的分散表现出比较强烈的丁铎尔现象。

5.5.1.2 液体中纳米颗粒的物理化学行为

作为工业材料利用微细颗粒的时候，都是将微细颗粒分散于液体中，以溶胶或凝胶状态来使用的。因而了解纳米颗粒在液体中的行为非常重要，并且是不可缺少的。液体中纳米颗粒的物理化学行为可分为吸附现象、分散与凝聚现象、溶胶的流变性和吸附现象。

1. 吸附(adsorption)

吸附是在相互接触的异相间产生的结合现象。它是在吸附剂(adsorbent)液体或固体的界面或表面上极薄的接触层中吸附吸附质(adsorbate)的现象。吸附分为两类：一是物理吸附(physical adsorption)，吸附剂与吸附质之间是以范德华力这种较弱的物理力结合；二是化学吸附(chemical adsorption)，吸附剂与吸附质之间是以化学键力结合。

纳米粉末由于有大的比表面且表面原子配位不足，与相同材质的大块材料相比，有较强的吸附性。超细粉末的吸附性与吸附质的性质、吸附剂的性质、溶液的性质和电解质和非电解质溶液的性质有关。电解质和非电解质溶液以及溶液的 pH 等都对纳米粉末的吸附产生强烈的影响。不同种类的超细粉末吸附性质也有很大的差别。因此，我们将吸附剂限定于陶瓷颗粒，吸附质分别为电解质、非电解质、大分子三种情况进行简单论述。

(1) 电解质的吸附

电解质在溶液中以离子的形式存在，吸附力大小主要由库仑力来决定，所以其吸附现象大多属于物理吸附。纳米颗粒的大比表面常常产生键的不饱和性，致使纳米颗粒表面失去电中性而带电(如纳米氧化物、氮化物粒子)，而溶液中必有带相反电荷的离子称为平衡离子(counter ion)，如黏土颗粒表面的电荷基本上是负的，因此可由碱金属或者碱土金属阳离子来中和其表面的负电荷。如果这种吸附离子是 Ca^{2+}，那么这种黏土就用 Ca-黏土来表示。例如，Ca-黏土悬浮于水中时，Ca^{2+} 向着离开表面的一定距离移动，形成扩散离子对层。这种扩散离子对层可以分成两部分，内层很强地吸附于颗粒表面，叫 Stern 层，而外层是较弱的吸附层，叫 Gouy-Chapmann 层。Stern 层是固定层，由吸附的一部分平衡离子构成，中和一部分颗粒表面所带的电荷。其余大部分阳离子是通过颗粒表面所带电荷的引力，随着与带电颗粒距离的变化而形成一个扩散层，即平衡离子浓度向阳离子数量和阴离子数量相同的溶液中呈扩散性变化。在带电颗粒周围形成的这种双重层叫双电层。双电层内的电位在 Stern 层内急剧下降，在 Gouy-Chapmann 层内慢慢减少。分散于溶液中的颗粒在电场作用下移动，这时，也有一部分溶液被吸附在颗粒表面上而随着颗粒一起移动。这种吸附于颗粒表面上的溶液和普通溶液之间的界面电位差叫电位。电位是双电层厚度的度量，可以由电泳实验求得。

平衡离子在双电层内的分布可以用电位定量地表达。将 Ca-黏土那样的颗粒作为电解质进行计算，以颗粒表面为原点，求溶液侧任意距离 x 处的 ψ。ψ 可以近似地表示为

$$\psi = \psi_0 \exp(-kx) \tag{5-9}$$

其中

$$K = \left(\frac{2e^2 n_0 Z^2}{\varepsilon k T}\right)^{\frac{1}{2}} = \left(\frac{2e^2 N_A c Z^2}{\varepsilon k T}\right)^{\frac{1}{2}} \tag{5-10}$$

式中 ε——溶液的介电常数；

e——电子的电荷，C；

n_0——溶液的离子浓度，mol/cm^3；

Z——化合价；

k——玻耳兹曼常数；

N_A——阿伏伽德罗常量；

c——强电解质的浓度，mol/cm^3；

T——热力学温度，K。

当 $x \to \infty$ 时，$\psi=0$，颗粒表面为 ψ_0。实际上，可以将实验求得的 ζ 电位取作 ψ_0。

在式(5-9)中，k 表示指数函数 ψ 的形状，即双电层的扩展状态，因此称 $1/k$ 为双电层的厚度。由式(5-10)可知，$1/k$ 与 c 以及 Z^2 成反比，可见，电解质的浓度越大，离子的化合价越高，则双电层厚度越小。

图 5-12 表示了高岭土粒子的表面带电情况和带负电的颗粒周围的双电层状态。OH^- 浓度很高时，高岭土板状颗粒的端部带负电。当 Na^+ 具有足够高的浓度来形成扩散层时，扩散层现象就像图(b)那样展开得较广，ψ 慢慢地减小。但是，在这一状态下再增加 Na^+ 的浓度时，有效的平衡离子量增加，由于这一原因，ψ 就像图(c)那样急剧衰减，双电层的厚度减小。另外，即使平衡离子的量是适当的，将平衡离子的化合价提高时，ψ 仍然像图(d)那样急剧衰减，双电层的厚度变厚。

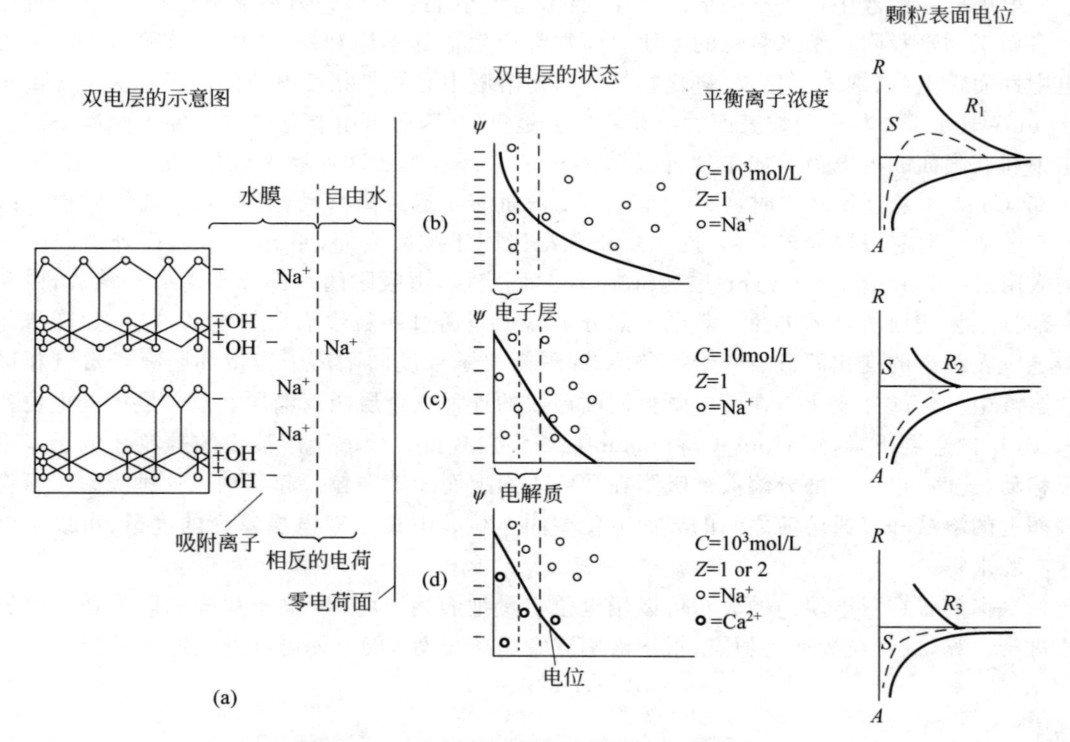

图 5-12 双电层的厚度与平衡离子浓度的关系

氧化物中的情形也是同样的,如石英、二氧化锆、氧化铝和二氧化钛等颗粒表面在水溶液中的 pH 不同可带不同的电或呈电中性。如图 5-13 所示,当 pH 较小时,粒子表面形成 $M—OH_2$(M 代表金属离子,如 Si、Al、Ti 等),导致粒子表面带正电。当 pH 很高时,粒子表面形成 M—O 键,使粒子表面带负电。如果 pH 处于中间值,则氧化物颗粒表面形成 M—OH 键,这时粒子呈电中性。在表面电荷为正时,平衡微粒表面电荷的有效离子为 Cl^-,NO_3^- 等阴离子,若表面电荷为负电时,Na^+,NH_4^+ 是很有效的平衡微粒表面电荷的离子。

(2) 非电解质的吸附

非电解质是不带电的分子,它们基本上是以氢键、范德华力及偶极子等较弱的静电引力吸附于颗粒表面,特别是氢键起较大的作用。图 5-14 表示在较低的 pH 下,乙醇、氨基酸、醚等吸附于 SiO_2 颗粒表面的情形。乙醇、氨基酸以及醚等分子的负电性原子之 π 电子通过与二氧化硅表面上的硅醇基(Si—OH)中的氢原子形成氢键而被吸附。将二氧化硅加热脱水时,邻近的两个硅醇基去掉一分子的水,在二氧化硅表面形成硅氧键,其表面状态与脱水前的硅醇基相比有很大的差别。所以其表面上的吸附物质也呈现不同的吸附状态。例如,用甲基红的苯溶液使通过加热而脱去一部分水的二氧化硅表面吸附甲基红时,与脱水前的二氧化硅表面吸附甲基红时的情形相比,吸附量显著减少。这表明,甲基红是由硅醇基吸附的,而不被硅氧键部分吸附。对于水分子的吸附,也可以观察到同样的情况,即水分子也是通过将二氧化硅的硅醇基水化而被吸附的。乙醇分子通过二氧化硅颗粒表面的 O 原子与乙醇—OH 基的 H 原子之间形成 O—H 氢键而被吸附。所以键合力较弱,为物理吸附。反之,大分子的聚乙烯虽然同样也是以 O—H 氢键键合,但用于吸附的键的数量多,则吸附较强,事实上可以看成是化学吸附。吸附不仅受颗粒表面性质的影响,还受吸附质分子的性质影响。有时即使吸附质相同,随着溶剂的不同,其吸附量也会发生变化。例如,以直链脂肪酸为吸附质,以苯及正己烷溶液为溶剂,结果以正己烷为溶剂时直链脂肪酸在氧化硅微粒表面上的吸附量比以苯为溶剂时多,这是因为在以苯为溶剂的情况下形成的氢键很少。从水溶液中吸附非电解质时,受 pH 影响很大,pH 高时,氧化硅表面带负电,水的存在使得氢键难以形成,导致吸附力下降。

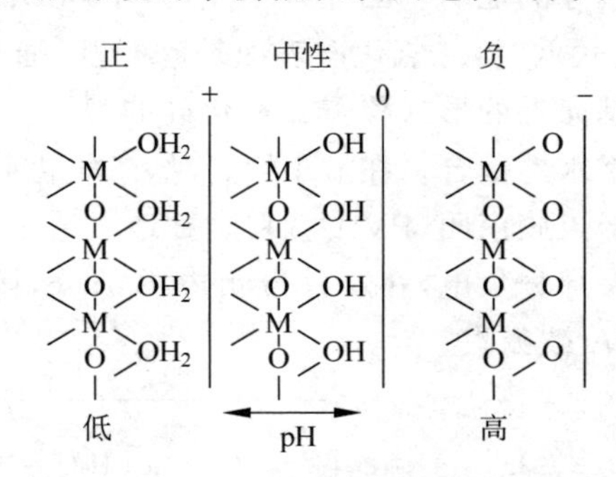

图 5-13 pH 对氧化物表面带电状况的影响

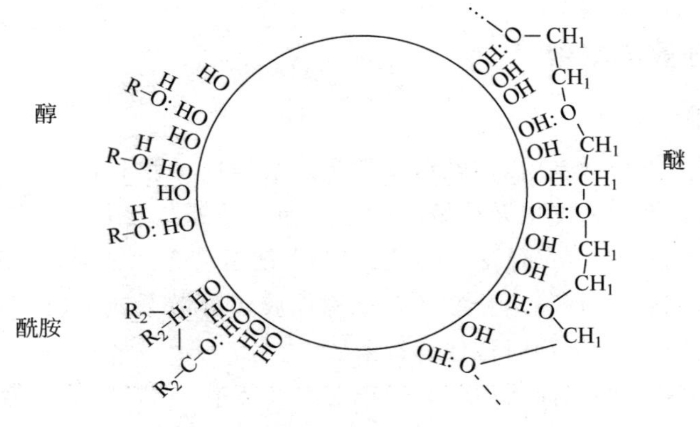

图 5-14 在低 pH 时非电解质吸附于二氧化硅

2. 大分子的吸附

对于巨大分子，有的是电解质，有的是非电解质。它们的吸附机理分别与电解质和非电解质的吸附情况基本相同。大分子的每个分子都有许多可以键合的部分，且由于大分子较大，还存在立体障碍的特异性，这是大分子所独有的特点。大分子的吸附也受吸附剂的表面状态和吸附质的性能等强烈影响。这一事实在 PVA 与阳离子表面活性剂的共吸附中得到了很好的证明。图 5-15 所示为不同 pH 时，二氧化硅表面不同吸附状态的变化情况。在 pH 较低时，二氧化硅表面是硅醇基，通过这种硅醇基和 PVA 之 OH 基的氢键，PVA 以憎水基向外的形式覆盖二氧化硅的表面。阳离子表面活性剂的憎水基再与 PVA 的憎水基发生憎水性键合。在 pH 较高时，二氧化硅表面带负电，为中和这些负电荷，阳离子表面活性剂形成胶束团，PVA 就在这种地方通过憎水性键合而被吸附。在中性区内，二氧化硅表面带一部分负电，在这种带负电的部分，阳离子表面活性剂被吸附，而在剩余的硅醇基部分 PVA 被吸附。

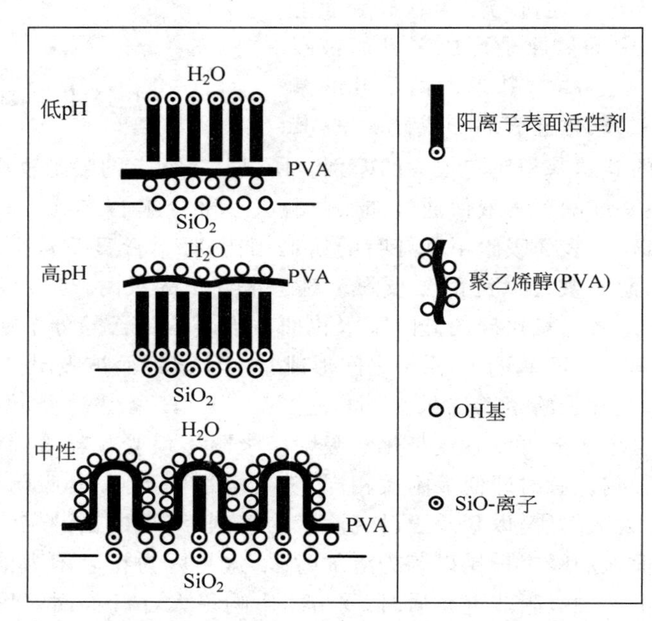

图 5-15 不同 pH 时，聚乙烯醇(PVA)与阳离子表面活性剂对二氧化硅表面的共吸附

5.5.2 颗粒的分散与凝聚

5.5.2.1 分散

将纳米微粒分散于分散剂中时，颗粒通常是随着时间的推移而沉降。沉降时间或者沉降速度由分散剂的黏度和密度以及分散质的密度和粒径等参数决定。但是颗粒小到所谓胶体颗粒的粒径，即在 1～100nm 时，由于分散剂的布朗运动等因素影响，阻止了颗粒的沉降，而呈现稳定分散的状态，这种稳定分散状态就称作胶体分散系或溶胶。若分散剂为水时称作水溶胶体，分散剂为有机溶剂时称作有机溶胶。

另外，由于超微颗粒的表面活性使它们很容易团聚在一起，胶体分散系也会发生凝聚。即使一次颗粒为胶体大小的颗粒，但它们一旦形成大的凝聚体，就不能实现稳定的分散状态，而产生沉降。通常用超声波将分散剂中的团聚体打碎。为了防止小颗粒的团聚可采取下面的措施：

1. 加入反絮凝剂形成双电层

反絮凝剂的选择可根据微粒的性质、带电类型等来确定，即选择适当的电解质作分散剂，使微粒表面吸引异电离子而形成双电层，通过双电层之间的库仑排斥作用使粒子之间发生团聚的引力就大大降低，从而实现了微粒间的分散。分散剂的这种稳定作用称作静电效应。

2. 加表面活性剂包裹微粒

加入表面活性剂，使其吸附在粒子表面，形成微胞状态，由于活性剂的存在而产生了粒子间的排斥力，粒子间不能接触，从而防止团聚体的产生。对于磁性超微颗粒的分散，这种方法是十分重要的。磁性微粒很容易团聚，这是通过颗粒间的磁吸引力实现的。在其中加入表面活性剂如油酸，使其包裹在磁性粒子表面，造成粒子间的排斥作用，就可以避免团聚体的生成。S. S. Papell 在制备 Fe_3O_4 的磁性溶液时就采用油酸防止团聚，达到了分散的目的。

5.5.2.2 微粒的团聚

液体中的微粒受到范德华力作用很容易发生团聚，而由于吸附在颗粒表面形成的具有一定电位梯度的双电层又有克服范德华力阻止颗粒团聚的作用。因此，悬浮液中微粒是否团聚主要由这两个因素来决定。当范德华力的吸引作用大于双电层之间的排斥作用时、粒子就发生团聚。在讨论团聚时必须考虑悬浮液中小颗粒的浓度和溶剂离子的化学价。下面具体分析悬浮液中微粒团聚的条件。

在半径为 r 的两颗粒间，基于范德华力的相互作用势能 E_V 可表示为

$$E_V = -\frac{A}{12} \cdot \frac{r}{l} \tag{5-11}$$

式中 l——颗粒间的最短距离，m；

r——颗粒半径，m；

A——常数，J。

由双电层引起的相互作用势能 E_0 可表示为

$$E_0 \approx \frac{\varepsilon r \psi_0^2}{2} \exp(-kl) \tag{5-12}$$

式中 ε——溶液的介电常数；

ψ_0——颗粒的表面电位，C；

k——由式(5-10)计算得出。

两微粒间总的相互作用势能 E 为

$$E = E_V + E_0 = \frac{\varepsilon r \psi_0^2}{2} \exp(-kl) - \frac{A}{12} \cdot \frac{r}{l} (\mathrm{J}) \tag{5-13}$$

将 E，E_V，E_0 分别看成是颗粒间距离的函数，则可得到图 5-16。当 k 较小时，E 存在一个最大值，对于凝聚，则存在着一个势垒。当 k 较大时，不存在这种势垒。前者称作缓慢凝聚，后者称作快速凝聚。赋予 $E_{max}=0$ 的 k 值之电解质浓度，称作临界凝聚浓度或者凝聚值。

根据式(5-13)和 $E_{\max}=0$ 以及 $(\mathrm{d}E/\mathrm{d}l)_{E=E_{\max}}=0$ 等条件，临界凝聚浓度 c_{f} 可求解为

$$c_{\mathrm{f}}=\frac{16\varepsilon^{3}kT}{N_{\mathrm{A}}e^{4}A^{2}}\cdot\frac{\psi_{0}^{4}}{Z^{2}}\propto\frac{1}{Z^{2}} \tag{5-14}$$

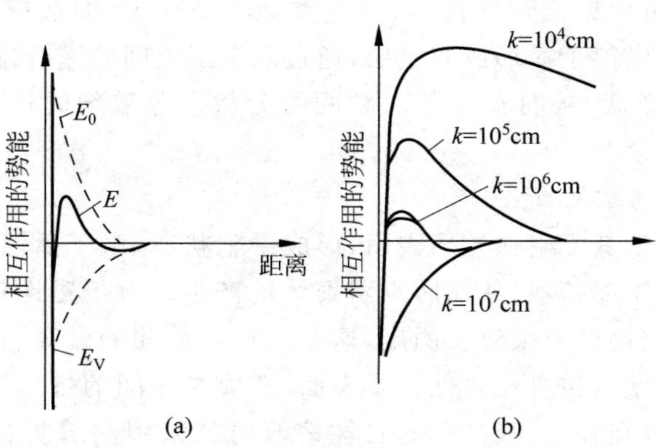

图 5-16 粒子间的相互作用势能

(a) 定性曲线；(b) 由 k 引起的曲线变化

这表明临界凝聚浓度与平衡离子的化合价的二次方成反比。关于电解质对胶体颗粒的凝聚作用，过去有许多研究，现已明确凝聚所需要的最小电解质浓度即临界凝聚浓度，与离子的种类无关，而只与化合价有关。

5.5.3 流变性能

流变学是“研究物质的流动和变形的科学”。对于超微颗粒，随着其粒度的变小，逐渐呈现出与原来固体不同的行为。特别是 1μm 以下颗粒在液体中分散系胶体的流变学在理论上和实际应用上都是非常有意义的研究对象。在这里，我们考虑胶体分散系的流变性中最为重要的性能之一。

根据流体力学我们知道，当流体的剪切应力 τ 正比于剪切速度 γ 时，即 $\tau=\eta\gamma$，黏度 η 为常数，这种流体称为牛顿流体，而不遵循上述关系的流体为非牛顿流体，其黏度 η 随 τ 和 γ 而改变。图 5-17 为两种液体的 τ 与 γ 的关系曲线，服从曲线 a 的流体为牛顿流体，服从 b 和 c 曲线的流体为非牛顿流体。

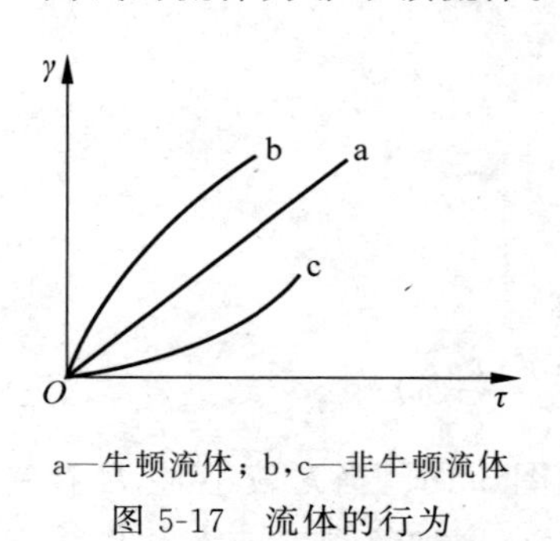

a—牛顿流体；b，c—非牛顿流体

图 5-17 流体的行为

众所周知，溶胶通常是非牛顿流体。由于溶胶的溶剂本身是牛顿流体，所以可以认为溶胶中的颗粒或者大分子的存在使牛顿流体变成了非牛顿流体，即颗粒或大分子对溶胶的黏性行为产生了影响。

以 η 和 η_0 分别表示溶液和溶剂的黏度时，将 $\eta_{\mathrm{rel}}=\eta/\eta_0$ 称为相对黏度(relative viscosity)。而溶液黏度相对于溶剂黏度的增加比率 $\eta_{\mathrm{sp}}=(\eta-\eta_0)/\eta_0=\eta_{\mathrm{rel}}-1$，称作比黏度(specific viscosity)。固体粒子分散于液体中形成的球形粒子分散系统的比黏度服从爱因斯坦黏度表示式：$\eta_{\mathrm{sp}}=2.5\varphi$，$\varphi$ 为粒子的体积分数，此黏度式适用于 Au 胶体、胶乳等粒子分散系，但浓度

高时实验值偏离此式。单位浓度下黏度的增加率 $\eta_r=\eta_{sp}/C$,C 为溶质的浓度,η_r 称为约化黏度(reduced viscosity)。

5.5.3.1 典型胶体分散系的黏度

由乳化聚合制成的各种合成树脂胶乳是粒径为 0.1μm 左右的单分散球形颗粒称为胶体颗粒分散系的典型胶体分散系而被广泛研究。F. L. Saunders 使用 90～871nm 的单分散聚苯乙烯胶乳研究了胶乳浓度对黏度的影响。结果表明,在胶乳浓度(体积分数)为 0.25 以下时,胶乳分散系为牛顿流体,而胶乳浓度高于 0.25 时分散系变为非牛顿流体。约化黏度 η_r 增大,即使胶乳浓度相同,随着胶乳粒径的减小黏度也在增大。胶乳浓度与相对黏度的关系可用 Mooney 式来表示,即

$$\eta_r=\exp\frac{a_0\varphi}{1-k\varphi} \tag{5-15}$$

式中 φ——胶乳的浓度(体积分数),%;

a_0——粒子的形状因子,取 2.5;

k——静电引力常数,约为 1.35。

随着乳胶粒径减小,体系黏度也在增大,乳胶间静电引力的增大是 Mooney 式中的 k 变小所致。

5.5.3.2 氧化铝悬浮液的黏性

图 5-18 所示为不同粒径下,不同浓度的 Al_2O_3 微粒悬浮液的黏度随剪切速率 γ 的变化曲线。可以看出这种悬浮液呈现出黏度随剪切速度增加而减小的剪切减薄行为。过去通常认为剪切减薄行为是由粒子的凝聚作用所致,但电动力学实验结果表明,悬浮液中的粒子是非常分散的,因此,Yeh 和 Sacks 等人指出剪切减薄行为不能归结为粒子的凝聚作用,而是由布朗运动和电黏滞效应引起的。Krieger 等人曾对单分散胶乳粒子的"中性稳定"悬浮液的布朗运动对黏度的影响进行了研究,观察到剪切减薄行为及高剪切极限黏度和低剪切极限黏度。对于体积分数为 50%、粒子直径为 150nm 的悬浮液,高剪切极限黏度是低剪切极限黏度的 2 倍。随着浓度的减小和粒子直径的增加,两个极限值的差快速减小。由图 5-18 可知,体积分数为 38%、粒径约为 100nm 的 Al_2O_3 悬浮液的高剪切黏度是低剪切黏度的 3 倍。这与 Krieger 的结果有矛盾。由于 Krieger 调查的悬浮液是电中性的,而 Al_2O_3 悬浮液则不是电中性的,因此 Yeh 和 Sacks 认为 Al_2O_3 悬浮液的行为与 Krieger 调查的悬浮液行为的差别是由于 Al_2O_3 悬浮液中的电黏滞效应引起的。特别是粒子表面电荷密度和 ζ 电位增大以及离子强度、粒径减小时,电黏滞效应对黏度的影响变得很重要,它的影响比布朗运动大得多,从而可能导致在高、低剪切速率下黏度变化几个数量级。

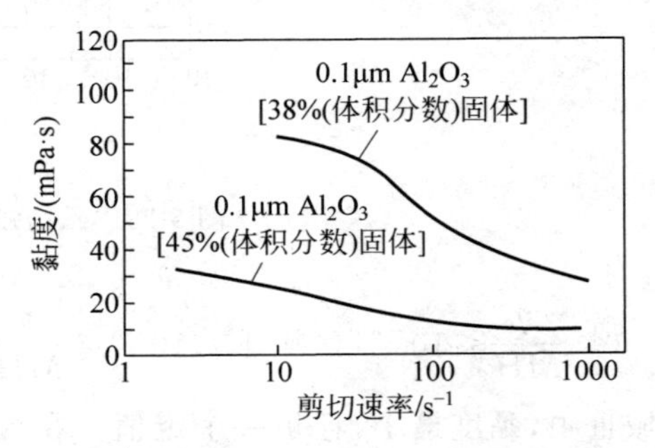

图 5-18 不同 Al_2O_3 悬浮液的黏度与剪切速率的关系

5.5.3.3 磁流体的黏度

磁流体处于磁场下,强磁性粉末受磁应力的作用,由于这种磁应力的作用,颗粒的运动

受到限制，所以它呈现出比其他非磁性分散系更加有趣的流变学特性。图 5-19 表示磁流体流动方向平行时的情形，B 曲线表示所加磁场与流体的流动方向垂直时的情形。两种情形与预想的一样，随着磁场强度的增大，黏度也增大。所加磁场与流体的流动方向平行时，效果更为明显。对磁流体同时加上磁应力和剪切应力时，其黏性行为示于图 5-20。图中的纵坐标表示磁流体的黏度，横轴表示剪切应力与磁应力之比。这一黏性行为可分为三个部分。

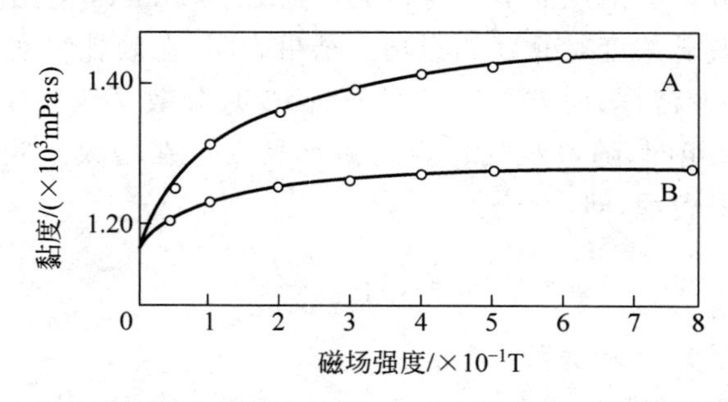

A—磁场平行于磁流体流变方向；B—磁场垂直于磁流体流变方向

图 5-19　磁流体的黏度随磁场的变化

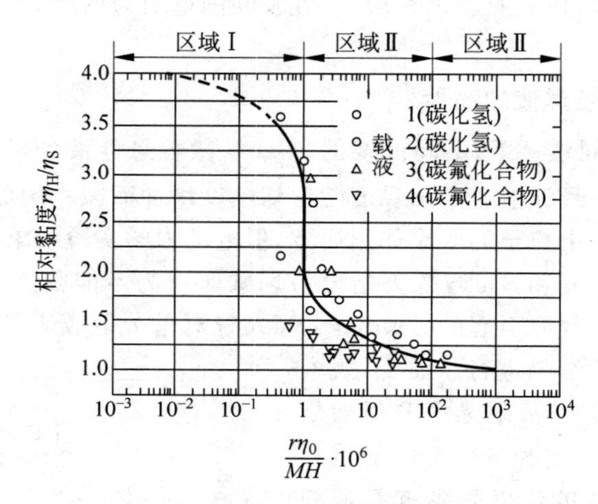

图 5-20　磁场强度对磁流体黏度的影响

$0<\dfrac{r\eta_0}{MH}<10^{-6}$（区域Ⅰ），$10^{-6}<\dfrac{r\eta_0}{MH}<10^{-4}$（区域Ⅱ），$10^{-4}<\dfrac{r\eta_0}{MH}<\infty$（区域Ⅲ），在区域Ⅲ中，黏度最小，且是一个定值。在区域Ⅱ中，黏度与磁应力以及剪切应力都有关系。在区域Ⅰ中，呈现最大黏度，且黏度为一定值。

在区域Ⅰ中，由于剪切应力相对于磁应力来说很小，所以磁流体中胶体颗粒的移动受到磁应力的限制，结果是黏度变大。反之，相对于磁应力来说，在剪切应力较大的区域Ⅲ中，磁应力不能限制颗粒在剪切应力作用下的移动，结果黏度降低。在中间区域Ⅱ中，相应于剪切应力与磁应力之比的变化，流体的黏度变化很大。磁流体中的胶粒在颗粒周围具有赋予立体障碍作用的吸附分子。磁流体作为流体的性能与包含吸附分子在内的颗粒的大小有关。此外，磁性能是由除了吸附分子以外的磁性颗粒本身决定的。所以区域Ⅱ随包括吸附分子在内的颗粒的大小和磁性颗粒本身大小的变化而变化。

5.5.4 纳米粉体的分散

纳米粉体的分散方法可以分为物理分散法和化学分散法。物理分散是采用物理的方法来分散粉体，包括超声波分散、机械力分散等；化学分散是采用分散剂提高悬浮体的分散性，改善其稳定性和流变性。

5.5.4.1 物理分散法

纳米粉体由于颗粒尺寸比较小，所以采用的物理分散法不同于工业粉体的分散。

1. *超声波法*

超声波是频率高于 20kHz 的声波。其特点为：方向性好，穿透能力强，易于获得较集中的声能，在水中传播距离远，可用于测距、清洗、焊接、碎石、杀菌消毒等。超声波传播需要以介质(水等)为载体。空化作用在水介质中产生局部的高温高压，并产生巨大的冲击力和微射流。纳米粉体在其作用下，表面能被削弱，从而实现了对纳米粉体的分散作用。

2. *机械分散法*

机械分散法是借助外界剪切力或撞击力等机械能使纳米粒子在介质中充分分散的一种方法。主要有机械分散法、研磨、普通球磨、振动球磨、胶体磨、空气磨和机械搅拌等，其中振动球磨的分散效率较高。

粉体磨细到一定程度，即使延长球磨时间，粒径也不变化。其原因是：细颗粒有巨大的界面能，颗粒间的范德华力较强；随着粉体粒度的降低，颗粒间自动聚集的趋势变大；分散作用与聚集作用达到平衡，粒径不再变化。

机械分散的缺点是易引入杂质(球磨介质)，可能改变粉体性质，如提高粉体颗粒的表面能，会增加晶格缺陷，在表面形成无定形层，改变化学组成等。

5.5.4.2 化学法分散法

物理分散的效果较好，但当外力停止后，由于范德华力的作用，又会发生颗粒的聚集；化学分散是通过分散剂，使颗粒间有较强的斥力，抑制分散体系的絮凝。实际中常采用机械分散和化学分散两种方法结合。

分散剂按活性基团的电离性分为离子型、两性型和非离子型，其中离子型是极性基团带电，可分为阳离子型(极性基团带正电，如氨基等)和阴离子型(极性基团带负电，如羧基等)；两性型则含有两种活性基团，并分别带正电和负电；非离子型的极性基团不带电，如乙二醇。

常用的分散剂有表面活性剂，包括因空间位阻效应分散的，如长链脂肪酸等；小相对分子质量无机电解质或无机聚合物(空间位阻和静电稳定效应)，如硅酸钠、三聚磷酸钾等；高分子有机聚合物(空间位阻和静电稳定效应)，如明胶和海藻酸盐等。此外还有耦联剂类(空间位阻和静电稳定效应)，如硅烷类和钛酸酯类等。

参考文献

[1] 陶珍东，郑少华. 粉体工程与设备[M]. 北京：化学工业出版社，2003.

第6章　分　　级

本章提要：将粉体颗粒分成不同粒度区间的操作称为分级，实际生产中往往需要将粉体颗粒按不同粒度区间进行分级（有时也称选粉），以保证后续制品的质量，分级是粉体重要的加工技术。本章主要介绍粉体分级的基本理论及相关分级设备的结构与工作原理。

6.1　概　　述

粉体中颗粒的分级效果关系到产品的粒度分布控制效果，从而影响到如下产品质量和使用效果等问题：减少过粉碎从而提高成品率、优化磨机工作状态提高能量利用率、改善有用矿物的回收率、增强磨料的研磨质量和研磨效率、提高固态可充放电池的能量效率、改善绘画颜料的单色饱和度、剔除不良杂质从而优化产品质量等。

6.1.1　分级效率

6.1.1.1　分级效率(classification efficiency)的定义

分级(classification)后获得的某种成分的质量与分级前粉体中所含该成分的质量之比称为分级效率。用公式表示为

$$\eta=\frac{m}{m_0}\times 100\% \tag{6-1}$$

式中　m_0——分级前粉体中某成分的质量，kg；

m——分级后获得的该成分的质量，kg；

η——分级效率，%。

式(6-1)能明确反映分级效率的实质，但并不便于使用，原因是工业连续生产中处理的物料量一般较大，m_0 和 m 不易称量。即使能够称量，分级产品中也不可能全部是要求粒度的颗粒，粗级产品中总有少量粒度较小的颗粒，细级产品中总有少量粒度较大的颗粒。下面以粒度分级为例推导分级效率的实用公式。

设分级前、分级后的细粉与粗粉的总质量分别为 F，A，B，其中合格细颗粒的含量分别为 x_f，x_a，x_b，假定分级过程中无损耗，根据物料质量平衡有

$$F=A+B \tag{6-2}$$

$$x_fF=x_aA+x_bB \tag{6-3}$$

联立式(6-2)和式(6-3)可解得

$$\eta=\frac{x_aA}{x_fF}\times 100\%=\frac{x_a(x_f-x_b)}{x_f(x_a-x_b)}\times 100\% \tag{6-4}$$

式(6-4)表明，分级效率与分级前、后三种粉体中合格颗粒的质量分数有内在的联系。换言之，分级效率的提高有赖于 x_a 的增大和 x_b 的减小。

6.1.1.2 综合分级效率(牛顿分级效率)η_N

牛顿分级效率是综合考查合格细颗粒的收集程度和不合格粗颗粒的分级程度,该指标似乎能更确切地反映分级设备的分级性能,将其定义为合格成分的收集率减去不合格成分的残留率。数学表达式为

$$\eta_N = \gamma_a - (1-\gamma_b) = \gamma_a + \gamma_b - 1 \tag{6-5}$$

由于

$$\gamma_a = \frac{x_a A}{x_f F};$$

$$\gamma_b = \frac{B(1-x_b)}{F(1-x_f)};$$

$$A/F = \frac{x_f - x_b}{x_a - x_b};$$

$$B/F = \frac{x_a - x_f}{x_a - x_b}。$$

所以有:

$$\eta_N = \frac{(x_f - x_b)(x_a - x_f)}{x_f(1-x_f)(x_a - x_b)} \tag{6-6}$$

可以证明,牛顿分级效率的物理意义是:分级物料中能实现理想分级(即完全分级)的质量比。

6.1.1.3 部分分级效率

将粉体按粒度特性分为若干粒度区间,分别计算出各区间颗粒的分级率称为部分分级效率,以 η_p 表示。

如图 6-1(a)所示,曲线 a,b 分别为原始粉体和分级后粗粉部分的频率分布曲线。设任一粒度区间 d 和 $d+\Delta d$ 之间的原始粉体和粗粉的质量分别为 w_f 和 w_b,以粒度为横坐标,以$\frac{w_b}{w_f}\times 100\%$为纵坐标,可绘出图 6-1(b)所示的曲线 c,该曲线称为部分分级效率曲线。

部分分级效率曲线也可用细粉相应的频率分布数据绘制,如图 6-1(b)中的虚线所示。

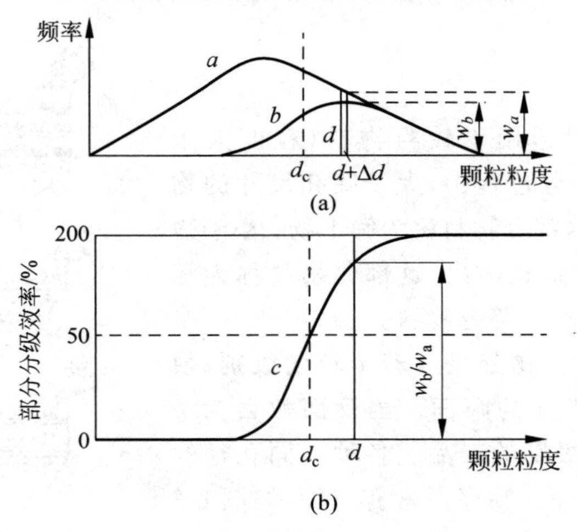

图 6-1 部分分级效率

6.1.2　分级粒径

在图 6-2 中，曲线 1 为理想分级曲线，曲线 2、3 为实际分级曲线。曲线 1 在粒径 d_c 处发生跳跃突变，意味着分级后 $d>d_c$ 的粗颗粒全部位于粗粉中，并且粗粉中无粒径小于 d_c 的细颗粒，而细粉中全部为 $d<d_c$ 的细颗粒，无粒径大于 d_c 的粗颗粒。这种情况犹如将原始粉体从粒径 d_c 处截然分开一样，所以 d_c 称为分级粒径。习惯上，将部分分级效率为 50%的粒径称为切割粒径。

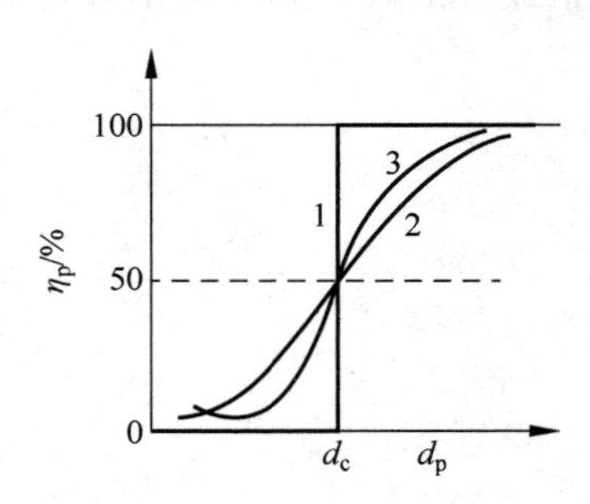

图 6-2　部分分级效率曲线

6.1.3　分级精度

从图 6-2 可以看出，实际分级结果与理想分级结果的区别表现在部分分级曲线相对于曲线 1 的偏离，其偏离程度即曲线的陡峭程度，可以用来表示分级的精确度，即分级精度(classification precision)。为了便于量化，将分级精度定义为部分分级级效率为 75%和 25%的粒径 d_{75} 和 d_{25} 的比值，用字母 χ 表示：

$$\chi=d_{75}/d_{25}\quad 或\quad \chi=d_{25}/d_{75}\tag{6-7}$$

当粒度分布范围较宽时，分级精度可用 $\chi=d_{90}/d_{10}$ 或 $\chi=d_{10}/d_{90}$ 表示。对于理想分级，$\chi=1$。显然，实际分级时，χ 值越接近于 1，其分级精度越高；反之精度越低。

6.1.4　分级效果的综合评价

判断分级设备的分级效果需从上述几个方面综合判断。譬如，当 η_N，χ 相同时，d_{50} 越小，分级效果越好；当 η_N，d_{50} 相同时，χ 值越小，即部分分级效率曲线越陡峭，分级效果越好。如果按粒度将物料分为两级以上，则在考察牛顿分级效率的同时，还应分别考察各级别的分级效率。

6.2　分级设备

6.2.1　筛分设备

筛分(sieving)一般适用于较粗物料(粒度大于 0.05mm)的分级。在筛分过程中，大于筛孔尺寸的物料颗粒被留在筛面上，这部分物料称为筛上物；小于筛孔尺寸的物料颗粒通过筛孔筛出，这部分物料称为筛下物。筛分之前的物料称为筛分物料。

为了将固体颗粒混合物分级成若干粒度级别，须使用一系列不同大小筛孔的筛面。当筛面数目为 n 时，可以分出$(n+1)$个级别的产品。各种不同孔径的筛面组合在一起称为筛序。筛序通常有三种，如图 6-3 所示。

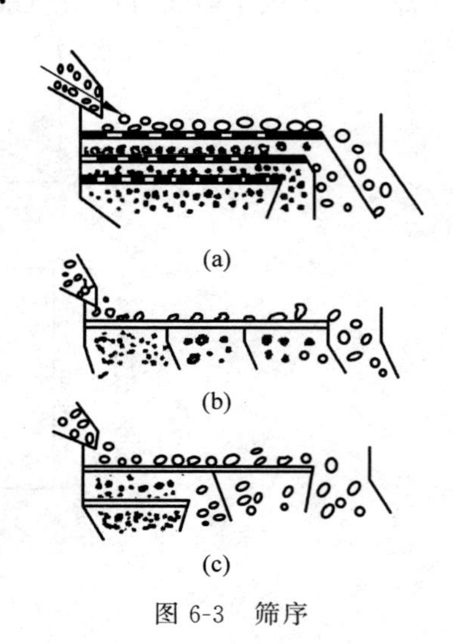

图 6-3　筛序

1. 由粗到细的筛序

如图 6-3(a)所示，这种筛序(sieve series)的优点是可以将筛面由粗到细重叠布置，节省厂房面积；粗物料不接触细筛网可减轻细筛网的磨损。较难筛的细颗粒很快能通过上层粗筛筛面，因而筛面不易堵塞，有利于提高筛分质量。其缺点是维修不方便。

2. 由细到粗的筛序

如图 6-3(b)所示，该筛序与图 6-3(a)相反，由于粗颗粒接触细筛网，致使细筛网不仅易磨损，还易被较大的颗粒堵塞，降低了筛分效率。但容易布置，维修也较方便。

3. 混合筛序

如图 6-3(c)所示，这种筛序是上述两种筛序的组合，具有二者的优点。筛分作业一般是与粉碎作业相联系的，按其作用可分为预筛分和检查筛分两种，如图 6-4 所示。

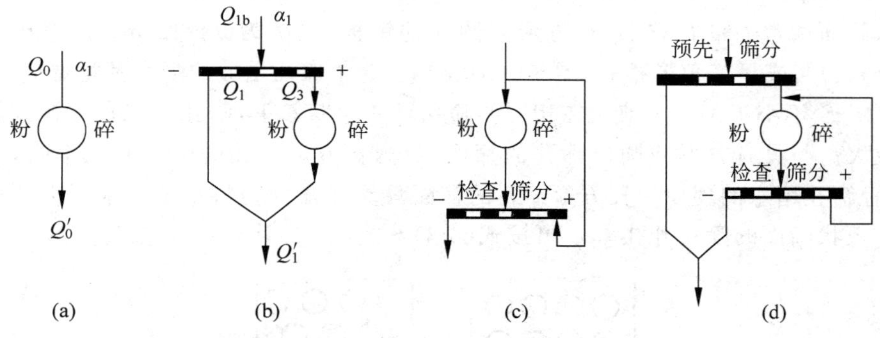

图 6-4 预筛分和检查筛分示意图

预筛分是在给料进入粉碎机之前进行的筛分作业。其作用是：预先分级出给料中的细颗粒，防止过粉碎，并提高粉碎机的生产能力。但设置预筛分会增大厂房的高度，所以在粉碎机生产能力较大时，一般不设预筛分。

检查筛分是为了控制粉碎产品的细度以及充分发挥粉碎设备的生产能力。

6.2.1.1 筛分机械的分类

筛分机械的类型很多，按筛分方式可将其分为干式筛和湿式筛；按筛面的运动特性，可将其分为四大类：振动筛(包括旋摆运动振动筛、直线运动振动筛和圆运动振动筛)、摇动筛(包括旋动筛和直线摇动筛)、回转筛(包括圆筒筛、圆锥筛、角柱筛和角锥筛)、固定筛(包括固定弧形筛、固定格筛和固定棒条筛)。

6.2.1.2 筛面

筛面(sieve surface)是筛分机械的主要工作部件，正确选择筛面对于提高筛分质量具有重要意义。筛分机械所用的筛面一般按被筛分物料的粒度和筛分作业的工艺要求采用棒条筛面、板状筛面、编织筛面、波浪形筛面和非金属筛面等。

筛栅由相互平行的按一定间隔排列的钢质棒条组成，图 6-5 所示为筛栅及其断面形状示意图。这种筛面通常用在固定式重型振动筛上，又分为固定格筛和条筛两种。固定格筛一般水平安装在粗料仓上部。固定条筛的筛面与水平面成一角度倾斜安装，倾角应大于物料的休止角以使之能够沿筛面自动下滑或滚动，一般为 30°～60°。条筛的孔尺寸为要求筛下粒度的 1.1～1.2 倍，一般筛孔尺寸不小于 50mm。条筛的长度 L 根据宽度 B 确定，一般

取 $L=2B$，宽度 B 取决于给料口的尺寸，并应大于最大给料粒度的 2.5 倍。

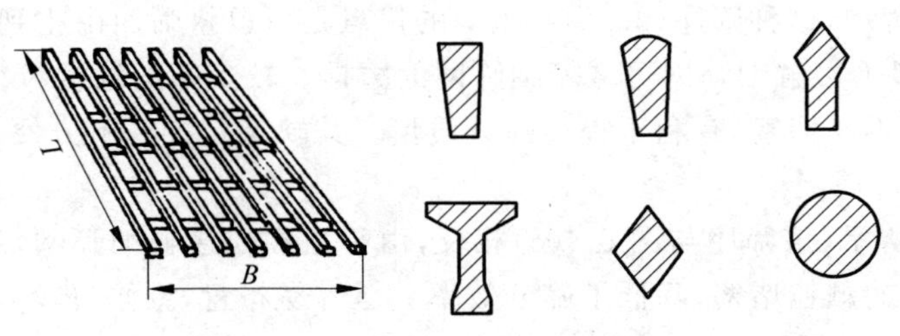

图 6-5　筛栅及其断面形状示意图

条筛结构简单，无运动部件，不需要动力，但其筛孔易堵塞，需要的高差大，筛分效率一般为 50%～60%。

板状筛面通常为带有方形、长方形或圆孔的钢板，厚度为 5～12 mm。筛孔平行排列[图 5-6(a)(c)]，或呈三角形排列[图 5-6(b)(d)]。为了保证足够的强度及耐磨损，孔壁之间的最小距级 S 不小于某一定值。在相同的筛孔尺寸和壁厚下，筛孔呈三角形排列筛面的有效面积较大。与具有方形或圆形筛孔的筛面相比，长方形筛孔的筛面开孔率高，生产能力大，可减轻筛孔堵塞的现象。长方形筛孔的筛面只能在筛分物料粒度要求不太严格的情况下使用。板状筛面的筛孔开孔率 φ 可按式(6-8)～式(6-11)计算：

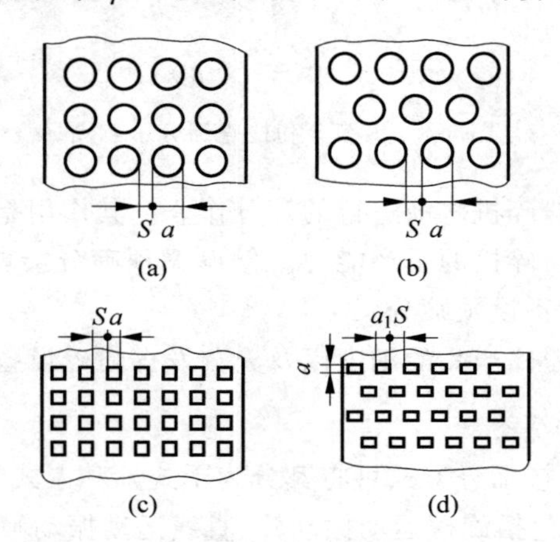

图 6-6　冲孔筛板

(a) 平行排列圆孔；(b) 三角形排列圆孔；(c) 平行排列方孔；(d) 三角形排列方孔

对于平行排列的圆形筛孔：

$$\varphi=\frac{0.785a^2}{(a+s)^2}\times 100\% \tag{6-8}$$

式中　a——筛孔直径，mm；

s——孔壁之间的最小距级，mm。

对于三角形排列的圆形筛孔：

$$\varphi=\frac{0.905a^2}{(a+s)^2}\times 100\% \tag{6-9}$$

对于平行排列的方形筛孔：

$$\varphi=\frac{a^2}{(a+s)^2}\times 100\% \tag{6-10}$$

式中　a——筛孔边长，mm。

对于边长为 a，a_1 的长方形筛孔：

$$\varphi=\frac{aa_1}{(a+s)^2(a_1+s)^2}\times 100\% \tag{6-11}$$

式中　a，a_1——筛孔边长，mm。

筛板的厚度可按式(6-12)近似计算：

$$t\leqslant 0.625a \tag{6-12}$$

式中　t——筛板厚度，mm；

　　a——筛孔尺寸，mm。

板状筛面牢固、刚度大、使用寿命长，但开孔率较小，为40%～60%，一般用于中等粒度物料的筛分，筛孔尺寸通常为12～50mm。为使细颗粒顺畅地通过筛孔，冲孔筛板的筛孔一般上小下大，与物料通过筛孔时的运动方向有一定的倾斜度。

编织筛面是用钢丝编织而成的。筛孔的形状为方形或长方形，开孔率可达95%左右。编织筛的开孔率高、重量轻、制造方便，但使用寿命较短。为了提高其使用寿命，钢丝材料可采用弹簧钢或不锈钢。编织筛面适用于中细物料的筛分。

筛孔大小可用筛目数 M 表示，也可用 1cm^2 面积上所具有的筛孔数表示，即

$$K=\left(\frac{M}{2.5}\right)^2 \tag{6-13}$$

式中　K——1cm^2 面积上的筛孔数，个；

　　M——筛目数，目。

6.2.1.3　回转筛

回转筛(rotary sieve)由筛网或筛板制成的回转筒体、支架和传动装置等组成。按筒形筛面的形状有圆筒筛、圆锥筛、多角筒筛(一般为六角形)和多角锥筛四种，如图6-7所示。

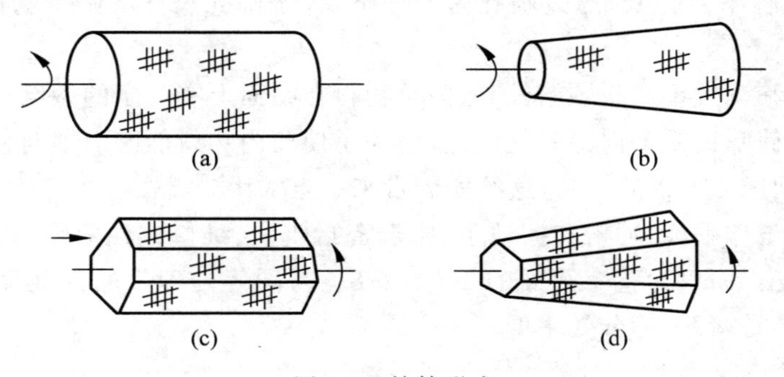

图6-7　筒筛形式

下面用图6-8所示的六角锥形滚筒筛说明这类筛机的构造和工作原理。筛筒1是筛机的工作部分，支承在底座2上面的轴承3上，筛网为六角正接锥台形，由主轴、筛筒骨架及六块金属筛网组成，金属筛网用螺钉和压条固定在筛筒骨架上，可根据需要更换。筛罩4覆盖于筛筒外面，以防止筛机工作时粉尘飞扬，罩的一端有加料斗5，其侧面有检视孔，工作时用

孔盖 6 封闭，罩的上部有为安装吸尘装置而设的吸尘管接口 7，电动机 9 和减速机 8 带动筛筒的主轴回转，使筒筛获得需要的回转速度。底座 2 用型钢焊成，筛筒、轴承、筛罩、减速机及电动机等均固定在底座上。

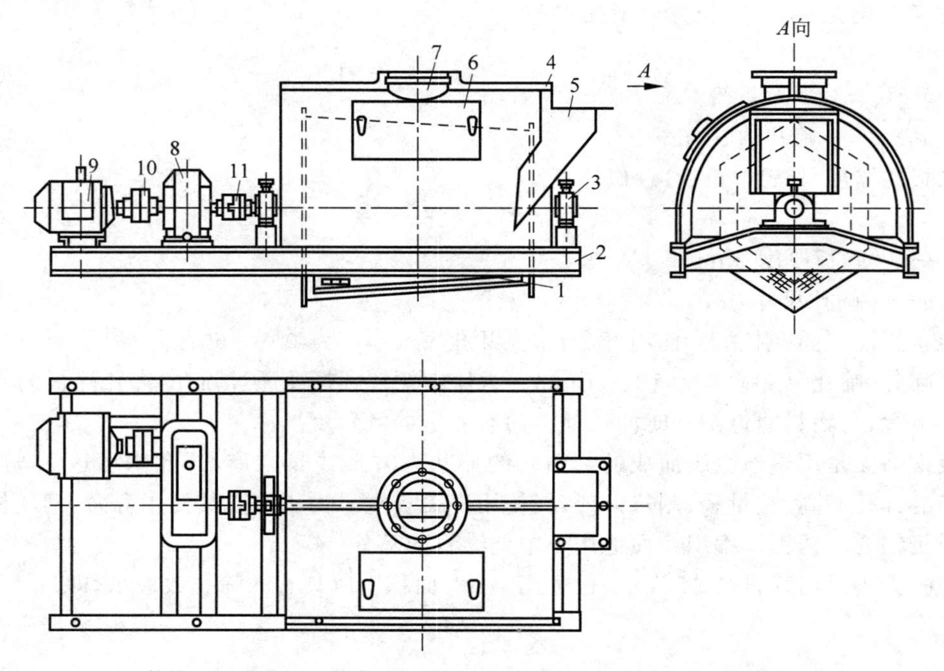

1—筛筒；2—底座；3—轴承；4—筛罩；5—加料斗；6—孔盖；7—吸尘管接口；
8—减速机；9—电动机；10—弹性联轴器；11—浮动盘联轴器

图 6-8　六角锥形滚筒筛的结构示意图

回转筛的工作原理：物料在回转筒内由于摩擦作用而被提升至一定高度，然后因重力作用沿筛面向下滚动，随之又被提升，因此物料在筒内的运动轨迹呈螺旋形。在不断的下滑、翻滚、转动过程中，细颗粒通过筛孔落入筛下，大于筛孔尺寸的筛上物则自筛筒的大端排出。

多角筒筛的筛分效率高于圆筒筛，原因是物料在筛面上有一定的翻倒现象，会产生轻微的抖动。圆柱形筒筛比锥形筒筛容易制造，但为了使筒内物料能够沿轴向移动，必须倾斜安装，使之与水平面成 4°～9°的倾角，这给安装带来一定的困难。

回转筛具有工作平稳、冲击和振动小、易于密封收尘、维修方便等特点。主要缺点是筛面利用率较低，工作面仅为整个筛面的 1/6～1/8。与同等处理量的其他筛分机械相比，它的体型较大，筛孔易堵塞，筛分效率低。

1. 筛筒的直径和长度

一般认为筛筒的直径 D 应大于最大给料粒径 $d_{\max}$ 的 14 倍，即

$$D \geqslant 14d_{\max} \tag{6-14}$$

筒体的长度通常按式(6-15)选取：

$$L = (3 \sim 5)D \tag{6-15}$$

增加筒体长度可以延长物料在筛面上的滑动路程，提高筛分效率，实践证明，多数筛下

物在进料端 0.6m 之内已大部分被筛除，故筒体不宜过长，一般取 1 640～2 100mm。

2. 筛机的转速

回转筛主轴转速是一个主要参数，显然，转速越高，物料在筒内升得越高，其下滑路程也越长，越有利于筛分效率的提高。但若转速过高，由于离心力过大会使物料附于筛面一起转动而不再下滑，筛分效率反而下降。因此，必须合理确定筛机的转速。通常在式(6-16)的范围内选取：

$$n=(8\sim 14)\frac{1}{\sqrt{R}} \tag{6-16}$$

式中 R——筒体内半径，m。

玻璃行业中六角筛的转速一般为 20～30r/min。

3. 生产能力

筒形筛的生产能力可按式(6-17)计算：

$$Q=720\rho_s\mu n\sqrt{R^3h^3}\tan\alpha \tag{6-17}$$

式中 Q——生产能力，t/h；

ρ_s——物料密度，t/m^3；

μ——松散系数，一般取 0.4～0.6；

n——转速，r/min；

R——筒体半径，m；

h——物料层的最大厚度，m；

α——圆筒筛的倾角，(°)。

通常，筒体的倾角为 5°～11°，料层厚度为 2.5～5cm。若倾角过大或料层过厚，会使筛分效率降低，另外，过大的倾角还会导致轴承的轴向推力增大。

6.2.1.4 摇动筛(shaker sieve)

振动筛的结构和工作原理：摇动筛工作时，物料颗粒主要是做平行于筛面的运动。为了实现物料与筛面的相对滑动，一般用曲柄连杆机构传动。图 6-9 是单筛框摇动筛，它只有一个筛框，筛框上可设一层或两层筛网。图中(a)～(c)分别是用滚轮支承、吊杆悬挂和弹性支承。

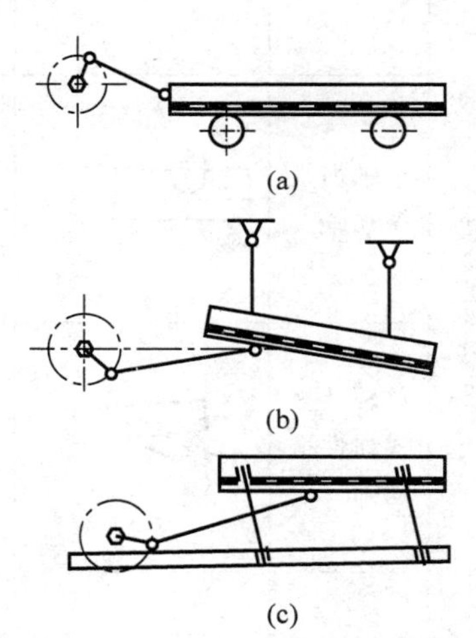

图 6-9 三种典型摇动筛的原理图
(a) 滚轮支承摇动筛；(b) 吊杆悬挂摇动筛；(c) 弹性支承摇动筛

电动机通过皮带轮传动(图中未画出)使偏心轴旋转，然后用连杆带动筛框作定向往复运动，筛框的运动方向应垂直于支杆式吊杆中心线。物料由筛面左端加入，细颗粒物料通过筛孔落至筛下，筛上物由筛面右端排出。筛面的安装角度视物料性质而异，一般为 10°～20°。

6.2.1.5 振动筛(vibration sieve)

振动筛是目前各工业中应用最广泛的一种筛机，其与摇动筛最主要的区别在于振动筛的物料振动方向与筛面成一定角度，如图 6-10(a)所示，而摇动筛的运动方向基本上平行于筛面，如图 6-10(b)所示。图中 α 为安装角，即筛面与水平面的夹角；β 为振动方向角，即筛面与振动方向的夹角。

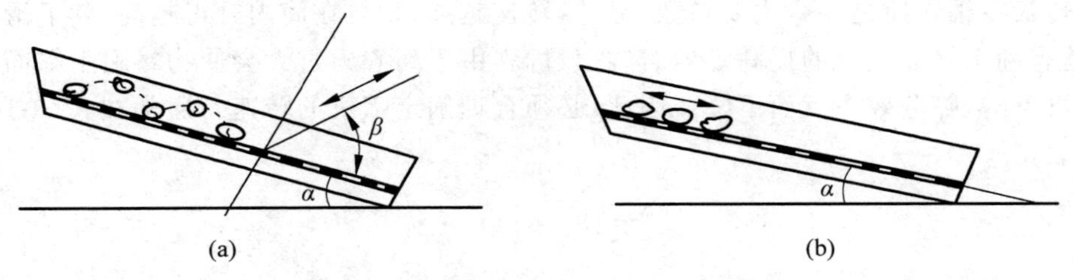

图 6-10 振动筛和摇动筛运动的区别

(a) 振动筛；(b) 摇动筛

振动筛工作时，物料在筛面上主要作相对滑动。振动筛的运动特性有助于筛面上的物料分层，减少筛孔堵塞现象，强化筛分过程。这类筛机的优点有：筛体以小振幅（振幅为 0.5～5mm)、高频率（振次为 600～3 000 次/min）作强烈振动，以消除物料堵塞现象，使筛机具有较高的筛分效率和处理能力；动力消耗小，构造简单，维修方便；使用范围广，不仅可用于细筛分，也可用于中、粗筛分，还可用于脱水和脱泥等分级作业。

振动筛因其结构和筛框运动轨迹不同，大致分为表 6-1 中的几种类型。

表 6-1 振动筛的主要类型

分类	名称	简图	驱动方式	筛面运动形式	说 明
单轴惯性振动筛	偏心振动筛				
	单轴惯性振动筛				适用中、小型
	单轴共振式惯性振动筛		振动电机式偏心块		一个振动电机用弹性元件与机体连接，在共振下工作
	单轴圆形空间旋转筛		偏心块	O' O'	一个电机驱动上下偏心块筛体作空间旋摆振动

续表

分类	名称	范围	驱动方式	筛面运动形式	说　明
双轴直线振动筛	双轴机械强制式同步振动筛	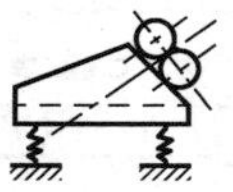		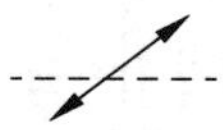	
	自同步振动筛	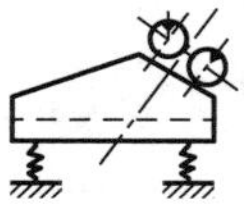	偏心块		二轴间无机电联系，靠力学原理达到自同步
电磁振动筛		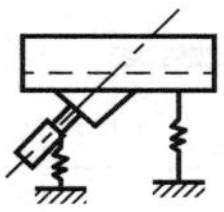	电磁铁		电磁振动器使筛体振动
概率筛			振动电机式偏心块		筛面倾斜率依次加大，筛孔逐渐依次减小

1. 单轴惯性振动筛

单轴惯性振动筛分为纯振动筛(或偏心振动筛)[图 6-11(a)]和自定中心振动筛，后者又分为轴承偏心式[图 6-11(c)]和皮带轮偏心式[图 6-11(d)]两种。

图 6-11(a)为单轴纯振动筛示意图。电动机 1 通过皮带轮 2 和 3 带动主轴 9 旋转，主轴安装在滚动轴承座 10 上，由于主轴旋转，固定在主轴上的飞轮 7 上装有偏心块 8，便产生惯性离心力，使筛箱产生振动。4，5 分别为筛网和悬吊弹簧。物料从右上方加入，筛上料从筛面左端排出，筛框加料端和排料端作闭合椭圆运动，中间为圆运动。这种振动筛工作时，皮带轮与筛箱一起振动，这样必然导致三角皮带轮反复伸缩，从而损坏皮带，同时也使电动机主轴受力不均。

图 6-11(c)是轴承偏心式自定中心振动筛，悬吊弹簧 5 将筛框 6 倾斜悬挂在固定支架结构上的电动机 1 用三角皮带带动。主轴转动时，不平衡重块产生的离心力和筛箱回转时所产生的离心力平衡，此时，筛箱绕主轴 O—O 作圆周运动。由于主轴的偏心距等于筛箱的振幅，故筛箱振动时，主轴中心线和皮带轮 3 的空间位置保持不变，皮带工作条件得到改善，筛框的振幅允许较大。

图 6-11(d)是皮带轮偏心式自定中心振动筛，主轴 9 与皮带轮 3 相联结时，在皮带轮上所开轴孔的中心与皮带轮几何的中心不同心，而是偏向偏心块 8 所在位置的对方，偏心皮带轮的几何中心偏离为一个偏心距 A，A 为振动筛的振幅。因此，当偏心块 8 在下方时，筛框 6 及主轴 9 的中心线在振动中心线 O—O 之上，距级为 A，同样，由于轴孔在皮带轮上是偏心的，因此仍然使得皮带轮 3 之中心 O 总是保持与振动中心线相重合，因而空间位置不变，即实现皮带轮自定中心，使大小皮带轮中心距不变，消除了皮带时紧时松的现象，使筛子的

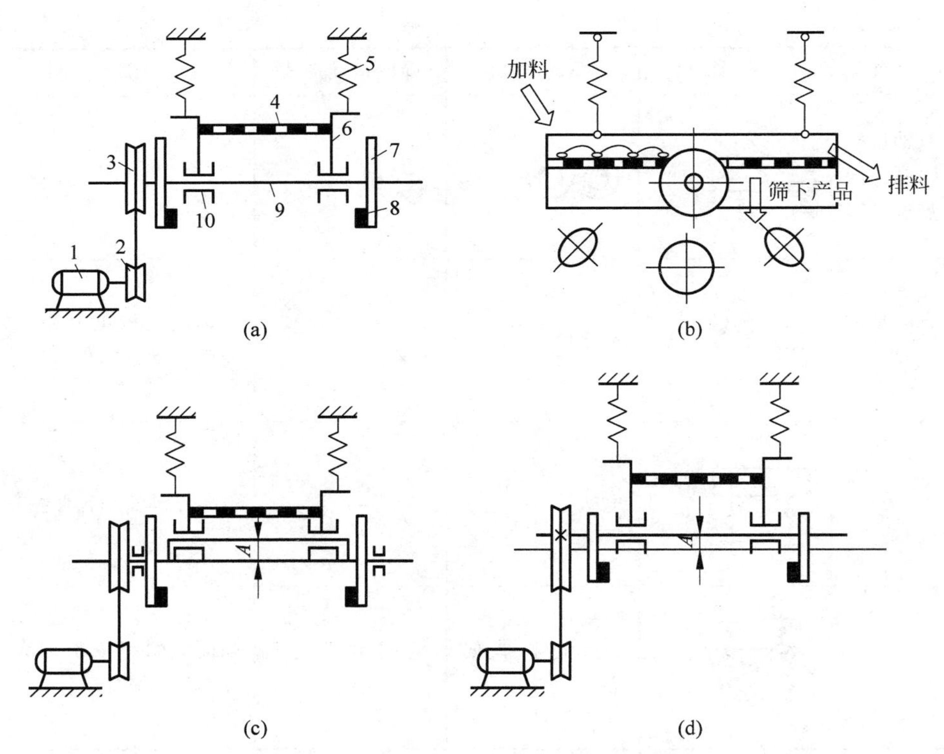

1—电动机；2,3—皮带轮；4—筛网；5—悬吊弹簧；6—筛框；7—飞轮；8—偏心块；9—主轴；10—滚动轴承座

图 6-11 单轴惯性振动筛的工作原理图

振动频率稳定、皮带的使用寿命延长。

单轴惯性振动筛的筛框支承方式有弹簧悬吊式和用板弹簧或螺旋弹簧座支承式，筛网有单层和双层之分。单轴惯性振动筛的振动频率为 800～1 600 次/min，振幅的大小取决于不平衡重块产生的惯性离心力的大小、弹簧的刚度和位置，一般振幅(双振幅)为 4～8mm。这种筛子最合适的倾角为 10°～25°。

单轴惯性振动筛的工作原理：由于激振器的偏心重量作回转运动所产生的离心惯性力(称为激振力)传递给了筛箱，激起了筛箱的振动，筛上物料受筛面运动的作用力而连续地作抛掷运动，即物料被抛起前进一段距离后再落至筛面上，这样就实现了物料颗粒垂直于筛面的运动，从而提高了筛分效率和处理能力。

单轴惯性振动筛适合于筛分中、细物料，其给料粒度一般不超过 100mm。

2. 双轴惯性振动筛

图 6-12(a)所示为定向振动的双轴惯性振动筛，它是一种直线振动筛。筛箱的振动是由双轴激振器来实现的。激振器的两个主轴分别装有相同质量和偏心距的重块，两轴之间用一对速比为 1 的齿轮连接[图 6-12(b)]，用一台电动机驱动，因两轴回转方向相反、转速相等，故两偏心块产生的离心惯性力在 Y 方向相互抵消，在 X 方向合成，从而实现了筛箱沿 X 方向直线振动。

3. 电磁振动筛

电磁振动筛是由筛框、激振器和减振装置三部分组成的。它又分为筛网直接振动和筛

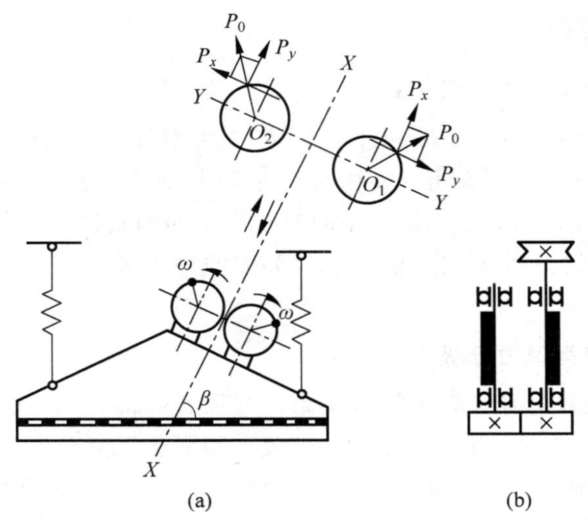

图 6-12　双轴惯性振动筛

框振动两种形式，后者应用较多。这类筛机的筛框作直线振动，其运动特性与双轴惯性振动筛相似。图 6-13 为电磁振动筛的结构示意图，图 6-14 是其工作原理图。

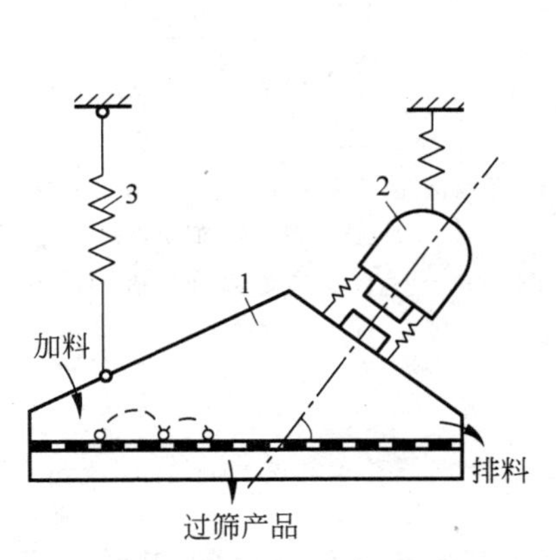

1—筛箱；2—辅助重物；3—悬吊弹簧

图 6-13　电磁振动筛的结构示意图

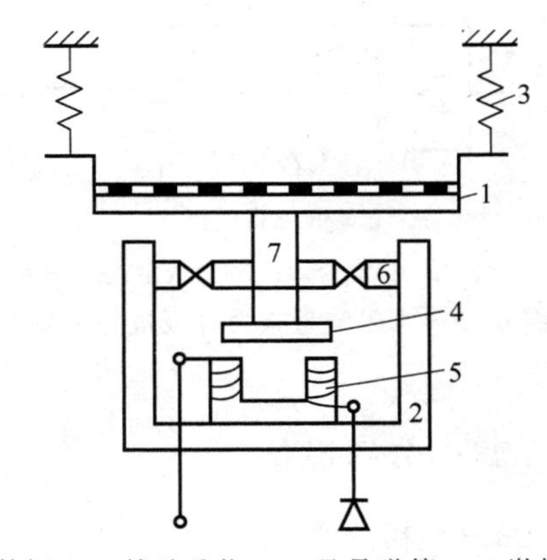

1—筛框；2—辅助重物；3—悬吊弹簧；4—激振器衔铁；5—电磁铁；6—弹簧；7—连接叉

图 6-14　电磁振动筛的工作原理图

电磁振动筛的工作原理：筛框 1 和它上面的激振器衔铁 4 及连接叉 7 组成一个前振动质量 m_1，电磁铁 5 和辅助重物 2 组成后振动质量 m_2，两个振动质量之间用弹性元件连接，整个系统和悬吊弹簧 3 悬挂在固定的支架结构上，激振器通入交流电时，激振器衔铁 4 和电磁铁 5 的铁芯由于电磁力和弹簧力作用而进行交替的相互吸引和排斥，使前后振动质量 m_1，m_2 产生振动。由于激振器与筛面安装成一定的角度，所以筛框与筛面成 β 角振动。筛框的直线振动使物料在筛面上跳动而得被筛分。

电磁振动筛结构简单，无运动部件，体积小，耗电少，振动频率高达 3 000 次/min，振幅为 2～4mm。

6.2.2 重力分级设备

6.2.2.1 水平流型重力分级机

图 6-15 为水平流型重力分级机(也称沉降室)的示意图。空气从水平方向进入分级室，粉体自分级室上部进入。空气在沉降室内水平流动时，对颗粒施加水平作用力，颗粒同时还受重力作用。两力作用的结果是不同大小的颗粒沿不同的轨迹做近似抛物线运动，从粗到细的颗粒依次沉降至收集器Ⅰ，Ⅱ，Ⅲ，Ⅳ中，更细的颗粒随气流出沉降室进入气-固分离装置。

6.2.2.2 垂直流型重力分级机

图 6-16 为垂直流型重力分级机的示意图。气流自底部进入，在分级室内自下而上运动，喂入分级室的粉体中沉降速度大于气流速度的粗颗粒沉降至底部的粗粉收集器；沉降速度小于气流速度的细颗粒随气流进入气-固分离装置。该分级机可获得粗、细二级粉体。

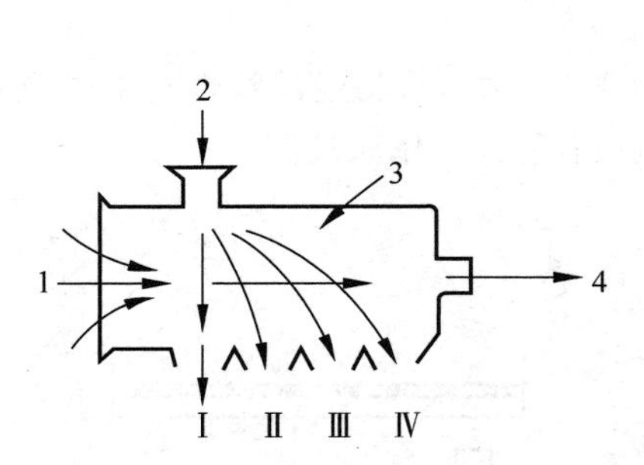

1—入口气流；2—给料粉体；3—分级室；4—微粉＋空气

图 6-15 水平流型重力分级机的示意图

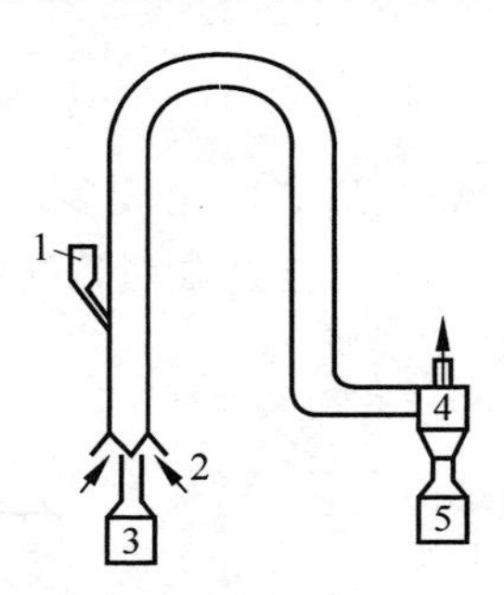

1—给料漏斗；2—入口气流；3—粗粉收集器；4—旋风分离器；5—细粉收集器

图 6-16 垂直流型重力分级机的示意图

6.2.3 离心分级设备

6.2.3.1 粗分级机

粗分级机也称粗分级器，它是空气一次通过的外部循环式分级设备，其结构示意图如图 6-17 所示。分级机的主体部分是由外锥形筒 2 和内锥形筒 3 组成，外锥上有顶盖，下接粗粉出口管 5 和反射菱锥体 4，外锥下和内锥上边缘之间装有导向叶片 6，外锥顶盖中央装有排气管 7。

粗分级机的工作原理：携带颗粒的气流在负压作用下以 10～20m/s 的速度由下向上从进气管 1 进入内、外锥形筒之间的空间。气流刚进入进气管时，特大颗粒由于惯性作用碰到反射菱锥体 4 后首先被撞落到外锥下部，由粗粉出口管 5 排出。因两锥间继续上升的气流上部截面积扩大，气流速度降至 4～6m/s，所以又有部分粗颗粒在重力作用下被分选出来，顺着外锥形筒内壁向下落至粗粉出口管排出。气流在两锥形筒之间上升至顶部后经导向叶片 6 进入内锥形筒。由于方向突变，部分粗颗粒再次被分出并落下。同时，由于气流在导向叶片的作用下作旋转运动，较细的颗粒由于离心力的作用被甩向内锥形筒内壁落下，最后进入细粉管。细粉则随气流经中心排气管 7 出分级机进入后面的气-固分级装置进行气-固

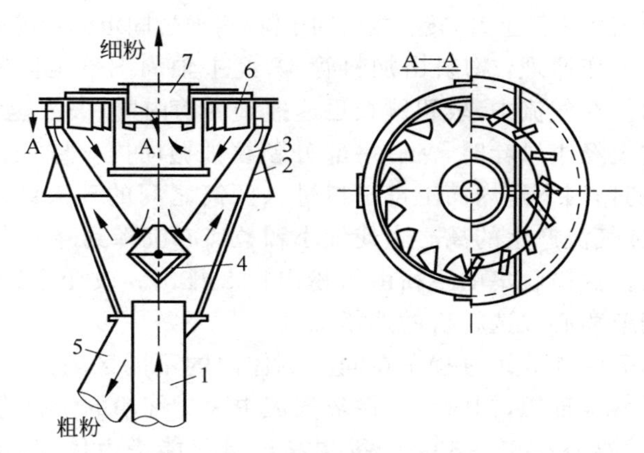

1—进气管；2—外锥形筒；3—内锥形筒；4—反射菱锥体；5—粗粉出口管；6—导向叶片；7—排气管

图 6-17　粗分级机的结构示意图

分级。

粗分级机的优点是结构简单，操作方便，无运动部件，不易损坏，但要与收尘器等细分级装置配合使用。

6.2.3.2　离心式选粉机（内部循环式）

离心式选粉机属第一代选粉机，也称内部循环式选粉机，其结构示意图如图 6-18 所示。离心式选粉机由上圆柱与下圆锥形的内、外筒体 4 和 5 组成。上部转子由撒料盘 10、小风叶 2、大风叶 1 等组成。大、小风叶内筒上边缘装有可调节的挡风板 11（有的离心式选粉机无此挡风板），由支架 3 和 7 固定在外筒内，内筒中部装有导向固定风叶 6。

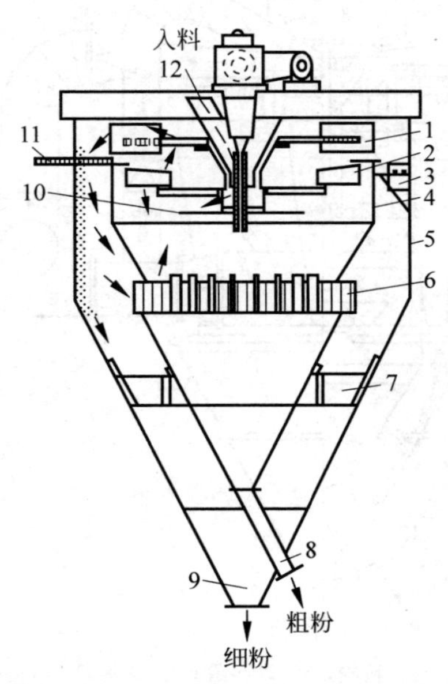

1—大风叶；2—小风叶；3，7—支架；4—内筒体；5—外筒体；6—固定风叶；

8—粗粉出口；9—细粉出口；10—撒料盘；11—挡风板；12—加料管

图 6-18　离心式选粉机的结构示意图

当转子运动时，气流由内筒上升，转至两筒间下降，再通过固定风叶进入内筒构成气流循环。

离心式选粉机的工作原理：物料由加料管 12 经中轴周围落至撒料盘 10 上，受离心惯性力作用向周围抛出。在气流中，较粗颗粒迅速撞到内筒内壁，失去速度沿筒壁滑下。其余较小的颗粒随气流向上经小风叶时，又有一部分颗粒被抛向内筒壁而落下。更小的颗粒穿过小风叶，在大风叶的作用下经内筒上部出口进入两筒之间的环形区域，由于通道扩大，气流速度降低，同时外旋气流产生的离心力使细小颗粒离心沉降到外筒内壁并沿筒壁下沉，最后由细粉出口 9 排出。内筒收集的粗粉由粗粉出口 8 排出。改变主轴转速、大小风叶片数或挡风板的位置可调节离心式选粉机的选粉细度。

离心式选粉机的分级和分级过程是在同一机体内的不同区域进行的，流体速度场和抛料方式很难保证设计得很理想，同时由于循环气流中大量细粉的干扰降低了选粉效率，实际生产中，其选粉效率一般为 50%～60%。欲提高产量只能增大体积，但又限制了选粉机单位体积的产量。同时小风叶受物料磨损大，风叶设计间隙大，空气效率较低。

6.2.3.3 旋风式选粉机

旋风式选粉机属第二代选粉机，也称外循环式选粉机。其内部设计保持了离心式选粉机的特点，但外部设有独立的空气循环风机，取代了离心式选粉机的大风叶。细粉分级过程在外部旋风分级器中进行。

图 6-19 所示为旋风式选粉机的结构示意图。在选粉室 8 的周围均匀分布着 6～8 个旋风分级器。小风叶 9 和撒料盘 10 一起固定在选粉室顶盖中央的悬转轴 4 上，由电动机 1 经皮带传动装置 2，3 带动旋转。空气在循环风机 19 的作用下以切线方向进入选粉机，经滴流装置 11 的间隙旋转上升进入选粉室（分级室）。物料由进料管 5 落入撒料盘后向四周甩出

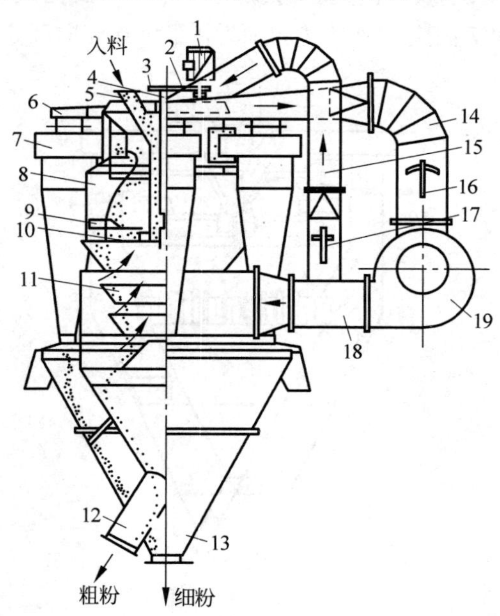

1—电动机；2，3—皮带传动装置；4—悬转轴；5—进料管；6—集风管；7—旋风分级器；8—选粉室；9—小风叶；10—撒料盘；11—滴流装置；12—粗粉出口管；13—细粉出口管；14—循环风管；15—支风管；16，17—调节阀；18—进风管；19—循环风机

图 6-19 旋风式选粉机的结构示意图

与上升气流相遇。物料中的粗颗粒由于质量大，受撒料盘及小风叶作用时产生的离心惯性力大，被甩向选粉室内壁而落下，至滴流装置处与此处的上升气流相遇，进行再次分选。粗粉最后落到内锥筒下部经粗粉出口排出。物料中的细颗粒因质量小，进入选粉室后被上升气流带入旋风分级器 7 被收集起来落入外锥筒，经细粉出口管 13 排出。气、固分级后的净化空气出旋风分级器后经集风管 6 和循环风管 14 返回循环风机 19，在选粉室外部形成循环气流。循环风量可由调节阀 16 调节。支风管调节阀 17 用于调节经支风管 15 直接进入旋风分级器（不经选粉室）的风量与经滴流装置进入选粉室的风量之比，从而控制选粉室内的上升气流速度，借此可有效调节分级产品的细度。改变撒料盘转速和小风叶数量也可单独调节细度，通常主要靠调节气流速度的气阀来控制细度，这种方法调节方便且稳定。

与离心式选粉机相比，旋风式选粉机有以下优点：转子和循环风机可分别调速，既易于调节细度，也扩大了细度的调节范围；小型的旋风筒代替大圆筒，可提高细粉的收集效率，选粉效率可达 70%以上，因而减少了细粉的循环量；细粉集中收集，大大减轻了叶片等的磨损；结构简单，轴受力小，振动小；机体体积小，重量轻；运转平稳，易实现大型化。但也存在外部风机及风管占用空间大；系统密封要求高，粗、细粉出口均要求严密锁风，否则会明显降低选粉效率等缺点。

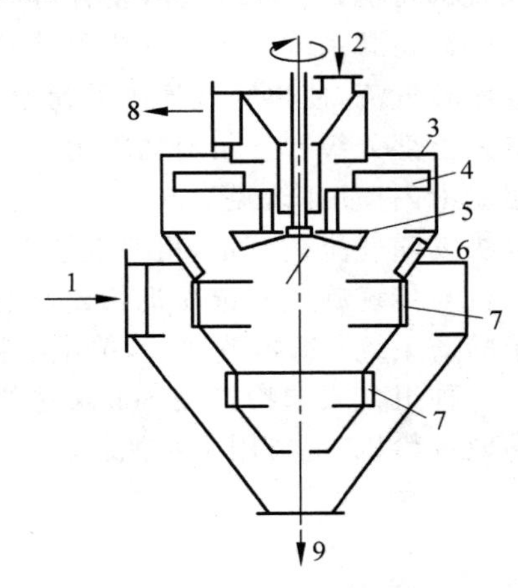

1—选粉室；2—分选叶片；3—螺旋桨形撒料盘；
4—冲击板；5—导向叶片；6—滴流装置；
7—旋风分级器；8—尾气出口；9—粉体出口

图 6-20　IHI-SD 型选粉机

针对一般旋风式选粉机对物料分散不好的缺点，日本石川岛公司研制了一种 IHI-SD 型选粉机，如图 6-20 所示。该选粉机的撒料盘改变了以往的圆盘形而采用螺旋桨形，可使物料在更大的空间内分散（图 6-21）。物料的分散性和均匀性得到了改善，飞行距级增大，分选时间增

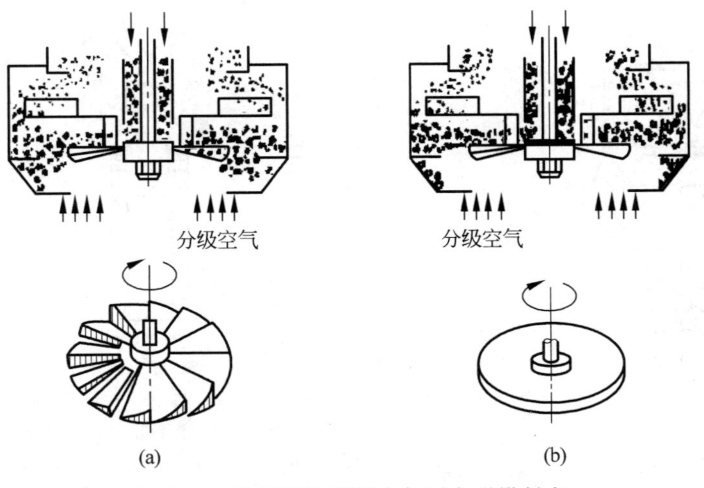

图 6-21　螺旋桨形撒料盘与圆盘形撒料盘

（a）螺旋桨形撒料盘；（b）圆盘形撒料盘

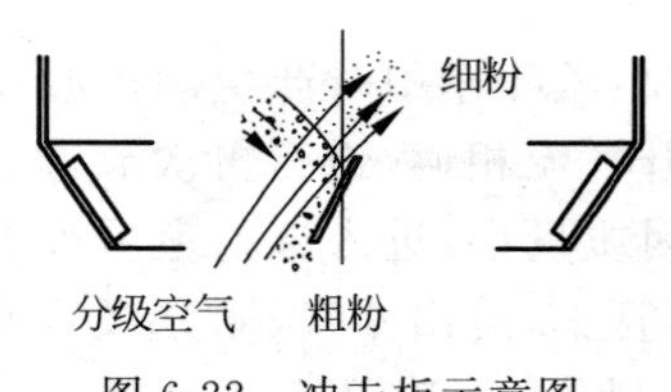

图 6-22　冲击板示意图

长。在分级室下部锥体上还增设了冲击板(图 6-22),可使夹带细颗粒的粗粉在下落过程中再次受到撞击分散,将细粉排出,因此提高了选粉效率。这种撒料盘的改进也适用于离心式选粉机,实际上许多生产厂家都已经进行了这种改进,并取得了良好的效果。

6.2.3.4　MDS 型组合式选粉机

MDS 型组合式选粉机的特点是兼有粗粉分级器和选粉机的双重功能,其主要结构如图 6-23 所示。整体结构分为上、下两个分级室。上分级室内装有回转叶片和撒料盘,类似于旋风式选粉机;下分级室内装有可调风叶,作为风量和细度的辅助调节。这种选粉机主要用于中卸粉磨系统。出磨含尘气体从选粉机下部入口吸进,经可调导向叶片进入下分级室形成旋转气流,使出磨气流中的粉尘得到预分级。粗粉被分级并返回磨机。细粉和气流一起进入上部分级室。出磨物料由上部分级室喂料口喂入,分级后的细粉随气流被风机抽出。粗粉沿内壁沉降,经下部分级室的导向叶片处被旋转上升的气流再次冲洗,细粉重新返回上分级室随气流被带走,粗粉继续下落,排出后返回磨内。

该机与传统旋风式选粉机相比具有以下特点:可同时处理出磨含尘气体和出磨物料,简化了粉磨系统;选粉效率高,单位电耗低;处理能力大,单位风量细粉量大。

另一种组合式选粉机是 Sepax 选粉机。该选粉机是丹麦史密斯公司于 1982 年研制成功的高效选粉机,主要用于水泥粉磨,其结构如图 6-24 所示。

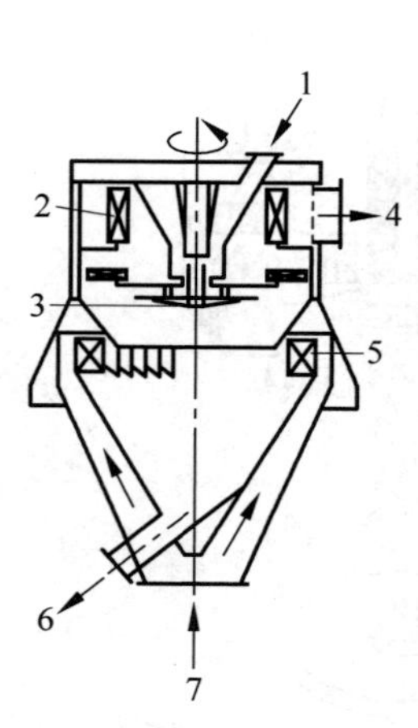

1—喂料口;2,5—导向叶片;
3—撒料盘;4—细粉出口;
6—粗粉出口;7—出磨气体入口

图 6-23　MDS 型组合式选粉机

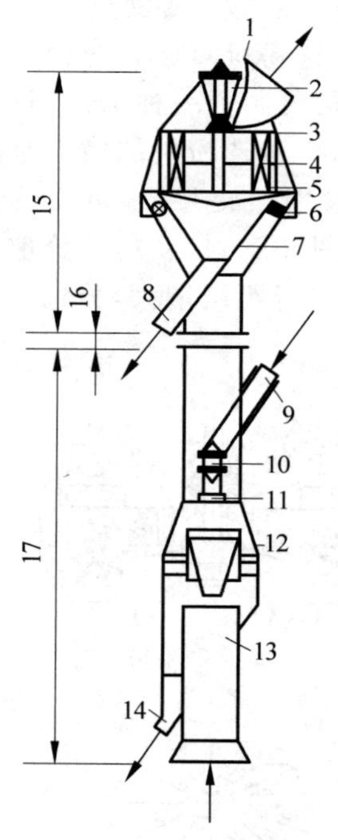

1—细粉出口;2—轴套;3—轴转子接头;4—转子叶片;5—导流叶片;6—支架;7—粗粉锥体;8—粗粉出口;9—喂料口;10—空气锁风阀;11—撒料板;12,14—研磨体残骸出口;13—进风口;15—主体部分;16—可调管长度;17—分散部分

图 6-24　Sepax 选粉机

该选粉机主要分为两部分，即主体部分15和分散部分17，两部分由直管道连接。出磨物料由喂料口9喂入，经分散板落入上升管道内，被上升的风扫气流分散。小研磨体等杂物穿过气流落下，通过底部专设的研磨体残骸出口14排出。被上升气流带起的物料经导流叶片5后进入分级区被分级，细颗粒随气流穿过转子从顶部的细粉出口1排出进入收尘器；粗粉落入锥体7回到磨内。

该机的分散部分设计独特，代替了旋转式撒料盘的传统设计，保证了物料在进入分级区前得到充分分散，同时能有效地除去物料中夹带的研磨体等杂物，可最大限度地减轻选粉机构的磨损，减少磨机篦板的堵塞。

该选粉机的特点有：由于物料分散较充分，所以选粉性能好；生产能力大，机体直径为2.5～4.75m，相应的生产能力为50～250t/h；产品细度调节方便，通过改变选粉机转子转速可控制产品的比表面积在250～500m^2/kg内；结构紧凑，重量轻。其缺点与O-Sepa选粉机一样，立轴较长，同时机身也较高。

6.2.3.5 转子式选粉机

转子式选粉机为新型高效选粉机，该选粉机突破了第一、二代选粉机的分级模式，采用了新的分级机理，其主要特点是选粉气流为涡旋气流。这类选粉机以日本小野田公司于1977年开发的O-Sepa选粉机为代表。

O-Sepa选粉机的结构示意图如图6-25所示。该机主体部分是一个涡壳，内设有固定于可调回转立轴8上的笼形转子，转子由沿圆周均匀分布的竖向涡流调节叶片3和水平隔板2组成。转子外圈装有一圈具有一定角度的导流叶片5，导流叶片外侧是两个切向进风通道，称为一次风管10和二次风管11。机体下部是一锥形粗粉出料斗7，料斗上有三次风管12。撒料盘1设置在转子的顶部，其外圈设有缓冲板4。由一、二次风管水平切向进入的分级气流经导向叶片作用均匀地进入转子与导向叶片之间的环形空间——分级区。由于涡流调节叶片和水平隔板的整流作用，在分级区内的分级气流较稳定，进入转子内部后，由上部出风管6排出。物料通过入料管9喂入，撒料盘将物料抛出，经缓冲板撞击失去动能，均匀地沿导流叶片内侧自由下落到分级区内形成一垂直料幕。根据气流离心力和向心力的平衡，物料产生分级。合格的细粉随气流一起穿过转子排出，最后由收尘器收集下来成为成

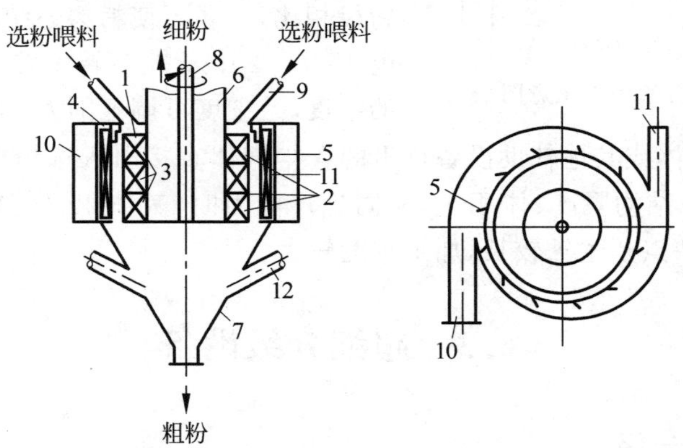

1—撒料盘；2—水平隔板；3—涡流调节叶片；4—缓冲板；5—导流叶片；6—上部出风管；7—粗粉出料斗；8—可调回转立轴；9—入料管；10—一次风管；11—二次风管；12—三次风管

图6-25 O-Sepa选粉机的结构示意图

品，粗粉落入锥形料斗并进一步接受来自三次风管的空气的清洗，分选出贴附在粗颗粒上的细粉。细粉随三次风上升，粗粉则卸出。

自上而下的物料通过较高的分级区，停留时间长，分级粒径由大到小连续分级(图 6-26)，为物料提供了多次分级机会。分级区内不存在壁效应和死角引起的局部涡流，在同一半径的任何高度上，内外压差始终一致，气流速度相等，从而保证了颗粒所受各力的平衡关系不变(图 6-27)。缓冲板的撞击以及水平涡流的冲刷使物料充分分散并均匀地分布在分级区内。

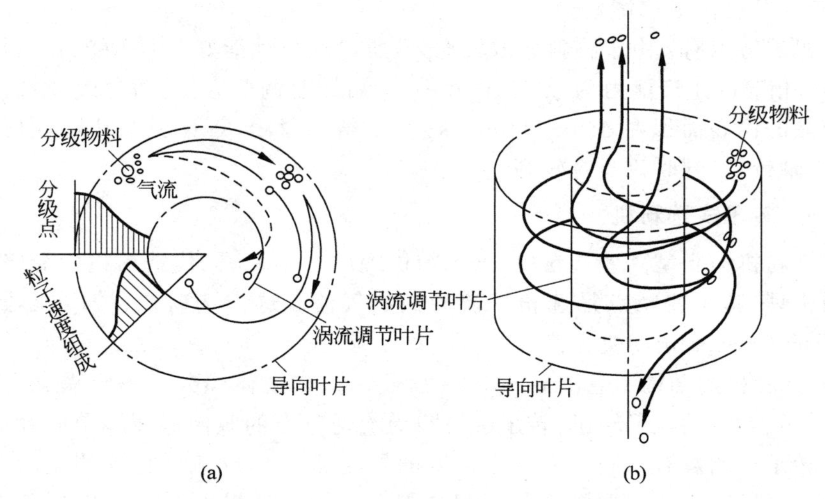

图 6-26　O-Sepa 选粉机的分级类型图

(a) O-Sepa 的分级类型(水平面)；(b) O-Sepa 的分级类型(立体图)

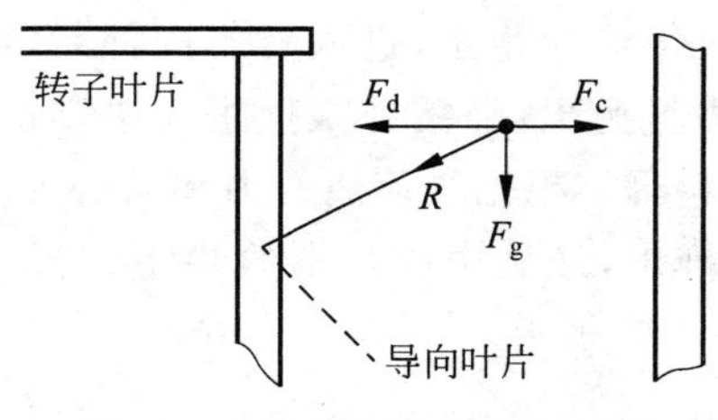

图 6-27　颗粒分级条件示意图

由于分级机的改进，O-Sepa 选粉机的选粉效率较第一、二代选粉机大大提高。其特点是：选粉效率高，分级精确，单位处理量大；提高粉磨系统的粉磨效率，增加系统产量，降低电耗，与传统选粉机相比，一般可使粉磨系统增产 20％～30％、节电 15％～20％；改变转子转速即可调节分级产品的细度，且细度可调范围大；能适应高浓度含尘气体，可将出磨含尘气体或其他辅助设备排出的含尘气体直接引入选粉机，简化了系统，也有利于提高磨内风速；结构紧凑、体积小，相同生产能力时，其体积只有传统选粉机的 1/2～1/6，便于安装。其缺点是主轴较长，加工难度较大。

6.3　超细分级设备

6.3.1　干式超细分级

6.3.1.1　概述

干式分级(dry classification)多为气力分级。空气动力学理论的发展为多种气力分级机的研制和开发提供了坚实的理论基础，目前，分级粒径为 1μm 左右的超细分级机已不罕见。

气力超细分级机的关键技术之一是分级室流场设计。理想的分级力场应该具有分级力强、有较明显的分级面、流场稳定及分级迅速等性质。如果分级区内出现紊流或涡流，必将产生颗粒的不规则运动，造成颗粒的相互干扰，严重影响分级精度和分级效率。因此，避免分级区涡流的存在、流体运动轨迹的平滑性以及分级面法线方向两相流厚度尽可能小等是设计中应加以重视的问题。

关键技术之二是预分散。分级区的作用是将已分散的颗粒按设定粒径分离开来，它不可能同时具有分散功能，换言之，评价分级区性能的重要指标是其将不同颗粒进行分级的能力，而不是能否将颗粒分散成单颗粒的能力，但分散确实对分级效率具有重要的影响，所以应将分散和分级及后续的颗粒捕集看成是一个相互紧密联系的、不能分割的系统。各种超细分级机的设计研究过程中都高度重视预分散。预分散方法应用较多的有机械分散方法和化学分散方法。

1. 机械分散方法

该分散方法按分散的原理又可分为离心分散和射流分散，前者是给料进入分级区前先落至离心撒料盘，旋转撒料盘的离心作用将粉体均匀地撒向四周，形成一层料幕后再进行分级。如图 6-28 所示。为了强化对团聚体的打散效果，可将撒料盘设计成阶梯形。后者是利用喷射器产生的高速喷射气流进行分散，高速射流使粉体颗粒在喷射区发生强烈的碰撞和剪切，从而将颗粒聚团破坏，如图 6-29 所示。对于超细颗粒，后者的预分散效果比前者好得多。

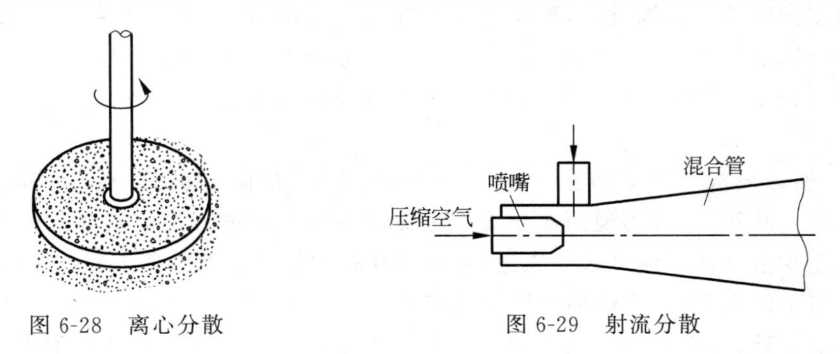

图 6-28　离心分散　　　图 6-29　射流分散

2. 化学分散方法

微细颗粒之所以易于团聚，其根本原因在于它们的巨大表面能。因此，加入适当的表面活性剂能有效地减小其表面能，从而能较容易地将它们分散开来。但这种方法存在两个方面的问题：一是尽管表面活性剂的加入量通常很小，有时却会引起粉体有关性能的变化，所以应选择确认对粉体性能无不良影响的分散剂；二是分散剂一般以液体形式加入，为达到均匀分散的效果，需增加机械搅拌装置，因而增加了整个系统的复杂程度。

6.3.1.2　干式超细分级设备

迄今为止，见诸报道的超细或微细分级设备可谓百花齐放。按流体介质的不同可分为干式分级和湿式分级，在干式分级中，根据分级原理的不同又可分为重力式、离心式、惯性式等，各种类中还可以分为若干类型。

1. 惯性分级(inertia classification)机

颗粒运动时具有一定的动能,运动速度相同时,质量大者其动能也大,即运动惯性大。当它们受到改变其运动方向的作用力时,惯性的不同会形成不同的运动轨迹,从而实现大小颗粒的分级。图 6-30 为惯性分级机的分级原理图。通过导入二次控制气流可使大小不同的颗粒沿各自的运动轨迹进行偏转运动。大颗粒基本保持入射运动方向,粒径小的颗粒则改变其初始运动方向,最后从相应的出口进入收集装置。该分级机二次控制气流的入射方向和入射速度以及各出口通道的压力可灵活调节,因而可在较大范围内调节分级粒径。另外,控制气流还起到一定的清洗作用。目前,这种分级机的分级粒径已能达到 1μm,若能有效避免颗粒团聚和分级室内涡流的存在,分级粒径可望达到亚微米级别,分级精度和分级效率也会明显提高。

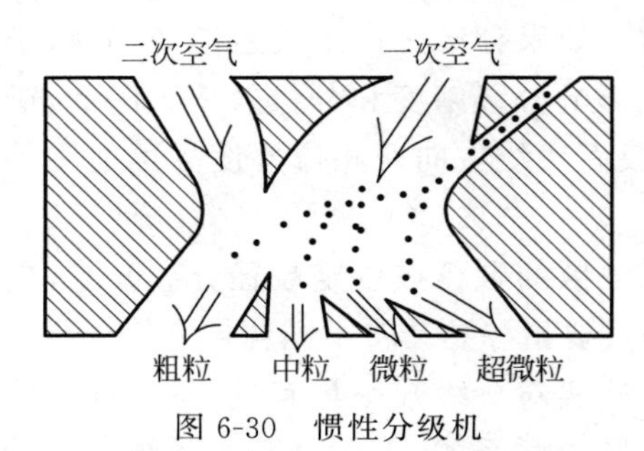

图 6-30 惯性分级机

2. 离心分级(centrifugal classification)机

离心分级机由于易于产生远强于重力场的离心力场,因而是迄今为止开发较多的一大类超细分级机。按照离心力场中流型的不同,离心分级机可分为自由涡(或准自由涡)型和强制涡型两类。

(1) 准自由涡型离心分级机

① DS 型分级机。DS 型分级机的结构如图 6-31 所示。该分级机无运动部件,二次空气经可调角度的叶片全圆周进入,粉体随气流进入分级室后,在离心力和重力作用下,粗颗粒离心沉降至筒壁并落至底部粗粉出口,细颗粒经分级锥下面的细粉出口排出。该分级机的分级粒径可在 1～300μm 内调节,分级精度也较高($d_{75}/d_{25}=1.1\sim1.5$),并允许有较高的气固比。

② SLT 型分级机。SLT 型分级机的结构如图 6-32 所示。其特点是分级区内设有两组方向相反的导向叶片,借以实现两次分级。从气流进口上面进入的给料在切向进口气流的作用下被迅速吹散并随气流进入分级区,粗颗粒在较大的离心力作用下直接沉降至壁面,运动至粗粉出口 1 卸出,其余颗粒随气流通过外导向叶片进入两组导向叶片之间的环形区域,并继续其圆周运动,最后细颗粒随近 180°转向的气流通过内导向叶片进入中心类似旋风分级器的装置,经气-固分级后由细粉出口排出。较粗的颗粒由于惯性作用被隔于叶片外,从而与气流分级,经粗粉出口 2 卸出。

(2) 强制涡型离心分级机

① MC 型分级机。MC 型分级机的结构示意图见图 6-33。该分级机的工作原理是分散后的颗粒被加入上部的旋涡腔 1,由圆锥体 2 导向进入分级室 3,在离心力和曳力作用下被分级成粗粉和细粉,细粉经圆锥体 2 的中心和上部细粉出口 9 离开分级机,粗粉则沿外壁 4 落至底部粗粉出口 10。二次空气在入口 8 处进入。根据分级锥体 5 的高度、二次风量及改变不同区域的压力,切割粒径 D_c 可在 5～50μm 调整。

② MS 型分级机。图 6-34 为 MS 型微细分级机的结构示意图。它主要由给料管 1、调节管 8、中部机体 5、斜管 4、环形体 6 以及装在旋转主轴 9 上的叶轮 3 构成。主轴由电动机通过皮带轮带动旋转。待分级物料和气流经给料管 1 和调节管 8 进入机内,经过锥形体进入

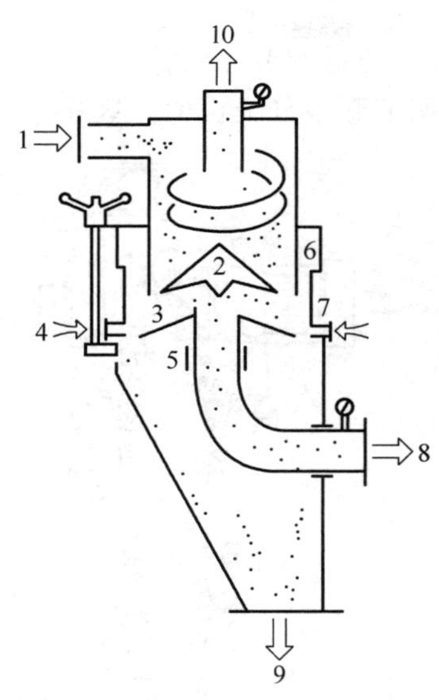

1—原料和空气进口；2—中心锥；3—分级锥；4—二次空气；5—调整环；6—调整环；7—导向阀；8—细粉和废气出口；9—粗粉出口；10—废气出口

图 6-31 DS 型分级机

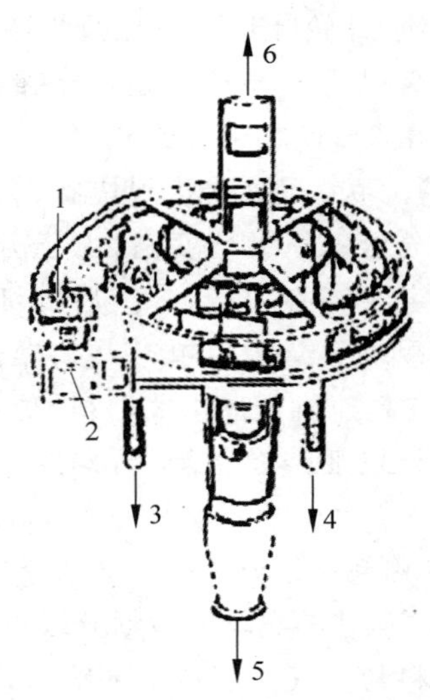

1—给料口；2—空气进口；3—粗粉出口 1；4—粗粉出口 2；5—细粉出口；6—废气出口

图 6-32 SLT 型分级机

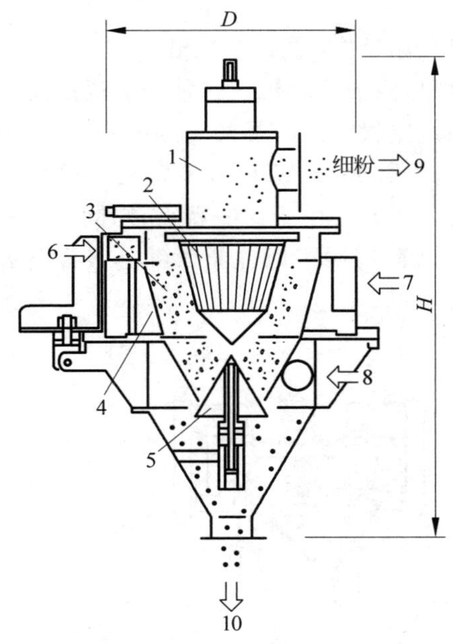

1—旋涡腔；2—圆锥体；3—分级室；4—外壁；5—分级锥体；6—进料口；7—一次空气入口；8—二次空气入口；9—细粉出口 10—粗粉出口

图 6-33 MC 型分级机的结构示意图

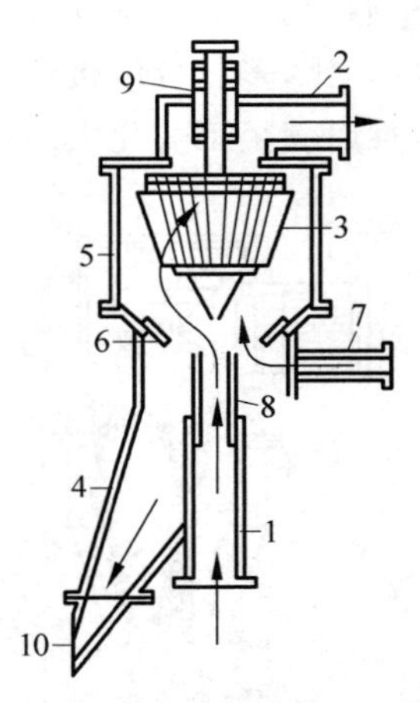

1—给料管；2—细粉出口；3—叶轮；4—斜管；5—中部机体；6—环形体；7—气流入口；8—调节管；9—主轴；10—粗粉出口

图 6-34 MS 型微细分级机的结构示意图

分级区。主轴 9 带动叶轮 3 旋转，叶轮的转速是可调的，以调节分级粒度。细粒级物料随气流经过叶片之间的间隙向上经细粉出口 2 排出；粗粒物料被叶片阻留，沿中部机体 5 的内壁向下运动，经环形体 6 和斜管 4 自粗粉出口 10 排出。通过调节叶轮转数、风量（或气流速度）、上升气流、叶轮叶片数以及调节管的位置等可以调节微细分级机的分级粒径。

这种分级机的主要特点是：分级范围广，产品细度可在 3～150μm 任意选择。粒子形状从纤维状、薄片状、近似球状到块状、管状等物质均可进行分级；分级精度高，由于分级叶轮旋转形成稳定的离心力场，分级后的细粒级产品中不含粗颗粒；结构简单、维修、操作、调节容易；可以与高速机械冲击式磨机、球磨机、振动磨等细磨与超细磨设备配套，构成闭路粉碎工艺系统。

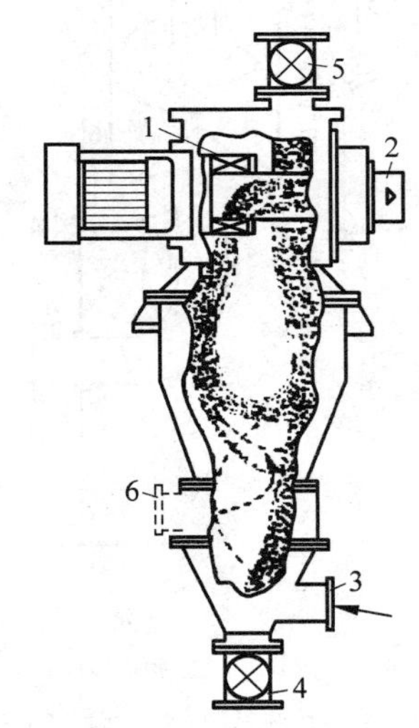

1—分级轮；2—废气出口；3—进气口；4—粗粉出料阀；5—给料阀；6—细粉出口

图 6-35 ATP 型单轮超微细分级机

③ ATP 型超微细分级机。这种分级机是德国 Apline 公司制造的涡轮式微细分级机，有上部给料式和物料与空气一起从下部给入式两种装置，又各分为单轮和多轮两种形式。图 6-35 所示为 ATP 单轮超微细分级机的结构和工作原理示意图。物料通过给料阀 5 给入分级室，在分级轮旋转产生的离心力及分级气流的黏滞阻力作用下进行分级，微细物料经微细产品出口排出，粗粒物料从下部的粗粒物料排出口排出。

图 6-36 所示为原料与分级气流一起给入的 ATP 型超微细分级机。这种分级机的特点是原料与部分分级空气一起给入分级机内，因而便于与以空气输送产品的超细粉碎机（如气流磨）配套，不需要设置原料与气流分级的工序。图 6-37 所示为 ATP 型多轮超细微分级机，其结构特点是在分级室顶部设置了多个相同直径的分级轮。由于这一特点，与同样规格的单轮分级机相比，多轮分级机的处理能力显著提高。从而解决了以往超微细分级设备处理能力较低，难以满足工业化大规模生产的问题。

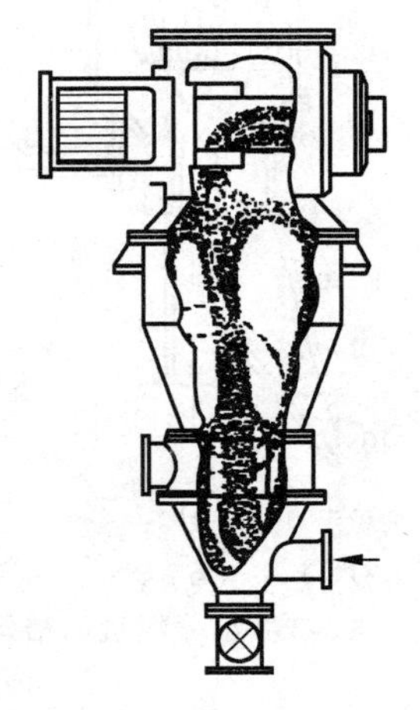

图 6-36 原料与分级气流一起给入的 ATP 型超微细分级机

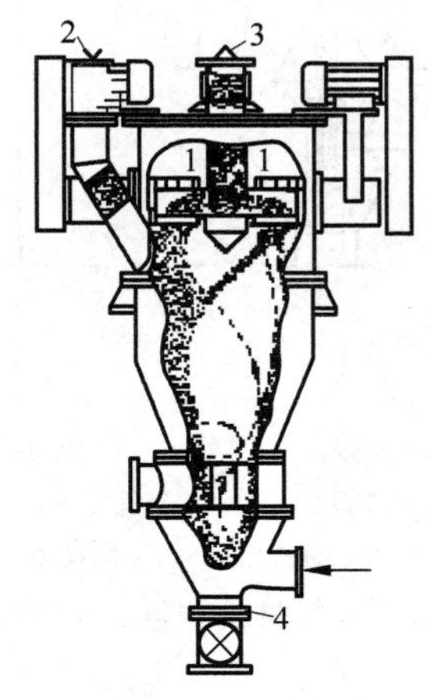

1—分级轮；2—细粉出口；3—给料阀；4—粗粉出口

图 6-37 ATP 型多轮超细微分级机

ATP 型超微细分级机具有分级粒度细、精度较高、结构较紧凑、磨损较轻、处理能力大等优点。

ATP 型超微细分级机除用于中等细度物料的分级外，还可广泛用于各种非金属矿，如石灰石、方解石、白垩、大理石、长石、滑石、石英、硅藻土、石膏、石墨、硅灰石等，以及化工原料等的精细分级，分级粒度 3～180μm。

④ MP 型分级机。图 6-38 是 MP 型涡轮式气流分级机的结构和工作原理示意图。其结构由进料口、分级室、可调导板、分级楔块、螺旋输送机、粗粉出口、鼓风机、气流入口、循环室、旋转框板等构成。工作时，物料由进料口 1 进入分级室 2，气流由气流入口 10 进入可调导板 3 外侧，穿过导板后形成涡流；物料在离心力和空气黏滞力的作用下进行分级；粗粒物料经螺旋输送机 5 从粗粉出口排出；细粒物料由鼓风机 8 送入循环室 9，在这里被收集。由于该机将鼓风机与分级室组合在一起，因此，结构比较紧凑。这种气流分级机可用于微细物料的分级，其分级粒度随处理量变化。对于分级室直径为 132mm 的分级机，每小时处理量 50～300kg，分级粒度 2～15μm；分级室直径 800mm 的分级机每小时处理量 1 200～1 600kg，分级粒度 10～40μm。

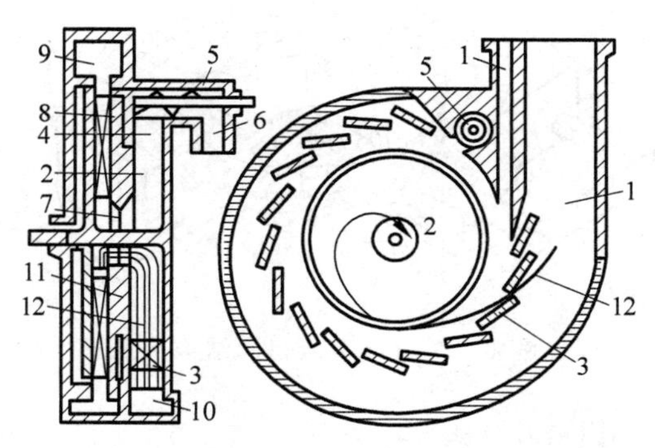

1—进料口；2—分级室；3—导板；4—分级楔块；5—螺旋输送机；6—粗粉出口；7—气流通道；8—鼓风机；9—循环室；10—气流入口；11—旋转框板；12—气流运动轨迹

图 6-38　MP 型涡轮式气流分级机的结构和工作原理示意图

这种分级机的缺点是容易在可调导板 3 之间产生堵塞，引起风量波动，降低分级精度。

⑤ 涡轮分级机。涡轮分级机的结构特点是整个涡轮分级机包括分级部分和传动部分，风机的下部直接和超细分级机连接。主体分级部分由涡轮、通体、输出管道及反冲气套组成，关键部位的涡轮是一个特殊的转子型驱动器，转子的外周围安装一定数量的叶片，其结构示意图如图 6-39 所示。

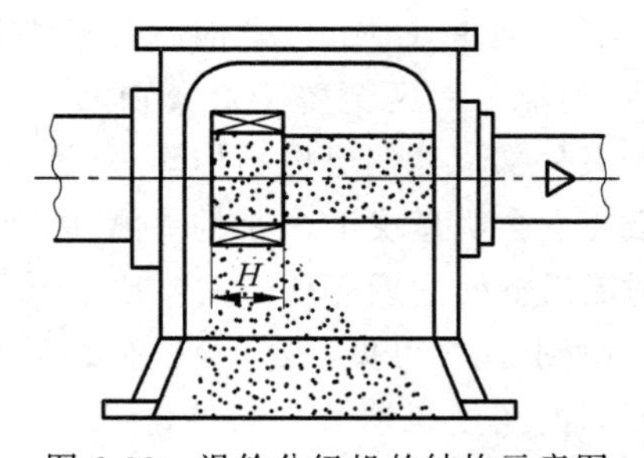

图 6-39　涡轮分级机的结构示意图

涡轮在筒体内作高速旋转运动，物料由下部粉碎机内被抽吸进涡轮分级机筒体内。在筒体内分级区涡轮高速旋转形成的强制涡流场内，物料被分级，粗大颗粒甩离涡轮重新回到粉碎机，细小的合格品经过涡轮细小的叶片间隙进入输出管被输出。该分级机设置反冲气套使进入分级机的全部物料均经过分级叶片，其主要工作参数涡轮转速通过专设的变频调速器进行无级调节，空气流量通过调整排风门的开度而改变。

⑥ Acucut 分级机。Acucut 分级机的结构示意图如图 6-40 所示。其分级室由定子和转子两部分组成。转子的上、下盖板之间设有放射状径向叶片,转子外缘与定子的间隙为 1mm 左右。给料粉体通过喷嘴喷射进入分级室外,喷射方向与叶片方向成一定的角度,以防止粗颗粒直接射入分级室中心时混入细颗粒中。在高速转子(转速一般 5 000～7 000r/min)产生的强大离心力作用下,粗颗粒飞向定子壁,在二次气流(旋风分级器回流)的带动下沿定子壁圆周运动至粗粉出口的切向出分级机。气流携带细颗粒从转子上、下盖板之间的叶片间隙进入中心区,经上部中心排风管出分级机,从底部吸入的空气迫使可能沉降至转子下面的颗粒向上运动返回分级区。这种高速转子的离心作用和向内径向气流的反向作用可获得理想的分级效果。实验证明,分级粒径 0.5～60μm 时,分级精度 $d_{75}/d_{25}=1.3\sim1.6$。

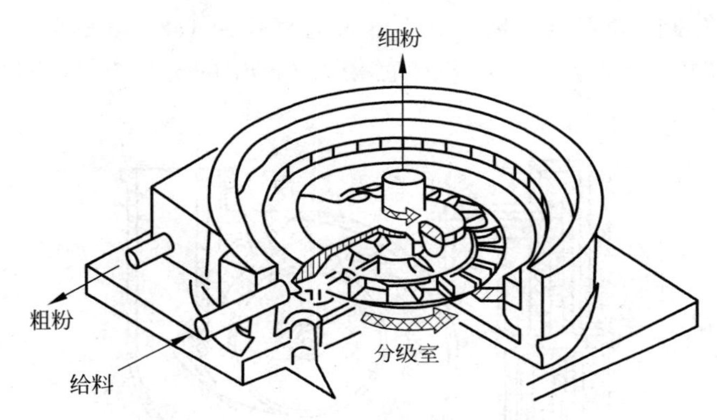

图 6-40　Acucut 分级机的结构示意图

3. 射流分级(jet classification)机

射流分级机是集惯性分级、迅速分级和微细颗粒的附壁效应(Coanda 效应)等原理于一身进行超细分级的分级设备。惯性分级和迅速分级原理前面均已介绍,这里对 Coanda 效应进行解释说明。

简单地讲,Coanda 效应就是微细颗粒具有的随气流沿弯曲壁面运动的特性。如图 6-41 所示,射流从距两侧壁距级分别为 S_1,S_2 的喷嘴喷出。当 S_1,S_2 不相等时,主射流两边同时卷吸外部流体的量也不相等,显然 S 大的一侧较易卷吸流体。为维持主射流的平衡,该侧卷吸速度会明显快于 S 小的一侧,因而造成两侧压力不同,在此过程中动量较小的细颗粒会随主射流沿壁面附近运动。大颗粒由于惯性力的作用而被抛出,从而达到粒度分级的目的。

由图 6-42 可见,该分级机分级后可获得至少三级产品,各级产品的粒度可通过改变分级刀刃的角度来调节。另外,控制粗、中、微粒出口的空气抽吸压力也可以在一定范围内调节各级粉体的粒度。

射流分级机与其他分级机相比较具有以下特点:①分级部分无运动部件,维护工作量小,工作可靠;②喷射射流可使粉体得到良好的预分散;③颗粒一经分散,立即进入分级进行迅速分级,最大限度地避免了颗粒的二次团聚;④可获得多级产品,且各级产品的粒度可通过分级刀刃角度和出口压力来灵活调节;⑤分级效率和分级精度高。

表 6-2 给出了 SLFJ 型射流分级机与其他分级机分级的性能比较。

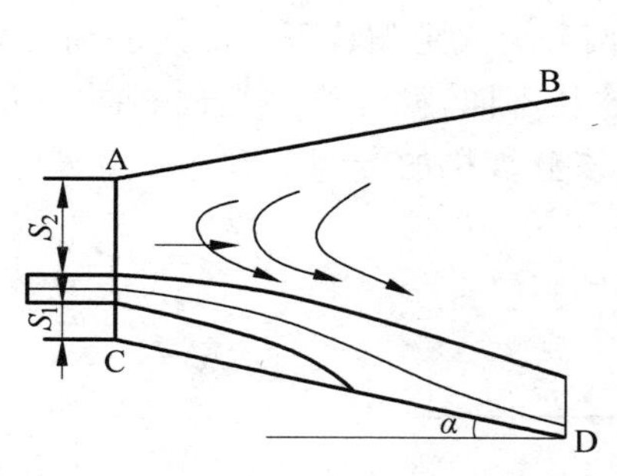

图 6-41　射流的 Coanda 效应图

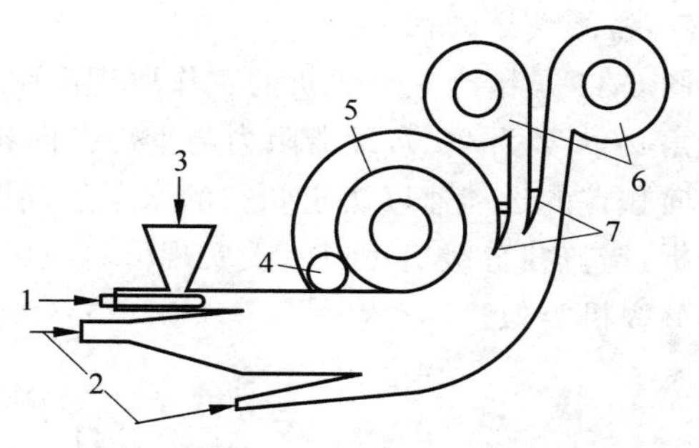

1—主射流；2—控制气流；3—主料；4—出料口；
5—圆形筛板；6—分离器；7—分级刀刃

图 6-42　射流分级机结构示意图

表 6-2　几种超细分级机的性能比较

机　型	性　能			处理量/(kg/h)
	分级粒径/μm	牛顿分级效率/%	分级精度(D_{75}/D_{25})	
WX 分级机		51～70		50～1 000
EPC 分级机	2～20			30～800
FQ 分级机	1～150			50～100
NHF 分级机	1～100			50～100
FW 分级机	3～80			50～700
ASL 分级机	0.58～50	60～75	1.62～2.4	50～350
SLFJ 分级机	0.59～50	65～94	1.32～2.0	50～150

6.3.2　湿式超细分级

用于微细粒湿式分级(wet classification)的设备有两种类型，即重力沉降分级类型和离心分级类型，现分述如下。

6.3.2.1　重力沉降分级(gravity classification)设备

1. 重力分级机

图 6-43 为一种重力分级机的示意图。待分级物料加入沉降池，溢流由虹吸管排出，粗粒级由底部排出至第二沉降池继续分级，沉降池内部设有循环分散系统。该设备遵循逆流式分级原理，由颗粒所受上升流体阻力与重力的平衡决定平衡粒度，小于该粒度的颗粒进入溢流。

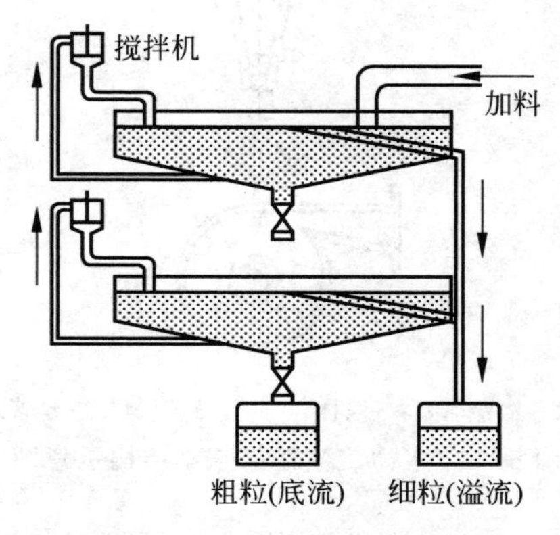

图 6-43　重力分级机的示意图

该分级机的优点是分级过程平稳，全过程自动控制，溢流中粗粒混入量少，可用于高级颜料、研磨料的分级。其缺点是由于重力场中的重力加速度较小，因而进行微米级颗粒分级时，分级速度太慢，效率太低。

2. 错流式分级机

图 6-44 是错流式分级机的工作原理简图，介质运动方向与分级物料的给入方向成一定的夹角 α（大多为 90°），黏滞阻力与重力方向相反，此两种力决定颗粒下落的速度和时间，水平方向颗粒的运动速度决定颗粒的水平运动距离。粒径不同，抛物线的轨迹不同。从理论上分析，错流式分级机可以一次实现多粒级的分级。该分级机的分级原理与干式水平流型重力分级机类似。

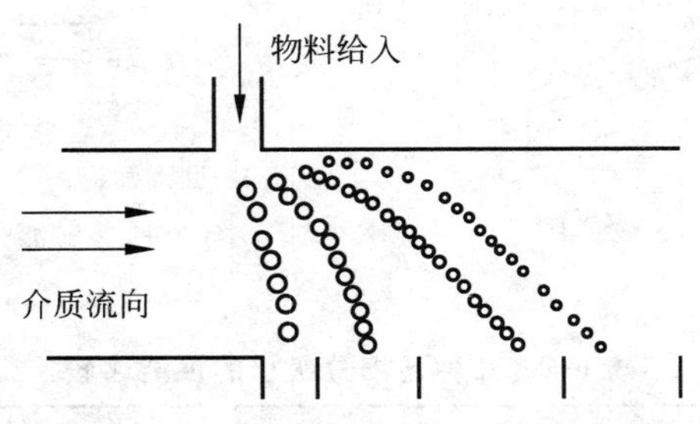

图 6-44 错流式分级机的工作原理简图

6.3.2.2 离心分级(centrifugal classification)设备

1. 旋流器

旋流器是一种结构简单而分级效率较高的分级设备，直径为 ϕ10～50mm 的旋流器的分离粒度一般小于 10μm，广泛用于细颗粒的检查分级。

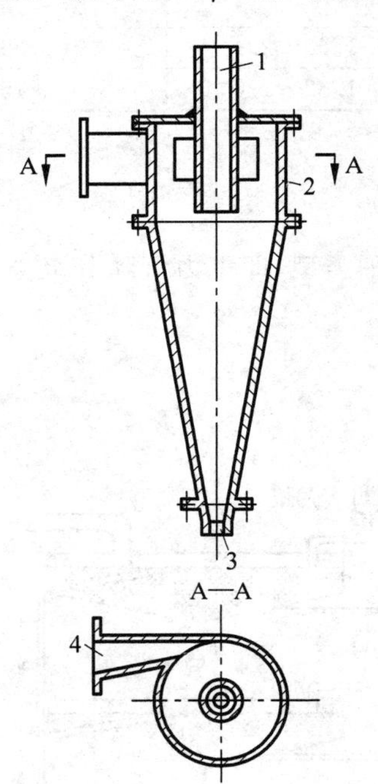

1—溢流管；2—筒体；3—底流管；4—进料管

图 6-45 水力旋流器的基本结构示意图

旋流器的基本结构示意图如图 6-45 所示。筒体 2 的上部为圆柱形、下部为圆锥体，中间插入溢流管 1。在筒体的上部，沿圆柱的切线方向有进料管 4，圆锥形的出口为底流管 3。料浆在压力作用下经进料管沿切线方向进入筒体，在筒体中，料浆作旋转运动，其中的固体颗粒在离心力作用下除随料浆一起旋转外，还沿半径方向发生离心沉降，粗颗粒的沉降速度大，很快即到达筒体内壁并沿内壁下落至圆锥部分，最后从底流管排出，称为沉砂。细颗粒的沉降速度小，它们尚未接近筒壁仍处于筒体的中心附近时即被后来的料浆所排挤，被迫上升至溢流管排出，称为溢流。如此，粗细不同的颗粒分别从底流和溢流中收集，从而实现了粗、细颗粒的分级。

2. 离心式分级机

微细粒分级需要很高的分离因素来使流体产生高速旋转形成较强的离心力场，从而达到较高的分离因素，微米级的分级需要的分离因素为 10^3 级。

近年来，湿式微细粒分级设备的研究取得了很大进展。

(1) 卧式螺旋离心分级机

WL 型卧式离心分级机的结构和工作原理如图 6-46 所示。它主要由转鼓、螺旋推料器、差速器、机壳、机座等部分组成,转鼓和螺旋推料器安装在差速器内,二者同向旋转且差速很小。待分级物料由进料管进入料仓,与转鼓几乎同步旋转,颗粒进入离心力场,迅速分层,细颗粒由溢流环溢出;粗颗粒被抛至周边,在推料器的作用下向前运动由排渣口排出。

该分级机可用于 1～10μm 物料的分级,固体含量高达 50%,进料和出料均连续进行。从溢流口排出的细粒是那些来不及沉降到边沿的颗粒,分级平衡粒度由径向位移与轴向位移来确定,即由横流(cross-flow)来确定,因而分级不完全,粗颗粒产品中存在相当数量的细颗粒。

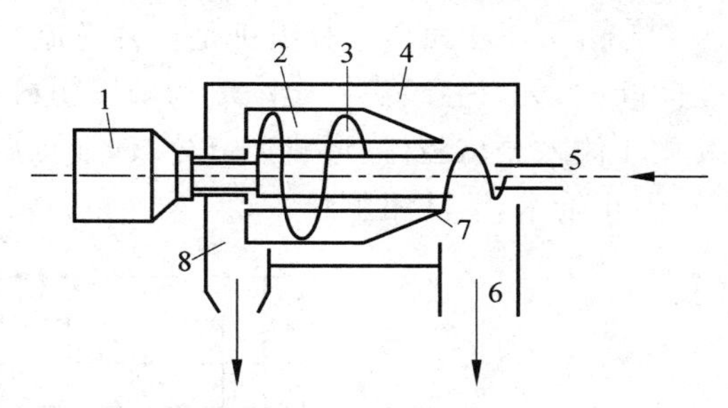

1—差速器;2—转鼓;3—螺旋推料器;4—机壳;5—进料口;6—排渣口;7—进料仓;8—溢流环

图 6-46 卧式螺旋离心分级机结构简图

(2) 叶轮式水力分级机

叶轮式水力分级机的结构简图如图 6-47 所示。物料从给料口 1 以一定的压力给入,进入工作空间,受粗粒排出口的限制,部分物料将被迫进入分离间隙,该物料流沿径向向内运动,且在旋转叶片的作用下加速到几乎与叶片的周边线速度相同。颗粒在此区域获得离心加速度,由颗粒所受流体阻力(Stokes 阻力)与离心力的平衡可以知道,如果某一颗粒的径向沉降速度大于分离间隙中流体向内的流速,该颗粒将向外运动,反之,向内运动,从而达到逆流分离的目的。该分级机与干式分级机类似,它的优点在于:具有连续性;可以通过调整叶轮的转速及径向流速方便地改变分离粒度;溢流中的最大颗粒尺寸 D_{99} 可达 137μm。它的缺点也很明显:只有一部分给料可以通过分离区,给料与粗粒的短路现象十分严重;分离区的悬浮液速度低于叶轮周边速度,因而是不完全加速,若叶轮转速足够高,悬浮液的速度将滞后许多。

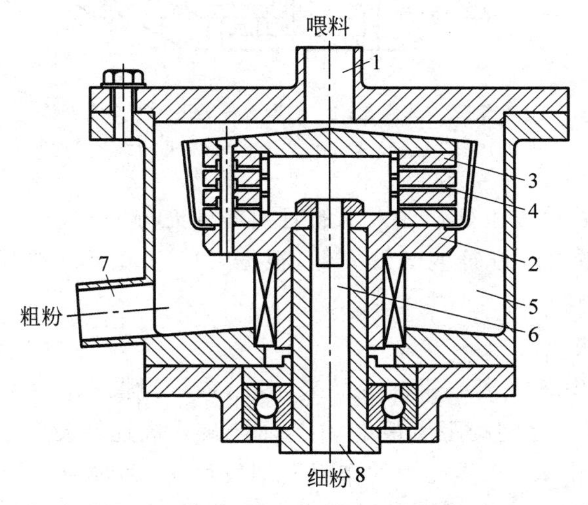

1—给料口;2—旋转体;3—旋转叶片;4—分离间隙;5—工作空间;6—中空轴

图 6-47 叶轮式水力分级机的结构简图

叶轮式水力分级机的分级性能见图 6-48。可以看出，细粒产物的 $D_{99}<5\mu m$，且粒度分布范围较窄，因而可以认为它是一种微细粒分级的有效设备。但是，可以明显看出的是：粗产品、入料与粒度分布相差不大，也就是说该设备只分离出一小部分微细物料，并不能按某一粒径实现粗、细完全分离。

(3) TU clausthal 式离心分级机

TU clausthal 式离心分级机是一种逆流型离心分级机，其结构简图见图 6-49。它的工作是间断的，分离腔装满一定浓度的分级物料后，叶轮 1 开始旋转，清水从入水孔 2 通过多孔介质 4 注入分离腔体，形成逆流分级，细粒从细颗粒排出孔 3 排出。细粒分级完成后停止旋转，停止给水，清洗粗颗粒。

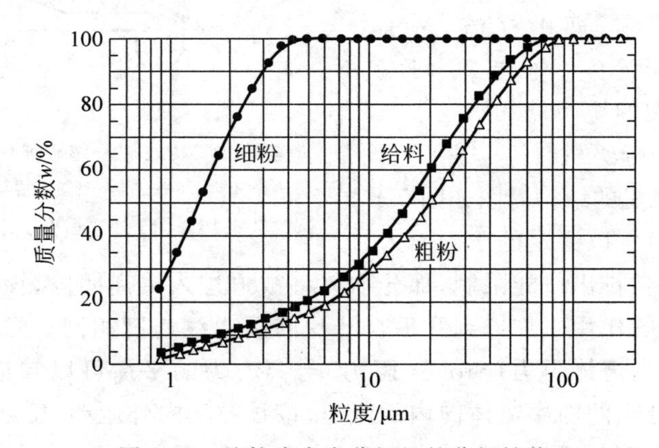

图 6-48 叶轮式水力分级机的分级性能

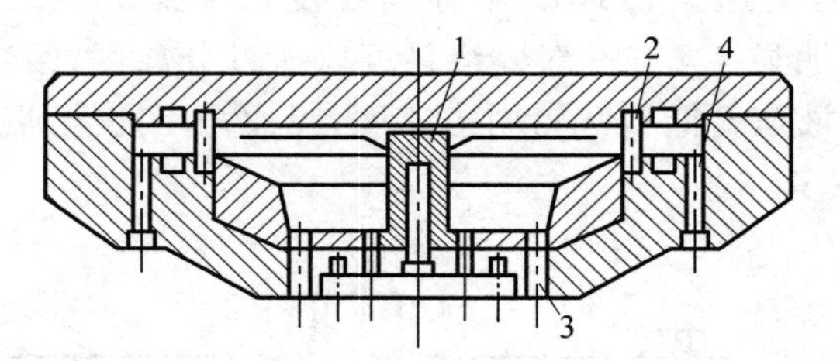

1—叶轮；2—入水孔；3—细颗粒排出孔；4—多孔介质

图 6-49 TU clausthal 式离心分级机的结构简图

它的优点是细颗粒可以由延长注入水的时间得到充分的分离。获得的分离曲线较陡，不足之处在于它是间断的，因而生产效率低，根据 TU clausthal 提供的数据，溢流中小于 $3\mu m$ 颗粒的含量 $>90\%$。

(4) 碟式离心分级机

碟式离心分级机由碟式离心机演变而来，其结构示意图见图 6-50，主要工作部件是一组锥形碟片，碟片与碟片之间的距离很小，中空轴与碟片高速旋转产生离心力场。料浆由中空轴给入，经底部向上运动，在离心力的作用下即发生粗、细颗粒分级，细颗粒与介质向内、向上运动，在碟片与碟片之间的狭小区域再次发生分级，较细颗粒沉积在碟片的下表面，呈单颗粒或颗粒团向下、向外运动，微细颗粒随介质从中心环排出，达到粗、细分级的目的。

据报道，在一定的转速下，溢流中小于 $2\mu m$ 的含量高达 94%，平均粒径为 $0.9\mu m$。该

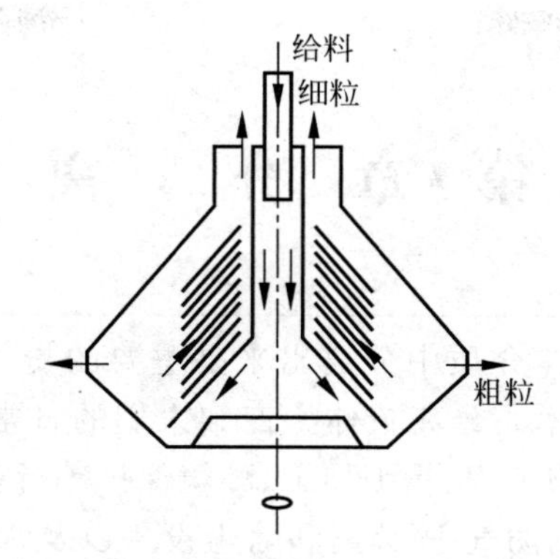

图 6-50　碟式离心分级机的结构示意图

设备的优点在于分级粒度接近 1μm，但碟片上的共沉降现象使粗粒产品中的细颗粒较多，分级效率有待提高。

湿式分级由于液体介质具有分散作用，所以一般分级效率较高，但由于分级后的粉体中含有水分，在后续干法应用之前，需要进行干燥处理。干燥过程可能导致粉体颗粒再次团聚。

参考文献

[1] 盖国胜.超细粉碎分级技术[M].北京：中国轻工业出版社，2000.
[2] 卢寿慈.粉体加工技术[M].北京：中国轻工业出版社，1999.
[3] 郑水林.超细粉碎原理、工艺设备及应用[M].北京：中国建材工业出版社，1993.
[4] 陶珍东，郑少华.粉体工程与设备[M].北京：化学工业出版社，2003.
[5] 盖国胜，马正先，胡小芳.超细粉碎与分级设备进展[J].金属矿山，2000，287(5)：30-35，41.
[6] 张峻，齐崴，韩志惠.食品微胶囊、超微粉加工技术[M].北京：化学工业出版社，2005.
[7] 郑水林.超微粉加工技术与应用[M].北京：化学工业出版社，2005.
[8] 李凤生，等.超细粉体技术[M].北京：国防工业出版社，2000.

第7章　分　　离

本章提要：将粉体颗粒从流体介质中分离出来是重要的粉体加工工序，包括气-固分离与除尘、固-液分离和干燥技术。分离粉体生产和人们的日常生活息息相关，在电力、冶金、石油化工、食品加工、生物工程、精细加工、环境保护等行业得到广泛应用。本章主要介绍粉体分离基础知识，常见的气-固分离和除尘设备以及常用的固-液分离和干燥设备结构、工作原理及应用。

7.1　概　　述

7.1.1　分离效率

对于分离设备来说，有两项特征指标：分离效率(separation efficiency)和部分分离效率。偶尔也用分离(临界)粒径或出口含尘浓度来评价分离设备的好坏。

分离设备分离出来的粉体颗粒量与流入的粉体总量之比称为分离效率，用百分数表示。由于实测粉体颗粒流量很困难，故可通过测定粉体颗粒的浓度来转换求算。在实际中常用一定时间内直接称量的分离出来的粉体量与入口粉体总量之比表示。因装置内存在附着量及粉尘二次飞扬的误差，所以必须在稳定状态下测定。

分离效率的计算式为

$$\eta=\frac{G_c}{G_i}\times 100\%=\frac{G_i-G_e}{G_i}\times 100\%=\frac{C_1Q_1-C_2Q_2}{C_1Q_1}\times 100\%$$
$$=\left(1-\frac{C_2Q_2}{C_1Q_1}\right)\times 100\% \tag{7-1}$$

式中　G_i,G_c,G_e——分离设备进、口气体中的含尘量，从气体中分离收集出来的粉尘量和收尘器出口气体中的含尘量，g；

C_1,C_2——进入分离设备和排分离设备的气体的含尘浓度，g/cm^3；

Q_1,Q_2——进入收尘器分离设备和排出分离设备的风量，g。

当分离设备没有漏风时，$Q_1=Q_2$。

式(7-1)可简化为

$$\eta=\frac{C_1-C_2}{C_1}\times 100\%=\left(1-\frac{C_2}{C_1}\right)\times 100\% \tag{7-2}$$

若采用两台收尘器串联安装，构成二级分离系统时，其系统分离效率按式(7-3)计算：

$$\eta=\eta_1+\eta_2(1-\eta_1) \tag{7-3}$$

式中　η_1,η_2——第一级和第二级收尘器的分离效率，%。

若为几台收尘器串联使用，则其总收尘效率 η 为

$$\eta = 1 - (1-\eta_1)(1-\eta_2)\cdots(1-\eta_n) \tag{7-4}$$

【例题 1】 某厂水泥磨的出磨气体含尘质量浓度为 60g/Nm^3，采用二级收尘设备，第一级为旋风收尘，收尘效率为 85%，第二级为袋式收尘，收尘效率为 99%，试问排出的气体含尘质量浓度是否符合我国水泥企业粉尘排放标准。

解：将各级收尘效率代入式(7-3)，得

$$\eta = \eta_1 + \eta_2(1-\eta_1) = 85\% + 99\% \times (1-85\%) = 99.85\%$$

由式(7-2)计算出排出的气体含尘质量浓度：

$$C_2 = C_1(1-\eta) = 60 \times (1-99.85\%) \times 0.090(\text{g/Nm}^3) < 0.100\text{g/Nm}^3$$

答：排出的气体含尘浓度符合我国水泥企业粉尘排放标准。

7.1.2 部分分离效率

分离效率与颗粒的大小及分散度有密切的关系；一般来说，粒径越大，分离效率越高。因此单独用分离效率来描述某一分离设备的分离性能是不够的，还必须对不同大小颗粒的分离效率进行了解，对于某一粒径或某一粒径范围内颗粒的分离效率称为部分分离效率，有时也称分级分离效率。其计算式为

$$\eta_x = \frac{G_{cx}}{G_{ix}} \times 100\% = \frac{G_c R_{cx}}{G_i R_{ix}} \times 100\% = \eta \frac{R_{cx}}{R_{ix}} \tag{7-5}$$

式中 G_{ix}，G_{cx}——分离设备进口气体中含有某一粒级的粉体颗粒含量与从气体中分离收集出来的某一粒级的粉体颗粒含量，g；

R_{ix}，R_{cx}——分离设备进口流体中含有某一粒级的粉体颗粒质量分数与从气体中分离收集出来的粉体颗粒中某一粒级的粉尘质量分数。

总收尘效率为

$$\eta = (1/100)(R_1\eta_1 + R_2\eta_2 + \cdots + R_n\eta_n)\% \tag{7-6}$$

式中 $\eta_1, \eta_2, \cdots, \eta_n$——各粒级的分离效率，%；

$R_1, R_2, \cdots, R_n$——各粒级占总粉尘量的质量分数，%。

通过率或通过系数用净化后流体中粉体颗粒含量的百分数表示：

$$\varepsilon = (G_e/G_i) \times 100\% = 1 - \eta \tag{7-7}$$

式中 G_e——收尘器出口气体中的含尘量，g；

G_i——收尘器进口气体中的含尘量，g。

从环境保护的观点来看，分离设备回收多少粉体颗粒并不是最重要的，关键是随着分离后的流体排放出去多少粉体颗粒。例如，有两台收尘器，其中一台的净化效率为 90%，另一台为 95%，仅相差 5%；但前一台的通过系数为 10%，后一台的为 5%，相差 1 倍。可见，利用通过系数评价收尘器的环境效果一目了然。

分离粒径是指部分分离效率为 50%时的粒径，有时也把入口粉尘的筛上累积筛余等于总收尘效率时的平衡粒度，称为分离临界粒径。

7.2 气固分离

气固分离(gas-solid separation)有两个目的：一个是在气力输送或在某种产品生产中，需要把目的物从气体中分离出来；另一个是环境保护与文明生产需要把气体中的粉尘进行

收集。物料的破碎、粉磨、烘干及燃烧等环节产生的气体以及各通风设备排放的含尘气体会造成环境污染,从而危害人体健康,因而对含尘气体进行气-固分离显得非常重要。气-固分离设备实际上就是收尘设备。

收尘器(dust collector)是将粉尘从气流中予以分离的设备,其工作状况直接影响排往大气中的粉尘浓度。由于生产的需要,实践中采用多种多样的收尘器(表 7-1)。根据收尘机理可将其分为四类,即机械力收尘器、过滤式收尘器、电收尘器和湿式收尘器。

表 7-1　常用收尘设备的适用范围及性能

<table>
<tr><th colspan="2" rowspan="2">类型</th><th rowspan="2">适宜风量/(m^3/h)</th><th rowspan="2">风速/(m/s)</th><th rowspan="2">阻力/kPa</th><th colspan="3">应用范围</th><th colspan="3">对不同粒度(μm)粉尘的分离效率/%</th><th rowspan="2">适用净化程度</th></tr>
<tr><th>粉尘类别</th><th>粉尘粒度/μm</th><th>粉尘浓度/(g/m^3)</th><th><1</th><th>1～5</th><th>5～10</th></tr>
<tr><td colspan="2">重力沉降室</td><td><50 000</td><td><0.5</td><td>0.05～0.1</td><td>各种干粉尘</td><td>>20</td><td>>10</td><td><5</td><td><10</td><td><10</td><td>粗净化</td></tr>
<tr><td rowspan="2">旋风收尘器</td><td>小型</td><td><15 000</td><td>～</td><td>0.5～1.5</td><td rowspan="9">各种非纤维粉尘</td><td rowspan="2">>1.0</td><td>～</td><td><10</td><td><40</td><td>60～90</td><td rowspan="2">粗净化</td></tr>
<tr><td>大型</td><td><100 000</td><td>～</td><td>0.4～1.0</td><td>～</td><td><10</td><td><20</td><td>40～70</td></tr>
<tr><td rowspan="4">袋式收尘器</td><td>简易式</td><td rowspan="4">按设计</td><td>0.2～0.7</td><td>0.4～0.8</td><td rowspan="4">>1.0</td><td><5</td><td><30</td><td><80</td><td><95</td><td rowspan="4">中细净化</td></tr>
<tr><td>机械振打</td><td>1～3</td><td>0.8～1.0</td><td>3～5</td><td><90</td><td><90</td><td><99</td></tr>
<tr><td>脉冲振打</td><td>2～5</td><td>0.8～1.2</td><td>3～5</td><td><90</td><td><99</td><td><99</td></tr>
<tr><td>气环袋式</td><td>2～6</td><td>1.0～1.5</td><td>5～10</td><td><90</td><td><99</td><td><99</td></tr>
<tr><td>颗粒层收尘器</td><td>～</td><td>按设计</td><td>～</td><td>0.8～2.0</td><td rowspan="3">>1.0</td><td><20</td><td>～</td><td>～</td><td>～</td><td>中细净化</td></tr>
<tr><td rowspan="2">电收尘器</td><td>干式</td><td>～</td><td>～</td><td>～</td><td>～</td><td><90</td><td>～</td><td>～</td><td rowspan="2">中细净化</td></tr>
<tr><td>湿式</td><td>～</td><td>～</td><td>～</td><td>～</td><td><95</td><td>～</td><td>～</td></tr>
<tr><td>湿法收尘器</td><td>水浴式</td><td><3 000</td><td>～</td><td>0.4～1.0</td><td>各种非纤维、非黏性、非水化性粉尘</td><td>>1.0</td><td><5</td><td><20</td><td><50</td><td><95</td><td>中细净化</td></tr>
</table>

其中机械力收尘器又包括重力沉降室、惯性收尘器和旋风收尘器。这类收尘器结构简单、造价低、维护方便,但收尘效率不太高,往往用作多级收尘系统中的前级预收尘。机械力收尘器又可分为重力收尘器、惯性收尘器和离心收尘器三种。

以上分类是按起主导作用的收尘机理进行的。实际中的收尘器往往综合几种收尘机理的共同作用,例如卧式旋风收尘器中有离心力作用,同时还兼有冲击和洗涤作用。近年来,为了提高收尘器的效率,特别是为了提高对亚微米颗粒的净化效率,研制了复合收尘器,如静电强化过滤收尘器、电凝聚收尘器、磁力净化器等新型净化设备,从而极大地推动了收尘技术的发展。

7.2.1 重力收尘器

7.2.1.1 工作原理

重力收尘器(gravity dust collector)又称重力沉降室(gravity settling chamber),是利用粉尘颗粒的重力沉降作用使粉尘与气体分离的收尘技术。重力收尘器的主要优点是:结构简单,维护容易;阻力低,一般为100～150Pa,主要是气体入口和出口的压力损失;投资省,施工快,可用砖石砌筑,不用或少用钢材,维护费用低,经久耐用。其缺点是:收尘效率低,一般干式沉降室为50%～60%。采用喷雾、水封池等措施的湿式沉降室为60%～80%,适于捕集粒径大于40～50μm的粉尘颗粒,因其设备较庞大,适于处理中等气量的常温或高温气体,多作为多级收尘的预收尘设备使用。

重力沉降室的收尘效率与其沉降室的结构、气流速度、烟气中的尘粒大小等因素有直接关系。在沉降室内部合理布置挡墙、隔板、喷雾或在沉降室底部设置水封池等措施,对提高收尘效率能起到一定的作用。

7.2.1.2 结构

重力沉降室的结构如图7-1所示。含尘气流进入重力沉降室后,由于扩大了流动截面积而使气体流速大大降低,使较重颗粒在重力作用下缓慢向灰斗沉降。在简单沉降室内加水平隔板可以提高收尘效率,其捕集粒径可小至15μm。多层沉降室的缺点是清灰困难。为此,要设置清扫刷,定期扫灰或用水冲洗。采用图7-2所示的人字形斜隔板布置形式,有利于粉尘靠自重落入灰斗,如果斜度不够或黏灰,还可采用机械振打的清灰方式。

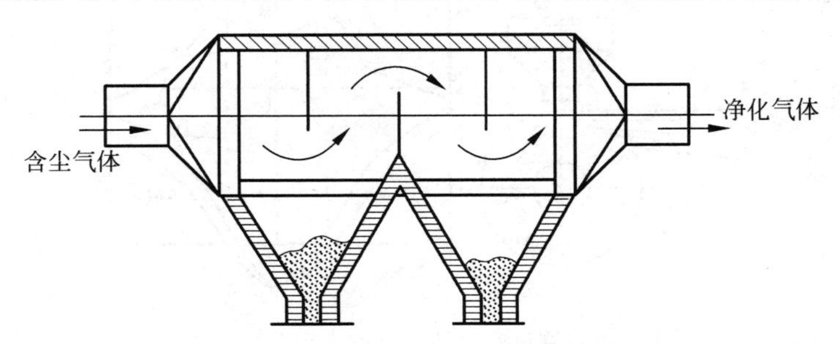

图7-1 重力沉降室的结构简图

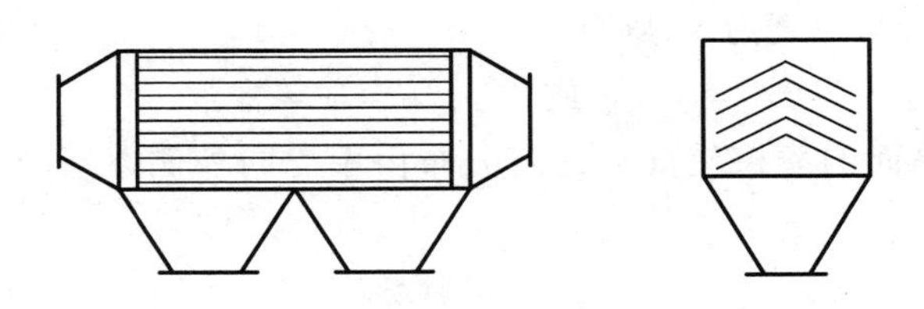
图7-2 人字形平板重力沉降室

7.2.2 离心收尘器

旋风收尘器(cyclone dust collector)是离心收尘器中应用较广泛的一种类型,它是利用旋转的含尘气体所产生的离心力,将粉尘从气流中分离出来的干式气-固分离装置。其优点是:构造简单、价格便宜、体积较小,同时收尘效率一般达70%～80%,最高可达90%以上,能处理的气体量也很大。其缺点是:流体阻力较大,收尘效率极易受载荷的影响,常作为多级收尘的初级收尘设备。

7.2.2.1 工作原理与分类

1. 工作原理

旋风收尘器工作时含尘气体从进气管以较高的速度(一般是12～20m/s)沿切线方向进入收尘器并自上而下旋转,在旋转过程中产生离心力,将颗粒甩向筒壁,颗粒沉降至筒壁后失去动能沿壁面滑下与气体分开,进入下部的圆锥部分。气流沿中心向上旋转最终由排气管排出。旋风收尘器内的流场是一个复杂的三维流场(轴向、径向、切线方向),图7-3是旋风收尘器内气流及压力分布。

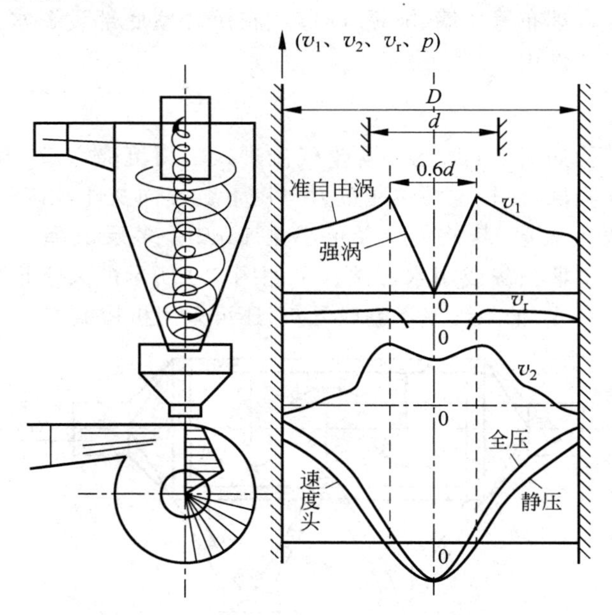

图7-3 旋风收尘器内部气流和压力分布

在中心部位大约在0.6d(d为出口管径)范围内,气流旋转速度与半径r大致成正比,称为强涡流区。设旋转角速度为ω,则有

$$v_t = r\omega \quad 或 \quad v_t/r = \omega = 常数 \tag{7-8}$$

在外周部,由于壁面的摩擦使气流速度分布由中心向外侧逐渐减少,称为准自由涡流区。可表示为

$$v_t r^n = 常数 \tag{7-9}$$

若$n=1$,则是自由涡流(实际上$n=0.5$～0.9)。在强涡流区与准自由涡流区的交界处具有最大的旋转速度,其位置约在出口管径的60%处。

2. 离心收尘器的分类

按设备性能将离心收尘器分为：①高效型，即筒体直径较小，用来分离较细的粉尘，收尘效率大于95%。②高流量型，即筒体直径较大，处理气体流量大，收尘效率为50%～80%。③通用型，即介于上述两者之间，处理中等气体流量，收尘效率为80%～95%。

按结构形式可将离心收尘器分为长锥体、圆筒体、旁路式和扩散式。

按气流导入方式可将离心收尘器分为：①切向式[图7-4(a)]，即气流进入收尘器后产生上下双重涡流，收尘效率受到影响，但收尘器制造方便。②螺旋面式[图7-4(b)]，即使进入收尘器的气流向下一定的角度，有利于降低阻力，向下的角度越大，阻力越小，但收尘效率也同时降低。③渐开线式[图7-4(c)]，即可使气流间的干扰减至最小限度，收尘效率最高，制作较方便，是被采用最多的一种，但其阻力较大。④导向叶片式，即强化气流旋转，有较高的收尘效率。

按气流的进入方向可将离心收尘器分为轴流式和切线式两种。

按管数可将旋风收尘器分为单管和多管两种，按气流压力分为X型(吸入式)、Y型(压入式)、S型(右旋)和N型(左旋)等。因此，旋风收尘器共有XN型、XS型、YN型、YS型四种型号。

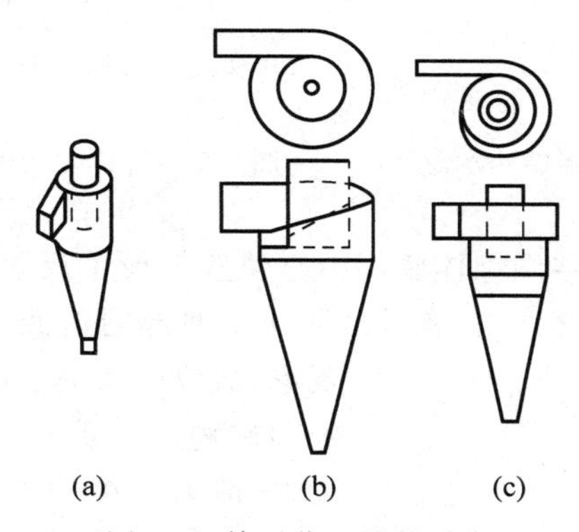

图7-4 旋风收尘器的形式

(a) 切向式离心收尘器；(b) 螺旋面式离心收尘器；(c) 渐开线式离心收尘器

7.2.2.2 几种常用的旋风收尘器

1. 单管收尘器

(1) CLT/A型(螺旋型)旋风收尘器

螺旋型旋风收尘器的结构示意图如图7-5所示，其结构特点是进风管的截面呈矩形，筒体盖为螺旋形导向板，进风管与水平面成一定倾角向下引入，可消除引入气体向上流动而形成的上旋涡，减小能量消耗，提高收尘效率。

螺旋型导向板的角度可根据不同需要来确定，一般为8°～20°。倾角大，则阻力小，处理能力大，但收尘效率较低，适合处理粉尘浓度高、颗粒较粗的含尘气体；倾角小，则收尘效率高，但阻力大。CLT/A型旋风收尘器进风管的倾角为15°，其外形细而长，圆筒部分和锥筒部分高度较大，锥筒的锥度较小，因而阻力较大，但收尘效率较高。

(2) CLK型(扩散型)旋风收尘器

图7-6为扩散型旋风收尘器的结构示意图，其主要由进风管1、筒体2、扩散锥筒(倒锥

体)3、反射屏 4、集灰仓 5 和排风管 6 组成。含尘气流沿切线方向进入收尘器的圆形筒体并形成旋转气流，由于离心力的作用，颗粒从气流中分离出来甩向器壁。旋转气流继续扩散到倒锥体，由于反射屏的反射作用，大部分旋转气流被反射，经中心排风管 6 排出。少量旋转气流随尘流一起经反射屏周围的环形缝隙进入集灰仓，因体积突然扩大，流速降低，所以颗粒在重力作用下落下。进入集灰仓的气流通过反射屏中心小孔上升并由排风管排出。

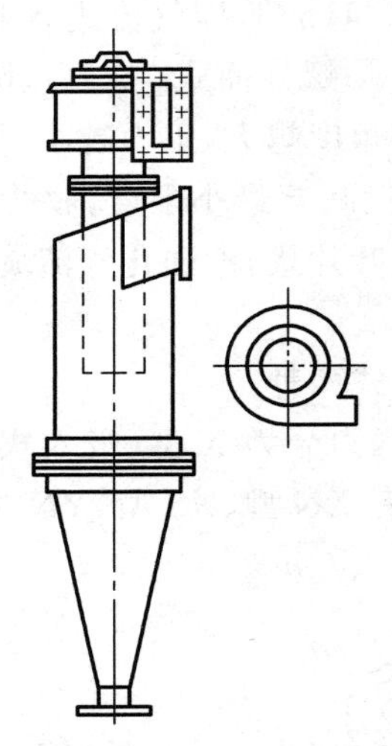

图 7-5　CLT/A 型旋风收尘器结构示意图

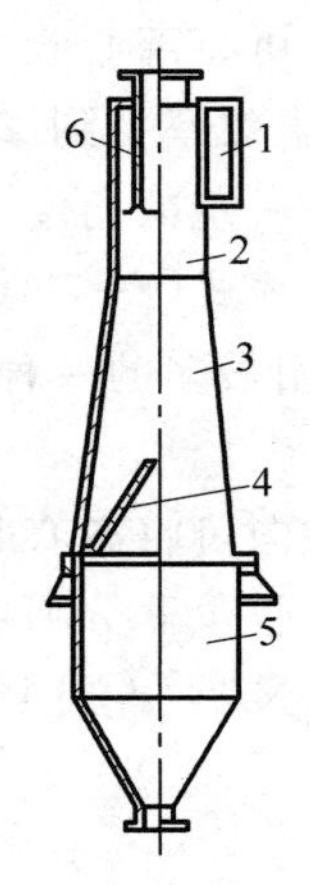

1—进风管；2—筒体；3—扩散锥筒；4—反射屏；5—集灰仓；6—排风管

图 7-6　CLK 型旋风收尘器的结构示意图

因为在扩散型旋风收尘器倒锥体底部中心位置加设了反射屏，使已经分离出来的颗粒能沿反射屏四周的环形缝隙落下去，有效地防止了底部的返回气流将颗粒重新卷扬上去的现象，故收尘效率较高。它适合捕集干燥的非纤维和矿物性的颗粒状粉尘。其缺点是：阻力较大，一般为 800～1 600Pa；外形较高。

(3) CLP 型(旁路型)旋风收尘器

图 7-7 是旁路式旋风收尘器的工作原理示意图。其结构特点是：气流入口管为涡旋型并低于筒体顶盖一定距离，在筒外部设有旁路；排风管较短。

含尘气体从进风管 1 切向进入收尘器内，分成向上和向下的两股旋转气流。由于惯性离心力的作用这两股旋转气流形成上、下两个粉尘环于粉尘环分界面 4 处分界。对于一般形式的旋风收尘器，在排风管 2 下缘的平面处强烈分离出二次气流。向上运动的气流到达上盖板，产生向内的汇流并沿排风管外壁下降，其所携带的相当数量的粉尘再次被带到排风管口附近收尘效率很低的区域随气流排出，因此影响了收尘效率。另外，一般旋风收尘器的进口上缘与筒体顶盖平

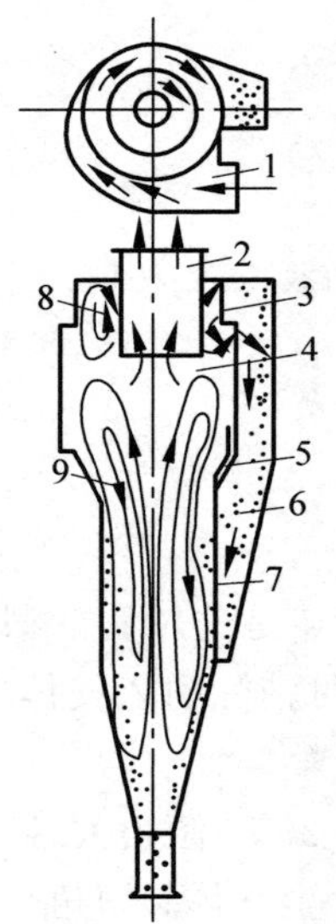

1—进风管；2—排风管；3—窄缝；4—粉尘环分界面；5—切向狭缝；6—旁路；7—回风口；8—上旋流；9—下旋流

图 7-7　旁路式旋风收尘器的工作原理示意图

齐，进入的气体刚好在顶盖下方，扰乱了粉尘环的形成，并由气流带入净化的气体内由排风管排出，使收尘效率降低。

为了解决这些问题，旁路式旋风收尘器降低了进口位置，使之有充分的空间形成上部旋涡。同时，排风管2的下端口恰好位于上、下粉尘环的分界面上，以保证粉尘的充分形成。上旋涡气流在上盖板处形成了由较轻、较细的颗粒组成的上粉尘环，使之团聚，而后经上部特设的切向窄缝洞口3处引出，进入筒体外侧的旁路分离室与主气流分离，免除了沿排风管外壁下流而被二次旋流气体卷走的危险，从而减少了粉尘由排风管逸出的机会。在旁路室下端的筒壁上开有切向狭缝5，进入旁路室的含尘气体由狭缝引出后与下旋的主气流汇合，将粉尘分离出来落入集灰仓。因此，净化效率有所提高。下旋涡气流在筒体内壁形成由较粗、较重的颗粒组成的粉尘环，沿筒壁向下随同旋转气流带向底部，降落在集灰仓中排出。

为了加强引入气体的离心力，进气口采用半圆周形蜗壳入口方式，增大了入口面积，提高了收尘器的处理能力。

CLP型收尘器根据旁路的形式不同，又分为CLP/A型和CLP/B型两种，前者的特点是筒体由两段圆筒和锥体组成，上部圆筒部分的旁路室为直形，下部圆筒部分的旁路室则是螺旋形。后者将双锥改为锥角较小的单锥，筒体外形与前者相似，圆筒部分的旁路室做成螺旋形槽。

2. CLG型(多管)旋风收尘器

将多个直径较小的旋风筒(也称旋风子)组合在一个壳体内，形成一个整体的收尘器，称为多管旋风收尘器。这种组合方式布置紧凑，主要用于含尘浓度高、风量大、收尘效率要求高的情形。

多管旋风收尘器的结构示意图如图7-8所示。旋风子整齐排列在外壳6内，上、下安装两个支承隔板3和7，旋风子分别嵌于隔板的孔上，旋风子和外壳之间用填料(如矿渣)12填充。

含尘气体经进气扩散管10和配气室A均匀地分布到各个旋风子内。在内筒(排风管)的外表面，导向叶片11可使气流在内、外筒之间作旋转运动将颗粒分离出来，粉尘落入集灰仓8，经卸料口9排出，净化后的气体从排风管4经集气室B和总排风管2排出。

多管旋风收尘器内的旋风子个数有9、12、16等。旋风子多为铸铁制成，其直径有100mm、150mm、200mm、250mm四种。旋风子导向叶片的结构有螺旋式和花瓣式两种，如图7-9所示。

多管旋风收尘器的净化效率与旋风子的直径D以及气流对旋风子断面而言的假想速度V(其方向垂直于筒体横断面)有直接关系。但旋风子的直径D过小时，易造成堵塞。假想速度一般为2.2～5m/s。

7.2.3 过滤式收尘器

过滤式收尘器(filter dust collector)是以一定的过滤材料，使含尘气体通过过滤材料达到气-固分离的一种高效收尘设备。收尘效率一般在99.0%以上，有的高达99.99%。过滤式收尘器对亚微米级的粉尘有很好的收集效果，处理的气体量和含尘浓度的允许变化范围大，收尘效率稳定；对粉尘的特性不敏感，结构简单，维修方便，价格便宜，因此，广泛用作第二级收尘设备(在旋风收尘器之后)。目前，常用的有袋式收尘器、颗粒层收尘器和滤尘器。

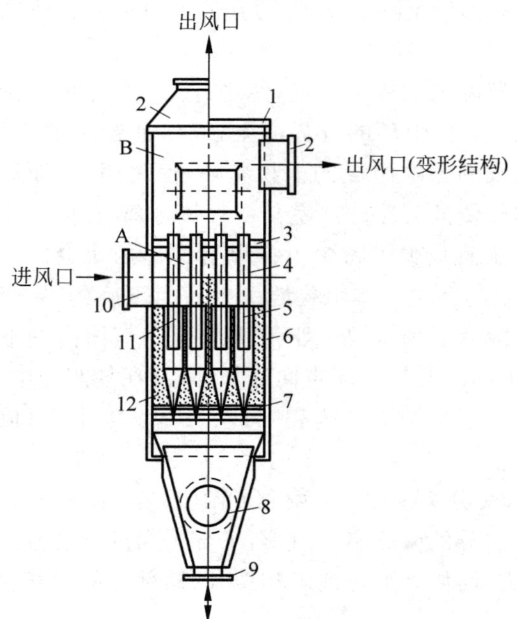

1—顶盖；2—总排风管；3—上隔板；4—排风管；5—旋风子；6—外壳；7—下隔板；8—集灰仓；9—卸料口；10—进气扩散管；11—导向叶片；12—填料；A—配气室；B—集气室

图 7-8　多管旋风收尘器的结构示意图

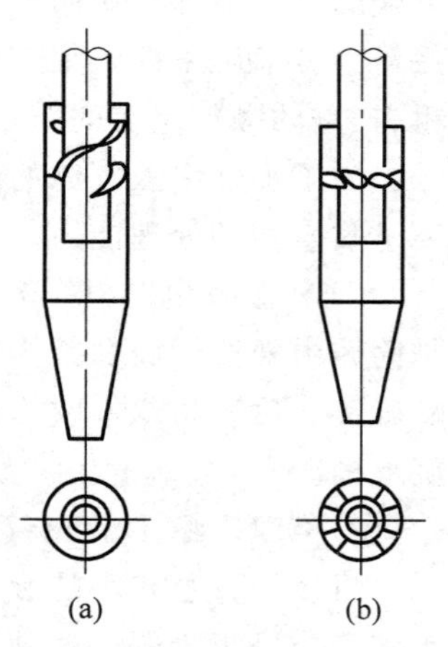

图 7-9　旋风子

(a) 螺旋式；(b) 花瓣式

7.2.3.1　袋式收尘器(bag filter)的原理、构造及分类

袋式收尘器是利用含尘气体通过多孔纤维的滤袋使气-固两相分离的设备。它主要依靠编织的或毡织的滤布作为过滤材料来分离含尘气体中的粉尘，其过滤原理示意图如图 7-10 所示。设备开始工作时，粉尘与滤袋产生接触、碰撞、扩散及静电作用，使粉尘沉积于滤布表面的纤维上或毛绒之间。在这一阶段净化效率不高，但是在数秒或数分钟之内形成一定厚度的初次黏附层后，就能通过粉尘自身成层的作用显著改变粉尘黏附层的过滤作用，气体中的粉尘几乎被百分之百地过滤下来。

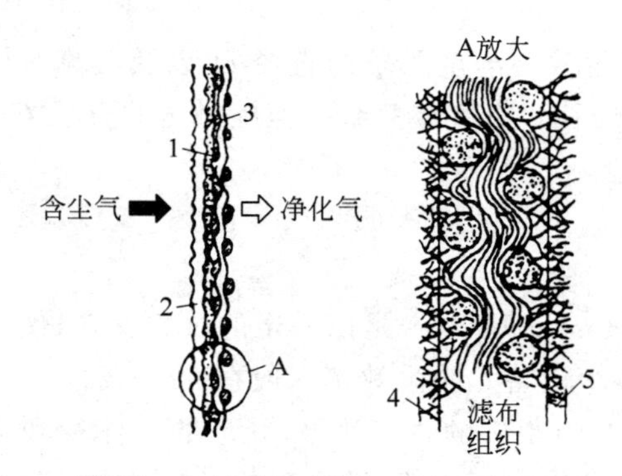

1—尘粒层；2—粉尘；3—滤布；4,5—绒毛覆盖层

图 7-10　滤布的过滤原理示意图

随着粉尘层的加厚，滤布的透气性能降低，气体通过滤布的阻力增加，处理能力降低，妨碍过滤器继续工作。由于空隙率减少，使气体通过滤布孔眼的速度增高，反而会带走黏附在缝隙间的粉尘颗粒，因而滤布的净化效率大大降低。因此要定期清除滤布上的粉尘，即清灰操作，使之保持稳定的处理能力和较高的净化效率。由于滤布绒毛的支撑作用，绒毛覆盖层内一定厚度的粉尘基本不会被清灰操作抖落下来，成为除了滤布外的第二个过滤介质。由此可见，袋式收尘器的收尘效率及其稳定性主要取决于滤料、清灰方式及其结构形式。

袋式收尘器主要由支架梯子、进气箱、出气箱、过滤室、净气室、滤袋、袋笼、灰斗、清灰系统及控制系统等组成。袋式收尘器的支架是支撑收尘器的钢结构件，收尘器梯子是为收尘器各部分检修方便而设置的交通栈道。进气箱是把含尘气体引入袋式收尘器的装置，是由钢板焊接而成的喇叭形或楔形钢结构件。为了使气流在袋式收尘器内分配均匀，在进气箱内一般要设置导流板或气流分布板。出气箱是把收尘后的洁净烟气导向锅炉引风机的装置。过滤室和净气室是袋式收尘器的主要组成部分，一般是由钢板焊接而成的长方形钢结构件。过滤室、净气室是由花板分开的，一般上部为净气室，下部为过滤室。花板为袋式收尘器的关键部件，它的加工精度、粗糙度及不平度都有较严格的要求。花板除了起分隔净气室和过滤室的作用以外，还是滤袋和袋笼的固定装置，必须有一定的强度，并和滤袋间有很好的密封性能。净气室是聚集收尘后清洁烟气的箱体，其内部装有清灰装置。过滤室内悬挂着滤袋和袋笼。滤袋是袋式收尘器的决定性部件，不仅决定了袋式收尘器的收尘效率，而且决定了其使用寿命。它选择的依据主要是含尘气体的工况、粉尘的性质及清灰的方式。袋笼用来支撑滤袋，以防止滤袋在过滤过程中被吸扁，妨碍含尘气体的过滤。袋笼是用圆钢丝焊接而成的，要求焊接牢固而光滑。灰斗是由钢板焊接而成的四方台钢结构件，上大下小。它主要用于储存被袋式收尘器收集下来的粉尘，并将粉尘送往输灰系统。清灰系统是袋式收尘器的关键部件，是保证其能否长期稳定运行的基本条件，包括气源供应设备、储存净化设备、喷吹管及连接管道。气源主要有三种，即空气压缩机、罗茨风机和高压离心风机。储存净化设备由储气罐、减压阀、油水分离器组成。喷吹管由喷向滤袋的喷嘴、喷管(有的还有脉冲阀或脉冲发生器)等构成。控制系统是袋式收尘器的指挥系统，由供电柜、控制柜及线路组成，担负着检测收尘器各部分工作状况，并发出让各执行机构动作的各种指令。

袋式收尘器按清灰方式来划分主要有机械振打袋式收尘器、回转反吹袋式收尘器、脉冲袋式收尘器。

不同形式的袋式收尘器的结构有很大区别，其清灰方式如图 7-11 所示。

1. 脉冲袋式收尘器

这种收尘器的结构形式有多种，脉冲控制装置有机械、晶体管电路、射流和气动等方式。这里只讨论机械脉冲袋式收尘器，简称脉冲袋式收尘器。

脉冲袋式收尘器的结构和工作原理示意图如图 7-12 所示。含尘气体由进气口 1 进入装有若干排滤袋 3 的中部箱体 2，由排气口 6 排出。滤袋用钢网框架固定在文氏管上。每排滤袋上部装一根喷射管 8。喷射管上的喷射孔与每条滤袋相对应，喷射管经脉冲阀 10 与压力气包 9 相连。控制器 12 定期发出脉冲信号，通过控制阀 11 使各种脉冲阀顺序开启(每次 0.1～0.2s)。此时，与该脉冲阀相连的喷射管与气包相通，高压气体以极高的速度从喷射孔喷出，在高速气体流周围形成一个比喷吹气流大 5～7 倍的诱导气流，一起经文氏管进

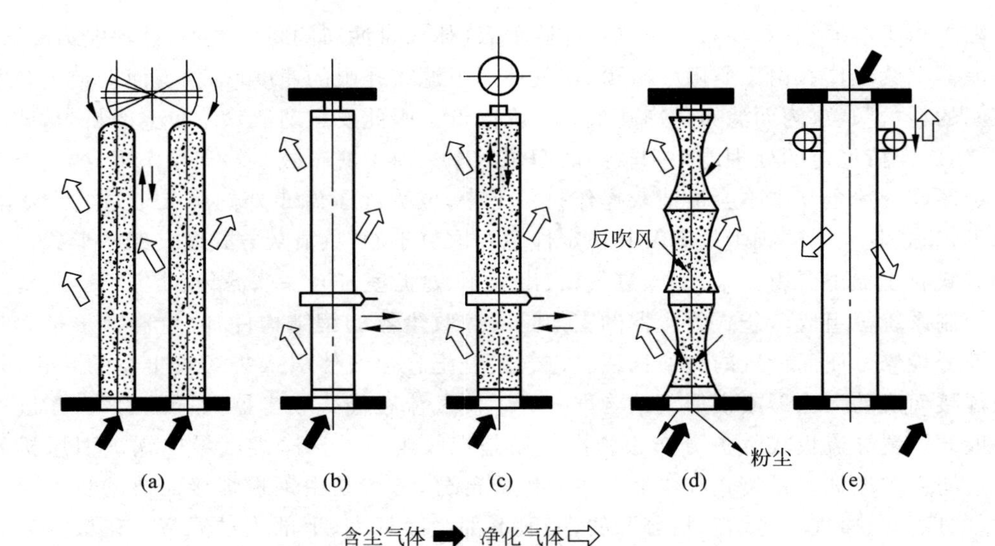

图 7-11 不同袋式收尘器的清灰方式

(a) 反吹清灰；(b) 机械振打；(c) 高压脉冲；(d) 中压脉冲；(e) 低压脉冲

入滤袋，使滤袋急剧膨胀，引起冲击振动，同时产生瞬时的逆向气流，将粘在袋外和吸入滤料内部的尘粒吹扫下来，落入下部灰斗 13，并经卸灰阀 14 排出。脉冲袋式收尘器的特点是：体积小，滤袋寿命长，收尘效率高，可达 99%。

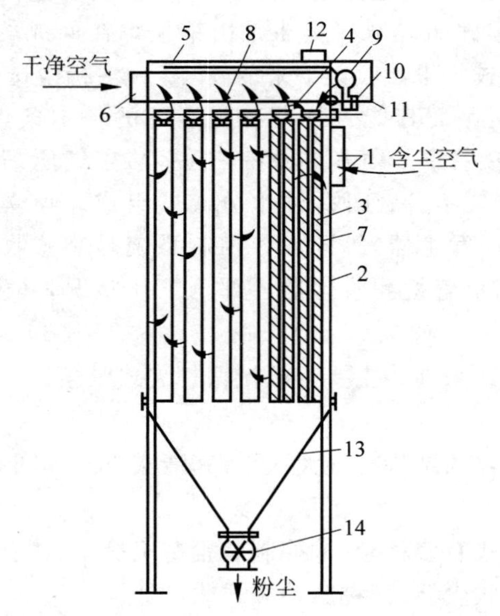

1—进气口；2—中部箱体；3—滤袋；4—文氏管；5—上部箱体；6—排气口；7—框架；8—喷射管；9—压力气包；10—脉冲阀；11—控制阀；12—控制器；B—灰斗；14—卸灰阀

图 7-12 脉冲袋式收尘器的结构和工作原理示意图

2. 回转反吹扁袋收尘器

回转反吹扁袋收尘器的结构示意图见图 7-13，由筒体、布袋、定位架、反吹臂、刹车装置及防爆孔等组成。含尘空气由入口进入收尘器内，粉尘被滤袋阻留，被净化的空气经上部空间由出口接至风机排出。滤袋挂尘后，阻力损失增加到规定值时，反吹风即自动开始工作。反吹风机将高压风由中心管送到反吹臂，均匀地送至风管。其中一路风从喷口喷出，利用喷出风的反推力推动旋臂转动；另外两路风分别送入两个反吹风口，吹向布袋里侧起到清灰的作用。旋臂旋转一圈，每个布袋内外两圈依次均匀地被吹拂一次。清下来的灰经集尘斗进入集尘筒。当阻力损失恢复到规定值以后，风机自动停止。旋臂转动的速度由顶部的刹车装置控制。为了不使袋框在反吹清灰时摆动，框架底部有定位头，将框架固定在定位架内。

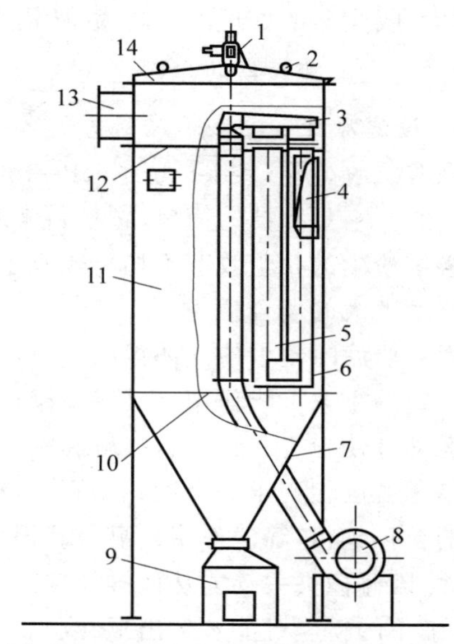

1—刹车装置；2—防爆孔；3—反吹臂；4—入口；5—滤袋；6—检修门；7—灰斗；8—反吹风机；9—集尘筒；10—定位架；11—机壳；12—花板；13—出口；14—顶盖

图 7-13　回转反吹扁袋收尘器的结构

回转反吹袋式收尘器的主要特点是：使用低压风机作为气源，动力消耗少，清灰技术先进，滤袋寿命长，设备运行稳定、安全可靠；收尘效率高。与脉冲袋式收尘器相比，易损件少，运行稳定可靠、体积小。

3. 滤料和滤袋

滤袋(filter bag)是袋式收尘器的关键部件，是收尘器能否在收尘环境中长期(在一定时间范围内)使用而不损坏(即滤袋的使用寿命)的决定性因素。滤袋是由滤料(filter material)制作而成的，不同的工况应选择不同的滤料，故准确选择适合的滤料对袋式收尘器至关重要。

袋式收尘器的滤料因原材料不同可分为三类：天然纤维，以棉、毛纤维为主；无机纤维，包括玻璃纤维、碳纤维、不锈钢纤维；化学纤维，主要有聚酰胺类、聚氯乙烯类、聚丙烯腈类、聚丙醇、聚乙烯醇、聚酯等。毛呢虽有较高的捕集效率，但处理能力低，对粒度在 3.2μm 以下的尘粒不能捕集，另外也不耐揉折和摩擦。工业涤纶绒布具有处理能力大、阻力低、收尘效率与强度高等优点，耐酸碱性能好，能在 150℃左右的温度下工作。

依滤料的编织工艺不同可将其分为编织类(平织、斜纹织、缎织等)与针刺类(基布料和针刺纤维料可以是同种材料或异种材料)两类。滤料要有一定的透气性和机械强度(抗拉、抗折、抗断)，过滤效率要高，空气阻力要小。除此之外，处理高温气体或腐蚀性气体时，滤布应有良好的耐热和耐腐蚀性能。

滤袋的损坏主要是指滤袋的破损、氧化收缩、脆化、堵塞、烧损、腐蚀、水解分化等。影响滤袋寿命的因素除了滤袋的结构、制作工艺、清灰方式、运行工况等外，最主要的因素就是滤料的特性和质量。滤袋的形状随收尘器的结构形式而定，最常用的是圆袋，其受力较好、骨架和连接较简单。还有扁袋(剖面形状为矩形)，其排布紧凑、体积小，在相同的过滤负荷下所占面积较小。

在滤袋织品“允许张力”的情况下，通过滤袋的气体流速(即单位时间过滤面积上的流量)越大,收尘器的处理能力越大,所需滤袋的总过滤面积越小。

7.2.3.2 颗粒层收尘器

1. 过滤原理

颗粒层收尘器(pellet dust collector)利用颗粒过滤层使粉尘与气体分离,以达到净化气体的目的。它具有结构简单、颗粒料来源广、耐高温、耐腐蚀、磨损轻微、收尘效率高等优点。但对极细粉尘的收尘效率不如袋式收尘器,而且由于颗粒层容尘量有限,不适用于进口气体含尘浓度太大的场合。

颗粒层滤除粉尘使气体得以净化,主要是靠接触凝聚作用、筛滤作用和惯性碰撞作用,也有一定的重力沉降作用。接触凝聚作用是多种作用的总称,依靠分子引力、静电吸引力和布朗运动等使粉尘和颗粒料接触黏附,粉尘颗粒相互凝聚成大块,被截留在颗粒层中。筛滤作用是颗粒层相当于一个微孔的筛子,粉尘通过细而弯曲的颗粒孔隙时被截留,颗粒越细,粉尘的粒径越粗,筛滤作用越显著。惯性碰撞作用是当含尘气体流经颗粒层时,由于粉尘惯性较大,因碰撞失去动能从而被捕集。含尘气体流速越大,惯性碰撞作用也越明显,但气速太大,细小的粉尘可能被带出颗粒层。颗粒层类似许多小的沉降室,较大粒径的粉尘借助重力作用沉积在颗粒层内,但对于细小粉尘,作用甚微。

2. 颗粒料的选择

对颗粒料的材质要求是耐磨、耐腐蚀、价廉,对高温气体还要求耐热。一般选择含二氧化硅 99%以上的石英砂作为颗粒料,它具有很高的耐磨性,在 300～400℃下可长期使用,化学稳定性好,价格也便宜。也可使用无烟煤、矿渣、焦炭、河砂、卵石、金属屑、陶粒、玻璃珠、橡胶屑、塑料颗粒等作为颗粒料。

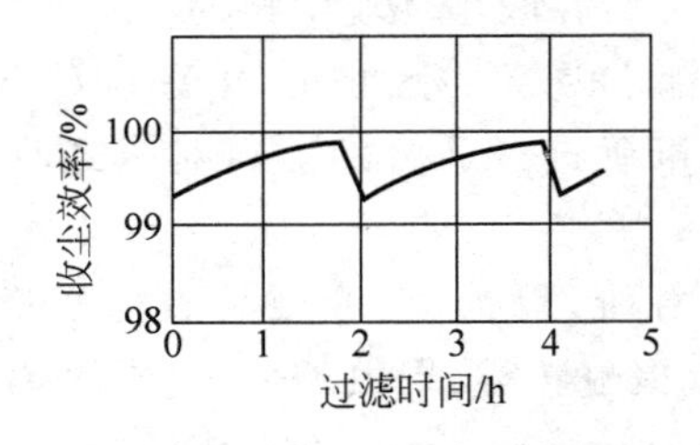

图 7-14 收尘效率和过滤时间的关系

3. 收尘效率

颗粒层的收尘效率由粒径、层厚和过滤速度决定。颗粒料和粉尘的性质、表面状态、粒径分布、气温、气体湿含量、粉尘充满程度等对收尘效率也有影响。在整个过滤过程中,颗粒层内积存的粉尘也起着过滤作用。随着过滤时间的增长,收尘效率不断增加,但上升速度越来越慢,增加到一定程度后稍有波动,收尘效率通常在 99%以上,图 7-14 反映了这种变化规律。

4. 反吹清洗

过滤一定时间后,颗粒层内几乎充满了粉尘,压力损失迅速上升,这时需要进行反吹清洗颗粒层内的粉尘,以便再次过滤。反吹清洗时,气流由下而上,加上耙子搅拌的作用,使颗粒层浮动、膨胀,在气流的吹力下,粉尘被带出颗粒层(图 7-15)。反吹气速应能把最大的粉尘吹走,同时,又要把最小的颗粒料留下,所以反洗气速应大于最大粉尘的临界流化速度而小于颗粒料的自由沉降速度。

7.2.4 电收尘器

电收尘器(electrostatic precipitator,简称 ESP)是在高压直流电的正、负两极间维持一个足以使气体电离的静电场,气体电离所产生的正、负离子作用于通过静电场的粉尘而使粉尘表面荷电,荷电粉尘分别随极性相反的电极移动而沉积在电极上,使粉尘与气体分离的设

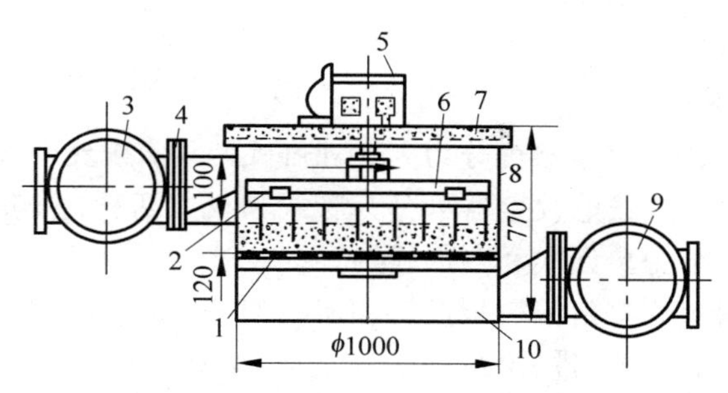

1—滤网板(10目)；2—活络支杆；3—换向阀1；4—斜垫铁；5—立式涡轮减速机；6—耙子；7—冷却水夹套；8—壳体；9—换向阀2；10—净气室

图 7-15　颗粒层除尘器

备。电收尘器的优点有：对微细粉尘的收尘效率高，可达99%以上；能处理较大的气体量；能处理高温、高压、高湿和腐蚀性气体；能量消耗少，电能消耗为0.1～0.8kW·h/1 000m^3；一般阻力损失不超过30～150Pa；操作过程可实现完全自动化。但也具有一次投资大，占空间大，钢材消耗多，捕集高比电阻的细粉尘时需要进行增湿处理等缺点。

7.2.4.1　工作原理

电收尘器的工作原理示意图如图7-16所示。将集尘极-平板1(或圆管壁)和负极绝缘子6分别接至高压直流电源的正极(阳极)和负极(阴极)，使两极间产生不均匀电场。电收尘器上的正极称为沉积极或集尘极，负极称为电晕极。当电压升高至一定值时，使阴极附近的电场强度促使气体发生碰撞电离，形成正、负离子。随着电压的继续增大，在阴极导线周围2～3mm内发生电晕放电，气体被电离为大量离子。由于在电晕极附近的阳离子趋向电晕极的路程极短、速度低，碰到粉尘的机会较少，因此绝大部分粉尘与飞翔的阴离子相撞而带负电，飞向集尘极(图7-17)，只有极少量的尘粒沉积于电晕极。定期振打集尘极及电晕极可使积尘掉落，最后从下部灰斗排出。

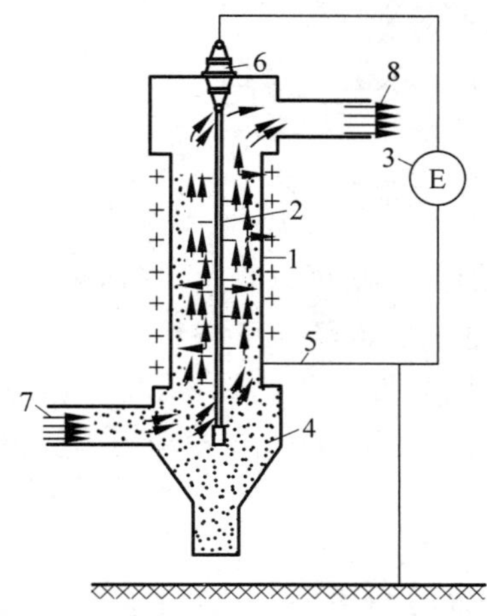

1—集尘极；2—电晕极；3—电源；4—灰斗；5—正极线；6—负极绝缘子；7—气体入口；8—气体出口

图 7-16　电收尘器的工作原理示意图

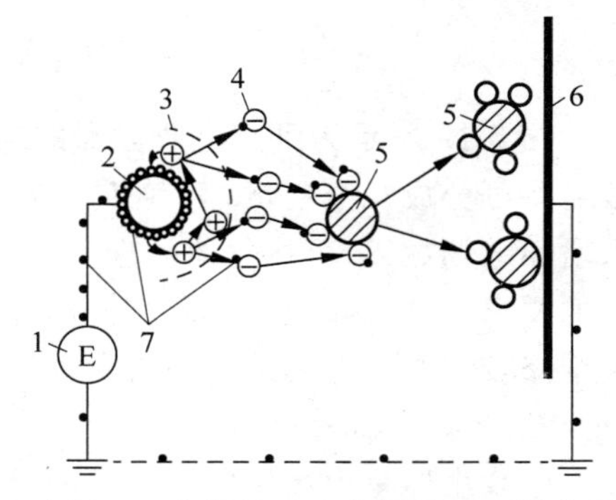

1—电源；2—电晕极；3—电晕区；4—阴离子；5—尘粒；6—集尘极；7—电子

图 7-17　静电收尘过程示意图

7.2.4.2 类型及结构

1. 电收尘器的类型

按含尘气体运动方向电收尘器可分为立式和卧式两种；按处理方式电收尘器可分为干式和湿式两种；按集尘极形式电收尘器可分为管式和板式两种；按集尘极和电晕极在收尘器中的位置电收尘器可分为单区式和双区式两种。

工业用的电收尘器由许多组阳极板或管和阴极组成，上述各种收尘器中二者均垂直于地面放置，再配以外壳，集灰斗，进、出口气体分布板，振打机构绝缘装置及供电设施等组成一套系统。

含尘气体由下垂直向上经过电场的称为立式收尘器(图 7-18)，其占地面积小。但由于气流方向与尘粒的自然沉落方向相反，因而收尘效率稍低；另外，高度较大，安装维修不方便，且采用正压操作，风机布置在收尘器之前，磨损较快。

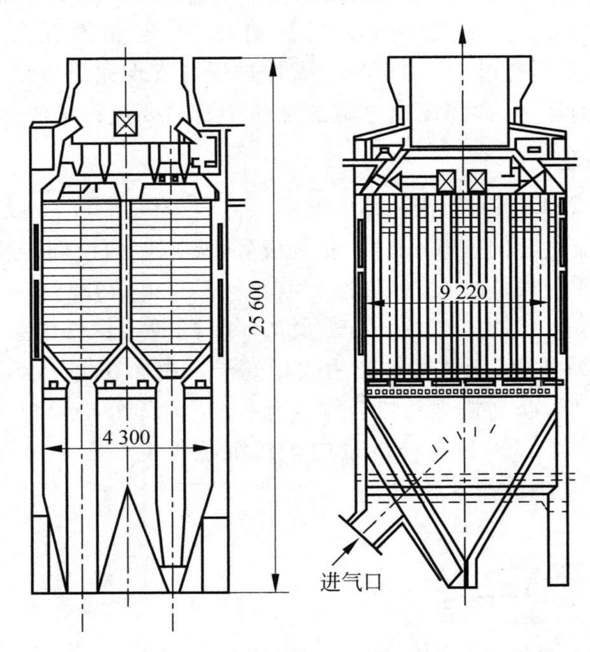

图 7-18　60m^3 立式电收尘器的结构示意图

图 7-19 所示为卧式电收尘器的结构示意图。由图 7-19 可以看出，气体水平通过电场，按需要可分成几个室，每个室又分成几个具有不同电压的电场。可按粉尘的性质和净化要求增加电场数目，可按气体处理量增加除尘室数目，既可保证收尘效率，又可适应不同处理量的要求。卧式收尘器可负压操作，因而延长了风机的使用寿命，节省动力，高度也不大，安装维修较方便。但占地面积较大。

2. 电收尘器的结构

电收尘器是由高压整流机组和收尘器本体两大部分组成的，这里只重点介绍收尘器本体的结构。电收尘器本体主要由电晕极、集尘极、振打装置、气体均布装置、壳体、保温箱和排灰装置等组成。

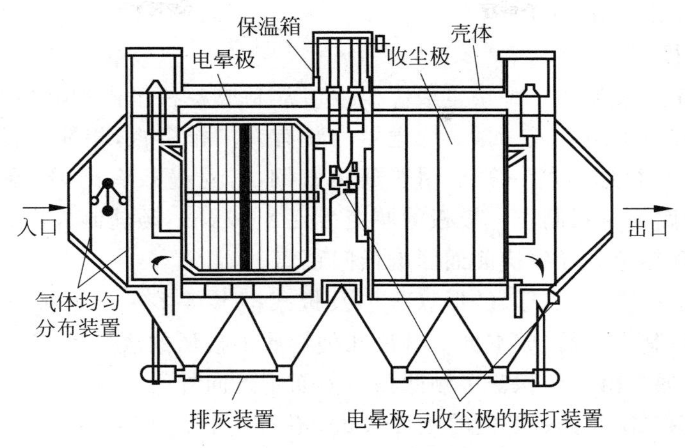

图 7-19　卧式电收尘器的结构示意图

(1) 电晕极(corona electrode)

电晕极系统主要包括电晕线、电晕极框架、框架悬吊杆、支承绝缘套管和电晕极振打装置等。电晕线放电性能的好坏直接影响到收尘效果,就其电晕现象而言,电晕线越细越好。在同样荷电的条件下,电晕线越细,其表面电场强度越大,电晕放电的效果也越好。但电晕线太细时,不仅机械强度低,也容易锈断或可能被放电电弧烧断。此外,在使用中还要求电晕线上的积灰容易振落,以方便维护安装。为保证电晕线既有一定的机械强度又有较高的放电效率,可将其制成各种形式,如图 7-20 所示。

常用的电晕线有圆形、星形和芒刺形的。圆形电晕线的特点是表面光滑,有利于积灰的振落,使用寿命长,常用于处理高温或腐蚀性气体;星形电晕线的特点是放电性能好,使用寿命长。由于芒刺形电晕线上有易于放电的尖端,在正常情况下,电晕极产生的电流比星形电晕线的高约 1 倍,而电晕起始电压比其他形式的低,因此,在同样的电压下,电晕更强烈,对提高收尘效率有利。这种电晕线适用于含尘浓度较大的气体。

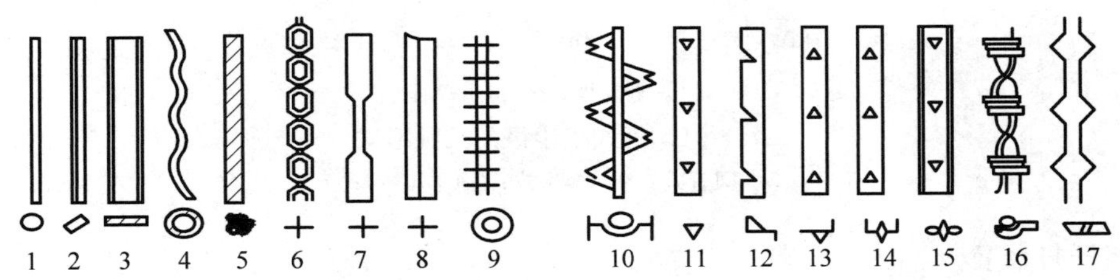

1—圆形;2—星形;3—带形;4—螺旋形;5—钢丝绳形;6—链条形;7—纽带形;
8—十字形;9—圆盘形;10—芒刺管形;11～15—芒刺带形;16—芒刺钢丝;17—锯齿形

图 7-20　电晕线的形式

电晕极框架借助吊杆支承在绝缘套管上,绝缘套管一方面起电晕极和外壳间良好的绝缘作用,另一方面承受电晕极的荷重。常用的绝缘套管有瓷质和石英玻璃两种。前者易制造、造价低,一般用于气体温度低于 120℃ 的情形。当气体温度高于 120℃时,需用耐高温、绝缘性能良好的石英套管。

(2) 集尘极(collecting plate)

① 板式集尘极。

板式集尘极是最常见的一种集尘极。极板通常制成各种不同形状的长条形,若干块极板安装在一个悬挂架上组合成一排。收尘器内装有许多排极板,相邻两排极板的中心距为250～350mm。集尘极的材料一般采用普通碳素钢,若对极板有耐酸、耐腐蚀等特殊要求时,可采用其他耐腐蚀材料制作。极板的厚度为1.2～2mm,须轧制成形,不允许有焊接缝,以防焊接处的残存热应力导致挠曲而影响极间距离。

板式集尘极也有平形、Z形、C形、CS形及板式槽形等多种。平板形的特点是结构简单、表面平整光滑、制作容易、成本低。其他几种均属平板形的改进型,其共同特点是:极板面形成落灰凹槽,振打落下的积灰可顺凹槽下落而不致向外飞扬,同时减小极板面附近区域的气流速度以减少二次飞扬;极板的刚度较大,不易变形;有利于振打加速度沿整个极板面的传递,加强振打效果;空间电场分布较合理,电场的击穿电压较高;形状简单,易制作,重量轻,钢材消耗少。

② 管式集尘极。

管式集尘极的形状有圆形、六角形和同心圆形。圆形集尘极的内径一般为200～300mm,管长3～4m;新型收尘器的管径可达700mm,管长达6～7m。六角形(蜂房式)集尘极能充分利用收尘器的空间,但制作较困难。同心圆极板是用半径相差一个极距的几个不同管式电极套在一起组成集尘极,各圆管形极板间隔的中间按一定距离装设电晕线。它的特点是充分利用空间、结构简单、制作方便。管式集尘极的几种基本形式如图7-21所示。

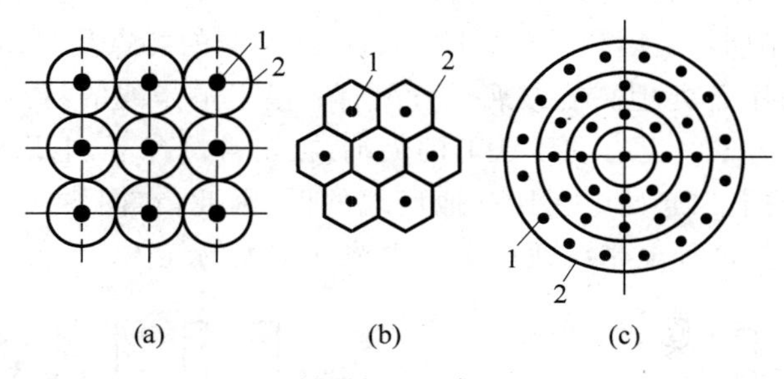

1—电晕极;2—集尘极

图7-21　管式集尘极的几种形式

(a) 圆管式;(b) 蜂房式;(c) 同心圆式

(3) 振打装置

电收尘器的电极清灰通常采用机械振打方法,常用的振打装置有锤击振打装置、弹簧-凸轮振打装置和电磁脉冲振打装置三种。

(4) 气体均布装置

在电收尘器的各个工作横断面上,要求气流速度均匀。若气流速度相差太大,则在流速高的部位,粉尘在电场中滞留的时间短,有些粉尘来不及收下即被气流带走,并且粉尘从极板上振落时,二次飞扬的粉尘被气流带走的可能性也大,导致收尘效率下降。因此,使气流均匀分布对提高收尘器的效率具有重要意义。

气体均布装置主要由气体导流板和气体均布器组成。立式电收尘器的气体均布装置如图7-22所示,气体进入电收尘器后,首先经气体导流板将其导向收尘器的整个底部,以避免气体冲向一侧。导流板的叶片方向可视具体情况进行调整。卧式电收尘器的气体均布装置有多孔板、直立安装的槽形板和百叶窗式栅板等，其中以多孔板居多，如图 7-23 所示。多孔板层数越多，气流分布均匀性越好，其层数通常不少于两层，圆孔直径为 30～50mm，中间部位由于风速较高，故孔径较小，四周的孔径较大些。在两层多孔板中间常装有手动振打锤以振落附着在分布板上的粉尘。若气流由管道进入喇叭口前有急弯时，应在弯道内加装导向叶片以使气流均匀分布。

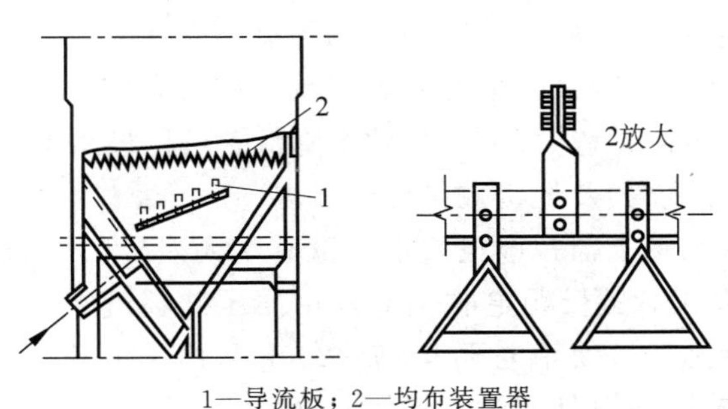

1—导流板；2—均布装置器

图 7-22　立式电收尘器的气体均布装置

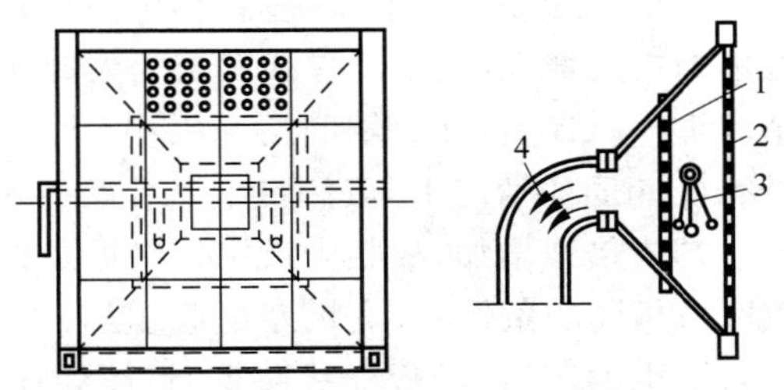

1—第一层多孔板；2—第二层多孔板；3—分布板振打装置；4—导流板

图 7-23　卧式电收尘器气体均布装置的多孔板

(5) 壳体、保温箱及排灰装置

① 壳体。收尘器的壳体有钢结构、钢筋混凝土结构和砖结构等几种，材质的选择主要根据气体温度及是否具有腐蚀性确定。壳体的下部为灰斗，中部为收尘器，上部安装有石英套管、绝缘瓷件和振打机构，为便于安装和检修，在侧面设有入孔门，壳体旁边设有扶梯及检修平台。壳体应注意防止漏风并有保温设施，以确保收尘室内的温度高于废气露点 15～20℃。保温材料常为矿渣棉。

② 保温箱。当绝缘套管周围温度过低时，其表面会产生冷凝水。收尘器工作时，容易引起绝缘套管表面放电，影响收尘器电压的升高，以致不能正常工作。因此，通常将绝缘套管或绝缘瓷件安装在保温箱内。保温箱内的温度应高于收尘器内的气体露点 20～30℃，在保温箱内装有加热器和恒温控制器。

③ 排灰装置。电收尘器常用的排灰装置有闪动阀、叶轮卸料器和双级重锤翻板阀。闪动阀结构简单、维修容易，双瓣阀比单瓣阀的密封性能更好；叶轮卸料器有刚性和弹性两种，弹性叶轮卸料器的叶片有较大的弹性，运行较可靠，密封性能也较好；双级重锤翻板阀具有良好的排料和密封性能。

3. 宽极距高电压电收尘器

宽极距高电压电收尘器简称宽极距电收尘器，其极距为 400～1 500mm，一般电收尘器的极距为 250～350mm、外加电压为 60～300kV，而一般电收尘器的电压为 50～70 kV；宽极距电收尘器电晕导线的直径仅为一般电收尘器的 1/10，在电晕导线附近的电位梯度为一般电收尘器的 1.5 倍。

当极距加大时，施加的电压可以增加，而且电压增加的幅度比间距增大的幅度大。在宽极距的情况下施加的电压越高，收尘器内的电场强度就越大，电场作用力也越大，从而使粉尘的沉降速度增加，收尘效率提高。但并非极距越宽越好，如果处理气体量一定时，电离空间过大会使电晕电流密度降低，从而使收尘效率降低。所以极距不能无限增大，极距的选择要和粉尘特性（如含尘浓度等）及经济效果综合考虑。

宽极距电收尘器在结构上与一般电收尘器没有太大差异，只是对高压电源装置和绝缘装置要多加注意。例如，WS 宽极距电收尘器采用高压硅整流装置，用可控硅控制，全部电源装置均放在收尘器顶上。其使用电压为 80～200kV，由于电源装置和保温箱之间用钢板制的密闭屏蔽导管相连接，所以外部没有任何危险。

宽极距电收尘器的优点：①由于极距加宽，反电晕影响较小，可以收集的粉尘电阻率范围可扩大到 $10^3 \sim 10^{13}\,\Omega \cdot cm$；②极距加宽，电压提高后，电晕区域扩大，电场作用力增大，带正电的粉尘趋向集尘电极的机会增大，使电晕导线粘灰肥大的现象减小；③极距加宽后，电收尘器的制造和安装精度都可以提高，反电晕的情况减小，火花放电频率大为降低，运行稳定可靠；④在处理气体量 Q 相同的情况下，虽然集尘电极面积 S 由于极距加宽后成倍地减小，但粉尘的沉降速度 v_0 却成倍地增加，故收尘效率仍然提高；⑤在集尘电极高度相同，振打后粉尘振落时的扩散区域相同的条件下，宽极距电收尘器由于极板数少，飞扬区域小，故二次飞扬率显著降低；⑥极距加宽后，极板极线减少，整体梁柱构件重量减轻，降低了钢材消耗量，使电收尘器价格降低；⑦一般电收尘器效率不高，往往是因为极距小、维修不便，使收尘器内部极板、板线积灰过多所致，而对大的宽极距电收尘器，甚至人员可以自由进出，则维修方便，同时振打部件相应减小，维修工作量也就减少了。

宽极距电收尘器的缺点：①高压整流装置、绝缘子、电缆等电气部件的价格高，高压电源有时不易取得；②保温箱等穿通部分漏风大；③粉尘浓度过高时容易受空间荷电的影响而阻碍电晕放电，所以含尘浓度大时，不宜用宽间距，一般第一电场间距都不宽，以后几个电场才加宽，不同间距的高压电源配置不同的电压。

宽极距电收尘器已用于石灰窑、水泥生料磨、窑尾废气及熟料冷却机的收尘，其最大处理风量达 $4.5 \times 10^6\,m^3/h$，收尘效率达 99.9%。

7.2.4.3 新型电收尘器及其发展方向

电收尘器是高效、耐高温、低阻力的收尘器，近年来其在设计和应用方面都有很大发展。但是仍存在缺点，主要是：对粉尘的电阻率有一定的要求；电极间距小，检修极其不便；随着工业设备的大型化，电收尘器的体积和耗钢量大到了惊人的地步。因此，国内外针对上述问题进行了许多研究和试验，研制成功了几种新型电收尘器。

电场屏蔽式电收尘器属于双区式电收尘器。由荷电部分和静电屏蔽的收尘部分组成，又称为 EP-ES 型电收尘器（图 7-24）。荷电部分采用普通电收尘器的电晕极板和集尘电极，静电屏蔽的收尘部分具有独特的形状，两者结合为一个整体。尘粒在荷电部分荷电后被吸引到集尘电极的口袋内，而后被振打脱落。荷电部分和收尘部分可以制成其他形状，可根据所处理的粉尘种类选择最佳的电极结构。

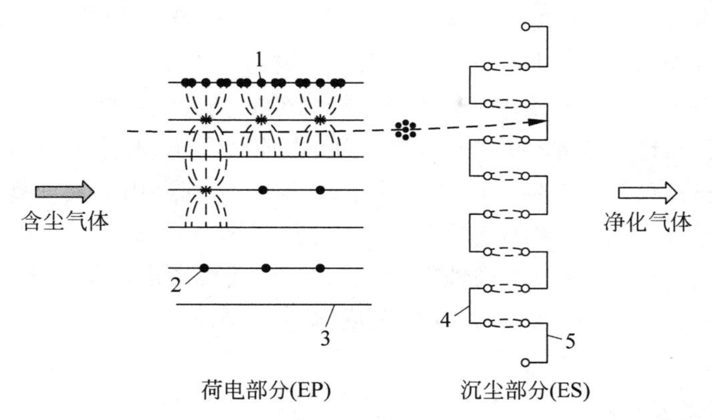

1—尘粒；2—电晕电极；3，5—集尘电极；4—导向电极

图 7-24 EP-ES 型电收尘器的工作原理示意图

电场屏蔽式电收尘器通常用于硅酸盐工业、带窑外分解的水泥回转窑及熟料冷却等设备的收尘，效果很好。

另一种新型电收尘器是水冷电极型电收尘器，其采用中空的矩形集尘极板，在其中通入循环冷却水以降低粉尘的附着，从而降低了粉尘的电阻率值(可降至 10^{11} Ω·cm 以下)，电晕放电与火花特性也得到改善，状态比较稳定，荷电电压可以比普通电收尘器增大约 2 倍。

集尘电极的清灰采用上下滑动的刮灰装置，可减少二次飞扬，遇到附着性强或湿润的粉尘沉积时，集尘电极也不会肥大。在湿式电收尘器中，由于水滴扩散，易造成火花频发现象，烟气中的雾滴也会引起电晕现象消失，而水冷电极型电收尘器根据使用条件可以任意改变集尘电极的温度，因而能控制粉尘的电阻率值，提高收尘效率(粉尘电阻率在 10^3～10^{15} Ω·cm 范围内即能有效捕集)，且用电量比一般电收尘器小。集尘极板的冷却水可以循环使用，热水(为 70～80℃)可供工厂采暖或另作他用。

除了上述电收尘器外，还有许多种新型电收尘器，如干湿混合型电收尘器及交流电收尘器等。交流电收尘器中粉尘的沉降速度比直流电收尘器大 5～6 倍，用于捕集很细的粉尘和电阻率大于 10^{11} Ω·cm 的粉尘效果良好。

随着全球对环境质量要求的日益严格，近几年的收尘技术又有了很大发展，主要表现在三个方面：一是改进传统收尘器的结构，进一步充分发挥其收尘性能，如鲁奇技术 BS930 较 BS780 就有了很大改进；二是利用新的收尘机理，如磁力收尘、凝聚收尘等；三是将不同的收尘机理复合成混合式收尘器，如电收尘与旋风收尘的组合、电收尘与袋收尘的组合等。

7.2.5 湿式收尘器

7.2.5.1 工作原理及性能

使含尘气体与水或其他液体相接触，利用水滴与尘粒的惯性碰撞及其他作用把尘粒从气流中分离出来的设备称为湿式收尘器(wet dust collector)。

含有悬浮尘粒的气体与水相接触时，若气体冲击到湿润的器壁，则尘粒被器壁所黏附，或者当气体与喷洒的液滴相遇时，液体在尘粒质点上凝聚，增大了质点的质量，使之降落。

在湿式收尘器中,气体与液体的接触方式有两种：一种是气体与水膜或已被雾化了的水滴接触,如文氏管收尘器、水膜收尘器、喷淋式收尘器等；另一种是气体冲击水层时鼓泡,以形成细小的水滴或水膜,如冲击式收尘器、自激式收尘器等。湿式收尘器的收尘原理与惯性、旋风和袋式收尘器的原理有共同之处,但又有其特殊性。

湿式收尘器一般以水为媒介物,适用于非纤维性的、能受冷且与水不发生化学反应的含尘气体,具有投资少、结构简单、操作及维修方便、占地面积小、收尘效率高(可达 90%以上)等优点,能同时进行有害气体的净化、烟气冷却和增湿,特别适用于处理高温、高湿和有爆炸危险的气体,在操作时不会使捕集到的粉尘再飞扬,应用范围很广。其缺点是阻力大,回收粉尘困难,不适于收集憎水性及水硬性粉尘。在北方,还要考虑冬季防冻的问题。在使用中产生的污水、污泥也需要进行处理,否则会造成水质污染。当气体中含有腐蚀性介质时,还要考虑防腐问题。

7.2.5.2 类型及结构

1. 水浴收尘器(water bath dust collector)

水浴收尘器是湿式收尘器中结构简单、阻力较小、投资与运转费用低而收尘效率较高的一种类型,其基本结构如图 7-25(a)所示,主要由水箱(水池)、进风管以及喷头等组成。可以用砖石或钢筋混凝土砌筑,也可以用钢板制作。其净化过程有三个阶段：冲击水浴阶段、泡沫水浴阶段及淋水水浴阶段。

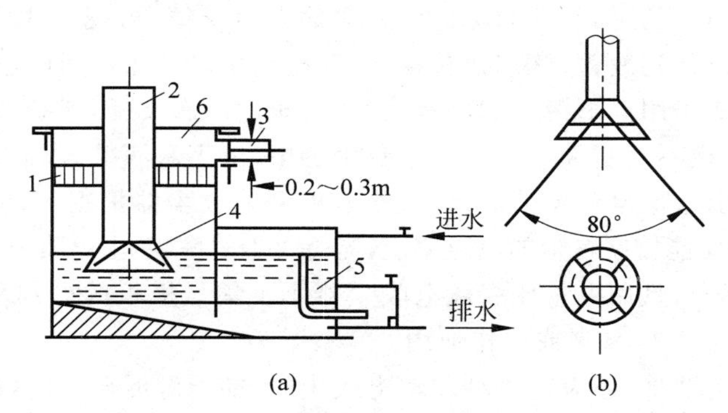

1—挡水板；2—进风管；3—出风管；4—喷头；5—溢水管；6—盖板

图 7-25　水浴收尘器

含尘气流经喷头高速喷入水中,然后急剧地改变方向,这时气流中具有一定惯性力的粉尘按原来的方向流动,与水碰撞,被水黏结而留于水中；与此同时,气流以细流方式穿过水层,击起水花和泡沫。当气流穿过泡沫层时,受到泡沫的净化在气流继续进入筒体内时,受到激起的水花雾粒的淋浴,气体得到进一步净化。最后,被净化的气体通过挡水板后排出。

水浴收尘器的喷头形式很多,最简单的是圆筒形。一般采用图 7-25(b)的形式,其喷流自环形窄缝冲出。水浴收尘器有两种供水方法,即定期排水和连续排水,可依实际需要确定。

冲击式收尘器的效率与阻力主要取决于气流的冲击速度和喷头的插入深度。当冲击速度一定时,收尘效率与阻力随喷头插入深度的增加而增加；当插入深度一定时,收尘效率与阻力随冲击速度的增加而增加。但在同一条件下,当冲击速度和插入深度增大到一定值后,如果继续增加，其收尘效率几乎不再变化，而阻力却急剧增加，可按表 7-2 选择插入深度和冲击速度。

表 7-2　对不同粉尘采用的插入深度和冲击速度

粉尘性质	插入深度/mm	冲击速度/(m/s)
相对密度大，颗粒粗	0～50	14～40
	－30～0	10～14
相对密度小，颗粒细	－50～－30	8～10
	－100～－50	5～8

注："－"表示插入水层的深度。

2. 管式水膜收尘器

管式水膜收尘器(tubular water film dust collector)的收尘原理是当含尘气体横向冲击垂直错列布置并被水膜包裹的管束时，烟气流向不断改变使烟尘在惯性力作用下碰撞管子外壁，并被黏附于水膜上，然后随水膜经水封式排水沟排至沉淀池。按选用的管束材料不同，可将管式水膜收尘器分为玻璃管式水膜收尘器、陶瓷管式水膜收尘器、搪瓷管式水膜收尘器、竹管式水膜收尘器和钢管(加防腐措施)式水膜收尘器等。

管式水膜收尘器由水箱(下联箱)、管束、水封式排水沟、沉淀池等组成。按其供水方式不同，可分为上水箱式和压力式两种。上水箱式管式水膜收尘器简图如图 7-26 所示，其由收尘器顶部的水箱供水，然后分配到各管子上，经控制调节，沿一根较细的管子流进较粗的管子内并溢流而出，沿较粗管子的外壁表面均匀流下，形成良好的水膜。而压力式管式水膜收尘器(图 7-27)的供水是通过下联箱分配到各管子中，再经管子顶部直径为 3mm 的小孔节流后溢出，使管子的外壁形成水膜。采用上水箱供水，可以保证各管之间的配水量互不干扰，是一种较好的形式，但当设置上水箱有困难时，也可考虑采用压力式水箱。

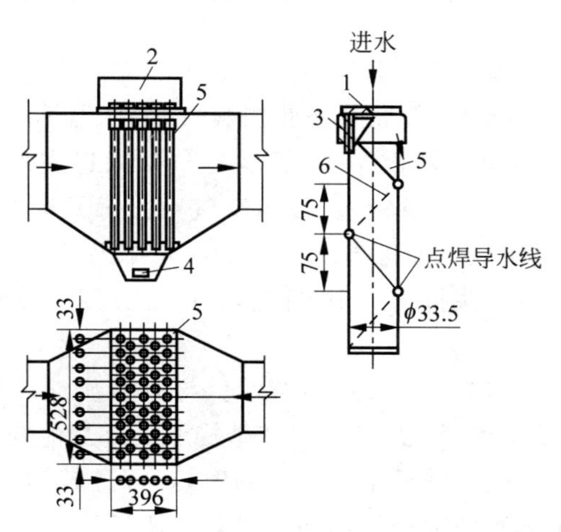

1—进水孔；2—上水箱；3—出水；4—排水口；5—钢管；6—铅丝导水线

图 7-26　上水箱式管式水膜收尘器简图

管式水膜收尘器的优点是：结构简单、制造方便、钢材耗量低；运行稳定、收尘效率高，烟气阻力小，在收尘的同时可除去烟气中的部分二氧化硫。其缺点是：耗水量大；酸性水对收尘器内部的金属附件有腐蚀性；经过管式水膜收尘器的烟气温降较大，烟气经收尘器

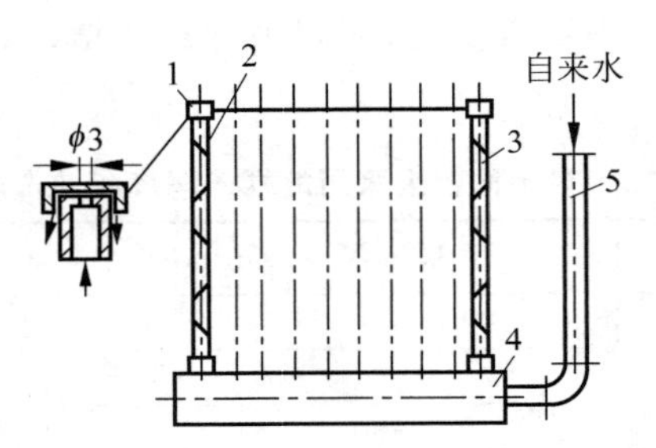

1—水管帽；2—铅丝导水线；3—钢管；4—下联箱；5—供水管

图 7-27　压力式管式水膜收尘器简图

后带水较多；当采用机械引风时，在收尘器出口处必须设置挡水板等气水分离装置。

7.2.6　泡沫收尘器

泡沫收尘器(foam dust collector)就是将水和发泡剂按一定比例混合，通过泡沫发生器产生大量泡沫喷洒到尘源上或含尘空气中，当泡沫喷洒到粉尘(煤岩或料堆) 上时，就会使无空隙的泡沫体覆盖和遮断尘源，从而使粉尘得以湿润和抑制；当泡沫喷洒到含尘空气中时，会形成大量的泡沫群，其总体积和总表面积很大，从而增加了与尘粒的接触面和黏附性，提高除尘效率的设备。泡沫对一般粉尘的除尘效率高达 90%以上，对呼吸性粉尘也可以达到 85 %以上。泡沫之所以能捕集到粉尘，主要是靠截留、惯性碰撞、扩散、黏附、重力沉降等多种机理综合作用的结果。对于大颗粒粉尘在低速条件下，截留和重力沉降起主要作用，而对于微细粉尘，扩散、静电力等因素起主要作用。

泡沫收尘器的优点是：结构简单，投资少，操作简单方便。其缺点是：处理风量的波动范围较小，要求严格控制风量和水量及其分布情况；处理黏性粉尘时易挂灰和堵塞筛板孔，耗水量大。

泡沫收尘器可分为有溢流和无溢流两种形式。有溢流泡沫收尘器的构造如图 7-28(a)所示，主要由外壳 1，筛板(多孔板、管状及条状栅板)2 及供、排水装置组成。水从进水口(室或堰)4 进入后均匀地分布在整个筛板面上；含尘空气从入口进入筛板下部的筒体内，然后自下而上流过筛板 2 上的小孔(或条缝)。含尘空气穿过筛孔时与水接触形成扰动的泡沫层，空气在这里被净化后经出风口 6 排出。从进水口 4 流入的水，在形成泡沫的过程中，一部分从筛孔漏下经锥体 3 由泥浆排出口 10 排走，另一部分则经溢流挡板 7 和溢流室 8 由出水口 9 排出。

无溢流泡沫收尘器的构造如图 7-28(b)所示。与有溢流泡沫收尘器相比，它以供水管或喷头 11 代替进水口 4，并取消了溢流装置，在结构上没有其他变化。

当含尘空气从进风口 5 进入筛板下部的空间时，一部分较粗大的尘粒由于气流方向的改变以及自筛孔泄漏下来的水的喷淋作用而被泄漏水捕集后带走。含尘气体在这里得到初步净化，其效率通常可达 60%～80%。当气体穿过筛板孔并与筛板上的水相遇时，将形成激烈扰动的泡沫层，空气中的剩余粉尘就在泡沫层被捕集。当气体通过筛孔穿过液层流动时，筛板上形成了由气、液两相构成的泡沫系统。系统的底层是鼓泡区，区内是连续的液体。在此区内生成的气泡穿过液层浮向上方。中间一层是泡沫区，气泡集聚在此区形成泡沫。再上一层是飞溅区，由于气泡的破灭，使泡沫薄膜上的液体飞溅，此区是由悬浮在气流中的

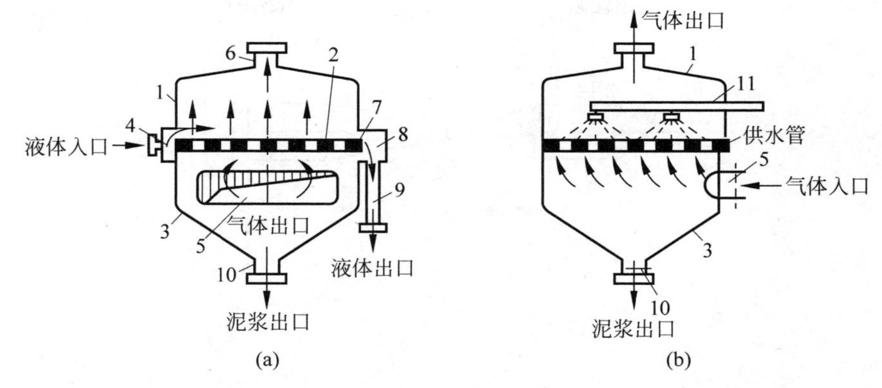

1—外壳；2—筛板；3—锥体；4—进水口；5—进风口；6—出风口；7—溢流挡板；
8—溢流室；9—出水口；10—泥浆排出口；11—喷头

图 7-28　泡沫收尘器的构造

(a) 有溢流泡沫收尘器；(b) 无溢流泡沫收尘器

液滴构成的。

泡沫收尘器的净化效率主要取决于泡沫层的厚度和泡沫状况。例如，当泡沫层厚度为30mm时，净化效率为98.75%；当泡沫层厚度为120mm时，净化效率达99.9%。泡沫层厚度和泡沫层状况主要取决于设备断面的气流速度 v 和筛板上原始水层的厚度。研究表明：只有 v 在0.5～1.0m/s时，才有静态泡沫层生成；当 v 提高到1.3m/s时，生成的气泡才具有较大的动能。由于泡沫的互相碰撞以及液流的扰动，气泡的龄期较短，生成和更新速度较快，所以此时生成的泡沫为动态泡沫，扰动很激烈，液、气之间有较大的接触面积，扩散阻力较小，能够克服尘粒环绕气膜的不利影响而捕集微小尘粒，净化效率随之提高（对单层的筛板设备而言，效率达97%以上）。如果将 v 提高到3.0～3.5m/s，则泡沫层厚度减薄，出现明显的溅沫层，液体呈浪花状波动。v 在1.0～3.0m/s的情况下能形成比较稳定的泡沫层，其中以 v 在1.5～2.5m/s的泡沫层为最佳。通过筛孔的气流速度一般以1.2m/s左右为宜。

筛板上的原始水层厚度是依靠设备中相应的溢流速度、溢流挡板高度和溢流孔的断面积（对有溢流泡沫收尘器）或喷淋密度（对无溢流泡沫收尘器）形成的。溢流速度一般为5～6m^3/min，原始水层厚度大约在10mm。

泡沫收尘器的净化效率和泡沫状况还与粉尘的性质、分散性、亲水性以及气体与水的性质等因素有关。

无溢流泡沫收尘器的工作原理与有溢流泡沫收尘器基本相同，前者结构较简单，可以节省总耗水量1/2以上的溢流水，在操作稳定的情况下也能达到95%以上的净化效率。所以在空气量变化不大，净化效率允许暂时性降低的情况下，广泛采用无溢流泡沫收尘器。

7.2.7　文氏管收尘器

文氏管收尘器（Venturi dust collector）为典型的湿式收尘器，由文氏管和除沫器组成。除沫器一般采用旋风收尘器。文氏管由三个异形管（即收缩管、喉管和扩散管形成一根长管）及喷水装置组成（图7-29）。

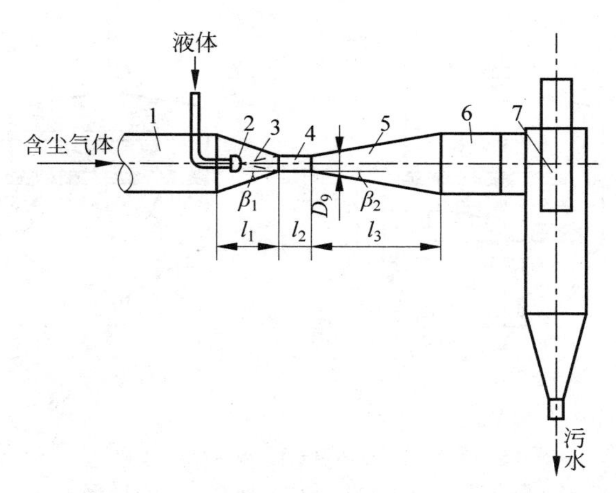

1—进风管；2—喷水装置；3—收缩管；4—喉管；5—扩散管；6—连接风管；7—除雾器

图 7-29 文氏管收尘器

当含尘气体由进风管进入收缩管后，逐步加速，在喉颈缩口处以高速通过。在喉管的前方有很多小孔从中喷出液体(或从喷嘴喷出)，高速气体把水冲击成细小液滴(粒径在几百微米以下)，这些细小液滴有极大的接触表面积。气体中夹带的尘粒在气体绕过液滴时被巨大的惯性力抛到液滴上而被捕集。气、液两相由扩散管进入旋风收尘器，通过离心作用，将气、液两相分离。

在收尘过程中，雾化水滴的直径不宜过大或过小，因为后面的分离设备(一般采用旋风收尘器)对小颗粒的分离效果差。实验指出，水滴大小以尘粒粒径的150倍左右为好，否则效率将下降。对降温过程中同时除雾的高温气体，其雾化水滴更不宜过细。无论是否捕集到尘粒，水滴在蒸发后都将缩小，若水滴过细，蒸发后甚至会消失，从而降低了收尘效率。雾化质量与液气比以及喉颈处的气速有关。气速越大，冲击力越大，水粉碎得越细；反之，气速越小，水滴越大。文氏管收尘器的优点是：其收尘效率可达99%，能消除1μm以下的细尘粒；结构简单，造价低廉，维护管理简单；它不仅用作收尘，还能用于除雾、降温和吸收、蒸发等。其缺点是：压力损失较大，用水量也大。

文氏管收尘器在磷酸、磷肥以及其他化工生产过程中常有使用。在旋风炉焚烧熔融磷肥时，通常采用文氏管作为脱氟收尘装置。控制喉管处的气体速度为68～70m/s、液气比为0.46～0.5L/Nm^3、烟气中氟浓度为0.4～0.5L/Nm^3时，除氟效率可达90%～96%。同时，文氏管收尘器对烟气中的氧化钙(CaO)等碱金属氧化物也有很高的收尘效率。

7.3 固液分离

固液分离(solid-liquid separation)就是用分离方法或技术将悬浮液中的液相和固相分开的过程。虽然在不同领域固-液分离的对象和工艺过程各不相同，但其目的可归纳为四点：一是回收有用的固体(废弃液体)；二是回收液体(废弃固体)；三是同时回收固体和液体；四是固体和液体均不回收(如防止水污染的固-液分离)。

7.3.1 固液分离的方法与分类

固液分离基本上可分为沉降分离与过滤两种方法。沉降分离主要靠固体颗粒运动，固体浓度越低，越有利于此过程的进行。而过滤则相反，在过滤中运动的是液相，所以固体浓度高、液相量少时有利于其分离。

沉降分离又分为重力沉降与离心沉降，前者称为弱沉降分离，后者称为强沉降分离。由于弱沉降分离借助的是自然力，能源消耗少，属环境友好型工艺，是固液分离的首选方法。强沉降分离还包括真空过滤、压滤、离心过滤等，因需借助外力，能源消耗较大。目前，为降低能源消耗常用的辅助措施有：①采用两种或两种以上分离手段的联合流程实现优化配置，例如沉降与过滤的组合、旋流器与过滤及沉降分离的组合等；②添加凝聚与絮凝助剂提高沉降速度，利用预涂层、助滤剂等改善过滤性能，提高过滤速度；③利用电场、磁场等辅助手段促进过滤分离。

过滤是直接通过"过滤介质"(如筛、纸、编织滤布、膜等)进行固液两相的分离，液相或流动的滤液通过过滤介质，而固体颗粒被截留。过滤分为重力过滤(砂滤、格筛)、真空过滤、加压过滤和离心过滤等。

还有第三种分离方法，即固液两相均处于运动状态进行分级，如水力旋流器分级、流态化洗涤等，但严格来说，这些只能达到分级的目的，而达不到分离的要求。

7.3.2 浓密机

浓密是一种物理分离过程，其基本原理是基于悬浮液中固相和液相之间的密度差，这种密度差是固相颗粒沉降的主要推动力。在重力场中因密度差产生的自然沉降的分离过程，称为重力浓密，又称为重力沉降(gravity deposition)。在浓密过程中不仅较粗粒级容易沉降，而且微细物料通过凝聚或絮凝也能达到较好的沉降效果。因此，重力浓密通常作为液固分离的第一道工序而得到广泛应用。

悬浮液在浓密机(thickener)中进行沉降浓缩时，浓密机的作业空间由上到下一般可分为五个区，如图7-30所示。A区为澄清区，得到的澄清液作为溢流产物从溢流堰排出。B区为自由沉降区，需要浓缩的悬浮液(浆体)首先进入B区，固体颗粒依靠自重迅速沉降，进入压缩区(D区)，在压缩区，悬浮液中的固体颗粒已形成较紧密的絮团，仍继续沉降，但其速度已较缓慢；E区为浓缩物区，因在此区设有旋转刮板(有时该区的一部分呈浅锥形表面)，浓缩物中的水会在刮板的挤压作用下渗出，使悬浮液浓度进一步提高，最终由浓密机底口排出，成为浓密机的底流产品。在自由沉降区B与压缩区D之间，有一个过渡区C，在该区，部分颗粒由于重力作用沉降，部分颗粒则受到密集颗粒的阻碍，难以继续沉降，故又称为干涉沉降区。在五个区中，B、C、D区反映了浓缩过程，A、E两区则是浓缩的结果。为使浓缩过程顺利进行，浓密机池体需要有一定的深度。表7-3列出某些被浓密机浓缩的产物

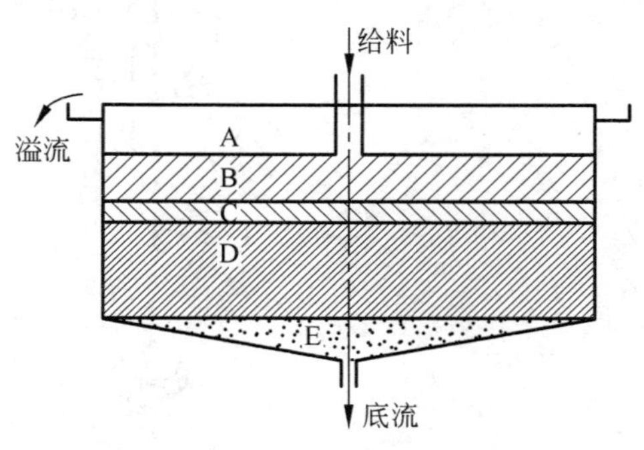

图7-30 浓密机的浓缩过程

的单位面积处理量。

表 7-3　浓密机的单位面积处理量

被处理物料	$q/[t/(m^2 \cdot d)]$	被处理物料	$q/[t/(m^2 \cdot d)]$
机械分级机溢流	0.7～1.5	浮选铁精矿	0.5～0.7
氧化铅精矿和铅铜精矿	0.4～0.5	磁选铁精矿	3.0～3.5
硫化铅精矿和铅铜精矿	0.6～1.0	萤石浮选精矿	0.8～1.0
黄铁矿精矿	1.0～2.0	锰精矿	0.4～0.7
浑铝矿精矿	0.4～0.6	重晶石浮选精矿	1.2～2.0
锌精矿	0.5～1.0	浮选尾矿及中矿	1.0～2.0
锑精矿	0.5～0.6		

7.3.3　水力旋流器

水力旋流器(hydrocyclone)是一种用途十分广泛的离心沉降设备,主要用于物料的分级、脱泥和浓缩。

水力旋流器上部是一个中空的圆柱体,下部是一个倒锥体,与上部相通,二者组成工作筒体。上部圆柱形筒体切向装有给料管,顶部装有溢流管和溢流导管。在圆锥形筒体底部有沉砂口,如图 7-31 所示。物料以 49～245kPa 的压力、5～12m/s 的流速,高速从给料管沿切线方向进入圆柱形筒体,绕轴高速旋转,产生离心力；粗且密度大的颗粒受到的离心力大,被抛向筒壁,按螺旋轨迹下旋到底部,作为沉砂从沉砂口排出；细且密度小的颗粒受到的离心力小,被带到中心,在锥形筒体中心形成内螺旋液流向上运动,作为溢流从溢流管排出。水力旋流器的分离粒度范围一般为 0.33～0.01mm,进料须采用低浓度,一般以质量浓度不超过 30%为宜。

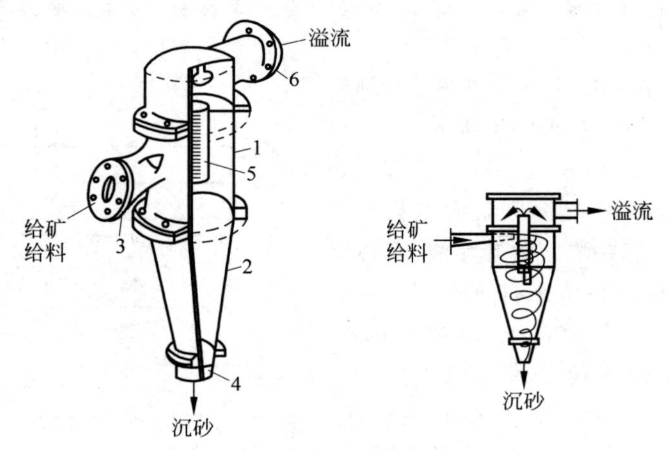

1—圆柱体壳；2—圆锥体壳；3—进料口；4—粗颗粒出料口；5—溢流管；6—溢流出口

图 7-31　水力旋流器的结构与工作原理示意图

水力旋流器的优点是：结构简单,设备价格低,处理量大,占地面积小,投资少,设备本身无运动部件,维修容易。其缺点是：给料要求有一定的水压,能耗较高。

7.3.4 过滤机

过滤(filter)是指在推动力的作用下,液-固混合物通过多孔性介质(过滤介质)而使液、固两相分离的过程。其中液体透过介质,固体颗粒则截留在介质上,从而达到液固分离的目的。过滤是分离技术中一项重要的操作。

固液过滤可分为澄清过滤(clarification filtration)和滤饼过滤(cake filtration)两大类。以获得洁净滤液为目的的过滤操作称为澄清过滤,包括粒状层过滤、直接过滤、膜过滤、电磁过滤和助滤剂过滤五种。滤饼过滤是使用织物、多孔固体或孔膜等作为过滤介质,过滤时液体通过过滤介质,而大于过滤介质孔的颗粒先以架桥方式在介质表面形成初始层,其后沉积的固体颗粒逐渐在初始层上形成一定厚度的滤饼。滤饼过滤又分为真空过滤、加压过滤、离心过滤和压榨过滤等。

在分离过程中能截留固相颗粒的多孔材料统称为过滤介质(filter medium),过滤介质必须多孔,且有一定的厚度和机械强度,过滤效率要高。对过滤影响最主要的因素是孔的结构,包括孔的形状、大小、垂直或弯曲度,孔的深度即滤布的厚度,单位面积上孔的密度,分布的均匀程度等。而过滤介质最主要的性能是截留的最小颗粒尺寸,不同类型过滤介质及其能截留的最小颗粒列于表 7-4 中。

表 7-4 不同类型过滤介质与其能截留的最小颗粒

过滤介质类型	过滤介质材质	截留的最小颗粒/μm
针织类	天然纤维与合成纤维滤布	10
非针织类	纤维为材料的滤纸	5
	玻璃纤维为材料的滤纸	2
	纤维滤板	0.1
	毛毡和针织毡	10
	纯不锈钢纤维毡	6
滤网	金属丝平纹编织密纹滤网	40
	金属丝斜纹编织密纹滤网	5
刚性多孔过滤介质	多孔塑料	3
	多孔陶瓷	1
	烧结金属	3
	金属多孔板	100
滤芯	表面式滤芯	0.5～50
	深层式滤芯	1
滤膜	反渗滤膜	0.000 1～0.001
	超滤膜	0.001～0.1
	微孔膜	0.1～10
松散性颗粒	纤维质、粉粒质	<1

过滤滤布是应用最为广泛、品种最多的一种过滤介质。常用的滤布有天然纤维和合成纤维两种。表 7-5 为常用过滤滤布的耐腐蚀性能及使用条件。

表 7-5　常用过滤滤布的耐腐蚀性能及使用条件

项　　目	棉布	毛料	尼龙	涤纶	锦纶	腈纶	维纶	丙纶	氯纶
最高使用温度/℃	100	100	130	150	120	100	80	60	60
耐酸性	弱酸	强酸	弱酸	强酸	弱酸	强酸	弱酸	强酸	强酸
耐碱性	弱碱	弱碱	强碱	弱碱	强碱	弱碱	强碱	强碱	强碱

7.3.4.1　真空过滤机

真空过滤(vacuum filter)机是利用真空设备提供的负压作为推动力，使悬浮液实现液固分离的一种过滤过程。真空过滤机推动力较小，一般为 0.04～0.06MPa，在某些场合可达到 0.08MPa，由于滤饼两侧的压力降较低，过滤速度较慢，导致微细物料滤饼的含水量较高。但真空过滤机能在相对简单的机械条件下连续操作，大多场合能获得比较满意的工作指标。

1. 转鼓真空过滤机

转鼓真空过滤机也称圆筒真空过滤机，属于连续式过滤机，能自动连续运转，生产能力大，且具有运转性能良好、操作方便、节省人力等优点。由于它对波动进料自稳定性较好，对物料的适应性强，在工业生产中受到广泛应用。转鼓真空过滤机的形式很多，按滤布铺设在转鼓的内侧还是外侧可将其分为内滤面式与外滤面式；按加料方式可将其分为上部加料式和下部加料式；按卸料方式可将其分为刮刀卸料式、折带卸料式、辊卸料式等。

转鼓真空过滤机的主要工作部件是分配头和转鼓。分配头由紧密贴合的转动盘与固定盘构成，转动盘上有与滤液管数量相同的圆孔，固定在空心轴上。固定盘上有大小不等、形状不同的开孔，固定在分配头壳体上，与真空源和压缩空气相连。转鼓外表面镶有长方形筛板，上面铺有滤布和钢丝。鼓内部被径向筋片隔成若干个彼此独立的小过滤室，每个小滤室都有单独的孔道与主轴端部的分配头相连，分配头的转动盘随转鼓一起旋转，使分配头与小滤室相继连通和切换。

过滤转鼓大致可分为过滤区、第一吸干区、洗涤区、第二吸干区、卸渣区、滤布再生区几个区域，分别进行过滤、吸净剩余滤液、洗涤、干燥、卸料和滤布再生等操作。一般情况下，过滤区的角度为 125°～135°，洗涤吸干区的角度为 120°～170°，卸渣再生区的角度为 40°～60°。转鼓浸在悬浮液中，由电动机带动旋转。当浸在料浆中的小滤室与真空源相通时，滤液便透过滤布向分配头汇集，而固体颗粒则被截留在滤布表面形成滤饼；滤饼转出液面进入第一吸干区吸净剩余滤液后，到达洗涤区，洗涤后的滤饼进入第二吸干区，在真空作用下脱水干燥；当转入卸料区时，由于压缩空气从转鼓内反吹而使滤饼隆起，可用刮刀卸除，至此一个过滤循环完成。

2. 圆盘真空过滤机

圆盘真空过滤机是有数个过滤圆盘装在一根水平空心轴上，其工作原理示意图如图 7-32 所示。过滤圆盘可视为压缩成扁形的转鼓，与外滤转鼓真空过滤机在工作原理、某些结构和操作上十分相似。

圆盘真空过滤机的过滤圆盘由 10～30 个彼此独立、互不相通的扇形滤叶组成，扇形滤叶的两侧为筛板或槽板，每一扇形滤叶单独套上滤布之后即构成了过滤圆盘的一个过滤室。而中空主轴则由径向筋板分割成 10～30 个独立的轴向通道，这些通道分别与各个过滤室相

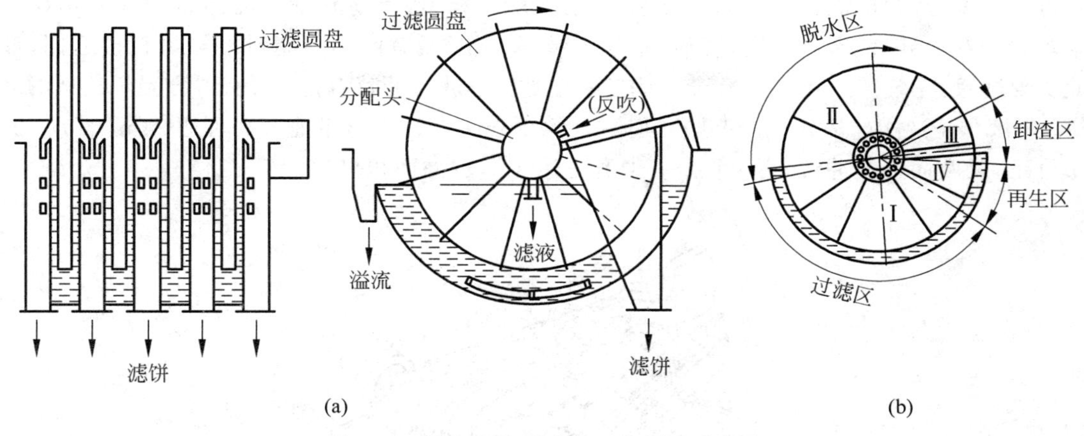

图 7-32　圆盘真空过滤机工作原理示意图

连，并经分配头周期性地与真空抽吸系统、反吹压缩空气系统和冲洗水系统相通，使料浆进行固液分离。在过滤区，过滤室被抽成真空，滤液穿过滤布，固体颗粒被截留在过滤室两侧的滤布上形成滤饼；脱水区过滤室随主轴旋转离开液面并继续脱水；在卸料区，压缩空气进入过滤室瞬时反吹，从而吹落脱水的滤饼；在再生区，滤布获得再生。过滤圆盘每转一周，即完成一次作业循环，实现过滤机的连续运行。

圆盘真空过滤机能过滤密度小、不易沉淀的料浆。无论料浆是否带黏性，只要其固相浓度为 1%～20%、在 2min 内能在过滤表面均匀地形成 3mm 以上厚度的滤饼。圆盘真空过滤机与转鼓真空过滤机相比，具有结构紧凑、占地面积小、处理量大、单位过滤面积造价低、真空度损失少、单位产量耗电低、可以不设置搅拌装量等优点。另外，由于它是侧面过滤，即使悬浮液中颗粒粗细不均、数量不等，也能获得较好的过滤效果。但存在滤饼洗涤困难、滤饼厚度不均匀易于龟裂、滤饼含湿量高、滤布易堵塞难再生等不足。

3. 带式真空过滤机

带式真空过滤机是以循环运动的环形滤带作为过滤介质，上表面为过滤面、下方抽真空，一端加料；另一端卸料的真空过滤机。它是一种充分利用料浆的重力和真空吸力来实现固液分离的新型过滤设备。带式真空吸滤机具有如下特点：①在物料的重力条件下，真空泄漏损失小，便于保持真空度，利于液体分离及滤饼的均匀形成；②可连续进行过滤、洗涤、干燥卸饼和清洗滤布，以获得较高的真空度；③滤室采用分段定型结构，可根据需要组成不同的过滤、洗涤、干燥区段，配合可无级变速的滤带使运行呈最佳状态；④连续清洗滤布，保持稳定的过滤效率，延长滤布的使用寿命；⑤自动化程度高，切换真空、返回滤室、张紧滤带、纠正跑偏均可采用气动控制，操作自动完成。按其结构原理可分为固定室型、移动室型、滤带间歇运动型和滤盘连续运动型四大类型。

（1）固定室型带式真空过滤机

固定室型带式真空过滤机的真空室固定在环形运动的橡胶带下方，也称为橡胶带式真空过滤机，其结构示意图如图 7-33 所示。过滤开始时，料浆均匀分布在滤布带上，橡胶带和滤布带以相同的速度同向运动，料浆在真空抽力的作用下进行固液分离，滤液或洗液经滤布带和橡胶带进入真空室，再经真空管与收液系统及气液分离系统相连。真空室根据分离要求可沿长度方向分成若干个小室，分别完成过滤、洗涤、吸下等作业。滤布带和橡胶带在主动辊处相互分开，前者经卸饼、洗涤、张紧后循环工作，后者因不与滤饼接触可直接返回，如此实现过滤、洗涤、吸干等连续作业。固定室型真空过滤机的特点是：可获得含湿量较低的滤饼；母液和洗液能严格分开；可进行薄滤饼(约 2mm)快速过滤(带速最高可达 24m/min)；滤布可正、反两面连续冲洗，再生性好；带宽可达 4m，过滤面积可达 $185m^2$。

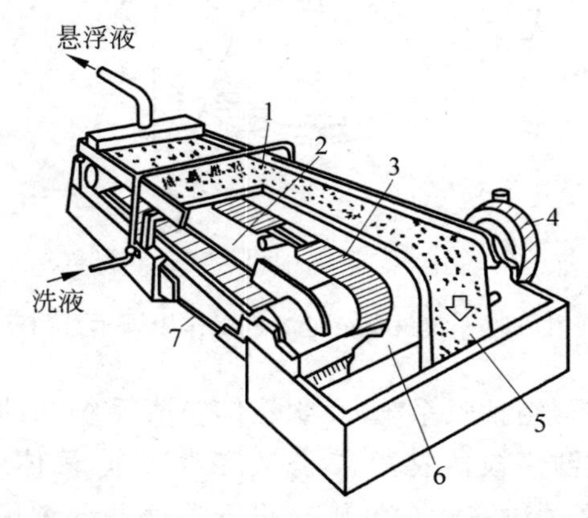

1—喷嘴；2—真空盘；3—橡胶排水带；4—驱动装置；5—排渣；6—滤布带；7—滴水盘

图 7-33　固定室型带式真空过滤机的结构示意图

(2) 移动室型带式真空过滤机

移动室型带式真空过滤机的过滤带(同时又是传送带)是用高强度聚酯纤维滤布制成的环形带。真空室借滚轮沿水平框架上的导轨作往复运动。真空行程(即工作行程)由返回行程之间的切换内行程开关及返回气缸控制。过滤开始时，真空室与过滤带同步向前运动，由于两者之间不发生相对运动，所以密封效果较好。均匀分布在滤带上的料浆经过滤、洗涤、吸干等过程实现固液分离。当真空行程终了时，真空室触到行程开关，真空被切换，滤带仍以原来的速度运行，而真空室则在气缸的推动下快速返回原地，当触到一侧的行程开关时，又开始了下一个工作循环。

(3) 滤带间歇运动型带式真空过滤机

滤带间歇运动型真空过滤机又称固定盘水平真空撑带式过滤机。该过滤机的大部分构造与移动室带式过滤机相同，其主要区别是：前者的真空室是固定的，兼作传送带的过滤带是靠撑带气缸的间歇运动向前运动的。过滤时真空切换阀开启，撑带气缸 2 缓慢回缩一个行程 s(即从图 7-34 中的 $2'$位置回到 2 的位置)，同时张紧气缸带动张紧辊子由位置 3 移到位置 $3'$(行程为 s')，以使缩回的皮带张紧；行程结束时即刻触动行程限位器，发出信号使真空切换阀关闭抽气口，同时打开通气口，解除滤带所受的真空吸力；此时撑带气缸快速由位置 2 向 $2'$撑出，张紧辊子则放松至位置 3，在此过程中进行卸饼、冲洗等作业；当撑带辊子到达 $2'$后，行程限位器再次工作，不过这次是接通真空抽气口重新开始过滤阶段。如此循环，实现间歇过滤。

(4) 滤盘连续运动型带式真空过滤机

滤盘连续运动型带式真空过滤机将整体式真空滤盘改为很多可以分合的小滤盘，而小滤盘又联结成一个环形带，滤盘可以和滤布一起前进移动，不必使用真空切换阀，控制系统

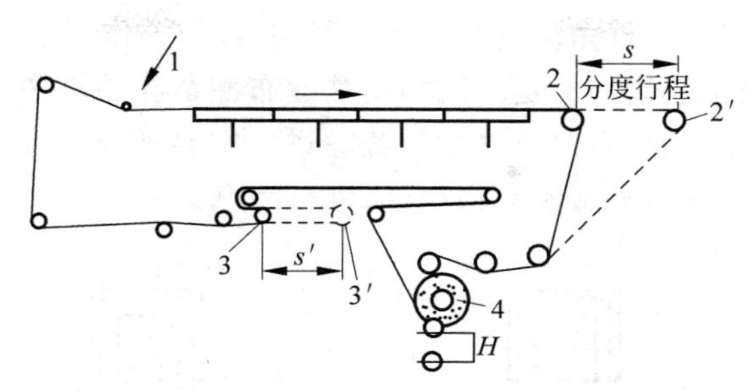

1—加料；2—撑带气缸及撑带辊子；3—张紧气缸及张紧辊子；4—刹车装置

图 7-34　滤带间歇运动型带式真空过滤机的工作原理简图

更加简单，作业可靠性增强。

滤盘连续运动型带式真空过滤机的结构示意图如图 7-35 所示。该过滤机由环形小滤盘带组成滤布支撑机构，小滤盘工作时，上面覆有滤布及过滤材料，小滤盘下面有孔，通过滑动密封面与真空室相通，滤液通过滤布、小滤盘进入真空室。小滤盘在驱动辊的带动下与滤布一起向前移动，完成过滤、洗涤、脱水等作业，最后在驱动辊处滤布和小滤盘分开，真空被破坏，滤饼即被卸除。滤布经清洗再生、纠偏、张紧装置在从动辊处与小滤盘再度汇合，进入下一个工作循环。

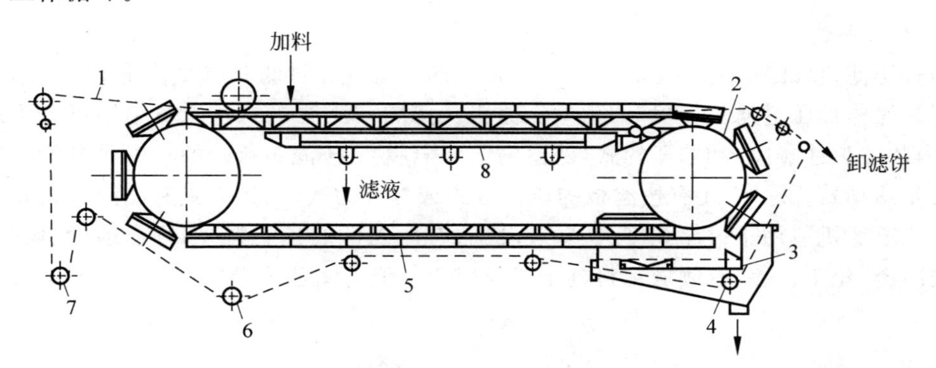

1—滤布；2—驱动辊；3—滤布洗涤装置；4—转向辊；5—真空小滤盘；6—纠偏机构；7—张紧装置；8—真空室

图 7-35　滤盘连续运动型带式真空过滤机的结构示意图

7.3.4.2　压滤机

加压过滤机简称压滤机(pressure filter)，是利用加压设备提供的压力作为推动力，使悬浮液实现液固分离的过滤过程。加压过滤机对物料的适应性强，既能分离难以过滤的低浓度悬浮液和胶体悬浮液，又能分离高浓度和接近饱和状态的悬浮液，滤饼含湿量较低，固相回收率高，滤液澄清度好。加压过滤机按操作方式可分为连续式和间歇式两大类。

1. 板框压滤机(plate-frame pressure filter)

由滤框、过滤介质和滤板交替排列组成滤室的加压过滤设备称为板框加压过滤机，简称板框压滤机。板框压滤机种类较多，按出液方式可分为明流式和暗流式；按板框的安装方式可分为立式和卧式；另外，还有按板框的压紧方式或操作方式、滤布安装方式、压榨过程和脱干方式进行分类的。

图 7-36 为卧式板框压滤机的工作原理图。板框压滤机操作时，用泵将料浆泵到滤板与

滤框组合的通道中，料浆由滤框角端的暗孔进入框内，在压差作用下，滤液穿过两侧的滤布，然后经滤板面上的沟槽流至出口排走。固相则被滤布截留在滤框中形成滤饼，待滤饼充满滤框后，过滤速度随之下降，即可停止过滤。若滤饼不需要洗涤，可随即松开压紧装置将头板拉开，然后分板装置依次将滤板和滤框拉开，进行卸料。

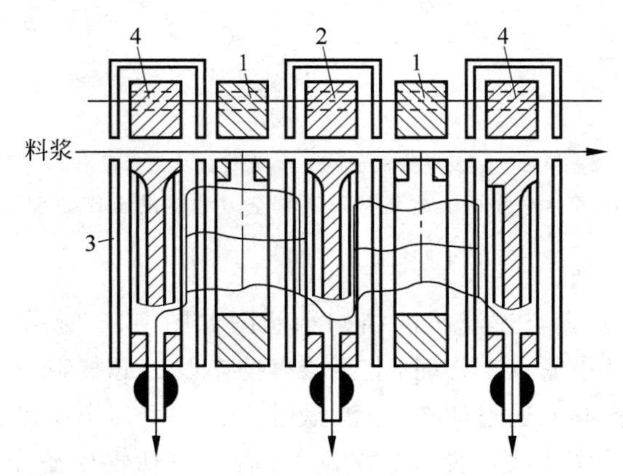

1—滤框；2—滤板；3—滤布；4—洗涤板

图 7-36　卧式板框压滤机的工作原理图

2. 厢式压滤机

厢式压滤机(chamber pressure filter)是由凹形滤板和过滤介质交替排列组成过滤室的一种间歇操作加压过滤机，也称凹板型压滤机。按厢式压滤机的过滤室结构可分为压榨式(滤室内装有弹性隔膜)和非压榨式(滤室内未装隔膜)；按滤布所处的状态可分为滤布固定式和滤布移动式；另外，还有按滤板的压紧方式或拧开力式、操作方式和出液方式分类的。

厢式压滤机适用于过滤黏度大、颗粒较细、有压缩性的各类料浆，且占地少、操作安全，在湿法冶金、化工、医药等领域都得到了广泛应用。但是间歇式操作更换滤布较麻烦。

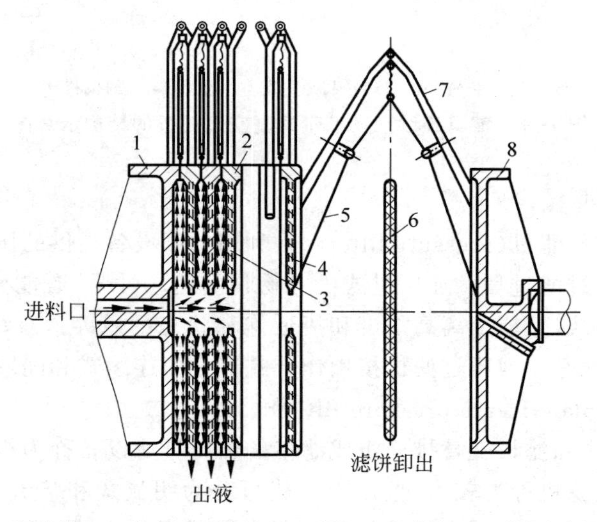

1—尾板；2—压榨膜；3—滤室；4—滤板；5—滤布；6—滤饼；7—活动滤布吊架；8—头板

图 7-37　厢式压滤机的工作原理图

厢式压滤机的工作原理图见图7-37。工作时先将凹形滤板压紧，使滤板闭合形成过滤室，然后料浆由尾板（固定板）上的进料口进入滤室，料浆在进料泵（或隔膜）产生的压力下进行液固分离，滤液穿过滤布（过滤介质），经滤板上的小沟槽流到滤板出液口排出机外，固体颗粒被截留在滤室内形成滤饼。当过滤速度减小到一定值时，停止料浆进入滤室。根据需要，可对滤饼进行洗涤、吹风干燥，然后将滤板拉开，滤饼靠自重或卸料装置卸出，至此完成一个工作循环。

3. 离心过滤机（centrifugal filter）

离心过滤是借助离心力使悬浮液中的固相颗粒截留在过滤介质上，不断堆积成滤饼层，与此同时，液体在离心力的作用下穿过滤饼层及过滤介质，从而达到固液分离的目的。连续操作式过滤离心机发展较快，适用于大工业生产；间歇操作式过滤离心机在操作中引进了现代化的计算与控制技术，由于结构简单、价格低廉、操作容易掌握及维修方便，因而在局部范围内能与连续操作式过滤离心机一争高低。间歇操作式过滤离心机在化学工业、制糖工业、制药及食品等轻工业方面应用较多；连续操作式过滤离心机由于其处理能力大，适用于固相颗粒较粗的物料，所以在原料处理工业，如矿业及煤炭工业等方面应用较广。

（1）三足式离心机

离心机的转鼓垂直悬挂支撑在三根支柱上的机型称为三足式离心机。三足式离心机有多种形式，按滤渣卸料方式、卸料部位和控制方法不同，可分为人工上卸料、吊装上卸料、人工下卸料、刮刀下卸料、自动刮刀下卸料、上部抽吸卸料和密闭防爆等结构形式。按驱动形式可分为上部驱动和下部驱动两种。上部驱动三足式离心机用于处理游离态的过滤物质，如糖晶体。人工上卸料三足式离心机劳动强度大、操作条件差、生产能力小，适于小规模生产过程使用。自动刮刀下卸料三足式离心机按预先设定的程序完成加料、过滤、洗涤、脱水、制动、卸料、洗网等分离操作过程，还可以进行远距离操作控制，操作方便，劳动强度小，生产能力大。

三足式离心机的主要优点是：对分离物料的适应性强，可以用于成件产品的脱液，也可以用于各种不同浓度和不同固相颗粒粒度悬浮液的分离、洗涤脱水，对一些细粒级难分离悬浮液，在无合适的分离设备时也可以用三足式离心机对其进行处理。在低速下或停车后卸滤饼时，对结晶晶粒破碎小；机器安装在弹性悬挂支承上，重心低、运转平稳；机器结构简单，制造容易，安装方便，操作维护易于掌握。其缺点是：间歇操作，辅助作业时间较长，生产能力较低。三足式离心机适宜处理量不大又要求充分洗涤的物料，如用以分离悬浮液或用于成件物品（如纺织品）、纤维状物料的脱水。

人工上卸料三足式离心机的结构示意图如图7-38所示，主要由转鼓、机壳、弹性悬挂支承装置、底盘和传动系统等部件组成。分离操作前，转鼓内装好衬网和滤网，根据被分离物料的特性和分离要求选定分离操作方法，物料在低速或全速下逐渐加入转鼓内，经分布器预加速后均匀分布在过滤介质上，在离心力的作用下，固相被过滤介质截留形成滤渣，滤液穿过滤网和过滤介质从转鼓外的机壳排液口排出。在滤渣充满转鼓有效容积后停止加料，滤渣经脱水（如物料要求洗涤以清除杂质时还应加洗水充分洗涤）后停车，从转鼓上部以人工或真空抽吸的方式取出滤液。对下卸料三足式离心机，在离心机减速后，可用手动刮刀或液压电气控制的机械刮刀刮削滤渣使之从转鼓底的下料斗排出。

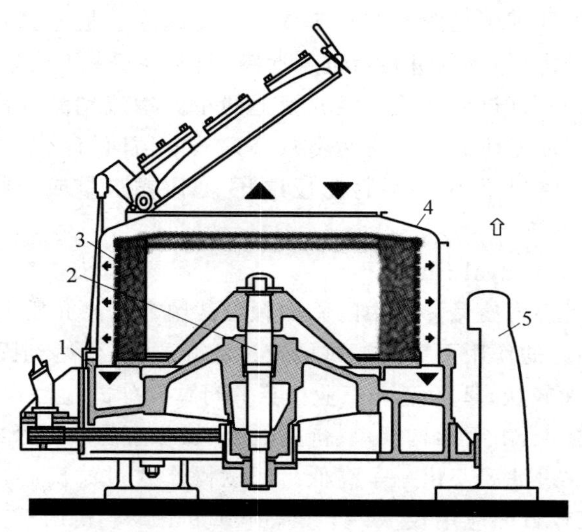

1—底盘；2—主轴；3—转鼓；4—机壳；5—柱脚

图 7-38　人工上卸料三足式离心机的结构示意图

(2) 刮刀卸料过滤离心机

刮刀卸料过滤离心机按照分离原理可分为过滤式、沉降式和虹吸式三种。过滤式刮刀卸料过滤离心机用得最为普遍，虹吸式刮刀卸料过滤离心机是 20 世纪后期发展的机型，具有许多优点。刮刀卸料过滤离心机都是卧式安装、间歇操作、刮刀卸料，适于含粗、中、细固相颗粒悬浮液的过滤分离，在化工、制药、轻工、食品等工业领域广泛应用。

刮刀卸料离心机的优点是：对物料的适应性强，可以处理不同粒度、不同浓度的悬浮液，对进料浓度、进料量变化不敏感，过滤循环周期可以根据物料的特性和分离要求调节，分离效果好，获得的滤渣含液量低、滤液澄清度高；设有洗涤装置，洗涤效果好；各工序所需时间和操作周期的长短可视产品的工艺要求而定，适应性较好。其缺点是：卸渣时刮刀的刮剥作用容易使固相颗粒有一定程度的破碎，且振动较大，故刮刀易磨损；由于刮刀卸料后滤网上仍留有一薄层滤饼，对分离效果有影响，不适于处理易使滤网堵塞而又无法再生的物料。

刮刀卸料过滤离心机的分离操作过程是在全速下完成的。离心机启动达到全速后，通过电气-液压控制的加料阀经进料管向转鼓加入被分离的悬浮液，滤波穿过过滤介质(滤布或金属丝网)进入机壳的排出管排出。固相被过滤介质截留形成滤渣，当滤液达到一定厚度时，由料层限位器或时间继电器控制关闭加料阀，滤渣在全速下脱除液体。如果滤渣需要洗涤，开启洗液阀，洗液经洗涤管充分洗涤滤渣，在滤渣进一步脱液后，刮刀油缸动作，推动刮刀切削滤渣，切下的滤渣落入料斗内排出，对黏性大的滤渣由螺旋输送器输出。经洗网后，进入下一过滤循环。加料、过滤、洗涤、脱水、卸料、洗网整个操作过程均由电气-液压控制系统按上述顺序控制，手动操作和自动操作任意切换，可实现半自动或全自动操作。常用的刮刀卸料过滤离心机主要由回转体、机壳、门盖、机座、刮刀装置、液压-电气控制系统、传动系统等部件组成。图 7-39 为虹吸式刮刀卸料过滤离心机的结构图。虹吸式刮刀卸料过滤离心机的转鼓不开孔，转鼓内有过滤介质(滤板、衬网和滤网)，滤液进入滤板与转鼓之间的环形空间，沿轴向进入虹吸室后由虹吸管在离心液压作用可下排出转鼓；通过使用虹吸作用可提高有效压差，使刮刀式离心机的生产能力得以提高。

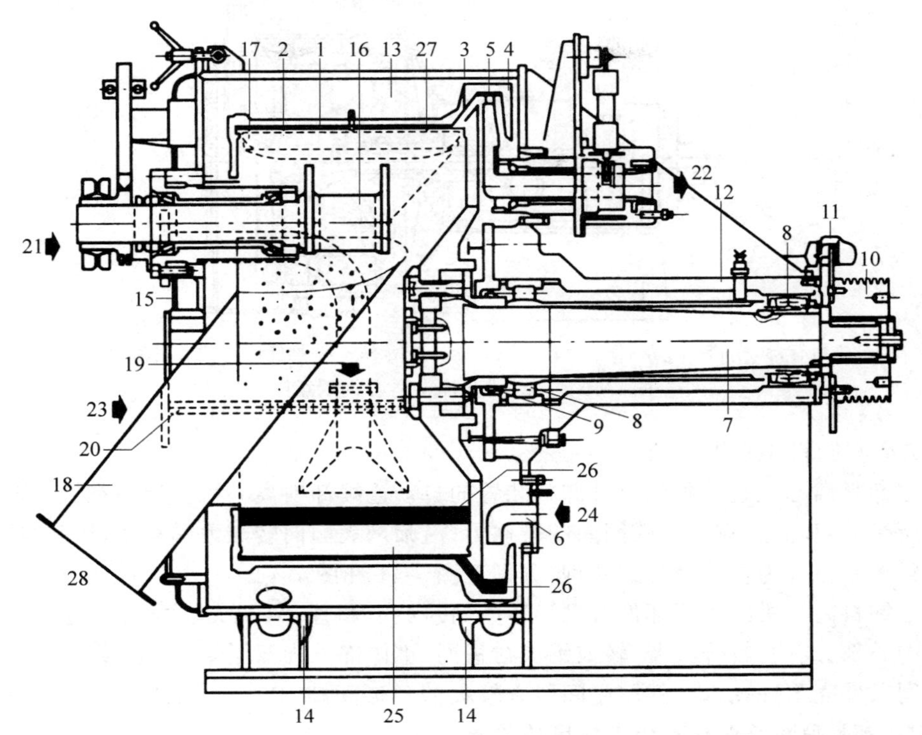

1—虹吸转鼓；2—过滤介质；3—虹吸口；4—虹吸环罩；5—吸液管；6—反冲洗管；7—转鼓主轴；8—轴承；9—轴密封装置；10—V形带轮；11—制动阀；12—箱体支承架；13—箱体；14—排液集管；15—外壳门盖；16—刮刀卸料装置；17—刮刀；18—固相滤饼卸料槽；19—进料管；20—洗涤管；21—悬浮液进口；22—滤液出口；23—洗涤液进口；24—循环滤液；25—滤饼；26—液层；27—残留滤饼层；28—固相滤饼排料口

图 7-39　虹吸式刮刀卸料过滤离心机的结构图

(3) 活塞推料离心机

活塞推料离心机是连续运转、自动操作、脉冲卸料的过滤离心机。悬浮液给到转鼓内推进器前的滤网上，过滤后形成的滤饼在推料活塞的推动下，沿轴向往前脉动，最后被推出转鼓。过滤介质是板状或条状的筛网，适用于粒度在 0.1mm 以上、固相浓度大于 30%的结晶颗粒或纤维状物料的过滤。该离心机主要用于化肥、化工、制盐等工业部门分离硫胺、尿素、食盐等。

活塞推料离心机具有分离效率高、生产能力大、生产连续、操作稳定、滤渣含液量低、滤渣破碎小、功率消耗均匀等优点，适宜于中、粗颗粒、高浓度的悬浮液的过滤脱水。

活塞推料离心机均为卧式安装，主要特征参数是转鼓直径和转鼓级数，其中转鼓有一级、二级和多级之分。图 7-40 为一级活塞推料离心机示意图。悬臂式转鼓由空心主轴带动高速旋转，推料盘随转鼓一起同步旋转，同时又被推杆带动在转鼓内作往复运动。被分离的悬浮液从加料管进入固定在推料盘上的布料斗内，物料在布料斗内预加速后从其大端甩出，均匀分布到转鼓内壁的筛网上，在离心力的作用下，滤液穿过筛网进入前机壳的滤液收集器，固体被筛网截留，截留的固体被推料盘脉冲地推进固相收集器。推料盘的行程长度为 L，往复推送一次，物料前进 L 的距离，直至推出转鼓口外被收集。

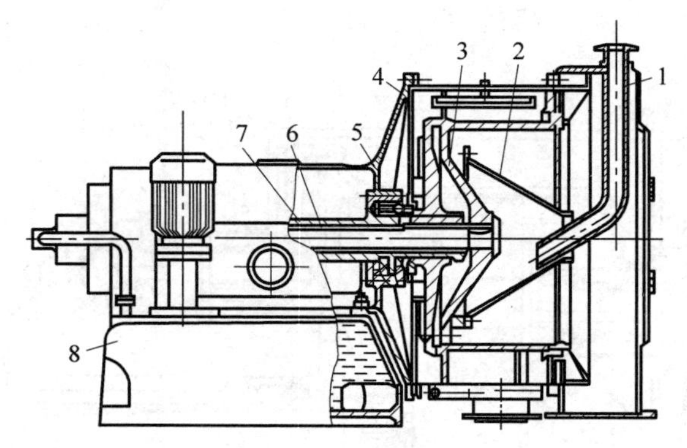

1—进料管；2—布料斗；3—推料盘；4—转鼓；5—轴承箱；6—推杆；7—空心主轴；8—油箱

图 7-40 一级活塞推料离心机示意图

(4) 离心卸料离心机

离心卸料离心机是一种无机械卸料装置的自动连续卸料离心机。滤渣在锥形转鼓内依靠本身所受的离心力，克服与筛网间的摩擦力，沿筛网表面向转鼓大端移动，最后自行排出。离心卸料离心机分为立式和卧式两种，分别见图 7-41 和图 7-42。

离心卸料离心机的主要部件有锥形转鼓、传动座、机座、外机壳、内机壳、进料管等。转鼓内的中心部分有物料分布器，转鼓锥面衬板网，锥体部分为双层结构，里层是花篮(冲孔卷板式筛网)，外壳不开孔，内、外层之间留有较大的环形间隙，作为过滤的通道。转鼓的半锥角为 25°～35°，筛网的选择是分离效果的关键。

主机全速运转后，悬浮液通过进料管进入装在转鼓内的锥形布料器后，沿其圆周均匀地分布在转鼓小端底部。在离心力的作用下，悬浮液被推移进入转鼓内锥筛网上，液相经筛网孔和转鼓滤孔流出，汇集到机壳底部后从排液管排出。固相颗粒在锥面上受到向前即向转鼓大端方向的分力作用，沿筛网向下端移动，由于转鼓直径不断变化，滤渣层逐渐变轻且继续得到干燥，最后在转鼓大端端面排出机外，进入集料槽。

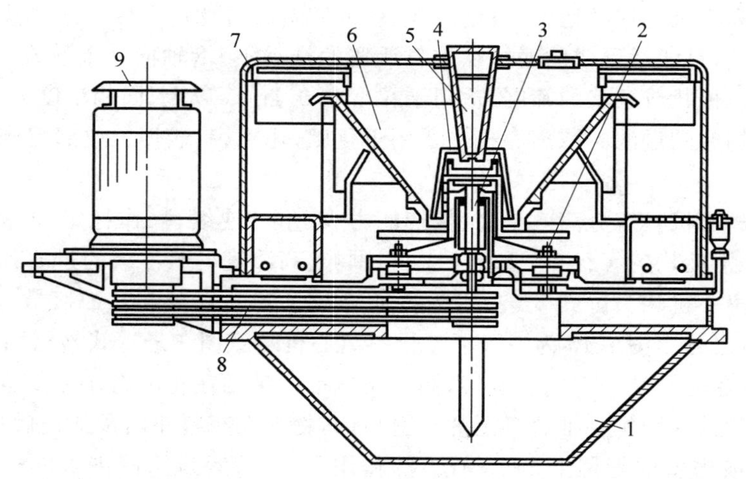

1—出料斗；2—减震器；3—轴承室；4—布料盘；5—进料管；6—转鼓；7—机壳；8—传动系统；9—电动机

图 7-41 立式离心卸料离心机

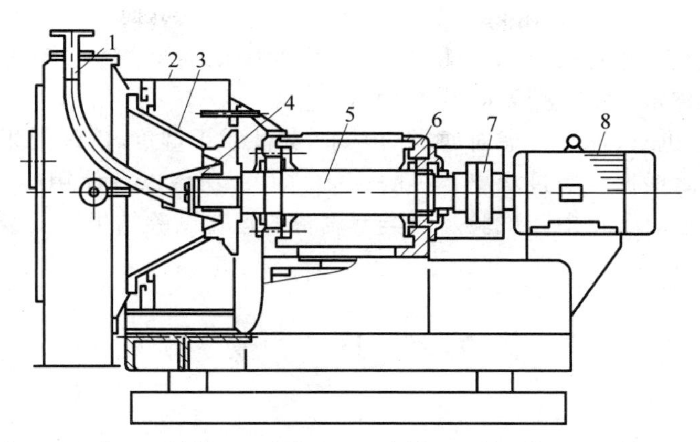

1—进料管；2—机壳；3—转鼓；4—布料斗；5—主轴；6—轴承箱；7—联轴器；8—电动机

图 7-42 卧式离心卸料离心机

离心卸料离心机的滤饼厚度很薄，一般小于 4mm。滤饼沿筛网向大端移动的条件是：转鼓半锥角的正切值大于滤渣对筛网的摩擦系数。离心卸料离心机主要用于分离粒径大于 0.1mm 的结晶颗粒、无定形物料、纤维状物料，如浓度在 50%左右的悬浮液、食盐、砂糖、化肥、羊毛、黏胶纤维等。

(5) 振动卸料离心机

振动卸料离心机是指附加了轴向振动或同向振动离心力的离心机，前者称为轴向振动卸料离心机，后者称为扭转振动卸料离心机。轴向振动卸料离心机又分为立式和卧式两种，图 7-43 是一卧式轴向振动卸料离心机。

1—固相收集器；2—洗涤管；3—锥形布料器；4—进料管；5—滤液收集器；
6—筒锥组合型转鼓；7—推料盘；8—机械振动装置

图 7-43 卧式轴向振动卸料离心机

振动卸料离心机主要由锥形转鼓、主轴、缓冲器、激振器等部件组成，其中激振器是最重要的一个部件，其作用是产生激振力，使转鼓产生轴向振动。常用的激振器分为双轴惯性激振器、连杆激振器和电磁激振器三种。

物料由给料管进入转鼓后，在小端筛网上形成滤饼，滤饼在沿滤网表面方向的离心力分力和振动惯性力的共同作用下，沿筛网表面不断向转鼓大端脉动，最后由出料口排出，分离过程连续、自动。转鼓半锥角应小于物料与筛板的摩擦角，一般为 20°～35°。转鼓除旋转外，还作轴向振动，振动频率小于 34Hz，振幅为 2～6mm。这种离心机操作连续、处理能力大，但离心力强度（分离因数）低，且物料在转鼓内停留时间短，适于分离固体颗粒大于30μm的易过滤悬浮液，如海盐脱水、煤粒脱水等。

选择过滤离心机时，还应考虑对滤饼的要求，如滤饼干湿度、洗涤效果、固相颗粒允许破坏程度等因素，然后根据各类过滤离心机的性能、特点、功用以及使用经验来初步选型。机型初步选定之后，还应根据中间试验及同类型设备的运转试验结果以及经济可行性分析，最后确定所选设备是否合适。

7.4 干　燥

7.4.1 引言

通常把采用热物理方法去湿的过程称为干燥（drying），即采用加热、降湿、减压或其他能量传递的方式使物料中的湿分产生挥发、冷凝、升华等相变过程以达到与物体分离或去湿的目的。

工业生产中普遍采用的干燥技术主要有：箱式干燥、隧道干燥、转筒干燥、转鼓干燥、带式干燥、盘式干燥、桨叶式干燥、流化床干燥、喷动床干燥、喷雾干燥、气流干燥、真空冷冻干燥、太阳能干燥、微波和高频干燥、红外热辐射干燥等。近年来，国际上涌现出一批新型干燥技术，如脉冲燃烧干燥、对撞流干燥、冲击穿透干燥、声波场干燥、超临界流体干燥、过热蒸汽干燥、接触吸附干燥等，这些新技术相对于传统干燥技术在机理上有一定的突破。

7.4.1.1 物料性质与干燥适应性

按照物料的状态将干燥分为两类：一类要求干燥后仍然保持原料的原型，如很多食品类与建筑材料的干燥；另一类是要求液体、泥状、块状、粉状物料干燥后成为粉状或颗粒状产品。有的干燥过程，特别是药品，希望不破坏原来的晶型。在药品生产中，还常要求液体和粉状物料经干燥后成为一定粒径的颗粒。在许多情况下，物料的原始状态决定了干燥器的形式。表7-6是干燥物料的状态与适用的干燥器类型。

表7-6 干燥物料的状态与适用的干燥器类型

被干燥物料的状态	适用的干燥器类型	
	大批量连续处理	少量处理
液体、泥浆	喷雾干燥器、流化床多级干燥器	转鼓式干燥器、真空带式干燥器、惰性介质流化床干燥器
糊状物	气流干燥器、搅拌回转干燥器、通风带式干燥器、冲击波喷雾干燥器	传导加热圆筒搅拌干燥器、箱式通风干燥器
湿片状物	带式通风干燥器、回转蛇管通蒸汽干燥器、回转通风干燥器	箱式通风干燥器、真空圆筒式搅拌干燥器
颗粒状物料	带式通风干燥器、回转蛇管通蒸汽干燥器、回转通风干燥器、立式通风干燥器、流化床干燥器、回转干燥器	流化床干燥器、箱式通风干燥器、锥形回转干燥器、多层圆盘干燥器
粉状物料	流化床干燥器、气流干燥器、闪蒸干燥器	间歇液化床干燥器、真空圆筒式带搅拌干燥器
定型物料	平流隧道式干燥器、平流台车式干燥器	箱式干燥器

被干燥物料的状态	适用的干燥器类型	
	大批量连续处理	少量处理
片状物料	喷流式干燥器、多圆筒式干燥器	单筒或多圆式干燥器
涂料、涂布液	红外线干燥器、喷流式干燥器	平行流热干燥器
易碎的、晶状物料	带式干燥器、穿流循环式干燥器、塔式干燥器、振动床干燥器	箱式通风干燥器、多层圆盘干燥器

另外,有毒、细粉、欲脱除非水溶剂的物料往往采用间接真空干燥器;易燃、易氧化损伤、易爆的物料需要在惰性介质的保护下进行干燥;易产生泡沫的液体或泥浆需要进行消泡处理,并选用流化床、盘式、带式、塔式干燥器。

7.4.1.2 干燥速率和干燥效率

1. 干燥速率

干燥速率(drying rate)是评价干燥器干燥能力的重要参数,其定义为

$$\overline{W}_{\mathrm{D}}=\frac{m_{\mathrm{s}}}{A}\cdot\frac{\mathrm{d}x}{\mathrm{d}t} \tag{7-10}$$

式中 $\overline{W}_{\mathrm{D}}$——干燥速率,$\mathrm{kg/(m^{-2}\cdot s^{-1})}$;

m_{s}——被干燥物料的绝干质量,kg;

A——干燥介质和被干燥物料的接触面积,$\mathrm{m^2}$;

x——被干燥物料的湿含量,kg/kg(干基);

t——干燥时间,s。

干燥介质和被干燥物料的接触面积有时难以测定,通常用干燥强度 N 表示干燥进行的速度:

$$N=\frac{\mathrm{d}x}{\mathrm{d}t} \tag{7-11}$$

式中 x,t 的含义同式(7-10)。

当物料受热干燥时,相继发生两个过程:

(1) 表面汽化过程,即能量(大多数是热量)从周围环境传递至物料表面使其表面的湿分蒸发。该过程的速率取决于介质的温度、湿度、流速、压力和物料暴露的比表面等外部条件。此过程受外部条件控制,被称作恒速干燥过程。

(2) 内部扩散过程,即物料内部的湿分传递到物料表面,随之由于(1)过程而挥发。该过程是物料内部湿分的迁移,是物料性质、温度和湿含量的函数。此过程受内部条件控制,被称作降速干燥过程。

整个干燥循环中两个过程相继发生,干燥速率受上述较慢的一个过程控制。从周围环境将热能传递至湿物料的方法主要有对流、传导或辐射,在某些情况下还可能是这些传热方式的联合作用,大多数情况下是热量先传到物料的表面再传至物料内部。但是介电、射频或微波干燥供应的能量首先在物料内部产生热量,然后才传至外表面。

2. 干燥效率

热源提供给干燥器的热量主要包括湿分蒸发所需要的热量、物料升温所需要的热量以及热损失三部分。蒸发水分和废气排空损失的热量为干燥装置能耗的主要部分,一般用干

燥效率(drying efficiency)来描述干燥过程或设备的能耗情况。干燥器的热效率 η_k 是指干燥过程中用于湿分蒸发所需要的热量与热源提供的热量之比,即

$$\eta_k = \frac{E_1}{E_0} \times 100\% \tag{7-12}$$

式中 E_1——湿分蒸发所需要的热量,kJ;

E_0——热源提供的热量,kJ;

η_k——干燥器的热效率,%。

对于无内热、无废气循环的绝热对流干燥器,若忽略由于温度和湿度引起湿空气的比热容变化,干燥器的热效率可简化为

$$\eta_k = \frac{t_1 - t_2}{t_1 - t_0} \times 100\% \tag{7-13}$$

式中 t_1——干燥介质在干燥器入口的温度,℃;

t_2——干燥器出口废气的温度,℃;

t_0——干燥介质的温度,℃。

介质在干燥器中放出的热量,只有一部分用于气化湿分,对干燥过程来讲,只有这部分热量是有效的。所以汽化湿分所耗的热量与介质在干燥过程中放出的热量之比称为干燥器的干燥效率(η_d):

$$\eta_d = \frac{i_2 - \theta_1}{lc_1(t_1 - t_2)} \times 100\% \tag{7-14}$$

式中 i_2——在温度 t_2 下湿分蒸汽的热焓量,kJ/kg;

l——每汽化 1kg 湿分所需要的绝干气体量,称为干燥介质的比耗量,kg/kg;

θ_1——冷凝热焓量,kJ/kg;

c_1——湿气体的干基比热容,kJ/(kg·℃)。

用热空气作为干燥介质的热风式对流干燥器的干燥热效率为 30%~60%,η_k 随进气温度 t_1 的提高而上升,理论上也不会达到 100%。当采用部分废气循环时,η_k 为 50%~75%。

用过热蒸汽作为干燥介质的干燥器,从干燥器中排出的已降温的过热蒸汽并不向环境排放,而是排出干燥过程中所增加的那部分蒸汽后,其余作为干燥介质经预热器提高过热度后,重新循环进入干燥器。理论上过热蒸汽干燥的热效率可达 100%,实际上 η_k 为 70%~80%。

在传导式干燥器中,除了传导给热外,有时为了移走干燥器中蒸发的水分,会通入少量空气(或其他惰性气体)及时移走水蒸气,可使干燥速率提高 20%左右。然而因为少量空气(或其他惰性气体)的排放会损失少量热量,干燥过程的热效率稍有下降。若不通入少量空气(或其他惰性气体)及时移走水蒸气,干燥过程的热效率虽有提高,但干燥速率会下降,这就意味着需要较大的干燥容器。因此,这种干燥器的热效率一般为 70%~80%。

热效率或干燥效率是衡量干燥器操作好坏的重要指标,由于干燥热效率更易测量,所以使用更为广泛。

7.4.2 箱式干燥器

箱式干燥器(chamber dryer)一般间歇操作,广泛应用于干燥时间较长和数量不多的物

料，也可用于干燥有爆炸性和易生成碎屑的物料，如各种散粒状物料，膏糊状物料，木材、陶瓷制品和纤维状物料等。通常将被干燥的物料人工放入干燥箱或置于小推车上送入干燥箱内。小推车的构造和尺寸应根据物料的外形和干燥介质的循环方式确定。支架或小车上置放的料层厚度为10～100mm。空气速度由被干燥物料的粒度确定，要求物料不致被气流带出，一般气流速度为1～10m/s。箱式干燥器内部的主要结构有：逐层存放物料的盘子、框架、蒸汽加热翅片管(或无缝钢管)或裸露电热元件的加热器。由风机产生的循环流动的热风吹到潮湿物料的表面可以达到干燥的目的。在大多数设备中，热空气是循环通过物料的。箱式干燥器的门应严密以防空气漏入，干燥介质一般采用热空气和烟道气。

箱式干燥器的主要缺点是：物料得不到分散，干燥时间长；若物料量大，所需的设备容积也大；工人劳动强度大，如需要定时将物料装卸或翻动时，粉尘飞扬，环境污染严重；热效率低，一般在40%左右，每干燥1kg水分约消耗加热蒸汽2.5kg以上。此外，产品质量不够稳定。因此，随着干燥技术的发展它将逐渐被新型干燥器取代。

箱式干燥器是以热风通过潮湿物料表面实现干燥的。当热风沿着物料的表面通过时，称为水平气流箱式干燥器；当热风垂直穿过物料时，称为穿流气流箱式干燥器；当干燥室内的空气被抽成真空状态时，称为真空箱式干燥器。

7.4.2.1 水平气流(horizontal airflow)箱式干燥器

为了使气流不出现死角，水平气流箱式干燥器的风机应安置在合适的位置。同时，在器内安装整流板，以调整热风的流向，使热风分布均匀。目前，效率较高的箱式干机器的热风速度为6 700kg/(m^2·h)左右。用于颜料干燥的箱式干燥器的热风量约为2 700kg/h。

干燥介质循环使用的箱式干燥器是传导加热和热风循环的组合。箱内装有两台或多台可移动的盘架式料车，盘架的中空管内通以蒸汽、热水或热油，利用传导和水平流动的热风对流，进行传热和传质，达到均匀干燥的目的。烘箱顶部安装循环风扇，不断地补充新鲜空气，并从排风口放出等量废气。大部分混合热风在箱内进行加热和循环操作，箱内调风阀可根据产品性状和要求调节进风量和温度，以确保箱内热风温度分布均匀。

7.4.2.2 穿流气流(cross airflow)箱式干燥器

在水平气流箱式干燥器中，气流只在物料表面流过，传热系数小，热利用率低，物料干燥时间较长。为了克服以上缺点，开发了穿流气流箱式干燥器(图7-44)。为了使热风在料层内形成穿流，必须将物料加工成型。由于物料性质不同，其成型方法有沟槽成型、泵挤条成型、滚压成型、搓碎成型等。

干燥物料的散布方式对水平气流干燥速度的影响不大，而对穿流气流干燥速度的影响较大。由于物料放置条件不同，干燥时间和最终的湿含量均有较大差异，一般穿流气流的干燥速度比水平气流干燥速度快2～4倍。

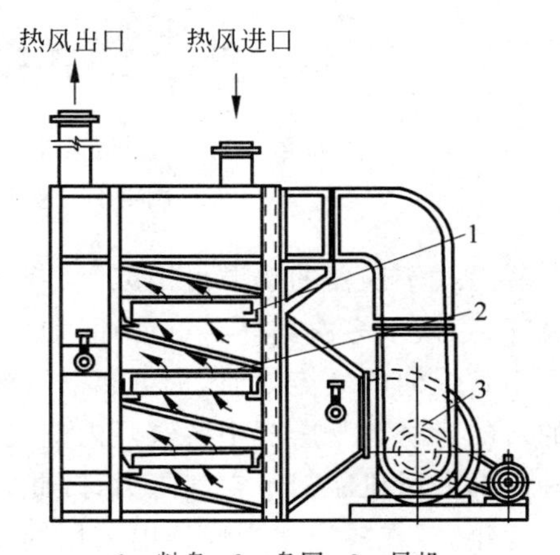

1—料盘；2—盘网；3—风机

图7-44 穿流气流箱式干燥器

7.4.2.3 真空箱式干燥器

真空箱式干燥器(vacuum chamber dryer)是常用的适应性很强的真空干燥设备。真空箱式干燥器除具有真空干燥器的特点外,更适用于少量、多品种物料的干燥,物料不破损并且干燥过程中不产生或很少产生粉尘。因此,尤其适用于药厂对多品种、小批量药品的干燥要求。该干燥器由长方形的密闭干燥箱组成,箱内装有许多水平放置的夹层加热板或加热列管。在板(管)中通入蒸汽、热水或其他载热体,将盛有被干燥物料的干燥盘放置在加热板(管)上,利用加热板(管)与装料盘进行热传导。水汽及空气用真空泵自干燥箱吸入冷凝器中,蒸汽在冷凝器中与空气分离,空气用干式真空泵抽出。

由于物料在干燥时处于静止状态,在设计箱式干燥器时,需要注意空气与物料相对流动方向的选择以达到均匀干燥的效果。例如,在木块水平堆列顺着干燥箱放置,而衬垫物横放的情况下,必须采用水平的横向气流;物料在垂直堆列时,就要采取垂直方向的气流。

7.4.3 隧道式干燥器

隧道式干燥器(tunnel dryer)又称洞道式干燥器(图 7-45),通常由隧道和小车两部分组成。将被干燥物料放置在小车上,送入隧道式干燥器内,载有物料的小车布满整个隧道。当推入一辆载有湿物料的小车时,彼此紧跟的小车都向出口端移动。小车借助轨道的倾斜度(倾斜度为 1/200)沿隧道移动,或借助安装在进料端的推车机推动。推车机具有压辊,被装置在一条或两条链带上,这些压辊焊接在小车的缓冲器上,车身移动一个链带行程后,链带空转,直至在压辊运动的路程上再遇到新的小车。也有的在干燥器进口处将载物料的小车相互连接起来,用绞车牵引整个列车或者用钢索从轮轴下面通过其牵引小车。隧道式干燥器的制造和操作都比较简单,能量消耗也不大。但物料干燥时间较长,生产能力较低且劳动强度大。主要用于需要较长干燥时间及大件物料如木材、陶瓷制品和各种散粒状物料的干燥和煅烧。

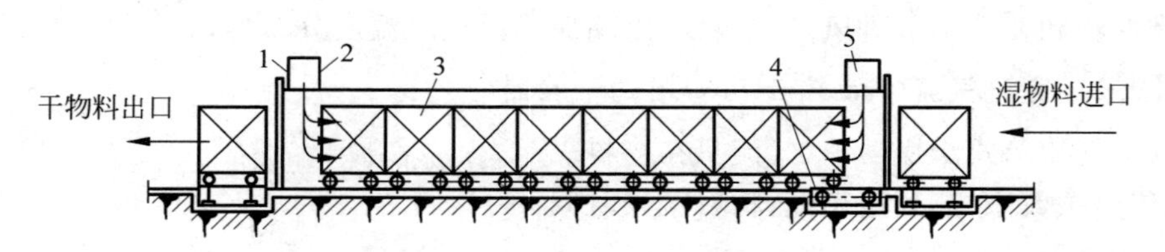

1—拉开式门;2—废气出口;3—小车;4—移动小车的机构;5—干燥介质进口

图 7-45 旁堆式洞道式干燥器的示意图

隧道式干燥器的热源可用废气、蒸汽加热空气、烟道气或电加热空气等。流向可分为自然循环、一次或多次循环,以及中间加热和多段再循环等。多段再循环的主要优点是经济性高。不管纵向的气流如何,都可使空气的横向速度变大,干燥效果变好,达到均匀和迅速干燥的目的。这类干燥器中各区段内空气的循环大都依靠设置在干燥器内的鼓风机实现。而这种内部鼓风机能减少空气阻力,因此,允许在较大气量下操作。

近年来,在隧道式干燥器内采用逆流-并流操作流程。对于很多物料,采用逆流操作可能引起局部冷凝现象,影响产品质量。采用并流操作时,干燥过程开始进行得较顺利,但干燥过程结束时干燥强度降低。

7.4.4 带式干燥器

带式干燥器(belt dryer)由若干个独立的单元段组成。每个单元段包括循环风机、加热装置、单独或公用的新鲜空气抽入系统和尾气排出系统。因此,对干燥介质数量、温度、湿度和尾气循环量等操作参数可进行独立控制,从而保证干燥器工作的可靠性和操作条件的优化。

带式干燥器操作灵活,干燥过程在完全密封的箱体内进行,劳动条件较好,避免了粉尘外泄。带式干燥器是大批量生产用的连续式干燥设备,用于透气性较好的片状、条状、颗粒状物料的干燥。对于脱水蔬菜、中药饮片等含水率高、干燥热敏性物料尤为合适。该系列干燥器具有干燥速率高、蒸发强度高、产品质量好等优点。

带式干燥器目前有单层式及多层式之分,但工作原理基本相同。料斗中的物料由加料器均匀地铺在网带上,随输送网带向前移动,干燥单元内的热空气垂直通过物料层,使物料脱水。网带上物料层的厚度根据物料性质、布料方式以及干燥温度等因素确定,一般在20~100mm内调整。网带采用12~60目不锈钢制成,根据需要也可以采用立体网带,由传动装置拖动在干燥器内移动。干燥段由若干单元组成,每一单元的热空气独立循环,部分尾气由专门的排湿风机排出,每一单元排出的尾气量均有调节阀控制。在上一循环单元中,循环风机排出来的热空气内侧面风道进入单元下腔,气流通过换热器加热并经分配器分配后,成喷射流吹向网带,穿过物料后进入上腔。干燥过程是热气流穿过物料层,完成热量传递的过程。上腔由风管与风机相连,大部分气体进入循环,一部分温度较低、含湿量较大的气体作为尾气经排湿管、调节阀、排湿风机排出。上、下循环单元根据用户需要可灵活配备,单元数量也可根据需要选取。

7.4.4.1 水平气流带式干燥器

水平气流带式干燥器一般处理不带黏性的物料,对于有微黏性的物料,须设布料器,以使物料均匀散布在带上。物料从输送带上脱离和连续出料也需要相应的专门装置。为了保持输送带的水平运动,以及承担滚筒和输送带的荷重,常采用滚筒托辊的结构。若输送带由数段组成,应设隔板,使各段处于最适宜的干燥条件下。同时也可借助隔板,防止干燥物料中混入异物。在处理飞散性大的干燥物料时,为了防止其飞散,需要在分段部分安装盖板。

在水平气流带式干燥器内,热风的流动方式有两种:一种是输送带各段两侧密封,热风在干燥物料上面通过;另一种是输送带各段不密封,在整个输送带上通过热风。对于密封的干燥器,当干燥含水量较大且容易飞散的物料时,热风通过料层后,温度下降较明显,但热风的速度受到限制,因此,使设备增大,费用增加。对于不密封的干燥器,由于它是在整个干燥段通热风,故而设备结构较简单,操作容易,故障少。

目前,在大型带式干燥器内,设有多段移动皮带,热风从下部或上部管吹入,上、下部还在输送带的两侧配置排气管,使其交错安装,以形成旋回气流,从而达到提高干燥效率的目的。

7.4.4.2 穿流气流带式干燥器

穿流气流带式干燥器主要由头部、布料机构、若干干燥单元、出料装置、网带运行机构等组成。它采用强制通风干燥法,由于热空气和湿物料的接触面积大,既有对流传热,又有辐射传热，因此干燥强度大。湿物料内部水蒸气排出的途径较短，具有较高的干燥速率。

除纤维状物料、片状物料或颗粒状物料外，一般湿物料不宜直接投放到输送网带上，而必须经过成型预处理。对水分含量较低的滤饼，可事先破碎成尺寸合适的块状物，然后进行投料。某些含水分较多的膏状物料，可挤压成尺寸合适的条状物料投入网带。对于水分过高不适合成型的糊状物，可先进行预干燥处理或真空吸滤使之成为膏状物，再挤压成条状物料。物料成型机构应根据物性参数通过实验来确定。

穿流气流带式干燥器操作可靠，当湿物料加料量和湿度波动时，可随时调节干燥介质的流量或温度，也可调节网带运行速度，必要时使网带停止运行，让物料在干燥器内静止一段时间，使物料的最终湿度含量达到要求。该干燥器操作条件较好，干燥过程在完全密封的箱室内进行，避免了粉尘飞扬和外溢，产品不受污染。穿流气流带式干燥器的结构示意图见图 7-46。

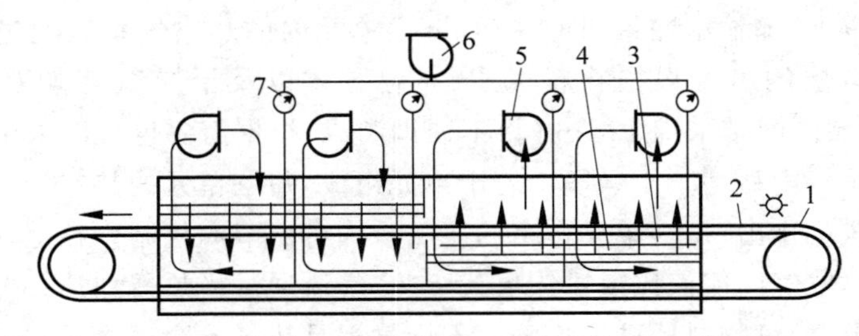

1—加料器；2—网带；3—分离器；4—换热器；5—循环风机；6—排湿风机；7—调节阀

图 7-46 穿流气流带式干燥器的结构示意图

7.4.5 流化床干燥器

7.4.5.1 工作原理与特点

将一圆柱用开孔的分隔板分为上、下两层，在分隔板上均匀散布颗粒物料，由板下引入热风，当风速增加至某种程度时，板上的颗粒物料层由静止状态逐渐膨胀、鼓泡，进而全部物料均匀分布于气流中，呈现流体状态，从而形成流化床。

流化床干燥技术是 20 世纪 60 年代开始自食盐工业发展起来的一种新型干燥技术，目前已广泛应用于化工、轻工、医药、食品、建材等各行业。流化床干燥器(fluidized bed dryer)的特点有：气、固直接接触，热传递阻力小，可连续大量处理物料，能获得较好的综合经济技术指标；不同类型的流化床广泛适用于粉粒状、轻粉状、黏附性、黏性膏糊状物料及各种含固液体，是适用范围较广的干燥器型；设备结构相对比较简单，早期的流化床无运转部件，因而设备造价较低，运行及维修费用也较少；热效率在对流式干燥设备中属于较高者，一般可达 50%左右；干燥时间易调节，能适合含水要求很低的场合；易同其他类型的干燥设备组成二级或三级干燥器组，以获取最好的经济技术指标。

7.4.5.2 流化床干燥器的形式及应用

1. 单层圆筒形流化床干燥器

图 7-47 为 NH_4Cl 的流化床干燥工艺流程，流化床干燥器的直径为 $\phi 3\,000$mm。物料由皮带输送机运送到抛料机加料斗上，然后均匀地抛入流化床内，其与热空气充分接触而被干

燥。干燥后的物料由溢流口连续溢出。空气经鼓风机、加热器后进入筛板底部，并向上穿过筛板，使床层内的湿物料流化形成沸腾层。尾气进入并联组成的旋风分离器组，与细粉分离，再经引风机排到大气。在该流程中，主要设备为单层圆筒形流化床。设备材料为普通碳钢，内涂环氧酚醛防腐层。气体分布板是多孔筒板，板上钻有 ϕ1.5mm 的小孔，呈正六角形排列，开孔率为 7.2%。与回转干燥器相比，生产能力由 200×10^3kg/d 提高到 310×10^3kg/d；钢材消耗量由超过 30t 降到不足 6t；设备运转率提高 35%。

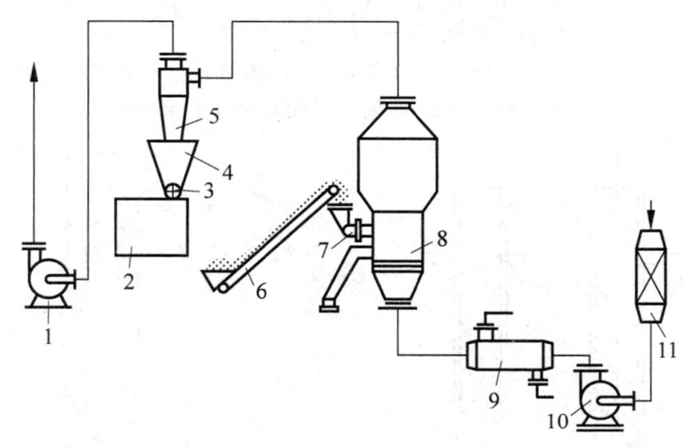

1—引风机；2—料仓；3—星形卸料器；4—集灰斗；5—旋风分离器；6—皮带输送机；7—抛料机；
8—流化床；9—换热器；10—鼓风机；11—空气过滤器

图 7-47 NH_4Cl 的流化床干燥工艺流程

2. *多层流化床干燥器*

单层流化床干燥器的缺点是物料在流化床中的停留时间不均匀，干燥后产品湿度不均匀。多层流化床干燥器的湿物料从床顶加入，并逐渐下移，由床底排出。热空气由床底送入，向上通过各层，由床顶排出，形成了物流与气流逆向流动的状况，产品的质量易于控制。气体与物料多次接触，使废气的水蒸气饱和度提高，热利用率亦得到了提高。

利用多层流化床干燥涤纶切片的工艺流程见图 7-48。预结晶后的涤纶树脂，由料斗 4 经气流输送到干燥器 5 的顶部，由上溢流而下，最后由卸料管 6 排出。空气经过滤器 1、鼓风机 2 送到电加热器 3，由干燥器 5 底部进入，将湿物料流化干燥。为了提高热利用率，除将部分气体循环使用外，其余放空。采用多层流化床干燥涤纶树脂与使用倾斜式真空转鼓干燥器相比不仅实现了连续生产、提高了生产效率，而且节约了设备的投资费用(仅为真空转鼓干燥器的 10%～25%)。

溢流管式多层流化床干燥器的关键是溢流管的设计和操作。如果设计不当或操作不妥，很容易产生堵塞或气体穿孔，造成下料不稳定，破坏流化现象。一般溢流管下面均装有调节装置，如图 7-49 示。该装置采用一菱形堵头(a)或翼阀(b)调节其上下位置，以改变下料口截面积，从而控制下料量。

图 7-50 是北京化工冶金研究所研制的气控式锥形溢流管，其特点有：①物料在溢流管中呈流化状态，不易出现架桥、卡料等现象；②不加料时，溢流管呈不排料状态，多层床仍能维持正常操作，此时料斗呈浓相床，形成料封，阻止流化床中的气体窜入溢流管；③在一定的溢流管气体量条件下，加料速率具有较宽的范围；④该溢流管无机械传动部分，适于高温操作。

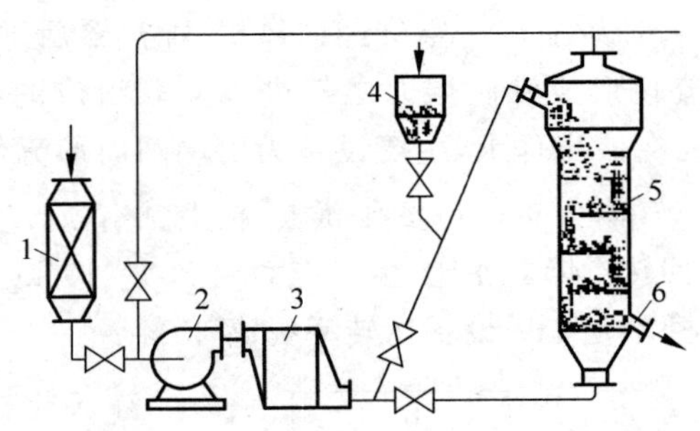

1—空气过滤器；2—鼓风机；3—电加热器；4—料斗；5—干燥器；6—卸料管

图 7-48 多层流化床干燥器的生产流程

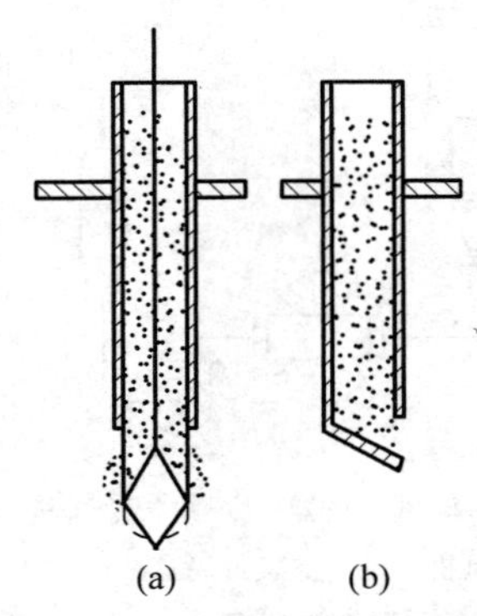

图 7-49 溢流管式调节装置

(a) 菱形堵头；(b) 翼阀

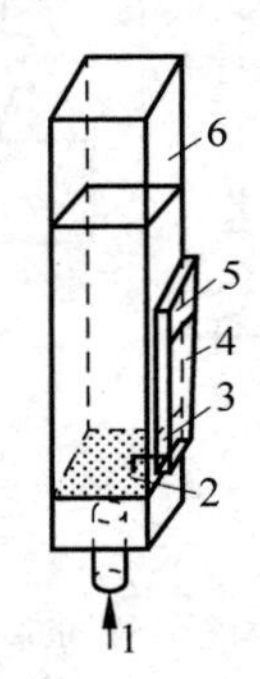

1—气体；2—分布板；3—锥斗进料口；4—锥斗；5—锥斗排料口(接多层床)；6—下料管

图 7-50 气控式锥形溢流管

图 7-51 为一个三级流化床干燥器，由一尺寸为 2.5m×1.25m×3.8m 的矩形室组成。整个矩形室分为三段，其中上面两段为干燥段，下面一段为冷却段。筛板与水平面成 2°～3° 倾斜角。筛孔直径为 ϕ1.4mm。干燥段的筛板面积为 3.12m^2，冷却段的为 3.6m^2。物料由床顶进入，逐渐下移，并与热空气接触而被干燥。当其达到冷却段时，被自床底进入的冷空气冷却，最后由卸料管卸出。利用此方法曾成功地干燥了发酵粉、硫酸铵以及各种聚合物。

3. 穿流板式多层流化床干燥器

图 7-52 是一种新的塔型、带多孔筛板的多段流化床设备，类似于穿流式蒸馏塔。在每一筛板上均形成独立的流化床层，固体颗粒边流化边从筛孔自上而下地移动，气体则经过筛孔自下而上地流动。筛板孔径比颗粒孔径大 5～30 倍，通常为 10～20mm。筛板开孔率为 30%～40%。大多数情况下，气体的空塔气速 u_0 与颗粒带出速度 u_t 之比为 1.1～1.2，最大为 2，颗粒粒径为 0.5～5mm。

4. 卧式多室流化床干燥器

图 7-53 为卧式多室流化床干燥器及其干燥工艺，多用于药物的干燥。干燥器为一矩形箱式流化床，底部为多孔筛板，其开孔率一般为 4%～13%，孔径一般为 1.5～2.0mm。筛板上方有竖向挡板，将流化床分隔成几个小室，每块挡板均可上下移动，以调节与筛板之间的距离。每个小室下面有一进气支管，支管上有调节气体的阀门。湿物料由给料机连续加入干燥器的第一室，处于流化状态的物料自由地由第一室移向第八室，干燥后的物料则由第八室的卸料口卸出。空气经过滤器 5、翅片加热器 6 加热后由八个支管分别送入八个室的底

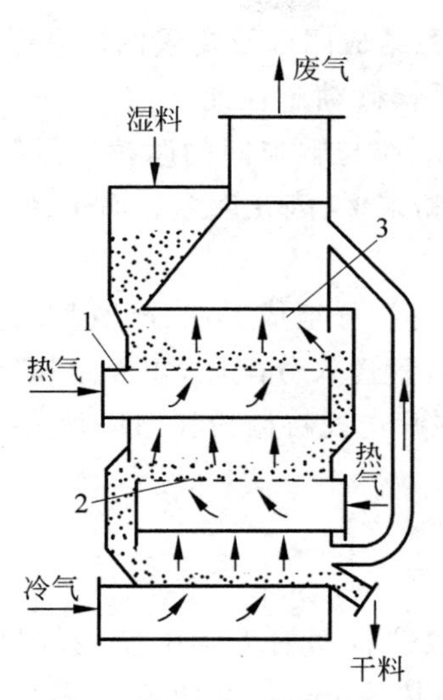

1—气体进口管；2—筛板；3—干燥室

图 7-51 三级流化床干燥器

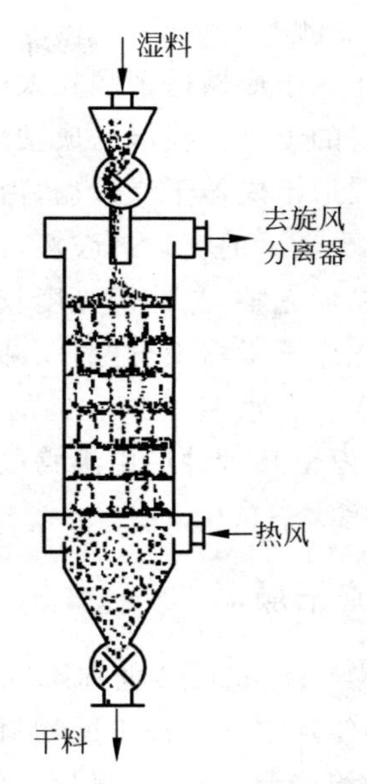

图 7-52 穿流板式多层流化床干燥器

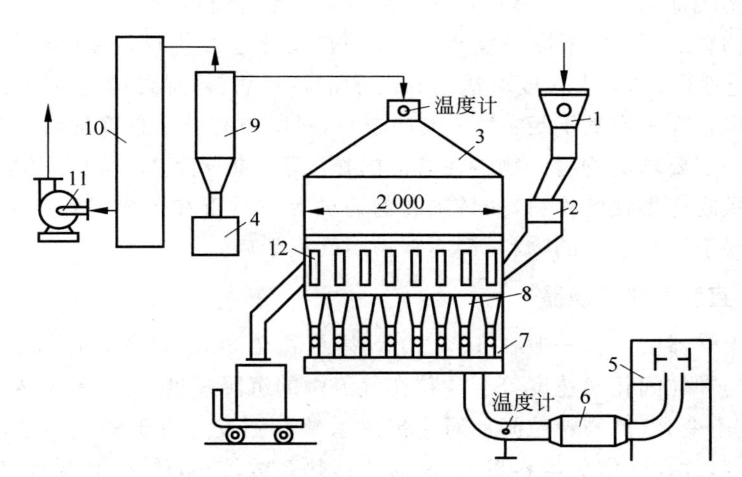

1—给料机；2—加料斗；3—流化干燥室；4—干品储槽；5—空气过滤器；6—翅片加热器；
7—进气支管；8—多孔板；9—旋风分离器；10—袋式过滤器；11—引风机；12—视镜

图 7-53 卧式多室流化床干燥器流程示意图

部，通过多孔筛板进入干燥室，使多孔筛板上的物料进行流化干燥，废气由干燥室顶部出来，经旋风分离器 9、袋式过滤器 10 后，由引风机 11 排出。

卧式多室流化床干燥器的优点是：结构简单，制造方便，没有任何运动部件；占地面积小，卸料方便，容易操作；干燥速度快，处理量幅度变动大；可在较低温度下干燥热敏性物料，颗粒不会被破坏等。其缺点是：热效率低于其他类型的流床化干燥器，对多品种、小产量物料的适应性较差等。采取的改进措施有：采用栅式加料器使物料尽量均匀地散布于床层之上，消除各室死角，平稳操作，采用电振动加料器可保持床层流化状态良好，操作稳定。

5. 振动流化床干燥器

振动流化床干燥器适于颗粒太粗或太细、易于黏结成团以及要求保持晶形完整、晶体闪光度好等物料的干燥。我国已成功地将其应用于干燥砂糖。在此之前，多采用回转圆筒干燥器或立式碟形干燥器干燥砂糖，由于干燥过程中颗粒与颗粒间的摩擦以及颗粒与设备器壁间的摩擦，干燥后的糖粒被破坏，使产品无棱角、粉末多、闪光度差。而采用振动流化床干燥器可得到晶形完整、晶体闪光度较好的砂糖。

振动流化床干燥器由分配段、沸腾段和筛选段三部分组成。在分配段和筛选段下面均有热空气引入。含水率4%～6%的湿糖先由加料装置送入分配段，再经过振动平板均匀地送入沸腾段，停留几秒钟后由沸腾段进入筛选段，在筛选段将糖粉和糖块筛选掉。最终产品含水率为0.02%～0.04%。

7.4.6 气流干燥器

气流干燥(air drying)也称瞬间干燥，是我国散粒状物料干燥中使用较早的流态化技术，该方法是使热空气与被干燥物料直接接触，对流传热、传质，并使被干燥物料均匀地悬浮于流体中，两相接触面积大，强化了传热与传质过程。

多年来的实践证明，气流干燥具有下列优点：干燥时间短、速率快、处理量大，适用于热敏性或低熔点物料的干燥；干燥强度高，可实现自动化连续生产；结构简单，占地面积小，制造方便；适应性广，其最大粒度可达10mm的散粒状物料，湿含量10%～40%。

气流干燥也存在一定的不足：气体流速较高，对颗粒有一定程度的磨损，不适用于干燥对晶体形状有一定要求的物料。物料在气流的作用下，冲击管壁，对管子的磨损较大。气流干燥也不适于黏附性很强的物料，如精制的葡萄糖等。对于在干燥过程中易产生微粉又不易分离以及需要空气量极大的物料，都不宜采用气流干燥。

7.4.6.1 直管气流干燥器

直管气流干燥器的管长一般在10～20m，甚至高达30m，以保证湿物料在上升的气流中达到热气流与颗粒间相对速度等于颗粒在气流中的沉降速度，使颗粒进入恒速运动状态。气、固相对速度不变，气流与颗粒间的对流传热系数亦不变。由于颗粒细小，并已具有最大的向上运动速度，故在一定的给料量下，其对流传热系数较小，传热、传质速率也较低。

直管气流干燥器的缺点是：在高度方向占用空间大，气、固两相之间的相对速度逐渐降低，使用不够广泛，热利用率较低，物料易粉碎等。近年来，我国相继研制了体积小、干燥速率快的旋风气流干燥器、充分利用气流和颗粒的不等速流动来强化干燥过程的脉冲气流干燥器、干燥膏状物料的气流沸腾干燥器、用于干燥易氧化物料(如对氨基酚)的短管气流干燥器(管长约4m)、保护晶体不被破碎的低速(如气速为5m/s)气流干燥器以及干燥浆状物料的喷雾气流干燥器等。

7.4.6.2 脉冲式气流干燥器

在直管气流干燥器的基础上，为充分利用气流干燥中颗粒加速运动段具有很高的传热和传质作用以强化干燥过程，采用变径气流管的脉冲式气流干燥器。物料首先进入管径中小的干燥管内，气流以较高的速度流过，使颗粒产生加速运动；当其加速运动终了时，干燥管径突然扩大，由于颗粒的运动惯性，使该段内颗粒速度大于气流速度；颗粒在运动过程中由于气流阻力而不断减速，直至减速终了时，干燥管径再突然缩小，颗粒又被加速；重复交替地使管径缩小与扩大，则颗粒的运动速度在加速后又减速，终无恒速运动，使气流与颗粒间的相对速度与传热面积均较大，从而强化了传热、传质速率。在扩大段气流速度下降，也相应地增加了干燥时间。脉冲气流干燥的工艺流程见图 7-54。

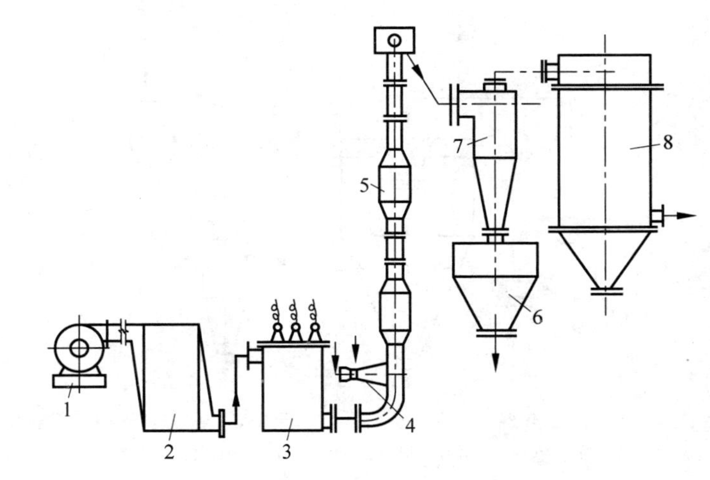

1—鼓风机；2—翅片换热器；3—电加热器；4—文丘里加料器；5—脉冲气流干燥器；
6—料斗；7—旋风分离器；8—布袋除尘器

图 7-54 脉冲气流干燥的工艺流程

7.4.6.3 层式气流干燥塔

层式气流干燥塔(类似板式干燥器)是近年来开发的新型专利产品，是新一代节能型干燥设备。该设备采用多层立式结构，物料与高温烟道气均通过烟道盘逆流换热，最大限度地利用了辐射、传导和对流的传热方式，从而显著地提高了设备的热效率，热利用率始终保持在 85%以上，节能降耗显著，具有结构简单、新颖，占地小，生产能力大，适应范围广，操作稳定，使用寿命长等多项优点。

7.4.7 喷雾干燥器

喷雾干燥器(spray dryer)是用喷雾的方法使物料成为雾滴分散在热空气中，物料与热空气呈并流、逆流或混流的方式互相接触，使水分迅速蒸发，从而达到干燥的目的。喷雾干燥器是处理溶液、悬浮液或泥浆状物料的干燥设备。

7.4.7.1 离心式喷雾干燥器

离心式喷雾干燥器的外形为短而粗的塔体($H/D=1.5\sim2$，H 为塔高，D 为塔径)，其关键部件是雾化器即分散盘。离心雾化器的驱动形式有气动式、机电一体式和机械传动式等三种。气动式驱动的雾化器结构简单，不需要维修，主要适用于小型实验装置。机电一体式雾化器采用高速电动机直接驱动分散盘，省去了较复杂的机械传动结构，减少了机械磨损，能耗是机械传动式的 50%～60%，比气动式也要节省 30%。机械传动式有两种结构：一种是齿轮传动；另一种是皮带传动。齿轮传动在物料进料量波动时，转速恒定，机械效率较高。但齿轮传动结构会产生热量，齿轮箱需要润滑并用油泵强制循环冷却，设备抗冲击能力较弱。皮带传动是通过电动机带动大皮带轮，再通过皮带带动主轴上的小皮带轮工作的。皮带传动的优点是传动系统不需要冷却和润滑，抗冲击能力较强。缺点是主轴转速会随进料量的变化有一定的波动。离心式雾化器的基本原理就是通过动力驱动主轴，使主轴带动固定在其上的分散盘高速旋转进行工作的。离心喷雾干燥的工艺流程如图 7-55 所示。

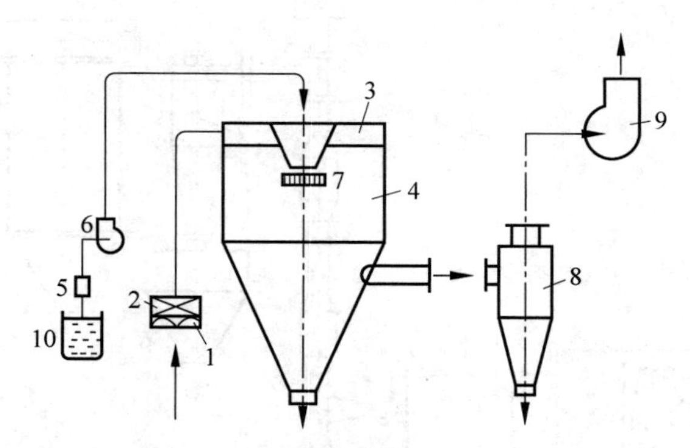

1—空气过滤器；2—加热器；3—热风分配器；4—干燥室；5—过滤器；6—送料泵；
7—离心雾化器；8—旋风分离器；9—引风机；10—料槽

图 7-55　离心喷雾干燥的工艺流程

离心式喷雾干燥器是目前工业生产中使用最广泛的干燥器之一，其基本特点是：离心式喷雾干燥不需要严格的过滤设备，料液中如无纤维状液体基本不堵塞料液通道；适用于较高黏度料液（与压力式喷雾干燥器相比）的干燥；易于调节雾化器转速，控制产品粒度，粒度分布也较窄；在调节处理量时，不需要改变雾化器的工作状态，进料量在±25%内变动可以获得相同的产品；因离心式雾化器产生的雾群基本在同一水平面上，雾滴沿径向和切向的合成方向运动，几乎没有轴向的初速度，所以干燥器的直径相对较大。径长比较小，可以最大限度地利用干燥室的空间。离心式喷雾干燥器的缺点有：雾滴与气体的接触方式基本属于并流形式，分散盘不能垂直放置；分散盘的加工精度要求较高，要有良好的动平衡性能，如平衡状态不佳，主轴及轴承容易损坏；产品的堆密度较压力式喷雾干燥器低。

7.4.7.2　气流式喷雾干燥器

气流喷雾干燥的特点是结构简单、加工方便、操作弹性大、易于调节。但在安装时要注意雾化器与干燥器的同心度，否则会出现粘壁等现象。气流式喷雾干燥的工艺流程见图 7-56。

与其他两种干燥器相比，气流式喷雾干燥器直径较小，特别适合干燥黏度较高而有触变性的物料。气、液两相的接触比较灵活，并流、混流、逆流均可操作。但由于气流式雾化器的雾距较长，如果采用上喷下并流操作时干燥器的高度要适当加长，以保证雾滴有足够的停留时间。通常气流式雾化器消耗的动力高于其他两种 6～8 倍。由于它可以雾化较高黏度的料液，这是其他形式的雾化器所不及的，还可以处理含固率较高的料液，在某种程度上弥补了它的缺点，使这种最早出现的机型到目前仍在工业化中大量使用。

气流式喷雾干燥器的结构与气流式雾化器有关，雾化器由进气管、进料管、调节部件以

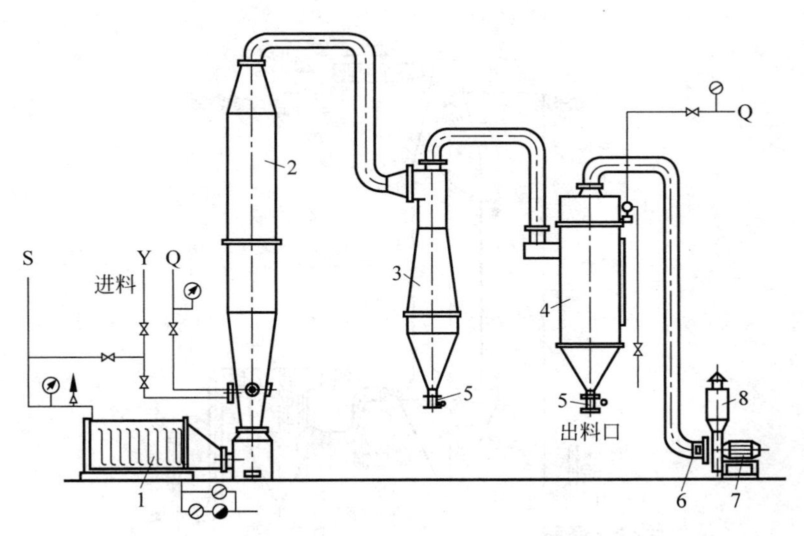

1—加热器；2—干燥器；3—旋风分离器；4—布袋除尘器；5—出料阀；6—风门；7—引风机；8—消声器

图 7-56　气流式喷雾干燥的工艺流程

及气体分散器组成。在雾化器中，调节部件主要是调节气管端面与料管端面的相对位置，以调节气、液两相的混合状态。气体分散器对进入气管的气体进行均匀分布，以保证在气管出口处均匀射出。气体还可以通过气体分散器调整流向，使气体产生旋转，以强化料液的分散效果和干燥过程。

7.4.7.3　压力式喷雾干燥器

压力式喷雾干燥器，因设备高大呈塔形，又称为喷雾干燥塔，在生产中使用最为普遍。压力式喷雾干燥器的产品成微粒状，一般平均粒度可以达到 150～200μm。产品有良好的流动性与润湿性。

压力式喷雾干燥主要是由压力式雾化器的工作原理决定的，使这一干燥系统有自己的特点。由于压力式喷雾干燥所得产品是微粒状，不论是雾滴还是产品的粒径都比其他两种形式大，雾滴干燥时间比较长。喷出的雾化角较小，一般在 20°～70°。干燥器的外形以高塔形为主，使雾滴有足够的停留时间。给料液施加一定的压力，通过雾化器雾化，系统中要有高压泵。另外，因雾化器孔径很小，为防止杂物堵塞雾化器孔道，一定要在料液进入高压泵前进行过滤。采用压力式喷雾干燥多以获得颗粒状产品为目的，因此，经压力式喷雾干燥的最终产品都有其独特的应用性能。

由于颗粒状产品如速溶奶粉、空心颗粒染料、球状催化剂、白炭黑、颗粒状铁氧体等的需要量日益增多，使压力式喷雾干燥装置也随之发展。压力式雾化是用高压泵将料液加压到 2～20MPa，送入雾化器后将料液喷成雾状，小时喷雾量可达几吨至十几吨。在工业生产上，一座塔内可装入几个乃至十几个喷嘴，以保持与实验条件完全相符，基本上不存在放大问题。压力式喷雾干燥的工艺流程见图 7-57。

压力式喷雾干燥也有自身的缺点：在生产过程中流量无法调节，如果想改变流量，只能更换雾化器孔径或调节操作压力；压力式喷雾干燥不适用处理带有纤维状的物料，因这些物料易堵塞雾化器孔道；不适于处理高黏度物料或有固、液相分界面的悬浮液，因其会造成

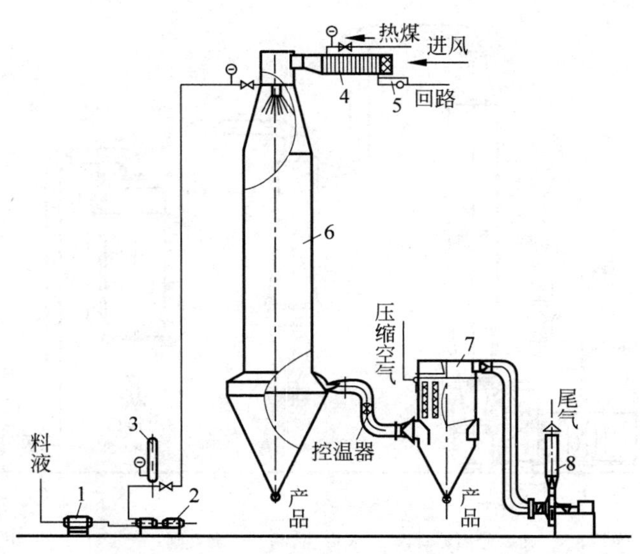

1—过滤器；2—高压泵；3—稳压器；4—加热器；5—空气过滤器；6—干燥箱；7—布袋除尘器；8—引风机

图 7-57　压力式喷雾干燥的工艺流程

产品质量严重不均；与其他两种形式相比，压力式喷雾干燥的体积蒸发强度较低。

7.4.8　其他干燥设备

7.4.8.1　滚筒干燥器

滚筒干燥(roller drying)技术是一项历史悠久的连续式间接干燥技术。与直接干燥技术相比较，滚筒干燥技术不会对车间造成粉尘污染。滚筒干燥技术的基本操作原理是将料浆均匀地分布于蒸汽加热的滚筒表面，形成一层薄膜，料浆中的水分随即迅速被蒸发掉，然后利用以液压控制的刮刀将薄膜刮下，再进行破碎，以取得颗粒状的干燥产品。

通常按照物料的物理特性、产品最终形态与质量要求选择最适宜的滚筒干燥装置。现在常采用的有三种类型：双滚筒干燥装置、对滚式双滚筒干燥装置和单滚筒干燥装置。

根据滚筒的工作环境，上述三种类型又分为开放式和真空式两大类。开放式双滚筒干燥装置(图 7-58)，具有适应性强、运转操作成本低、附着到滚筒表面的物料膜厚度能自由控制、干燥结束后无物料残留等优点。对滚式双滚筒干燥装置(图 7-59)，这一类型的装置特别适宜于含晶粒物料或可能形成晶粒物料的脱水加工。它的特点是两滚筒彼此在上部转离，刮料刀片置于滚筒底部、上部或下部均可供料。单滚筒干燥装置图(图 7-60)，物料由旋转滚溅射到滚筒表面，物料膜厚度靠延展滚子控制，根据物料的黏着特性设计不同的延展滚子结构，以保证物料与滚筒表面紧密地接触。

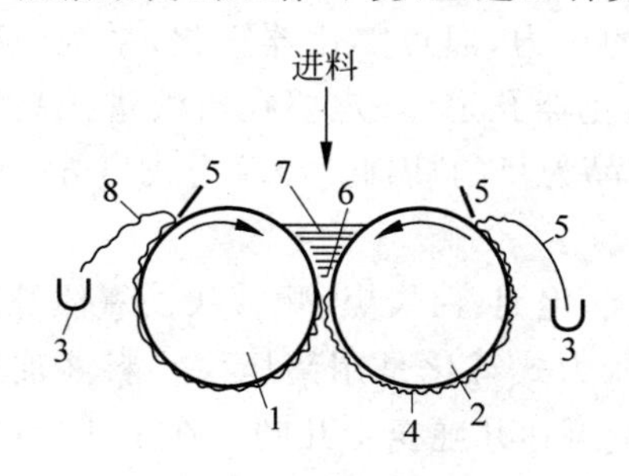

1,2—滚筒；3—成品收集器；4—料浆膜；5—刮刀；6—滚筒粘料；7—浆液；8—脱水条料

图 7-58　开放式双滚筒干燥器简图

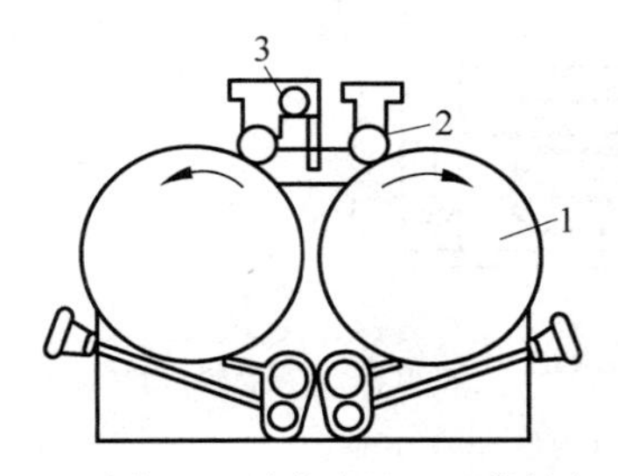

1—滚筒；2—涂布滚子；3—供料车

图 7-59　对滚式双滚筒干燥器简图

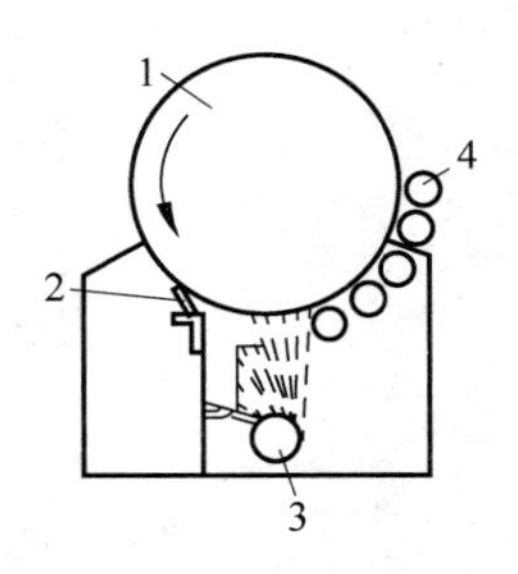

1—滚筒；2 刮刀；3—溅射滚子；4—涂布滚子

图 7-60　飞溅式供料单滚筒干燥器简图

与其他干燥方法一样，滚筒干燥也同时包括了传热和传质过程。在滚筒干燥中，热量通过滚筒金属壁传给物料，然后传入物料内部。同时，在表面温度较高时，水分汽化形成的扩散热量流穿过物料向开放的表面流动，然后再由周围空气冷却及辐射散发，所以传热速率快。

7.4.8.2　回转圆筒干燥器

回转圆筒干燥器是一种广泛应用于化工、建材、冶金、轻工等行业的重要单元设备，其主体是略带倾斜(也有水平的)并能回转的圆筒体。湿料由其一端加入，经过圆筒内部与筒内的热风或加热壁面有效接触，通过热传导、热辐射将物料干燥，是一种处理能力较大、适用性较好的干燥设备。

与其他干燥设备相比，转筒干燥(rotating colum drying)的优点是：生产能力大，可连续操作；结构简单，操作方便；故障少，维修费用低；适用范围广，流体阻力小，可以用它干燥颗粒状物料，对于那些附着性大的物料也很有利；操作弹性大，生产上允许产品的流量有较大波动范围，不会影响产品的质量；清扫容易。

转筒干燥的缺点是：设备庞大，一次性投资多；安装、拆卸困难；热损失较大，热效率低(蒸汽管式转筒干燥器热效率高)；物料在干燥器内停留时间长，物料之间的停留时间差异较大。

7.4.8.3　红外线干燥(infrared drying)器和远红外线干燥(far infrared drying)器

远红外线是光和电磁波的一种，特别是波长在 5.6～1 000μm 的红外线被称为远红外线。水和塑料、涂料等一些含水的产品的吸收波长大多在 2～20μm，所以，远红外线在这些产品中具有良好的传热、渗透性质。构成物质的分子一直在做复杂的分子运动，如果分子的运动被激发，则物质的温度就会上升。如果用与这种运动的频率相一致的电磁波照射物体的话，这种物质就会与电磁波产生共振而引起激烈的振动，物质的温度就会上升，远红外线就具有这个特点。图 7-61 为远红外线干燥器的构成原理示意图。

远红外线加热干燥器的特点：不需要加热空气，而是直接加热被干燥的物料，适合开放空间加热，与过去的先加热空气再用空气去干燥物料的方法不同，相比之下，远红外线的加热方式成本低、效率高。远红外线加热方式在加热过程中没有风的影响，特别适合于密度比较小、不适合有空气流动的物料的干燥。由于远红外线加热器使用的是一次能源，运转费用可以降低，是一种非常经济的节能设备，与利用二次能源为热源的热风式干燥设备相比，可降低 1/3～1/2 的运转费用。由于是真空燃烧方式，所以加热均匀。辐射面广，噪声小。操作简单，可以全自动操作。安全性高，耐久性好。作用时间短，反应速度快。

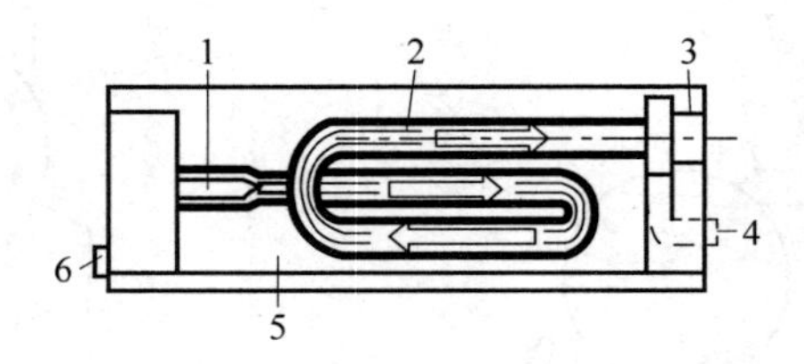

1—燃烧室；2—放射管；3—风机；4—排气管；5—反射板；6—燃料入口

图 7-61　远红外线干燥器的构成原理示意图

7.4.8.4　高频和微波干燥器

1. 高频干燥(high frequency drying)与微波干燥的区别

高频干燥与微波干燥的原理相同,区别在于电磁波的使用频率不同。工业用高频干燥的频率通常为 13.56MHz、27.12MHz、40.68MHz、915MHz；微波干燥频率为 2 450MHz 和 5 800MHz。高频干燥是将被干燥物体放置在两个电极板之间,对电极板施加高频电压,通过高频电场干燥；微波干燥一般是将被干燥物体放入金属炉内,通过微波照射干燥。

2. 常用的高频干燥方式

(1) 整体干燥。将被干燥物体放在 2 个平行电极板之间,施加高频电压干燥[图 7-62(a)]。如果被干燥的物体材质均匀,基本上能够实现整个物体均匀干燥。

(2) 选择干燥。将被干燥物体按胶合层与电极板垂直的方式放置进行干燥[图 7-62(b)]。

(3) 局部干燥。通过改变电极的形状和大小,进行电极组合,使被干燥的部分集中在高频电场中,实现局部干燥[图 7-62(c)]。通过数个电极组合的并列设置,能够同时对数个部位进行局部干燥。

(4) 表面干燥。将被称为电极栅的导体棒电极沿被干燥物体排列成格状,施加高频电压后,电极栅之间产生强大的电场,使被干燥物体表层有效干燥[图 7-62(d)]。

(5) 多层干燥。如图 7-62(e)所示,为了增大一次干燥处理量,提高生产效率,可将被干燥物体多层立体摆放,并配置多层电极板。

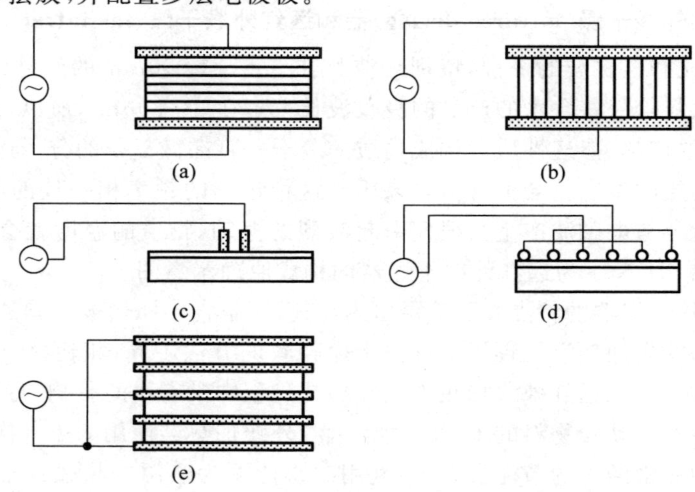

图 7-62　高频干燥方式

(a) 整体干燥；(b) 选择干燥；(c) 局部干燥；(d) 表面干燥；(e) 多层干燥

3. 常用的微波干燥(microwave drying)方式

(1) 箱式干燥。适用于具有一定形状物体的长时间干燥处理[图 7-63(a)]。

(2) 导波管式干燥。适用于板状或薄片状被干燥物体的连续干燥处理[图 7-63(b)]。

(3) 液体干燥。对通过箱内输送管连续输入的液体进行干燥[图 7-63(c)]。

(4) 表面干燥。适用于薄片状被干燥物体表面的高强度干燥处理[图 7-63(d)]。

(5) 压力式干燥。在施加机械压力的同时进行干燥处理,主要用于木材等材料[图 7-63(e)]。

(6) 连续式干燥。对传送带输送的被干燥物体进行连续干燥处理[图 7-63(f)]。

(7) 搅拌式干燥。粉状或颗粒状被干燥物体在搅拌的同时进行干燥[图 7-63(g)]。

(8) 真空或高压干燥。在真空罐或加压罐中,被干燥物体在真空或高压状态下进行干燥[图 7-63(h)]。

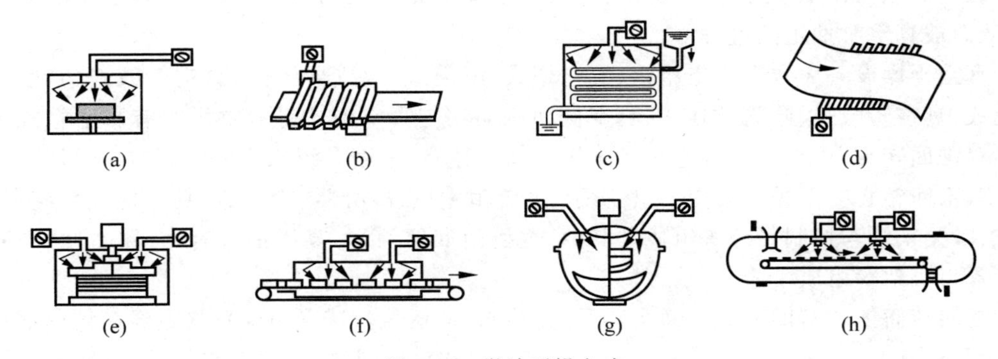

图 7-63 微波干燥方式

(a) 箱式干燥;(b) 导波管式干燥;(c) 液体干燥;(d) 表面干燥;(e) 压力式干燥;(f) 连续式干燥;(g) 搅拌式干燥;(h) 真空或高压干燥

7.4.8.5 冷冻干燥

1. 冷冻干燥工艺原理

冷冻干燥(freeze drying)就是将需要干燥的物料在低温下先行冻结至共晶点以下,使物料中的水分变成固态的冰,然后在适当的真空环境下进行冰晶升华干燥,待升华结束后再进行解吸干燥,除去部分结合水,从而获得干燥的产品。冷冻干燥过程可分为预冻、一次干燥(升华干燥)和二次干燥(解吸干燥)三个步骤。

从水的三相点示意图(图 7-64)中带箭头的线可以清楚地看出:

(1) 当压力高于 610.5Pa 时,从固态冰开始,水等压加热升温的结果是先经过液态再达到气态。

(2) 当压力低于 610.5Pa 时,水从固态冰加热升温的结果是直接由固态转化为气态。这样,可将物料先冷冻,然后在真空状态下对其加热,使物料中的水分由固态冰直接转化为水蒸气蒸发出来,从而达到干燥的目的。这就是真空冷冻干燥的基本原理。

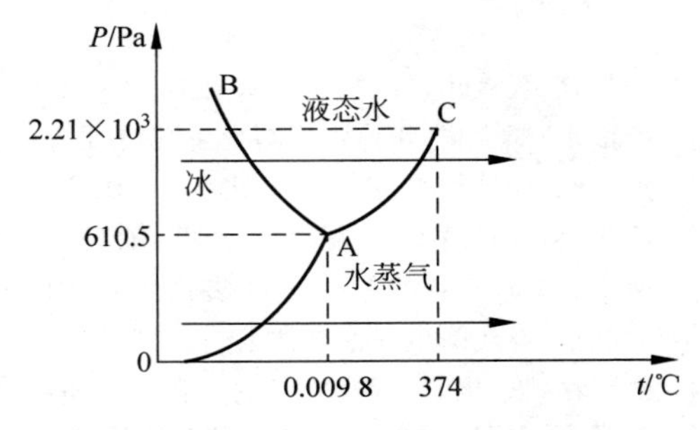

图 7-64 水的三相点示意图

2. 冷冻干燥器的组成及适用范围

冷冻干燥器按系统分为制冷系统、真空系统、加热系统和控制系统四部分；按结构分为冻干箱、冷凝器、真空泵组、制冷机组、加热装置、控制装置等部分。

冷冻干燥工艺特别适用于以下产品：①理化性质不稳定，耐热性差的制品；②细度要求高的制品；③灌装精度要求高的制剂；④使用时能迅速溶解的制剂；⑤经济价值高的制剂。

7.4.8.6 真空干燥

真空干燥（vacuum drying）的过程是将被干燥物料置放在密封的筒体内，在真空系统抽真空的同时对被干燥物料不断加热，使物料内部的水分通过压力差或浓度差扩散到表面，水分子在物料表面获得足够的动能，在克服分子间的相互吸引力后，逃逸到真空室的低压空间，从而被真空泵抽走的过程。

真空干燥设备大致有真空箱式、真空耙式、滚筒式、双锥回转式、真空转鼓式、真空圆盘刮板式、真空转鼓式、圆筒搅拌式、真空振动流动式与真空带式等。常用的有真空箱式干燥器和双锥回转真空干燥器，真空箱式干燥器前已述及，下面介绍双锥回转真空干燥器。

双锥回转真空干燥器如图 7-65 所示，系统由主机、冷凝器、除尘器、真空抽气系统、加热系统、净化系统与控制系统等组成。其中，主机由回转筒体、真空抽气管路、左右回转轴、传动装置与机架等组成。

在回转筒体的密闭夹套中通入热源（如热水、低压蒸汽或导热油），热量经筒体内壁传给被干燥物料。同时，在动力的驱动下，回转筒体作缓慢旋转，筒体内的物料不断混合，从而达到强化干燥的目的。工作时，物料处于真空状态，通过蒸汽压的下降作用使物料表面的水分（或溶剂）达到饱和状态而蒸发出来，并由真空泵抽气及时排出回收。在干燥过程中，物料内部的水分（或溶剂）不断地向表面渗透、蒸发与排出，这三个过程是持续进行的，所以物料能在很短的时间内干燥。

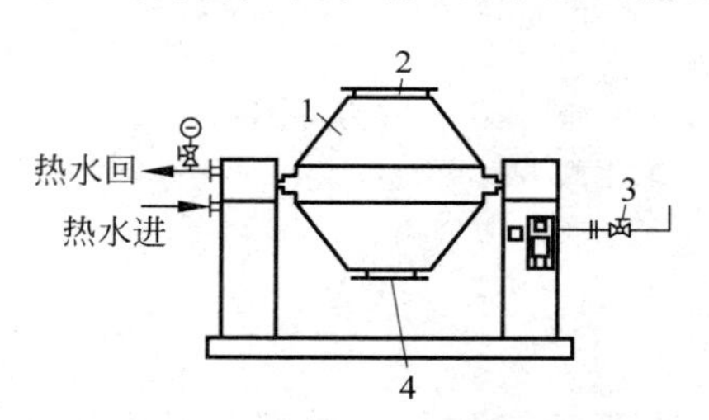

1—干燥器；2—进料口；3—抽真空阀；4—出料口

图 7-65 双锥回转真空干燥器示意图

参考文献

[1] 张长森，程俊华，等. 粉体技术及设备[M]. 上海：华东理工大学出版社，2007.
[2] 陶珍东，郑少华. 粉体工程与设备[M]. 北京：化学工业出版社，2003.
[3] 卢寿慈. 粉体加工技术[M]. 北京：中国轻工业出版社，2002.
[4] 蒋阳，程继贵. 粉体工程[M]. 合肥：合肥工业大学出版社，2006.
[5] 南京龙源环保工程有限公司. 袋式除尘技术[M]. 北京：中国电力出版社，2007.
[6] 向晓东. 现代除尘理论与技术[M]. 北京：冶金工业出版社，2004.
[7] 金国淼，等. 化工设备设计全书：除尘设备[M]. 北京：化学工业出版社，2005.
[8] 刘后启. 水泥工业收尘技术现状和进展[J]. 水泥技术，2006，4：63-66.
[9] 田悦，欧阳静平，许金东，等. 收尘系统的设计原则[J]. 中国水泥，2008，5：71-72.
[10] 黄本斌，王德明，时国庆，等. 泡沫除尘机理的理论研究[J]. 工业安全与环保，2008，34(5)：13-15.
[11] 杨守志，孙德堃，何方箴. 固液分离[M]. 北京：冶金工业出版社，2003.

[12] L.斯瓦罗夫斯基.固液分离[M].2版.北京：化学工业出版社，1990.
[13] 《选矿设计手册》编委会.选矿设计手册[M].北京：冶金工业出版社，1988.
[14] 袁国才.水力旋流器分级工艺参数的确定及计算[J].有色冶金设计与研究，1995，16 (3)：3-9，13.
[15] 卢寿慈.粉体技术手册[M].北京：化学工业出版社，2004.
[16] 曲景奎，隋智慧，周桂英，等.固液分离技术的新进展及发展动向[J].国外金属矿选矿，2001，(7)：12-17.
[17] 罗茜.固液分离[M].北京：冶金工业出版社，1996.
[18] A. Rushton，A. S. Ward，R. G. Holdich.固液两相过滤及分离技术[M].2版.朱企新，许莉，谭蔚，等译.北京：化学工业出版社，2005.
[19] 孙贻公.带式真空吸滤机在转炉除尘污水固液分离工艺中的应用[J].给水排水，2000，26(11)：82-84.
[20] 孙启才.分离机械[M].北京：化学工业出版社，1993.
[21] 刘凡清，范德顺，黄钟.固液分离与工业水处理[M].北京：中国石化出版社，2000.
[22] 侯晓东.高效浓密机的选型设计[J].有色矿山，2002，31(3)：35-36.
[23] 潘永康，王喜忠，等.现代干燥技术[M].北京：化学工业出版社，1998.
[24] 曹恒武，田振山.干燥技术及其工业应用[M].北京：中国石化出版社，2003.
[25] 刘文广.干燥设备选型及采购指南[M].北京：中国石化出版社，2004.
[26] 金国淼.干燥设备设计[M].上海：上海科学技术出版社，1986.
[27] 金国淼.干燥设备[M].北京：化学工业出版社，2002.
[28] 井上雅文，山本泰司.高频、微波干燥在木材工业中的应用[J].电子情报通信学会技术研究报告，2003，(16)：352-401.

第 8 章　混合与造粒

本章提要：本章的主要内容是粉体的混合和造粒。混合操作是保证物质成分和粒度均匀分布、提高产品均匀性的重要环节如图 8-1 和图 8-2 所示。在 8.1 节主要介绍粉体混合的机理以及混合效果的评价方法，对各种机械投拌机和混合设备的构造、工作原理及性能进行了说明，讨论了影响混合程度的因素。在造粒单元主要介绍造粒的机理。

图 8-1　混合操作示意图

图 8-2　混合效果示意图

8.1 混　　合

8.1.1 混合的定义

混合(mixing)又称均化，是粉体工程重要的单元操作。混合是指在两种或两种以上不同成分物料组成的体系中，为了满足各组分颗粒的均匀分布，通过外力(重力或机械力)的作用使颗粒的运动速度和运动方向发生改变，从而获得宏观的均匀分布。

该单元操作的对象可以是固体，也可以是液态，可以是刚性体，也可以是塑性体。通常把对固相的均化叫混合，对液态的均化叫搅拌，对塑性体的均化叫捏合(kneading)。从广义上讲，这些操作统称为混合。本章主要讨论固体的均化。

8.1.2 混合的目的

混合单元操作既可以获得最终产品，也可以控制过程中的传热、传质，改变化学反应速率，提高过程效率，因此，混合单元操作广泛用于化工、制药、食品、无机非金属材料制备、农产品等工业领域。在不同产品的生产过程中，混合操作的目的多种多样，大致可以分为两类：

(1) 混合制得最终产品。在某些生产领域，混合操作是作为最终目的用于加工的，如饲料、杀虫剂、肥料、包装食品和化妆品等的处理。饲料工业中营养价值适当的动物饲料是特定成分的混合物；食品工业中将主要原料和辅料进行混合制得产品；数十种香料的均匀混合可制得调味品；极微量的药效成分与大量增量剂进行高倍散率的混合可制得医药品或是农用药的制剂。

(2) 混合为间接辅助操作。在某些行业，混合只是完成其他目的的间接辅助操作。如在用混合方法来实现吸附、浸出、溶解、结晶等物理操作时，混合的目的是使物料之间有良好的接触，促进物理过程的进行，如食品的吸附脱色精制、咖啡的浸出、糖的溶解；除此之外，像绘画颜料、涂料用颜料以及合成树脂用颜料粉末的混合则是为了调色；冶金原料的混合是为炉内熔融反应配制适当的化学成分。对于物料用混合方法来帮助实现化学反应操作时，混合是改善物料间接触，促进反应进行的有效方法。如水泥、陶瓷原料的混合，是为固相反应创造良好的条件；混凝土的混合是为了强化混合料的化学反应，加速混合料的传热速度，促进混合料的物理变化。此外，在加热或冷却过程中，混合还作为加速传热的辅助操作。

8.1.3 混合机理

关于固体颗粒混合的机理，一般认为有如下三种：

(1) 对流(convective)混合。即颗粒大规模随机移动。在外力的作用下，颗粒团块从物料中的某一个位置移至另一处，所有颗粒在混合设备中整体混合，类似于流体的对流运动。

(2) 扩散(dispersion)混合。即颗粒小规模随机移动。团块内的粉末颗粒在剪切、摩擦、碰撞、流动的作用下发生的混合，各组分颗粒在局部范围内扩散，类似于流体的湍流扩散。

(3) 剪切(shear)混合。即固体颗粒具有一定的塑性，在流动时一般沿着一定的滑移面进行。颗粒沿着一定的滑移面流动时，滑移面两侧的颗粒发生一定程度的交换所导致的局部混合称为剪切混合。

在立式螺旋搅拌混合器中，通过螺旋叶片将物料团块由下部输送至上部而实现的混合是对流混合；输送到上部团块内的粉末颗粒在螺旋转动下发生的剪切、摩擦、碰撞、流动作用而实现的进一步分散是扩散混合。圆盘式混料机中的颗粒沿着物料表面的流动、原材料堆场中各种原料沿着料堆表面的滚动下滑所实现的混合则是剪切混合的典型代表。

各种混合机进行物料混合时，并非单纯利用某种机理，而是以上三种机理均在起作用，只不过是以某一种机理起主导作用而已。

8.1.4 混合过程与状态

固体颗粒的混合过程受多种因素影响，因而比流体的搅拌要复杂得多。一般而言，混合过程如图 8.3 所示。横坐标表示混合时间，纵坐标是以混合度表示的混合效果。图中所示的混合过程大致可以分为两个阶段：

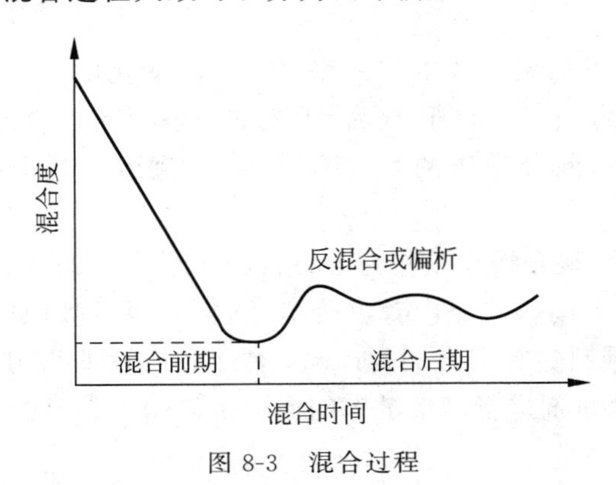

图 8-3 混合过程

(1) 混合前期。混合的速度较快，颗粒之间迅速混合，混合度呈稳定下降趋势，经过很短的时间达到了最佳混合状态。

(2) 混合后期。混合速度变慢，而且混合度的大小向反方向变化或呈上下波动趋势，整体的均化状态偏离最佳混合状态。

这种体系中的颗粒由于具有某些原因而优先地占据系统中的若干部位从而出现逆均化现象的过程称为反混合，也叫偏析。

现以 A、B 两种颗粒的混合为例。假定 A 与 B 的密度、数量相同，当每种颗粒的周围都被等量的相异粒子所包围时，即在平面上 A 和 B 按图 8-4(a)相互交错排列时，体系理论上达到完全混合状态，称为“完全理想态”。但在生产实践中，这种理论上的理想态不可能实现，混合完成后颗粒间的最佳存在状态应该是图 8-4(b)所示的一种无序、不规则的状态，称为“随机完全混合态”。

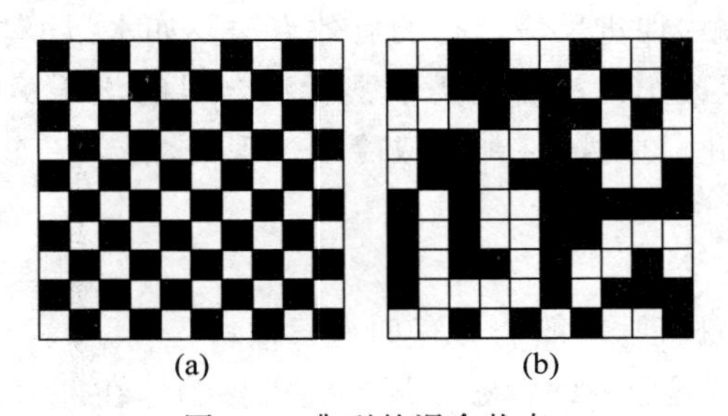

图 8-4 典型的混合状态

(a) 完全理想态；(b) 随机完全混合态

8.1.5 混合质量评价

混合物料各组分的均匀性是评定混合质量的最重要指标，应采用科学的、量化的指标来表达整体内各组分的均匀度。评价过程通常由取样、检测、统计分析三个过程完成。取样是指从混合物中的某一位置取出满足检测需要的少量物料。该少量物料称作“点样品”(或“样品”),取样的位置称作“取样点”。在同一容器、同一时间,不同取样点取得的样品组成了“样本”。显然,样品个数越多,定量分析的结果更趋于实际结果。但样品个数的多少又受到统计分析所需成本以及分析时效性的限制,一般在我国习惯为5~10个样品。取样点的位置,应均布在料筒的各个位置。对取得的样品,用化学或物理的方法测定各组分的含量。关于检测方法,完全由组分的性质、混合的目的和实际测试条件来确定。

衡量混合料的混合质量可以通过测定混合料的某个物理量来表示,如浓度、白度,这些物理量的大小既是波动的,又是有规律的,具有统计分布的特征,因而可以采用数理统计中的特征数来评价混合的效果。混合质量的量化评价指标有标准偏差、混合度、均匀度和混合指数等。为了更好地阐述这些评价指标,先以两组样品中某一成分的含量为例介绍合格率的概念,进而说明采用标准偏差等指标的必要性。

8.1.5.1 合格率

现有两组样本,每组有10个样品,样品中某一成分的含量见表8-1。如果规定该成分的含量在90%~94%之间为合格,则两个样本的合格率(pass rate)都是60%,而且,计算可得第一组样品的算术平均值为92.58%,第二组样品的算术平均值为92.04%。

表8-1 样品合格率示例

样品	1	2	3	4	5	6	7	8	9	10	平均值
第一组合格率/%	99.5	93.8	94.0	90.2	93.5	86.2	94.0	90.3	98.9	85.4	92.58
第二组合格率/%	94.1	93.9	92.5	93.5	90.2	94.8	90.5	89.5	91.5	89.9	92.04

这两组样品的合格率一致,平均值也相近,如果从合格率的角度出发去评价这两组样品的混合质量,则两组样品的混合效果一致。但比较这两组样品可以发现,样品浓度值偏离平均值的幅度相差很大,第一组中有两个样品的波动幅度在平均值上下约7%,其余的数值不是偏向于上限就是偏向于下限,而第二组的样品波动要小得多,反映出均化的实际质量相差较大。这说明,合格率虽然也在一定的范围内反映了样品的波动情况,但不能反映出全部样品的波动幅度,更不能提供全部样品中各种波动幅度的分布情况,还需要采用其他的评价方法。

8.1.5.2 标准偏差

标准偏差(standard deviation)也称为标准差,是数理统计中反映一组数据内个体间离散程度的一种标准,用以衡量数据值偏离算术平均值的程度。标准偏差越小,数据偏离平均值就越少,反之越多。

对于1组测定数据,若试样个数为n,则其算术平均值为

$$\bar{x}=\frac{1}{n}\sum_{i=1}^{n}x_i \tag{8-1}$$

定义任意测定值与算术平均值的差值为离差(V_i)。因为离差可能是正数,也可能是负数,所以将每个测定值对应的离差加起来,可能由于正、负相消使得差之和为零,从而不能正确反映出每组数据相比于真值的偏差程度。为此,可以先求出均方差,再开方得到均方差的根,以此值大小表示样本偏离真值的程度,即为标准偏差(S):

$$S=\sqrt{\frac{1}{n-1}\sum_{i=1}^{n}(x_i-\bar{x})^2} \tag{8-2}$$

对于表 8-1 给出数据，采用式(8-2)计算可得：$S_1=4.68$，$S_2=1.96$。这说明，虽然上述两组的数据平均值相近，合格率相同，但是第一组内单个数据偏离平均值的程度大，离散程度大，代入混合效果的概念，则说明第一组的混合效果比第二组要差。

8.1.5.3 均化效果

均化效果(homogenization effect)是指均化前后标准偏差的比值，即

$$e=\frac{S_0}{S_1} \tag{8-3}$$

式中 S_0——混合前物料的标准偏差；

S_1——混合某一时刻物料的标准偏差。

e 以混合前后标准偏差的倍数表示混合的效果。均化效果多用于表示水泥、陶瓷生产过程中预均化堆场的混合程度，此值一般为 5～8，也可能达到 10。

8.1.5.4 相对标准偏差(变异系数)

只用标准偏差表示混合效果也不是很全面客观，原因是：一没有考虑样本数量大小；二没有考虑测定值的多少。如有 1、2 两组样本，某组分的成分均值分别为 50%和 5%，当该组分在两组样本中的标准偏差都为 1 时，其在第一组中的成分含量在 49%～51%波动；而在第二组中的成分含量在 4%～6%波动，显然第二组成分数据变动较大。这说明即使标准偏差一致，如果平均值大小相差较大，混合效果也是不一样的。所以，还需要其他的特征数进一步说明。

相对标准偏差定义为标准偏差 S 与样本均值 $\bar{x}$ 比值的百分数，即

$$R=\frac{S}{\bar{x}}\times 100\% \tag{8-4}$$

8.1.6 影响混合的因素

粉末固体混合时主要是颗粒组分的移动，而不是分子层面的混合。影响混合的因素主要有颗粒因素、设备因素和工艺因素三个方面。

8.1.6.1 颗粒因素

粉体的混合因外力而具有 8.1.3 中的三种混合机理，而粒子群大幅度或局部移动的程度与粉末颗粒的性质有关，主要受粒子形状、粒度与粒度分布、颗粒密度、内摩擦角、附着性、水分、表面电荷等的影响。

粉体颗粒形状不同，混合的时间和效果也不一样，具有规则外形的颗粒由于内摩擦小，在混合过程中的相对运动速度大，故容易混合均匀，如近似球形颗粒比片状颗粒更容易达到均匀混合。

粒度是个很重要的因素，粒度分布影响着粒子的运动，大小粒子会在其几何位置上相互错动，大粒子向下，小粒子向上，微小的粒子甚至扬尘而离开物料本体。

颗粒密度也必须予以考虑，当颗粒密度差显著时，就会在混合料中出现类似于上述粒度差而发生的那种离析作用。较重的粒子将穿过较轻的粒子停留在混合设备的底部，只有当

粒度很小的时候，这种有害的离析现象才会减轻。

粒子水分含量也是一个影响因素，含水黏性的粒子会使其流动迟缓，或是因为黏着在混合机的内壁上或是本身形成团块进而阻碍了混合的进行。但在某些场合，加水是防止偏析的有效措施之一。如在玻璃混合料的制备中，将非水溶性的砂岩、长石、苦灰石和石灰石先进行干式混合，再在玻璃配合料中加4%左右的水，最后加入纯碱、芒硝及炭粉进行湿式混合。这样既可减轻由于粒度差异所引起的偏析与扬尘，又能使纯碱等被水湿润后包裹在砂粒表面，有助于熔化。

总之，密度差小、粒径小(但200目)而粒度分布均匀、片状少、含水量低的材料容易混合均匀。对于少量液体与固体的混合，用润湿性大的材料容易混合均匀。

8.1.6.2 设备因素

当原材料及配合比一定时，混合设备的类型及转速对混合质量有一定的影响。不同的混合设备中起主要作用的混合机理类型不一样，具体见表8-2。

表8-2 混合设备的混合机理类型

混合设备的类型	对流混合	扩散混合	剪切混合
重力式(容器旋转)	大	中	小
强制式(容器固定)	大	中	中
气力式	大	小	小

混合机理的类型对混合质量的影响较大，对流混合产生的偏析最少，而扩散混合最有利于偏析(即堆积偏析)的产生。选择以对流混合机理为主的混合机对偏析倾向较大的物料更为合适。混合机的转速影响粒子的运动和混合速度，转速过低会降低生产效率。因此，混合机应有一个适当的转速。

8.1.6.3 工艺因素

在原材料、配合比、混合设备都不变时，适宜的工艺条件可提高混合质量和缩短混合时间。

一般情况下，混合时间长，混合料就均匀。混合初期，均匀性增加很快，当混合到一定程度后，再延长混合时间对均匀性的影响就不明显了。

加料顺序对物料混合均匀性的影响很大，若粗、细粉同时加入，易出现细粉集中成小泥团及出现“白料”。为了提高混合效果，一般的做法是：先加大比例组分后加微量组分；先加粒度大的物料，后加粒度小的物料；先加容重小的物料，后加容重大的物料。

另外，合理选择结合剂并适当控制其加入量等，也有利于增加混合的均匀性。

8.1.7 混合设备

混合设备利用各种混合装置的不同组构，使粉体物料之间产生相对运动，不断改变其相对位置，并且不断克服由于物体差异而导致的物料分层趋势。在生产使用中，人们常以搅拌混合设备的布置形式、内部构造、操作方式及工作原理等对混合设备进行分类。

8.1.7.1 混合设备的分类

1. 按操作方式分类

按操作方式可将其分为间歇式和连续式两类。间歇式混合机多用于品种多、批量小的生产中，因为容易控制混合质量，操作弹性与适用性都比较广泛，因而是一种应用最多的混合机。连续式混合机通过与喂料机以及出口处的检测设备相配合，能及时反馈信号以调节喂入量，以便获得最佳的均匀度。连续式混合机的优点是：可放置在紧靠下一工序的前面，因而大大减少了混合料在输送和中间储存中出现的偏析现象；设备紧凑，且易于获得较高的均匀度；可使整个生产过程实现连续化、自动化，减少环境污染以及提高处理水平。其缺点是：参与混合的物料组分不宜过多；微量组分物料的加料不易精确计量；对工艺过程变化的适应性较差；设备价格较高；维修不便。

2. 按设备运转形式分类

按设备运转形式可将其分为容器回转式和容器固定式两类。容器回转式混合机的特点是其储料槽连续旋转，从而导致槽内物料混合均匀，常见的有水平圆筒形、V形和双锥形及三维混合机。此类混合机结构简单，混合速度慢，最终混合度较高，混合机内部清扫容易。适用于物性差异小、流动性好的粉体间的混合，也适用于有磨损性的粉粒体的混合。容器固定式混合机在搅拌桨叶的强制作用下使物料循环对流和剪切位移而达到均匀混合，混合速度较高，可得到较满意的混合均匀度。

3. 按工作原理分类

按工作原理可将其分为重力式和强制式两类。重力式混合机主要利用重力作用，使物料在容器内产生复杂运动而相互混合。重力式混合机容器的外形有圆筒式、鼓式、立方体式、双锥式和V式等。这类混合机易使粒度差或密度差较大的物料趋向偏析，为了减少物料结团，有些重力式混合机内还设有高速旋转桨叶。强制式混合机是物料在旋转桨叶的强制推动下，或在气流的作用下产生复杂运动而强行混合。强制式混合机的混合强度比重力式的大，且可大大减少物料特性对混合的影响。

4. 按混合方式分类

按混合方式可将其分为机械混合式和气力混合式两类。机械混合式混合机在工作原理上大致分为重力式(转动容器型)和强制式(固定容器型)两类。气力混合式混合机主要采用脉冲高速气流使物料受到强烈翻动或通过高压气流在容器中形成对流流动而使物料混合，气力混合式混合机又可分为重力式、流化式和脉冲旋流式等。机械混合式混合机多数由机械部件直接与物料接触，尤其是强制式混合机，机械磨损较大。机械混合式混合机的设备容积一般不超过 20～60m^3，而气力混合式混合机却高达数百立方米，这是因为它没有运动部件，限制性较小。此外，气力混合式混合机还有结构简单、混合速度快、混合均匀度较高、动力消耗低、易密闭防尘、维修方便等优点。

8.1.7.2 容器固定式混合机(container fixed mixer)

1. 立式螺旋混合机

按立式螺旋(vertical screw)混合机的内部结构不同可分为单螺旋混合机(图 8-5)和双螺旋混合机。双螺旋混合机又可分为对称式双螺旋混合机(图 8-6)和非对称式双螺旋混合机(图 8-7)，由于螺旋既有公转又有自转，使壳体内部的物料既有上下混合又有水平方向的混合，因而该混合机适用强，效果好，且物料特性、装满系数对混合机的影响小。双螺旋混合机的公转速度为 90～180r/min，自转速度为 3～7r/min，装满系数为 0.6。混合均匀度＜5%，混合时间为 4～8min。单螺旋混合机的混合时间稍长，为 10～20min，其余的参数相同。

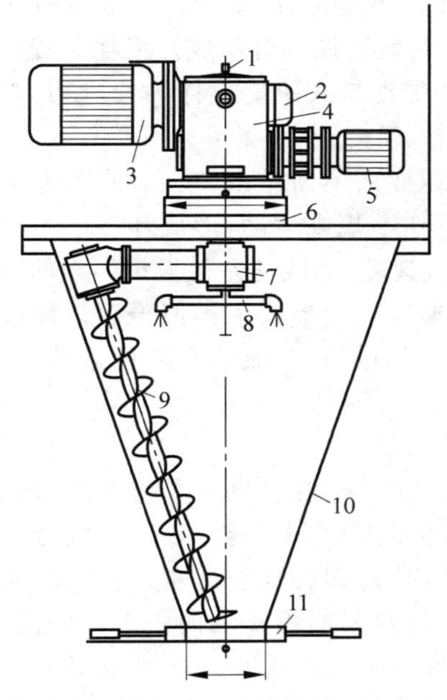

1—加液旋转接头；2—散热装置；3—自传电机；4—减速器；5—公转电机；6—进料口；7—主传动箱；8—喷液装置；9—螺旋轴；10—筒体；11—出料阀

图 8-5 单螺旋混合机

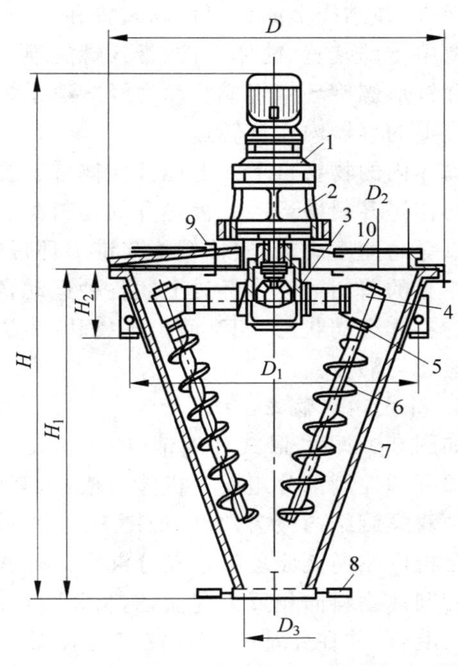

1—电机；2—减速器；3—分配箱；4—传动头；5—转臂；6—旋转轴；7—筒体；8—出料阀；9—喷液装置；10—进料口

图 8-6 对称式双螺旋混合机

2. 带式螺旋锥形混合机

图 8-8 所示的带式螺旋锥形(belt spiral cone)混合机是在双螺旋锥形混合机的基础上

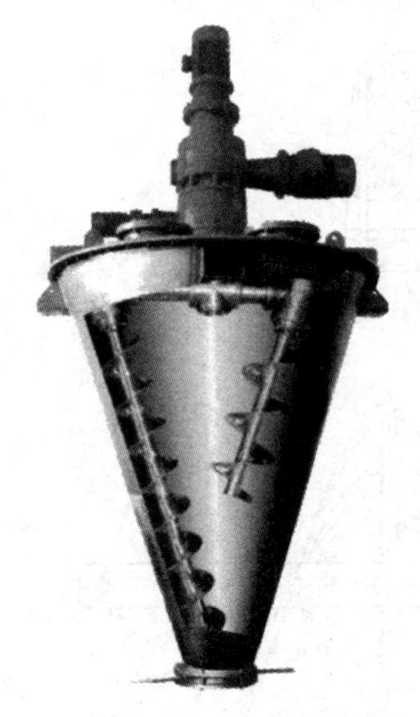

图 8-7 非对称式双螺旋混合机

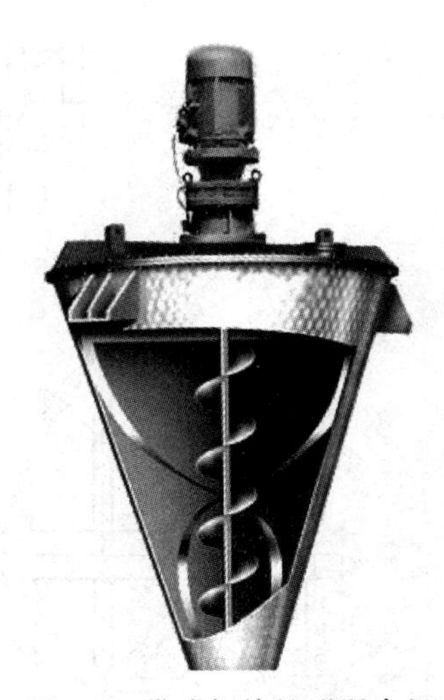

图 8-8 带式螺旋锥形混合机

发展而来，在结构上简化了传动装置和搅拌装置，使设备小型化、简单化。该混合机在结构上主要由传动装置、筒体部件、带式螺旋搅拌装置及出料装置四部分组成。搅拌装置由实体螺旋和锥形螺旋环带组成。动力经减速系统驱动部件带动带式螺旋搅拌装置，使其在带有特定锥形的容器内作旋转运动。

筒体内的物料自下而上地被实体螺旋提升，并沿螺旋面不断排出、吸入，同时螺旋环带使物料作提升斜抛运动。被提升的物料又靠自重向下作不规则运动，形成环流。由于搅拌装置以等角速度旋转，实体螺旋与锥形环带间存在着线速差，此线速差使得机体内的物料间产生相互的剪切运动。经过上述各种运动，物料在锥形容器内形成了类似于双螺旋锥形混合机的粉体运动状态，相互间出现掺和、渗透、扩散、剪切、错位、对流等全方位运动，从而达到快速均匀混合。

3. 卧式环螺带混合机

如图 8-9 所示，卧式环螺带(horizontal ring screw belt)式混合机主要由机体、螺旋轴、传动部分和控制部分组成。机体为槽形，其中 U 形混合机应用最普遍，在 U 形混合机中又以单轴双螺旋结构最为常见，如图 8-10 所示。该机的内、外螺旋分别为左、右螺旋，使物料在混合机内按逆流原理进行充分混合。外圈螺旋叶片使物料沿螺旋轴向一个方向流动，内圈螺旋则使物料向相反方向流动，将物料成团地从料堆的一处移到另一处，很快达到粗略的团块状混合，并在此基础上有较多的表面进行细致的、颗粒间的混合，从而达到均匀混合。该机混合均匀度 $C_v \leqslant 7\%$，混合时间一般为每批 3min，通常在 2～6min，其长短主要取决于原料的性质，如水分含量、粒度大小、脂肪含量、容重差异等。当物料中水分、脂肪含量较高时，物料黏性增大，则所需混合时间较长；当物料粒度均匀性较差、密度差异较大时，混合过程中离析作用较大，所需混合时间也较长。反之，所需混合时间较短。

U 形混合机在工作时，装满系数在 0.6～0.8 为最佳(图 8-10)。过高，会使混合机超负荷工作，不利于混合作用，造成混合质量下降；过低，则不能充分发挥混合机的效率，并影响混合质量。U 形混合机目前多应用于生产浓缩饲料或全价配合饲料。

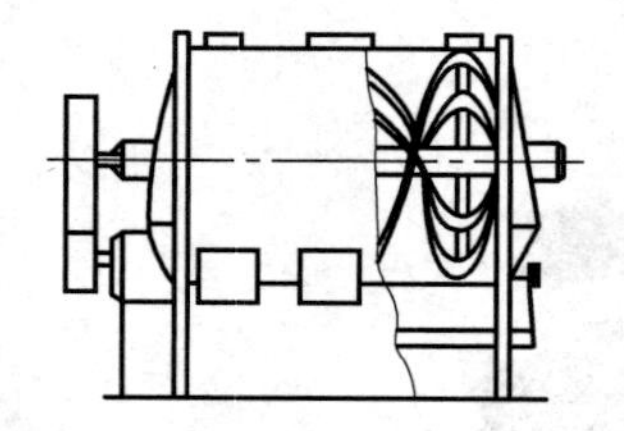

图 8-9　卧式环螺带式混合机

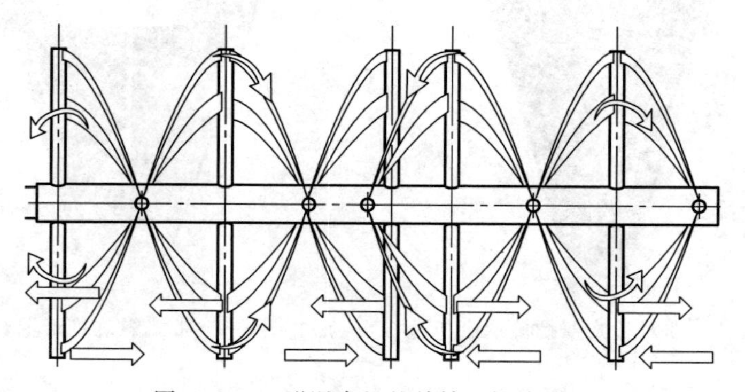

图 8-10　U 形混合机的单轴双螺旋结构

4. 卧式双轴桨叶混合机

卧式双轴桨叶(horizontal biaxial blade)混合机又称无重力式混合机,其外形与结构如图 8-11 所示,主要由机体、转子、排料机构、传动部分和控制部分组成。机体为双槽形,其截面形状呈 W 形,机体顶部开有两个进料口,两机槽底部各有一个排料口。该机的转子由两根并排安装并作相向旋转的轴及安装在其上的桨叶构成。每组桨叶有两片叶片,桨叶一般成 45°安装在轴上,只有一根轴最左端的桨叶和另一根轴最右端桨叶的安装角小于 45°,其目的是让物料在此处获得更大的抛幅而较快地进入另一转子的作用区。两轴上的桨叶组相互错开,其轴距小于两桨叶的长度之和,使转子运转时,两根轴上对应的桨叶端部在机体中央部分既形成交叉重叠,又不会相互碰撞。

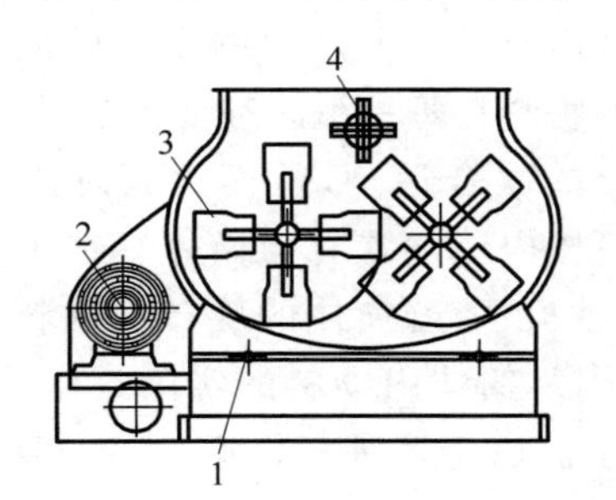

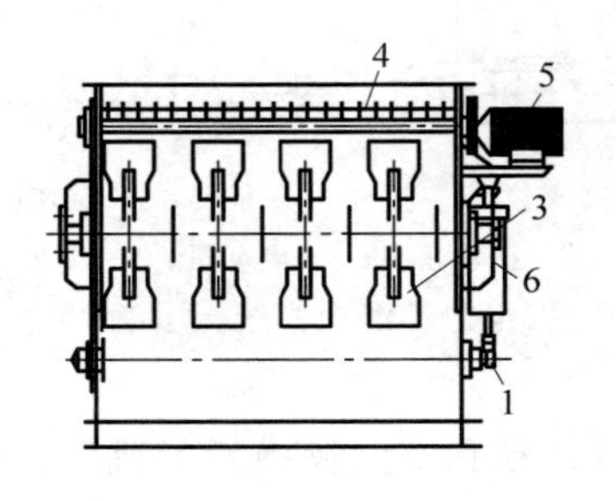

1—气动门组;2—动力电机;3—桨叶组;4—飞刀组;5—飞刀电机;6—气缸

图 8-11　卧式双轴桨叶混合机

该混合机工作时,机内物料受两个相向旋转的转子的作用,一方面作轴向运动,另一方面又作圆周运动。特别是在两轴桨叶的重叠区域,由于两转子的相向运动使该区域物料受旋转桨叶作用比在其他区域剧烈 2 倍以上。此外,被一侧桨叶提起的物料在离开桨叶的瞬间,由于惯性作用在空中散落,并落入被另一侧桨叶提起的物料内,散落过程中,物料相互摩擦渗透,在混合机中央部位形成了一个流态化的失重区。粉状物料在这一区域内如同沸腾的开水不断翻滚,使该区域固体物料的混合运动像液体中的分子扩散运动一样,形成一种无规则的自由运动,充分进行扩散混合。

由于卧式双轴桨叶混合机是以对流作用为主,剪切作用及扩散作用也较明显,因而,该机的混合时间比其他机型显著缩短,每批混合时间为 30～60s,单位产量电耗低,其电耗比卧式环螺带式混合机低 60%。由于对物料的混合主要发生在流化态的失重区,物料在此区域内可自由运动,摩擦力小,混合作用柔和,因此密度及粒度差异较大的物料在混合中不会产生偏析、分级现象,可确保较高的混合均匀度。该机混合时不受物料密度、粒度、形状等的影响,对物料配比悬殊及液体添加量达 20%以上的物料混合也可保证均匀混合。

8.1.7.3　容器回转式混合机

传统的容器回转式(container rotary)混合机的容器形状有圆筒形、双圆锥形(或称 W 形)和 V 形,它们皆为容器进行定轴转动的混合机。在容器内有挡板和粉碎装置,操作时可根据不同的物料选择不同的转速。随着对混合质量要求的不断提高,传统的容器旋转式混合机已不能满足工艺的要求,新型容器运动式混合机逐步发展起来。新型容器运动式混合机的代表有两种:摇滚式混合机和摇摆式混合机。摇滚式混合机又称二维运动混合机,摇摆式混合机又称三维运动混合机。

1. 二维运动混合机

二维运动混合机(two dimensional motion mixer)的结构如图8-12所示,主要由固定支架、动支架、连杆、摇臂、电动机、减速机、摩擦轮、筒体等组成。

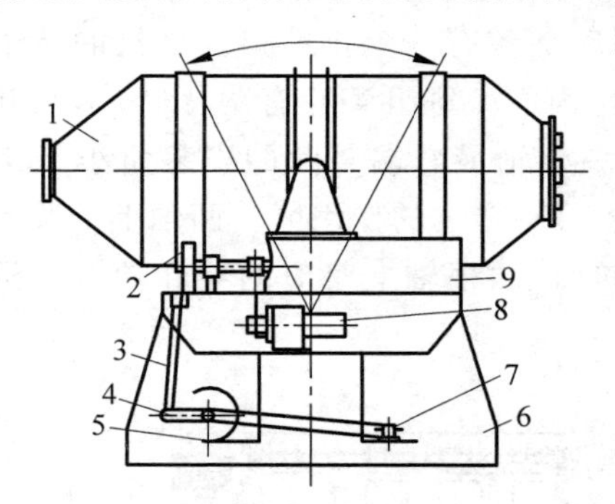

1—筒体；2—摩擦轮；3—连杆；4—摇臂；5—减速机；6—固定支架；7—摇臂接头；8—电动机；9—动支架

图8-12 二维运动混合机结构示意图

该机工作时,其料筒作空间二维刚体运动：一方面由电动机、链轮、摩擦轮带动绕自身轴线旋转；另一方面由电动机、摇臂、连杆带动,使筒体绕与其对称轴正交的水平轴(称摆动轴)作幅度为左右各20°的摇摆运动。如此一来,原本只具备径向扩散能力的筒体受到由于摇摆所产生的强力轴向脉冲,使其中的物料在每一瞬间都受到扩散混合与对流混合的联合运动,从而达到理想的混合效果。筒体内还设置有与筒体轴线平行的"抄板","抄板"随着筒体的旋转使物料形成了抛撒。所以,筒体内物料的实际运动是跟随筒体本身运动的二维运动和空间抛撒所形成的三维运动。由于这种三维运动,物料各组分之间随机相对活动,达到各组分均匀分布的目的。更多场合下,二维运动混合机又称为摇滚式混合机。

在二维运动混合机的混合过程中,物料处于封闭状态运动,筒体上不存在轴孔的密封问题,而且二维运动混合机的上料和出料可以采用负压风送上料机和封闭出料装置,故在操作过程中无物料受外界污染之虑,也不会有粉尘的飞扬,既避免了繁重的人工劳作,又保护了环境。二维运动混合机整体运动是平稳的,故该机可以做得很大,如容积可达20 000L,这是其他混合机无法比拟的。

实验证明：单位时间内二维(摇滚)运动混合机筒体摇摆的次数与自转转数的比值与混合效果有很大关系,此值在1.8时,混合效果最好。装料系数不宜过大(不大于60%),也不宜过小(不小于30%)。装料过多,混合时间就长；装料太少对混合质量也不利。混合时间不仅与装料多少有关,还与参与混合的各组分的质量比例、颗粒直径比例等有关,但由于至今没有计算公式,只能靠实践来得出结论。二维运动混合机的规格一般以容器内的净容积表示,因此,在选择二维运动混合机的规格时,要根据物料的容重(或堆积密度)进行换算。

2. 三维运动混合机

三维运动混合机(tridimensional mixer)利用空间特殊的六杆机构学中的"三度摆动原理"实现了三维空间运动方式,使混合运动成为平移、转动和翻转三种运动的叠加,大大缩短了混合时间,使均匀度大幅提高,且不受混合时间的影响,是一种高效率、高精度的混合设备。

三维运动混合机(图8.13)由传动机构和空间六杆机构主动轴、料筒、从动轴等组成。主动轴与从动轴互相平行,与相邻转动副的轴线相互正交。机架与主动轴、主动轴与主动拨叉、主动拨叉与料筒、料筒与从动拨叉、从动拨叉与从动轴、从动轴与机架皆相对转动。当主动轴以等速回转时,从动轴则变速反方向旋转,从而使筒体同时具有平移、自旋和翻转运动。

筒体在空间的任何位置上始终绕其转动中心线周期性变速旋转,而几何中心线在三维空间周期性地变速改变位置。正是由于三维运动混合机具有这种复杂的空间运动特性,容

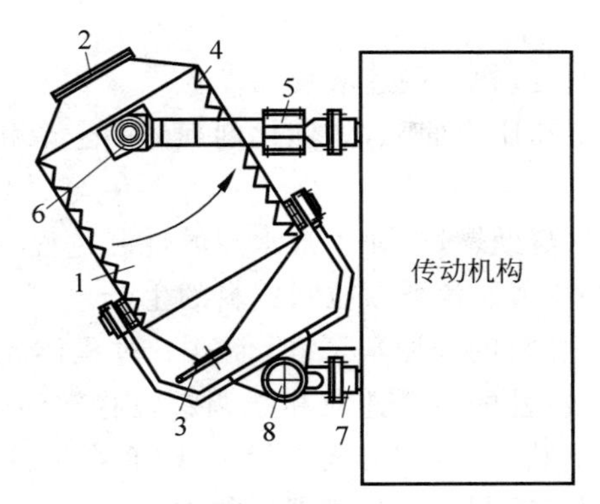

1—筒体；2—进料口；3—出料口；4—衬板；5—主动轴；6,8—方向节；7—被动轴

图 8-13　三维运动混合机结构简图

器中的物料在混合中发生抛落颠倒、平移翻转和交替脉动，沿筒体环向、径向和轴向流转，物料交替地处于凝聚和扩散运动中，在三维空间进行对流、扩散，在无离心力的条件下进行混合，不仅达到了高效的混合效果，同时也解决了物料密度差异形成的偏析和积聚湍流等现象，因此它的效率和混合质量比其他回转型混合机都要高。

8.2　造　　粒

8.2.1　造粒的定义

从广义上讲，造粒(prilling)的定义为：将粉状、块状、溶液、熔融液等状态的物料进行加工，使其成为具有一定形状与大小的粒状物的操作。广义的造粒包括了块状物的细分化和熔融物的分散、冷却、固化等。通常说的造粒是狭义定义上的概念，即将粉末状物料聚结，制成具有一定形状与大小的颗粒的操作。从这个意义上讲，造粒物是微小粒子的聚结体。如今，造粒过程广泛应用于许多工业部门。

8.2.2　造粒的目的

(1) 将物料制成理想的结构和形状，如粉末冶金成形和水泥生料滚动制球。

(2) 为了准确定量配剂和管理，如将药品制成各类片剂。

(3) 减少粉尘污染，防止环境污染与原料损失，如将散状废物压团处理。

(4) 制成不同种类颗粒体系的无偏析混合体，有效防止团体混合物各成分的离析，如炼铁烧结前的团矿过程。

(5) 改进产品的外观，如各类形状的颗粒食品和用作燃料的各类型煤。

(6) 防止某些有机物地生产过程中的结块现象，如颗粒状磷胺和尿素的生产。

(7) 改善粉粒状原料的流动特性，有利于粉体连续化、自动化操作的顺利进行，如陶瓷原料喷雾造粒后可显著提高成形给料时的稳定性。

(8) 增加粉料的密度，便于储存和运输，如将超细的炭黑粉制成颗粒状散料。

(9) 降低有毒和腐蚀性物料处理作业过程中的危险性，如烧碱、铬酐类压制成片状或粒状后使用。

（10）控制产品的溶解速度，如一些速溶食品。

（11）调整成品的空隙率和比表面积，如催化剂载体的生产和陶粒类多孔耐火保温材料的生产。

（12）改善热传递效果和帮助燃烧，如立窑水泥的烧制过程。

（13）适应不同的生物过程，如各类颗粒状饲料的生产。

各工业部门的特点和造粒目的及原料不同，使这一过程体现为多种多样的形式。总体上可将其分为突出单个颗粒特性的单个造粒和强调颗粒状散体集合特性的集合造粒两类。前者侧重每个颗粒的大小、形状、成分和密度等指标，因而产量较低，通常以单位时间内制成的颗粒个数来计量。后者则考虑制成的颗粒群体的粒度大小、分布、形状的均一性及容重等指标，处理量以 kg/h 或 t/h 来计量，属大规模生产过程。因此，集合造粒是本节内容的主题。

8.2.3 聚结颗粒的形成机理

8.2.3.1 粒子间的结合力

为了使粉粒凝聚而粒化，在粉体粒子之间必须产生结合力，粒子间的结合力有五种方式：

1. 固体颗粒间引力

固体颗粒间发生的引力来自范德华力（分子间引力）、静电力和磁性力。这些作用力在多数情况下虽然很小，但粒径小于 50μm 时，粉粒间的聚集现象非常显著。这些作用随着粒径的增大或颗粒间距离的增大而明显下降。

2. 可自由流动液体产生的界面张力和毛细管力

以可流动液体作为架桥剂进行造粒时，粒子间的结合力由液体的表面张力和毛细管力产生，因此液体的加入量对造粒产生较大影响。液体在颗粒间的存在状态由液体的加入量决定，见图 8-14。

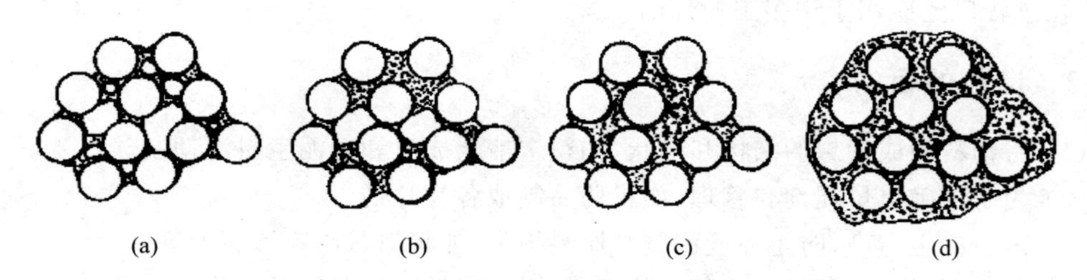

图 8-14 颗粒间液体的存在状态

(a) 摆动状态；(b) 链索状态；(c) 毛细管状态；(d) 浸渍状态

（1）摆动状态。液体在粒子空隙间充填量很少，液体以分散的液桥连接颗粒，空气呈连续相。

（2）链索状态。适当增加液体量，以液体桥相连。液体呈连续相，空隙变小，空气呈分散相。

（3）毛细管状态。液体量增加到充满颗粒内部空隙，仅在粉体层的表面存在气-液界面

(颗粒表面还没有被液体润湿)。

(4) 浸渍状态。颗粒群浸在液体中,液体充满颗粒内部与表面,存在自由液面。

一般情况下,液体在颗粒内以摆动状态存在时,颗粒松散;以毛细管状态存在时,颗粒发黏;以链索状态存在时得到较好的颗粒。可见液体的加入量对湿法造粒起着决定性作用。

3. 不可流动液体产生的黏结力

不可流动的液体包括:①高黏度液体;②吸附于颗粒表面的少量液体层。高黏度液体的表面张力很小,易涂布于固体表面,靠黏附性产生强大的结合力;吸附于颗粒表面的少量液体层能消除颗粒表面的粗糙度,增加颗粒间的接触面积或减小颗粒间距,从而增加颗粒间的引力等。

4. 颗粒间的固体桥

在一定的湿度条件下,在粉粒的相互接触点上,由于分子的相互扩散会形成连接两个颗粒的固体桥。在造粒的过程中,由于摩擦和能量的转换所产生的热也能促使固体桥的形成。在化学反应、溶解的物质再结晶、熔化的物质的固化和硬化过程中,颗粒与颗粒之间也能产生连接颗粒的固体桥。

5. 颗粒表面不平滑引起的机械咬合力

纤维状、薄片状或形状不规则的颗粒相互接触、碰撞、重叠在一起时,相互交错并结合在一起形成不平滑表面。机械咬合发生在块状颗粒的搅拌和压缩操作中,结合强度较大,但在普通造粒物过程中所占比例不大。

由液体架桥产生的结合力主要影响粒子的成长过程和粒度分布等,而固体桥的结合力直接影响颗粒的强度及颗粒的溶解速度或瓦解能力。

8.2.3.2 凝聚颗粒的抗拉强度

在评价造粒的颗粒时,颗粒之间的液桥力、范德华力和颗粒间的静电作用力是决定凝聚成颗粒的强度的重要因素。强度的指标有抗压强度和抗拉强度,抗拉强度可以从理论上采用一个简单的物理模型来进行分析。假设组成颗粒的粉末微粒是尺寸相同且分布服从统计规律的小球;每两个相邻小球之间有一个黏结点且黏结点的黏结强度可由颗粒的平均强度代替。由统计几何学分析,颗粒的平均抗拉强度可按式(8-5)计算:

$$\sigma = \frac{8}{9} \times \frac{1-\varepsilon}{\pi d^2} kH \tag{8-5}$$

式中 σ——颗粒的平均抗拉强度,MPa;

ε——成球颗粒的空隙率,%;

k——平均配位数;

H——单个接触点的黏结强度,MPa;

d——小球直径,mm。

成球颗粒的空隙率和平均配位数是相关函数,假定颗粒中的小球按面心立方晶格排列,则按晶体学知识有

$$\varepsilon k \approx 3.12 \tag{8-6}$$

依据小球间结合力类型的不同,颗粒间的抗拉强度表达式和主要影响因素不一样。当小球间的黏结主要靠小球间的范德华力时,令小球之间的间距为 a(μm),经试验,单个接触点之间的黏结强度可按式(8-7)计算:

$$H = 4.2 \times 10^{-15} \times \frac{d}{a^2} \tag{8-7}$$

联立式(8-5)～式(8-7)，可得凝聚颗粒间的抗拉强度为

$$\sigma = 3.71 \times 10^{-15} \times \frac{1-\varepsilon}{a^2 d\varepsilon} \tag{8-8}$$

当颗粒间的黏结主要是通过液体桥接时，液桥黏结颗粒的强度计算式为

$$\sigma = 1.7 \times \frac{1-\varepsilon}{\varepsilon} \cdot \frac{\gamma}{d} \tag{8-9}$$

式中 γ——表面张力，N。

在式(8-8)和式(8-9)中代入颗粒直径和空隙率的典型值进行计算，可以得出液桥黏结的平均拉伸强度是以范德华力结合的平均拉伸强度的300倍左右。

当固桥黏结或高黏度液体黏结时，一般黏结材料的抗拉强度值(σ_s)较高，颗粒强度可按式(8-10)计算，强度值除主要取决于黏结材料的抗拉强度值，还取决于黏结材料的加入量，即

$$\sigma = \frac{V_s}{V_p}(1-\varepsilon) \cdot \sigma_s \tag{8-10}$$

式中 V_s，V_p——黏结材料和颗粒的体积，mm^3。

8.2.4 造粒方法

8.2.4.1 压缩造粒

压缩造粒(compression prilling)是在炼胶机上挤压1～3次，压成硬度适宜的薄片，再碾碎、整粒。压实机理中有两种相互独立的随机过程：①原料细粒在外力作用下破裂或发生塑性变形，使尺寸稍微变化而挤满空隙；②因原料塑性流或破碎后填满空隙。

压缩造粒多使用活塞压机和滚压机。活塞压机也称模压机，广泛应用于需要严格控制尺寸的团聚过程。在金属加工工业中，切屑通过活塞压机的压制，可再循环去熔化。在制药工业中，一些药片很难成型，要先将细粉放在一定生产能力的压片机中成型，然后磨碎成粒度合适的颗粒，再模压成产品。

滚压造粒设备的结构及工作原理如图8-15所示，其两个并列安装的辊子的间距很小，两轴平行。大多数情况下其中一个固定，另一个可以作相对运动，两轴间距可以根据进料和产品的特性要求进行调节。辊子表面可呈不同形状，例如穴状、凹陷状，使物料成为单个成型颗粒。两个滚筒作相对旋转运动，原料在送粉器中用推进器连续地送入两滚筒之间。

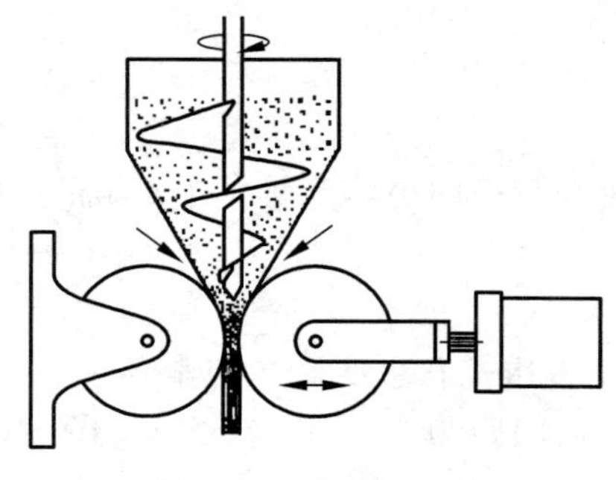

图8-15 滚压造粒设备

挤压造粒过程分为挤压块和破碎两个主要阶段。利用给干物料的足够压力，使粒子尽可能压紧，以便通过其静电力使物料聚结过程受控于其他机理，其中包括由于粒子紧贴而引起的短程分子力和静电力。挤压后的大块坯料由直接安装在挤压机下的破碎机破为小块，破碎机通常是挤压机的组成部分。破碎后的物料经筛分后进行成品包装，粒度不合格的物料进行循环，返料比一般为1.0～2.0。挤压效果取决于挤压物料的特性，包

括湿含量、粒度、形状、可塑性、硬度和温度等。

8.2.4.2 挤压造粒

挤压造粒(extrusion prilling)是用挤压机对加湿的粉体加压，并从设计的网板孔中挤出颗粒的过程。此方法可制得 0.2mm 到几十毫米的颗粒，是压缩造粒的特殊形式，须将物料进行塑性化处理(加入水或黏结剂进行捏合)。造粒过程可分为输送、压缩、挤出、切粒。原料粒度、水分、温度和外加剂影响造粒的效果。挤压造粒的特点是：处理能力大可达 25～30t/h；挤出产品须干燥处理；产品为短柱状，可通过后处理加工为球形。

8.2.4.3 滚动造粒

滚动造粒(rolling prilling)是将粉料加适量的黏结剂水溶液，依靠搅拌过程中黏结剂湿润粉体的凝聚作用及旋转作用形成团粒核心。核心以团聚和包层两种方式长大形成颗粒。

滚动造粒多采用圆筒粒化机或圆盘粒化机。将干燥的粉料在转动着的圆筒或圆盘中翻滚时喷黏结液，粉料很容易凝聚成粒度大小比较均匀的团粒。圆盘造粒机是滚动造粒的主要设备，它有一个作旋转运动的倾斜圆盘，圆盘的倾斜角可以调整，在倾斜的圆盘支架横梁上安装有喷淋嘴向物料加入黏结剂液体。该设备工作时，主电动机通过皮带带动减速机，由其输出轴上的齿轮转动固定在倾斜圆盘上的大齿轮，使圆盘匀速旋转，由于粉料与圆盘之间的摩擦作用，物料随着圆盘旋转上升，在重力的作用下向下滚动，在离心力的作用下被甩向圆盘的边缘。在喷洒黏结剂后，颗粒在圆盘内从很小的凝聚物逐渐长大，成品最后从圆盘边缘溢出。圆球越大，越不易带上，而是漫出圆盘，细小物料继续被带上喷湿。造粒盘角度和刮料板排布、原料干湿度以及黏结剂用量对圆盘造粒机的成球率有较大影响。

8.2.4.4 喷浆造粒

喷浆造粒(spray prilling)是用喷雾器将制好的料浆喷入造粒塔进行雾化，进入塔内的雾滴将与从另一方向进入塔内的热空气会合或相遇，雾滴中的水分受热空气的干燥作用，在塔内蒸发而成为干料，然后经旋风分离器收集。

喷浆造粒法的产量大，可以连续生产，劳动强度低，由于喷雾干燥法造粒是在近于液体的泥浆状态下进行的，造粒过程中依靠表面张力的作用而收缩成球形，因此可以得到比较理想的圆球形团粒。喷浆造粒常应用于陶瓷干压坯料的造粒。

8.2.4.5 流化造粒

流化造粒(fluidized prilling)又称一步制粒，其工作原理类似于流化床干燥。将粉料置于流化室内，流化室底部的筛网较细(60～100 目)且由不锈钢制成，外界空气滤净并加热后经过筛网进入流化室使粉料处于流化状态。将黏结剂溶液输入流化室并喷成小的雾滴，粉料被润湿而聚结成颗粒，继续流化干燥直至颗粒中有适宜的含水量。

一步制粒法是将混合、制粒、干燥等并在一套设备中完成。该方法工艺简单，生产效率较高，颗粒大小分布较窄，外形圆整，流动性好，压片质量也较好。但是当制粒原料各成分的密度差异较大时，在流化时有可能分离，导致均匀度不好。

流化造粒可以制备近似多孔的球状颗粒，造粒后如果切换热风，还可以在同一装置内进行干燥。调整操作条件可以使产品的表观密度在一定范围内变动。由于粒度分布广，有微粒夹带，所以必须设置旋风分离器或袋滤器等。与其他造粒方法相比，流化造粒比较容易处理有害气体，这是其被制药行业接受的主要理由之一。

主要造粒方法所用设备及其特点列于表 8-3。

表 8-3　主要的造粒方法

造粒方法	主要设备形式			方法概述及其特点
	①	②	③	
滚动造粒	圆盘	旋转圆筒	旋转截头圆锥	①粉体与黏结剂在倾盘中团聚，借筛析作用长大，由边缘排出；②粉体与黏合剂于圆筒中滚动、凝结造粒；③截头有旋转滚动凝结作用，同时筛析分级
流化造粒	流化床	喷动床	喷流床	①热风使粉体流态化，将黏结剂喷射雾化于粉体上，凝结造粒；②从锥底部流化粉体，黏结剂喷在流层中；③将水溶液、胶体等喷于流动的粉体层上，一边干燥，一边包覆造粒
压缩造粒	对辊压制机	对辊压丸机	压片机	①将适量的黏合剂混于粉体中，经压缩辊子形成片状，由后续工序破成粒；②流动性差的物料经给料螺旋加入旋转辊子模槽内，压缩制块；③将粉体置于臼中，在上下杆之间将其压缩成型并制成锭片
挤压造粒	螺旋挤压机	螺旋切块机	螺旋叶片机	①螺杆输送低湿粉体，并从圆筒中的模槽挤压出颗粒体；②将低湿粉体置于旋转螺模与辊子之间，辊子再将粉体从模孔中挤出成团粒；③将低湿粉体于圆筒状模内，旋转桨叶挤压粉体，从模孔排出成团粒

参考文献

[1]　张文华，赵厚林. 纵谈二维(摇滚)运动混合机与混合质量[J]. 机电信息. 2004(18)：45-47.

[2]　田冰. 固体混合设备原理与选择[J]. 机电信息，2010(35)：23-31.

[3]　查国才. 混合设备在固体制剂中的发展与应用[J]. 医药工程设计，2007，28(5)：41-44.

[4]　严淹. 浅谈配合料混合机理及混合设备[J]. 中国玻璃，2012(4)：36-38.

[5]　高金吉，等. 容器运动型混合机在我国的发展现状及展望[J]. 大连理工大学学报，2004，44(1)：7-10.

[6]　王进红，等. 三维运动混合机及在饲料加工中的应用[J]. 饲料工业，2014，35(15)：7-10.

[7]　王纪亭，等. 饲料加工混合设备的选用[J]. 畜牧生产，2002(7)：7-8.

[8]　曹汇东. 新型高效混合设备——无重力式混合机研讨[J]. 饲料工业，1997，18(3)：1-3.

[9]　陆厚根. 粉体工程导论[M]. 上海：同济大学出版社，1993：284-295.

[10]　GB/T 29526—2013，通用粉体加工技术：术语[P]. 2013.

[11]　张长森. 粉体技术及设备[M]. 上海：华东理工大学出版社，2007：254-280.

[12]　蒋阳，陶珍东. 粉体工程[M]. 武汉：武汉理工大学出版社，2008：238-255.

[13]　张少明，翟旭东，刘亚云. 粉体工程[M]. 北京：中国建材工业出版社，1994：162-177.

[14]　蒋阳，陈继贵. 粉体工程[M]. 合肥：合肥工业大学出版社，2005：380-387.

第9章 粉体的储存与运输

本章提要：在粉体的生产、制造、加工过程中，常需要进行粉体物料的储存、输送等操作。本章主要介绍储料容器料仓的结构和常见故障；在粉体运输方面介绍机械输送和气力输送设备的结构及工作原理。通过本章内容的学习，掌握粉体储存与输运的相关概念和理论，理解粉体储存与输运设备的结构与原理。

在大规模、连续化利用粉体或生产粉体的相关生产作业中，原料、半成品以及成品数量和产量巨大。生产过程中需要利用各种输送与仓储设备使这些物料在各工序间有序、不间断的输送和储存，以保证生产正常进行，进而实现生产的自动化。按照粉体物料粒度，储料设备可分为堆场和储料器；按照粉体物料输送的方式可分为机械输送（mechanical conveying）和气力输送（pneumatic conveying）方式。如何避免输送和储存过程中物料产生偏析及如何避免发生堵料等不稳定工况的出现，保证粉体原材料的有效输送和储存，直接关系到生产过程的稳定性和末端产品的质量。如何实现连续生产线上的高精度给料和高精度配比，也是关系到粉末冶金制品质量、静电喷涂层厚度均匀性、等离子热喷涂涂层质量等的重要工程指标。

9.1 粉体物料的储存

9.1.1 物料储存的必要性与分类

在生产过程中，由于下列因素造成了物料在工序间储存的必要性：

(1) 外界条件的限制。由于受矿山开采、运输以及气候季节性的影响，原料进厂总是间歇性的，因此厂内必须储存一定量的原料，以备不时之需。

(2) 设备检修和停车。为了保证连续生产，各主机设备在检修和停车时，均应考虑有满足下一步工序的足够储存量。

(3) 质量均化。进厂的原料或半成品往往不能保证水分、组分或化学成分十分均匀，须在一定范围内有计划和有控制的储存，使之进一步均化。

(4) 设备能力的平衡。一般来讲，各主机设备的加工能力、生产班制和设备利用运转率是不一致的，为了保证上下工序间的匹配和平衡，必须增设各种储料设备。

储料设备按储存粉体物料的粒度可分为两大类：

第一类是用于存放粒状、块状料的堆场、堆棚（库）和吊车库。露天堆场的特点是投资省、使用灵活，但占地面积大、劳动条件差、污染严重。堆棚（库）和吊车库可用专用机械卸料和取料。大型预均化堆场对生产质量的控制具有较大的优越性。

第二类是用于储存粉料的储料容器。储料容器种类繁多，分类方法也较多。按储料容器相对厂房零点标高的位置，分为地上和地下两种。按建筑材质，可将储料容器分为砖砌、金属、钢筋混凝土和砖石混凝土复合四种。按用途性质和容量大小，储料容器可分为以下三种：①料库，其容量最大，如钢板料库容积可达 $6\times10^4 m^3$，有直径 37m、高 52m 的混凝土料库，也有直径为 46m 的混凝土库，其使用周期在一周或一个月以上，主要用于原料、半成品或成品的储存；②料仓，其容积居中，使用周期以天或小时计，主要用来配合几种不同物料或调节前后工序的物料平衡；③料斗，即下料斗，其容量较小，用以改变料流方向和速度，能顺利进入下一道工序的设备内。

9.1.2 料仓及料斗的结构

料仓(bunker)和料斗(hopper)在形状和结构上并没有严格的界限。料仓由筒仓和料斗两部分组合而成，最常用的料仓的横断面形状有方形、矩形和圆形，如图 9-1 所示。

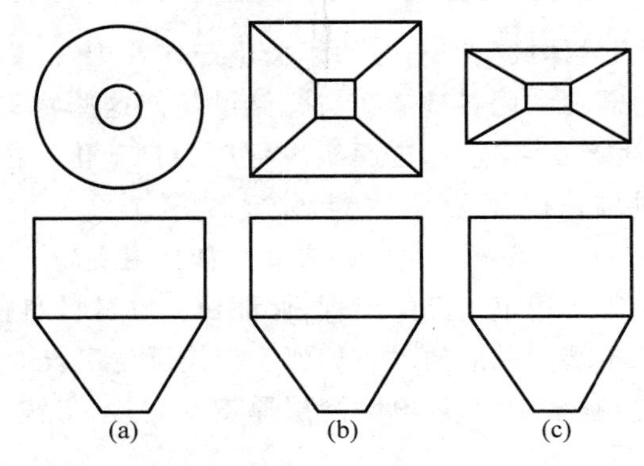

图 9-1 料仓的断面形状

(a) 圆形；(b) 方形；(c) 矩形

料斗的设计对于料仓功能的好坏是非常重要的，料斗改变了料仓中物料的流动方向，同时料斗的构造和形式决定了物料流向卸料口方向的收缩能力，图 9-2 为几种常见料斗的形状，常用的形状是与圆形料斗仓结合使用的圆锥形料斗。加大卸料口的尺寸、采用下半顶角及偏心料斗均不易产生结拱，有利于物料的流动。在图 9-2 中，附着性粉体的排出由易到难依次为：(c)＞(b)＞(a)＞(d)＞(e)。

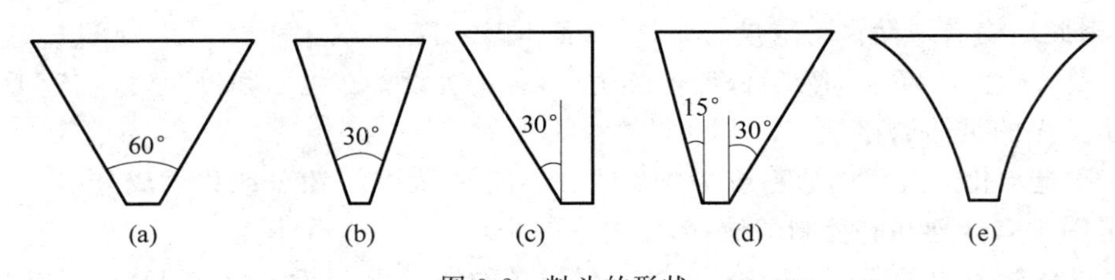

图 9-2 料斗的形状

9.1.3 料仓的常见故障与对策

9.1.3.1 粉体的偏析及防止措施

粉体颗粒在运动、成堆或从料仓中卸料时，由于粒径、颗粒密度、颗粒形状、表面性状等的差异，常常产生物料的分级效应和分离效应，使粉体层的组织呈不均质的现象称为偏析。偏析现象在粒度分布范围宽的自由流动粉体物料中经常发生，但在粒度小于 70μm 的粉料中却很少见到。一般黏性粉料不会偏析，但包含黏性和非黏性两种成分的粉料可能发生偏析。偏析会造成物料粒度和成分的变化，从而引起物料质量的变化，可能会给下一道工序带来麻烦，严重的会造成产品质量波动和下降。

1. 粉体偏析的机理

根据偏析机理，可将粒度偏析分为三种。

(1) 附着偏析。粉体进入料仓时，由于一定的落差，在重力沉降过程中，粗料与细料会分开。细料附着在仓壁上，当受到外力振动时，附着料层剥落下来，致使料仓卸料时粒度分布发生前后波动变化。对粒度在几微米以下的粉料，其沉降速度与布朗运动的速度相等，或者对静电感应较强的微粉来说，粉料的附着作用更严重。

(2) 填充偏析(渗流偏析)。粉体在仓内以休止角堆积，在堆积锥面上方加入粉体时，粉体沿静止粉体层上的斜面产生重力流动，倘若加料速度慢，这一流动时断时续地进行。慢慢堆积时，以静态休止角为条件保持平衡。一旦产生流动，平衡被破坏，粉体流动将从静态休止角进行到动态休止角时方可停止，从而达到新的平衡。由于静止于粉体层之上的表面流动粉体层颗粒间有空隙，且处于运动状态，因此粉体中的细颗粒将透过大颗粒间的间隙到达静止粉体层中，这一现象称为粉体颗粒间的渗流。此时，细粒直径大约是粗粒直径的1/10。流动粉体层具有类似筛网一样的筛分作用。从粉体的落料点开始，沿流动方向的长度设为L，L长度上的力度变化与套筛中的情形相似。如果加料速度大于渗流过程中的颗粒流动速度，则填充偏析作用显著减弱。

(3) 滚落偏析。一般来说，粗颗粒的滚动摩擦系数小于细颗粒。因此，粗颗粒沿静止粉体层表面的滚落速度大于细颗粒，由此形成粒度偏析。

2. 防止偏析的措施

(1) 均匀投料法。在料仓上方尽可能多设投料点，避免单一投料口，这样可将一个料堆分成多个小料堆，使所有各种粒度的各种组分(密度不同)能够均匀地分布在料仓的中部和边缘区域，并要保持一定的料位，不能排料排得太空。投料速度越快，越利于避免偏析，所以要尽可能地缩短投料流径。

(2) 料仓的构造。整体流料仓有利于消除偏析。料仓的构造可采用以下方法：①细高料仓法，即在相同的料仓容积条件下，采用直径较小而高度较大的料仓有利于减轻粉料堆积的程度；②在料仓中采用垂直挡板将直径大的料仓分隔成若干个小料仓，构成若干个细高料仓的组合形式；③在料仓中设置中央孔管，即使落料点固定不变，但由于管壁上不规则地开有若干个窗孔，粉体由不同的窗孔进入料仓不同的位置，实际上就是在不断地改变落料点，从而收到多点装料的效果；④采用侧孔卸料，粉体从垂直料仓侧面的孔卸出，可获得比较均一的料流。也可以采用在卸料口加设改流体装置的方法以改变流型，减轻漏斗流对偏析的强化作用。

(3) 物料改性。把物料破碎到尽可能均一的粒度或粉磨到尽可能细，都能效消除偏析。当物料以湿态储存且不影响其性质时，可以通过团聚现象消除粒度偏析。

9.1.3.2 粉体静态拱及防止措施

料仓内的物料由于粉体附着力和摩擦力的作用，在某一料层可以产生向上的支持力，当与上方物料向下的压力达到平衡时，这一料层下方便达到静平衡，造成料仓内的粉料不能正常卸出。不能正常卸出的原因常常是粉体在料仓内结成静态拱，其形成原因一般有四种类型的静态拱(图 9-3)。

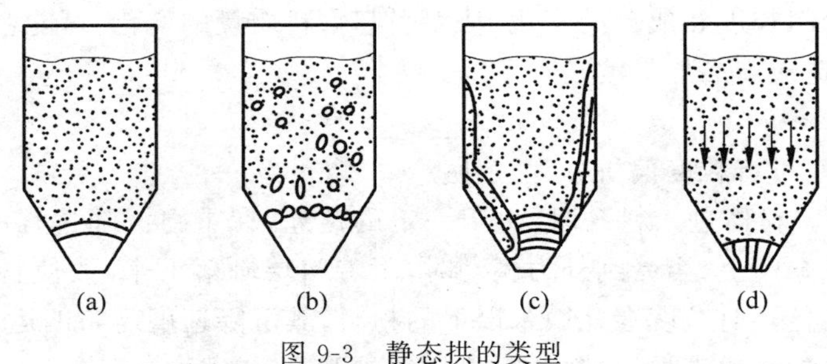

图 9-3 静态拱的类型

(a) 压缩拱;(b) 楔形拱;(c) 黏结黏附拱;(d) 气压平衡拱

1. 压缩拱

粉体因受料仓压力的作用,使固结强度增加而导致结拱,见图 9-3(a)。

2. 楔形拱

块状物料因形状不规则相互啮合达到力的平衡,在孔口处形成架桥见图 9-3(b)。

3. 黏结黏附拱

黏结性强的粉料因含水分、吸潮或静电吸附作用而增强了粉料与仓壁的黏附所致见图 9-3(c)。

4. 气压平衡拱

若料仓卸料装置气密性较差,导致大量空气从底部漏入仓内,则当料层上下气体压力达到平衡时就会形成料拱,见图 9-3(d)。生产中常见的旋风筒因下料管不能形成良好的料封作用而导致堵塞也属于气压平衡拱。

防止结拱的措施(又称助流活化措施)主要有以下途径:改变料仓(斗)的几何形状及其尺寸,加大卸料口,采用偏心卸料口,减小料仓料斗的顶角等;降低料仓内的粉体压力;使仓壁光滑,以减小料仓壁的摩擦阻力;采用助流装置,如空气炮清堵器、仓壁振荡器、振动漏斗和仓内搅拌器等。

9.2 机械输送

9.2.1 胶带输送机

胶带输送机是工业生产中应用最普遍的连续式输送机械之一,可用于水平方向和坡度不大的倾斜方向输送粉体和成件物料,具有生产效率高、运输距离长、工作平稳可靠、结构简单、操作方便等优点。

胶带输送机按机架结构形式不同可分为固定式、可搬式、运行式三种。三者的工作部分是相同的,机架部分不同。

胶带输送机的构造如图 9-4 所示,一条无端的胶带 1 绕在传动滚筒 6 上,并由固定在机架上的上托辊 2 和下托辊 10 支承。驱动装置带动传动滚筒回转时,由于胶带通过螺旋拉紧装置 7 张紧在两滚筒之间,便由传动滚筒与胶带间的摩擦力带动胶带运行。物料由漏斗 4 加至胶带上,由传动滚筒处卸出。当然,加料点和卸料点可不限于一处。

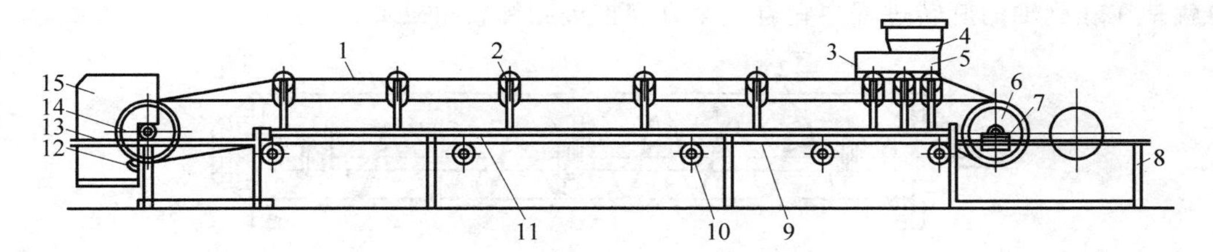

1—胶带；2—上托辊；3—缓冲托辊；4—漏斗；5—导料槽；6—传动滚筒；7—螺旋拉紧装置；8—尾架；9—空段清扫器；10—下托辊；11—中间架；12—弹簧清扫器；13—头架；14—传动滚筒；15—头罩

图 9-4 胶带输送机的构造

9.2.2 螺旋输送机

螺旋输送机是一种最常用的粉体连续输送设备，其优点是：构造简单，在机槽外部除了传动装置外，不再有转动部件；占地面积小；容易密封；管理、维护、操作简单；便于多点装料和多点卸料。其装料和卸料方式如图 9-5 所示。

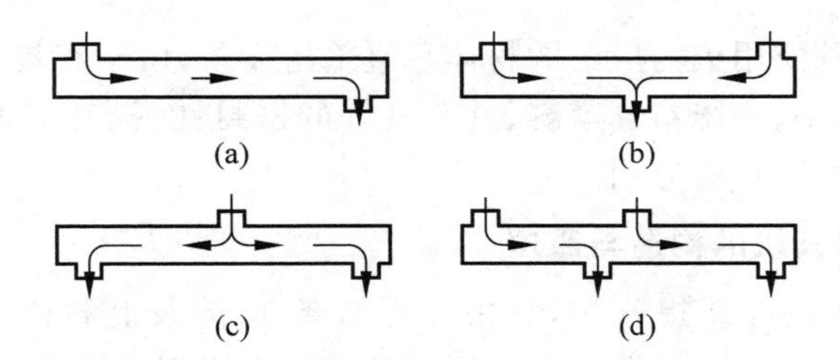

图 9-5 螺旋输送机的装料和卸料方式

螺旋输送机的缺点是：运行阻力大，这些阻力主要存在于机槽与螺旋叶片之间、螺旋面与物料之间、机槽与物料之间等；一般比其他输送机的动力消耗大，机件磨损较快，不适宜输送块状、磨损性大的物料；由于摩擦作用在输送过程中对物料有较大的粉碎作用，对需要保持一定粒度的物料，不宜用这种输送机；由于各部件有较大的磨损，所以这种输送设备只用于较低或中等生产率($100m^3/h$)的生产中，且输送距离不宜太长。

螺旋输送机的结构如图 9-6 所示，其内部结构如图 9-7 所示。它主要由螺旋轴、料槽和驱动装置组成。料槽的下半部是半圆形，螺旋轴沿纵向放在槽内。当螺旋轴转动时，物料由于其质量及它与槽壁之间摩擦力的作用，不随螺旋一起转动，这样由螺旋轴旋转产生的轴向推力就直接作用到物料上而成为物料运动的推动力，使物料沿轴向滑动。物料沿轴向的滑动就像螺杆上的螺母一样，当螺母沿轴向不能旋转时，螺杆的旋转就使螺母沿螺杆平移。物

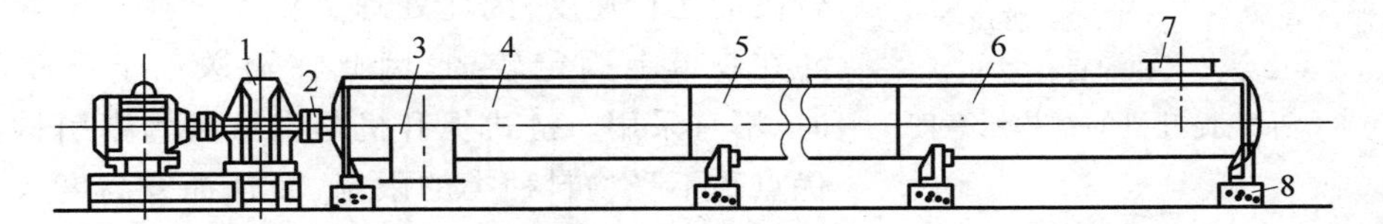

1—驱动装置；2—传动联轴器；3—出料口；4—头节；5—中间节；6—尾节；7—进料口；8—基础

图 9-6 螺旋输送机的结构

料就是在螺旋轴的旋转过程中朝着一个方向推进到卸料口处卸出。

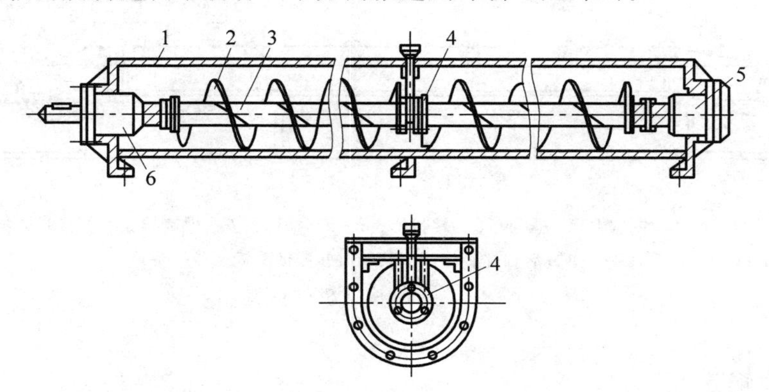

1—料槽；2—叶片；3—转轴；4—悬挂轴承；5,6—端部轴承

图 9-7 螺旋输送机的内部结构

9.2.3 斗式提升机

斗式提升机是一种应用极为广泛的粉体垂直输送设备，由于其具有结构简单、横截面的外形尺寸小、占地面积小、系统布置紧凑、具有良好的密封性、提升高度大等特点，在现代工业的粉体垂直输送中得到普遍应用。

9.2.3.1 斗式提升机的构造与原理

图 9-8 是一种常见的斗式提升机，它由环形链条 1、链条上的料斗 2、驱动滚筒或链轮 3、张紧链轮 4 等主要部件组成。斗式提升机的所有运动部件一般都罩在机壳里。机壳上部与传动装置及驱动链轮 3 组成提升机的机头。机壳下部与张紧轮 4 组成提升机机座。机壳的中部由若干节联结而成。被输送的物料由进料口喂入后，被连续向上的料斗舀取、提升，由机头上的出料口 5 卸出。

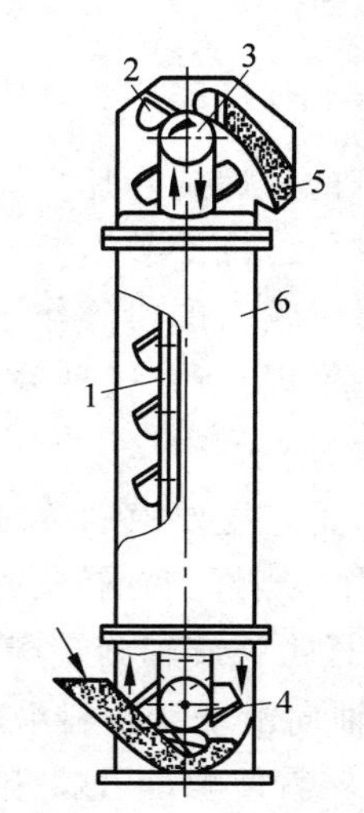

1—胶带式链条；2—料斗；3—驱动滚筒式链轮；4—张紧轮；5—出料口；6—机壳

图 9-8 斗式提升机的结构示意图

为防止运行时由于偶然原因(如突然停电)导致链轮和料斗向运行方向的反向坠落造成事故，在传动装置上还设有逆止联轴器。

按照牵引构件的形式，斗式提升机可分为带式提升机和链式提升机。带式提升机以胶带为牵引构件。其优点是成本低、自重小、工作平稳无噪声，并可采用较高的运行速度，因此处理量较大。其主要缺点是料斗在胶带上固定较弱，因此在输送难于舀取的物料时，不宜采用。链式提升机是以链条为牵引构件。其优点是不受物料种类的限制，而且提升高度大。其缺点是运转时，链节之间由于进入灰尘会加剧磨损，增加检修次数，影响使用寿命。

9.2.3.2 斗式提升机的装载和卸载方式

斗式提升机的装载方式分为掏取式和流入式两种。

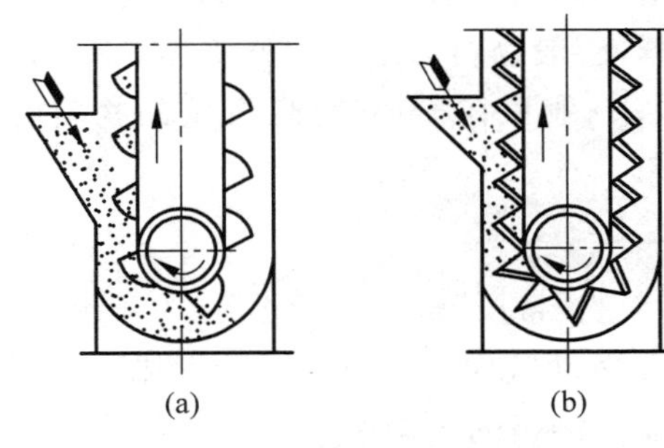

图 9-9 斗式提升机的装载方式

(a) 掏取式；(b) 流入式

1. 掏取式

掏取式斗式提升机的装载方式如图 9-9(a)所示，是由料斗在物料中掏取装料。这种装载方式主要用于输送粉状、粒状和小块状无磨损性的物料。

2. 流入式

流入式斗式提升机的装载方式如图 9-9(b)所示，物料直接流入料斗内。这种装载方式主要用于输送大块和磨损性大的物料。

斗式提升机的卸载方式分为三种：离心式、重力式和混合式。

9.2.4 链板输送机

链板输送机也是一种应用较广泛的粉体连续输送设备。这类输送设备的主要特点是以链条作为牵引构件，另以板片作为承载构件，板片安装在链条上，借助链条的牵引达到输送物料的目的。根据输送物料的种类和承载构件的不同，链板输送机主要有板式输送机、刮板输送机和埋刮板输送机三种。

9.2.4.1 板式输送机

板式输送机的构造如图 9-10 所示，它用两条平行的闭合链条作牵引构件，链条上联结有横向的板片 2 或 3，板片组成鳞片状的连续输送带，以便装载物料。牵引链紧套在驱动链轮 4 和改向链轮 5 上，用电动机经减速器、驱动链轮带动。在另一端链条绕过改向链轮，改向链轮上装有拉紧装置，因为链轮传动速度不均匀，坠重式的拉紧装置容易引起摆动，所以拉紧装置采用螺旋式的。重型板式输送机的牵引链大多采用板片关节链(图 9-10)。在关节销轴上装有滚轮 6，输送的物料以及输送的运动构件等的质量都由滚轮支承，沿着机架 7 上的导向轨道滚动运行。

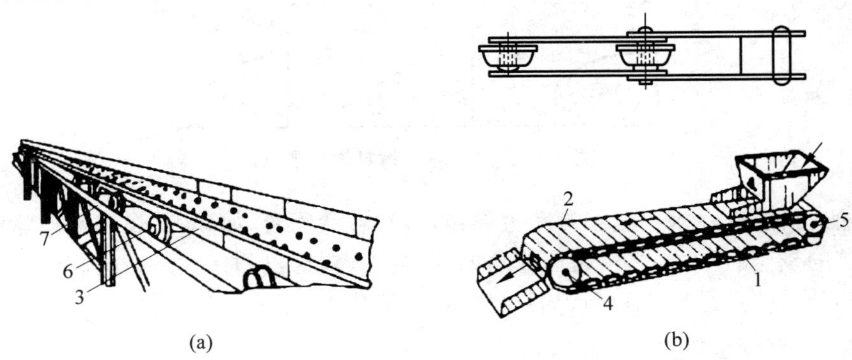

1—牵引链；2—平板；3—槽形板；4—驱动链轮；5—改向链论；6—滚轮；7—机架

图 9-10 板式输送机的构造

板式输送机有以下几种类型：机架上装有固定栏板的输送机，见图 9-10(a)；无拦板的输送机，见图 9-10(b)。这两种多用来输送散状物料。

板式输送机的特点是：输送能力大，能水平输送物料，也能倾斜输送物料，输送距离较长，适合输送沉重的、大块的、易磨性的和炽热的物料，一般物料的温度应低于 200℃。但因其结构笨重、制造复杂、成本高、维护工作繁重，所以一般只在输送灼热、沉重的物料时才选用。

9.2.4.2 刮板输送机

刮板输送机借助链条牵引刮板在料槽内的运动对物料进行输送。如图 9-11 所示，料槽固定在机座 5 中，牵引链 2 上安装刮板 1，绕过两端的驱动链轮 4 和改向链轮形成一条闭合的链条。链条的运动由驱动链轮带动，料槽中的物料在链条的运动中由链条上的刮板推动向前运动，从而达到输送物料的目的。改向链轮上也有张紧装置，以使链条处于张紧状态，便于驱动轮的动力得以有效传递。

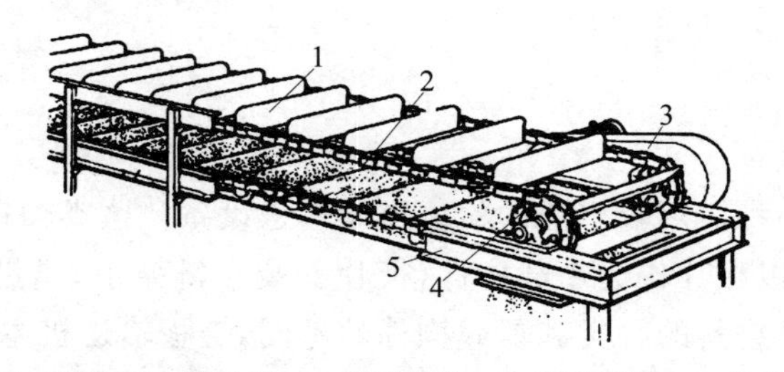

1—刮板；2—牵引链；3—驱动机构；4—驱动链轮；5—机座

图 9-11　间歇式刮板输送机

链条上的刮板要高出物料，物料不连续堆积在刮板的前面，物料的截面呈梯形(图 9-12)。由于物料在料槽内是不连续的，所以又称为间歇式刮板输送机。这种输送机利用相隔一定间距固装在牵引链条上的刮板输送物料。牵引链条最常用的是圆环链，可以采用一根链条与刮板中部连接，也可用两根链条与刮板两端相连。刮板的形状有梯形和矩形等，料槽的断面与刮板相适应。物料由上面或侧面装载，在末端自由卸载，也可以通过槽底部的孔口进行中途卸载，可同时在几处进行卸载。

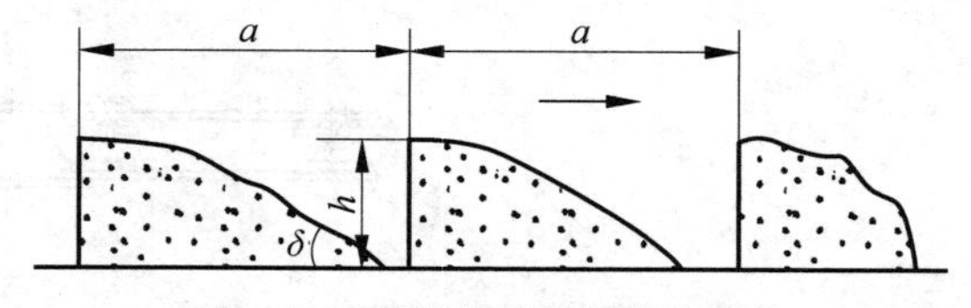

图 9-12　刮板前的物料堆积形状

这种输送机适合在水平或小倾角方向输送散、粒状物料，如碎石、煤和水泥熟料等，不适宜输送易碎的、有黏性的或易被挤压成块的物料。该输送机的优点是结构简单，可在任意位置装载和卸载。缺点是料槽和刮板磨损快，功率消耗大。

9.2.4.3 埋刮板输送机

埋刮板输送机是一种连续粉体输送设备。由于它在水平和垂直方向都能很好地输送粉体和散粒状物料，因此近年来在工业中得到较多应用。

埋刮板输送机有两个部分的封闭料槽：一部分用于工作分支；另一部分用于回程分支，固定有刮板的无端链条分别绕在头部的驱动链轮和尾部的张紧链轮上，如图 9-13 所示。物料在输送时并不由各个刮板一份一份地带动，而是以充满料槽整个工作断面或大部分断面的连续流的形式运动。

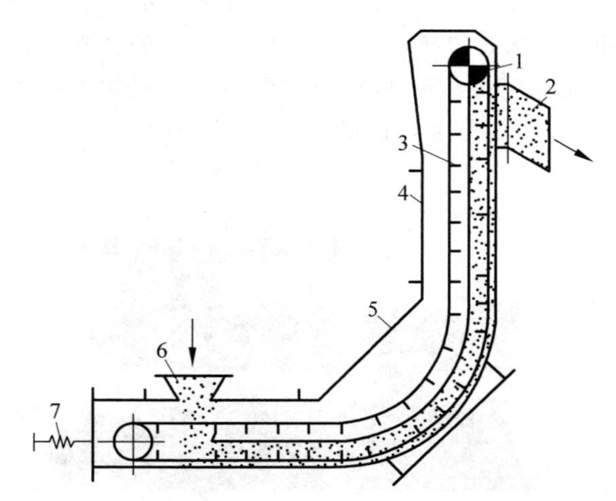

1—头部；2—卸料口；3—刮板链条；4—中间机壳；5—弯道；6—加料段；7—尾部拉紧装置

图 9-13　埋刮板输送机

水平输送时，埋刮板输送机槽道中的物料受到刮板在运动方向的压力及物料本身质量的作用，在散体内部产生了摩擦力，这种内摩擦力保证了散体层之间的稳定状态，并大于物料在槽道中滑动而产生的外摩擦阻力，使物料形成连续整体的料流，从而被输送。

垂直输送时，埋刮板输送机槽道中的物料受到刮板在运动方向的压力时，在散体中产生横向的侧压力，形成了物料的内摩擦力，同时由于水平段不断给料，下部物料相继对上部物料产生推移力。这种内摩擦力和推移力的作用大于物料在槽道中滑动产生的外摩擦力与物料本身的重量，使物料形成连续整体的料流，从而被提升。

埋刮板输送机主要用于输送粒状、小块状或粉状物料。物料在机壳内封闭运输，扬尘少，布置灵活，可多点装料和卸料；设备结构简单，运行平稳，电耗低。不适用于输送磨损性和硬度大的块状物料，也不适用于输送黏性大的物料。对于流动性特强的物料，由于物料的内摩擦系数小，难以形成足够的内摩擦力来克服外部阻力和自重，因而输送困难。

9.2.5　给料机

粉体给料需要特定专用的给料设备——给料机。该设备是粉体产品存仓系统中不可缺少的重要组成部分，也是在短距离内输送物料的机械设备。由于使用目的不同，又称为给料机、加料机、喂料机或卸料机等。它一般装设于存仓的卸料口，依靠物料的重力作用以及给料设备工作机构的强制作用，将存仓内的物料卸出并连续均匀地给入后续设备(计量与包装设备)中。给料设备能控制料流，起到定量给料的作用。另外，当给料机停止工作时，还可起到存仓闭锁的作用。因此，它是连续生产工艺过程中不可缺少的设备之一。

9.2.5.1　给料机的类型

给料机的类型很多，分类标准也不唯一。根据输料形式可分为带式给料机和板式给料机；按照运动形式可分为转动式给料机、圆盘给料机和振动式给料机等。

9.2.5.2 常用的给料机

1. 带式给料机

带式给料机实际上是一种短小的带式输送机，它可以水平或倾斜安装（图 9-14）。带式给料机主要用于粒状和小块状的物料，很少用于中等块度的物料。其优点是：结构比较简单，投资少，运行可靠；在稳定运行时所需功率较低；给料量调整性能良好，可实现自动控制和计量。但需要占据较大的空间；胶带易磨损，因此不适宜于磨蚀性的、温度高的物料。

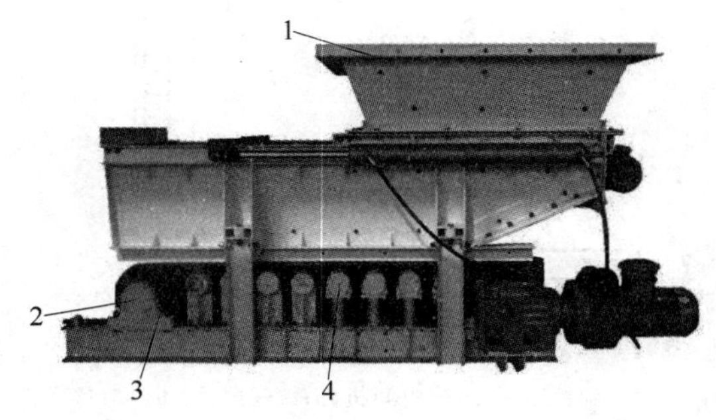

1—料斗；2—改向托辊；3—胶带；4—托辊

图 9-14 带式给料机

2. 板式给料机

对于块状物料或温度超过 70℃的物料，应用板式给料机。它和带式给料机一样，可以水平或倾斜安装，倾角可大于带式给料机。与普通刮板输送机相比，承载板不是垂直于链条运行方向，而是平行于链条安装。对于轻型和中型板式给料机，通常采用滚子链，沿固定的轨道运行，而重型板式给料机则采用固定的支承托辊，其链板沿托辊运行。

板式给料机适用于大块、磨蚀性强、沉重及热物料的给料输送。其链板的运行速度一般为 0.2～0.4m/s，生产能力可达 1 000m^3/h。由于其结构坚固，所以可以承受很大的压力和冲击力，还能输送处理大块和热的物料，可靠性高并能保证较均匀地给料。其缺点是结构复杂、重量大、制造成本高，不适宜输送粉状物料。

3. 转动式给料机

转动式给料机主要用于粉状物料的输送，其特点是工作构件绕着固定轴转动，属于这类给料机的有螺旋式、滚筒式、叶轮式。

（1）螺旋给料机

螺旋给料机如图 9-15 所示，与一般的螺旋输送机相比，其特点是给料机的螺距和长度都较小，可不设中间轴承，料槽也不像输送机那样呈 U 形，而是管状，螺旋轴支承在管外的两端轴承内，物料填充系数较大，一般可达 0.8～0.9。螺旋给料机有单管和双管两种。按螺旋结构可分为：双头螺旋给料机、变螺距给料机和直径渐大给料机。

（2）滚筒给料机

滚筒给料机如图 9-16 所示，当滚筒转动时，在存仓卸料口下面部分的物料受摩擦力带动随着滚筒下落，由存仓卸料口均匀卸出。滚筒给料机适用于各种类型的物料。对流动性好的粒状物料采用光面滚筒，而对大块状物料则采用带棱角表面的滚筒。改变转速或调节挡板的开度能调节滚筒给料机的生产能力，具有投料连续均匀的优点。

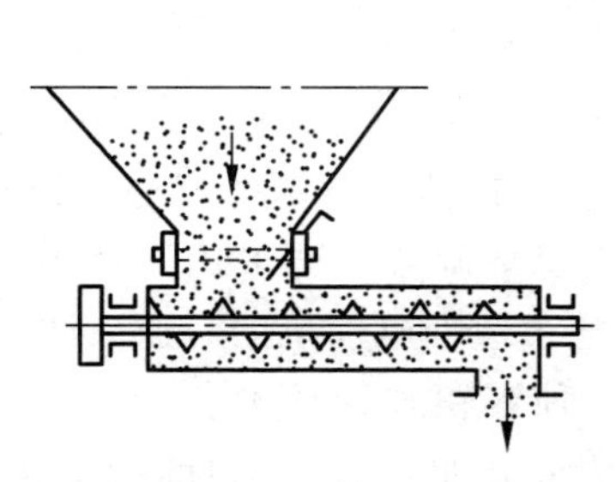

图 9-15　螺旋给料机

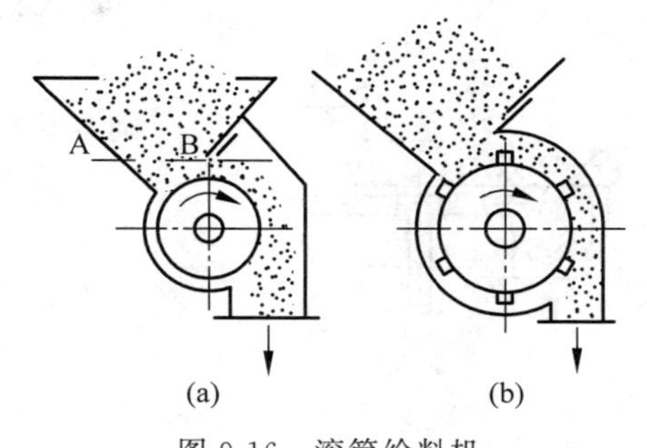

图 9-16　滚筒给料机

(a) 光面滚筒；(b) 带棱角表面滚筒

(3) 叶轮给料机

叶轮给料机如图 9-17 所示，它具有一个能与存仓受料设备衔接的外壳，中间为叶轮转子，转子由单独的电动机通过链轮传动。当转子不动时，物料不能流出；当转子转动时，物料便可随转子的转动卸出。

叶轮给料机有弹性叶轮给料机和刚性叶轮给料机两种。弹性叶轮给料机如图 9-17(a)所示，用弹簧板固定在转子上，密封性能较好，对均匀给料有保证。叶轮的转向只能朝一个方向，不得反转，速度不应高于 20r/min。当要求变速时，可选用直流电动机。当给料机上部存仓的物料压力较大影响均匀给料时，可选用带有搅拌针的弹性叶轮给料机。

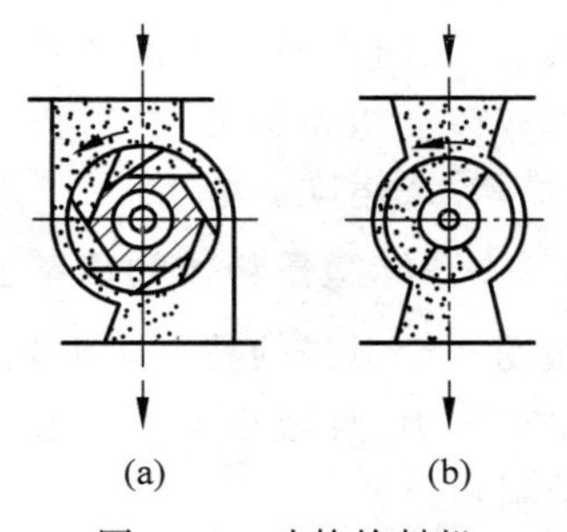

图 9-17　叶轮给料机

(a) 弹性叶轮给料机；(b) 刚性叶轮给料机

刚性叶轮给料机的叶片与转子成一整体[图 9-17(b)]，一般用于密闭及均匀给料要求不高的地方。叶轮给料机的生产能力可用改变转速的办法来调节。叶轮给料机结构简单，造价便宜，容易维修，封闭性好并兼有锁风作用。它只适用于干燥粉状或小颗粒状的物料，适用于气力输送系统的给料。它是旋风收尘器和袋式收尘器的组成部分。

4. 圆盘给料机

圆盘给料机如图 9-18 所示。它具有旋转的圆盘 1，圆盘上方有套在存仓 2 卸料口上面的活动套筒 3。活动套筒距圆盘的高度可以通过螺杆 4 调节。物料从存仓落到圆盘上堆积成一截锥形料堆。传动装置经立轴带动水平圆盘回转时，物料被固定的刮板 5 刮下，卸落到卸料管 6 中。圆盘下面装有盘壳 7，盘壳有一圈高出盘面的盘边围在圆盘外围，以防物料由盘中撒落。当有物料颗粒掉入盘壳内时，随圆盘一起回转的刮灰板 8 就能将这些物料刮入下料口，以防物料堆积产生阻塞。

圆盘给料机的形式很多，按支承方式可分为吊式和座式两大类，按机壳的形式每类又可分为敞开式和封闭式两种。吊式圆盘给料机的整个设备通过槽钢柱悬吊在存仓下面。敞开

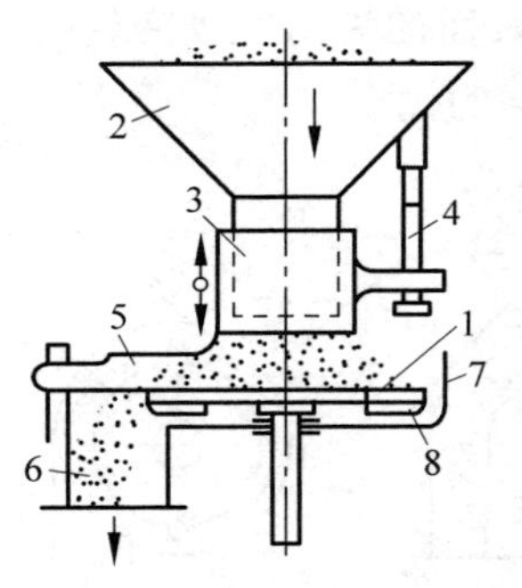

1—圆盘；2—存仓；3—活动套筒；4—螺杆；5—刮板；6—卸料管；7—盘壳；8—刮灰板

图 9-18　圆盘给料机

式圆盘给料机适用于密闭程度要求不高的场合；封闭式圆盘给料机主要用于要求减少漏风或扬尘的密闭系统。在硅酸盐工业中，风扫式煤磨系统通常采用封闭式圆盘给料机，而磨机和烘干机的给料一般都采用敞开式圆盘给料机。

圆盘给料机的转速一般为 1.25～10r/min，生产能力为 0.2～130m^3/h。生产能力可通过改变下料套筒的高度和变更刮板的开度来调节。当采用调速电动机或直流电动机时，还可通过改变电动机的转速来调节。

圆盘给料机是一种容积式计量设备。其优点是结构简单，使用可靠，调节方便，生产能力的调节幅度大，给入的物料分量可以控制得比较准确。其缺点是由于是容积计量，一般有 5%左右的误差；另外，圆盘给料机对物料几乎没有输送距离，因此有时会因实际布置困难而不宜采用。圆盘给料机适用于给送各种非黏性物料，粒度一般不大于 80mm，对于流动性特别好的粉状物料，因易窜料，也不宜采用。

5. 振动式给料机

振动式给料机根据槽和物料的运动状态，可分为惯性式和振动式两类。在惯性式振动给料机上，物料在惯性力的作用下，在任何时间都与槽底保持接触，且沿槽底作滑落运动；在振动式振动给料机上，物料在惯性力的作用下，由槽底脱离，向上作抛掷运动，物料在料槽中作"跳跃"式运动。

9.2.5.3　微量粉体的高精度给料

振动式给料机的特点是振幅小、频率高，物料在槽中可作一定的跳跃运动，所以具有较高的生产能力，且减小了槽的磨损。振动式给料机的激振方式一般为电磁振动，又称为电磁振动给料机。

电磁振动给料机的结构如图 9-19 所示，由料槽、电磁激振器、减振器及电器控制箱四个部分组成。料槽是承载构件，用来承受存仓下来的物料，经电磁振动将物料输送给下一个受料设备。料槽形式根据使用要求可设计成槽式和管式两种，槽式又可做成敞开式或封闭式的。如图 9-20 所示，电磁激振器是使料槽 1 产生往复振动的能源部件，主要由连接叉 2、衔铁 3、弹簧组 4、铁芯 6 和激振器壳体 8 组成。连接叉和料槽固定在一起，通过它将激振力传给料槽。衔铁用螺栓固定在连接叉上，和铁芯保持一定间隙而形成气隙 5(一般为 2mm)。弹簧组为储能机构，用于形成双质点振动系统。铁芯用螺栓固定在振动壳体上，铁芯上固定有线圈，当电流通过时就产生磁场。激振器壳体用于固定弹簧组和铁芯，亦作为平衡重量用，所以其质量应满足设计要求。减振器的作用能减少传递给基础或框架的振动力。给料机通过减振器悬挂在存仓或建筑构件上。减振器由四个螺旋弹簧(或橡胶弹簧)组成，其中两个挂在料槽上，另两个吊在激振器上。

电磁振动给料机属于双质点定向强迫振动机械。其工作原理如图 9-20 所示，由槽体、连接叉、衔铁、工作弹簧的一部分以及占料槽容积 10%～20%的物料等组成工作质量 m_1；由激振器壳体、铁芯、线圈及工作弹簧的另一部分等组成对衡质量 m_2。质量 m_1 和 m_2 之间用激振器主弹簧连接起来，形成一个双质点定向强迫振动的弹性系统。激振器电磁线圈的电流一般是经过单相半波整流的。当半波整流后，在后半周内有电压加在电磁线圈上，因而电磁线圈中就有电流通过，在衔铁和铁芯之间便产生互相吸引的脉冲电磁力，遂使槽体向后运动，激振器的主弹簧发生变形而储存了一定的势能。在负半周内线圈中无电流通过，电磁力消失，借助弹簧储存的势能使衔铁和铁芯朝相反的方向离开，料槽就向前运动。这样，电磁振动给料机就以交流电源的频率电做每分钟 3 000 次的往复振动。由于激振力作用线与槽底成一定的角度，一般为 20°，因此，激振力在任一瞬间均可分解为垂直分力 P_1 和水平分力 P_2。前者使物料颗粒以大于重力加速度的加速度向上抛起，而后者使物料颗粒在上抛期间作水平运动，其综合效应就是使物料间歇的向前作抛物线式的跳跃运动。物料的每次抛起和落下是在料槽的一个振动周期内完成的，约 1/50s 内。由于振动频率高而振幅小，物料抛起的高度也很小，所以在料槽内的物料看起来像流水一样，均匀连续地向前流动。

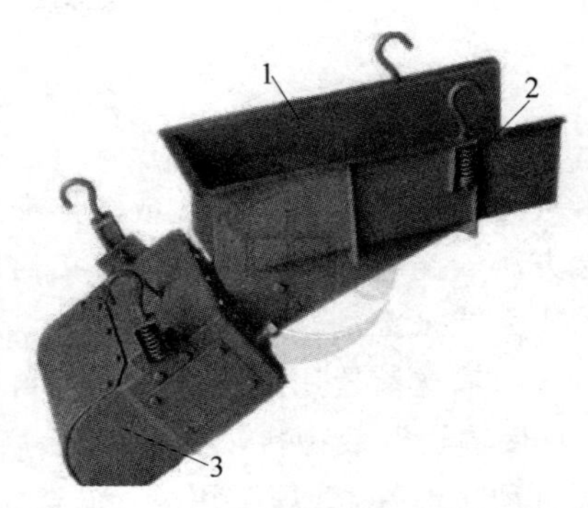

1—料槽；2—电磁激振器；3—减振器

图 9-19　电磁振动给料机的结构

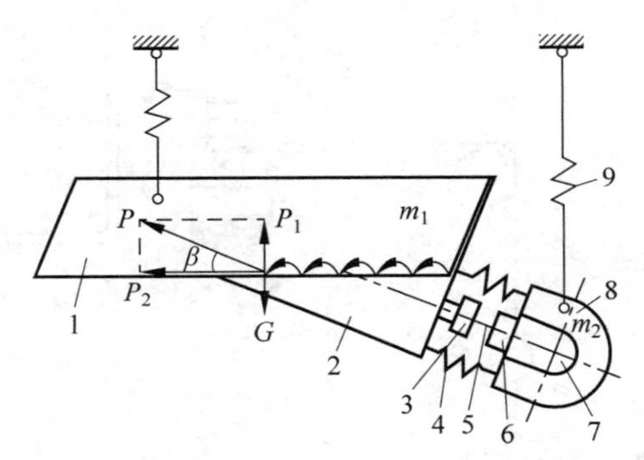

1—料槽；2—连接叉；3—衔铁；4—弹簧组；5—气隙；6—铁芯；7—线圈；8—激振器壳体；9—减振器

图 9-20　电磁振动给料机工作原理示意图

电磁振动给料机具有许多优点：体积小，易于制造，便于安装、操作、维修方便；无相对运动的零部件，几乎没有机械摩擦，无润滑点，密封性好，功率消耗低，设备运转费用低；物料距电器部分较远，可在湿热环境下工作，用于供送高温的、有磨蚀性的物料；给料均匀且可无级调整，可连续、平稳地调节给料速度，便于实现密闭供送和自动控制。其缺点是安装调试要求较高，调整不好就不能正常工作，产生噪声甚至不振动；电压变化会影响给料的准确性；不宜供送极细的粉状物料，也不宜供送黏性、潮湿的粉状物料。

电磁振动给料机既可供送松散的粉状物料，也可用于供送 50～100mm 的块状物料，是一种新型的定量微量给料设备，在采矿、冶金、煤炭、建材、机械制造、粮食和轻工业等行业中得到较为广泛的应用，主要用于从存仓中卸料，向带式输送机、斗式提升机以及破碎机和粉磨机给料，向玻璃池窑投料，以及定量配料和包装等。

9.3 气力输送

气力输送是指借助空气或气体在管道内流动来输送干燥的散装固体颗粒或颗粒物料的输送方法。空气或气体的流动直接给管内物料提供所需的能量，管内空气的流动则是由两端的压力差来推动。

气力输送装置用来输送粉状物料已日益广泛。与机械输送相比，气力输送具有以下优点：直接输送散装物料，不需要包装，作业效率高；设备简单，占地面积小，维修费用低；可实现自动化遥控，管理费用少；输送管路布置灵活，使工厂设备配置合理化；输送过程中物料不易受潮、污损或混入杂物，同时也可减少扬尘，改善环境卫生；输送过程中能同时进行物料的混合、分级、干燥、加热、除尘、冷却和分离过程；可方便地实现集中、分散、大高度（可达 80m）、长距离（可达 2 000m）输送，适应各种地形的输送；可以进行由数点集中送往一处，或由一处分散送往数点的远距离操作；可以采用惰性气体输送化学性能不稳定的物料。气力输送的缺点是：动力消耗大，短距离输送时尤其显著；须配备压缩空气系统；不适宜输送黏着性强的和粒度大于 30mm 的物料。

气力输送粉状物料系统大致有三类：吸送式（图 9-21）、压送式（图 9-22）及两种相结合的方式（图 9-23）。

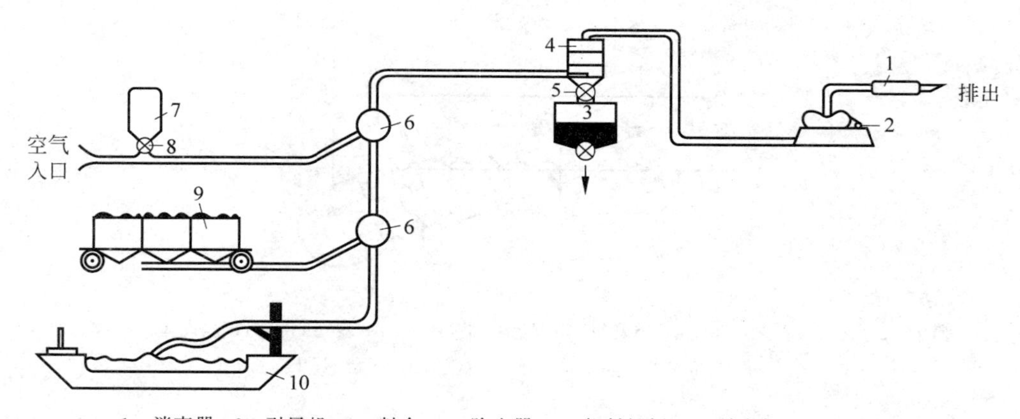

1—消声器；2—引风机；3—料仓；4—除尘器；5—卸料闸阀；6—转向阀；7—加料仓；8—加料阀；9—铁路漏斗车；10—船舶

图 9-21 吸送式气力输送系统

吸送式气力输送的特点是：系统较简单，无粉尘飞扬，可同时多点取料，工作压力较低（<0.1MPa），但输送距离较短，气固分离器密封要求严格。

压送式气力输送的特点是：工作压力大（0.1～0.7MPa），输送距离长，对分离器的密填充要求稍低，但易混入油水等杂物，系统较复杂。

压送式又分为低压输送和高压输送两种，前者工作压力一般小于 0.1MPa，供料设备有空气输送斜槽、气力提升泵及低压喷射泵等；后者工作压力为 0.1～0.7MPa，供料设备有仓式泵、螺旋泵及喷射泵等。

气力输送分为稀相气力输送和脉冲（密相）气力输送。

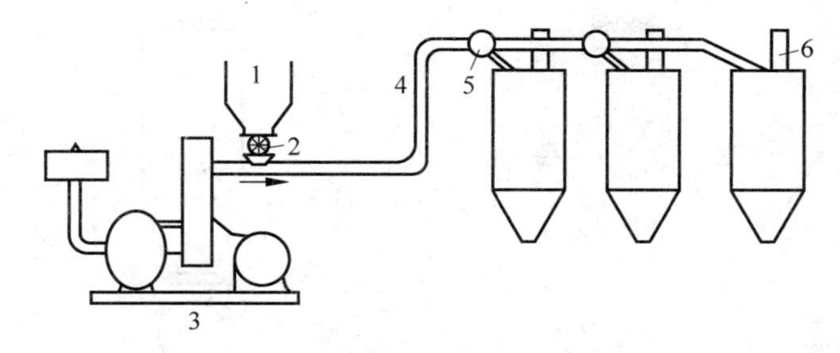

1—料仓；2—供料器；3—鼓风机；4—输送管；5—转向阀；6—除尘器

图 9-22　压送式气力输送系统

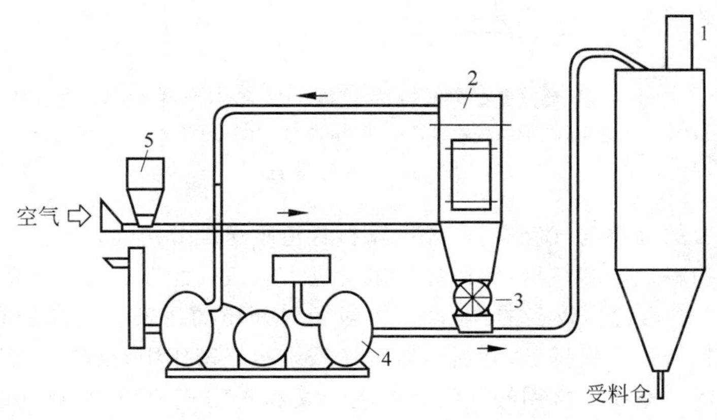

1—除尘器；2—气固分离器；3—加料机；4—鼓风机；5—加料斗

图 9-23　吸送、压送相结合的气力输送系统

9.3.1　稀相气力输送

在稀相气力输送系统中，气流速度较高，物料悬浮在铅垂管道中均匀分布，在水平管中呈飞翔状态，空隙率很大，物料的输送主要依靠较高速度的空气所形成的动能。通常采用的气流速度在 12～40m/s，料/气质量输送比(简称输送比)一般在 5～10，最大值为 15 左右。稀相气力输送主要包括吸送式和压送式气力输送。

9.3.1.1　吸送式气力输送

吸送式气力输送系统主要包括进气口、进料口或两者的组合件，输料管和动力装置。

在由多处供料的吸送装置(图 9-24)中，由料仓下方向输料管供料时，须采用供料器限制物料的流量。为使进入管路的漏气量最小，供料器须相对气密。常用的供料器是旋转供料器，有一个封闭的外壳，壳内有一个星形叶轮，叶轮由低速电动机通过滚子链传动而旋转，使供入管内的物料受到限量控制。对于粒度均匀的物料，可通过料仓阀和带有物流量调节阀门的斜槽将物料供入输料管内。对于袋装物料，将物料倒入顶部带有格栅的袋装物料接收斗内，同时让输送气流通过接收斗将倒入物料时产生的粉尘吸入。吸送装置还可直接吸送由粉磨机或粉碎机等设备排出的物料，输送气通过粉体制备设备不仅可以防止扬尘，而且使粉体制备设备获得了良好的通风冷却。在粉体制备设备上安装物料限量装置，既可调节对气力输送装置的供料量，也可避免制备设备过载。

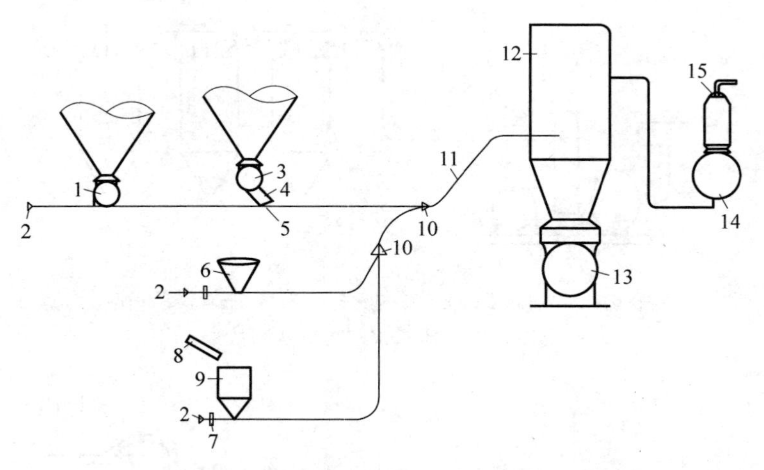

1—供料器；2—进气口；3—料仓阀；4—物流量调节阀门；5—进料口；6—袋装物料接收斗；7—进气调节阀；8—限量装置；9—粉磨机；10—管道换向器；11—输料管；12—分离器；13—卸料器；14—风机；15—消声器

图 9-24 吸送装置

进入吸送装置的物料与气流混合，经过输料管道吸送至分离器，并通过分离器实现物料与气流的分离。物料进入卸料器，气体通过风管进入风机。当输送含尘少的物料时，一般采用旋风分离器；当输送含尘较多的物料时，为避免对环境的污染一般选用袋式分离器。分离器下部装有卸料器使物料排出，卸料器对输送系统起气密作用，以防止大量空气漏入而减小输送风量和降低真空度。常用的卸料器有旋转式和阀门式两种，卸料器的通过能力至少为由输料管进入的物料量的 2 倍，并保证物料不在分离器中积聚。在风机排风口安装消声器使空气经消声后排入大气。

图 9-25 为真空吸送卸车装置，用于将物料从车厢吸送至储存仓或物料加工处。对棚车而言，棚车内的物料处于完全静止状态，需要配置长度足以达到车厢两端的软管，软管末端装有吸嘴，吸嘴以一定的输送量吸起物料，使物料与气流混合并沿管道将物料输送至分离器。

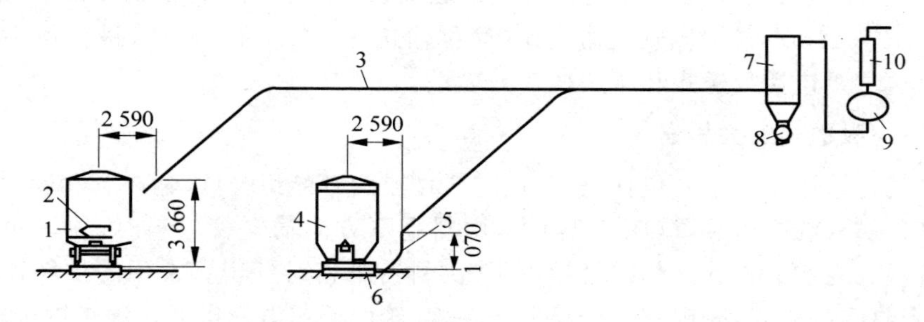

1—棚车；2—软管和吸嘴；3—输料管；4—漏斗式铁路专用车；5—软管；6—卸车辅助装置；7—分离器；8—卸料器；9—风机；10—消声器

图 9-25 真空吸送卸车装置

总的来说，采用吸送装置有助于保持环境清洁，因为在管路系统漏损处，物料总是被吸进而不会漏出，可以减少因物料漏出而引起的卸料损耗。吸送装置的输送量高，可通过软管伸入容器中自动吸取物料，对卸车卸船较为方便。机械运动部件较少，操作方便，且吸送装置的气流作用有助于抑制爆炸火焰的传播，可减少火灾和爆炸的危险。

9.3.1.2 压送式气力输送

1. 低压压送装置

低压压送装置是根据供气压力和供料机构所承受的压力限度来分类的。低压压送装置主要以转子型回转正压鼓风机作为气源机械。低压压送装置采用的各种旋转式或阀门式供料器所承受的压力差为几十千帕至140kPa。低压压送装置(图9-26)常用于厂内输送、加工过程中的输送以及装卸车作业，可由一个供料点将物料压送至多个卸料点，可输送干燥粉末、碎颗粒状和纤维状物料。

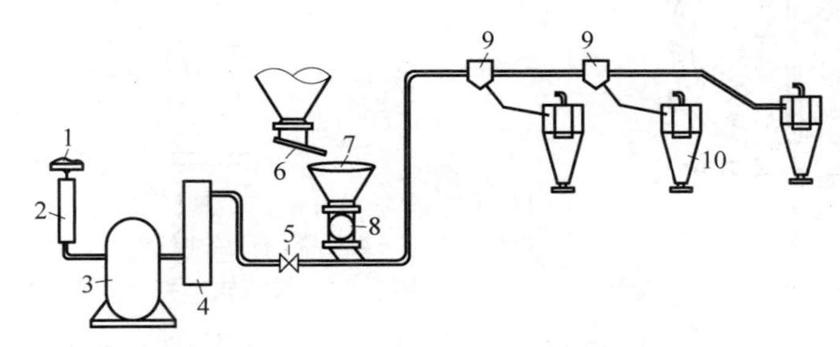

1—滤网；2—进口消声器；3—鼓风机；4—风机出口消声器；5—止回阀；6—限量装置；7—缓冲料斗；8—旋转供料器；9—管道换向器；10—受料容器

图9-26 低压压送装置

低压压送装置输送易扬尘的物料时，由料仓往压送输料管供料时，常采用如图9-27(a)所示的布置方案，旋转供料器直接与料仓出口法兰相连[图9-27(b)]，让反吹气流通过仓内物料向上散逸，限制粉料的溢出。鼓风机装有滤网和消声器的作用是防止杂质进入并降低风机的噪声。止回阀的作用是在鼓风机停机或发生启停故障时，阻止物料和空气反向吹回风机，以保护风机。

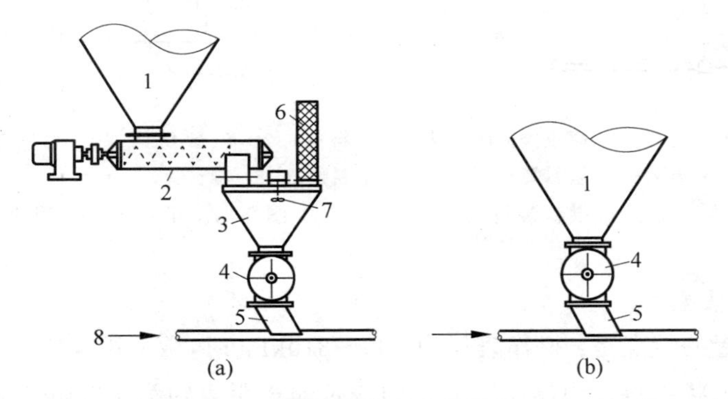

1—料仓；2—限量供料装置；3—缓冲料斗；4—旋转供料器；5—物料进口；6—滤尘器；7—料位器；8—压缩空气

图9-27 由料仓向低压压送装置供料

供料机构是压送装置的重要部件。对于非磨损性或轻度磨损性物料供料器采用旋转式供料器(图9-28)，对磨损性强或易黏聚在旋转叶轮上的物料或当压送装置的最大操作表压达100kPa时，应采用阀门式供料器，图9-29是低压压送装置的阀门式供料器布置图。与旋转式供料器相比，阀门式供料器是间歇式供料器，其内部分为三格，上格通过进料阀门与缓冲料斗相连，三格之间的两道阀门轮流开关以保持气密，当其中一道阀门打开时，物料落入下一格腔，一格一格地将物料供入输料管。

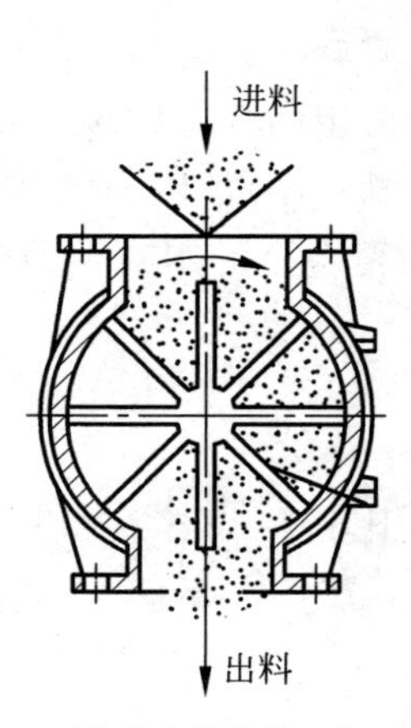

图 9-28 旋转式供料器工作示意图

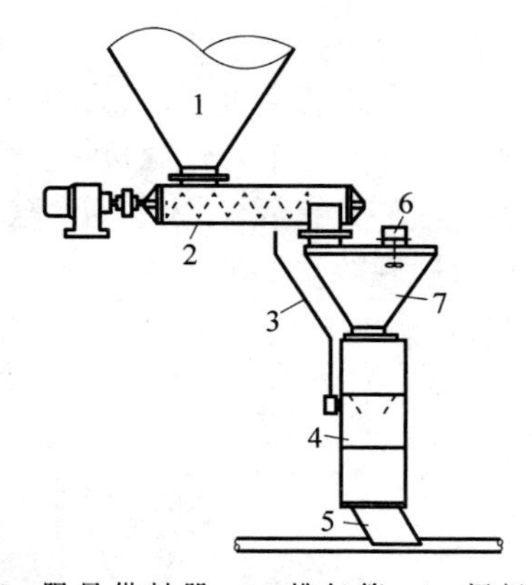

1—料仓；2—限量供料器；3—排气管；4—阀门式供料器；5—物料进口；6—料位器；7—缓冲料斗

图 9-29 阀门式供料器布置图

对于磨损性强的或不适用于旋转供料器的物料，操作压力最大值达到表压 100kPa 时，也可以采用低压发送罐和流态化罐供料(图 9-30 和图 9-31)，发送罐可输送粉料和颗粒状物料，流态化罐只适于输送粉末状物料。

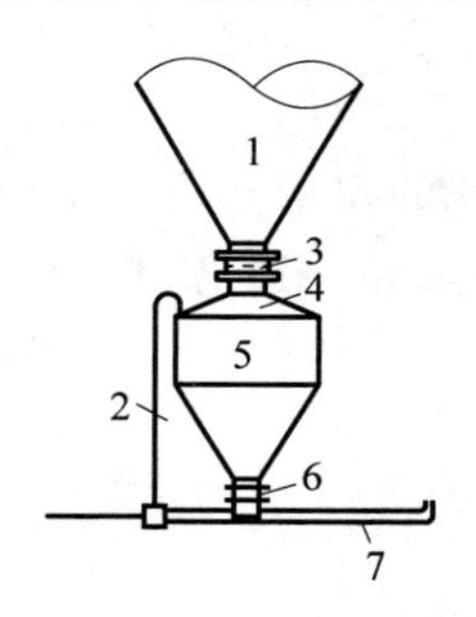

1—料仓；2—压缩空气管；3—截止阀；4—进料阀；5—发送端；6—排料管；7—输料管

图 9-30 低压发送罐供料装置

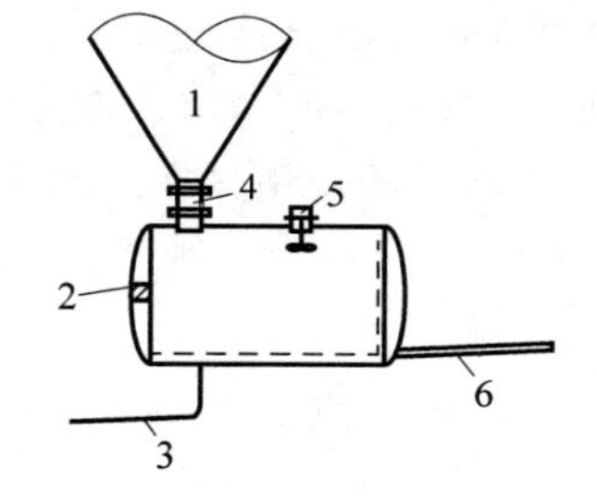

1—料仓；2—流态化罐；3—供气管；4—进料阀；5—料位器；6—输料管

图 9-31 低压流态化罐供料装置

2. 中压压送装置

中压压送装置的特点是：操作表压为 100～310kPa 时，常采用螺旋泵、发送罐或流态泵供料结构输送粉末状物料。中压压送装置的最长输送距离约为 1 200m。图 9-32 是用螺旋泵供料的中压压送装置。采用螺旋泵供料时，管路上设有换向阀，将物料送至料仓。

3. 高压压送装置

高压压送装置是指用于输送空气压力高于表压 310kPa 的装置，其最高压力可达到 860kPa，供料器为发送罐，高压压送装置适用于粉末状物料的长距离输送。发送罐的工作周期由装料、充气、排料、排气四个基本过程组成。以图 9-33 所示的上排式发送罐为例，工作时，先打开排气阀，让罐内空气排出，然后通过气缸打开罐体上方料口处的锥阀，进行装

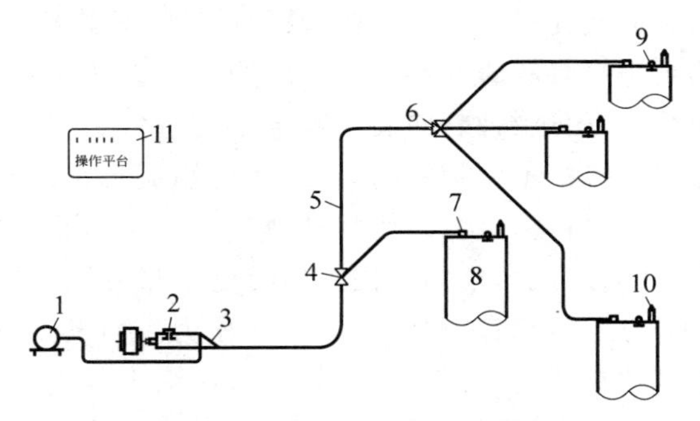

1—回转压气机；2—进料口；3—螺旋泵；4—二位换向阀；5—输料管；6—三位换向阀；7—卸载器；8—料仓；9—料位器；10—排气管或通往除尘装置；11—自控操作台

图 9-32　中压压送装置

料。当罐内物料达到规定到的料位时，物料指示器发出信号，通过电磁阀控制气缸关闭锥阀，停止卸料，同时关闭排气阀。此时打开压缩空气管路阀门，压缩空气分两路进入罐内：一路由充气环进入，使罐内的物料受到搅拌；另一路经过罐体底部的进气阀进入，使物料流态化。随着罐内气压的升高，物料被向上压送，进入输料管。待物料输送完毕，关闭压缩空气管路阀门，再打开排气阀，下一个工作周期又开始进行。

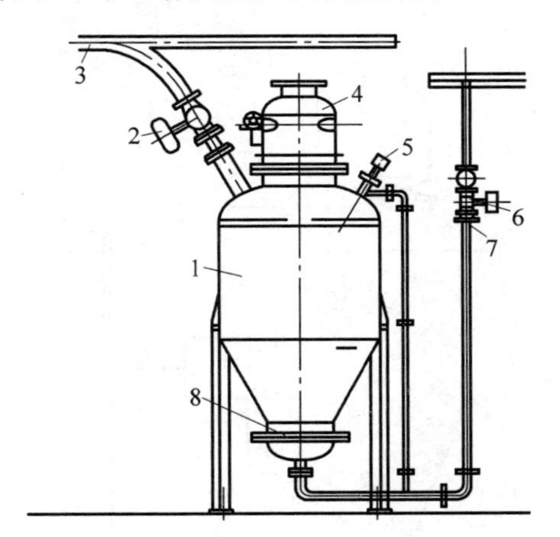

1—仓泵；2—出料阀；3—气压开关；4—进料口；5—料位计；6—进气阀；7—止回阀；8—汽化装置

图 9-33　上排式发送罐装置

发送罐的优点是：封闭性好，可在高压下工作，适于远距离和较大输送量的需要，输送物料所需的空气量小，能耗较低；同时，运动部件少，工作安全可靠。其缺点是容积和高度尺寸较大。考虑到发送排空时可能排出压缩空气气泡，在设计发送罐高压压送装置时，卸料点处的除尘设备规格要适当放大。

9.3.2　脉冲(密相)气力输送

在脉冲气力输送系统中，脉冲气流将进入输料管中的密集物料分割成不连续的一段段料栓，依靠每段料栓的前后压力差推动物料向前输送。脉冲气力输送是一种新型的气力输送形式，有脉冲气刀式、脉冲成栓式等不同结构，其中脉冲气刀式气力输送装置发展得较快，目前已在世界各国得到越来越多的研究和应用。脉冲气刀式气力输送装置如图 9-34 所示，物料由上方加入发送罐后，关闭进料阀，向发送罐上部的进气管通入一定压力的压缩空气，将物料从发送罐底部压出。根据不同物料的需要，还可用流态化进气管将部分压缩空气通入发送罐圆锥体下部，促使物料流态化，以便物料排出。打开排料阀，物料在发送罐内气压的作用下进入输料管，在罐内形成密集的料柱。气刀是一根安装在输料管始端处与输料管垂直连接的进气管，其进气压力稍高于发送罐的进气压力。当发送罐向下排出的物料越过气刀在管中形成一定长度的料柱时，气刀电磁阀打开，压缩空气由气刀进入输料管，气刀进气压力迫使发送罐停止排料，同时把越过气刀的物料（即料栓）推动向前。然后，气刀电磁阀在脉冲发生器的控制下关闭，气刀停止进气。这时，发送罐中的物料又在内部气压的作用下向输料管排料。因此，在脉冲电磁阀控制下断续进入输料管的压缩空气像一把气刀，把连续密集的料柱切割成料栓，以一个又一个脉冲循环切割，形成一段料栓与一段气栓相间的栓流方式，推动物料沿输料管送至规定的排料点。料栓被推动的条件是：作用在料栓前后端的压差要大于料栓与管道内壁之间的摩擦力。通过脉冲发生器可以改变电磁阀开关的频率和气刀进气、停止进气的延续时间，从而调节料栓和气栓的长度。同时，还可以调节发送罐的进气压力和气刀进气压力等以达到输送量大、消耗空气量小、混合比高、能耗低的最佳输送状态。

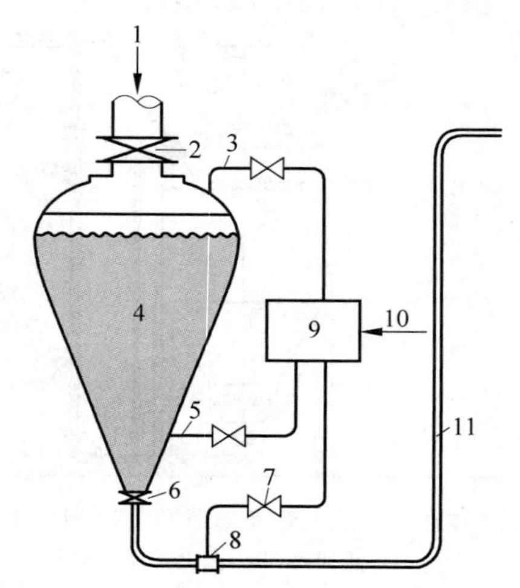

1—进料；2—进料阀；3—发送罐进气管；4—下排料式发送罐；5—流态化进气管；6—排料阀；7—脉冲气刀电磁阀；8—气刀；9—压缩空气调节器；10—压缩空气进气；11—输料管

图 9-34　脉冲气刀式气力输送装置

脉冲气力输送不仅可以输送黏性物料，还可以输送各种粉粒状物料。它的结构简单，压力、脉冲时间容易调节。与普通的气力输送装置相比，不仅具有管路布置灵活、可在管内密闭输送等优点，而且在输送物料时不必将物料悬浮，输送风速和物料速度较低，因而耗气量和功率消耗大为减少，混合比较高，一般可达 50，某些物料可达 100 以上。因脉冲气力输送所需输送风量小，使卸料处的除尘设备大为简化；物料运动速度低，物料不易破碎，管道和部件的磨损减轻，使用寿命延长。脉冲气力输送的缺点是：输送物料仅限于容易成栓的物料，只适用于输料管径较小、输送距离不太长的场合。

9.3.3 气力输送装备与系统

1. 螺旋式气力输送泵

螺旋式气力输送泵的构造如图9-35所示。主轴3水平安装，轴上焊有螺旋叶片8，叶片上的螺距向出料端逐渐缩小。在螺旋出料端圆形孔口有重锤闸板12封闭，重锤闸板通过绞悬在轴11上的重锤杠杆14紧压在卸料口10上。前部扩大的壳体称为混合室，其下部沿全宽配置上下两行圆柱形喷嘴，由管道引入的压缩空气经喷嘴进入混合室与粉料充分混合气化。加料管用于支承料斗，为了调节装料量，装有喂料平闸板7，螺旋泵使用电动机直接启动，转速约为1 000r/min。

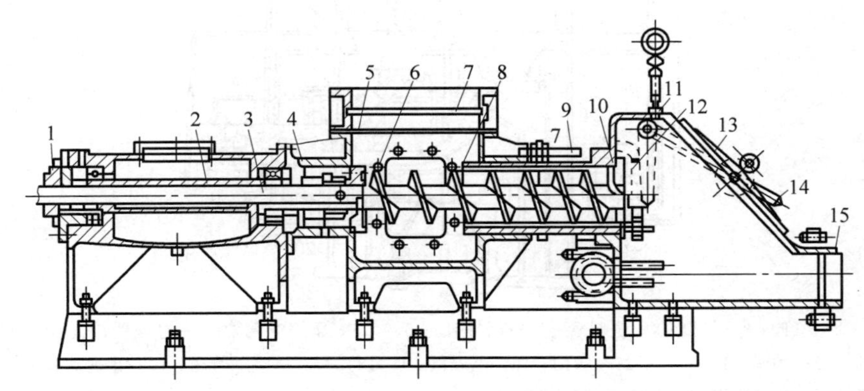

1—轴承；2—衬套；3—主轴；4—防灰盘；5—加料管口；6—密封填料函；7—喂料平闸板；8—螺旋叶片；9—料塞厚度调节杆；10—卸料口；11—重锤闸板轴；12—重锤闸板；13—检修孔盖；14—重锤杠杆；15—泵出口

图9-35 螺旋式气力输送泵的构造

粉料由加料管口5加入后，随着螺旋的转动向前推进，至卸料口10时闸板在物料的顶压下开启。物料进入混合室被压缩空气流带动并与之混合气化，最后送至泵出口15由管道输送至卸料处。

螺旋制成变螺距的目的是使物料在推进过程中趋于密实，形成回风以阻止混合室的压缩空气倒吹入螺旋泵内腔和料斗内。重锤闸板的自动封闭作用也是为了避免进料中断时压缩空气从混合室进入螺旋泵的内腔而设。螺旋泵按所用螺旋的个数分单管和双管两种。

与仓式泵相比，螺旋泵的优点是：设备重量较轻，占据的空间较小，也可装成移动式使用。其缺点是：输送磨损性较强的物料时螺旋叶片磨损较快，动力消耗较大(包括压缩空气和螺旋泵本身的动力消耗)，且由于泵内气体密封困难，不宜作高压长距离输送(一般不超过700m)。

2. 仓式气力输送泵

仓式泵分单仓泵和双仓泵两种。仓式泵单体的吹送及进料系间歇操作，即往仓内加料与将仓内物料吹送的过程交替进行。

单仓泵在泵体上设有存料小仓，在泵体进行送料的同时，输送机向小仓内进料。在泵体内的物料卸完后，小仓内的物料自动放入泵体内，然后开始第二个吹送过程。单仓泵的吹送物料过程是间歇的。双仓泵有两个泵体交替送料或进料，吹送过程的间歇时间较短，几乎是连续的。

图 9-36 为双仓式气力输送泵，在仓的半球形顶上焊有圆筒进料管 4，物料由上方料斗经此管流入仓内，此时接料管由阀门 5 开启。阀门 5 的动作是通过阀门气缸 3 及杠杆系统来实现的。在仓内装有料位指示器，当料位升高时，料位指示器下降；当料位降低时，粒径指示器升起。如此接通或断开电磁阀 16 的电路。

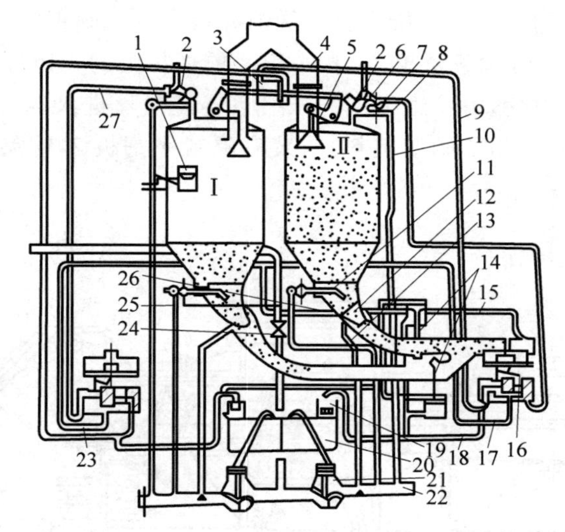

1—指示器；2—气阀；3—气缸；4—进料管；5—进料阀门；6，9，15—压缩空气管；7—过滤器；8—节流阀；10，11，13—充气管；12—喷嘴；14，24，25，26—阀门；16—电磁阀；17，18，23，27—空气管道；19—止逆阀；20—空气阻滞器；21—气动阀；22—压缩空气总管道；Ⅰ，Ⅱ—料仓

图 9-36　双仓式气力输送泵

在半球形顶部还有接管 6，经此管引入吹送物料的主要是压缩空气。在空气管道上装有可调节入仓空气量和压力的节流阀 8。管道入仓处装有过滤器 7 以防止因工作管路突然堵塞或不正常时物料随空气倒流入管。

卸料阀 14 交替开闭，其动作是靠与阀门 14 相连的活塞完成的。仓满卸料时不仅经管 6 引入压缩空气，还要经管 11 和 13 引入补充空气。经管 13 环绕喷嘴 12 引入的压缩空气造成卸料管内负压，增加卸料管道内物料的流速并可缩短卸仓时间。沿管 11 引入的压缩空气可提高局部压力以达到同一目的。气阀 2 是仓体进料时的余气排出阀。卸料仓所需压缩空气不是直接由压缩空气总管道 22 引入，而是通过空气阻滞器 20 后入仓。阻滞器还配有气动阀 21 和止逆阀 19。当工作管道需要送气时压缩空气可经接管 15 通入。仓式气力输送泵各控制装置中压缩空气的分配用电磁阀 16 进行。

仓式气力输送泵还应装设压力计以控制和检查仓内及管道内的压力，此外，还装有许多阀门，它们的开闭可以控制向仓内、空气管道和工作管道内送气或断气。仓式泵是自动操作的，当自动控制装置失灵时可用手动操作控制设备。

图 9-36 中所示控制设备的位置相当于仓Ⅱ进料结束而仓Ⅰ开始进料。此时阀门 26 关闭，而阀门 24 和 25 开启，在压缩空气由空压机储气罐进入空气管道 17 和 23，仓内料位达到最高位置时，料位指示器将电路接通，将两个电磁阀杆移动至图示位置。当两个电磁阀杆在此位置时压缩空气通入，此时经管 9 进入气缸 3 并将活塞向右推移，开启Ⅰ仓进料阀，关闭Ⅱ仓进料阀门 5，经空气管道 18 进入阀门 14 的气缸，同时移动卸料阀门，开启Ⅱ仓卸料

管的物料通路并关闭仓Ⅰ的卸料管，沿空气管道27使通过Ⅰ仓的气阀让仓内腔与大气接通。空气管道18经止逆阀19进入空气阻滞器的右部，充满后再进到气动阀21的上部。阀21的活塞受到空气压力的作用向下移时，使空气总管道22的中部与其右部相通，这时仓Ⅱ可经管道10、11与13充气而卸料。

空气阻滞器对仓式气力输送泵的操作具有重要作用，它使空气延时几秒钟进入仓内腔，使进料阀5完全关闭后方可卸料，因而避免了仓内物料从进料口吹出。

仓内卸料时，料位逐渐降低，料位指示器的锥体重新上升，由于其指针的转动而形成闭合回路，因而电磁阀的作用并未停止，直至卸仓终了阶段仓内压力急剧下降，料位指示器的指针倾斜至原来的位置并断开电路。因此，电磁阀的操作进行反向转换，此时充满物料的仓Ⅰ进入卸料阶段而仓Ⅱ进入装料阶段。

由于间歇操作，空压机在操作过程中的供气压力及仓体内压力都随时间而变化，如图9-37所示。曲线a表示仓体内压力变化情况，曲线b表示空压机储气罐内的压力变化情况，其随供料输送条件、储气罐及仓体大小和物料性质有所变化，分为如下四个过程：

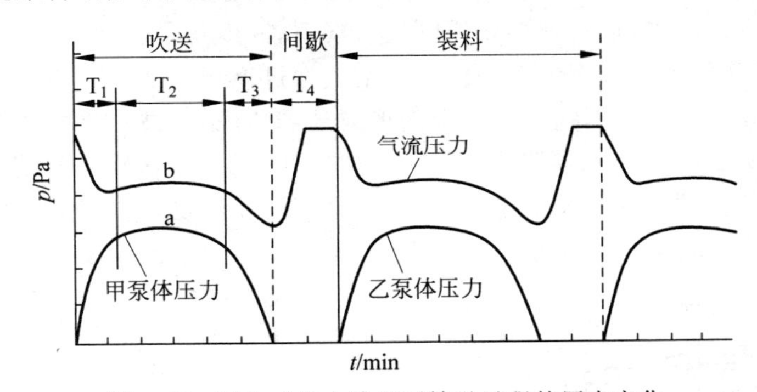

图9-37　双仓式气力输送泵输送过程的压力变化

T_1 区间——压缩空气进入仓体内，将仓内物料充分流化使之达到输送的终端速度，压力几乎是直线上升。这一区间的时间长短及所达到的压力高低主要取决于仓体内物料的变化状态和输料管的长度。

T_2 区间——压力基本保持稳定。这一阶段是稳定状态进行输送，时间越长说明装置性能越好。

T_3 区间——表示仓内物料越来越少，混合比减小，压力逐渐降低。这段时间的长短与出口阻力大小和仓内吹入压缩空气的方法有关。该区间后期，仓体内物料卸空时的压力降至最低，相当于将管内物料吹空的阶段。

空压机储气罐内的供气压力曲线按曲线b变化。启动的最初空气以最高供气压力进入仓体内，然后按 T_1 区间急剧下降。随着流化过程的完成进入主吹阶段 T_2，供气压力缓慢回升。当仓体内物料卸出接近一半时供气压力达到并维持在一定数值。经过 T_3 阶段仓体内物料卸空后供气压力达到最低点。此时控制机构自动关闭卸料阀，进入 T_4 区间，供气压力回升至最大(双仓泵需等另一台泵装满)。打开进料阀，使泵体由吹送过程转换到装料过程，持续至装料结束直至下一吹送过程开始。图中虚线部分为双仓泵的交替工作曲线。

当供气压力及气量不足时，泵内进入充气阶段 T_1 的启动瞬间供气压力可能降至 T_3 区间末期的最低点以下。这种情况下控制机构会误触发，启动后立即由“输送”转换到“装料”，从而使刚开始的输送过程在短时间内停下来，造成输送管道内物料堵塞。所以，在选用空压机时应考虑上述情况，应使最高排气压力能克服泵体、输送系统、空气管道内的阻力，启动时额外阻力还有剩余，并能在此压力下提供稳定的空气量以使万一发生堵塞时具有足够的吹通能力。一般要求空压机的排气压力比操作最高压力大 0.1～0.2MPa。

仓式气力输送泵的优点是：无运动部件，运转效率高，维护检修工作量较小，与螺旋泵相比电耗较低，输送距离长(可达 2 000m)，输送中还兼有计量作用。其缺点是形体高大，所占空间较大，不利于工艺布置及建筑设计。

3. 气力提升泵

气力提升泵是一种低压吹送的垂直气力提升输送设备。按结构可分为立式和卧式两种，二者的主要区别在于喷嘴的布置方向不同。喷嘴垂直布置的为立式，水平布置的为卧式。

图 9-38 为立式气力提升泵的构造示意图，主要由喷嘴、筒体、输送管、主风室、止逆阀、充气管、充气室、充气板及清洗风管等组成。粉状物料由进料管喂入泵体。输送物料的低压空气由泵体底部进入风管，通过球形止逆阀进入气室，并以每秒百余米的速度由喷嘴喷入输送管中，这时由于充气管进入充气室中的低压空气通过充气板使喷嘴周围的物料气化，出喷嘴进入输料管的高压气流在喷嘴与输料管间形成局部负压，将被气化的物料吸入输料管，被高速气流提升至所需高度进入膨胀仓(图 9-39)中。由于气流从输料管进入膨胀仓时体积突然胀大、气流速度急剧下降，又由于受到反击板的阻挡，使物料从气流中分离出来，分离后的气体经排气管进入收尘器经净化后排入大气。

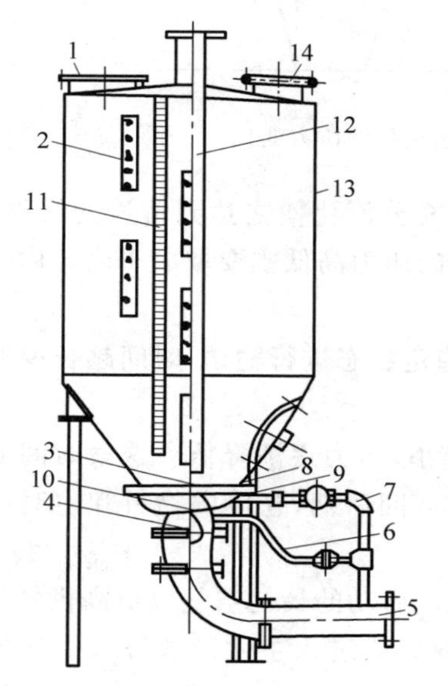

1—进料口；2—观察窗；3—喷嘴；4—止逆阀；5—进风管；6—清洗风管；7—充气管；8—充气板；9—充气室；10—气室；11—料位标尺；12—输料管；13—泵体；14—排气孔

图 9-38　立式气力提升泵的构造示意图

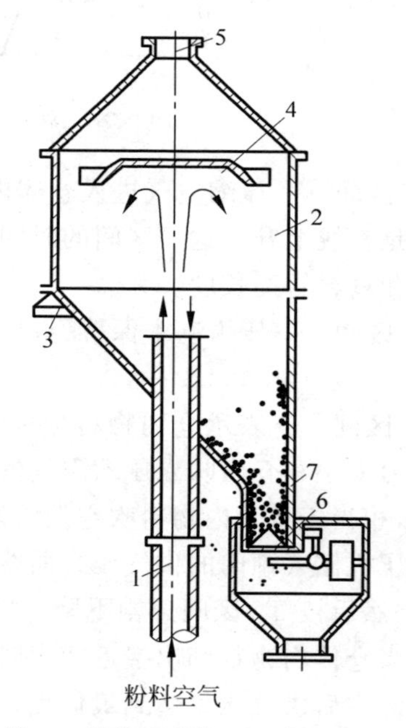

1—输料管；2—膨胀仓仓体；3—支座；4—反击板；5—排气管；6—闪动阀；7—粉料

图 9-39　膨胀仓的构造

气室中止逆阀的作用是防止提升泵停止工作时或停止供气时物料进入风管内。在正常操作情况下,气体冲开止逆阀后进入气室从喷嘴喷出,进气一旦停止,止逆阀靠自重作用而紧压阀门,使气室和风管通道被封闭。为防止气室被物料堵塞而影响开车,设置了清洗风管。卧式气力提升泵示意图如图 9-40 所示,其结构较立式的简单,外形高度也较低,输料管出泵后,先经过一段水平距离,然后经过弯管导向垂直提升管。

气力提升泵的优点是：结构简单,质量轻,无运动部件,磨损小,操作可靠,维修方便,提升高度超过 30m 时比斗式提升机经济。其缺点是：电耗较大,体形较高大,有时会给工艺布置和建筑设计带来一定的困难。

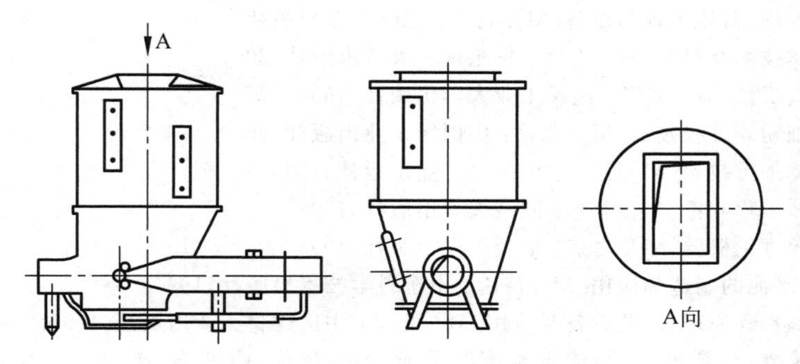

图 9-40　卧式气力提升泵示意图

4. 空气输送斜槽

空气输送斜槽属浓相流态化输送设备。它由薄钢板制成的上、下两个槽形壳体组成(图 9-41),两壳体间夹有透气层,整个斜槽按一定角度布置。物料由加料设备加入上壳体,空气由鼓风机鼓入下壳体透过透气层使物料流态化。充气后的物料沿斜度向前流动达到输送的目的。

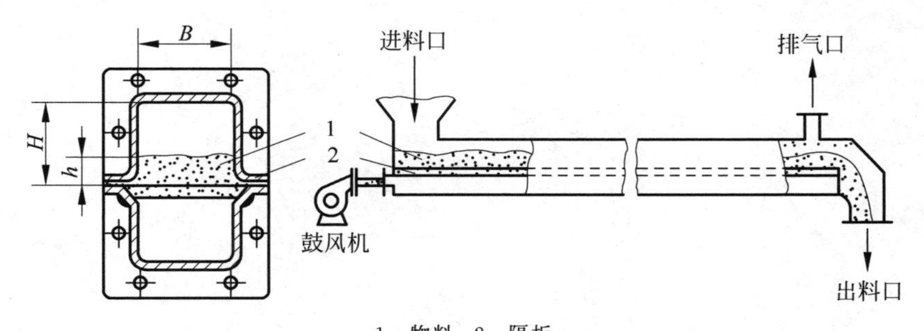

1—物料；2—隔板

图 9-41　空气输送斜槽示意图

斜槽结构的关键部分是透气层,透气层材料要求孔隙均匀,透气率高,阻力小,强度高,并具有抗湿性,微孔堵塞后易于清洗、过滤。常用的透气层材料有陶瓷多孔板、水泥多孔板和纤维织物。陶瓷、水泥多孔板是较早使用的透气层,其优点是表面平整、耐热性好。缺点是较脆、耐冲击性差、机械强度低、易破损。另外,难以保证整体透气性一致。目前用得较多的是帆布(一般为 21 支纱白色帆布三层缝制)等软性透气层,其优点是维护安装方便,耐用不碎,价格低廉,使用效果好。主要缺点是耐热性较差。

斜槽的优点是：设备本身无运动部件,故磨损少,耐用,设备简单,易维护检修；投资较少,运转中无噪声,动力消耗低,操作安全可靠；易于改变输送方向,适用于多点给料和多点卸料。其缺点是：对输送的物料有一定要求,适用于小颗粒或粉状非黏结性物料,若物料中粗颗粒较多时,输送过程中会逐渐累积在槽中,累积量达一定程度时,需进行人工排渣后才能继续运行；须保证具有准确的向下倾斜度布置,因而距离较长时落差较大,导致土建困难。

参考文献

[1] 陶珍东,郑少华.粉体工程与设备[M].北京：化学工业出版社,2008.

[2] 张长森.粉体技术及设备[M].上海：华东理工大学出版社,2007.

[3] 丁志华.玻璃机械[M].武汉：武汉工业大学出版社,1994.

[4] 盖国胜.超细粉碎分级技术[M].北京：中国轻工业出版社,2000.

[5] 卢寿慈.粉体加工技术[M].北京：中国轻工业出版社,1999.

[6] 陆厚根.粉体工程导论[M].上海：同济大学出版社,1993.

[7] 李启衡.粉碎理论概要[M].北京：冶金工业出版社,1993.

[8] 胡宏泰,等.水泥的制造和应用[M].济南：山东科学技术出版社,1994.

[9] 郑水林.超细粉碎原理、工艺设备及应用[M].北京：中国建材工业出版社,1993.

[10] [日]三轮茂雄,日高重助.粉体工程实验手册[M].杨伦,谢淑娴,译.北京：中国建筑工业出版社,1987.

[11] 段希祥.选择性磨矿及其应用[M].北京：冶金工业出版社,1991.

[12] 朱尚叙.立窑水泥生产节能技术[M].武汉：武汉工业大学出版社,1992.

[13] 潘孝良.水泥生产机械设备[M].北京：中国建筑工业出版社,1981.

[14] 林云万.陶瓷工业机械设备：上册[M].武汉：武汉工业大学出版社,1993.

[15] 盖国胜.粉体工程[M].北京：清华大学出版社,2010.

第10章　粉体安全与防护

本章提要：随着经济和社会的发展，粉体在日常生活和经济发展中的地位越发重要，同时在粉体加工、储运和使用过程中也发生了很多事故，如粉尘爆炸、呼吸道疾病等，这极大地危害了人身财产和经济的安全高效发展。本章从粉尘的来源及危害、粉尘爆炸、致病及其防护措施等方面进行系统论述。

10.1　粉尘的来源及危害

10.1.1　粉尘的种类

在《采暖通风与空气调节术语标准》(GB 50155—92)中，粉尘(dust)的定义为：由自然力或机械力产生的，能够悬浮于空气中的固体微小颗粒。国际上将粒径小于75μm的固体悬浮物定义为粉尘。在通风除尘技术中，一般将1～200μm乃至更大粒径的固体悬浮物定义为粉尘。向空气中放散粉尘的地点或设备称作尘源。在自然力或机械力作用下，使粉尘或雾滴从静止状态变至悬浮于空气中的现象称作尘化作用。另外，在生产过程中还会涉及总粉尘、生产性粉尘和呼吸性粉尘等概念。

总粉尘(total dust)：我国国标定义为“可进入整个呼吸道(鼻、咽和喉、胸腔支气管、细支气管和肺泡)的粉尘”，简称总尘。

生产性粉尘(productive dust)：指在生产过程中形成的，并能长时间飘浮在空气中的固体颗粒。许多生产性粉尘在形成之后，表面往往还能吸附其他的气态或液态有害物质，成为其他有害物质的载体。

呼吸性粉尘(respirable dust)：呼吸性粉尘是指沉积在肺泡区的粉尘。1952年，英国医学研究会(BMRC)提出其定义：空气动力学直径5μm的粉尘颗粒沉积效率为50%，大于7.07μm的颗粒尘沉积效率为0。美国政府工业卫生学家会议(ACGIH)的定义是：空气动力学直径3.5μm的粉尘颗粒沉积效率为50%，大于10μm的颗粒沉积效率为0。我国采用BMRC的呼吸性粉尘定义。

粉尘的来源可分为两大类：一是人类活动引起的；二是自然过程引起的。后者包括火山爆发、大风、火灾等形成的各种尘埃。对自然过程产出的粉尘，目前人类还不能完全控制，但这些自然过程多具有偶然性、地区性，同一地点发生时间的间距较大，鉴于自然环境的容量和自净能力，自然过程所造成的粉尘危害对人类影响较小。然而，最令人担忧的粉尘危害往往是由人类自身的生活、生产活动引起的。随着工业、交通运输等产业的迅速发展，以及人口的高度集中，使得粉尘污染日趋严重。在这些粉尘来源中，工业粉尘有以下特点：

(1) 集中固定源。工业企业生产地点固定，生产过程持续，所排出的粉尘对于邻近地区的大气环境污染最严重，随着离厂距离的逐渐加大，污染情况逐渐减弱。例如，钢铁企业对大气污染的影响范围基本为方圆 10km 以内。

(2) 排放量大。火力发电、冶金、矿山、石油、化工及水泥等企业生产规模大,烟尘排放量大。轻工业生产规模虽较小,但涉及众多行业,粉尘排放总量也不容忽视。

(3) 持续性。企业一经建立投产,生产就是持续不断的,每天会向大气中连续排放粉尘。大气中粒度小于 1μm 的颗粒是由于凝结作用产生的,而较大的颗粒则来自粉碎过程或燃烧过程。因为粉碎干磨方法很少产生小于几微米的颗粒。燃烧过程会产生数种不同类型的颗粒,它们是由以下途径产生的:

① 加热能使物质蒸发,这些物质随后凝结为 0.1～1μm 的颗粒。

② 燃烧过程的化学反应可能产生小于 0.1μm、存在期短的不稳定的分子团颗粒。

③ 机械加工过程会排放出 1μm 或较大的灰、燃料颗粒。

④ 如使用液体燃料喷雾装置,会有极细的灰直接逸出。

⑤ 矿物燃料的不完全燃烧会产生烟炱。

(4) 成分多样性。生产性粉尘的来源十分广泛,如固体物质的机械加工、粉碎;金属的研磨、切削;矿石的粉碎、筛分、配料或岩石的钻孔、爆破和破碎等;耐火材料、玻璃、水泥和陶瓷等工业中的原料加工;皮毛、纺织物等原料的处理;化学工业中固体原料加工处理,物质加热时产生的蒸气、有机物质的不完全燃烧所产生的烟。此外,还有粉末状物质在混合、过筛、包装(packing)和搬运等操作时产生的粉尘,以及沉积的粉尘二次扬尘等。这也决定了粉尘成分的多样性,给粉尘综合治理带来难度。

10.1.2 工业粉尘的产生

许多工业生产部门,如煤矿井下和矿山的采掘区及运提巷道,冶金行业的冶炼厂、烧结厂、耐火材料厂,机械行业的铸造厂,建材行业的水泥厂、石棉制品厂、砖瓦厂,轻工行业的玻璃厂、陶瓷厂,化工行业的橡胶厂、农药厂、化肥厂,纺织行业的棉纺厂、麻纺厂等,在生产中均会产生大量粉尘。

工业粉尘主要来自以下几个方面:①固体物料的机械粉碎过程,如用破碎机破碎矿石、用球磨机将块煤磨细;②固体表面的加工过程,如用砂轮机磨削刀具、用喷砂清除工件上的铁锈;③粉状物料的装卸、筛分、输送、包装、混合、成型等过程,水泥的包装;④物质的加热和燃烧及金属的焊接和冶炼过程,如煤在锅炉中燃烧产生的烟气夹杂大量粉尘(飞灰),锅炉每燃烧 1t 煤可产生 3～11kg 的粉尘,冲天炉熔炼 1t 金属平均产生约 10kg 的粉尘,又如焊接过程中由于金属的蒸发和氧化也会产生大量粉尘。

破碎机、球磨机、砂轮机工作时都会产生粉尘。这些产生粉尘的设备或所在区域被称为尘源。如果粉尘从尘源处产生后,仅在尘源附近运动,危害不大。粉尘之所以构成危害是由于其在尘源处产生后,在气流的作用下,逐渐扩散到环境的空气中,造成粉尘弥漫在车间内,危害人员的健康,因此减少和防止粉尘的扩散是防尘工作的重要任务。

在煤矿生产过程中,粉碎煤和岩石产生的微小煤岩颗粒称为煤尘。井下施工用的粉状材料飞扬起来也能成为煤矿粉尘的附加粉尘,如黄土、水泥、砂子和隔绝煤尘爆炸用的岩粉等。粒径小于 5μm 的岩石颗粒称为岩尘。悬浮在空气中的粉尘称为浮游粉尘;沉落在巷道两旁、底板、顶板、设备、物料上的粉尘称为沉积粉尘。

无机粉体干法制备过程中也易产生大量的粉尘,并且因为工艺、设备不同以及粉尘源头的特性等导致无机粉体污染程度存在一定的差异。易产生粉尘的工序有矿石粗破碎工序、粗破碎投料工序、磨粉工序、包装工序、入库工序。另外，由于一些粉体材料生产门槛低，行业要求不高，粉体生产基本上是敞开式作业，作业现场粉尘弥漫，缺乏粉尘防控设施设备。

人类活动引起的粉尘种类众多，依据粉尘的不同特征，可按下列方法进行分类：

(1) 按物理化学性质分类。粉尘按物理化学性质可分为无机性粉尘、有机性粉尘和混合性粉尘。

① 无机性粉尘。无机性粉尘包括矿物粉尘（如石英、石棉、滑石、煤尘等）、金属粉尘（Cu、Fe、Mn、Zn、Pb 尘等）和人工无机粉尘（如金刚砂、水泥、玻璃尘等）。

② 有机性粉尘。有机性粉尘包括动物性粉尘（如兽毛、骨质、角质尘等）、植物性粉尘（如棉、麻、甘蔗、谷物、木质、烟草、茶尘等）和人工有机性粉尘（如炸药、有机染料、苯二甲酸、醋酸纤维素、过氧化苯甲酰、塑料尘等）。

③ 混合性粉尘。混合性粉尘指上述各类粉尘中的两种或几种混合存在的粉尘。在实际生产环境中遇到的粉尘，有的属于混合性粉尘，如金属磨削加工时产生的粉尘，既有金属粉尘，又有无机性金刚砂。

(2) 从卫生学角度分类。粉尘从卫生学角度可分为呼吸性粉尘（可吸入性粉尘）和非呼吸性粉尘（不可吸入性粉尘）。呼吸性粉尘是指飞扬在空气中能随着人的呼吸进入人体细支气管及到达肺泡的粉尘微粒，其粒径小于 10μm，用 PM10 表示（particulate mass，＜10μm）。由于呼吸性粉尘能到达人体的肺泡，并沉积在肺部，故对人体健康危害最大。

(3) 按可燃性分类。粉尘按其是否可燃可分为可燃性粉尘和非可燃性粉尘。各国可燃性粉尘的分类标准也不一致。英国把能传播火焰的粉尘归为 A 组，不能传播火焰的粉尘归为 B 组。但这种分类不等于说 B 组绝对不会发生粉尘爆炸（dust explosion），存在少量可燃性气体或存在高能量火源时 B 组也有爆炸的可能。美国将可燃性粉尘划为Ⅱ级危险物品，且将其中的金属粉尘、含碳粉尘、谷物粉尘又列入不同的组别。德国则按测试粉尘爆炸时所产生的升压速度将可燃性粉尘划分为三个等级。

(4) 按爆炸性分类。粉尘按爆炸性可分为爆炸性粉尘和无爆炸性粉尘。例如，硫磺尘为易燃易爆粉尘，石灰石尘为非易燃易爆粉尘。再如，大多数煤所产生的粒径小于 1mm 的煤尘都具有爆炸性，这些煤尘飞扬在空气中达到一定浓度时，在引爆热源的作用下，本身能够单独发生爆炸，这样的煤尘为爆炸性煤尘；而不具有爆炸性的煤尘（无烟煤大颗粒）称为无爆炸性煤尘。

(5) 按毒性分类。粉尘按毒性可分为有毒性粉尘（如铅尘）和无毒性粉尘（如碳酸钙尘）。

(6) 按粉尘粒度分类。粉尘的粒度是指粉尘颗粒的大小，用粉尘颗粒横断面或投影的直径或当量直径表示，常用 mm 或 μm 为度量单位。按照粉尘的可见程度和沉降状况可把粉尘分为三类：

① 粒径大于 10μm 的粉尘，即在强光下肉眼可见，在静止的空气中会加速沉降。

② 粒径在 0.1～10μm 的粉尘，即在显微镜下才能看见，在静止的空气中等速沉降。

③ 粒径小于 0.1μm 的粉尘，即只能在高倍显微镜下看见，在空气中不会沉降，长期悬浮。

微细的粉尘由于粒度小、重量轻，在它周围还吸附了一层空气薄膜，能够阻碍尘粒相互黏聚，因此在空气中不易沉降，这称为粉尘的悬浮性。粒度大、密度大的粉尘比较容易沉降。粒径大于 10μm 的尘粒大都可以较快地降落，粒径等于 10μm 的尘粒 30min 后仍有一部分没有降落，粒径为 1μm 的尘粒在一天之内也降落不下来。

此外，粉尘颗粒还可按形状(片状、球状、纤维状、不规则形状)、导电性能(绝缘、导电)等进行分类。

10.1.3 工业粉尘的危害

粉尘对人体、生产、环境、自然景物的美观、生态平衡、经济效益等都有影响。危害的程度取决于从尘源散发的粉尘量，粉尘的物理性质、化学性质及尘源周围的情况。

10.1.3.1 对人体的危害

人每时每刻都需要呼吸空气，一个成年人每天大约需要 $19m^3$ 空气，以便从中获得所需的 O_2。如果工人工作地点(又称为业点或工作区)的空气中含有大量粉尘，那么在这种环境下工作的工人吸进肺部的粉尘会越积越多。当达到一定数量时，就能引起肺组织纤维化病变，使肺部组织逐渐硬化，失去正常的呼吸功能，发生尘肺病。

我国关于尘肺病的记载有悠久的历史，早在北宋时期(公元 10 世纪)孔平仲即已指出，采石人所患的职业性肺部疾病是由于“石末伤肺”所致。尘肺病是指工人在生产劳动中吸入粉尘而引起的以肺组织纤维化为主的疾病。它具有发病率高、死亡率高的特点，是一种严重的职业性疾病。尘肺病患者身体衰弱，呼吸困难，十分痛苦。尘肺病还容易引起并发症，如肺结核、肺源性心脏病等。并发症使尘肺病患者的病情恶化升级，加速了患者死亡。

尘肺病发病时间的长短主要取决于粉尘中游离 SiO_2 的含量、粉尘的粒度大小和吸入量、劳动强度大小、个人身体状况，另外个人防护好坏对尘肺病的发病也有重要影响。目前针对尘肺病世界各国还没有很理想的治疗方法。因此，尘肺病严重地危害工人生命，极大地破坏了绿色生产的宗旨。

尘肺病按其病因可分为以下四类：

(1) 矽肺，即由于吸入含有游离 SiO_2 的粉尘而引起的尘肺。

(2) 硅酸盐肺，即由于吸入含有结合状态 SiO_2(硅酸盐)，如石棉、滑石、云母等粉尘而引起的尘肺。

(3) 混合性尘肺，即由于吸入含有游离 SiO_2 和其他某些物质的混合性粉尘而引起的尘肺。

(4) 其他尘肺，即某些其他粉尘引起的尘肺，如煤矽肺、铝矽肺等。

在实际工作中，有生产性粉尘，如锡、钡、铁等粉尘，吸入后可沉积于肺组织中，仅呈现一般的异物反应，但不引起肺组织的纤维性病变，对人体健康危害较小或无明显影响，这类疾病称为肺粉尘沉着症。有些有机性粉尘，如棉、亚麻、茶、甘蔗渣、谷类等粉尘，可引起慢性呼吸系统疾病，常有胸闷、气拓、咳嗽、咳痰等症状，这类疾病称为有机性粉尘引起的肺部病变。一般认为，单纯有机性粉尘不致引起肺组织的纤维性病变。长期接触生产性粉尘还可能引起其他一些疾病，如含铅、锰等有毒物质的粉尘可引起相应类别的中毒；大麻、棉花等粉尘可引起支气管哮喘、哮喘性支气管炎、湿疹及偏头痛等反应性疾病；破烂布屑及某些农作物粉尘可能成为病原微生物的携带者，如带有丝菌属、放射菌属的粉尘进入肺内可引起肺霉菌病；石棉粉尘除引起石棉肺外，还可引起间皮瘤。经常接触生产性粉尘，还会引起皮肤、耳及眼的疾患，例如粉尘堵塞皮脂腺可使皮肤干燥，易受机械性刺激和继而感染发生粉刺、毛囊炎、脓皮等疾病；混于耳道内的皮脂及耳垢中的粉尘，可促使形成耳垢栓塞；金属和磨料粉尘的长期反复作用可引起角膜损伤，导致角膜感觉丧失和角膜浑浊；在采煤工人中还可见到粉尘引起的角膜炎等。

10.3.1.2 对生产的影响

空气中的粉尘落到机器中的转动部件上，会加速转动部件的磨损，降低机器的工作速度和缩短机器的工作寿命，如有些小型精密仪表，若落入粉尘会使部件卡住而不能正常工作。粉尘对油漆、胶片、精密器件（如电容器、精密仪表、微型电机、微型轴承等）的质量影响很大，这些产品一经沾污，轻者重新返工，重者降级处理，甚至全部报废。尤其是半导体集成电路，元件最细的引线只有头发直径的 1/20 或更细，如果落上粉尘会使整块电路报废。粉尘弥漫的车间，可见度降低，影响视野，不但会妨碍操作，降低劳动生产率，甚至还会造成事故。

10.3.1.3 对大气的污染

我国工业和生活窑炉每年排入大气的烟尘约 1 400 万 t，此外还有大量的通风系统排出的粉尘。据统计，水泥企业排放的粉尘约占水泥产量的 10%，炼钢电弧炉每冶炼 1t 金属产生 6～12kg 的粉尘，一台蒸发量为 10t・h 的工业锅炉每天排放约 500kg 粉尘。如果不对工厂排出的含有大量粉尘的空气进行净化处理，那么就会严重污染大气。在散入大气的粉尘中，粒径大于 10μm 很快落到地面的称为落尘，而粒径小于 10μm 的尘粒可以浮游在大气中几小时、几天甚至几年，称为飘尘。粉尘一般具有很强的吸附能力，很多有害气体、液体、金属（加 Hg、Pb、Cd 等）都能吸附在粉尘颗粒表面，随着人的呼吸而黏附在支气管的管壁上或被带入肺部深处，引起或加重呼吸器官的各种疾病。另外，飘尘还会降低大气的可见度，促使烟雾的形成，使太阳辐射能的传递受到影响。

10.3.1.4 粉尘爆炸事故

物料被粉磨成粉状时，其表面积和系统的自由表面能均显著增大，从而提高了粉尘颗粒的化学活性，特别是提高了其氧化生热的能力，在一定情况下会转化成燃烧状态，此即粉尘的自燃性。自燃性粉尘造成火灾的危险非常大，必须引起高度重视。可燃性悬浮粉尘在密闭空间内的燃烧会导致化学爆炸，即粉尘的爆炸性。发生粉尘爆炸的最低粉尘浓度和最高粉尘浓度分别称为粉尘爆炸的下限浓度（lower explosion limit，LEL）和上限浓度（limit oxygen concention，LOC）。处于上、下限浓度之间的粉尘属于有爆炸危险的粉尘。爆炸危险最大的粉尘（如砂糖、胶木粉、硫及松香等）的爆炸下限小于 16g/m^3；有爆炸危险的粉尘（如铝粉、亚麻、页岩、面粉、淀粉等）的爆炸下限为 14～65g/m^3。对于有爆炸危险和火灾危险的粉尘，在通风除尘设计时必须给予充分注意，采取必要的措施。

10.2 粉尘的致病机理及防护措施

10.2.1 粉尘的致病机理

对矿物纤维粉尘的生物活性及由此致病和致突变机制的复杂性，不同的学者根据流行病调查、动物试验、体外试验的研究成果提出了不同的致病假说。建立在生物解剖学和粉尘空气动力学基础上的"纤维形态假说"强调矿物粉尘的纤维形态特征和机械刺入作用是其致病的重要因素,但该假说难以解释不同物质在同一长度和直径下致癌性或生物活性相差甚远的事实。强调矿物纤维粉尘在生物体内的"持久性假说"则认为,矿物纤维粉尘持久性(耐蚀性)是解释可被吸入矿物纤维粉尘潜在致病作用的最重要指标,但未探讨矿物粉尘的生物持久性与矿物表面基团特性(电性、表面活性等)间的关系,由于生物体内的细胞本身就是带电体,其与带不同电性的矿物粉尘表面活性基团产生相互作用而受损伤,其生物效应及机理是矿物粉尘致病机理研究中的薄弱环节。许多研究探讨了矿物纤维粉尘表面电位引起的生物学危害机理。表 10-1 列出了某些非金属矿物粉尘的 ζ 电位。

表 10-1 几种非金属矿物粉尘的 ζ 电位

序号	试样名称	产地	处理情况及基本特征	ζ 电位/mV
1	斜发沸石	河南信阳	超声波分散至 10～30μm,原粉	−9.98
2	斜发沸石	河南信阳	0.1mol/L HCl,固∶液=1∶50,在 100℃下,处理 1h 后的残余物	−71.6
3	硅灰石	吉林盘石	超细加工至 10～30μm,原粉	−19.7
4	硅灰石	吉林盘石	0.6mol/L HCl,固∶液=1∶50,在 100℃下,处理 1h 后的残余物	−31.5
5	纤维状坡缕石	四川奉节	超声波分散至 10～30μm,原粉单体呈较长纤维状	−14.1
6	纤维状坡缕石	四川奉节	4mol/L HCl,固∶液=1∶50,在 100℃下,处理 1h 后的残余物	−23.9
7	土状海泡石	湖南浏阳	超声波分散至 10～30μm,原粉单体呈较长纤维状	−18.8
8	土状海泡石	湖南浏阳	超声波分散至 10～30μm,溶血试验残余物	−17.9
9	纤维状海泡石	湖北广济	超声波分散至 10～30μm,原粉单体呈较长纤维状	−25.9
10	纤维状海泡石	湖北广济	0.5mol/L HCl,固∶液=1∶50,在 100℃下,处理 1h 后的残余物	−15.4
11	蛇纹石	陕西大安	超细加工至 10～30μm,原粉	0.64
12	温石棉	四川石棉矿	超声波分散至 10～30μm,原粉	4.61
13	温石棉	四川石棉矿	0.5mol/L HCl,固∶液=1∶50,在 100℃下,处理 1h 后的残余物	−31.0
14	阳起石石棉	湖北大冶	超细分散至 10～30μm,原粉	−17.4

由表 10-1 可以看出,除蛇纹石及温石棉外,其他矿物原粉尘表面的 ζ 电位均为负值,这是因为这些矿物粉尘在中性水中释放的是表面可交换性的 Ca^{2+},Mg^{2+},K^{+},Na^{+} 等阳离子,尤其是具有一定阳离子交换能力的沸石、坡缕石、海泡石等的 ζ 电位负值较高,而经一定浓度的 HCl 处理后的残余物的 ζ 电位负值更高,这说明在酸性介质中,进入溶液的阳离子越多,其表面带有越多的负电荷。

硅灰石原粉尘的 ζ 电位为−20mV 左右,用 0.6mol/L 的 HCl 处理后,其电位变为−31.5mV,这是因为处于 HCl 水溶液中的硅灰石($CaSiO_3$)的 Ca^{2+} 大量进入溶液,使其残余物(SiO_2 水化物)表面带了更多的负电荷。纤维状坡缕石的 ζ 电位原粉尘为−14.1mV,被 4mol/L 的 HCl 溶蚀后,其表面 ζ 电位降至−23.9mV,其原理同硅灰石。

由此可以看出,矿物原粉尘在中性水中的 ζ 电位大多为负值,少数为正值,而用不同浓度的 HCl 处理后，ζ 电位大多有所降低，甚至原来 ζ 电位为正值的温石棉也变为负值。粉尘表面电位引起的生物学危害机理可从下面三个方面来解释：

（1）人的消化、呼吸系统均为酸性环境，胃液的 pH 为 0.1～1.9，另外肺泡拥有巨大的比表面积（specific surface area），是 CO_2 交换的主要场所，其 P_{CO_2} = 4.80～5.87kPa，能够形成足够的 HCO_3^-，CO_3^{2-} 和 H^+，同时肺泡也是较强的酸性环境，进入呼吸系统和消化系统的矿物纤维粉尘的 ζ 电位是负值，而蛋白质、细胞膜等生物大分子在酸性环境中带有较多的正电荷，细胞膜外表面电性也为正（内为负），因此，带负电荷的矿物纤维粉尘会与带正电荷的蛋白质、细胞膜等大分子物质发生静电吸引作用，进而发生细胞膜上脂质的过氧化反应。如海泡石经溶血试验后残余物的电位值比原粉尘的电位值低，说明海泡石表面的阴离子基团可结合红细胞膜表面的季铵阳离子基团，改变膜脂构型导致溶血，破坏红细胞膜而致病。

（2）蛋白质在一定的 pH 溶液中带有同性电荷，而同性电荷相互排斥，因此，蛋白质在溶液中依靠水膜和电性两种因素维护其稳定性。当带负电荷的矿物纤维粉尘与蛋白质作用时，蛋白质中稳定性的电荷则被破坏，即易相互凝聚形成沉淀，使蛋白质失去生物活性，导致生物膜的损伤而致病。

（3）耐久（酸）性较强的矿物纤维在人体酸性环境中其形态（纤维性）、物性（弹性、脆性）较稳定，不易丧失，被细胞膜静电吸附后易刺伤细胞膜，进一步与细胞中的亲电子物质缓慢作用产生 OH^-，OH·，O^{2-} 等自由基及 H_2O_2，引发脂质过氧化，脂质过氧化的细胞膜的完整性、溶酶体膜被破坏，通透性增大，使细胞崩解。如耐久性特强而表面 ζ 电位为负值的蓝石棉，其生物毒性（致癌性）比耐久性差、在中性或弱酸介质中表面毛电位为正值的温石棉强烈得多。

10.2.2 粉尘对生命体的危害

粉尘由各种不同粒径的尘粒组成，不同粒径的尘粒在呼吸道内的滞留率不同，沉积在肺部的粉尘称为呼吸性粉尘。粉尘浓度则是判断作业环境的空气中有害物质含量对人体危害程度的量化指标。

生产性粉尘是在生产过程中产生的能较长时间浮游在空气中的固体微粒。习惯上，将总悬浮颗粒物按照粒径的动力学尺度大小分类，如图 10-1 所示。

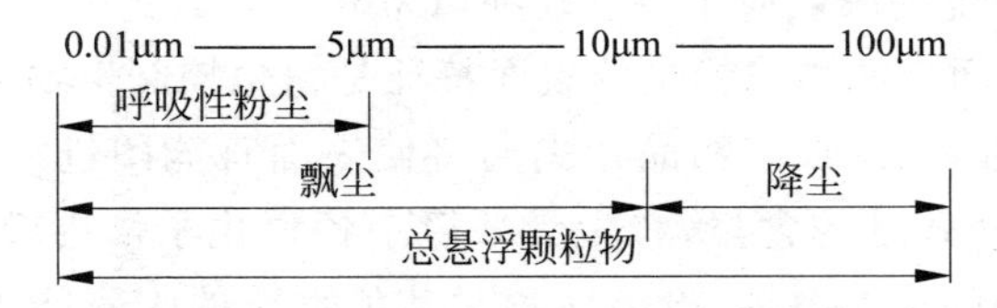

图 10-1　悬浮颗粒物按照粒径的动力学尺度大小分类明细图

研究表明，动力学尺度 $d>14\mu m$ 的尘粒被人的鼻毛阻止于鼻腔；$d=2\sim14\mu m$ 的尘粒中约 90％可进入并沉积于呼吸道的各个部位，被纤毛阻挡并被黏膜吸收表面组分后，部分可以随痰液排出体外，约 14％可到达肺的深处并沉积其中；$d<2\mu m$ 的粒子可全部被吸入并直达肺中，其中 0.2～2μm 的粒子几乎全部沉积于肺部而不能呼出，$d<0.2\mu m$ 的粒子部分可随气流呼出体外，根据人体内粉尘积存量及粉尘理化性质的不同，可以引起不同程度的

危害。

10.2.2.1　粉尘对人体的危害

粉尘对人体的危害主要表现在以下几个方面：

(1) 对呼吸道黏膜的局部刺激作用。沉积于呼吸道内的颗粒物，产生诸如黏膜分泌机能亢进等保护性反应，继而引起一系列呼吸道炎症，严重时可引起鼻黏膜糜烂、溃疡。对呼吸系统的影响是引起急性鼻炎和急性支气管炎等病症。对于慢性呼吸系统疾病患者，雾霾天气可使病情急性发作或加重。如果长期处于这种环境中还会诱发肺癌。对心血管系统的影响是：会阻碍正常的血液循环，导致心血管病、高血压、冠心病、脑溢血，可能诱发心绞痛、心肌梗死、心力衰竭等，使慢性支气管炎出现肺源性心脏病等，同时，还影响心理健康和生殖能力。不利于儿童成长，由于雾天日照减少，儿童紫外线照射不足，体内维生素 D 生成不足，对钙的吸收大大减少，使儿童生长减慢，严重的还会引起婴儿佝偻病。

(2) 中毒。颗粒物在环境中的迁移过程可能吸附空气中的其他化学物质或与其他颗粒物发生表面组分交换。表面的化学毒性物质主要是重金属和有机废物，其在人体内直接被吸收而产生中毒作用。

(3) 变态反应。有机粉尘(如棉、麻等)及吸附着有机物的无机粉尘，能引起支气管哮喘和鼻炎等。

(4) 感染。在空气中长时间停留的粉尘，携带多种病原菌，经吸入会引起人体感染。

(5) 致纤维化。长期吸入矽尘、石棉尘可引起以进行性、弥漫性的纤维细胞和胶原纤维增生为主的肺间质纤维化，从而发生尘肺病，这是粉尘生产现场人员最容易发生的职业病之一，也是人们比较了解和普遍关心的粉尘导致的疾病。如果适当加以防护(如戴防护口罩)可以使危害大大降低。

10.2.2.2　粉尘的环境健康效应

为了进一步认识粉尘对生物的危害，人们运用表面化学、电化学和细胞培养等方法以及IR、XRF、UV 等光谱学和电子微束手段对多种由矿物形成的粉尘的特征、表面官能团活性位以及电化学、溶解、毒性等进行了综合研究，试图对粉尘的表面化学活性、生物活性、生物持久性、生物毒性、环境安全性等多方面进行联合评价。研究范围不再仅仅关注生产现场的矿物粉尘，也关注这些粉尘在环境中的远距离迁移行为及迁移过程中表面组成的物理化学及生物变化。粉尘的环境健康效应主要表现在以下几个方面：

(1) 矿物粉尘的表面官能团。粉尘的表面特征是粉尘控制生物活性的关键因素。对矿物粉尘的处理和研究结果表明，矿物晶片剥离将使表面官能团进一步暴露，提高粉尘表面—OH—，—O—Si—O—残基的含量，粉尘受环境中各种化学作用增加了表面缺陷和空隙，从而增强了表面官能团的可溶解性、电离性和对其他物质的吸附能力。被活化的粉尘表面可与体液、血清、血浆、血红细胞、细胞及组织残片发生选择性吸附及离子交换作用。在人体内无机盐对含有 OH^- 或可以离解出 OH^- 的粉尘有明显的侵蚀作用并生成可溶性盐。

(2) 粉尘的生物持久性。粉尘在人体内滞留具有时间长的特点，体外试验表明，粉尘在多种有机酸(如体内存在的乙酸、草酸、柠檬酸、酒石酸等)中的溶解过程包括使阳离子析出的酸碱中和反应和非晶 SiO_2 再溶解形成含硅有机配合物两个反应历程。粉尘在体内的溶解速率取决于表面物质的溶解度，并与酸的浓度呈近似线性关系。

(3) 粉尘的毒性。粉尘对细胞膜的毒性主要表现在对膜的通透性、流动性和形态产生不可逆的变化。吸入肺中的粉尘嵌入肺泡巨噬细胞膜是其生物活性的主要表现形式，粉尘类别不同时，巨噬细胞的电泳率也不同。纤维粉尘与细胞接触的表面增粗并被膜绒毛所包裹，粉尘对巨噬细胞的毒性与其表面官能团—OH—，—O—Si—O—有关，而对细胞的损伤机制是细胞膜脂质过氧化。研究还表明，吸烟者吸入尼古丁对粉尘的毒性有一定的协同作用。

(4) 粉尘的吸附行为。粉尘在动物体内对血清物质具有选择性吸附作用，脂类物质被吸附的能力最强。几乎所有纤维状粉尘都会对血红细胞产生吸附。

(5) 粉尘在体内的变化。某些粉尘(如碳酸钙粉尘)在体内具有一定的迁移性、溶解性和变异性，同时人类身体呼吸系统的自净能力也同粉尘粒径相关，不同粒径的粉尘在呼吸系统中的沉积率如图 10-2 所示。

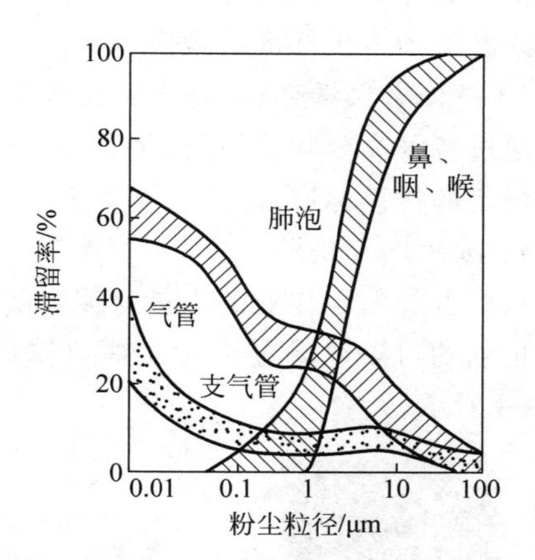

图 10-2　不同粒径的粉尘在呼吸系统中的沉积率

粉尘对生命体的危害极大，产生的具体危害特征与粉尘的特性相关，下面介绍陶瓷原料、石棉和稀土粉尘对生命体的具体影响。

陶瓷原料中除高岭土、瓷石和瓷釉等外，还有滑石、石膏以及某些有机溶剂配料等，长期接触这些混合性粉尘的工人，因鼻腔、咽喉持续受到刺激而出现毛细血管扩张，黏膜红肿、肥厚或干燥等病变，加上外界一些因素(如烟气、病原体等)的联合作用，会导致上呼吸道疾病(如鼻炎、咽炎等)。

石棉是具有纤维状结构的硅酸盐矿物的总称，含镁和少量铁、镍、铝、钙、钠等元素。石棉主要分为蛇纹石及角闪石两大类。蛇纹石类石棉中用途最广的是温石棉，由于其具有抗拉强度高、不易断裂、耐火性强、隔热及电绝缘性好、耐酸、碱腐蚀等特点，成为良好的防火、隔热、绝缘、制动、衬垫等材料。在石棉矿的开采、选矿以及石棉制品的加工过程中，作业人员都不可避免地接触石棉粉尘。长期吸入大量的石棉粉尘就会引起石棉沉着病。石棉沉着病的发病机理目前尚不十分清楚。过去一般认为，石棉粉尘系长而尖的纤维，被吸入支气管壁和肺泡壁可引起机械性损伤。现在有人认为，吸入的石棉纤维主要沉积在小细支气管、肺泡腔和肺间质内溶解，硅酸与次级溶酶体膜形成氢键，改变了膜的通透性，而水解酶释放到细胞质中，使巨噬细胞崩解死亡，从而导致肺组织纤维化。没有被吞噬的石棉纤维还可以穿过肺组织到胸膜，引起胸膜增厚或炎症和间皮瘤，其基本病理改变特点是弥漫性肺间质纤维化、纤维性胸膜斑、纤维化灶样改变及形成"石棉小体"，这就是医学上所说的石棉沉着病。

大量研究表明，稀土粉尘进入人体引起的毒性大小与稀土化合物的种类及其化学特性特别是可溶性有关，一般重稀土的毒性大于轻稀土，稀土盐类毒性大小的顺序是：氯盐＜硫酸盐＜硝酸盐，稀土氧化物的毒性低于其氯盐，稀土氧化物或氢氧化物的可溶性很小或不溶，但经呼吸道进入体内的稀土氧化物粉尘可在肺部滞留较长时间，从而引起肺的纤维性病变，稀土粉尘标准系指含游离 SiO_2 低于 10%的稀土粉尘。铈及铈类混合稀土粉尘、Y_2O_3

及钇类混合稀土粉尘在车间空气中的最高允许质量浓度均为 $3mg/m^3$。

10.2.3 粉尘的防护措施

粉尘对人体健康、工农业生产和气候造成的不良影响是毋庸置疑的。为了根除粉尘疾病，创造清洁的空气环境，必须加强粉尘的控制和防治工作。粉尘防护和治理的措施如下：

1. 改革生产工艺和工艺操作方法，从根本上防止和减少粉尘

生产工艺的改革是防治粉尘的根本措施。用湿法生产代替干法生产可大大减少粉尘的产生。用气力输送粉料能有效避免运输过程中粉尘的飞扬。用无毒原料代替有毒原料，可从根本上避免有毒粉尘的产生。

2. 改进通风技术，强化通风条件，改善车间环境

根据具体的生产过程，采用局部通风或全面通风技术，改善车间空气环境，使车间空气含尘浓度低于卫生标准的规定。

3. 强化除尘措施，提高除尘技术水平

通过各种高效除尘设备，将悬浮于空气中的粉尘捕集分离，使排出气体中的含尘量达到国家规定的排放标准，防止粉尘扩散。

4. 防护罩具技术

从事各种粉尘作业的人员应佩戴防尘口罩，防止粉尘进入人体呼吸器官，对人体造成侵害。正确的口罩佩戴方法对发挥口罩的防护功能至关重要，杯形口罩的正确佩戴方法如图 10-3 所示。

1. 用口罩盖住口鼻，金属鼻夹朝上。佩戴前请把头带拉松2～4cm。

2. 拉起上端头带，置于头顶舒适位置。这根头带应在耳朵上方。

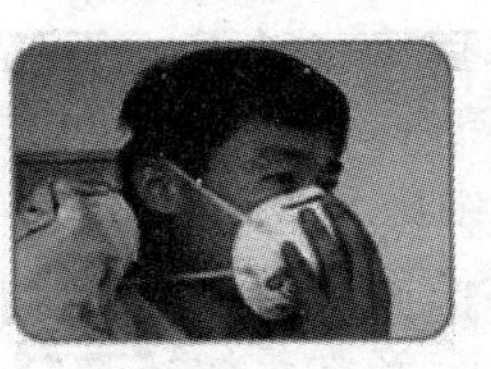

3. 拉起下端头带，置于头后颈部位置。这根头带应在耳朵下方。

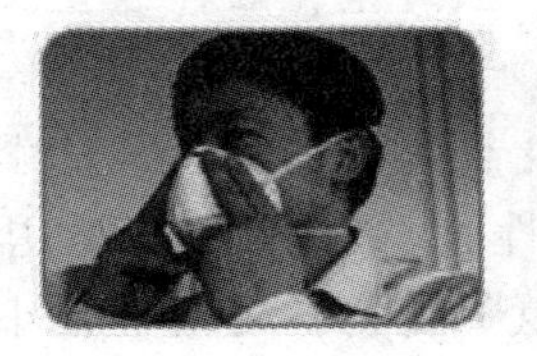

4. 用双手指尖从金属鼻夹顶端开始，向内按压鼻尖，使鼻夹完全压成鼻梁的形状，以获得良好的密封。

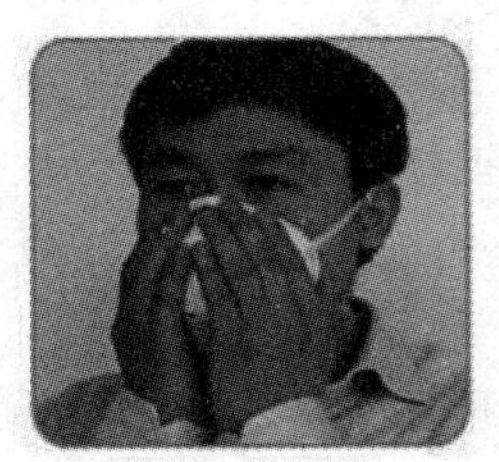

密封性检测

每次佩戴口罩时，请先按照如下方法进行口罩的密封性检测

正压密闭性检测

没有呼吸阀的口罩，用双手完全盖住口罩，然后呼气，口罩应向外轻轻膨胀，如果你感觉气体在你的面部及口罩间有泄漏，请重新调整口罩位置并调节鼻夹，以达到密合良好。如果你的口罩不能与脸部密合良好，请勿进入污染区域，并告知你的主管。

图 10-3 杯形口罩的佩戴方法

5. 防尘规划与管理

园林绿化带有滞尘和吸尘作用。对产生粉尘的厂矿企业，尽量用园林绿化带将其包围起来，以便减少粉尘向外扩散。对产生粉尘的过程(如破碎、研磨、粉末化、筛选等)，尽量采用密封技术和自动化技术，防止和减少操作人员与粉尘接触。

对于一些扬尘点广、扬尘浓度大的产业，要从技术革新和防尘两个角度来防治粉尘。例如爆破粉尘的控制，爆破时产生的粉尘质量浓度可达 600mg/m^3，且浮游粉尘中呼吸性粉尘的含量很高，它们会随爆破气浪的膨胀运动迅速向周围扩散弥漫，污染半径可达几十米甚至上百米，直接危害人体健康。主要从以下几个方面防尘：

(1) 水封爆破。借助于炸药爆破时产生的高温高压水进入岩体裂隙或使之汽化形成细微雾滴，从而抑制粉尘的产生或减少粉尘飞扬。在水炮泥内的水中加入 1%～3%的化学抑尘剂，降低呼吸性粉尘的效果更佳。

(2) 喷雾降尘。利用喷雾器将微细水滴喷向爆破空间，雾化水滴与随风飘散的粉尘碰撞，使粉尘颗粒黏着在水滴表面或被水滴包围，润湿、凝聚成较大颗粒，在重力作用下沉降下来。

(3) 富水胶冻炮泥降爆破尘。富水胶冻炮泥的主要成分是水、水玻璃及作为胶凝剂的硝酸铵等低分子化合物，它是一种胶体，具有一定的黏性，爆炸时产生的粉尘和有毒气体在高温高压下与富水胶冻炮泥相接触，通过吸附、增重、沉降起到迅速降低烟尘量的作用。此外，部分凝胶在高温高压下还能转化成硅胶，形成具有网状结构的多孔性毛细管，比表面积大，具有很强的吸附能力。另外，富水胶冻炮泥在粉碎成微粒时，凝胶结构被破坏，会析出大量水，在高温高压下呈气态，可使空气中的粉尘湿润、增重、沉降。试验结果表明，富水胶冻炮泥用于爆破时的降尘效率大于 93%。

密闭环境的粉尘对工作人员人身危害极大，因此密闭环境的防尘尤为重要，如井下防尘：

(1) 井下气幕阻尘法。将粉尘隔离在工作区以外，从而降低粉尘对采掘工人的危害。采用一种透明的无形屏障——气幕，将未降落的粉尘尤其是呼吸性粉尘隔离。

(2) 干式凿岩捕尘。目前国内外广泛采用的干式捕尘方法是中心抽尘单机捕尘技术，即采用中心抽尘的捕集系统，将凿岩时产生的粉尘集中送至大型除尘装置中进行处理。

(3) 湿式凿岩防尘。目前湿式凿岩防尘仍侧重于控制炮眼内粉尘的逸出。

随着一些新的防尘技术的出现和推广，防尘效果得到了极大的改善，如超声雾化捕尘技术。

(1) 超声雾化抑尘器，即在局部密闭的扬尘点上安装利用压缩空气驱动的超声雾化器，激发高度密集的亚微米级雾滴迅速捕集凝聚微细粉尘，使粉尘特别是呼吸性粉尘迅速沉降至扬尘点上，实现就地抑尘。该方法无须将含尘气流抽出，避免了使用干式除尘器清灰工作带来的二次污染。

(2) 超声雾化器，即采用超声雾化器产生微细水雾来捕截粉尘，用直流旋风器脱去捕尘后的雾。该方法除尘效率高，同时阻力也大幅下降。

10.3 粉尘爆炸及其防护措施

10.3.1 粉尘爆炸机理

工业生产过程中产生的粉尘,按其是否易于燃烧,大致可分为可燃性粉尘和非可燃性粉尘两类。可燃性粉尘的燃烧可能性一般用相对可燃性表示。在可燃性粉体中加入惰性的非可燃性粉体并均匀分散成粉尘云后,用标准点火源点火,使火焰停止传播所需要的惰性粉体的最小加入量(%),即为粉体的相对可燃性。表 10-2 列出了一些粉体的相对可燃性。由表中数据可以看出,金属粉末的相对可燃性依镁、锆、铜、铁、铝、锑、锰、锌及镉的顺序减弱;天然有机物的相对可燃性比有机合成物的小,其原因之一是天然有机物与大气的湿度相平衡,因为吸湿而含有水分从而使其可燃性减弱。

值得指出的是,相对可燃性相同时,有机粉体与金属粉末的燃烧机理有所区别。有机粉体受热蒸发分解产生蒸气,一般发生气相反应。在金属粉体中,锡、锌、镁、铝等受热时也产生蒸气,而熔点高的铁、钛、锆等金属粉末的着火燃烧必须直接在表面层发生。

粉尘的可燃性还可用燃烧热来评价,固体燃烧时会释放出热量,能否燃烧并发生粉尘爆炸(dust explosion),既取决于所释放的能量的大小,又决定于能量释放的速率。表 10-3 列出了某些物质的燃烧热。

表 10-2 粉体的相对可燃性

粉　体	相对可燃性/%	粉　体	相对可燃性/%
镁	90	合成橡胶成型物	>90
锆	90	木质素树脂	>90
铜	90	碳酸树脂	>90
铁(氢还原)	90	紫胶树脂	>90
铁(羰基化铁)	85	醋酸盐成型物	>90
铝	80	脲醛树脂	80
锑	65	玉米粉	70
锰	40	烟煤粉	65
锌	35	马铃薯粉	57
镉	18	小麦粉	55
醋酸盐树脂	90	烟草粉	20
聚苯乙烯树脂	>90	无烟煤粉	0

表 10-3 某些物质的燃烧热

粉体种类	燃烧后的成分	燃烧热 /(kJ·mol)	粉体种类	燃烧后的成分	燃烧热 /(kJ·mol)
钙	氧化钙	1 270	铜	氧化铜	300
镁	氧化镁	1 240	蔗糖	二氧化碳+水	470
铝	三氧化二铝	1 140	淀粉	二氧化碳+水	470
硅	二氧化硅	830	聚乙烯	二氧化碳+水	390

续表

粉体种类	燃烧后的成分	燃烧热 /(kJ・mol)	粉体种类	燃烧后的成分	燃烧热 /(kJ・mol)
铬	三氧化二铬	750	碳	二氧化碳	400
锌	氧化锌	700	煤	二氧化碳+水	400
铁	三氧化二铁	530	硫磺	二氧化硫	300

具有一定密度和粒度的粉尘颗粒在空气中所受的重力与空气的阻力和浮力相平衡时，就会悬浮或浮游在空气中而不沉降。这种粉尘与空气的混合物称为粉尘云。粉尘云首先是粉尘颗粒通过扩散作用均匀分布于空气中形成的悬浊体；其次，粉尘云中的粉尘颗粒一般都是微细颗粒，这些微细颗粒的表面能较大，表面不饱和电荷较多，易于发生强烈的静电作用；再者，由于粉尘云中的固体粉尘颗粒与空气充分接触，如果燃烧条件满足，一旦发生燃烧，其燃烧速率就非常快。

对于可燃性粉尘形成的粉尘云，当其中的粉尘浓度(dust concentration)达到一定值后，就有可能发生燃烧并爆炸。可以被氧化的粉尘如煤粉、化纤粉、金属粉、面粉、木粉、棉、麻、毛等，在一定条件下均能发生着火或爆炸。因此，粉尘爆炸的危险性广泛存在于冶金、石油化工、煤炭、轻工、能源、粮食、医药、纺织等行业。

综上所述，可燃性粉尘在燃烧时会释放出能量，而能量的释放速率即燃烧的快慢除与其本身的相对可燃性有关外，还取决于其在空气中的暴露面积，即粉尘颗粒的粒度。对于一定成分的尘粒来说，粒度越小，表面积越大，燃烧速率越快。如果微细尘粒的粒度小至一定值且以一定浓度悬浮于空气中，其燃烧过程可在极短时间内完成，致使瞬间释放出大量能量，这些能量在有限的燃烧空间内难以及时逸散至周围环境中，结果导致该空间的气体因受热而发生急剧的近似绝热膨胀。同时，粉体燃烧时还会产生部分气体，它们与空气的共同作用使燃烧空间形成局部高压。气体瞬间产生的高压远超过容器或墙壁的强度，因而对其造成严重的破坏或摧毁。此即粉尘爆炸。

为了更好地了解粉尘爆炸的机理，首先应了解粉尘爆炸的历程。同气体爆炸一样，粉尘爆炸是助燃性气体(空气)和可燃物均匀混合后进行反应的结果。可燃性粉尘爆炸一般经历如下过程：

(1) 悬浮粉尘在热能源作用下被迅速干馏，放出大量可燃气体。

(2) 可燃气体在空气中迅速燃烧，并引起粉尘表面燃烧。

(3) 可燃气体和粉尘的燃烧放出的热量，以热传导和火焰辐射的形式向邻近粉尘传播。

以上过程循环进行使反应速率逐渐加快，当达到剧烈燃烧时，则发生爆炸。根据粉尘爆炸过程，粉尘颗粒着火模型可通过图 10-4 来描述。具体包括以下四个环节：

(1) 热能作用于粉尘颗粒表面，使其温度上升。

(2) 尘粒表面分子由于热分解或干馏作用变为气体分布于颗粒周围。

(3) 气体与空气混合生成爆炸性混合气体，进而着火产生火焰。

(4) 火焰产生热能，加速粉尘分解，循环放出气相可燃性物质与空气混合，进一步加速着火传播。

因此，粉尘爆炸时的氧化反应主要是在气相内进行的，实质上是气体爆炸且氧化放热速

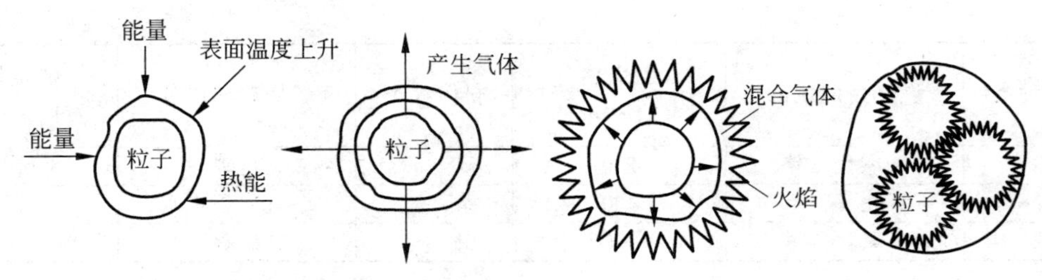

图 10-4　粉尘颗粒着火模型

率受到质量传递的制约。颗粒表面氧化物气体向外界扩散，外界氧也向颗粒表面扩散，该扩散速率比颗粒表面的氧化速率小得多，形成控制环节因而实际氧化反应放热消耗颗粒的最大速率等于传质速率。

根据偶电层理论，当两个粉体颗粒碰撞时，其间距小于等于 25×14^{-10} m，同时两种粉体颗粒的逸出功不同时，逸出功小的粉体颗粒会失去电子向逸出功大的粉体颗粒移动，逸出功大的粉体颗粒获得电子，于是在两个粉体颗粒接触面上形成正、负电荷量相等的偶电层。当两个粉体颗粒迅速分离时，因一部分电子不能全部回到原粉体颗粒上去，故粉体颗粒积聚了电荷，当颗粒的电荷量足够大时，就会发生放电，引发粉尘爆炸。粉体的饱和电荷体密度 ρ_∞ 为

$$\rho_\infty = 19.5\beta^{0.74}v^{1.13} \tag{10-1}$$

式中　v——粉体的流动速度，m/s；

　　　β——粉体载电荷量，C。

粉尘爆炸机理还可从静电作用方面解释。物体之间相互接触、摩擦和撞击，或者固体断裂、液体破碎都会产生静电。粉尘爆炸主要由粉尘产生的静电放电所致。在粉体的粉碎、粉磨、运输、剥离、捕集和储存等过程中，尘粒之间以及粉尘与容器之间因发生频繁接触、摩擦、冲击、分离等，使原来电中性的粉体和容器表面带上静电。金属粉粒因接触而发生电荷的扩散迁移而带电，介质粉粒则在摩擦和冲撞中因热电效应而带电，于是，含有巨大数量粉粒的粉尘体就会积聚起相当大的静电荷，若粉尘的电阻率较大（大于 10Ω・m），积聚的静电不易泄漏，从而形成很强的静电场，这种带电粉尘就像雷雨天的带电云团一样，会在周围的物体上感应出相应的异性电荷及静电场。当场强超过粉尘周围的空气或其他媒质的绝缘强度时，就会发生放电现象，并伴有发光、发声和放热现象。伴随着强烈的发光和破坏性声响并放出高热能的静电放电是粉尘爆炸的点火源。强烈的电火花可直接点燃可燃性粉粒，而强大的热能可使环境温度骤然上升，导致粉粒表面汽化。汽化的粒子流迅速扩散，并与空气混合发生强烈氧化，其热能又进一步促使其他粉粒的气化、燃烧，这一过程进行并传播得极快，可在极短的时间内引起处于封闭或近似封闭环境中的粉尘爆炸。

凡是能被氧化的粉尘在一定条件下都会发生爆炸。粉尘受热时，表面的粉尘颗粒分子就会分解或干馏出可燃气体分布于周围，然后这些可燃气体与空气混合形成可燃性混合气体，进而产生燃烧现象。由于粉尘颗粒的比表面积很大，最初的燃烧热大部分被尘粒本身吸收，这就加速了上述干馏、分解、混合、点燃的进程，继而发生粉尘的爆炸现象。粉尘的燃烧分类列于表 10-4 中。

表 10-4　粉尘的燃烧分类

分　　类	燃烧形式	物质举例
分解燃烧	固体物质燃烧前先受热 分解出可燃气体，可燃气体经点火燃烧	煤、纸张、木材等
蒸发燃烧	固体物质受热蒸发产生的可燃蒸气经点火燃烧	硫磺、磷、萘、樟脑、松香等
表面燃烧	可燃固体受热直接参与燃烧，不形成火焰	箔状和粉状的高熔点金属

粉体爆炸是由粉体的着火引起的，无论何类燃烧，粉体着火后都能产生大量能量，在有限体积和极短时间内释放出大量能量从而导致粉尘爆炸。如果环境内的粉尘满足下述条件，粉尘爆炸将不可避免：

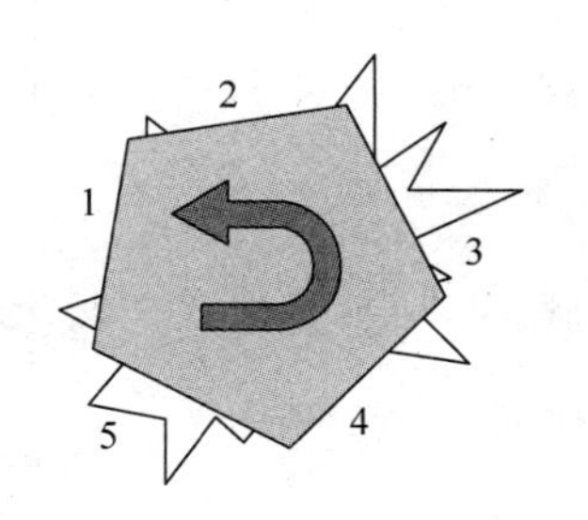

1—可燃性粉尘；2—氧气；3—点火源；4—受限空间；5—扩散

图 10-5　粉尘爆炸的五个要素

（1）扩散粉尘的浓度高于最低可燃极限浓度（最低爆炸浓度）。

（2）容器内的可燃粉料扩散至足够量的空气（助燃剂氧）中。

（3）引燃源具有足够的使燃烧波引燃的释能密度和总能量，而该燃烧波的传播能引起爆炸。

综上所述，粉尘爆炸的发生需要具备五个要素：一定能量的点火源、一定浓度的悬浮粉尘云、足够的空气（氧气量）、相对密闭的空间和粉尘-氧气混合均匀，如图 10-5 所示。

10.3.2　粉尘爆炸的危害

一般比较容易发生爆炸事故的粉尘有铝粉、锌粉、硅铁粉、镁粉、铁粉、铝材加工研磨粉、各种塑料粉末、有机合成药品的中间体、小麦粉、糖、木屑、染料、胶木灰、奶粉、茶叶粉末、烟草粉末、煤尘、植物纤维尘等。这些物料的粉尘易发生爆炸燃烧的原因是都有较强的还原性H，C，N，S 等元素存在，当它们与过氧化物和易爆粉尘共存时，便发生分解，由氧化反应产生大量的气体，或者气体量虽小，但释放出大量的燃烧热。例如，铝粉只要在二氧化碳气氛中就有爆炸的危险。

10.3.2.1　粉尘爆炸的特点

1. 发生频率高，破坏性强

粉尘爆炸过程和机理较气体爆炸复杂得多，表现为粉尘的点火温度、点火能普遍比气体的点火温度和点火能高，这决定了粉尘不如气体容易点燃。在现有的工业生产状况下，粉尘爆炸的频率低于气体爆炸的频率；另外，随着机械化生产程度的提高，粉体产品增多，加工深度增大，特别是粉体生产、干燥、运输、储存等工艺的连续化和生产过程中收尘系统的出现，使得粉尘爆炸事故在世界各国的发生频率日趋增大。

粉尘的燃烧速度虽比气体燃烧速度慢，但因固体的分子量一般比气体的分子量大得多，单位体积中可燃物含量较高，一旦发生爆炸，产生的能量很高，爆炸威力也极大。爆炸时温度普遍高达 2 000～3 000℃，最大爆炸压力可达近 700kPa。

2. 粉尘爆炸的感应期长

粉尘着火的机理分析表明，粉尘爆炸首先要使粉尘颗粒受热，然后分解、蒸发出可燃气体，粉尘从点火到被点着的时间间隔称为感应期，其长短由粉尘的可燃性及点火源的能量大小决定。一般粉尘的感应期约为 14s。

3. 易造成“二次爆炸”

粉尘爆炸发生时很容易扬起沉积的或堆积的粉尘，其浓度往往比第一次爆炸时的粉尘浓度更高。另外，在粉尘爆炸中心，有可能形成瞬时的负压区，新鲜空气向爆炸中心逆流与新扬起的粉尘重新组成爆炸性粉尘而发生第二次、第三次爆炸。由于粉尘浓度大，所以其爆炸压力比第一次高，破坏性更严重。

4. 爆炸产物容易是不完全燃烧产物

与一般的气体爆炸相比，粉尘中可燃物含量相对较多，粉尘爆炸时燃烧的是分解出来的气体产物，灰分来不及燃烧。

5. 爆炸会产生两种有毒气体

粉尘爆炸时一般会产生两种有毒气体：一种是一氧化碳；另一种是爆炸产物（如塑料）自身分解的有毒气体。

10.3.2.2 粉尘爆炸的危害来源

粉尘爆炸的危害主要来自三个方面：冲击波（压力/冲击波）、碎片和火焰。一次事故的破坏后果往往是其中一种或几种因素的综合作用造成的，不同的工业可能对某些破坏效应更加敏感。

1. 爆炸压力的危害

工业粉尘发生爆炸的时候，会产生 0.3～1.0MPa 甚至更高的压力累积，可以预期，该压力将造成围包体的破坏，部分脆性材料工业结构的破坏压力载荷见表 10-5。从表 10-5 中数据可以看出，建筑结构的耐压能力是非常低的，但对于塑性较好的金属材料制造的设备如金属筒仓、除尘器、管道等，其耐压能力远高于建筑设备，而且粉尘爆炸往往都是在类似的设备内部发生初爆，然后再传播到其他设备或房间，所以分析承受爆炸载荷作用的金属设备的安全性非常有实用价值，遗憾的是国际上对此问题至今仍未得到令人满意的答案。

表 10-5 部分结构的破坏压力（1psi＝0.006 89MPa）

结构	波纹石棉瓦	窗户玻璃	木框架	水泥块	砖墙	钢筋混凝土
破坏压力/psi	0.3	0.5	1～2	3～3.5	5～6	5～40

设备破裂后释放出的压力也可导致周围人员的伤害，人在超压情况下的受伤害程度见表 10-6。

表 10-6 不同超压下人的伤害程度

超压/(kgf/cm^2)	人员伤害程度
0.2～0.3	轻微挫伤
0.3～0.5	中等损伤（听觉器官损伤、内脏轻度出血、骨折等）

续表

超压/(kgf/cm^2)	人员伤害程度
0.5～1.0	严重(内脏严重挫伤,可引起死亡)
>1.0	极严重,可能大部分死亡

2. 爆炸碎片的危害

爆炸碎片具有较高的动能和势能,因此对周围的人员和设备危害性较大。粉尘爆炸的最大爆炸压力一般不超过 1.0MPa,如果初爆是在金属设备内发生,由于金属材料的韧性较好,通常会造成设备的撕裂性破坏而不会产生大量碎片。但如果设备的密闭性较好,则可能导致薄弱联结部件如端盖、法兰、人孔等整体部件飞出,国内在化工、木制品、煤粉制备等行业已发生多起除尘器顶盖飞出事故。如果初爆是在建筑物内发生的,或是从金属设备传播过来的,则可能产生较多的飞掷碎片,比如砖石、门窗玻璃及其他附件等,这种情况比较常见,危险性也较大。

评价碎片危害作用的关键问题是确定碎片可能的飞掷距离,Lorenz 开发了一套软件来解决脆性建筑结构遭到爆炸载荷作用时的碎片飞掷问题。假设结构为圆柱体且大部分被破坏成平面片状碎片的情况下,利用式(10-2)来计算碎片的初始速度 v_0,如果结构为立方体,则式(10-2)中括弧内的$\frac{1}{2}$要替换为$\frac{3}{5}$。

$$v_0 \approx \sqrt{2c_v t_0\left(\frac{p_b}{p_0}-1\right)}\left(\frac{mp_{max}}{(p_b-p_0)\rho_d V}+\frac{1}{2}\right)^{-\frac{1}{2}} \tag{10-2}$$

$$m=\rho_w A_y c_s$$

式中 p_b——建筑物破裂处的压力,也可取建筑物内实际的最大压力,MPa;

p_0——环境压力,MPa;

t_0——环境温度,℃;

p_{max}——粉尘的最大爆炸压力,MPa;

V——建筑物的体积,m^3;

ρ_d——气体粉尘的平均密度,取 $2kg/m^3$;

c_v——定容比热容,J/(kg·℃);

m——碎片质量,kg;

ρ_w——碎片密度,kg/m^3;

A_y——碎片面积,m^2;

c_s——碎片厚度,m。

利用式(10-3)来计算初始抛射角 α(与水平面的夹角):

$$\alpha=\arccos\left[\frac{\sqrt{2(v_0^4+3v_0^2hg+2h^2g^2)}}{2(v_0^2+hg)}\right] \tag{10-3}$$

式中 h——碎片破裂处的高度,m;

g——重力加速度,$9.8\times10^3 kg/m^3$。

3. 爆炸火焰的危害

封闭容器内部粉尘爆炸火焰的瞬间温度可达 2 000℃以上,但由于时间极短,一般不超过 1s,对于金属材料制造的设备来说,由于导热系数较大,所以设备内表面的温升较小,以 20L 球形爆炸容器为例,一次爆炸实验后,容器内壁温升 30～40℃。但对于非金属设备,如塑料制品,即便是瞬间高温,与火焰直接接触的地方也会被部分熔化。

粉尘爆炸在封闭容器内发生时,爆炸火焰将充满整个容器;对于非受限粉尘爆炸来说,爆炸火焰呈球状,即常说的"火球",火球的直径可由经验公式(10-4)估算:

$$D = 3.86m^{0.32} \tag{10-4}$$

式中 D——火球的直径,m;

m——粉尘的质量,kg。

泄爆是非常通用的防爆方法,但泄爆仅能降低爆炸压力,而对于爆炸火焰却无济于事,相反,泄爆时产生的喷射火焰的长度可能是非受限爆炸"火球"直径的几倍,因此危害较大。St1、St2 级粉尘在近似立方体设备(容积 V)内爆炸泄压时,可形成的最大喷射火焰长度 L_f 根据经验可表达为

$$\begin{cases} L_f = 10V^{1/3} & (\text{水平泄爆}) \\ L_f = 8V^{1/3} & (\text{垂直泄爆}) \end{cases} \tag{10-5}$$

在火焰所能达到的范围内,人员会被烧伤,还可能成为有效的点火源引发二次粉尘爆炸事故。

10.3.3 粉尘爆炸的预防及防护措施

粉尘爆炸的防治通常分为预防和防护两个方面。预防是指防止爆炸发生的技术,防护是爆炸发生后通过技术手段减少事故损失。根据粉尘爆炸发生的条件,具有实际意义的预防措施包括两个方面:一是避免爆炸性粉尘云;二是避免有效的点火源。防护措施指通过降低爆炸压力或通过隔离来减少损失,如泄爆、隔爆、封闭等。

10.3.3.1 预防措施

1) 采用本安工艺

为了防治粉尘爆炸事故,通常首先想到的是在原有的工艺基础上,通过技术和管理手段来实现安全。这种方法通常成本较高,有时因工艺受限会使安全措施失效。而来自于防爆电气中的"本安"概念,可能是一个最佳选择,即通过工艺的彻底改进使得流程中根本就不存在爆炸性粉尘云,也就不可能发生粉尘爆炸了。这一方法在冶金行业早有应用,比如湿法研磨生产锆粉;在粮食行业,采用整体流动式料仓和缓冲斗代替传统的漏斗式结构也能避免粉尘飞扬,如图 10-6 所示。

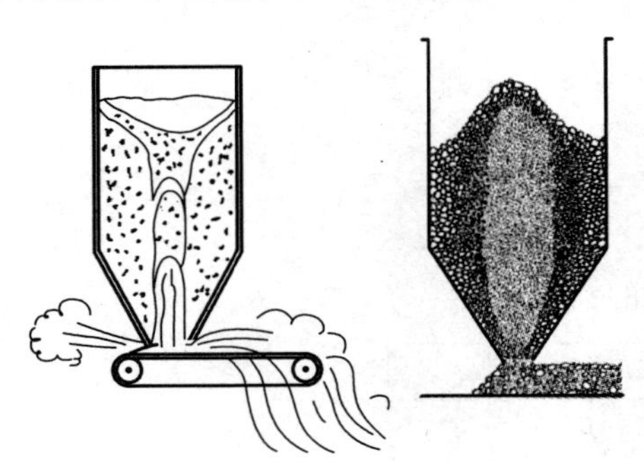

图 10-6 本安料仓的出料工艺

本安型防爆工艺是一种非常有前途的预防粉尘爆炸的方法,应该着力研究并推广。

2）惰化工艺

向悬浮粉尘云中充入惰性气体，比如 N_2，CO_2 等，可以降低气氛的氧浓度，从而阻止火焰在粉尘颗粒间的自持(self-sustained)传播，以期达到预防爆炸发生的目的。部分粉尘避免爆炸的极限(最大)氧含量见表 10-7。

表 10-7　部分粉尘的极限氧含量

惰化介质	煤粉	麦粉	橡胶粉	硫粉	铝粉	锌粉
CO_2/%	16.0	12.0	13.0	11.0	—	—
N_2/%	19.0	—	—	—	7.0	8.0

相对其他防爆方法来说，惰化工艺需要向系统连续地补充惰性气体，所以运行费用较高，但对于以下情况另当别论：有低氧工业尾气的场所，比如高炉尾气，只需向系统间歇补充少量惰性气体即可；体系的容积较小，需要惰性气体的量较少，比如粉碎机、磨机等；体系封闭性好或者是循环流动体系，只需一次性充入惰性气体即可，比如料仓、储罐、循环气粉碎机等。

如果某个工艺的危险性很高，一旦发生粉尘爆炸事故后果又非常严重时，惰化工艺也许是一个很好的选择。

3）限制悬浮粉尘浓度

如果悬浮粉尘云在爆炸极限浓度(Explosion limit concentration)之外(爆炸下限之下、上限之上)，爆炸不会发生，但控制粉尘云浓度恰好在此范围却是不易，比如通常除尘系统内部的粉尘浓度低于下限，但除尘器堵塞时浓度会急剧增大而达到爆炸浓度；粉体输送管道中的浓度正常生产时高于上限，但启动和关闭时悬浮粉尘浓度会较低，但这些情况又是生产中经常遇到的，因此通过限制悬浮粉尘浓度在爆炸极限之外来预防粉尘爆炸实际应用得较少。

4）避免点火源

浓度是爆炸性物质发生爆炸的基本前提，点火源则是促进爆炸发生及发展的动力因素。也就是说，处于可爆浓度范围的爆炸性物质，只有从点火源获得超过一定阈值的点火能量后才会发生爆炸。

在实际工作环境中，点火源种类繁多，按点火方式不同，可分为以下四类：

① 电点火源，包括电气火花、静电火花和雷电。

② 化学点火源，包括明火和自然着火。

③ 冲击点火源，包括冲击、摩擦和绝热压缩。

④ 高温点火源，包括高温表面和热辐射。

曾有一段时间认为粉尘点燃要比蒸气点燃困难得多，在发生爆炸之前需要有焊炬、电弧或严重过热之类的主要点燃源。随着时间的推移以及在实验室实验装置中产生扩散粉尘云技术的改进，能够点燃粉尘云的最小能量也在减小。现在 10% 的有机物质(直径小于 75μm)能被能量小于 5mJ 的火花点燃，类似铝粉、硫磺这类物质可以被能量小于 1mJ 的火花点燃。因此，像静电火花、落体的冲击火花这类低能点燃源也必须特别加以注意，如果人们能认识到低能点燃源的重要性，那么每年发生的大量事故就可以防患于未然了。

不同爆炸性物质的最小点火能量(MIE)不尽相同，加上实际点火源情况复杂，有时甚至是几种点火源共同作用。因此，预防点火源的防爆技术措施应根据爆炸危险现场的实际情况确定。

1）电点火源

当电流通过电气设备时，电能消耗以热能的形式释放出来，通常这部分始终存在于电路中的热能称为电路电热，电路电热会导致导体温度升高而加热周围的其他物料，当可燃物的加热温度超过物料的自燃点火温度时，就会发生燃烧或爆炸反应。电路电热又分为工作电热和事故电热，工作电热应根据可燃物的爆炸危险性及电气设备所在的爆炸危险区域采用相应等级的防爆型电气设备。防爆型电气设备需按规定要求进行安装。对于因短路、过载和接触不良引起的电热事故，应通过选择高质量的产品并加强温度监控来预防。

电气设备在正常的开、闭和故障状态下的漏电均会引起电火花。大量电火花汇集形成电弧，电弧温度一般可达 3 000～6 000℃。因此，电火花和电弧是一种非常危险的点火源，不仅能引燃可燃物，还会导致金属熔化和飞溅。

电火花的产生原因可能有以下几种：启动器、开关、继电器等接头闭合、断开时产生电火花；电机、电器接线端子与电缆、电线线芯连接处接触不良产生电火花；电气设备、电缆、电线绝缘损坏，接地或短路时产生电火花；电气设备、电缆耐压试验中，绝缘击穿产生放电火花。

由此可见，电气设备在正常运行和事故运行时都会产生电火花，因此，必须采取严格的设计、安装、使用、维护、检修制度和适当的防爆(anti-explosion)措施，将危害降至最低程度。

2）明火

明火不仅温度高，而且燃烧反应生成的原子或自由基还会诱发着火连锁反应。明火种类很多，除焊接火焰、切割氧炔焰以及锅炉、加热炉、分解炉、反应炉、烧结炉、焙烧炉等燃烧火焰外，火柴、打火机、炉灶、暖房等小火炉都可以成为点火源。

加热易燃物料应尽量避免使用明火，而采用蒸汽、热水或其他加热载体。对于必须使用明火的场所，设备应严格密闭，燃烧室与设备应分开建筑或隔离。明火加热设备与爆炸危险生产装置之间必须设有足够的隔离距离。在爆炸危险场所或装运可燃物料的储槽和管道内部，不得使用明火和普通电灯照明，而应采用防爆型灯具。

维修用明火主要指焊割、喷灯等作业明火。在爆炸危险厂房或罐区内，应尽量避免焊割作业，焊割作业的地点应与爆炸危险厂房、生产设备、管道、储罐保持一定的安全距离，操作时应严格遵守安全动火规定。对于输送或盛装可燃物料的设备或管道，动火前应先对系统进行彻底清洗，采用惰性气体吹扫置换。当检修系统与其他设备连通时，应将连接管道拆下断开或加堵金属盲板隔绝，杜绝易燃物料进入检修系统，以防动火时引起爆炸事故。

3）摩擦与冲击

在易燃易爆场所发生不适当的机械撞击和摩擦都可能成为点火源。在实际工作场所，摩擦和冲击成为点火源的情况主要分以下几种情况：

① 设备、机械损伤成为点火源，如飞散物冲击，物体掉落撞击，倒塌物冲击，管道、设备破裂引起撞击，搅拌机翼板与罐壁撞击，飞锤冲击以及其他飞来物冲击等。

② 设备之间摩擦或冲击成为点火源，如塔、管、槽振动产生摩擦，容器内残存物摇晃等。

③ 工具撞击成为点火源，如手锤、扳手、凿刀等引起的冲击。

控制和消除摩擦、冲击点火源的主要技术措施包括：

① 机器轴承缺油、润滑不均或运转时因摩擦发热都可以成为点火源，引起附近的可燃物着火。因此，轴承应及时添加润滑油，保持良好润滑，并经常清除可燃性附着污垢。

② 铁器撞击、摩擦产生火花点火源。在易燃易爆危险场所，应采用青铜材料制成的无火花工具，并尽量避免设备运转、操作过程中发生不必要的摩擦和撞击。对于可能发生撞击的部分应采用不同的金属。对于不能使用有色金属的设备应采用惰性气体保护或真空操作。

③ 为防止钢铁零件随物料带入设备内发生撞击起火，可在这些设备上安装磁力离析器吸出钢铁零件。在危险物破碎加工中，不能安装磁力离析器，而是应在惰性气体保护下操作。

④ 对于输送可燃气体或易燃液体的管道，应定期进行耐压试验和气密性检查，以防管道破裂或接口松脱引起物料泄漏和着火。

⑤ 在搬运盛装可燃气体或易燃液体的金属容器过程中，不要抛掷，以防发生互相撞击产生火花或造成容器爆裂而引起爆炸事故。

⑥ 防止设备零部件发生松动，在条件允许的情况下，应适当降低机械的运转速度以减少摩擦。

⑦ 禁止穿带钉鞋进入爆炸危险性生产区域，防爆厂房地面应采用不发火材质铺设。

4）静电火花

静电火花是由静止电荷累积产生的高电位放电形成的火花。静电火花危险性的大小取决于静电火花能量的大小，静电火花能量的大小又取决于静电电位、电路特性和放电方式。一般来说，电位越高、电路电容（感）越大则电火花的能量越大。静电的放电方式对电火花的能量影响也较大。常见的静电放电形式有火花放电、电晕放电、刷形放电等几种，如图 10-7 所示。

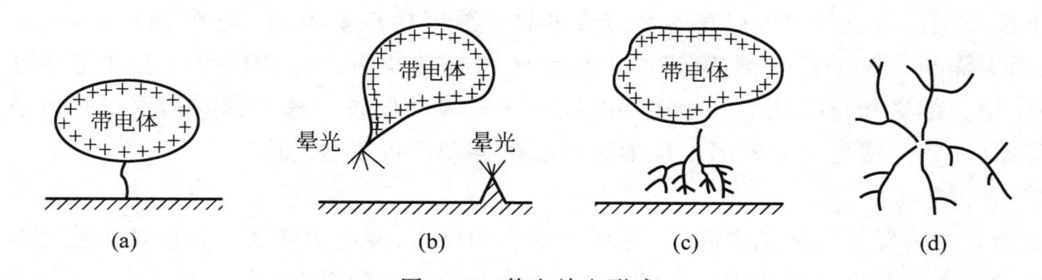

图 10-7　静电放电形式

(a) 火花放电；(b) 电晕放电；(c) 刷形放电；(d) 传播型刷形放电

以上操作过程均可能产生静电的大量积聚，应采取必要的防静电措施。防止静电的危害应从限制静电的产生和积聚两方面着手，可从以下方面采取措施：

① 从工艺上控制静电的产生。

Ⅰ. 合理设计与选材。发生相互摩擦或接触时，尽可能选用静电序列表中带电序列位置接近的两种物质，以降低静电的产生；或使物料与不同材料制成的设备相接触，产生不同电性的静电。在有火灾爆炸危险的场所，设备管道尽可能光滑、平整、无棱角，管径无骤变；皮带传动应用导电皮带，运转速度要慢，要防止皮带过载打滑、脱落，以及皮带与皮带罩相互摩擦；粉尘捕集器应采用防静电布袋。

Ⅱ. 限制管道中粉尘的输送速度。粉尘越细，摩擦碰撞的机会越多，也就越容易产生静电。具体速度视粉尘种类、空气相对湿度、环境温度及器壁粗糙度等情况而定，并应通过静电压测试对其控制。

② 导走静电。

Ⅰ. 空气增湿。在工艺条件允许的情况下，增加空气的相对湿度可以降低静电非导体的绝缘性。一般相对湿度80%时几乎不会产生静电，70%时就能减少带静电的危险。增湿方法可采用通风系统调湿、地面洒水及喷放水蒸气等。

Ⅱ. 加抗静电剂。加入抗静电剂使静电非导体增加吸湿性或导电性，从而改变物质的电阻率，加速静电荷的泄漏。抗静电添加剂种类很多，如无机盐类的硝酸钾、氯化钾等与甘油等成膜物质配合作用；表面活性剂类的脂肪族磺酸盐、聚乙二醇等；无机半导体类的亚铜、银的卤化物等；有机半导体高分子聚合物类的高分子化合物和电解质高分子聚合物等。选用时要根据对象、目的、物料工艺状态，以及成本、毒性、腐蚀性、使用场所及有效期等进行全面考虑。在橡胶或塑料生产中可加石墨、炭黑、金属粉末等材料制成防静电橡胶或塑料，化纤织物中加入0.2%季铵盐阳离子抗静电剂就可使静电降到安全限度。在传动皮带上涂一层工业甘油(50%)，由于吸湿使皮带表面形成一层水膜，也可以达到防静电目的，但对悬浮的粉状或雾状物质，任何静电添加剂均无效果。

③ 静电接地。

静电接地是将带电物体的电荷通过接地导线迅速引入大地，避免出现高电位，这是消除对地电位差的一项基本措施。但它只能消除带电导体表面的自由电荷，对非导体的静电荷效果不大。静电接地的一般对象有：生产或加工易燃液体和可燃气体的设备及有关储罐、气柜、输送管道、闸门、通风管及以金属丝网、过滤器等；输送可燃性粉尘的管道和生产设备，如混合器、过滤器、压缩机、干燥器、吸收装置、磨筛等。

不按规定接地或接地不可靠容易造成事故。静电接地要牢固、紧密、可靠，注意不被油漆、锈垢等隔断。对工艺设备、管道静电接地的跨接端及引出端的位置应选在不受外力损伤、便于检查维修和与接地干线相连接的地方。对移动设备或槽车、罐车、手推车以及其他移动容器，在其停留处要有专门的接地装置以供移动设备接地之用。

④ 中和电荷。

这类方法主要是装静电消除器(也叫静电中和器)。静电中和器就是能产生相反电荷离子的装置。由于产生了相反带电荷的离子，物体上的静电荷得以中和，从而消除了静电的危害。静电中和器按照工作原理和结构不同，大体上可分为感应式中和器、高压中和器、放射线中和器和离子流中和器。可根据不同生产情况选用。

10.3.3.2 防护措施

1. 预防爆炸的措施

(1) 避免形成粉尘云。避免操作区域的粉尘沉积及沉积粉尘的上扬，使其弥散度低于爆炸下限。

(2) 降低助燃剂的浓度。车间应安装氧气表，对产生粉体的系统进行氧气含量监控；在磨粉机和空气再循环用的风管、筛子、混合器等设备内采用不燃性气体部分或全部代替空气，以保证系统内粉尘处于安全状态。

(3) 避免形成点火源。粉尘场所杜绝明火与粉尘的接触，如严禁烟火，焊接前清扫周围的粉尘；有可燃物的场所应避免由于钢、铁、钛、铝锈及铁锈的摩擦、研磨、冲击等产生的火花；控制大面积的高温热表面、高温焖烧块以防止无焰燃烧聚热；控制氧含量使机械火花和热表面不具有点燃粉尘的能力（热表面温度至少低于粉尘层引燃温度50℃）；采取消除静电、设备有效接地等措施避免传播性电刷放电；控制粉尘场所的工作温度，消除气体对粉尘的协同效应等。

2. 结构爆炸的防护措施

在很多环境下爆炸线不能完全避免，为了保证工作人员的人身安全，使设备爆炸后能迅速恢复操作，控制爆炸的影响至最低限度，应采取结构防护措施。所有部件都要按照防爆结构设计，以抵抗爆炸可能产生的高压。

(1) 抗爆结构。容器和设备的结构设计强度大于最大爆炸压力。

(2) 抑爆。采取适当的技术措施抑制爆炸压力的扩大，使爆炸造成的危害和损失降至最低。抑爆系统通常由敏感的爆炸监视器和抑制剂喷洒系统组成，抑制剂（灭火剂）可迅速扑火火焰，并降低容器内的爆炸压力，一氧化碳、磷酸铵、碳酸氢钠等粉状灭火剂抑制效果最好，也可用水作为抑爆剂。

(3) 泄爆。泄爆是在爆炸发生后极短的时间内将封闭容器和设备短暂或永久性地向无危险方向开启的措施，但应弄清楚逸出的物质是否有腐蚀性或毒性。

(4) 隔爆。隔爆技术主要用于巷道或容器、车间的连接管道，防止爆炸火焰和炽热的炸产物向其他容器、车间或单元传播。根据其工作原理可分为自动隔爆系统和被动隔爆系统。自动隔爆系统由爆炸探测器、监控单元和各种物理或化学隔爆装置组成，其原理是利用爆炸探测器探测爆炸，通过监控单元计算火焰速度并启动隔爆装置，隔绝沿管道或巷道传播的爆炸火焰及炽热爆炸产物。隔爆可以在一个密闭的空间内配合抑爆将火焰熄灭，也可以将火焰通过足够长的管道传到其他无防护的设备中。

10.4 典型粉体加工过程的粉尘爆炸危险性分析

粉尘爆炸产生的破坏力极强、危害极大，了解粉尘爆炸的原理、形成条件及其危害，掌握预防措施尤为重要。下面对一些典型粉体加工过程的粉尘爆炸危险性进行分析。

10.4.1 铝粉尘爆炸

铝粉是一种重要的工业原料和产品，广泛应用于颜料、涂料、烟花、冶金和飞机、船舶制造业。铝粉具有遇湿自燃、遇油脂自燃、点火能量低等特点。铝粉制备生产包括球磨、干燥、筛粉等工序，生产过程中会产生大量粉尘，极易发生粉尘爆炸。2014年8月2日，江苏昆山开发区中荣金属制品有限公司汽车轮毂抛光车间发生特别重大铝粉尘爆炸事故，造成146人死亡、91人受伤，直接经济损失达3.51亿元。如此严重的事故说明铝粉爆炸事故存在伤亡大、损失大的特点。因此，有必要统计历年来发生的铝粉尘爆炸的典型案例事故，分析铝粉尘爆炸事故的特点及原因，探讨铝粉尘爆炸的消防安全对策。

10.4.1.1 铝粉的火灾危险性

(1) 铝粉的理化性质。铝为银灰色的金属，相对密度为2.55，纯度99.5%的铝的熔点为 685℃，沸点 2 065℃，熔化吸热 323kJ/g，铝有还原性，极易氧化，在氧化过程中放热。急剧氧化时每克铝放热 15.5kJ。

（2）遇湿、油脂自燃。大量铝粉遇潮湿、水蒸气时，由于铝粒的比表面积增大，有的表面还没有形成氧化膜，就会发生放热反应并产生自燃现象。长期堆集存放的铝粉若粘上油脂，集热不散，也易引起自燃或爆炸。

（3）遇明火燃烧或爆炸。铝粉遇明火会发生剧烈的氧化还原反应，迅速释放大量的热量，使得周围环境温度和压力急剧升高，形成冲击波，破坏周围的建筑和设备，导致人员伤亡。

（4）铝粉与空气形成的爆炸性混合物达到一定浓度时，遇火星就会发生爆炸。

（5）铝粉与氟、氯等会发生剧烈化学反应，与酸类或强碱接触能产生氢气，引起燃烧爆炸。

10.4.1.2 铝粉生产过程中的火灾危险性

（1）铝粉生产过程中会产生许多粉尘。在球磨过程中会产生粉尘，球磨好的铝粉在滤去溶剂后，须进行干燥。经干燥后的铝粉须过筛，以达到规定的细度。这是铝粉加工中最危险的一道工序，因为过筛时不能再添加溶剂润湿，最易产生飞扬的粉尘。

（2）铝粉生产过程中的点火源。铝粉生产设备若未做接地处理，生产人员身体带的静电便可引起粉尘爆炸。机械设备因摩擦或撞击产生火花可能会导致粉尘爆炸。机械设备检修前，若未进行除尘就进行动火作业，可能导致铝粉尘爆炸。

（3）粉尘收集系统中的粉尘受潮或遇湿，可能导致自燃，引发粉尘爆炸。

（4）储存铝粉时，因氧化发热可产生自燃。堆积的铝粉起火后如果扑救不当，使铝粉飞扬，可能造成铝粉的二次爆炸。

10.4.1.3 铝粉爆炸事故统计分析

统计新中国成立以来发生的较大的典型铝粉尘爆炸事故列于表 10-8。

表 10-8 典型铝粉粉尘爆炸

序号	时间	地点	过 程	起火原因	事故后果	危害
1	1963.6	天津铝制品厂磨光车间吸尘管道	通风吸尘设备的风机制造不良，摩擦发火引起吸尘管道内的铝粉遇到静电火花引发爆炸事故	摩擦产生的静电火花	19 人死，24 人伤	二次爆炸
2	2009.3	中国铁道建筑总公司	残留铝粉因受潮热积累起火爆炸	受潮积热	11 人死，20 人伤	
3	2011.3	永嘉铝制品抛光作坊	作坊里的排烟机电气线路故障产生火花	电气火花	1 人死，10 人伤	
4	2012.8	浙江温州市个体铝锁抛光加工厂	生产、储存、住宿等混合的“多合一”家庭式作坊，在铝制门把手抛光过程中迸出的火星导致铝粉尘爆炸	火花	13 人死，15 人伤	

续表

序号	时间	地点	过　　程	起火原因	事故后果	危害
5	2014.8	江苏昆山开发区中荣金属制品有限公司汽车轮毂抛光车间	粉尘系统较长时间未按规定清理、铝粉尘聚集。除尘系统风机开启后，打磨过程产生的高温颗粒在上方形成粉尘云。集尘桶锈蚀破损，铝粉受潮，达到粉尘云的引燃温度，引发粉尘爆炸	受潮积热	146人死，91人伤；经济损失3.51亿元	
6	2016.4	广东深圳精艺星五金加工厂	未按标准规范设置除尘系统，在砖槽除尘风道内遇静电发生铝粉爆炸	静电火花	4人死，6人伤	二次爆炸

(1) 事故特点

① 威力大，破坏大。铝粉发生燃烧爆炸时，短时间内产生巨大的热量。燃烧火焰呈绿蓝色，放出银白色耀眼的强光，爆炸压力可达0.63MPa，对周围建筑物及人身安全均具有较大的破坏力和危害性。

② 伤亡大，损失大。从表10-8可以看出，近年来，随着我国经济建设的长足发展，一旦发生爆炸事故，极容易造成群死群伤、经济损失惨重的后果。

③ 容易发生二次爆炸。粉尘爆炸发生后产生的冲击波会将原先堆积的粉尘扬起，形成新的达到爆炸极限浓度范围的混合物。爆炸中产生的高热作为点火源，很容易引起二次爆炸。二次爆炸会产生新的、更大的伤害。

(2) 事故原因

① 粉尘浓度达到爆炸浓度极限。铝粉尘在与空气混合后，遇到点火源会发生粉尘爆炸。爆炸激扬起铝粉形成新的爆炸混合物，遇火源极易发生二次爆炸。工业过程中及时除尘或除尘过程中措施不当遇点火源都会导致铝粉尘爆炸事故。

② 静电原因。从表10-8可以看出，静电火花是导致铝粉尘爆炸事故发生的重要原因。静电主要来自以下几个方面：在铝粉生产和输送过程中，由于铝粉在设备、管线中的流动，粉体与管线、粉体与设备、粉体与粉体之间相互摩擦，产生静电；现场使用非防爆工具；未设置接地装置；进出生产场所的操作人员身体带静电。

③ 受潮积热。铝粉储存过程中遇潮湿、水蒸气时，会发生放热反应并产生自燃现象。大量铝粉储存时，发生受潮积热就会导致铝粉发生火灾爆炸事故。

④ 电气火花。在铝粉制备生产和输送过程中使用的电气设备发生电气火花。电气火花主要来自以下几个方面：电路发生短路；绝缘老化破损；接触不良；接头接触电阻过大，导致局部过热，积聚热量；线路过负荷，也就是用电量过大，实际电流超过了线路能够承受的安全载流量，这时导线温度就会超过最高允许温度；电火花或电弧。

10.4.1.4　防止铝粉尘爆炸事故发生的对策

(1) 除尘

① 保证设备管道的密封，防止铝粉泄漏。

② 生产线应采用干燥的惰性气体保护。

③ 定期对作业场所的落地粉尘进行清理，避免沉积；清理地面、设备、管线的积粉时，

要避免铝粉尘飞扬，严禁使用压缩空气喷嘴，只能使用防爆电器设备清除；清扫出来的铝粉要统一包装封好，避免吸潮或氧化。

④ 防止铝粉在加热、排风和空调等设备处积聚。

⑤ 粉尘收集系统应防潮、防水。

(2) 静电接地

在铝粉生产过程中，生产设备应做接地处理，采用不发火花的地面。生产区域内的所有电气设施，包括电气开关、照明开关、临时机电仪表电工设备等，均有可靠的静电接地，并构成一个闭合回路的接地干线。静电接地连接要求牢固，应有足够的机械强度承受机械运转引起的振动，防止脱落或虚接。操作人员应穿着防静电服装和鞋子。严禁穿戴化纤衣物进入包装现场或进行包装作业，防止静电火花的产生。各建筑物耐火等级、防火分布、疏散通道、安全出口均满足规范要求。

(3) 注意防潮

铝粉如长期储存，应尽量储存颗粒状的粉末，或用碳氢化合物（烃类）和酒精覆盖，避免其与潮湿的空气接触。

(4) 杜绝电气火花

粉加工属于乙类生产，为预防铝粉火灾和爆炸，在铝粉生产加工过程中应严格遵守GB 17269—2003《铝镁粉加工粉尘防爆安全规程》。

① 严禁铝粉生产环境中出现点火源。检修设备若需动火作业，须彻底清除铝粉。

② 在生产及检修过程中，严禁用非防爆工具震打设备、管线。

③ 对生产中旋转设备要加强润滑，减少摩擦。操作中严禁机械撞击产生火花。

④ 电气设备应当保证完整好用，严禁发生过负荷、短路、断路等情况。

(5) 发生事故时应注意的问题

一旦发生铝粉火灾，应注意以下问题：

① 不能用水和泡沫进行扑救。铝粉加工储运作业场所不得设置室内消火栓和自动喷水灭火系统。

② 不能用卤素灭火剂进行扑救，因为铝粉在常温下能与氯和溴发生反应，导致爆炸。

③ 不能用二氧化碳等气体灭火器扑救，因为铝粉遇到气喷易在空中形成爆炸性混合物。扑救铝粉火灾应当选用化学干粉(如氧化铝等)、干沙以及滑石粉进行扑救。此类物质可以覆盖在铝粉的表面，隔绝空气，并能有效防止铝粉与空气混合，达到窒息灭火的目的。操作时要注意避免气流直喷导致铝粉飞扬，发生二次爆炸事故。灭火人员应及时撤离起火区域，直到燃烧停止。

10.4.2 粮食粉尘爆炸事故分析

粮食粉尘爆炸事故是主要的粉尘爆炸事故之一。分析 20 世纪 70～90 年代国内外发生的粮食爆炸案例可知，美国发生的粮食爆炸事故次数最多，中国和日本次之，主要是工业动火和摩擦火花引发的，其中玉米粉尘和小麦粉尘最容易引发粉尘爆炸，最常发生粉尘爆炸的设备是提升机和筒仓。

粮食粉尘是一种具有可燃性的有机粉尘，在运输、储存、装卸和粉碎加工的过程中，都伴有大量的谷物粉尘，如玉米粉尘、小/大麦粉尘、大豆粉尘、高粱粉尘等，这些粉尘在一定条件下会发生严重的粉尘爆炸事故，不仅影响粮食企业的生产安全，还会造成重大人员伤亡和严重的财产损失。因此，对大量的粮食粉尘事故案例进行统计分析，可以帮助粮食企业识别在生产过程中容易引发粉尘爆炸的工艺设备、点火源及粉尘种类。下面通过部分案例分析，为粮食加工和储存行业识别粮食粉尘的爆炸危险提供帮助，为企业降低粉尘爆炸的可能性提供参考。

2000年以后，中国是粮食粉尘爆炸事故高发的国家，由于中国是粮食出口大国，粮食的运输、加工和储存的作业量相当大，导致粉尘爆炸事故频发。最主要的原因是这一时期的粮食加工行业发展迅速，但因设备缺陷或缺乏安全措施，导致事故多发。表10-9列出了几种粮食粉尘的爆炸特性参数以供参考。

表10-9　几种粮食粉尘的爆炸特性参数

粮食粉尘	MIE/MJ	MITL/℃	MITC/℃
玉米淀粉	40	320	400
大豆粉	20～25	340	550
糖粉	55.8	400	370
面粉	60	440	440
小麦淀粉	25	310	430

从表10-9可以看出，小麦淀粉、玉米淀粉、面粉、糖粉的最小点火能（MIE）在20～60MJ，粉尘的最低着火温度（MITL）在310～440℃，粉尘云的最低着火温度（MITC）在370～550℃。其中，小麦粉尘的点火能最低，如果在生产过程中遇到明火、焊接火花、机械火花等高温点火源，发生粉尘爆炸事故的可能性很大。

玉米淀粉粉尘和小麦淀粉粉尘引起的爆炸事故最多，一方面可能是工作人员没有意识到这两类粉尘的危险性；另一方面可能是由于这两类粉尘的最小点火能比其他种类都要低，比较容易发生爆炸。

10.4.2.1　点火源种类

点火源是爆炸五要素之一，常见的点火源有明火、电火花、热表面、焊接火花、摩擦发热以及机械火花等。工业动火、静电火花、摩擦火花、热表面是引起粮食粉尘爆炸事故最主要的点火源，占所有事故的49%，其中工业动火占比最大。事故频发的一部分原因是企业的安全管理不到位，对危险区域的动火作业未严加管理；另一部分原因是操作人员缺乏安全意识，动火作业现场未进行认真检查或清理，盲目作业，如山东省寿光市新粉淀粉厂的玉米粉尘爆炸事故，再如秦皇岛骊骅淀粉粉尘爆炸事故是由于操作人员使用铁质工具与机械撞击产生的火花引燃粉尘云所致。另外，粮食粉尘爆炸事故发生的情况十分复杂，有近40%的粮食粉尘爆炸事故原因无法查明。

10.4.2.2　事故设备种类

在粮食的加工过程中，会涉及多个工序和设备，如除尘系统中的袋式除尘器、旋风收粉器，储存运输过程中的筒仓、缓存仓、气力输送机、斗式提升机等，干燥过程中的带式干燥机、喷雾干燥机、流化床干燥机等，还有对粮食进行粉碎筛分的粉碎机和筛分设备等。在加工过程中，粮食粉尘从这些工艺和设备中逸出，如果不定期进行清理，这些沉积在设备或地面的粉尘将造成粉尘爆炸中更为严重的二次爆炸。其中，提升机、筒仓、输送机、干燥机、除尘室是最容易发生粉尘爆炸的机械设备，约占事故总数的60%，而筒仓发生的爆炸事故最多，约为21%。由于这些设备内部或放置的地方粉尘浓度高，一方面是这些设备产生的高温热表面、机械火花、静电火花等成为点火源；另一方面是维修或动火人员对设备内部不了解或粉尘防爆意识不强而盲目作业。因此，作为粮食行业，要时刻谨记注重日常生产设备的安全检查，加强安全管理，进行定期清扫，降低粮食粉尘爆炸发生的概率。

10.4.2.3 防范措施

研究粮食粉尘防爆，提高设备的可靠性和完善安全管理，要加强设备安全管理和人员安全教育，使企业管理者和操作人员认识到易引发粮食粉尘爆炸的粉尘种类和设备工艺，有针对性地预防和抑制危险源。

10.4.3 煤粉爆炸

10.4.3.1 煤粉制备系统

炼铁、火力发电、水泥、煤化工等原煤能源消耗企业一般将煤块制备成煤粉再加以利用，这是行业节能的重要发展方向，仅炼铁产业每年就需要煤粉1.2亿t(年产量以4亿t计)，再加上其他行业的消耗，我国每年的煤粉产量应该超过数亿吨。煤粉制备系统是熟料生产线安全生产的重点，一旦发生事故，不仅影响企业的安全生产，还威胁到现场工作人员的人身安全，因此做好煤磨的防燃防爆一直是水泥、钢铁等行业安全生产的关键。

1. 煤粉自燃及爆炸的原因分析

煤粉具有自燃和爆炸的特性，所以煤粉制备系统易发生着火、爆炸等危险。影响煤粉自燃及爆炸的因素主要有以下几个方面：

(1) 煤的挥发分。挥发分是指煤在规定条件下隔绝空气加热，煤中的有机物质受热分解出一部分分子量较小的液态(此时为蒸气状态)和气态产物，当$V_{ad}<10\%$时，不存在自燃、爆炸的危险，但是当$V_{ad}>30\%$，在适当的条件下，易引起爆炸。

(2) 煤粉颗粒大小及质量浓度。煤粉的质量浓度为1.2～2.00kg/m^{3}且颗粒直径小于0.10mm时，容易爆炸。

(3) 温度。由于水泥工艺要求煤粉细度在800μm，煤粉比较细，表面积大，煤粉的着火点低，高挥发分煤的着火温度较低，过高的热风温度也就容易引起自燃和爆炸。

(4) 气粉混合物的流速。流速过低，气粉混合物流动不畅，易产生沉积而引起自燃；流速过高，会引起静电火花而导致煤粉爆炸。气粉混合物的流速一般控制在16～300m/s。

2. 防止煤粉自燃及爆炸的措施

根据引发煤粉自燃及爆炸的因素分析，我们在煤粉制备系统的工艺设计、生产操作和系统管理中采用了一系列措施，取得了很好的效果。以山东山水水泥集团有限公司5 000t/d熟料生产线煤粉制备流程为例，其煤粉制备系统主要采用了风扫管磨和立式辊磨两种系统(工艺流程分别如图10-8和图10-9所示)，布置方式基本相同，热风取自窑头。

(1) 设计措施

① 烘干热源入磨前设有沉降室(规格：5 400mm×4 000mm×7 000mm)，以降低热风中的粉尘及高温颗粒含量；入磨热风管设有电动百叶阀(入磨风阀)及电动蝶阀(入磨冷风阀)，以控制进风量及调节入磨温度；为防止入磨口积灰，另设置有两台空气炮，以不间断在

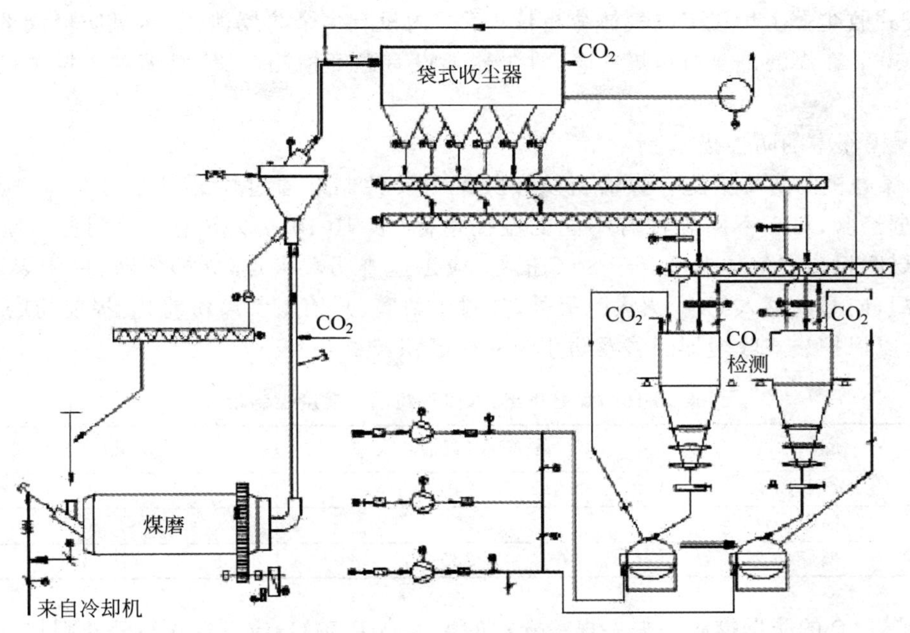

图 10-8　风扫管磨煤粉制备流程图

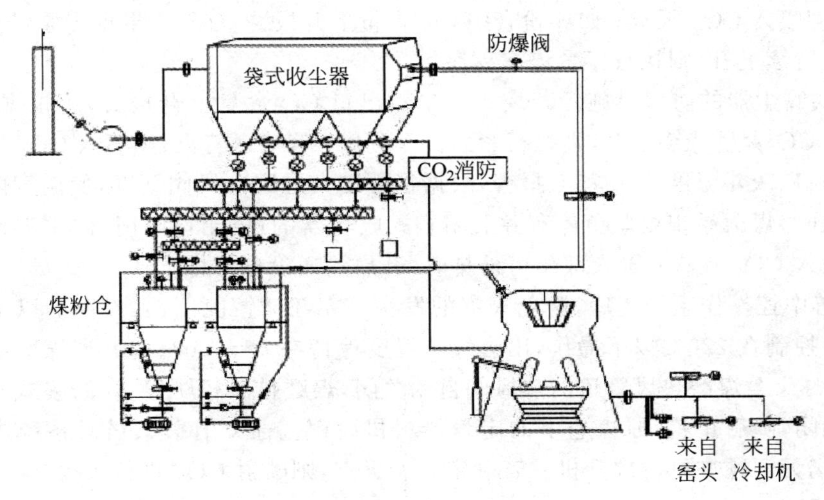

图 10-9　立式辊磨煤粉制备流程图

线清灰。

② 下料溜子角度大于 50°，以利于煤粉流动而防止煤粉沉积，给安全带来隐患。对因特殊情况出现死角积煤区域，则用水泥砂浆填充，且角度大于 50°。

③ 选用高浓度防爆型气箱煤磨收尘器，滤袋选用抗静电涤纶针刺毡；每个灰斗处设测温点和测压装置，确保灰斗不积灰；在水泥设备灰斗的回转下料器轴承上增加测速装置，信号送中控，防止因设备故障引起灰斗积灰。

④ 增加消防车间，设计一套二氧化碳灭火系统，对水泥设备窑头煤粉仓、窑尾煤粉仓、煤磨袋式收尘器和煤磨机等区域实施火灾隐患实时监测、火灾报警和灭火处理。另外，在煤

粉仓、袋式收尘器上增设CO气体分析仪；系统内设有多个防爆泄压阀，且防爆阀的安装角度大于50°；在煤磨进、出口，煤粉仓，收尘器上设有温度检测装置，以随时掌控关键部位的温度。

(2) 操作中的防控措施

① 煤磨机的防爆措施。煤磨机防爆关键是要控制好通过煤磨机入口、出口的气粉温度。根据经验，对于不同煤种有不同的温控指标（表10-10），以防止煤粉制备系统着火爆炸。若煤磨机出口气体温度高于80℃报警，应迅速查明着火点，立即停磨，关闭煤磨机进、出口阀门，向磨内喷入CO_2灭火。另外，如对于新磨，开始制备煤粉前，需提前粉磨600t左右石粉，以保护袋式收尘器滤袋及防止煤粉死区积灰。

表10-10　煤磨机出、入口气粉混合温度控制指标

燃料	最高入口温度/℃	最高出口温度/℃
无烟煤	240	80
褐煤	220	70
烟煤	220	70

② 煤粉仓的防爆措施。如果煤粉仓内的温度高于70℃，应迅速执行停止喂煤→停磨→停热风→紧急停车→关闭进出煤粉仓的阀门程序（以下简称“紧急停车程序”）；若确认着火，则要立即喷入CO_2灭火；如煤粉仓中CO含量上升报警，首先应根据报警，检查着火点，若CO含量持续上升，则执行紧急停车程序。

③ 袋式收尘器的防爆措施。若袋式收尘器出口CO含量上升报警，应根据报警，检查着火点；若CO含量持续上升，则执行紧急停车程序；若确认着火，则喷入CO_2灭火。若袋式收尘器出口、灰斗温度高于75℃报警，根据报警增大进磨冷风阀开度，使温度降低。确认有着火现象时，煤磨系统要紧急停车并关闭袋式收尘器的进、出口阀门，向水泥设备的袋式收尘器内喷入CO_2灭火；着火部位可外排时，开启输送设备外排。

④ 完善中控操作系统程序，避免火灾的发生。在任何情况下，入煤磨的风温不得超过250℃，一般控制在220℃以下操作，出磨气体温度保持在55～60℃内。当煤磨出口温度达到70℃时，窑头至煤磨热风管道的热风阀自动关闭，煤磨排风机跳停、煤磨袋式收尘器进口电动蝶阀关闭，随后止料，原煤仓下的定量给料机跳停。通知有关人员对系统进行检查处理，确保现场无问题方可再次开机。若确定有着火点，则喷射CO_2进行灭火。

(3) 管理措施

① 建立成熟的管理制度和培训制度。结合国家相关标准和企业生产的实际情况，编写《煤磨岗位巡检制度》和《煤磨中控操作规范》，要求中控人员和现场岗位人员应严格按照操作规程进行。建立“三级巡检制度”，发现隐患立即处理或编入月度检修计划。对岗位巡检人员，要求坚持“八字方针”，即擦拭、润滑、紧固、密封。做好设备保养，定期检查设备和管道有无漏风，各个阀门的密封性能是否良好，测温、测压、测速传感器是否正常工作等。定期组织技术人员对中控操作人员、巡检人员培训，讲解案例、组织考试、竞争上岗等；组织设备厂家及相关行业的专家对人员进行培训，以提高员工的业务水平和自身素质。

② 组建技师服务队。成立技师服务队，挑选各子公司相关岗位的精英对技术力量薄弱的工人及新建线公司的人员进行手把手的指导。通过技师服务队的帮助，使没有工作经验

及处理问题能力低的新线员工的业务水平快速提高,从而避免了新手因处理或操作不当引起的安全事故。

10.4.3.2 粉末涂料生产系统

近年来,粉末涂料技术在中国得到了快速发展,目前已有600多家公司生产各种各样的粉末涂料。但是到目前为止,粉末涂料的爆炸危险性并未引起国内广大生产厂家的注意。欧洲在20世纪90年代已经制定了可燃涂料的安全标准,我国在这方面依然是空白。

用途不同,粉末涂料的成分也各不相同。以某生产厂家的设备表面静电喷涂用粉末涂料为例,其主要成分为:饱和树脂60%、硫酸钡10%、碳酸钙10%及其他辅料。该粉料在堆积状态时若遇高温或明火,当温度达到80℃时就会熔化,但不会发生点燃现象。基于此,人们容易得出该粉末涂料不会发生火灾爆炸事故的结论。但是,在标准20L球形爆炸测试装置中经过测试发现该粉末有爆炸危险性,测得的最大爆炸压力、最小点火能等数据见表10-11,典型的爆炸压力-时间曲线如图10-10所示。该粉末涂料的爆炸性和烟煤的爆炸性相近。

表 10-11 某涂料粉末爆炸性数据

爆炸特征参数	MITC①/℃	MITL②/℃	$P_{\max}$①/MPa	$K_{\max}$①/(MPa·m/s)	LEL①/(g/m³)	MIE①/mJ
测试结果	480	70~80(熔化)	0.7	12	30~60	50~75

注:①实验物料为240目筛下;②实验物料为原粉末。

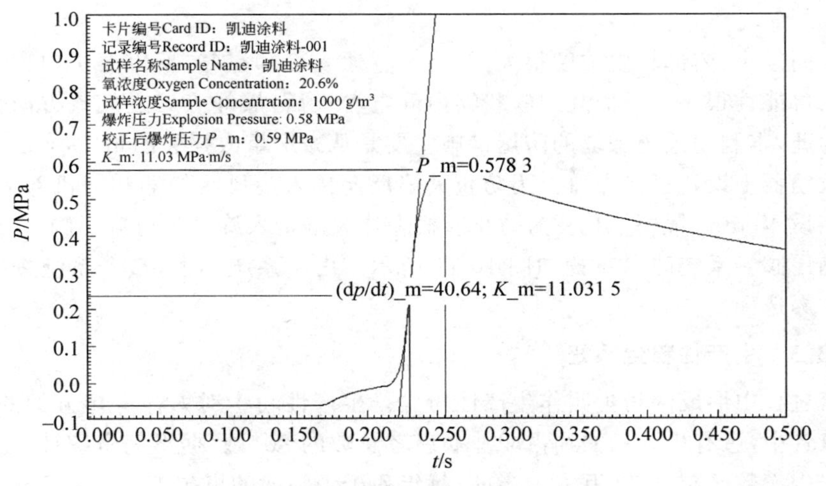

图 10-10 某粉末涂料典型的爆炸压力-时间曲线

粉末涂料生产线及系统的防爆布置如图10-11所示。首先,片状的粉末涂料原料被负压气流吸入磨机,在磨机里被高速(4 000r/min)旋转的叶片磨成细粉,成品粉末经过一次旋风收粉器收集,气流中剩余的粉末由袋式收粉器进行二次收集。磨机至旋风收粉器之间的管道和收粉器内部形成大量的可爆粉尘云。正常生产情况下,旋风收粉器之后至袋式收粉器之间的粉尘云浓度一般不会达到爆炸下限,尽管浓度很低,当爆炸在磨机和旋风收粉器段发生之后会在该段内传播,这时前驱冲击压力波会将袋式收粉器内的所有粉尘卷扬起来,从而使更多的粉尘参与爆炸。另外,在袋式收粉器反吹清灰时,也有可能在收粉器内部达到爆炸下限浓度。

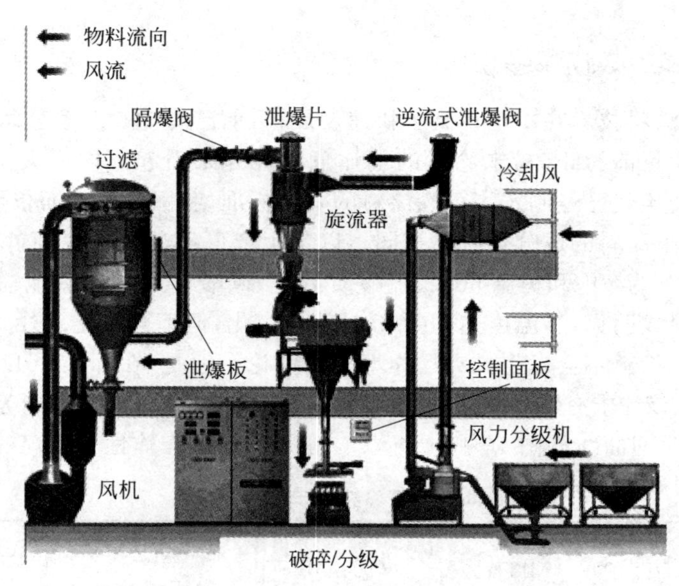

图 10-11　粉末涂料生产线及系统的防爆布置

粉末涂料生产系统可能的点火源除外来火源外，主要有三个方面：正常生产时磨机内产生的高温表面；故障情况下磨机内的机械摩擦、撞击火花；袋式收粉器反吹时的静电释放火花。

磨机空间较小，内部粉尘浓度很大，加上一直通入冷却空气，所以磨机内直接点燃引发粉尘爆炸的可能性很小。反而袋式收粉器内静电着火后，爆炸火焰逆气流方向传播的可能性较大。为此，本制粉系统采取的防爆措施主要是从减缓事故损失的角度出发，在袋式收粉器和旋风收粉器上设置了泄爆口。为防止火焰反向传入旋风收粉器和磨机部分，在旋风收粉器前部装设 Ventex 隔爆阀门；为防止磨机爆炸火焰传入旋风收粉器一侧，在出粉管顶部装设换向隔爆阀。系统防爆布置如图 10-11 所示。由于系统不大，整个系统按照抗爆设计也是一种防爆选择。

10.4.3.3　生产性粉尘系统

在生产过程中形成的粉尘叫作生产性粉尘。生产性粉尘对人体有多方面的不良影响，在职业病患者中，患有尘肺病的约占职业病患者总数的 80%。据不完全统计，至 2015 年我国尘肺病报告人数已超过 72 万人。当前，每年死于尘肺病的煤矿工人数远高于同期生产事故死亡人数，煤矿尘肺病防治形势十分严峻，但是生产性粉尘的危害是完全可以预防的。为了防止粉尘的危害，我国颁布了一系列法规和法令，如《关于防止厂、矿企业中矽尘危害的决定》《工厂防止矽尘危害技术措施暂行办法》《矿山防止矽尘危害技术措施暂行办法》《矽尘作业工人医疗预防措施实施办法》等。根据这些政策法令，各企业在防尘工作中找到了行之有效的综合防尘措施，并总结了预防粉尘危害的八字经验，即“革、水、密、风、护、管、宣、查”。

1. 革

“革”是指技术革新，改革工艺流程，更新生产设备，采用新技术实现机械化、自动化和密闭化消除粉尘危害的根本途径，如采用封闭式风力管道运输、以铁丸喷砂代替石英喷砂等。

2. 水

“水”是指湿式作业，是一种经济易行的防止粉尘飞扬的有效措施。在工艺允许的条件下，应尽可能采用湿式作业。例如，矿山的湿式凿岩、冲刷巷道等；石英、矿石等的湿式粉碎或喷雾洒水；铸造业的湿砂造型、湿式开箱清砂、化学清砂等。湿式作业还包括禁止干法打眼和洒水喷雾。

3. 密

“密”是指密闭尘源，将粉尘与操作人员隔离，是防止减少粉尘外逸造成作业场所空气污染的重要措施。凡是能产生粉尘的设备均应尽可能密闭，并用局部机械吸风，使密闭设备内保持一定的负压，防止粉尘外逸。抽出的含尘空气必须经过除尘净化处理才能排出，避免污染大气。

4. 风

“风”是指通风排尘。通过吸尘罩、除尘器等设备将含尘气流净化到符合排放标准后排入大气，确保作业场所空气中的粉尘浓度符合国家卫生标准。这是一种常见的积极有效的防尘技术措施。

5. 护

“护”是指个人防护。受生产条件限制，在粉尘无法控制或高浓度粉尘条件下作业，必须合理、正确地使用防尘口罩、防尘服等个人防护用品。防尘口罩要滤尘率、透气率高，重量轻，不影响工人的视野及操作。

6. 管

“管”是指防尘设备的维护管理。对投入使用的各种除尘设备要加强检查、维护，并制定相应的规章制度，建立设备档案，做好设备运转情况记录，确保设备正常、良好、高效地运行。

7. 宣

“宣”是指防尘工作的宣传教育。加强对粉尘危害知识、防尘设备使用常识、个人防护用品知识的宣传教育，使各级领导、企业负责人、全体职工对粉尘危害有充分的了解和认识，加强防尘工作的自觉性。

8. 查

“查”是指监督检查，既包括对作业场所空气中粉尘浓度的定期测定，又包括对从事粉尘作业职工的健康检查。健康检查包括就业前体检和定期体检。对新从事粉尘作业的工人，必须进行健康检查，主要目的是发现粉尘作业就业禁忌证及建立健康档案。定期体检的目的在于早期发现粉尘对健康的损害，发现有不宜从事粉尘作业的疾病时，应及时调离、治疗。

生产性粉尘给国家、企业带来了巨大的经济损失，同时也威胁着劳动者的健康和生命，因此，必须采取积极有效的措施对生产性粉尘进行防护和治理。这是社会主义经济建设的需要，也是对广大劳动者职业卫生保护的需要。

参考文献

[1] 蔡凤英，谈宗山，孟赫，等. 化工安全工程[M]. 北京：科学出版社，2001.

[2] Brasle W C. Guidelines for Estimating Damage from Grain Dust Explosions[A]. Porc. of the Int. Symp. on Grain Dust[C]. Kansas University, Oct. 1979: 321-350.

[3] Lorenz D. ExProtect: A Software Response to Important Question on Safety in Dust and Gas Explosions[R]. 3rd World Wide Seminar on the Explosion Phenomenon and on the Application of Explosion Protection Tech. in Practice. ,Gent,Belgium,Feb. 1999.

[4] Harmanny A. Flame Jet Hazards[R]. Paper presented on the 2nd world wide seminar on the Explosion Phenomenon and on the Application of Explosion Protection Techniques in Practice,Bol, Belgium,Sept. 1999.

[5] 王海福,冯顺山.防爆学原理[M].北京:北京理工大学出版社,2004.

[6] Butterworth G J. Monitoring and Assessment of Electrostatic Ignition Hazards[A]. Proceed. of the Int. Symp. on Grain dust[C]. Manhattan,Kansas State University,Oct. 1979:380-391.

[7] 李刚,陈宝智,邓煦帆,等.抗爆设计中极限塑性应变的确定方法[J].东北大学学报,2002,23(7):697-699.

[8] Harmanny A. Structural Aspects Related to Explosion Protection Techniques[A]//the 2nd world seminar on the explosion phenomenon and on the application of explosion protection techniques in practice[C]. Belgium,1996.

[9] 陶珍东,郑少华.粉体工程与设备[M].北京:化学工业出版社,2010.

[10] 陆厚根.粉体工程学概论[M].上海:同济大学出版社,1987.

[11] 陶珍东,徐红燕.粉体工程工艺设计基础[M].北京:化学工业出版社,2017.

[12] 周仕学,张鸣林.粉体工程导论[M].北京:科学出版社,2010.

[13] 侯建锋,邵振亚,李刚.煤粉制备系统的燃爆原因分析及防控措施[J].水泥工程,2013,6:39-40.

[14] 王庆军,李成.浅谈生产性粉尘危害及防护措施[J].民营科技,2014(2):67-67.